108課綱 升科大／四技二專

英文 完全攻略 4G021141

本書依108課綱宗旨全新編寫，針對課綱要點設計，例如書中的情境對話、時事報導就是「素養導向」以「生活化、情境化」為主題的核心概念，另外信函、時刻表這樣圖表化、表格化的思考分析，也達到新課綱所強調的多元閱讀與資訊整合。有鑑於新課綱的出題方向看似繁雜多變，特請名師將以上特色整合，一一剖析字彙、文法與應用，有別於以往單純記憶背誦的英文學習方法，本書跳脱制式傳統，更貼近實務應用，不只在考試中能拿到高分，使用在生活中的對話也絕對沒問題！

機件原理 完全攻略 4G111141

依據最新課程標準編寫，網羅各版本教科書之重點精華，利用具象化的圖表讓你好讀易紀，另外特別針對108課綱內容加以細化分項，如：半徑、直徑；半角、錐角；內接、外接；同向、反向等要訣，讓你不僅能以循序漸進熟讀單元內容，由淺入深、漸廣，更能特別注意這些特殊的重點。這些不只是課綱的核心概念，也是本書編者融入自己的教學經驗，可以為你帶來的最新觀念。詳讀本書，定可協助你快速在考試中獲取高分，也能為你奠定未來實際應用時的思考模式。

機械群

共同科目

4G011141	國文完全攻略	李宜藍
4G021141	英文完全攻略	劉似蓉
4G051141	數學(C)工職完全攻略	高偉欽

專業科目

4G111141	機件原理完全攻略	黃蓉
4G121141	機械力學完全攻略	黃蓉
4G131112	機械製造完全攻略	盧彥富
4G141112	機械基礎實習完全攻略	劉得民・蔡忻芸
4G151112	機械製圖實習完全攻略	韓森・千均

108課綱

升科大／四技二專▶應試科目表

<table>
<tr><th colspan="2">群別</th><th>共同科目</th><th>專業科目</th></tr>
<tr><td colspan="2">機械群</td><td rowspan="8">1. 國文
2. 英文
3. 數學(C)</td><td>1. 機件原理、機械力學
2. 機械製造、機械基礎實習、機械製圖實習</td></tr>
<tr><td colspan="2">動力機械群</td><td>1. 應用力學、引擎原理、底盤原理
2. 引擎實習、底盤實習、電工電子實習</td></tr>
<tr><td rowspan="2">電機與電子群</td><td>電機類</td><td>1. 基本電學、基本電學實習、電子學、電子學實習
2. 電工機械、電工機械實習</td></tr>
<tr><td>資電類</td><td>1. 基本電學、基本電學實習、電子學、電子學實習
2. 微處理機、數位邏輯設計、程式設計實習</td></tr>
<tr><td colspan="2">化工群</td><td>1. 基礎化工、化工裝置
2. 普通化學、普通化學實習、分析化學、分析化學實習</td></tr>
<tr><td colspan="2">土木與建築群</td><td>1. 基礎工程力學、材料與試驗
2. 測量實習、製圖實習</td></tr>
<tr><td colspan="2">工程與管理類</td><td>1. 物理(B)
2. 資訊科技</td></tr>
<tr><td colspan="2">設計群</td><td rowspan="4">1. 國文
2. 英文
3. 數學(B)</td><td>1. 色彩原理、造形原理、設計概論
2. 基本設計實習、繪畫基礎實習、基礎圖學實習</td></tr>
<tr><td colspan="2">商業與管理群</td><td>1. 商業概論、數位科技概論、數位科技應用
2. 會計學、經濟學</td></tr>
<tr><td colspan="2">食品群</td><td>1. 食品加工、食品加工實習
2. 食品化學與分析、食品化學與分析實習</td></tr>
<tr><td colspan="2">農業群</td><td>1. 生物(B)
2. 農業概論</td></tr>
</table>

群別		共同科目	專業科目
外語群	英語類	1. 國文 2. 英文 3. 數學(B)	1. 商業概論、數位科技概論、數位科技應用 2. 英文閱讀與寫作
	日語類		1. 商業概論、數位科技概論、數位科技應用 2. 日文閱讀與翻譯
餐旅群			1. 觀光餐旅業導論 2. 餐飲服務技術、飲料實務
海事群			1. 船藝 2. 輪機
水產群			1. 水產概要 2. 水產生物實務
衛生與護理類		1. 國文 2. 英文 3. 數學(A)	1. 生物(B) 2. 健康與護理
家政群幼保類			1. 家政概論、家庭教育 2. 嬰幼兒發展照護實務
家政群生活應用類			1. 家政概論、家庭教育 2. 多媒材創作實務
藝術群影視類			1. 藝術概論 2. 展演實務、音像藝術展演實務

～以上資訊僅供參考，請參閱正式簡章公告為準！～

千華數位文化股份有限公司
新北市中和區中山路三段136巷10弄17號
TEL: 02-22289070　FAX: 02-22289076

目次

改版核心與命題分析

一、改版核心

根據 108 課綱（教育部 107 年 4 月 16 日發布的「十二年國民基本教育課程綱要」）以及技專校院招生策略委員會 107 年 12 月公告的「四技二專統一入學測驗命題範圍調整論述說明」，本書改版調整，以期學生們能「結合探究思考、實務操作及運用」，培養核心能力。

本書 108 課綱版本之進化點為：
(一) 收錄所有入闈老師所用的書籍。
(二) 把最新的觀念或最新的知識加入本書籍中。
(三) 所有教科書的觀念，本書全部都有。
(四) 近年考試題目越出越難，本書加入很多入闈老師命題的題庫。

以上為本書 108 課綱版本改版核心。

二、命題分析

難易度　最易（★）～最難（★★★★★）

出處	題號	難易度
第 1 章　機件原理	1	★
第 2 章　螺旋	2	★★★
第 3 章　螺紋結件	3	★★
第 4 章　鍵與銷	20	★★★
第 5 章　彈簧	4	★★
第 6 章　軸承及連接裝置	5	★

出處	題號	難易度
第 7 章　帶輪	6	★★
第 8 章　鏈輪	7	★★★
第 9 章　摩擦輪	8	★★★
	9	★★★
第 10 章　齒輪	10	★★★
第 11 章　輪系	17	★★★
	19	★★★★
第 12 章　制動器	11	★★★★
第 13 章　凸輪	14	★
第 14 章　連桿機構	12	★
	13	★
	18	★★
第 15 章　起重滑車	15	★★
第 16 章　間歇運動機構	16	★★★★

113 年機件原理題目是機械專業中考最簡單的，非常簡易題、容易題占 15 題，實在太多了，難題只有 1 題，第 16 題——創新題型，要了解觀念才能解題。

其他題目都超級簡單，中等題為第 2、9、11、17、19 題，113 年考題偏易、偏簡單，只有本書寫最詳細，最容易得高分（很多書本沒蘇格蘭軛），只要詳讀本書，統測拿高分是最容易的事。

比起其他專業科目的難、繁雜……只要詳讀本書，機件原理是投資報酬率最高的科目！

黃蓉　于桃園

第1章 機件原理

1-1 機件、機構與機械之定義

1 機件：機件是組成機械的最基本元素，僅為單一零件如連桿、鍵、軸、螺栓、彈簧等。機件一般視為剛體。（但機件不一定全為剛體，如彈簧會變形）

註 剛體是指物體受外力作用後，體內任兩質點間之距離均保持不變者，即永不變形的物體稱為剛體。

2 機構（mechanism）：由若干機件所組成，當一個機件運動時，其餘機件能產生可預期的相對運動，或拘束運動（為一種拘束運動鏈），能傳達力量及運動，但不作功。例如：齒輪變速箱、鐘錶、曲柄活塞機構、車床進刀機構等。

3 機械（machinery）：機械為一個或若干機構的組合體，產生可預期的相對運動，並可作功，即將輸入的各種能量變成有效的功。例如：車床（如圖(一)所示）、洗衣機、機車、自行車（受力機構為踏板；作功機構為後輪、煞車）、蒸汽機、發電機等。

4 機械分為三種：

(1) 產生機械能的機械：內燃機、蒸汽機。

(2) 利用機械能的機械：工具機、汽車。

(3) 變化機械能的機械：壓床、衝床。

註 ①機構是機件的組合體。

②機械是機構的組合體。

機件 $\xrightarrow[\text{形成}]{\text{(數個)}}$ 機構 $\xrightarrow[\text{形成}]{\text{(數個)}}$ 機械，機械＞機構＞機件。

③一般機件均為剛體，但彈簧不是。一般在常用的術語中，鐵槌、扳手、螺絲起子稱為「工具」，而鐘錶、彈簧秤雖為機構，但一般稱為「儀器」。

④機械與機構均有可預期的相對運動（或拘束運動），但機械可做功，機構不可以做功。

⑤力學研究順序：機構學→應用力學→材料力學。

5 機械必須具備四種基本條件：

(1) 由一個或多個機構之組合體（必須至少有一件固定件）。

(2) 組成的各部分機件常視為剛體。

(3) 各機件間必有一定的相對運動（或拘束運動）。

(4) 構成的機件可把所接受的能量變成有效的功。

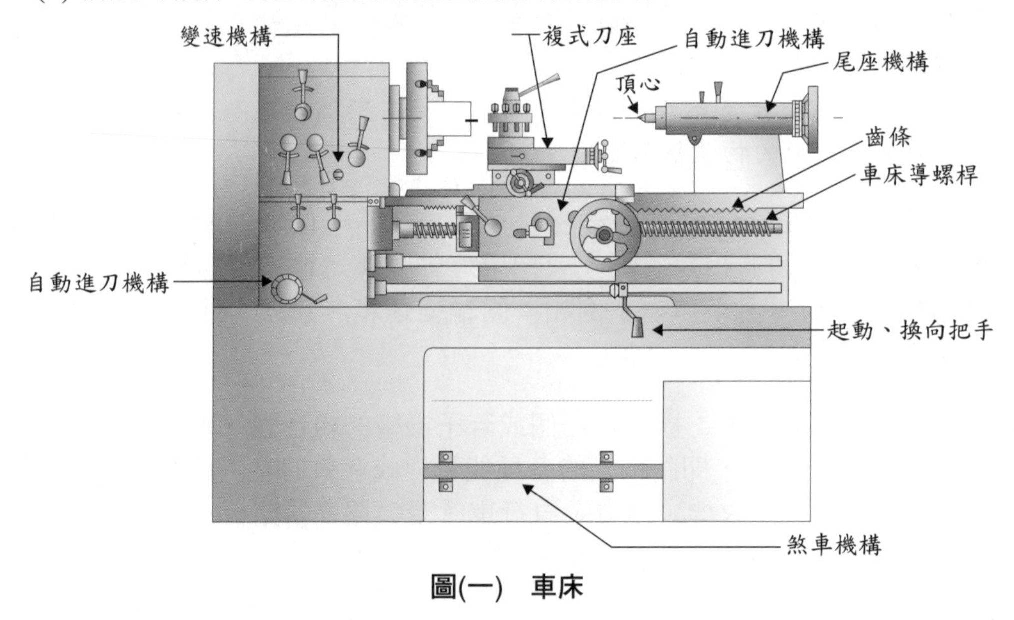

圖(一) 車床

立即測驗

( ) **1** 構成機械的最基本元素是： (A)機構 (B)機件 (C)機架 (D)剛體。

( ) **2** 汽車的齒輪變速箱是： (A)一種機械 (B)一種機構 (C)是一種機械，也是一種機構 (D)不是機械也不是機構。

( ) **3** 下列何者為一機械？ (A)汽車 (B)鐘錶 (C)電腦 (D)螺旋。

( ) **4** 有關機構的敘述，下列何者最不正確？
(A)必為一種拘束運動鏈 (B)為數個機件所組成
(C)可將所接受的能變成有效的功 (D)能維持一定的相對運動。

( ) **5** 有關機件、機構與機械之敘述，下列何者最不正確？
(A)機構必為機件之集合體 (B)機械必為機構之集合體
(C)軸承為一固定機件 (D)機件一定為剛體。

( ) **6** 有關機構，下列敘述何者最不正確？
(A)必為一種拘束運動鏈 (B)不一定能作功
(C)必為一部機械 (D)能維持一定的相對運動。

解答 **1 (B)** **2 (B)** **3 (A)** **4 (C)** **5 (D)** **6 (C)**

1-2 機件的種類

1 機件一般指有規格化的零件，分為：

(1) 固定機件：在固定位置支持或限制活動範圍的機件，如機架、軸承、汽車底盤、扣環、導件、襯套等。

(2) 運動機件（活動機件）：能繞某一軸迴轉或擺動之機件，用於傳送動力或改變運動方向，如軸、聯軸器、摩擦輪、帶輪、繩輪、鏈輪、齒輪、凸輪、曲柄、搖桿和皮帶、鏈條等。

(3) 連結機件：用於各機件之結合，如螺釘、鍵、銷、螺栓等。

(4) 控制機件：用於限制力量或運動，例如彈簧、制動器（煞車）的來令片、連桿。

(5) 流體機件：用以輸送氣體或液體之壓力，如泵浦、壓力器、閥、管子。

2 標準化（規格化零件）之優點為：零件具互換性、維修容易方便、可大量生產、降低成本，可提高生產技術，和保障品質利於銷售。

註 1.各國國家標準代號為中華民國CNS、日本JIS、德國DIN，國際標準ISO，美國ANSI。台灣中央標準局檢驗合格之標誌為「㊣」。
2.煞車系統屬於機構。

立即測驗

( ) **1** 螺帽和螺栓為機械中之何種機件？ (A)固定機件 (B)連結機件 (C)控制機件 (D)傳動機件。

(　　) **2** 下列何種機件不屬於傳動機件？ (A)軸 (B)凸輪 (C)齒輪 (D)連桿。

(　　) **3** 下列何者為傳動用之機件？ (A)機架 (B)軸承 (C)連桿 (D)齒輪。

(　　) **4** 彈簧、制動器等是屬於何種機件？ (A)連接機件 (B)控制機件 (C)運動機件 (D)固定機件。)

(　　) **5** 軸承是機械中之何種機件？ (A)固定機件 (B)活動機件 (C)連結機件 (D)傳動機件。

(　　) **6** 德國國家標準縮寫為： (A)ISO (B)CNS (C)JIS (D)DIN。

(　　) **7** 中華民國國家標準之代號為： (A)JIS (B)ISO (C)CNS (D)DIN。

(　　) **8** 我國標準檢驗局所定產品標誌為： (A)JIS (B)CNS (C)CEN (D)㊣。

解答 **1** (B) **2** (D) **3** (D) **4** (B) **5** (A) **6** (D) **7** (C) **8** (D)

1-3 運動傳達的方法

1 直接接觸傳動：

一個機構中，接受外界賦予之運動，這一個先動的機件稱為主動件（或原動件），而受其它機件影響而運動者稱為從動件，而由主動件傳到從動件有兩種方式：

(1) 滾動接觸：接觸點無相對速度（切線速度相等）（沒有滑動現象），如圖(二)所示摩擦輪之傳動和滾珠軸承、滾子軸承等滾動軸承均為滾動接觸。

滾動接觸之條件：

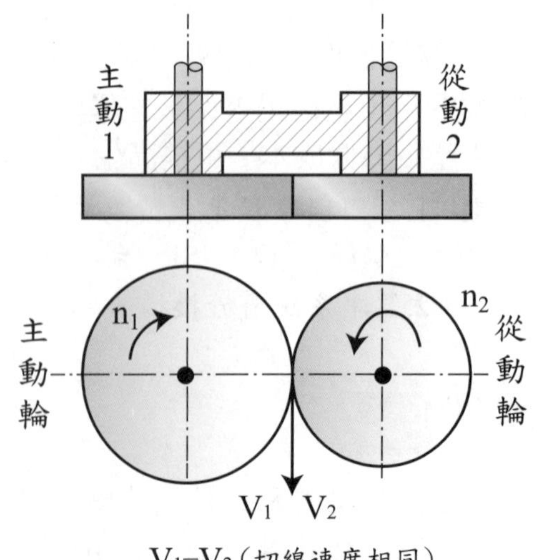

圖(二) 摩擦輪機構為滾動接觸

①接觸點之切線速度相等。

②接觸點落在兩輪之連心線上。

(2) 滑動接觸：接觸點有相對速度（切線速度不相等），如圖(三)凸輪與平板從動件之傳動和齒輪之齒面傳動均為滑動接觸。

註 ①滑動→切線速度不同，法線速度相同。

②滾動→切線速度相同，法線速度相同。

③滾子從動件凸輪，滾子與凸輪間為滾動接觸。

④齒輪節圓為滾動接觸，齒面為滑動接觸。

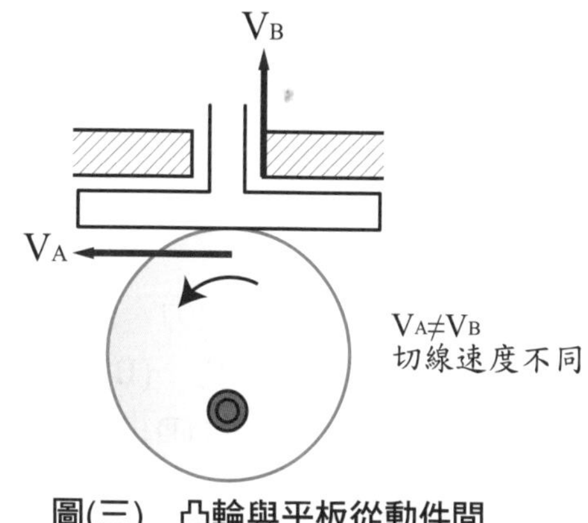

圖(三) 凸輪與平板從動件間之運動為滑動接觸

2 間接接觸傳動（藉中間連接物傳動）：

(1) 剛體（中間）連接物：可傳送壓力、拉力。如曲柄滑塊機構中之連接桿。如圖(四)所示。

(2) 撓性（中間）連接物：僅能傳送拉力。如皮帶輪或鏈輪傳動機構中之「繩子」、「皮帶」或「鏈條」等。如圖(五)所示。

(3) 流體（中間）連接物：僅能傳送壓力（推力）。如空壓機之空氣和液壓機械之液壓油、水壓機之水、液壓起重機。

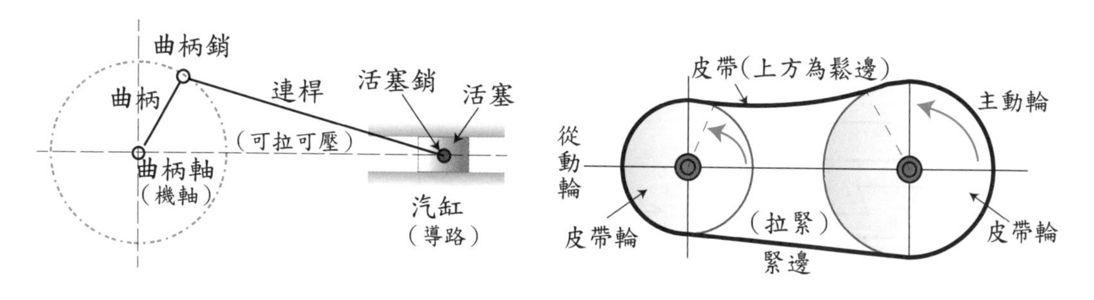

圖(四) 剛體中間連接物

圖(五) 撓性中間連接物

3 非接觸傳動：利用超距力（非接觸力如電力、磁力）來傳達運動者，如電磁離合器之作用。

立即測驗

( ) 1 下列何者不是直接接觸傳動之機件？ (A)摩擦輪 (B)齒輪 (C)皮帶 (D)凸輪。

( ) 2 鏈輪的傳動是屬於： (A)滑動接觸 (B)剛體中間傳達 (C)撓性中間傳達 (D)流體中間連接物。

( ) 3 只可承受拉力而無法承受推力的機件為： (A)剛體機件 (B)撓性體機件 (C)流體機件 (D)以上皆可。

( ) 4 可傳達拉力、壓力之連桿，其傳動方式為： (A)直接接觸剛體中間連接物 (B)間接接觸剛體中間連接物 (C)直接接觸撓性中間連接物 (D)間接接觸撓性中間連接物。

解答 1 (C) 2 (C) 3 (B) 4 (B)

1-4 運動對

1 在機械中兩機件互相接觸組合並產生一定規律的相對運動者稱為運動對，又稱為對偶，通常依接觸的情況分為兩大類：

(1) 低對（有些書籍又稱合對）：兩機件間以面接觸（低對自由度等於1）。低對又分為三種：

①滑動對：兩機件間僅作直線運動者，如活塞在汽缸內之往復運動，尾座在車床床軌運動游標卡尺測量和鳩尾座之運動如圖(六)所示。

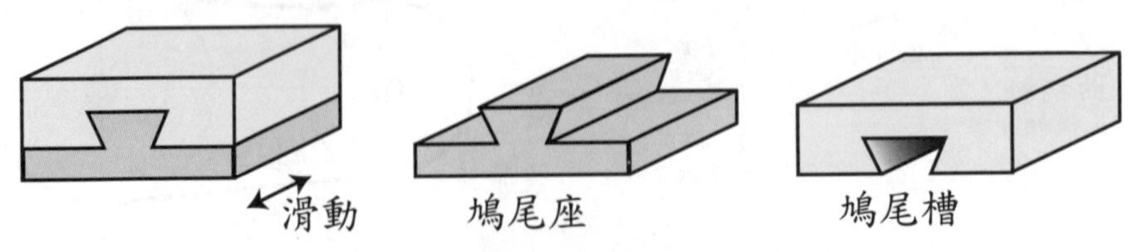

圖(六) 鳩尾座與鳩尾槽之滑動對

②迴轉對：兩機件間面接觸而僅作迴轉運動者，稱為迴轉對，如軸與滑動軸承之運動如圖(七)。**註** 滾動、滾子、滾珠軸承為高對。

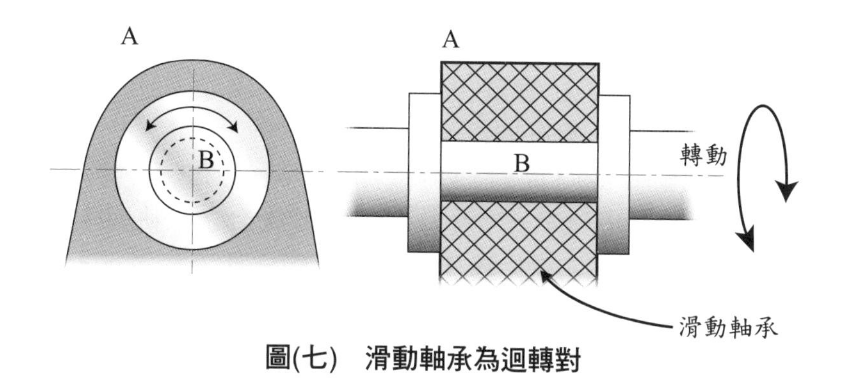

圖(七) 滑動軸承為迴轉對

註 低對自由度為1，大部分為面接觸，而面接觸大部分為低對。

③螺旋對：兩機件間同時具有迴轉與直線運動者，如螺栓與螺帽之運動，螺旋對自由度為1。如圖(八)所示。

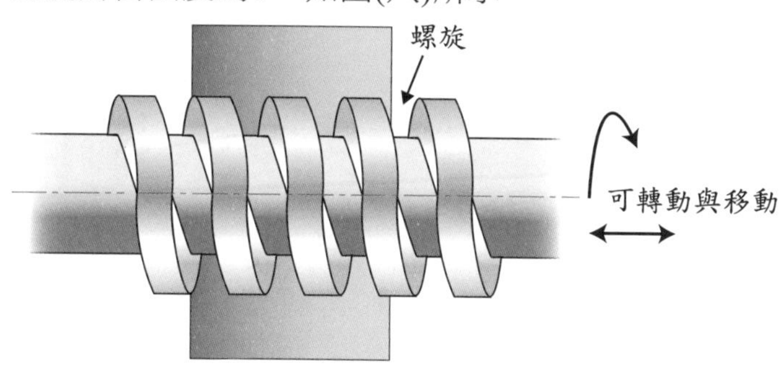

圖(八) 螺旋對（為低對）

(2) 高對：兩機件間以點或線接觸者如圖(九)所示。例如：摩擦輪、齒輪、凸輪、滾動軸承、滾珠軸承、滾子軸承等均為高對。

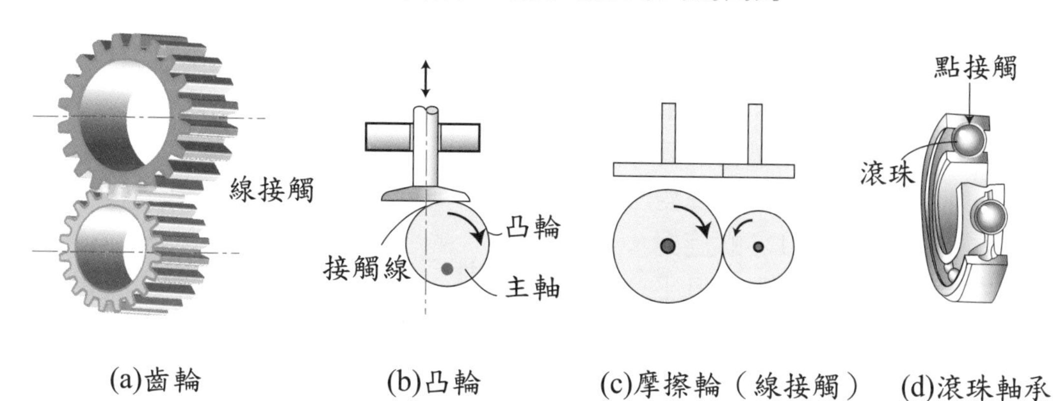

圖(九) 高對之圖形

2 對偶在兩機件間維持接觸的方法，又分為「自鎖對」與「力鎖對」。

(1) 自鎖對（完全對偶）（合對），兩機件間不藉外力作用即能維持接觸者，如螺栓與螺帽、氣缸與活塞、確動凸輪等。

(2) 力鎖對（不完全對偶）（開對），兩機件間須藉外力或重力作用，才能維持接觸者，如火車輪與鐵軌（靠重力），車床的床台之床軌與床鞍、尾座。

3 假設對偶中之一件固定，另一機件相對於此固定件之位置所允許之自由運動空間稱為「自由度」。

(1) 一機件（未受約束下）在空間中運動有6個自由度，在平面上運動有3個自由度。如圖(十)、(十一)所示。圓柱在平面自由度為4。

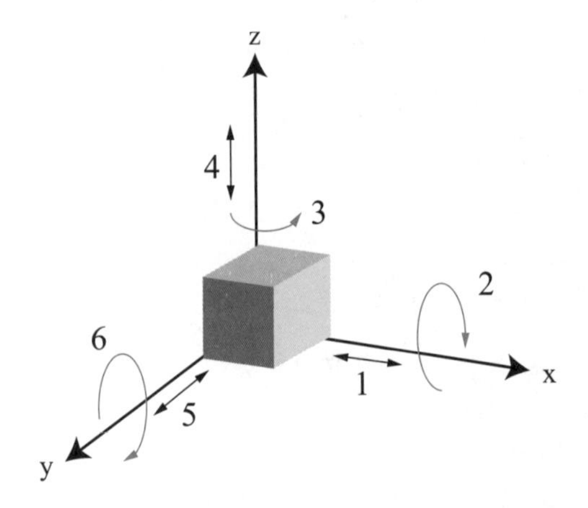

圖(十)　一機件在空間中有6個自由度（三個座標平移與三個座標旋轉）

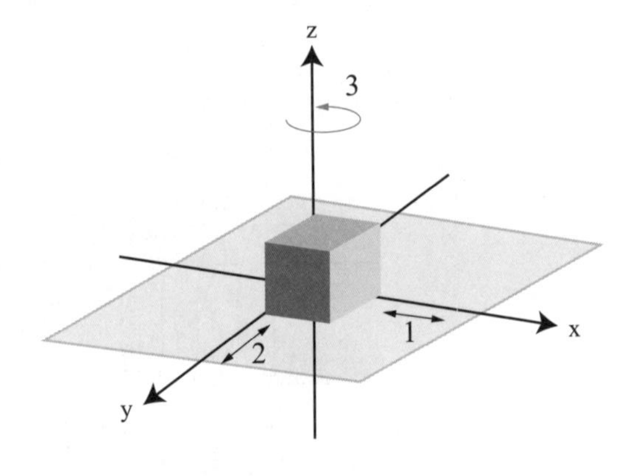

圖(十一)　一物體在平面上自由度為3（X、Y軸之平移與Z軸之旋轉）

(2) 一對偶之最大自由度為5（例如：一圓球與一平面接觸的自由度為5），如圖(十二)所示，但最少為1（兩機件呈低對時自由度恆為1），而高對自由度恆大於1。螺旋對雖可平移和旋轉，但平移受旋轉之拘束，所以自由度為1。成為低對的兩機件為面接觸，但面接觸的機件不一定為低

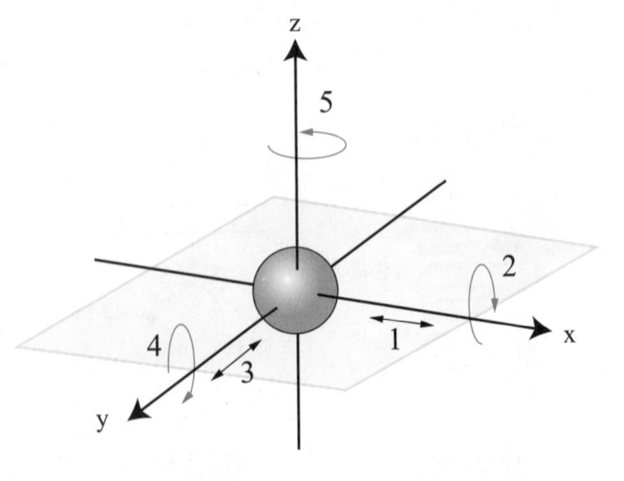

圖(十二)　一圓球在平面上自由度為5（X、Y軸可平移，X、Y、Z三軸可旋轉）（∵Z軸無法往下）

對，低對必須面接觸且自由度為1。球窩之三軸旋轉自由度為3，雖然是面接觸，但為高對，如圖(十三)所示。

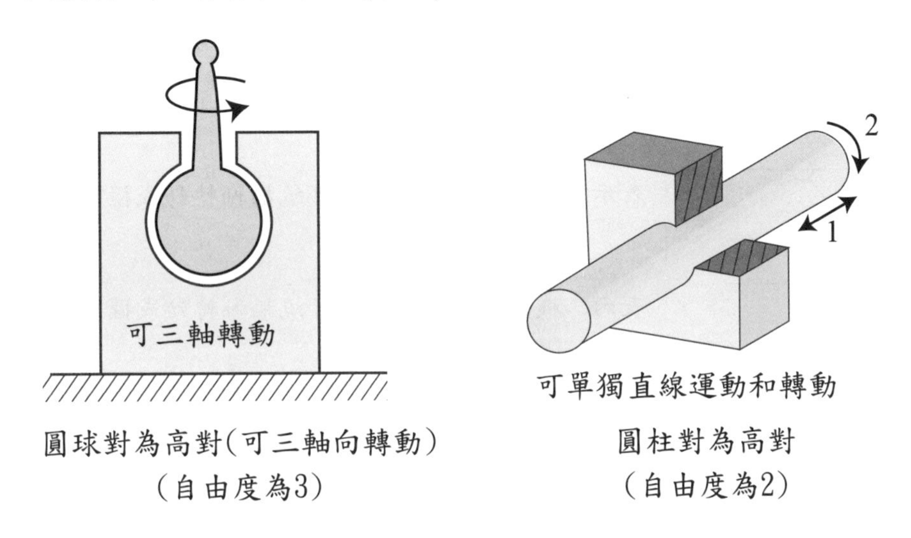

圓球對為高對(可三軸向轉動)（自由度為3）　　圓柱對為高對（自由度為2）

圖(十三)　面接觸之高對

4 對偶倒置：主動件與從動件之關係互換，使從動件變主動件、主動件變從動件，稱為「對偶倒置」。低對之對偶倒置不影響絕對運動和相對運動，高對在對偶倒置後，會影響絕對運動，但不會影響相對運動。
例如：(1)圓在直線上滾動，圓上任一點所形成的軌跡為正擺線。
　　　(2)直線在圓上滾動，直線上任一點所形成的軌跡為漸開線。

5 機構學中的符號

圖示	說明
○	樞紐（機件的接合點）、樞軸
◎	固定軸或固定旋轉中心（曲柄或搖桿之中心）
	機架（固定件）、固定面
	連桿
A	滑塊與導路

圖示	說明
	多根連桿之剛體（結構或呆鏈）
	表示三機件在一樞軸上，可繞樞軸轉動或擺動
	表示二機件在一樞軸上，可繞樞軸轉動或擺動
	曲柄或搖桿（一曲柄在固定軸上旋轉或擺動）
	滑動對

立即測驗

( ) **1** 有關低對與高對之敘述,下列敘述何者正確？ (A)滑動對為高對 (B)迴轉對為低對 (C)滑動軸承為高對 (D)齒輪為低對。

( ) **2** 當活塞在汽缸內作往復運動是屬於何種對偶？ (A)高對 (B)滑動對 (C)迴轉對 (D)螺旋對。

( ) **3** 若二機件面接觸且兩機件間同時具有直線與迴轉運動者，為何者對偶？ (A)滑動對 (B)迴轉對 (C)螺旋對 (D)高對。

( ) **4** 滾珠螺紋，滾珠與螺紋槽間之接觸方式為何種對偶？ (A)迴轉對 (B)高對 (C)低對 (D)滑動對。

( ) **5** 滑動軸承為何種對偶？ (A)滑動對 (B)迴轉對 (C)高對 (D)螺旋對。

( ) **6** 滾動軸承為何種對偶？ (A)滑動對 (B)迴轉對 (C)螺旋對 (D)高對。

( ) **7** 軸承是屬於何種對偶？ (A)高對 (B)低對 (C)迴轉對 (D)以上均可能。

( ) **8** 對偶倒置是變化兩機件間運動的主動與從動的關係，對何種對偶造成不同動路？ (A)迴轉對 (B)高對 (C)滑動對 (D)螺旋對。

( ) **9** 當一機件在空間運動，最多可形成多少個自由度？ (A)6 (B)5 (C)3 (D)1。

( ) **10** 當一機件在平面上，可形成多少個自由度？ (A)6 (B)5 (C)3 (D)1。

( ) **11** 螺旋對可旋轉及直線之相對運動，故螺旋對自由度為： (A)6 (B)5 (C)3 (D)1。

( ) **12** 下列之對偶何者屬於力鎖對？ (A)火車輪與鐵軌 (B)摩擦輪 (C)確動凸輪 (D)螺栓與螺帽。

( ) **13** 下列之符號與敘述之關係，何者最不正確？ (A) 表多根連桿形成一剛體 (B) A 表滑塊與導路 (C)◎表固定軸或固定中心 (D) 表示三機件在一個樞軸上，可繞2個樞軸轉動。

( ) **14** 有關自行車的零件與機構的敘述，下列何者正確？ (A)軸承屬於傳動機件 (B)車架屬於連結機件 (C)煞車塊屬於固定機件 (D)整台自行車稱為機械。

解答與解析

1 (B) **2 (B)** **3 (C)** **4 (B)** **5 (B)** **6 (D)**

7 (D)。滑動軸承為低對，滾動軸承（滾珠、滾子）為高對。

8 (B)。對偶倒置時，高對之絕對運動受影響。

9 (A) **10 (C)** **11 (D)** **12 (A)**

13 (D)。 表二機件在一樞軸上，可繞一樞軸轉動。

14 (D)。軸承、車架屬於固定機件，煞車塊屬於控制機件。

1-5 運動鏈

1 定義：

由3根或3根以上機件所組合之連桿組或數個對偶之連鎖系統稱為鏈。可分為：

(1) 固定鏈（又稱呆鏈）：各連桿間無相對運動，固定鏈至少為三連桿所組成（固定鏈或呆鏈可視為一個機件）。

(2) 運動鏈：數個運動對組成，可產生一定形態之運動。

①拘束運動鏈：各連桿間有相對運動，一定規律的（可預期的）拘束鏈（至少需要四連桿組成機構）稱為拘束運動鏈。

②無拘束運動鏈：各連桿間有相對運動無法作確定者，例如五連桿組。如圖：

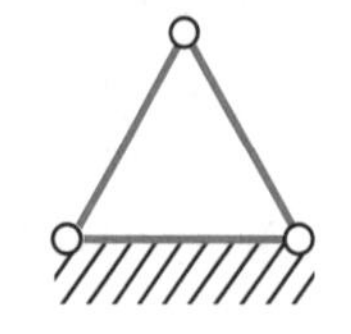

(a)固定鏈（各桿無相對運動）

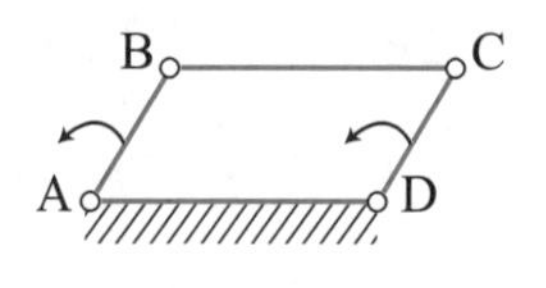

(b)拘束鏈（AB桿）往前轉，CD桿只會往前，只有一種可能。

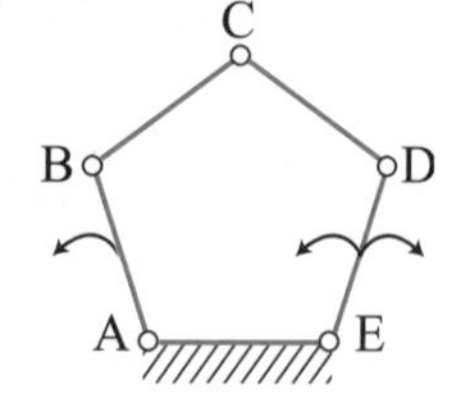

(c)無拘束鏈，當AB桿往前轉動，DE桿可往前亦可往後轉動，兩種可能為無拘束鏈。

圖(十四) 各種運動鏈

2 公式辨別法：

(1) $P<\frac{3}{2}N-2$ 成立時為無拘束運動鏈，其自由度＞1。

(2) $P=\frac{3}{2}N-2$ 成立時為拘束運動鏈，其自由度＝1。

(3) $P>\frac{3}{2}N-2$ 成立時為呆鏈，其自由度＝0。

	拘束鏈 +2　+2　+2			
N機件數	4	6	8	10
P對偶數	4	7	10	13
	+3	+3	+3	

註 ①N（機件數）：所有固定面只能算一件，其他有幾件算幾件。
②P（對偶數）：由銷接點之機件數－1＝對偶數。
③要形成拘束鏈，機件數每加2，對偶數需加3。
④計算對偶數P時，若銷接點有兩根連桿，則對偶數為1，若銷接點有三根連桿，則對偶數為2，依此類推。
例如：

N＝2，P＝1　　N＝3，P＝2

N＝4，P＝3　　N＝3，P＝2

N＝2，P＝1　　N＝5，P＝4

⑤要形成一鏈至少為三連桿（為呆鏈）。
⑥要形成一機構至少為四連桿（為拘束鏈）。

3 補充：

(1) 週期×頻率＝1（T×f＝1），週期(T)：繞一圈或來回一次所需之時間稱為週期，單位為秒／次，秒／圈或秒。

頻率(f)：為每秒鐘所轉過之圈數；單位為次／秒，或圈／秒即1／秒或Hz（赫茲）。

(2) 切線速度V＝rω

符號	T週期	f頻率	切線速度V
單位	秒	1／秒	m／s

(3) 簡諧運動：為等速圓周運動之投影，其加速度與位移成正比，但方向相反。

(4) 機件 —兩個機件形成→ 對偶 —數個對偶形成→ 運動鏈（或連桿組）。

(5) 當為四連桿組拘束鏈，即N＝4、P＝4時：
機件數增加1個，而對偶數增加2個為固定鏈。如N＝5,P＝6。
機件數增加2個，而對偶數增加3個為拘束運動鏈。如N＝6,P＝7。
機件數增加3個，而對偶數增加4個為無拘束運動鏈。如N＝7,P＝8。

拘束鏈計算與判斷方法

老師講解 1

試判別如圖所示之連桿組為何種運動鏈？和機件數、對偶數各為多少？

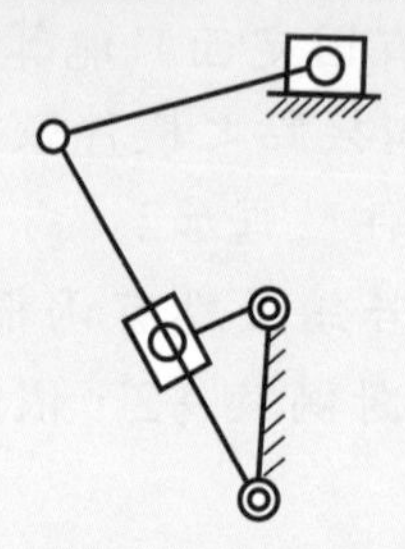

解：1.機件數N為所有固定面算一件，其他有幾件算幾件。

2.對偶數P為銷接點之機件數減一為對偶數。

$\overline{AB}$為一桿件，只能算一件

∴機件數為6。　對偶數為7。

∵N＝6、P＝7

$P=\frac{3}{2}N-2$，$7=\frac{3}{2}\times 6-2$

∴為拘束鏈

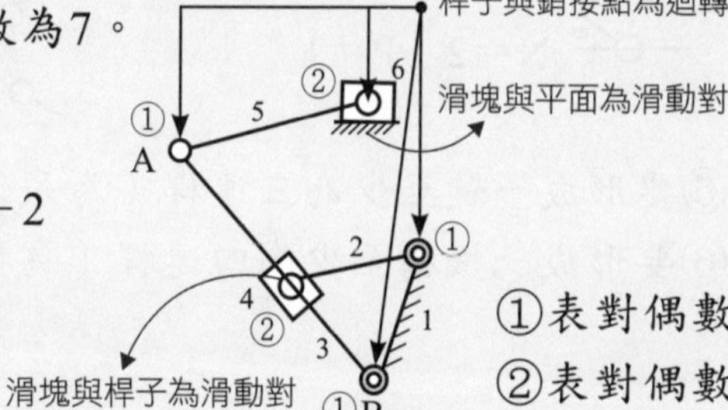

①表對偶數為1個。

②表對偶數為2個。

學生練習 1

如圖所示之連桿組，試判別是哪一種運動鏈？機件數、對偶數分別為多少？

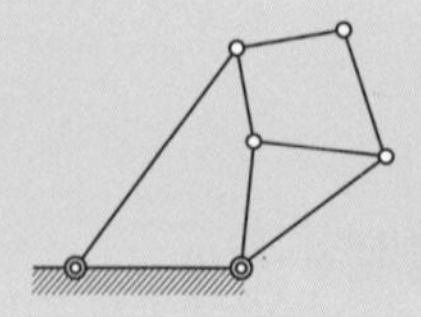

拘束鏈與無拘束鏈計算與判斷方法

老師講解 2

如右圖所示之連桿組為何種運動鏈？
機件數、對偶數分別為多少？

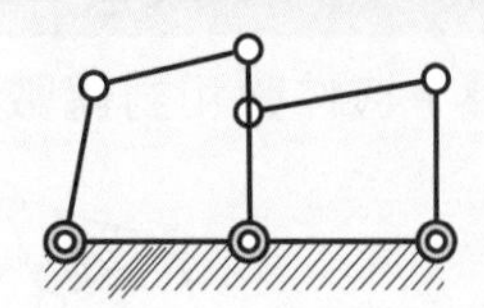

解：1.機件數以A、B、C、D、E、F表示共有6件。∴N=6

2.對偶數由接點之機件數減1。

∴對偶數=7個

3.由$P=\frac{3}{2}N-2$，$7=\frac{3}{2}\times 6-2$

此機構即為拘束鏈

（註：表兩機件，一個對偶）

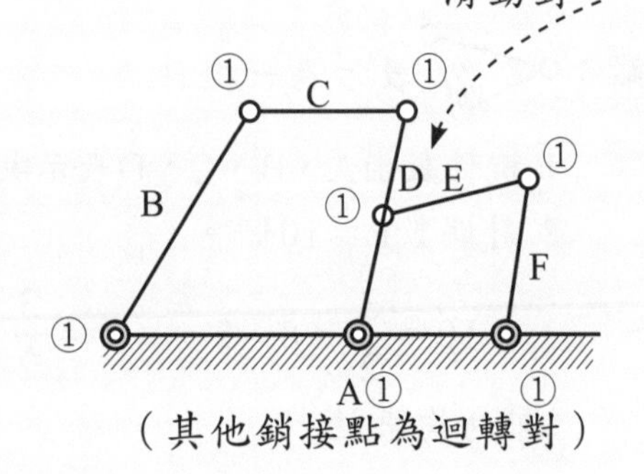

學生練習 2

右圖所示之連桿組為何種運動鏈？
機件數、對偶數分別為多少？

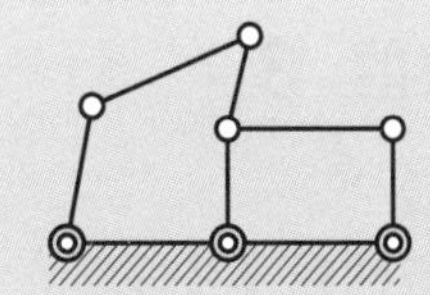

拘束鏈（含呆鏈）之判斷方法

老師講解 3

試判別下圖為何種鏈？機件數和對偶數分別為多少？

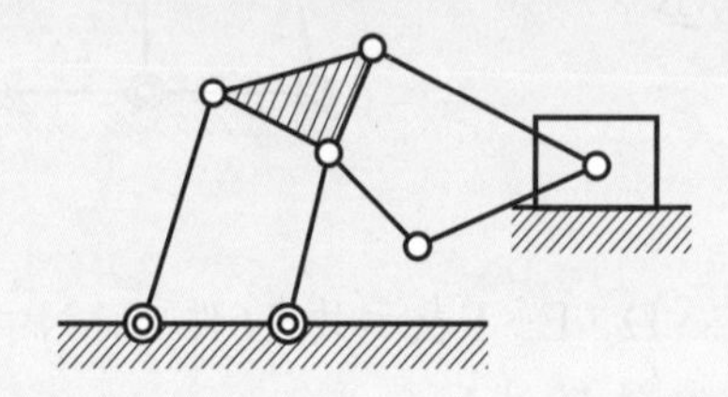

解： 表示為一機件

1. 機件數由A、B、C、D表示共8件。
2. 對偶數P＝10個。
3. 由$10=\frac{3}{2}\times 8-2$，（$P=\frac{3}{2}N-2$）

即為拘束鏈

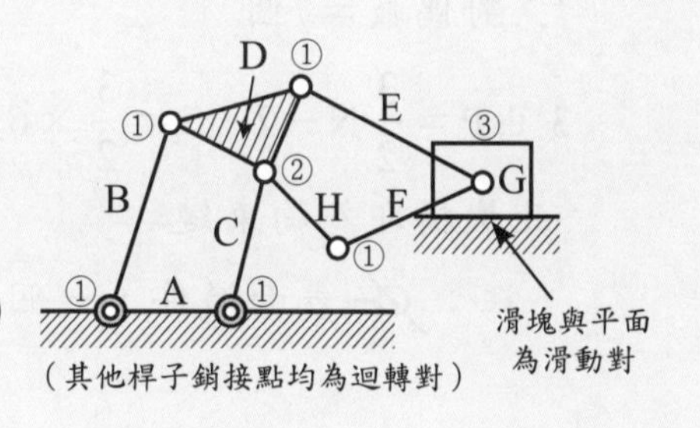

（其他桿子銷接點均為迴轉對）

學生練習 3

試判別右圖為何種鏈？
機件數和對偶數之數目各多少？

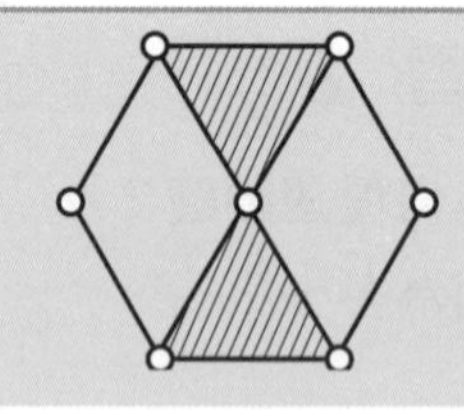

角速度、切線速度之計算

老師講解 4

輪子直徑60cm，周緣上一點之切線速度為90cm/sec，求此輪之角速度。

解：$V(cm/s) = r(cm)\omega(rad/s)$

$\therefore 90 = 30 \times \omega \quad (r = \frac{d}{2} = \frac{60}{2} = 30\ cm)$

$\therefore \omega = 3\ rad/s$

學生練習 4

機件上的某一質點作圓周運動直徑2m，其轉速為300rpm，試求切線速度為多少m/s？

立即測驗

( ) **1** 下列敘述中，何者最不正確？
(A)兩機件互相接觸，並產生相對運動者，稱為對偶
(B)由許多對偶組成的一種連鎖系統稱為運動鏈
(C)欲構成一鏈至少需要四根連桿
(D)機構必為拘束運動鏈。

( ) **2** 欲構成一鏈，最少需要幾根連桿？
(A)2 (B)3
(C)4 (D)5。

( ) **3** 要形成機構，至少需要幾根連桿？
(A)二連桿 (B)三連桿
(C)四連桿 (D)五連桿。

( ) **4** 欲形成拘束鏈，所需要的連桿及對偶數目關係，從連桿為4起，每增加二連桿時，對偶數目必增加：
(A)2 (B)3
(C)4 (D)5。

( ) **5** 三連桿組所形成連桿組，不能稱為機構而為結構之原因是：
(A)無法承受各種負載
(B)各連桿間不能作相對運動
(C)無法傳達任何功率
(D)為撓性傳動元件。

( ) **6** 如圖所示之連桿組為何種運動鏈？
(A)呆鏈
(B)拘束鏈
(C)無拘束鏈
(D)混合鏈。

( ) **7** 判斷運動鏈時，N為連桿數，P為對偶數，若$P < \frac{3N}{2} - 2$時，則該鏈為：
(A)呆鏈 (B)拘束鏈
(C)無拘束鏈 (D)混合鏈。

(　　) **8** 試判別右圖為何種鏈？

(A)拘束鏈

(B)無拘束鏈

(C)呆鏈

(D)混合鏈。

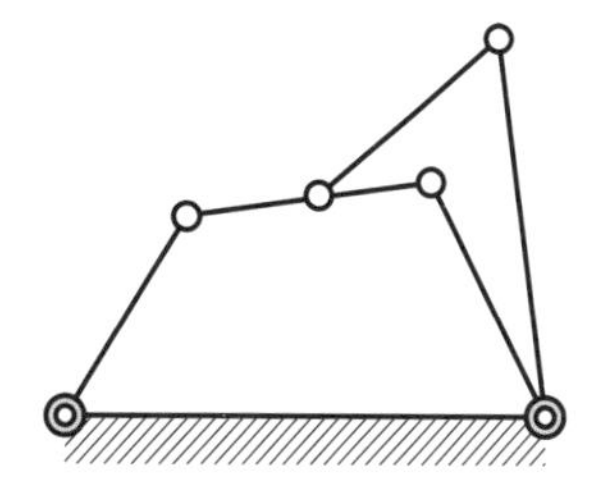

(　　) **9** 下列運動鏈中，何者為呆鏈？

(A)
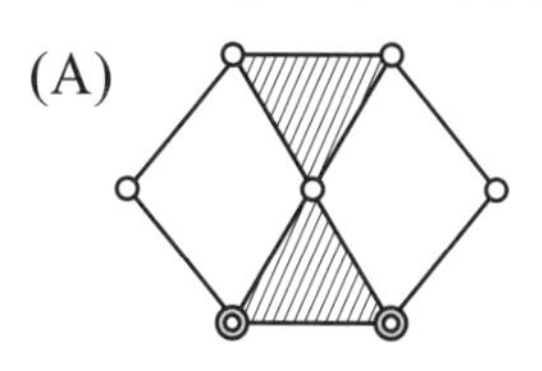

(B)
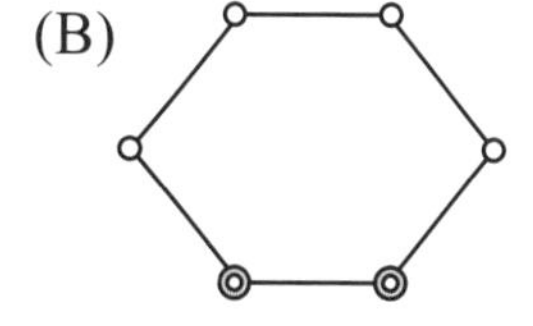

(C)
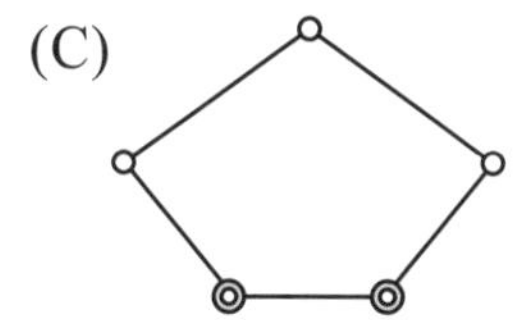

(D)
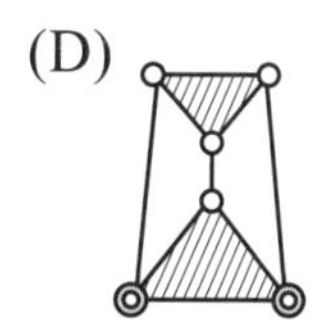

(　　) **10** 某機械工程師設計一拘束運動鏈機構，若連桿數目從4件開始設計，每增加2件連桿數，則其對偶數會增加多少？

(A)2　　(B)3

(C)4　　(D)5。

解答與解析

1 (C)。要形成一鏈至少要3連桿即為呆鏈。

2 (B)　**3 (C)**　**4 (B)**　**5 (B)**

6 (B)。機件數為6，

對偶數為7，

為拘束鏈。

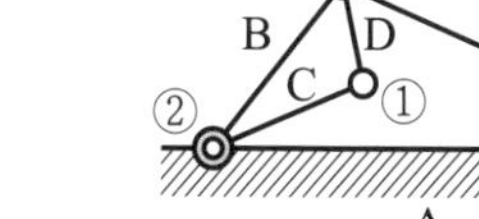

7 (C)

8 (B)。N＝7，對偶數P＝8

$\frac{3}{2}N-2=\frac{3}{2}\times7-2=8.5$

$8<8.5$即$P<\frac{3}{2}N-2$

為無拘束鏈

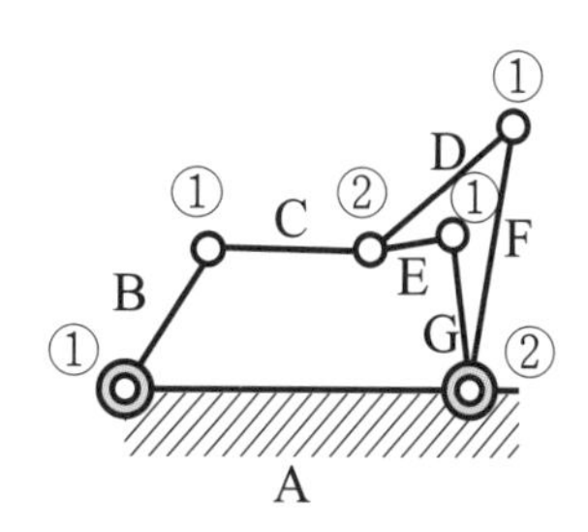

9 (D)

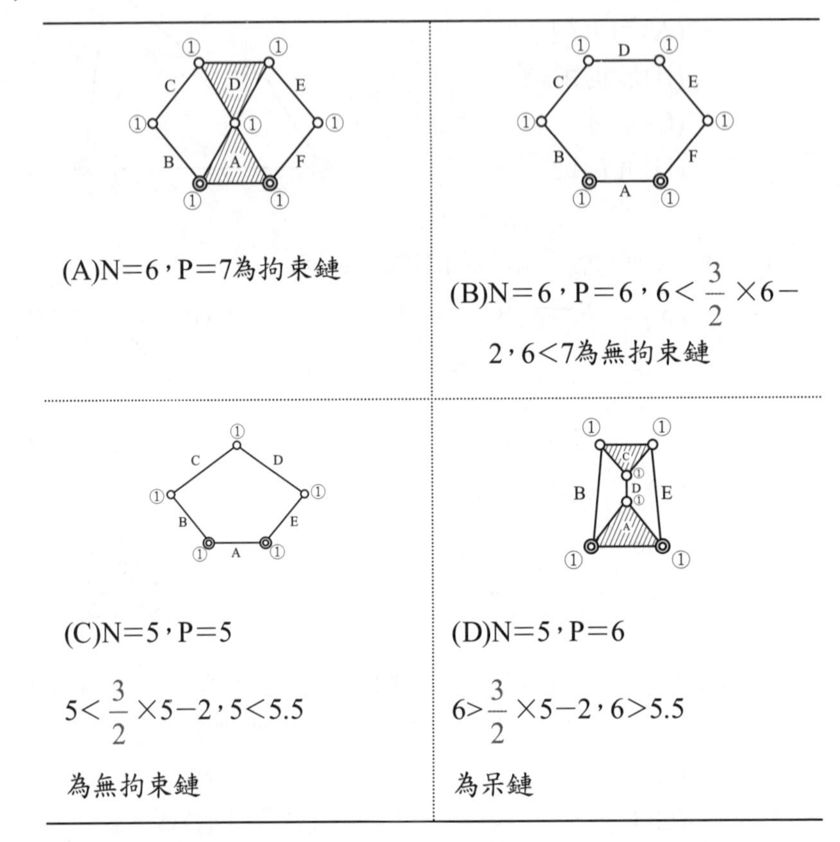

10 (B)。拘束運動鏈機構，機件數從4件開始設計，機件數每增加2，則其對偶數會增加3。

考前實戰演練

( ) **1** 有關鋼鋸何者正確？ (A)是一種機械 (B)是一種機構 (C)即是機械也是機構 (D)不是一種機械也不是一種機構。

( ) **2** 下列何者無法稱為機械？ (A)齒輪變速箱 (B)車床 (C)自行車 (D)洗衣機。

( ) **3** 「機械」與「機構」主要相異處為： (A)是否有重要元素之零件 (B)具有相對運動 (C)為力之抗力體 (D)將能轉變為功。

( ) **4** 時鐘不是機械，因為不符合哪一項機械定義？ (A)兩個以上機構組成 (B)抗力體組成 (C)有機械利益 (D)將能轉變為功。

( ) **5** 有關機件、機構與機械之敘述，何者正確？ (A)機件是機械之集合體 (B)機件是機構之集合體 (C)機構是機件之集合體 (D)機構是機械之集合體。

( ) **6** 下列何者屬於機構？ (A)固定鏈 (B)拘束運動鏈 (C)無拘束運動鏈 (D)結構體。

( ) **7** 三連桿組成之連桿不能稱之為機構，因為： (A)少一個連桿 (B)連桿間不能作相對運動 (C)三連桿不能承受較大的負荷 (D)幾乎沒有機械利益。

( ) **8** 國際標準化組織之英文簡稱為： (A)SI (B)ISO (C)DIN (D)JIS。

( ) **9** 剛體之定義，何者正確？ (A)不因外力作用而改變其上任意二點之距離者 (B)不因外力作用而產生旋轉之物體 (C)不因外力作用而產生移動之物體 (D)不因外力作用而產生塑性變形之物體。

( ) **10** 汽車之底盤是屬於何種機件？ (A)連接機件 (B)活動機件 (C)固定機件 (D)以上皆是。

( ) **11** 何種機件無法在機構中傳達運動與動力？ (A)齒輪 (B)凸輪 (C)導螺桿 (D)軸承。

( ) **12** 機械最基本元件中，適合用於「控制機件」的是下列哪一種機件？ (A)軸承 (B)螺栓與螺帽 (C)連桿 (D)齒輪。

(　　) **13** 鍵與銷、螺栓與螺帽是屬於何種機件？　(A)活動機件　(B)固定機件　(C)連接機件　(D)傳動機件。

(　　) **14** 何者屬於固定用之機件？　(A)軸承　(B)螺栓　(C)鍵　(D)彈簧。

(　　) **15** 彈簧屬於機件中的：　(A)固定機件　(B)控制機件　(C)連結機件　(D)傳動機件。

(　　) **16** 用於傳送能或改變力的方向之機件是屬於：　(A)固定機件　(B)活動機件　(C)連接機件　(D)控制機件。

(　　) **17** 何者不是直接接觸傳動之機件？　(A)摩擦輪　(B)齒輪　(C)鏈條　(D)凸輪。

(　　) **18** 在軸承中，下列何者為線接觸的軸承？　(A)滾珠軸承　(B)滾子軸承　(C)滑動軸承　(D)對合軸承。

(　　) **19** 皮帶輪傳動是屬於何種傳動方式？　(A)滑動接觸　(B)滾動接觸　(C)剛體中間連接物傳動　(D)撓性中間連接物傳動。

(　　) **20** 機構學常用的符號「○」表示：　(A)樞紐　(B)機件上一點　(C)固定軸　(D)中空圓管。

(　　) **21** 符號「◎」是表示：　(A)樞軸　(B)機件上一點　(C)固定軸　(D)接合點。

(　　) **22** 下列何者錯誤？　(A)◎為固定軸　(B) 多根連桿結合成一剛體　(C)  固定面　(D) 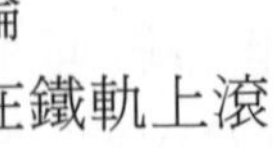 3根連桿及2個對偶。

(　　) **23** 對偶倒置後，運動性質受影響的是何種對偶？　(A)低對　(B)高對　(C)滑動對　(D)迴轉對。

(　　) **24** 哪一種對偶不是力鎖對？
(A)平板凸輪　(B)非確動凸輪
(C)鳩尾配合　(D)火車車輪在鐵軌上滾動。

(　　) **25** 如圖(一)所示之對偶為
(A)合對　(B)高對
(C)迴轉對　(D)滑動對。

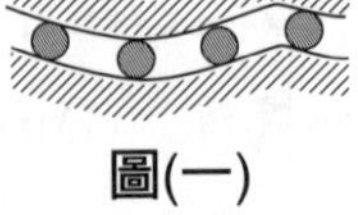

圖(一)

( ) **26** 車床尾座在床軌的運動屬於： (A)滑動對 (B)迴轉對 (C)螺旋對 (D)高對。

( ) **27** 若二個機件經組合而相互接觸產生相對運動者稱為： (A)機構 (B)機械 (C)對偶 (D)運動鏈。

( ) **28** 下列何者屬於低對： (A)齒輪組 (B)螺桿與螺帽間之運動 (C)滾珠軸承 (D)滾子軸承。

( ) **29** 用於CNC之滾珠螺紋，滾珠與螺紋槽間之接觸方式為： (A)迴轉對 (B)高對 (C)低對 (D)滑動對。

( ) **30** 兩皮帶輪之傳動是屬於何種對偶？ (A)滑動對 (B)迴轉對 (C)低對 (D)以上皆非。

( ) **31** 螺旋對可同時作直線及： (A)上下 (B)曲線 (C)旋轉 (D)搖擺 運動。

( ) **32** 有關運動對之敘述，何者錯誤？
(A)高對為兩機件間以點或線接觸者
(B)低對為兩機件間以面接觸者
(C)滾珠軸承屬於高對
(D)平板凸輪屬於低對。

( ) **33** 下列敘述何者錯誤？
(A)機構之機件有一定的相對運動
(B)導螺桿屬於傳動機件
(C)圓柱於平面上滾動之運動為迴轉對
(D)撓性中間連接物，僅能傳送拉力。

( ) **34** 圓柱與平面之接觸運動，其自由度為多少？ (A)5 (B)4 (C)3 (D)2。

( ) **35** 一運動對之最大自由度為多少？ (A)6 (B)5 (C)4 (D)3。

( ) **36** 如圖(二)所示，其自由度為多少？
(A)0
(B)1
(C)2
(D)3。

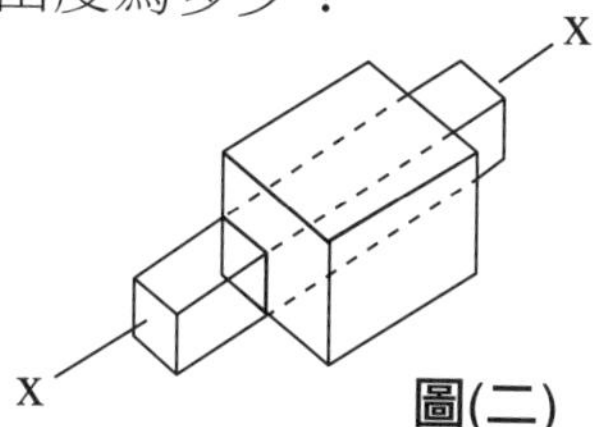

圖(二)

( ) **37** 如右圖(三)所示的運動鏈，設機件數為N，對偶數為P，自由度為F，則下列何者錯誤？
(A)N＝6
(B)P＝7
(C)F＝1
(D)此運動鏈為無拘束運動鏈。

圖(三)

( ) **38** 如圖(四)所示之運動鏈，設機件數為N，對偶數為P，則N與P分別為多少？
(A)N＝8、P＝10
(B)N＝10、P＝13
(C)N＝10、P＝12
(D)N＝6、P＝8。

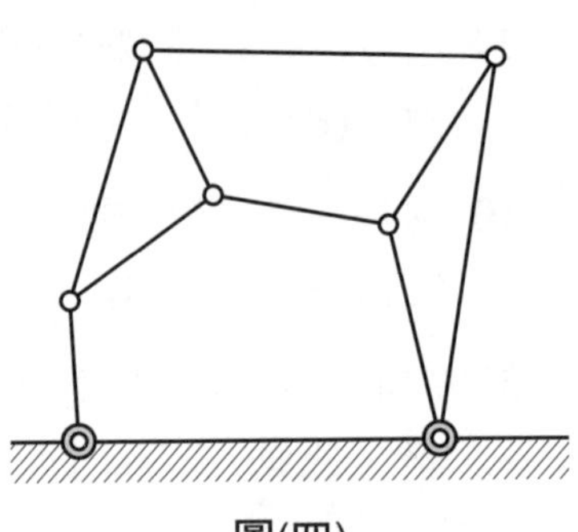

圖(四)

( ) **39** 設有一固定鏈，若其共有10個對偶數，則該機構可能有多少個機件數： (A)6個 (B)8個 (C)10個 (D)9個。

( ) **40** 欲成為連桿機構所需的機件數至少為多少個？
(A)2 (B)4 (C)6 (D)8 個。

( ) **41** 下列運動鏈所使用的接頭皆為迴轉對，何者具有呆鏈的構造？

(A)
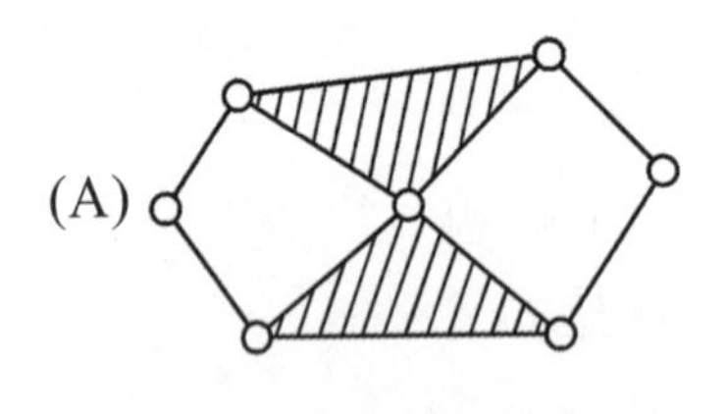

(B)
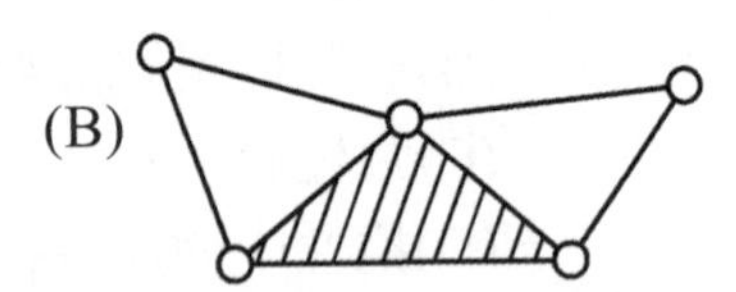

(C)
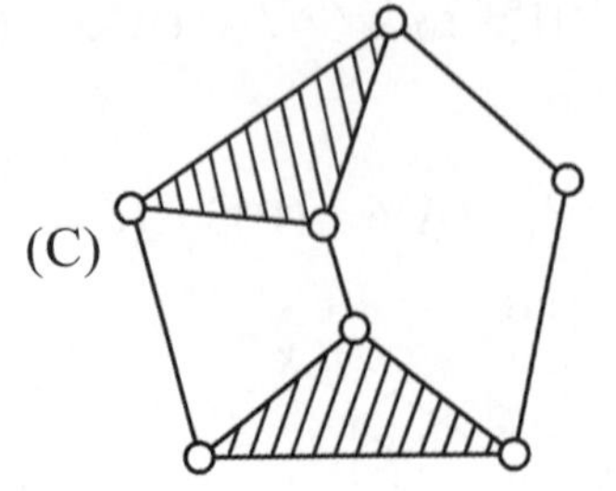

(D)
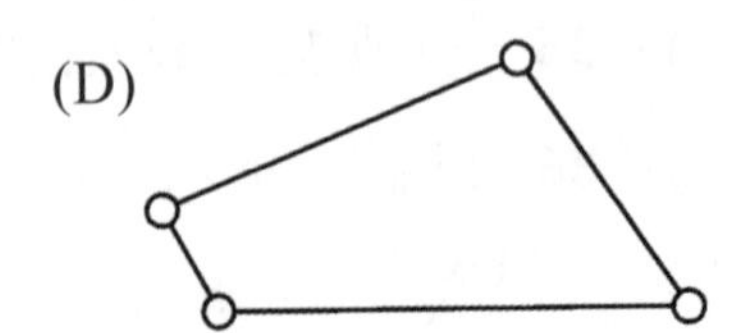

( ) **42** 請判斷圖(五)是何種運動鏈？

(A)呆鏈

(B)拘束鏈

(C)無拘束鏈

(D)無法判斷。

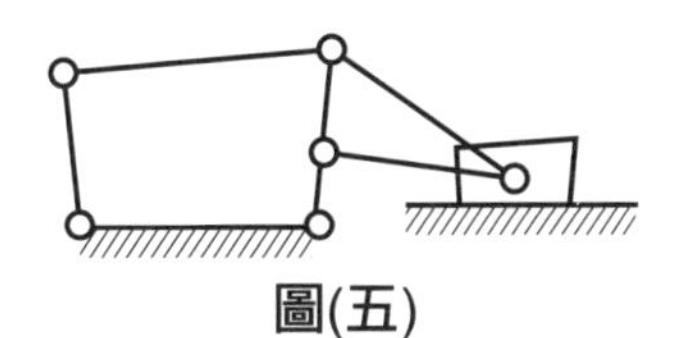

圖(五)

( ) **43** 如圖(六)所示，此連桿組為何種運動鏈？

(A)拘束運動鏈

(B)無拘束運動鏈

(C)固定鏈

(D)呆鏈。

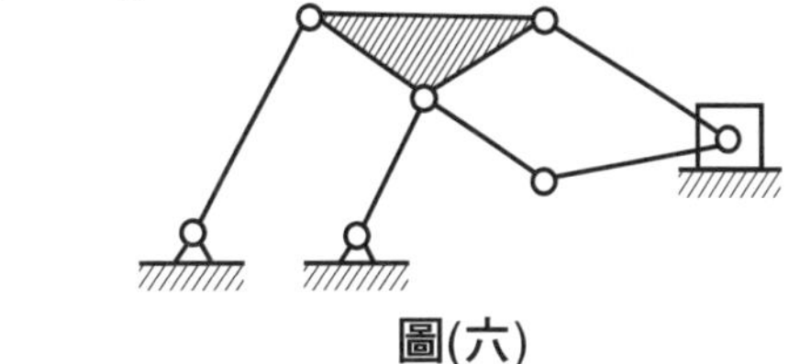

圖(六)

( ) **44** 請判斷右圖(七)為何種運動鏈？

(A)呆鏈

(B)拘束鏈

(C)無拘束鏈

(D)無法判斷。

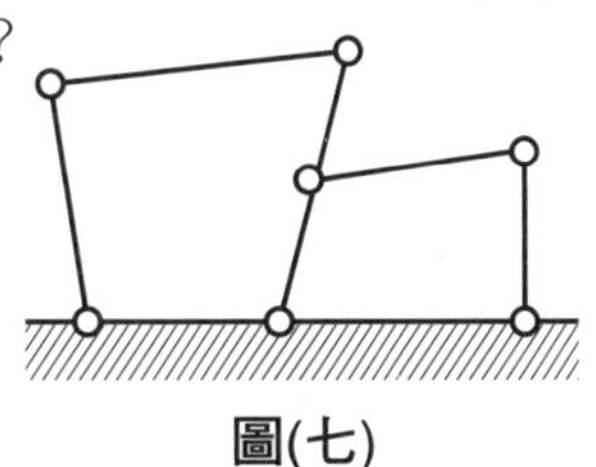

圖(七)

( ) **45** 前一陣子的大雪紛飛，吸引許多人上山賞雪，但在入山前，所有車輛被要求加掛雪鏈，主要因為沒有加掛雪鏈的車輪和結冰的地面，會產生下列何種情形，而無法操控？

(A)兩接觸面產生滾動接觸

(B)兩接觸面產生流體連接傳動

(C)兩接觸面產生切線速度不相等

(D)兩接觸面產生撓性體連接傳動。

( ) **46** 圖(八)所示之凸輪機構是由平板凸輪與滾子從動件所組成，若運動對的總數為 P，高對的數目為 H，低對的數目為 L，則 P、H、L 的值分別為多少？

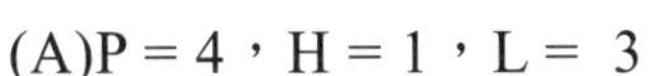

(A)P = 4，H = 1，L = 3

(B)P = 4， H = 3，L = 1

(C)P = 3， H = 1，L = 2

(D)P = 3， H = 2，L = 1。

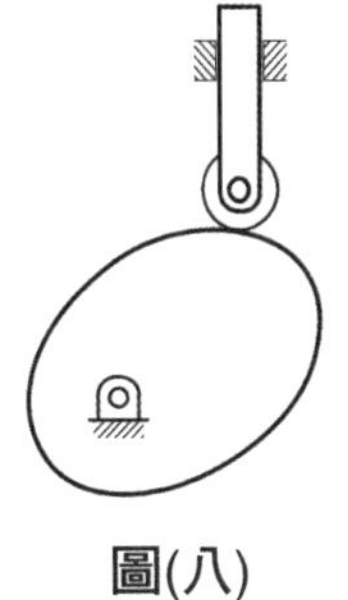

圖(八)

( ) **47** 如圖(九)運動鏈，機件數為N，對偶數為P，N與P分別為多少？
(A)N＝5，P＝6
(B)N＝5，P＝7
(C)N＝6，P＝6
(D)N＝6，P＝7。

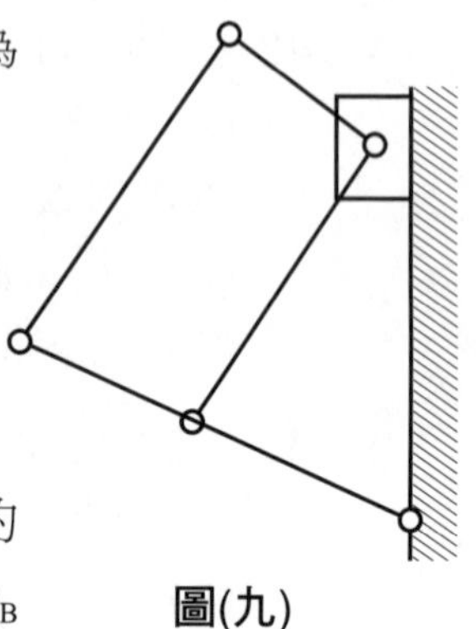
圖(九)

( ) **48** 若主動件A繞固定軸O_A轉動，以接觸傳動的方式驅動從動件B，使從動件B繞固定軸O_B轉動。已知固定軸O_A與O_B互相平行，則下列有關此兩機件A與B接觸傳動的敘述何者正確？
(A)若此兩機件的接觸點恆落在O_A與O_B的連心線上，則一定為純滾動接觸
(B)若此兩機件在接觸點之線速度的法向分量相等，則一定為純滾動接觸
(C)若此兩機件在接觸點之線速度的法向分量相等，則一定為滑動接觸
(D)若此兩機件在接觸點的線速度相等，則一定為純滾動接觸。

( ) **49** 下列有關運動對的敘述，何者正確？
(A)兩摩擦輪組成之運動對為低對
(B)滾珠軸承的鋼珠與外座環組成之運動對為高對
(C)火車的車輪與鐵軌組成之運動對為低對
(D)螺栓與螺帽組成之運動對為高對。

( ) **50** 有關螺栓與螺帽相互接觸產生運動的接觸方法與性質，下列何者正確？ (A)自鎖對、低對 (B)力鎖對、高對 (C)完全對偶、高對 (D)不完全對偶、低對。

( ) **51** 有關運動對之敘述，下列何者不正確？
(A)不藉由外力作用即能維持接觸者稱為完全對偶
(B)圓柱對之兩機件間運動會彼此互相拘束及限制
(C)線接觸的摩擦輪對偶屬於高對
(D)螺旋對之兩機件間直線運動會受到迴轉運動拘束。

第2章 螺旋

2-1 螺旋的原理

1 螺旋是斜面**原理之應用，如圖(一)所示。由一直角三角形旋繞柱體所形成之曲線為**螺旋線**，螺旋線為理論曲線，若由牙刀車出凹槽即為螺紋。（註：上山的山路、樓梯均為斜面的運用。）**

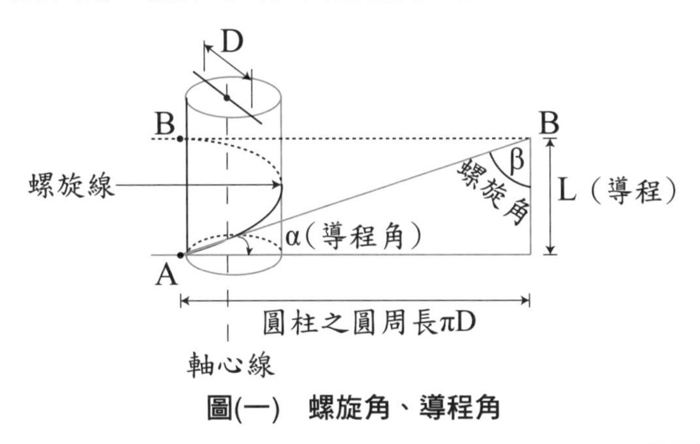

圖(一)　螺旋角、導程角

(1) 導程角α：螺旋線之切線與螺桿軸線的垂直線之夾角。 $\tan\alpha = \dfrac{L}{\pi D}$ 。

（L：導程，D：螺紋外徑）。註：導程角越大，導程越大。

(2) 螺旋角β：螺旋線之切線與螺桿軸線之夾角。 $\tan\beta = \dfrac{\pi D}{L}$ ，$\alpha + \beta = 90°$ 。

或 $L = \pi D \tan\alpha = \dfrac{\pi D}{\tan\beta} = \pi D \cot\beta$ 。註：螺旋角越大，導程越小。

(3) 導程角小的螺紋可以鎖得比較緊，不易鬆脫。

2 斜面之應用

(1) 機械利益$M = \dfrac{\text{抗力}W}{\text{施力}F}$ （$M = \dfrac{W}{F}$，機械利益M可大於1、小於1或等於1）。

①當 $M = \dfrac{W}{F} > 1 \Rightarrow W > F$ ，即機械利益大於1時，省力費時

②當 $M=\dfrac{W}{F}<1\Rightarrow W<F$，即機械利益小於1時，費力省時

③當 $M=\dfrac{W}{F}=1\Rightarrow W=F$，即機械利益等於1時，不省力不省時，主要改變施力方向。

(2) 光滑(不計摩擦)斜面的機械利益：（斜面越長越省力）

① 施力F沿斜面方向：$M=\csc\theta$（如圖二）即機械利益等於傾斜角之餘割值。

② 施力F沿水平方向：$M=\cot\theta$（如圖三）即機械利益等於傾斜角之餘切值。

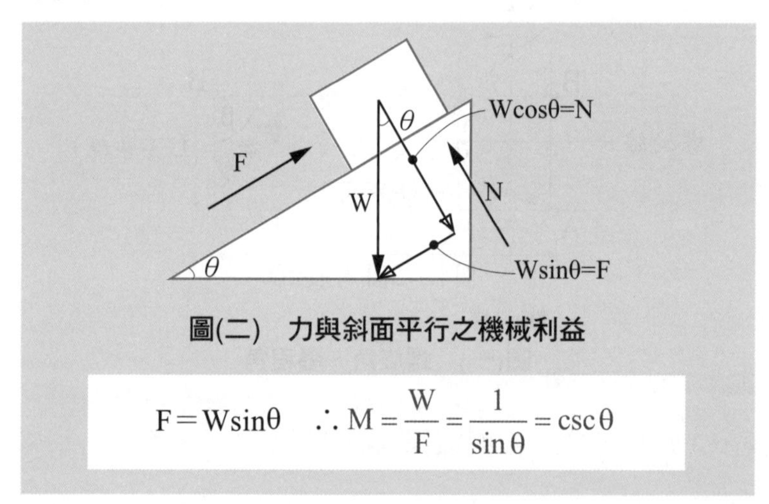

圖(二)　力與斜面平行之機械利益

$$F=W\sin\theta \quad \therefore M=\frac{W}{F}=\frac{1}{\sin\theta}=\csc\theta$$

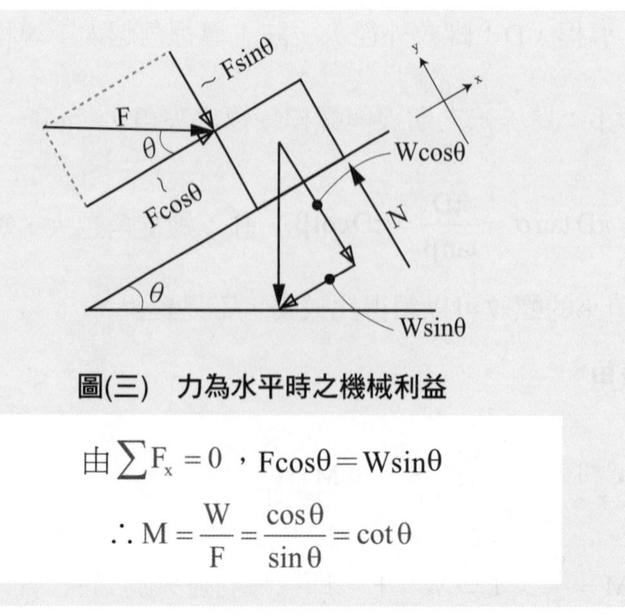

圖(三)　力為水平時之機械利益

$$由\sum F_x=0，F\cos\theta=W\sin\theta$$

$$\therefore M=\frac{W}{F}=\frac{\cos\theta}{\sin\theta}=\cot\theta$$

(3) 斜面使滑動件升高之距離(H)等於（斜面平移距離）乘以（斜面傾斜角之正切值），如圖(四)所示。

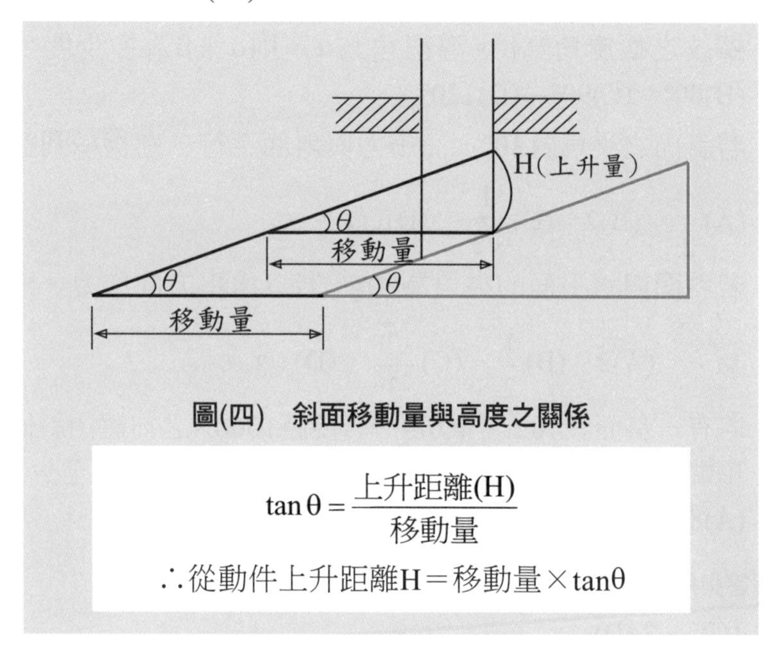

圖(四) 斜面移動量與高度之關係

$$\tan\theta = \frac{\text{上升距離(H)}}{\text{移動量}}$$

∴從動件上升距離H＝移動量×tanθ

立即測驗

( ) **1** 螺旋是那一種原理之應用？ (A)槓桿 (B)機械能守恆 (C)斜面 (D)動量不滅原理。

( ) **2** 若將直角三角形底邊靠圓柱，纏繞在圓柱周圍，則在圓柱表面上所形成的曲線為： (A)阿基米德螺旋線 (B)擺線 (C)對數螺旋線 (D)螺旋線。

( ) **3** 螺旋之螺旋角為α，導程為L，螺桿直徑為D，則：

(A) $\tan\alpha = \frac{L}{\pi D}$ (B) $\tan\alpha = \frac{D}{\pi L}$ (C) $\tan\alpha = \frac{\pi L}{D}$ (D) $\tan\alpha = \frac{\pi D}{L}$。

( ) **4** 若螺紋之導程角為α，而tanα＝0.4，節徑10mm，則導程為多少mm？ (A) $\frac{1}{2\pi}$ (B)2π (C)4π (D) $\frac{\pi}{4}$。

( ) **5** 斜面之機械利益與其傾斜角度的大小成： (A)角度越大，機械利益越大 (B)角度越小，機械利益愈大 (C)正、反比均可 (D)無關。

( ) **6** 若螺旋之導程角為30°，直徑為35mm，則螺距約為多少mm？(A)63 (B)54 (C)83 (D)74。

( ) **7** 螺紋之螺旋角為β，導程角為α，則α＋β為多少度？ (A)30° (B)60° (C)90° (D)120°。

( ) **8** 若斜面之夾角為30°，而施力與斜面平行，則機械利益為多少？
(A)$\frac{1}{2}$ (B)2 (C)$\frac{1}{\sqrt{3}}$ (D)$\sqrt{3}$。

( ) **9** 若斜面與水平面的夾角為30°，若以水平方向施力，則機械利益為： (A)2 (B)$\frac{1}{2}$ (C)$\frac{\sqrt{3}}{3}$ (D)$\sqrt{3}$。

( ) **10** 若有一斜面長10m，高6m，若要將1000N之物體由斜面底端推至頂端，若不考慮摩擦損失，則與斜面平行之推力至少為多少N？(A)800 (B)600 (C)80 (D)60。

解答與解析

1 (C) **2 (D)**

3 (D)。$\tan(\text{導程角})=\frac{L}{\pi d}$，$\tan(\text{螺旋角})=\frac{\pi D}{L}$

4 (C)。$\tan\alpha=\frac{L}{\pi d}$，$0.4=\frac{L}{\pi\times 10}$ $\therefore L=4\pi$ mm

5 (B)

6 (A)。$\tan(\text{導程角})=\frac{L}{\pi d}$，$\tan 30^\circ=\frac{L}{35\pi}=\frac{1}{\sqrt{3}}$ $\therefore L=63\text{mm}$

7 (C)

8 (B)。力量與斜面平行：機械利益 $M=\frac{W}{F}=\frac{1}{\sin\theta}=\csc\theta$，力量為水平時機械利益 $M=\frac{W}{F}=\cot\theta$，$\csc 30^\circ=\frac{1}{\sin 30^\circ}=2$

9 (D)。力量為水平時 $M=\frac{W}{F}=\cot\theta$ $\therefore \cot 30^\circ=\sqrt{3}$

10 (B)

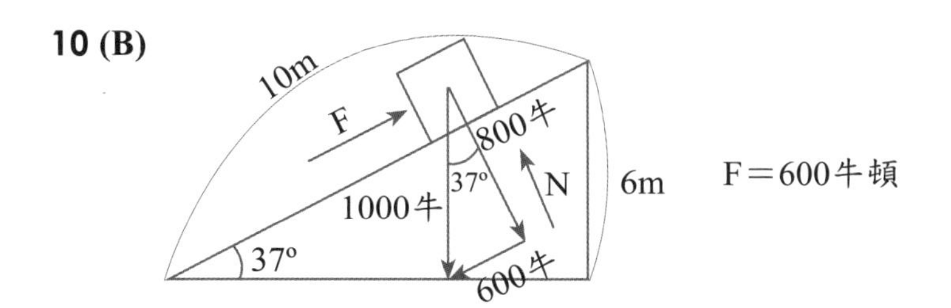

螺旋各部位名稱

1 螺旋各部份名稱

(1) 大徑（外徑）：螺旋大徑，一般為螺紋的公稱直徑，外螺紋稱外徑，內螺紋稱全徑，如圖(五)所示。

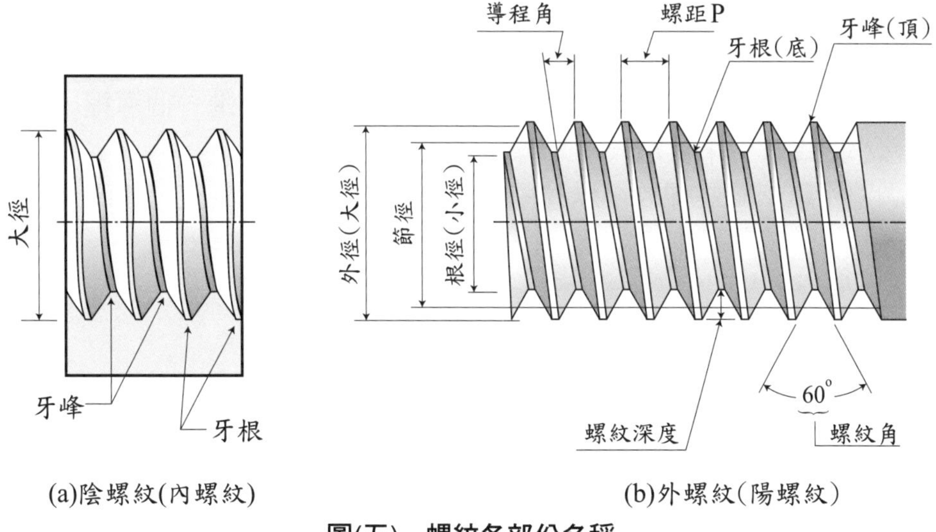

(a)陰螺紋(內螺紋)　(b)外螺紋(陽螺紋)

圖(五)　螺紋各部份名稱

(2) 底徑（根徑）：外螺紋稱底徑，內螺紋稱內徑。

(3) 節徑（節圓直徑）：為螺紋之假想的圓柱直徑，尖V牙螺紋介於大徑和小徑之平均直徑，亦即螺紋基準輪廓。**螺紋節圓直徑大小可用螺紋分厘卡測量**。

(4) 外螺紋：又稱陽螺紋，圓柱外表有製螺紋者。（英制外螺紋代號A，公制為小寫）

(5) 內螺紋：又稱陰螺紋，圓柱內部有製螺紋者。（英制內螺紋代號B，公制為大寫）
(6) 牙峰：螺紋之頂部。
(7) 牙根：螺紋之底部。
(8) 螺紋角：兩螺紋牙間所夾之槽角，又稱牙角。
(9) 螺距（節距）p：相鄰兩螺紋的對應點軸線方向的距離。
(10) 導程L：螺紋旋轉一周，沿軸線方向移動的距離。
單線螺紋：導程＝螺距。
(11) 螺紋深度：牙頂至牙底的垂直距離，又稱牙深。 公制V牙，牙深＝0.65P

2 螺旋之功用

(1) 傳達動力：車床導螺桿和虎鉗之螺旋均利用螺紋來傳達動力，此螺紋並具備高效率，以減少動力損失。其中效率順序為：滾珠螺紋＞方牙螺紋＞梯牙螺紋＞鋸齒型螺紋。
(2) 連結或固定機件：利用螺紋來連接或固定常拆卸之零件，一般使用V型螺紋，V型螺紋具有高強度與低效率，較不易因震動、衝擊而脫落。
(3) 測量：分厘卡利用螺旋之原理，使其旋轉一周就前進一個導程（利用導程小之螺紋）來量測尺寸。
(4) 調整距離：一些螺紋可以利用低效率之V形螺紋來調整，如四部軸承之調整螺絲校對正中心，車床複式刀座用螺紋來調整進刀量。

立即測驗

(　　) **1** 下列四種螺紋(1)方牙螺紋　(2)梯牙螺紋　(3)滾珠螺紋　(4)鋸齒形螺紋，其螺紋傳動效率之順序為何？
(A)1＞2＞3＞4　(B)3＞1＞2＞4
(C)3＞2＞1＞4　(D)1＞3＞2＞4。

(　　) **2** 螺旋線與螺旋軸心線之垂直線夾角稱為：
(A)導程角　(B)螺旋角　(C)牙角　(D)螺紋角。

(　　) **3** 相鄰螺紋之對應點，平行軸線的距離，稱為：
(A)螺距　(B)導程　(C)周節　(D)節徑。

(　　) **4** 下列何者不是螺紋之功用？
(A)鎖緊機件　(B)傳遞動力　(C)測量　(D)減少摩擦。

( ) **5** 外螺紋直徑係指外螺紋的：
(A)大徑 (B)小徑 (C)節徑 (D)徑節。

( ) **6** 螺紋旋轉一周前進或後退的距離，稱為：
(A)螺距 (B)導程 (C)周節 (D)節徑。

( ) **7** 若M8×1表公制V牙螺紋，外徑8mm，螺距1mm，則螺紋之牙深為多少mm？ (A)0.65 (B)0.75 (C)1.3 (D)1.5。

( ) **8** 同上題，此公制螺紋之節徑為多少mm？
(A)7 (B)6.7 (C)7.35 (D)7.25。

( ) **9** 螺紋分厘卡可用於測量螺紋的？ (A)外徑 (B)根徑 (C)節圓直徑 (D)牙深。

解答與解析

1 (B) **2 (A)** **3 (A)** **4 (D)** **5 (A)** **6 (B)**

7 (A)。公制V牙，牙深＝0.65P＝0.65×1＝0.65mm

8 (C)。節徑＝外徑－牙深＝8－0.65×1＝7.35mm。

9 (C)

2-3 螺紋之種類

1 螺旋之方向：如圖(六)所示。

(1) 右螺紋：順時針方向旋轉時前進的螺紋，以R（公制）或RH（英制）表之。右螺紋R或RH通常省略不標，一般螺紋若無特別標示均為右螺紋。

(2) 左螺紋：逆時針方向旋轉時前進的螺紋，以L（公制）或LH（英制）表之。僅用於特殊用途，如砂輪機左邊左螺紋固定，瓦斯桶和乙炔桶調節器之開關和車床尾座之頂心伸出之螺紋和

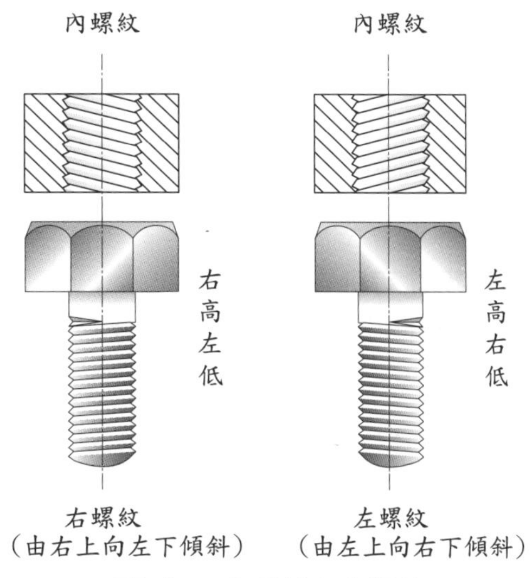

圖(六) 右螺紋與左螺紋

車床複式刀座順時針轉動車刀伸出均利用左螺紋。（註 砂輪機左邊左螺紋，右邊右螺紋，是為了防止旋轉掉落之安全設計。其他如：乙炔和瓦斯桶的調節器的螺紋均為左螺紋。）

2 依螺紋線數可分為：

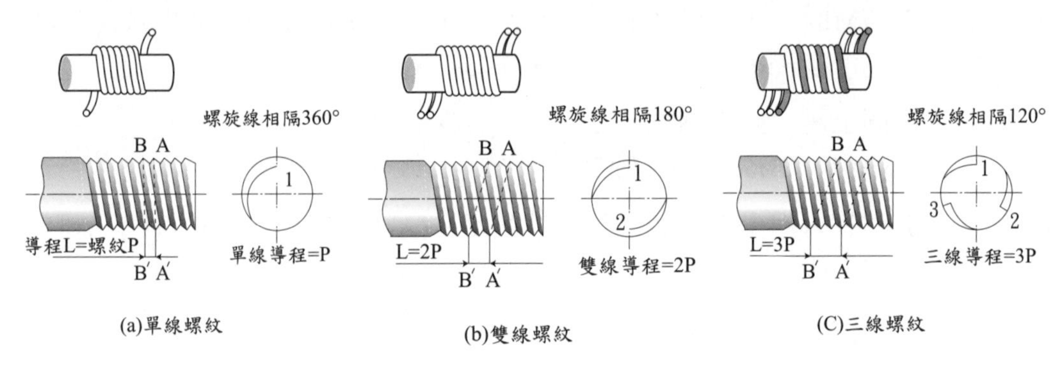

圖(七) 螺紋之線數

(1) 單線螺紋：由一條螺旋線繞於基柱上所形成之螺紋，其導程L＝p（螺距）。

(2) 雙線螺紋：L＝2p，螺旋線端相隔180º。

(3) 三線螺紋：L＝3p，螺旋線端相隔120º。

(4) 四線螺紋：L＝4p，螺旋線端相隔90º。

(5) 螺距p與導程L之關係：L＝np，其中n為螺旋數。

(6) n線螺旋線的螺旋線端相隔的角度 $\theta = \dfrac{360^\circ}{n}$。

(7) 公制螺紋中以螺距p表示螺紋之大小，英制以每吋牙數表示螺紋大小。

(8) 螺紋之移動距離＝導程×圈數。

(9) 複式螺紋導程較大，可得到快速移動之效果。

3 依用途可分為：

(1) 連接用螺紋：分為V形螺紋和圓螺紋兩種。

①V形螺紋：斷面呈三角形，螺紋角（牙角）除惠氏（韋氏）螺紋為55º，其餘均為60º。

(A)尖V形螺紋：牙尖銳易壞，強度高但效率低及使用率低，只用於永久接合和防漏接合之用途。如圖(八)所示。

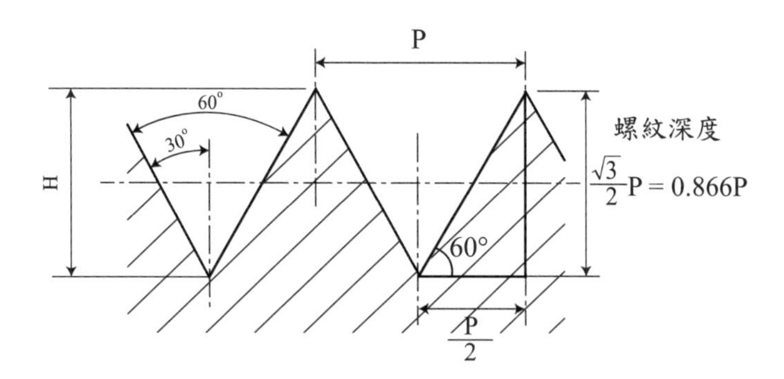

圖(八) 尖V形螺紋

(B)國際標準螺紋：公制螺紋，以〝M〞表示，如圖(九)所示。公制螺紋為目前最常用之螺紋，牙角60°。分為粗牙（一般裝配用；可以不標螺距）、細牙（一定要標螺距；常用於防震、儀器鎖緊）二種，粗牙和細牙螺紋角相同僅螺距不同。公制螺紋牙峰為平面，牙根為圓弧以增加螺紋強度，牙深＝0.65p，牙頂寬度＝$\frac{1}{8}$螺距。我國（CNS）採用此種標準。細螺紋當外徑相同時，牙深較淺，強度較高（效率低），且導程角較小較不易鬆脫，常用於儀器、防震和飛機和汽車上。註：有標螺距的不一定為細牙，也可以為粗牙。

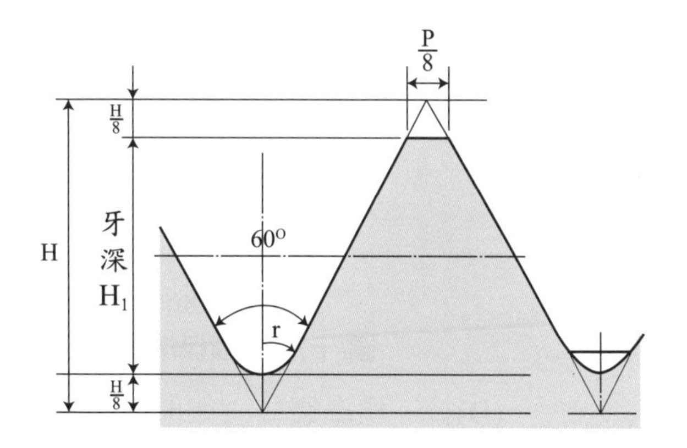

由牙深 $H_1 = H - \frac{H}{8} - \frac{H}{8} = \frac{3}{4}H = \frac{3}{4} \times 0.866P \fallingdotseq 0.65P$

H＝0.866P；外螺紋牙深＝0.65P

圖(九) 國際公制螺紋（牙峰平面；牙根圓弧）

公制三角形螺紋粗牙之規格									
外徑	M5	M6	M8	M10	M12	M14	M16	M18	M20
螺距 mm	0.8	1	1.25	1.5	1.75	2	2	2.5	2.5

(C)美國標準螺紋：如圖(十)所示為英制螺紋，牙峰、牙根均為平面，其寬度為$\frac{1}{8}$螺距，牙角60º。有NC（粗牙）、NF（細牙）及NEF（特細牙）三種。其螺距大小是以每吋牙數來表示。

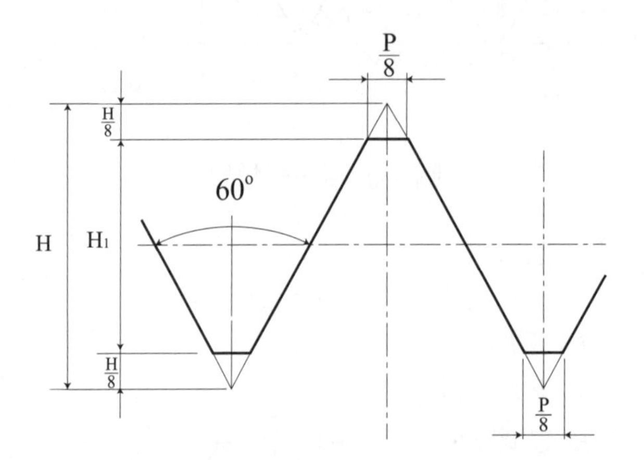

H＝0.866P；螺紋深度＝0.65P

圖(十)　美國標準螺紋（牙峰、牙根均為平面）

(D)統一標準螺紋：如圖(十一)所示，牙角60º，以「U」字來表示，美國、英國、加拿大三國協商而定之標準螺紋，牙峰為平面或圓弧，牙根為圓弧，有UNC（粗牙）、UNF（細牙）及UNEF（特細牙）三種。

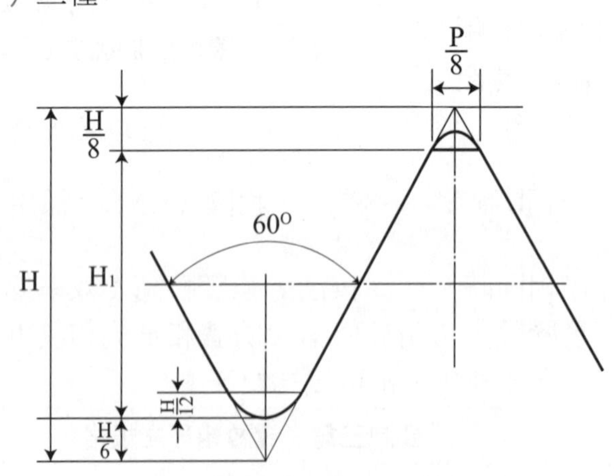

H＝0.866P；螺紋深度＝0.6134P

$$H_1 = H - (\frac{H}{8} + \frac{H}{6}) = \frac{17}{24}H = 0.6134P$$

圖(十一)　統一螺紋（牙峰平面或圓弧，牙根為圓弧）

(E)惠氏(韋氏)螺紋：代號W，如圖(十二)所示。螺紋角55°，峰與根均為圓弧形，螺紋強度大，通常以滾軋法製成。

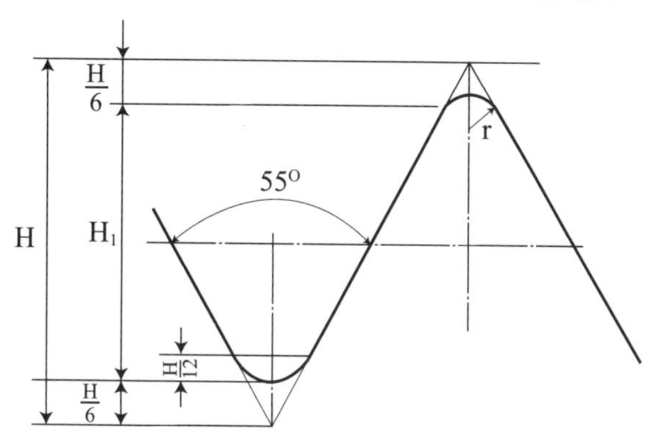

螺紋深度＝0.64P

圖(十二) 惠氏螺紋（牙峰、牙根均為圓弧）

CNS標準—常用螺紋標稱

螺紋形狀	螺紋名稱	螺紋符號	螺紋標稱例
三角形螺紋	公制粗螺紋	M	M8
	公制細螺紋		M8×1
梯形螺紋	公制梯形螺紋	Tr	Tr 40×7
	公制短梯形螺紋	Tr.S	Tr.S 48×8
鋸齒形螺紋	公制鋸齒形螺紋	Bu	Bu 40×7
圓頂螺紋	圓螺紋	Rd	Rd 40×1/6"

② 圓形螺紋：可以衝模製成以〝Rd〞表示，如圖(十三)所示。圓螺紋深度較淺，可以用薄金屬滾壓成形。牙頂、牙底皆為半圓形，適用於輕鎖之結合，如燈泡頭、寶特瓶蓋上的螺紋。

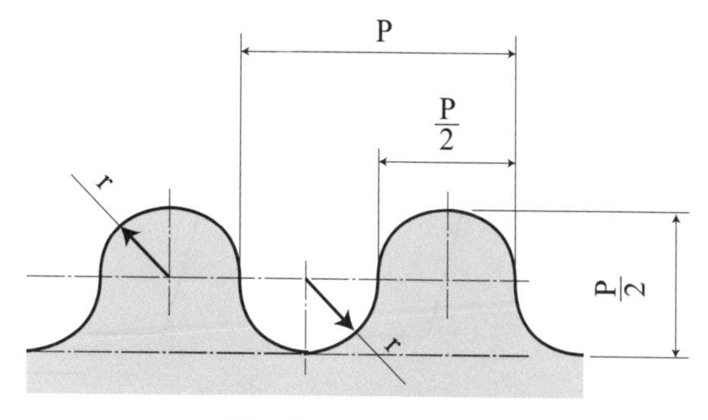

圖(十三) 圓螺紋

(2) 傳達動力螺紋：（傳動效率順序為滾珠螺紋＞方形螺紋＞梯形螺紋＞鋸齒螺紋。）

① 滾珠螺紋（球承螺紋）：如圖(十四)，為目前工業上傳達動力最佳之螺紋。牙峰為平面，牙根為半圓，在螺桿與螺母間裝入若干鋼珠使其成滾動接觸，因此摩擦力小，傳動效率最高，但成本極高。機械手臂和一般數控工具機之導螺桿皆為滾珠螺紋。

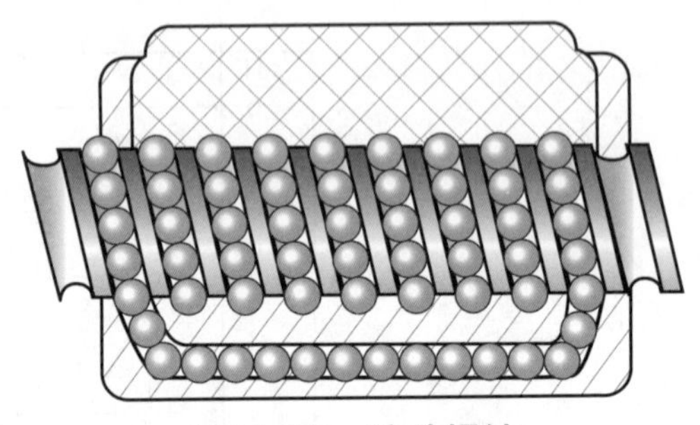

圖(十四)　滾珠螺紋

② 方形螺紋：如圖(十五)所示。螺紋角0°，方形螺紋斷面呈正方

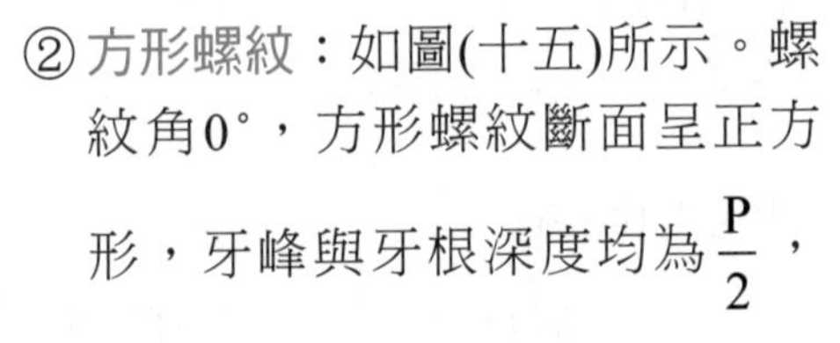

形，牙峰與牙根深度均為$\frac{P}{2}$，亦有牙深$\frac{7}{16}$P者。因牙峰、牙根皆為平面，螺紋磨損後，無法用螺帽來調整。傳動效率高但強度低，僅次於滾珠螺紋，常用於虎鉗、起重機之螺紋，與V形螺紋比較，由於接觸面較小，故摩擦較小，適合慢速大動力傳送。

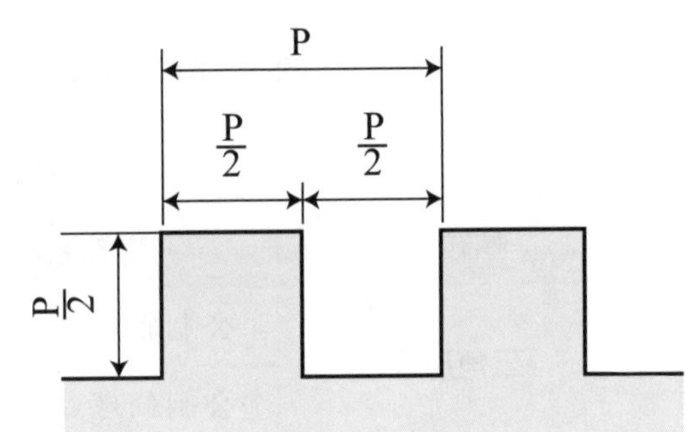

圖(十五)　方螺紋

③ 梯形螺紋：代號以〝Tr〞表示。如圖(十六)所示。根部強度大，傳送效率較方形螺紋小，斷面呈梯形。

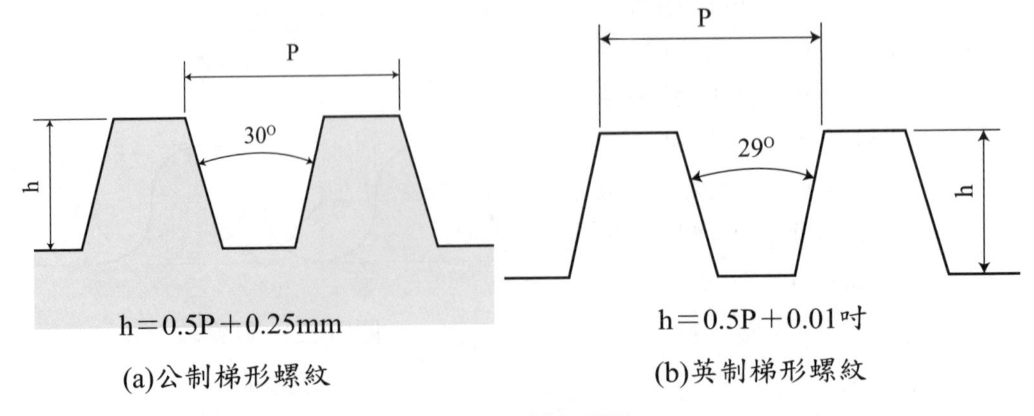

(a)公制梯形螺紋　(b)英制梯形螺紋

圖(十六)　梯形螺紋

(A)梯形螺紋公制牙角30º，英制牙角29º。（英制又稱愛克姆螺紋）
(B)製造容易，磨損後可藉由對合螺帽來調整。
(C)一般車床導螺桿即為梯形螺紋。

④ 鋸齒形螺紋（斜方螺紋）：如圖(十七)所示，以代號〝Bu〞表示。牙角45º，為傳達單方向的動力，具有方形螺紋之效率，且有V形螺紋強度。常用於螺旋千斤頂、加壓機、C型夾之螺桿、活動扳手、砲管後膛塞螺紋。

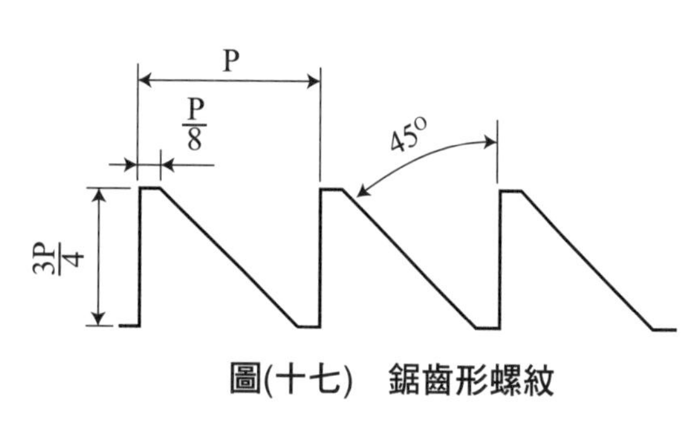

圖(十七) 鋸齒形螺紋

(3) 管用螺紋：管用螺紋除了連接外，其最主要功用為防止洩漏。
① 直管螺紋（平行管螺紋）：如圖(十八(a))，多用於低壓管接頭，螺紋角為55º，代號為〝NPS〞或〝PS〞。
② 錐形管螺紋（斜管螺紋）：如圖(十八(b))，代號為〝NPT〞為美國標準牙角60º；〝PT〞。錐度為$\frac{1}{16}$（或1：16）即每呎$\frac{3}{4}$吋之錐度，多用於高壓管接頭，牙角為55º或60º。

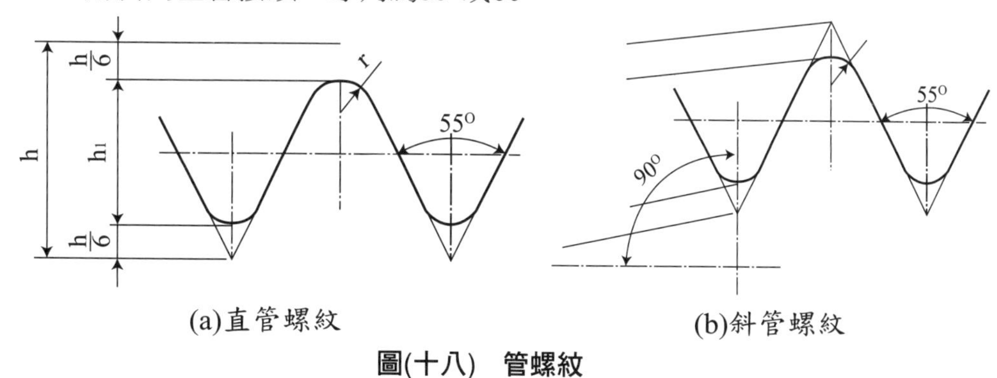

圖(十八) 管螺紋

立即測驗

(　　) **1** 國際公制螺紋之牙峰形狀為： (A)尖形 (B)平面 (C)圓弧 (D)凸面。

(　　) **2** 愛克姆螺紋之螺牙形狀為何？ (A)尖V形 (B)梯形 (C)方形 (D)圓形。

( ) **3** 下列何者螺紋不是用來傳送動力用之螺紋？ (A)方形螺紋 (B)尖V形螺紋 (C)鋸齒形螺紋 (D)梯形螺紋。

( ) **4** 下列螺紋中，何者具有最高的傳動精度、速度及效率？ (A)V形螺紋 (B)方形螺紋 (C)滾珠螺紋 (D)梯形螺紋。

( ) **5** 虎鉗所用的螺紋為何種螺紋？ (A)方形螺紋 (B)V形螺紋 (C)鋸齒形螺紋 (D)滾珠螺紋。

( ) **6** 那種螺紋只能用於單向動力的傳達？ (A)V形螺紋 (B)方形螺紋 (C)梯形螺紋 (D)鋸齒形螺紋。

( ) **7** 電燈泡接頭所用的螺紋是何種螺紋？ (A)惠氏螺紋 (B)國際公制螺紋 (C)愛克姆螺紋 (D)圓螺紋。

( ) **8** 車床導螺桿所用的螺紋為： (A)方形牙 (B)60ºV牙 (C)梯形牙 (D)鋸齒形牙。

( ) **9** 三線螺紋每轉一周可前進12mm，則導程為多少mm？ (A)3 (B)4 (C)12 (D)36。

( ) **10** 三線螺紋的螺旋線相隔： (A)60º (B)90º (C)120º (D)180º。

( ) **11** M6×1雙線螺紋，每旋轉一周，則其導程為： (A)0.5mm (B)1mm (C)2mm (D)4mm。

( ) **12** 數控工具機大都使用何種螺紋？ (A)梯牙螺桿 (B)V形牙螺桿 (C)方牙螺桿 (D)滾珠螺桿。

( ) **13** 製造容易，磨損後亦易調整之螺紋為何種螺紋？ (A)韋氏螺紋 (B)方螺紋 (C)愛克姆螺紋 (D)統一螺紋。

( ) **14** 下列那一種螺紋其傳遞動力之效率為最高？ (A)V形螺紋 (B)方形螺紋 (C)圓螺紋 (D)梯形螺紋。

( ) **15** 高壓管接頭所用的螺紋是： (A)滾珠螺紋 (B)直管螺紋 (C)惠氏螺紋 (D)斜管螺紋。

( ) **16** 螺紋每吋之螺紋數，恰為其導程之倒數，此螺紋為何種線數之螺紋？ (A)單線螺紋 (B)雙線螺紋 (C)三線螺紋 (D)$\frac{1}{2}$螺紋。

( ) **17** 惠氏螺紋其螺紋角為： (A)60º (B)55º (C)30º (D)29º。

( ) **18** 公稱直徑相同之V形螺紋，粗牙與細牙相同之處為： (A)節徑 (B)外徑 (C)底徑 (D)牙深。

( ) **19** 國際標準螺紋，其牙峰面的寬度為多少倍之螺距？

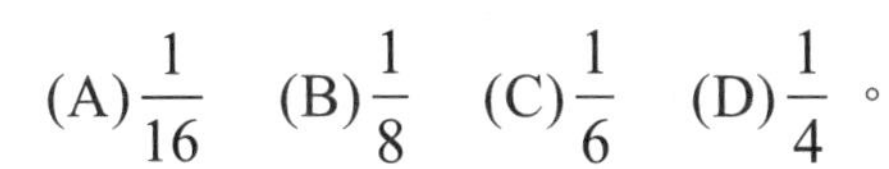

( ) **20** 錐管螺紋之錐度為多少？ (A)$\frac{3}{4}$ (B)$\frac{1}{8}$ (C)$\frac{1}{32}$ (D)$\frac{1}{16}$ 。

( ) **21** 公制螺紋之螺紋角為多少度？ (A)60º (B)55º (C)29º (D)30º。

( ) **22** 一組雙線螺紋之螺栓與螺帽配合如圖所示，螺紋之螺旋角為60º，螺旋外徑為20mm，若螺栓固定不動，螺帽從右側端視圖觀看，且反時針旋轉1圈，則螺帽位移方向與距離下列何者正確？

(A)左移($20\pi/\sqrt{3}$)mm
(B)右移($20\pi/\sqrt{3}$)mm
(C)左移($20\pi\sqrt{3}$)mm
(D)右移($20\pi\sqrt{3}$)mm。

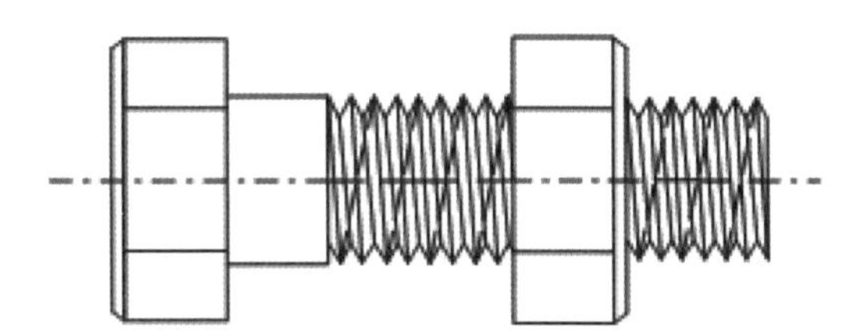

解答與解析

1 (B) **2** (B) **3** (B) **4** (C) **5** (A) **6** (D) **7** (D) **8** (C)

9 (C)。繞一圈前進的距離＝導程＝12mm＝3P ∴螺距P＝4mm

10 (C)

11 (C)。雙線導程＝2P＝2×1＝2mm。

12 (D) **13** (C)

14 (B)。效率最高為滾珠螺紋，但答案無滾珠，只好用方螺紋。

15 (D)

16 (A)。單線螺紋導程=P（螺距），而螺距等於（英制螺紋每吋牙數）之倒數。

17 (B)

18 (B)。M8和M8×1，外徑和牙角均相同，而牙深、螺距、節徑均不同。

19 (B) **20** (D) **21** (A)

22 (B)。$\tan$螺旋角$=\frac{\pi D}{L}$，$\tan 60^{\circ}=\frac{20\pi}{L}$，$\sqrt{3}=\frac{20\pi}{L}$，$L=\frac{20\pi}{\sqrt{3}}$。

右圖中螺栓為右螺紋，反時針旋轉1圈，

螺帽右移($\frac{20\pi}{\sqrt{3}}$)mm

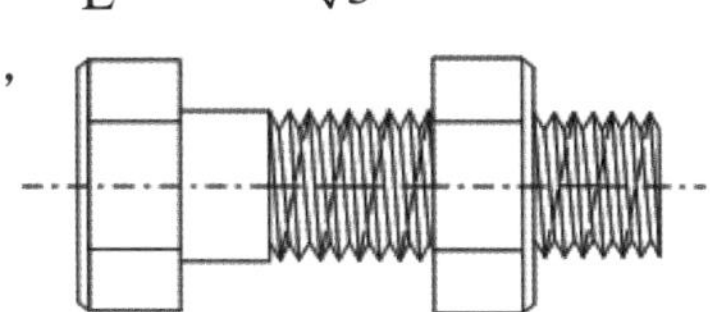

2-4 公制螺紋與英制螺紋

1 公制螺紋表示法：

依螺紋旋向–螺紋線數–公稱尺寸(螺紋種類　公稱直徑×螺距)–螺紋公差等級–配合等級，順序來表示。

例 *1.*

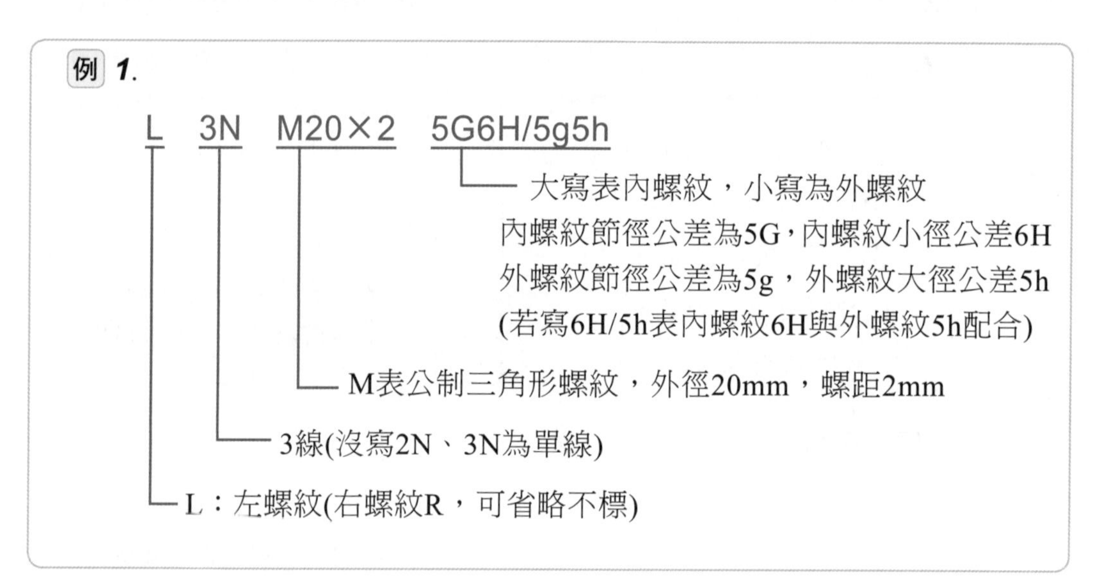

例 *2.*

L　3N　M20×2–1

一級配合(沒有敘述螺紋公差之情況)
(2表為中級公差配合)

註 ①一般沒標註紋數代表單線（雙線：2N，三線：3N），沒標註旋向代表右螺紋。
②粗螺紋一般不標註其螺距。如M8粗牙螺紋，M8×1細牙螺紋。
③公制：1：精密配合，2：中級配合（可省略），3：鬆配合。
④公差等級：包括節徑及大徑（或小徑）公差等級。

2 英制螺紋（統一標準螺紋）表示法：

依公稱尺寸(公稱直徑–每吋牙數　螺紋種類)–螺紋配合等級–螺紋線數–旋向，順序表示之。

例

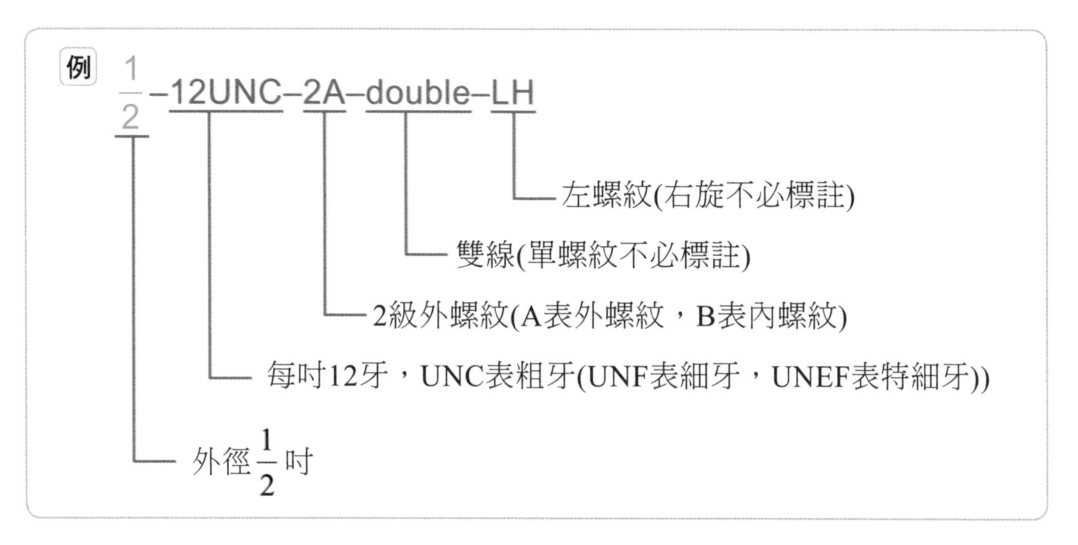

3 螺紋等級：螺紋等級是指內外螺紋裝配的緊密程度，為了互換性，都有一定之配合等級。

註 ①一般沒標註紋數代表單線（雙線：double，三線：triple），單螺紋之導程為螺紋每吋螺紋（牙）數的倒數。沒標註旋方向為代表右螺紋。

螺距為每吋牙數之倒數即12UNC，每吋12牙 ⇒ 每牙 $\frac{1}{12}$ 吋。

英制表示法：A：外螺紋，B：內螺紋，3：精密配合，2：中級配合，1：鬆配合。

螺紋配合	精密配合	中等配合	鬆配合	外	內
公制	1	2	3	小寫	大寫
英制	3	2	1	A	B

立即測驗

(　　) **1** 螺紋標法中「L 3N M10×1.25–5g6h」所代表之意義何者不正確？ (A)螺紋公稱直徑10mm (B)為外螺紋 (C)導程3.75mm (D)節徑公差等級為6。

(　　) **2** 螺紋符號M10×1.25表示： (A)公制三角形粗螺紋 (B)公制三角形細螺紋 (C)公制梯形螺紋 (D)圓頂螺紋。

(　　) **3** 左螺紋註記時，以何種英文字母表示？ (A)RH (B)LH (C)GPS (D)PHS。

( ) **4** 以下敘述何者錯誤？ (A)統一螺紋代表特細牙螺紋之符號為UNEF (B)M60×2之螺栓表示外徑60mm，螺距為2mm (C)三線螺紋之螺距是導程之三倍 (D)方螺紋能傳達較大的動力。

( ) **5** 英制統一螺紋，A表外螺紋，B表內螺紋，如螺紋沒有餘隙配合為： (A)1A與1B (B)2A與2B (C)3A與3B (D)2A與3B。

( ) **6** 一公制螺紋標註12×2是表示： (A)外徑12mm，螺距2mm (B)外徑12mm，第二級配合 (C)節徑12mm，螺距2mm (D)節徑12mm，雙線螺紋。

( ) **7** 何種屬於統一螺紋細牙？ (A)M20×2 (B)$\frac{3}{4}$"−12UNC (C)$\frac{3}{4}$"−14NF (D)$\frac{3}{4}$"−14UNF。

解答與解析

1 (D)。L為左螺紋，3N為3線，M10代表公制三角形螺紋外徑（公稱直徑）10mm，1.25表螺距，導程＝3P＝3.75mm，gh小寫表外螺紋，5g表外螺紋節徑公差5級在g位置，6h表外螺紋外徑公差6級在h位置。

2 (B) **3 (B)**

4 (C)。三線，L＝3P。

5 (C)。公制沒有餘隙之精密配合，代號為"1"，英制為"3"。

6 (A) **7 (D)**

2-5 機械利益與機械效率

1 機械利益（M）：從動件輸出之力（抗力）與主動件之力（施力）的比值稱為「機械利益」，又稱「力比」。

$$\text{機械利益}\ M=\frac{\text{抗力}W}{\text{施力}F}$$

，機械利益可大於1或小於1或等於1。機械利益可判斷是否省力。機械利益越大越省力，但費時。

2 機械效率(η)：機械輸出之功（或功率）與輸入之功（或功率）的比值，稱為機械效率。任何機械其輸出之功必小於輸入之能，故機械效率恆小於1，通常以百分率（%）表示機械效率。（機械效率≤0，物體會自鎖）

$$\text{機械效率}\ \eta=\frac{W_{\text{輸出}}(\text{輸出之功或功率})}{W_{\text{輸入}}(\text{輸入之功或功率})}\times 100\%=\frac{\text{輸入功}-\text{損失功}}{\text{輸入功}}\times 100\%$$

(1) 功的原理：不計摩擦損失，則機械輸出之能量或功恆等於輸入之能量或功，即$\eta=1$，此乃理想狀況。機械效率可判斷機械之能源損失，其值必小於1。

(2) 若有數個機械組合使用時，總機械效率η為$\eta=\eta_1\times\eta_2\times\eta_3\cdots\cdots$。
總機械利益$M=M_1\times M_2\times M_3\cdots\cdots$。

(3) 由輸入功＝輸出功（若沒摩擦損失時），（或輸入功率＝輸出功率）
$F_{\text{施力}}\times S_{\text{施力位移}}=W_{\text{抗力}}\times S_{\text{抗力位移}}$，（$F_{\text{施力}}\times V_{\text{施力速度}}=W_{\text{抗力}}\times V_{\text{抗力速度}}$）

$$\therefore\ \text{機械利益}\ M=\frac{W}{F}=\frac{\text{施力位移(或速度)}}{\text{抗力位移(或速度)}}$$

3 螺旋起重機：(如圖(十九)所示)

功＝力×力方向之移動距離＝F．S

(1) 沒有摩擦損失時：
（W為物重，F代表施力大小）
輸入功＝輸出功
$F\cdot 2\pi R=W\cdot L$

$$\text{機械利益}\ M=\frac{W}{F}=\frac{2\pi R(\text{R為手柄長度})}{L(\text{導程})}$$

(2) 若考慮摩擦損失時：

$$\text{機械效率}\ \eta=\frac{\text{輸出功}}{\text{輸入功}}=\frac{W\cdot L}{F\cdot 2\pi R}$$

$$\text{機械利益}\ M=\frac{W}{F}=\frac{2\pi R}{L}\cdot\eta$$

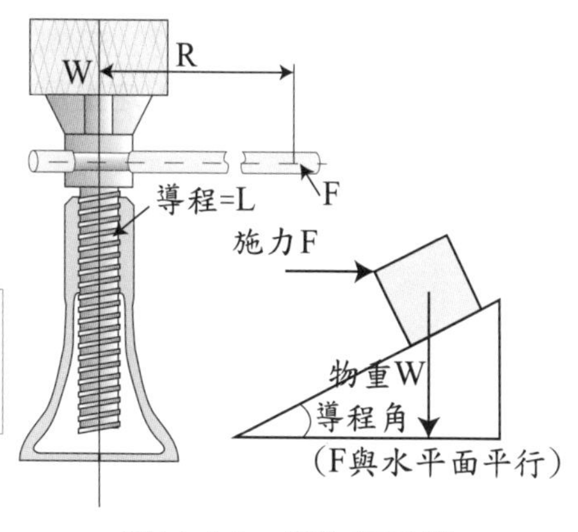

圖(十九)　螺旋起重機

註 ①機械效率＝1－摩擦損失百分比，即摩擦損失30%→η＝70%

②功W＝F．S
功率＝F．V

功W	力量F	位移S	速度V	功率
焦耳J	牛頓N	公尺m	m/s	瓦特(W)

③螺旋起重機摩擦角必須大於導程角才可使用，才不會自動下滑。

④機械利益為1，一般作用為改變力之方向，如定滑輪。

螺旋起重機之機械利益

老師講解 1

螺旋起重機為雙線螺紋，若導程10mm，手柄長50cm，則出力40N（若無摩擦損失），能舉起重物W為若干？機械利益為多少？

解：由導程10 mm，則與雙線螺紋螺紋線數無關，沒摩擦損失 ⇒ $F \times 2\pi R = W \times L$

$M = \frac{W}{F} = \frac{2\pi R}{L}$，$\frac{W}{40} = \frac{2\pi(500)}{10}$，（註：R＝50cm＝500mm）

$\therefore W = 4000\pi$ 牛頓 $= 4\pi KN$，機械利益 $M = \frac{W}{F} = \frac{4000\pi}{40} = 100\pi$

學生練習 1

一雙螺紋之螺旋起重機，若螺距為10 mm，手柄長為25 cm(不計摩擦損失)，則以施力80 N，能舉起之重量為若干？機械利益為多少？

螺旋起重機考慮效率時之機械利益

老師講解 2

螺旋起重機，手柄長為30cm，摩擦損失為20%，若為三線螺紋，螺紋導程為4mm，而加於手柄之力為10N，則所能舉起之負載為多少？機械利益為多少？

解：考慮摩擦損失，機械利益＝$M=\frac{W}{F}=\frac{2\pi R}{L}\cdot\eta$，L＝4 mm，R＝300mm

（由 $\eta=\frac{W\cdot L}{F\cdot 2\pi R}$ $\therefore M=\frac{W}{F}=\frac{2\pi R}{L}\times\eta$）（損失20% ⇒ η＝0.8），

$M=\frac{W}{10}=\frac{2\pi(300)}{4}\times 0.8$

∴W＝1200π 牛頓（註：已經有導程，不需要再考慮螺紋線數）

機械利益 $M=\frac{W}{F}=\frac{1200\pi}{10}=120\pi$

學生練習 2

若螺旋起重機為雙線螺紋，螺距為10mm，若加於手柄之力為40N，手柄長為40cm，若磨擦損失為20%，則能承受之負載為若干N？機械利益為若干？

立即測驗

( ) **1** 機構的機械利益高者代表此機械：
(A)較省力 (B)較省時 (C)效率較高 (D)效率較低。

( ) **2** 機械利益和機械效率的定義：
(A)是不同的
(B)是相同的
(C)機械利益是考慮效率
(D)機械效率與機械利益互為倒數。

( ) **3** 三線螺紋之螺旋起重機，若以80N之力加於其半徑為50cm之手柄，可舉重10KN，今若欲舉升20KN之重物時需施力多少N？
(A)20 (B)40 (C)160 (D)480。

( ) **4** 螺旋的機械利益與下列何種最有關聯？
(A)直徑 (B)螺紋角 (C)導程 (D)連接件。

( ) **5** 功之原理，係指機械效率為：
(A)大於1 (B)小於1 (C)等於1 (D)等於0。

( ) **6** 發電機之機械效率為80%，馬達之機械效率為90%，兩者一起使用時，機械效率為：
(A)72% (B)85% (C)80% (D)95%。

( ) **7** 螺旋起重機，若為雙線螺紋，螺距為5mm，手柄作用之力臂R為20cm。若加40N之力於手柄，不計摩擦損失，機械利益為若干？
(A)10π (B)20π (C)40π (D)80π。

解答與解析

1 (A) **2 (A)**

3 (C)。$F\cdot 2\pi R=W\cdot L$，F與W成正比，W變大2倍， 施力需大2倍。

4 (C)。$M=\dfrac{W}{F}=\dfrac{2\pi R}{L}$ 機械利益與手柄長R成正比，與導程L成反比。

5 (C)

6 (A)。總效率$=\eta_1\times\eta_2=0.8\times0.9=0.72$

7 (C)。$M=\dfrac{W}{F}=\dfrac{2\pi R}{L}=\dfrac{2\times\pi\times200}{10}=40\pi$，（R＝20cm＝200mm）

2-6 螺旋運用

1 差動螺紋：（如圖(二十)所示）

由兩導程不同、旋向相同之螺紋組合。

當螺桿旋轉一圈時，從動件所移動距離為兩螺桿導程之差。因為導程$L = L_1 - L_2$，所以可得較小的移動量，可得到機械利益較大之機構。常用於手壓機械，亦可用於測微裝置。

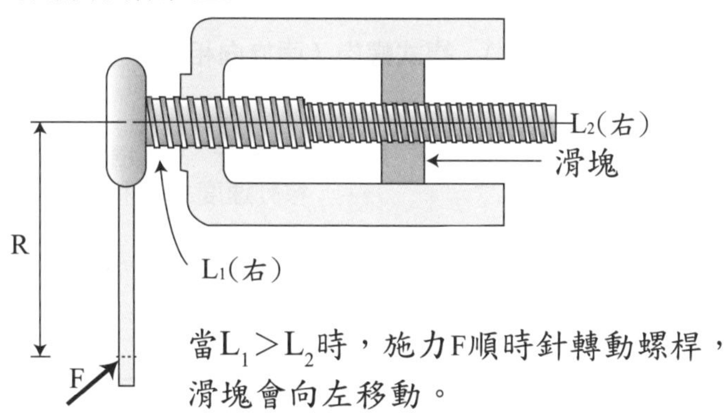

圖(二十) 差動螺旋（兩旋向相同）

(1) 差動螺紋沒摩擦損失時：機械利益$M = \dfrac{W}{F} = \dfrac{2\pi R}{L}$ (其中$L = L_1 - L_2$)。

(2) 差動螺紋考慮效率時：機械利益$M = \dfrac{W}{F} = \dfrac{2\pi R}{L} \times \eta$ (其中$L = L_1 - L_2$)。

2 複式螺紋：（如圖(二一)所示）

由兩導程不拘，旋向相反之螺紋組合。

當螺桿旋轉一圈從動件所移動距離為兩導程之和，即$L = L_1 + L_2$。

適用於需要快速移動之機構，運用在快速虎鉗及快速移動之裝置。

(1) 複式螺紋不考慮摩擦損失時：

機械利益$M = \dfrac{W}{F} = \dfrac{2\pi R}{L}$ (其中$L = L_1 + L_2$)。

(2) 複式螺紋考慮效率時：

機械利益$M = \dfrac{W}{F} = \dfrac{2\pi R}{L} \times \eta$ (其中$L = L_1 + L_2$)。

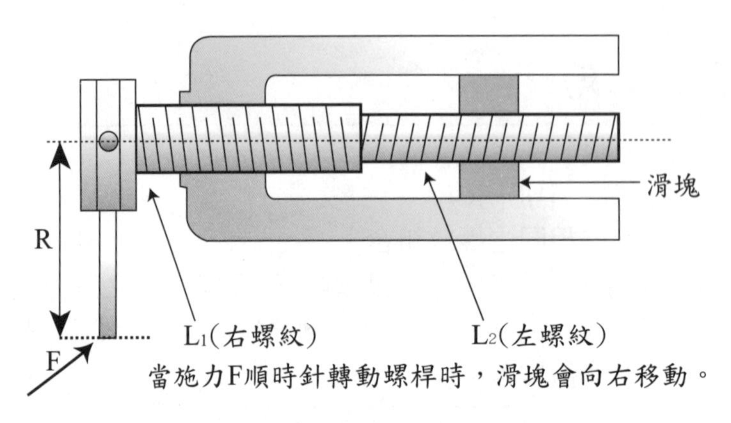

圖(二一) 複式螺旋（兩旋向相反）

螺旋種類	螺紋旋向	導程	從動件移動速度	機械利益	移動距離
差動螺旋	相同	不同	運行緩慢	大	$L=\|L_1-L_2\|$
複式螺旋	相反	不拘 (相同、不同皆可)	運行迅速	小	$L=L_1+L_2$

差動和複式螺紋之機械利益

老師講解 3

如圖所示，由兩螺旋組成之機構，手柄長R＝30cm，L_1＝12mmR，L_2＝10mmR，若學生站立於手柄端用10牛頓之力順時針方向旋轉一周，則從動件移動的距離為若干mm？從動件移動方向如何？機械利益為何？可夾持之力量大小為何？

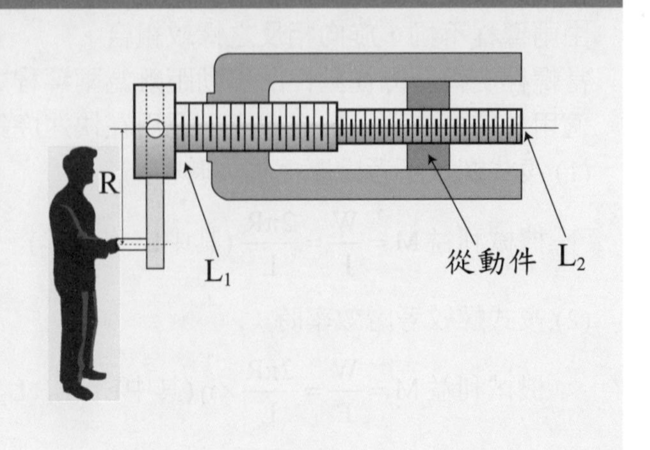

解：1.兩螺紋同向為→差動螺紋，
（R為右螺紋）
導程$L=L_1-L_2=12-10=2mm$（$L=2mm=0.2cm$）
繞一圈移動2mm

2.當順時針轉一圈，主螺桿L向前（向右）移12mm，L2向後（向左）移10mm
從動件向前（向右）移動2mm

3.$F\cdot 2\pi R=W\cdot L$，機械利益 $M=\dfrac{W}{F}=\dfrac{2\pi R}{L}=\dfrac{2\pi\times 30}{0.2}=300\pi$

4.$M=\dfrac{W}{F}=300\pi=\dfrac{W}{10}$ ∴夾持力$W=3000\pi$牛頓。

學生練習 3

如圖所示，若$L_1=12mmR$，$L_2=10mmL$，而學生站立於手柄端順時針方向旋轉一周時，則從動件移動的距離為若干mm？方向如何？若手柄長R＝22cm，手柄端施力10牛頓，則機械利益為何？可夾持之力量大小為何？

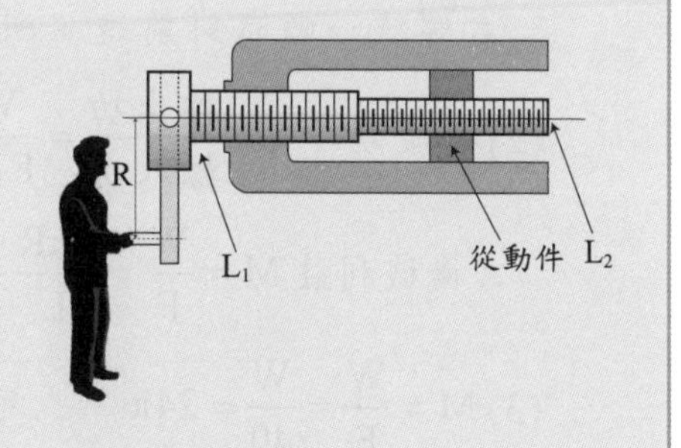

差動和複式螺紋考慮效率之機械利益

老師講解 4

如圖所示之螺旋機構，機械效率60%，若L_1為導程8mm之右螺旋，L_2為導程3mm之右螺旋，手輪直徑D為20cm，試求：(1)當物件下降20mm時，輪子轉數與方向為多少？(2)機械利益為多少？(3)若出力F為40N，可夾持之力為多少N？

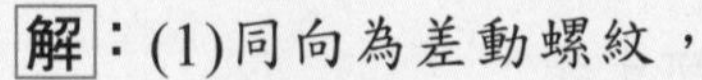

解：(1)同向為差動螺紋，

導程$L = L_1 - L_2 = 8 - 3 = 5mm = 0.5cm$

前進20mm需轉 $\frac{20}{5} = 4$ 圈

（機械效率只影響出力，不影響移動量），

右螺紋→順時針前進，所以手輪應順時針轉動。

(2)機械效率 $\eta = \frac{輸出功}{輸入功} = \frac{W \cdot L}{F \cdot 2\pi R}$，（$R = \frac{20}{2} = 10cm$）

$\therefore$ 機械利益 $M = \frac{W}{F} = \frac{2\pi R}{L} \cdot \eta = \frac{2\pi \times 10}{0.5} \times 0.6 = 24\pi$

(3) $M = \frac{W}{F} = \frac{W}{40} = 24\pi$，$\therefore$ 可夾持之力 $W = 960\pi$ 牛頓

學生練習 4

螺旋組成之千斤頂，若兩螺紋均為左旋，其導程$L_1 = 40mm$，$L_2 = 30mm$，而在施加在手柄之力矩30N-m，當螺旋效率為80%時，試求最大可舉起之重量為多少牛頓？

立即測驗

( ) **1** 複式螺紋中，其兩部螺紋之旋向和導程之關係為何？ (A)導程不同，螺紋方向相同 (B)導程不拘，螺紋方向相反 (C)導程及螺紋方向均相同 (D)導程相同，螺紋方向相反。

( ) **2** 螺栓鬆緊扣如圖所示，導程L_1＝5mm右旋，L_2＝2mm左旋，當手柄順時針轉動一圈，兩螺栓將接近或遠離多少公分？

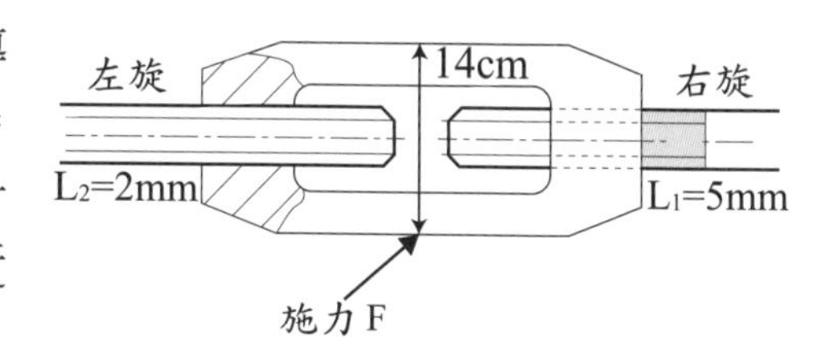

(A)7 (B)3 (C)0.7 (D)0.3。

( ) **3** 同上題，此螺栓鬆緊扣之機械利益為多少？（不考慮摩擦損失）
(A)10π (B)20π (C)40π (D)80π。

( ) **4** 如圖所示之螺旋組合，螺紋的方向相反，兩導程分別為L_1＝6mm，L_2＝4mm，若機械效率為80％，則其機械利益為何？
(A)32π (B)160π (C)40π (D)200π。

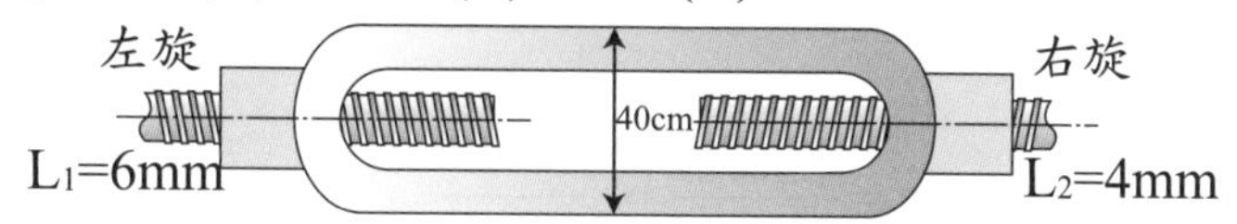

( ) **5** 一差動螺紋之組合，L_1為導程8mm之右螺旋，L_2為導程4mm之右螺旋，手輪直徑20cm，若摩擦損失20％，則欲使從動件下降60mm，則手輪應旋轉多少圈？ (A)15圈 (B)12圈 (C)5圈 (D)$\frac{15}{0.8}$圈。

( ) **6** 同上題，若手輪施力12牛頓，則可夾持之力量為多少牛頓？
(A)480π (B)600π (C)160π (D)200π。

( ) **7** 螺距20mm之右螺旋與另一螺距10mm之右螺旋所組成之螺旋千斤頂，手柄長度為50cm，機械效率為80％，則欲頂起6280N之重物，需施力若干？ (A)25 (B)20 (C)75 (D)60。

解答與解析

1 (B)。差動螺紋旋向相同，導程不同。

複式螺紋旋向相反,導程不拘。

2 (C)。旋向相反→複式，$L=L_1+L_2=5+2=7mm=0.7cm$

3 (B)。機械利益 $=\dfrac{W}{F}=\dfrac{2\pi R}{L}=\dfrac{2\pi\times 7}{0.7}=20\pi$（$R=\dfrac{14}{2}=7cm$）

4 (A)。旋向相反為複式螺紋$L=L_1+L_2=6+4=10mm=1cm$

機械效率 $\eta=\dfrac{輸出功}{輸入功}=\dfrac{W\cdot L}{F\cdot 2\pi R}$ （$R=\dfrac{40}{2}=20cm$）

$\therefore$ 機械利益 $M=\dfrac{W}{F}=\dfrac{2\pi R}{L}\cdot\eta=\dfrac{2\pi\times 20}{1}\times 0.8=32\pi$

5 (A)。移動量與摩擦損失無關，

摩擦損失只影響力量,不影響移動量

旋向相同→差動螺紋$L=L_1-L_2=8-4=4mm$,

$\therefore \dfrac{60}{4}=15$ 圈

6 (A)。機械效率 $\eta=\dfrac{輸出功}{輸入功}=\dfrac{W\cdot L}{F\cdot 2\pi R}$

（$R=\dfrac{20}{2}=10cm=100mm$）

$\therefore 0.8=\dfrac{W\times 4}{12\times 2\pi\times 100}$ $\therefore$可夾持之力$W=480\pi$牛頓

7 (A)。螺旋同向為差動$L=L_1-L_2=20-10=10mm=1cm$

$\eta=\dfrac{輸出功}{輸入功}$，$0.8=\dfrac{W\cdot L}{F\cdot 2\pi R}$

$0.8=\dfrac{6280\times 1}{F\cdot 2\pi\times 50}$，$\therefore F=25N$

考前實戰演練

( ) **1** 如圖所示，楔形物往左移動水平位移d時，會將垂直滑塊升高h之距離，則d與h之關係為：
(A)d＝hcscθ
(B)d＝hsecθ
(C)d＝htanθ
(D)d＝hcotθ。

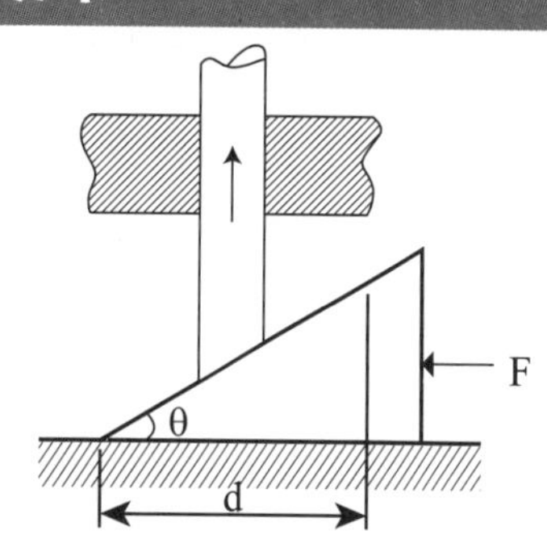

( ) **2** 有雙線螺紋之螺距為P，圓柱直徑為D，則其導程角ϕ：
(A) $\tan^{-1}\left(\frac{P}{\pi D}\right)$ (B) $\tan^{-1}\left(\frac{\pi D}{P}\right)$ (C) $\tan^{-1}\left(\frac{2P}{\pi D}\right)$ (D) $\tan^{-1}\left(\frac{\pi D}{2P}\right)$。

( ) **3** 起重螺旋，為了避免自然下滑，導程角必須： (A)大於 (B)小於 (C)等於 (D)大於或等於 靜摩擦角。

( ) **4** 螺紋之節圓直徑是指：
(A)大徑 (B)小徑 (C)平均直徑 (D)公稱直徑。

( ) **5** 下列敘述何者不正確？ (A)一般工廠所說的螺紋直徑，是指外徑 (B)螺紋之螺旋線與螺旋軸心線之夾角稱為螺旋角 (C)滾珠螺紋具有較高的精度與效率 (D)差動螺紋較適合用於需快速移動之機構。

( ) **6** 直管螺紋的表示符號為下列何者？ (A)PT (B)NPT (C)Rc (D)PS。

( ) **7** 在CNS的標準中，圓螺紋之符號為： (A)Bu (B)PT (C)Tr (D)Rd。

( ) **8** 下列何者之主要功能不是用來傳達動力的？ (A)方形 (B)梯形 (C)鋸齒形 (D)惠氏 螺紋。

( ) **9** 用於傳達動力之螺紋，磨損後容易調整貼合的螺紋為下列何者螺紋？ (A)惠氏螺紋 (B)V形螺紋 (C)鋸齒形螺紋 (D)梯形螺紋。

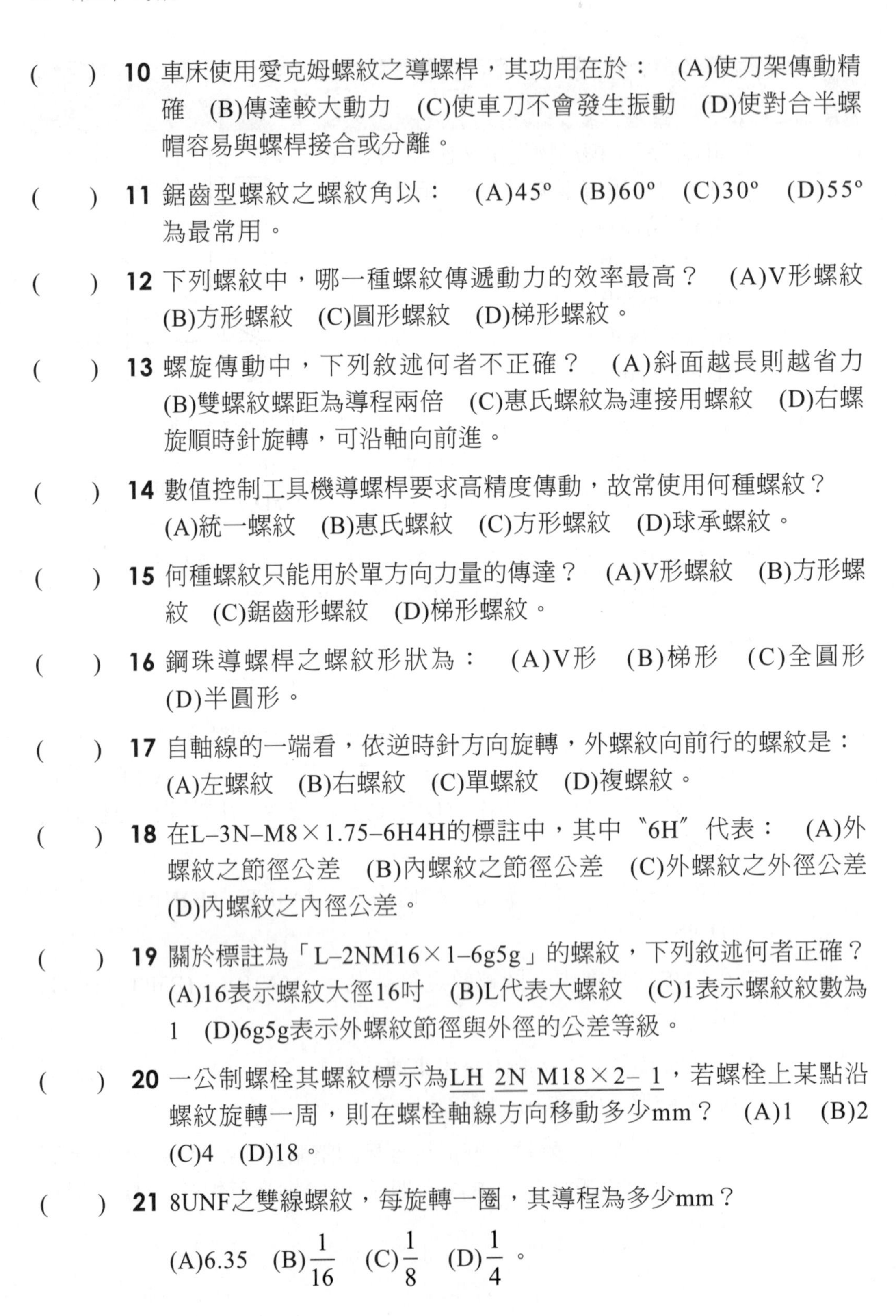

( ) **10** 車床使用愛克姆螺紋之導螺桿，其功用在於： (A)使刀架傳動精確 (B)傳達較大動力 (C)使車刀不會發生振動 (D)使對合半螺帽容易與螺桿接合或分離。

( ) **11** 鋸齒型螺紋之螺紋角以： (A)45° (B)60° (C)30° (D)55°為最常用。

( ) **12** 下列螺紋中，哪一種螺紋傳遞動力的效率最高？ (A)V形螺紋 (B)方形螺紋 (C)圓形螺紋 (D)梯形螺紋。

( ) **13** 螺旋傳動中，下列敘述何者不正確？ (A)斜面越長則越省力 (B)雙螺紋螺距為導程兩倍 (C)惠氏螺紋為連接用螺紋 (D)右螺旋順時針旋轉，可沿軸向前進。

( ) **14** 數值控制工具機導螺桿要求高精度傳動，故常使用何種螺紋？ (A)統一螺紋 (B)惠氏螺紋 (C)方形螺紋 (D)球承螺紋。

( ) **15** 何種螺紋只能用於單方向力量的傳達？ (A)V形螺紋 (B)方形螺紋 (C)鋸齒形螺紋 (D)梯形螺紋。

( ) **16** 鋼珠導螺桿之螺紋形狀為： (A)V形 (B)梯形 (C)全圓形 (D)半圓形。

( ) **17** 自軸線的一端看，依逆時針方向旋轉，外螺紋向前行的螺紋是： (A)左螺紋 (B)右螺紋 (C)單螺紋 (D)複螺紋。

( ) **18** 在L–3N–M8×1.75–6H4H的標註中，其中〝6H〞代表： (A)外螺紋之節徑公差 (B)內螺紋之節徑公差 (C)外螺紋之外徑公差 (D)內螺紋之內徑公差。

( ) **19** 關於標註為「L–2NM16×1–6g5g」的螺紋，下列敘述何者正確？ (A)16表示螺紋大徑16吋 (B)L代表大螺紋 (C)1表示螺紋紋數為1 (D)6g5g表示外螺紋節徑與外徑的公差等級。

( ) **20** 一公制螺栓其螺紋標示為LH 2N M18×2– 1，若螺栓上某點沿螺紋旋轉一周，則在螺栓軸線方向移動多少mm？ (A)1 (B)2 (C)4 (D)18。

( ) **21** 8UNF之雙線螺紋，每旋轉一圈，其導程為多少mm？

(A)6.35 (B)$\frac{1}{16}$ (C)$\frac{1}{8}$ (D)$\frac{1}{4}$。

( ) **22** 螺紋M12是表示： (A)公制粗螺紋 (B)公制細螺紋 (C)英制螺紋 (D)統一螺紋。

( ) **23** $\frac{3}{4}$–13NF的NF表示： (A)粗牙 (B)細牙 (C)特細牙 (D)特粗牙。

( ) **24** M20×2的螺紋，其節圓直徑為多少mm？ (A)20 (B)17.4 (C)19.35 (D)18.7。

( ) **25** 統一標準螺紋中，何種配合會有最大餘隙？ (A)1A1B (B)2A2B (C)3A3B (D)1A3B。

( ) **26** 螺紋記號L–2N–M30×3–1，則下列敘述何者錯誤？ (A)左螺紋 (B)雙線螺紋 (C)螺距3mm (D)鬆配合。

( ) **27** 承上題所示，若螺絲旋轉一圈可使螺帽前進？ (A)2mm (B)3mm (C)4mm (D)6mm。

( ) **28** 三種機械之機械效率各為η_1、η_2、η_3，當三者一起連用時，則其總機械效率η為：

(A)$\eta=\eta_1+\eta_2+\eta_3$ (B)$\frac{1}{\eta}=\frac{1}{\eta_1}+\frac{1}{\eta_2}+\frac{1}{\eta_3}$

(C)$\eta=\eta_1\times\eta_2\times\eta_3$ (D)三者中最大之效率。

( ) **29** 機械效率越高者，代表此機構越： (A)省力 (B)省時 (C)費力 (D)省能源。

( ) **30** 若有一機械的機械利益M＝1，則此機械使用上可： (A)省力 (B)省時 (C)改變施力之方向 (D)省力，又省時。

( ) **31** 三組機構組合在一起，機械效率分別為$\eta_1=0.5$、$\eta_2=0.4$、$\eta_3=0.8$，則總效率為： (A)0.16 (B)0.5 (C)0.8 (D)1.7。

( ) **32** 機構的機械利益高者代表此機構： (A)省力 (B)省時 (C)費力 (D)省能源。

( ) **33** 功之原理指其機械效率：
(A)大於1 (B)小於1 (C)等於1 (D)大於0。

( ) **34** 機械效率40%之螺旋起重機，其螺桿為雙螺紋，螺距為P，曲柄半徑為r，則機械利益為： (A)$\frac{\pi r}{P}$ (B)$\frac{4\pi r}{5P}$ (C)$\frac{5\pi r}{2P}$ (D)$\frac{2\pi r}{5P}$。

( ) **35** 斜面的夾角為60^{o}，平行於斜面方向施力，則機械利益為多少？

(A)$\frac{2\sqrt{3}}{3}$ (B)$\sqrt{3}$ (C)2 (D)$\frac{\sqrt{3}}{3}$。

( ) **36** 沒有摩擦損失時，一簡單機械之利益為3，若摩擦損失為30%，欲負載126N，則需施力約多少？ (A)40 (B)50 (C)60 (D)70 N。

( ) **37** 機械之功與能量敘述關係中，從動件所作之功E_w，主動件之總能量E_p，摩擦損失能量E_f，則下列敘述何者正確？ (A)$E_p = E_w - E_f$ (B)$E_w = E_p - E_f$ (C)$E_p = E_w$ (D)機械效率$\eta = 1 - \frac{E_p}{E_f}$。

( ) **38** 斜面之機械利益和下列何者有關？ (A)斜角之正切值 (B)斜角之餘割值 (C)斜角之餘弦值 (D)斜角之正割值。

( ) **39** 差動螺旋較適合使用於下列何種情況？ (A)需快速傳動 (B)需微調處 (C)需大機械效率處 (D)需小機械效率處。

( ) **40** 一複式螺旋（複動螺旋）中有兩組螺紋，其導程分別為12mm和10mm，其關係為何？ (A)兩組螺紋的螺紋方向相同，此複式螺旋導程為2mm (B)兩組螺紋的螺紋方向相反，此複式螺旋導程為2mm (C)兩組螺紋的螺紋方向相同，其複式螺旋導程為22mm (D)兩組螺紋的螺紋方向相反，其複式螺旋導程為22mm。

( ) **41** 一螺旋千斤頂由差動螺旋組成如圖所示，包括一螺距L_1=5mm之右螺紋與螺距L_2=3mm之右螺紋。若不考慮摩擦損失，欲使用10N力舉起4000N物體，則千斤頂所使用手柄長度R最少需要多少mm？

(A)200/π

(B)400/π

(C)600/π

(D)800/π。

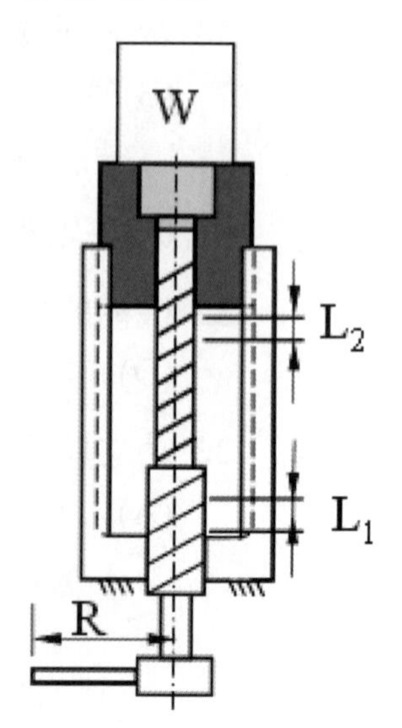

(　　) **42** 如下圖所示，於繩輪周緣的溝中繞一繩，其中心與輪心的距離為150cm，若加於繩上的拉力為600N，在W處所產生的力為100πkN，如其機械效率為0.75，則螺旋的導程為若干mm？
(A)13.5　(B)15.3　(C)18　(D)24　mm。

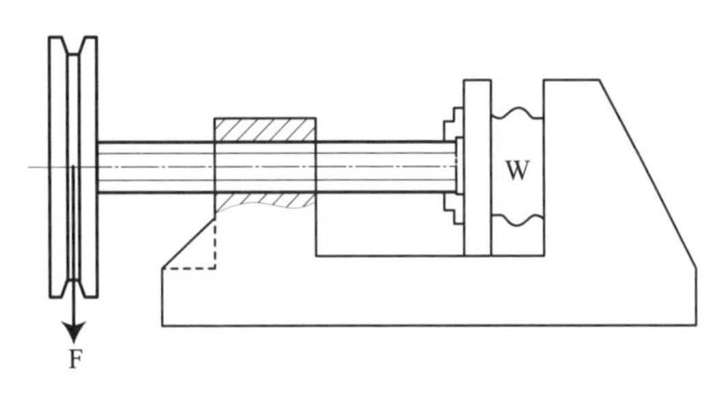

(　　) **43** 一差動螺旋其把手之螺桿為螺距5mm之右手螺紋，若操作者站立於手柄端順時針方向旋轉一圈，可使差動螺旋之滑塊前進2mm，則其滑塊端螺桿之規格，下列何者正確？　(A)左手螺旋螺距3mm　(B)右手螺旋螺距3mm　(C)左手螺旋螺距7mm　(D)右手螺旋螺距7mm。

(　　) **44** 有關動力用螺紋的敘述，下列何者不正確？　(A)滾珠螺紋之摩擦力較其他螺紋低　(B)梯形螺紋在螺紋磨損後無法調整　(C)鋸齒型螺紋僅適用於單方向動力傳遞　(D)方螺紋適合用於大動力傳遞。

(　　) **45** 有關螺紋之敘述，下列何者不正確？　(A)一般風扇葉片為順時針旋轉，為了防止扇葉旋轉時鬆脫，可採用左螺紋鎖緊固定　(B)當三線螺紋旋轉一圈時，從動件移動了9mm，故該螺紋之螺距為3mm　(C)分厘卡採用螺紋微分原理設計，為了提升解析度，大多使用螺距小的V形螺紋　(D)複線螺紋可得較大導程，於三線螺紋中螺紋線設計為軸端相隔90度。

(　　) **46** 一螺旋的螺旋角為θ，導程角為β，下列何者正確？　(A)$\tan\theta+\tan\beta=1$　(B)$\cot\theta-\cot\beta=1$　(C)$\cot\theta\times\cot\beta=1$　(D)$\tan\theta/\tan\beta=1$。

(　　) **47** 下列有關螺旋與螺紋的敘述，何者錯誤？　(A)螺紋的最小直徑稱為小徑（minor diameter）　(B)方螺紋的螺紋角（thread angle）為90度　(C)螺旋角（helix angle）為導程角（lead angle）的餘角　(D)內螺紋（internal thread）又稱陰螺紋。

第3章 螺紋結件

3-1 螺栓與螺釘

螺旋為連接機件，用途廣泛，可分為螺栓與螺釘，其外形相似。一般直徑在6.35mm($\frac{1}{4}$吋)以上者稱為螺栓，其螺桿桿身部分不具螺紋，常與螺帽配合使用；直徑6.35mm($\frac{1}{4}$吋)以下者稱為螺釘，螺釘桿部一般整體皆具有螺紋，不與螺帽配合，直接鎖在螺紋孔內。

1 螺栓的種類

(1) 貫穿螺栓：整根為柱形，中間段不具螺紋，具連接件之內孔不必攻螺紋，如圖(一)。需與螺帽一起聯結。頭部有六角形和四角形，使用在穿孔的地方。

(2) 帶頭螺栓：如圖(二)，外型與貫穿螺栓相同，但不需用螺帽，螺栓桿部分或均有螺紋，頭部為六角形。使用時一機件為光滑孔，另一機件需攻牙。

(3) 螺樁：如圖(三)，兩頭均有螺紋的無頭螺栓，又稱柱頭螺栓或雙頭螺栓。其一端與有孔工件配合，另一端需用螺帽鎖緊。用於內燃機之汽缸蓋和車床齒輪箱蓋等可供拆卸之螺栓。

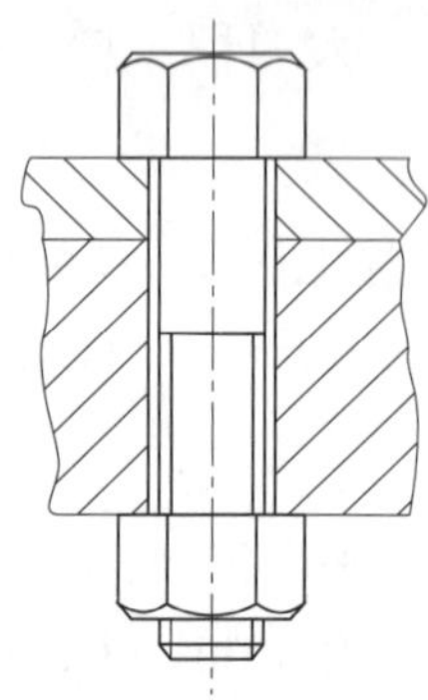

圖(一) 貫穿螺栓

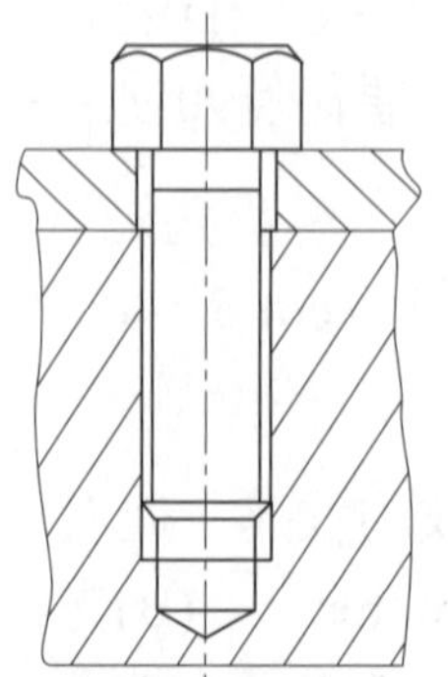

圖(二) 帶頭螺栓

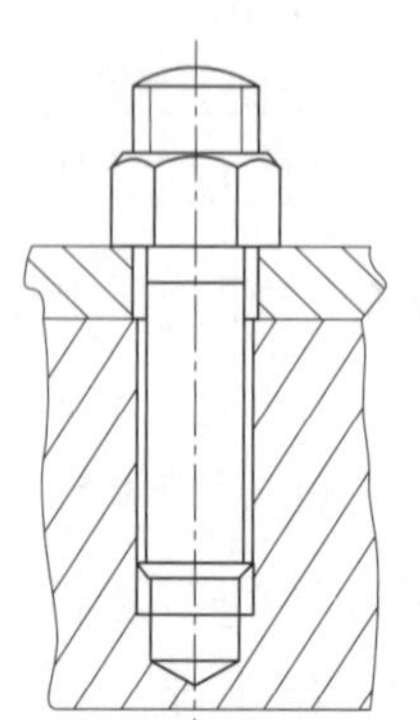

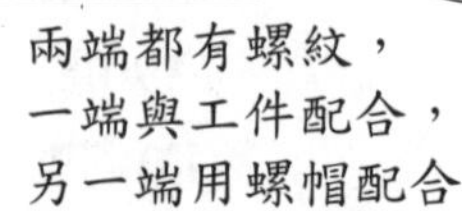

圖(三) 螺樁

(4) 地腳螺栓：如圖(四)，末端具有彎鉤，棘齒或斜面之形狀，可固定機器底座於地面上，又稱基礎螺栓。先將螺栓固定於混泥土上，露出螺紋，再鎖機械之底座螺帽。

(5) 環首螺栓：如圖(五)，頭部製成環形，用於需吊起機器的場合，又稱「鉤頭螺栓」。

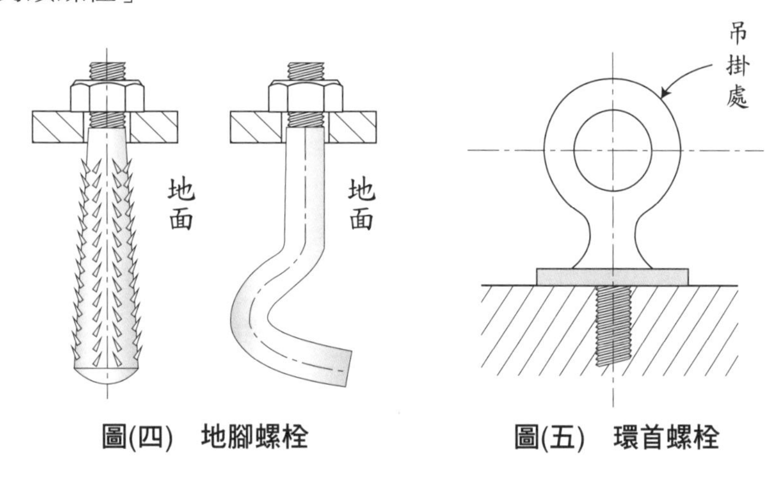

圖(四) 地腳螺栓　　圖(五) 環首螺栓

(6) T型螺栓：如圖(六)，用於T型槽或鳩尾槽之固定用途。

(7) 鍵式螺栓：如圖(七)，用鍵代替普通螺栓頭，具可迅速拆卸的特點。

(8) 擴張螺栓：如圖(八)，俗稱「壁虎」，用在牆壁上固定鐵窗、鐵門等與牆壁之固定。當螺帽鎖緊時，套筒受到錐度之擠壓，可緊密地固定在牆內。

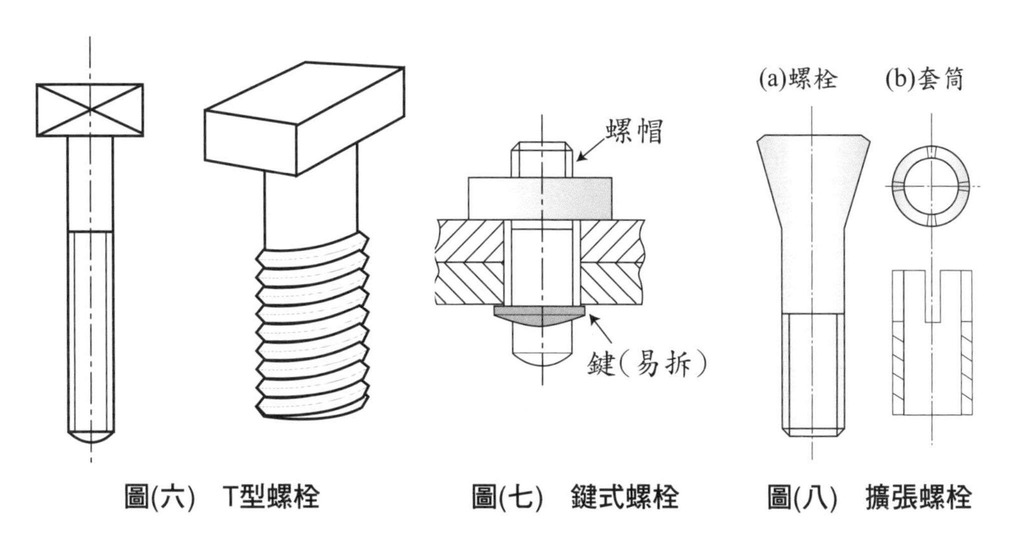

圖(六) T型螺栓　　圖(七) 鍵式螺栓　　圖(八) 擴張螺栓

2 螺釘的種類

(1) 帽螺釘：帽螺釘部分長度有螺紋，用於連結兩機件，其一端穿過一機件之光滑孔內，而旋入另一機件之內螺紋孔內，故均備有螺釘頭以便於施加扭矩，類似帶頭螺栓，如圖(九)所示。

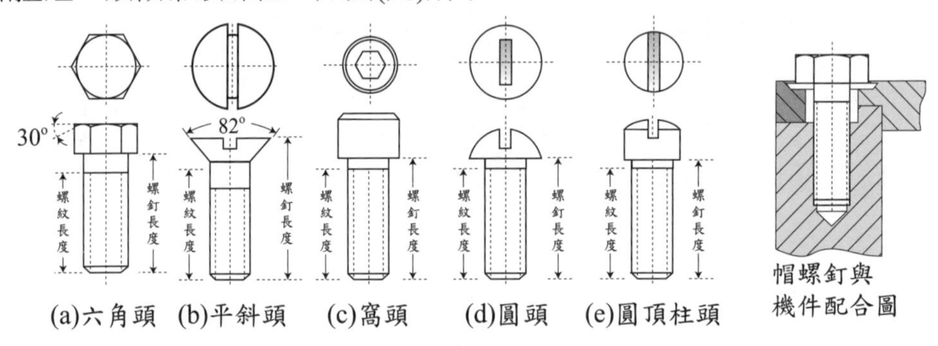

圖(九) 五種標準頭形之帽螺釘

(2) 機螺釘：如圖(十)所示，所有的頭均有凹槽，一般為「十」字形或「一」字形之槽，用螺絲起子轉動。機螺釘主要用於鎖緊小機件，如打字機、電腦、手機外殼、眼鏡、鐘錶等。機螺釘全部長度均製有螺紋，分為粗螺紋及細螺紋兩種。

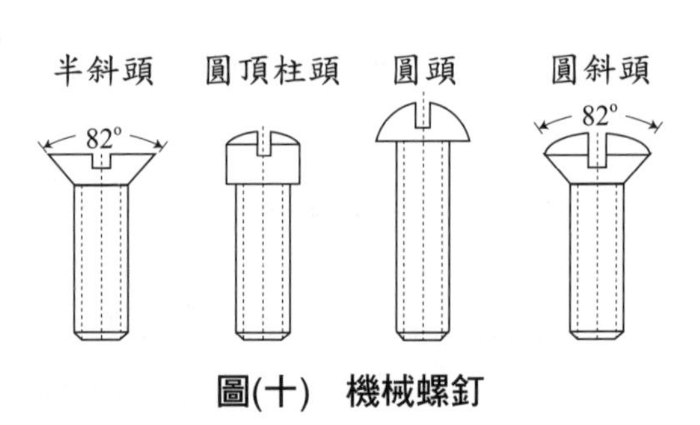

圖(十) 機械螺釘

(3) 固定螺釘：為硬化鋼製成，當螺釘旋入一機件，末端抵住另一機件，用於阻止兩機件作相對運動或調整兩機件間的相對位置，或作為「鍵」之代用品。又稱「定位螺釘、止付螺釘」。如圖(十一)所示。車刀把上鎖緊車刀的螺釘為固定螺釘。

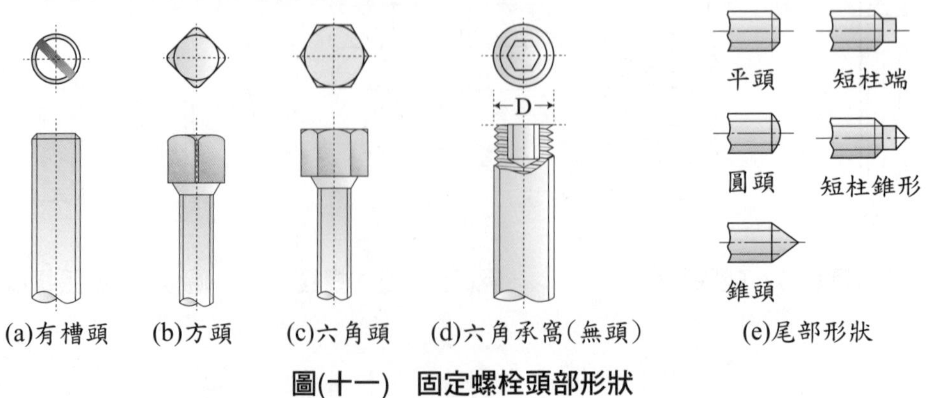

圖(十一) 固定螺栓頭部形狀

(4) 木螺釘：木螺釘為木質材料連結所使用的螺釘，其螺釘前端均製成尖形，木料本身不必攻螺紋，木螺釘即可旋入。其頭部有「一」字形與「十」字形兩種，如圖(十二)所示。

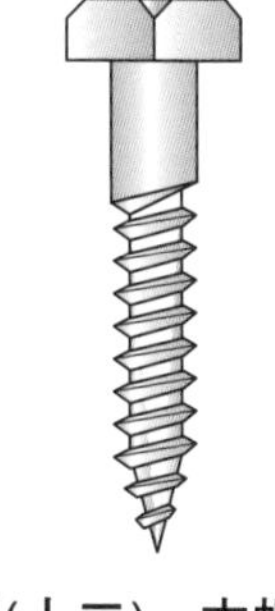

圖(十二) 木螺釘

(5) 自攻螺釘：自攻螺釘可在工件上自行產生螺紋，一般用硬化鋼或滲碳鋼製成，前端具有斜度之螺釘，用於 $\frac{1}{4}$ 吋以下軟金屬或塑膠材料之結合。使用時同時具有攻牙、鎖緊功能。如圖(十三)所示。

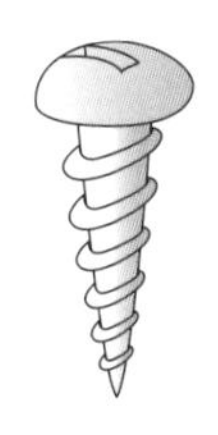

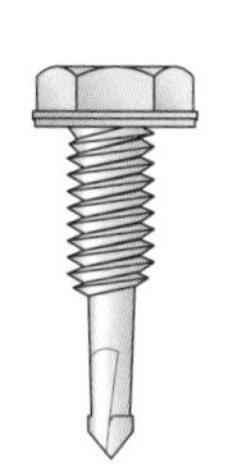

(a)自攻螺釘 (b)可自鑽與自功之螺釘

圖(十三) 自攻螺釘

(6) 肩螺釘：螺釘為圓柱形，只有前端比圓柱直徑略小之處有螺紋。常用於螺釘鎖緊後工件以螺釘為軸作相對轉動處，如衝床刮屑板、鉋床之拍擊箱。如圖(十四)所示。

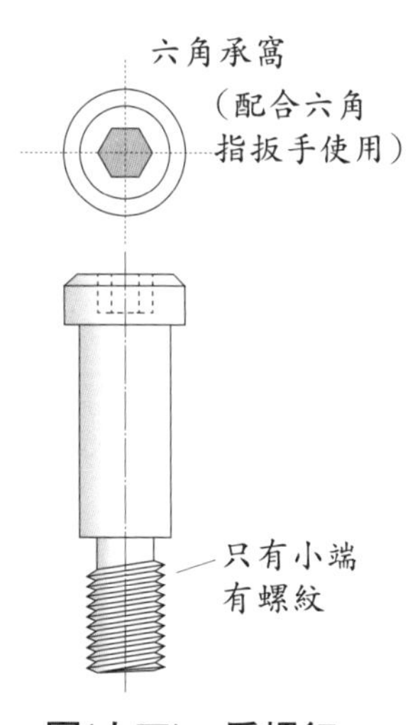

圖(十四) 肩螺釘

立即測驗

( ) **1** 螺釘之直徑，通常均在多少mm以下：
(A)$\frac{1}{4}$ (B)6.35 (C)3.75 (D)25.4。

( ) **2** 可以阻止兩機件間的相對運動，或調節兩機件間的相對位置的為何種螺釘： (A)木螺釘 (B)固定螺釘 (C)螺樁 (D)機螺釘。

( ) **3** 用於小型機件接合，如打字機、鐘錶和電源插頭等所用的螺釘為： (A)帽螺釘 (B)固定螺釘 (C)機螺釘 (D)肩螺釘。

( ) **4** 何種螺釘適合用於結合薄金屬或硬塑膠材料： (A)木螺釘 (B)固定螺釘 (C)機螺釘 (D)自攻螺釘。

( ) **5** 環首螺栓的用途為： (A)軸承固定處 (B)緊密配合處 (C)機器吊起處 (D)動力傳遞處。

( ) **6** 螺栓桿部為柱形，一端製成螺紋且中間段圍圓柱不具螺紋，此種螺栓為： (A)帶頭螺栓 (B)螺樁 (C)貫穿螺栓 (D)地腳螺栓。

( ) **7** 具有迅速拆卸特性的螺栓是： (A)帶頭螺栓 (B)螺樁 (C)鍵式螺栓 (D)貫穿螺栓。

( ) **8** 固定螺釘的功用是： (A)使圓柱上軸心與孔中心不一致 (B)使圓柱機件軸心與孔中心一致 (C)使圓柱機件在孔中不容易滑動或移動 (D)使圓柱機件在孔中心可以轉動而不能滑動。

( ) **9** 固定機器底座於地面，應使用何種螺栓： (A)固定螺釘 (B)帶頭螺栓 (C)基礎螺栓 (D)柱頭螺栓。

( ) **10** 內燃機之汽缸蓋之鎖緊是利用何種螺栓： (A)貫穿螺栓 (B)螺樁 (C)帶頭螺栓 (D)自攻螺栓。

( ) **11** 兩端均製有螺紋之桿稱為： (A)帶頭螺栓 (B)貫穿螺栓 (C)柱頭螺栓 (D)自攻螺栓。

( ) **12** 扳動窩頭螺釘應用何種工具： (A)活動扳手 (B)固定扳手 (C)六角指頭扳手 (D)管子鉗。

解答 **1 (B)** **2 (B)** **3 (C)** **4 (D)** **5 (C)** **6 (C)** **7 (C)** **8 (C)** **9 (C)** **10 (B)** **11 (C)** **12 (C)**

3-2 螺帽與鎖緊裝置

1 螺帽的種類：如圖(十五)所示。

(1) 六角螺帽：機械用途上使用最多的螺帽，頭部呈六角形，如圖(a)所示。以荷重分為正規級和重級兩種規格。

(2) 堡形螺帽：螺帽上方有開槽溝，可將開口銷插入，防止螺帽鬆脫。如圖(b)所示。

(3) 翼形螺帽：螺帽有兩片蝶形葉，以便於用手指轉動、鎖緊或鬆脫，用於常需鬆卸之處，如手弓鋸架鎖緊鋸條之螺帽。又稱蝶形螺帽或元寶螺帽。如圖(c)所示。

(4) 環首螺帽：頭部有環形的螺帽，用於吊起機器，如圖(d)所示。

(5) 凸緣螺帽：底部製成凸緣有如墊圈之效果，鎖緊時可增加鎖緊力。又稱「墊圈底座螺帽」，如圖(e)所示。

(6) 蓋頭螺帽：一端做成圓頭以防止水和油之洩露或滲入處，使螺栓頭不外露，如汽車輪胎的鎖緊螺帽，如圖(f)所示。

(7) 四角螺帽：外形成四角形，主要用於小型螺釘之鎖緊，如圖(g)所示。

(8) 球面底座螺帽：螺帽底部作成球面，用於凹陷球面之處，可自動對準中心。如圖(h)所示。

(9) 圓形螺帽：又稱「環螺帽」，外形成圓柱形，頂面有開槽可配合起子使用，亦可外緣壓花以利用手指轉動。如圖(i)所示。

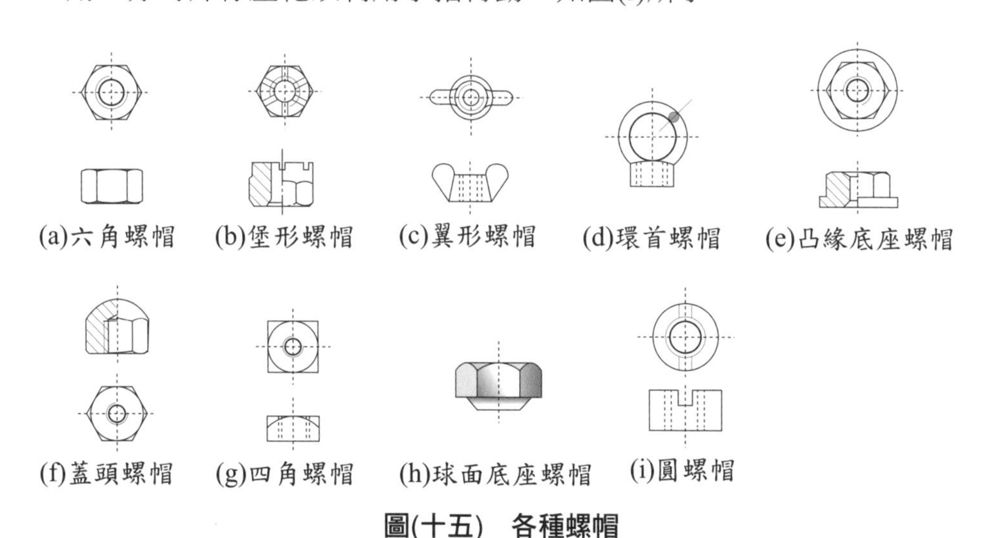

圖(十五) 各種螺帽

2 螺栓與螺帽的規格：如圖(十六)所示。

(1) 正規級螺栓與螺帽：螺帽或螺栓的對邊寬度(w)＝$\frac{3}{2}$D，螺帽厚度＝$\frac{7}{8}$D，螺栓頭高度＝$\frac{2}{3}$D，螺紋長度＝2D＋6mm。

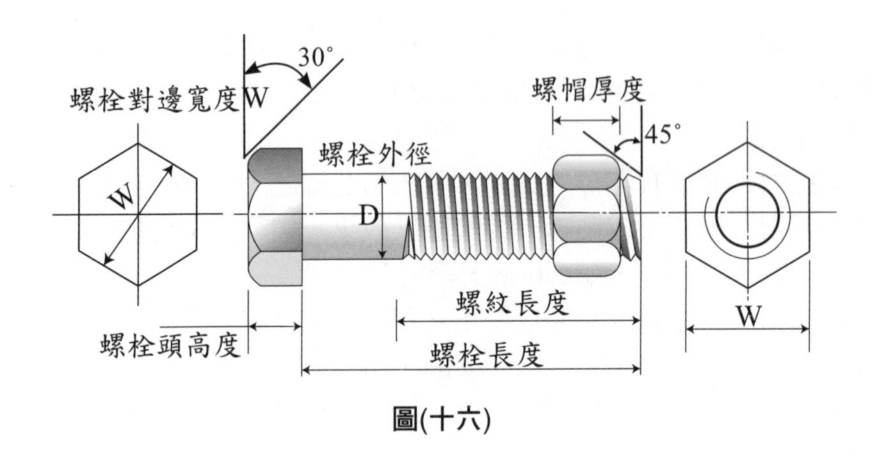

圖(十六)

(2) 重級螺栓與螺帽：螺栓與螺帽對邊寬度(w)＝$\frac{3}{2}$D＋3mm，螺帽厚度＝D，螺栓頭高度＝$\frac{3}{4}$D，螺紋長度＝2D＋6mm。

	螺栓頭高度	螺栓對邊寬度	螺帽厚度	螺紋長度
正規級	$\frac{2}{3}$D	$\frac{3}{2}$D	$\frac{7}{8}$D	2D+6mm
重級	$\frac{3}{4}$D	$\frac{3}{2}$D＋3mm	D	2D+6mm

D：表螺栓公稱直徑即螺栓外徑。

註 ①螺栓長度為螺栓頭下方至末端之長度。
②螺栓頭對邊寬度即螺栓頭之內切圓直徑。
③一般正常使用之螺栓與螺帽為「正規級」，若使用於重負荷才用「重級」，「重級」需加大尺寸才可承受較大之負載。
④一般螺紋之螺栓倒角45°；螺帽倒角30°。

(3) 螺栓與螺帽之規格：

① 公制：

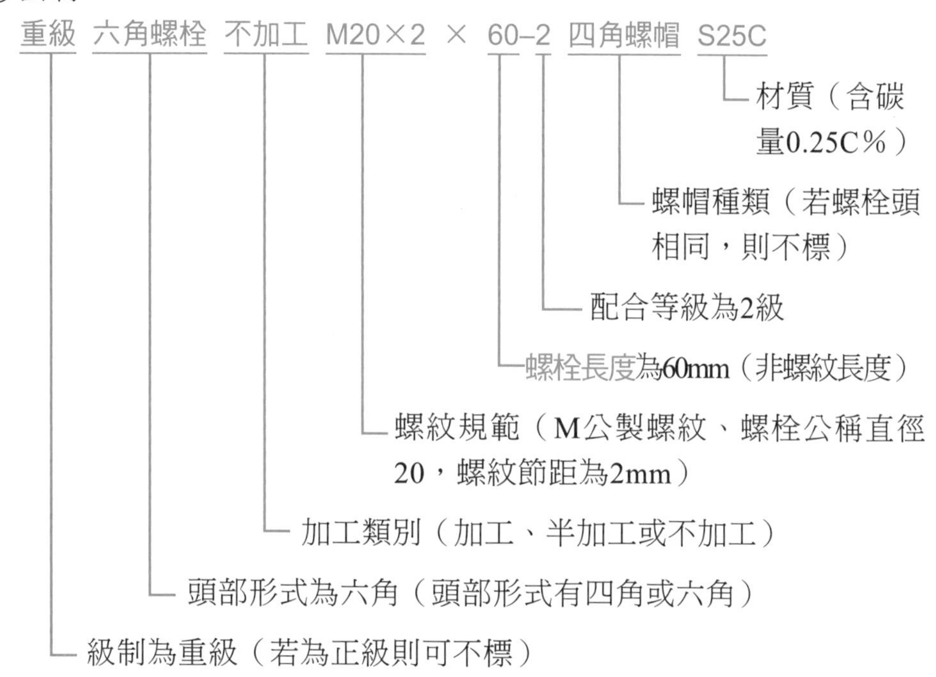

②英制：

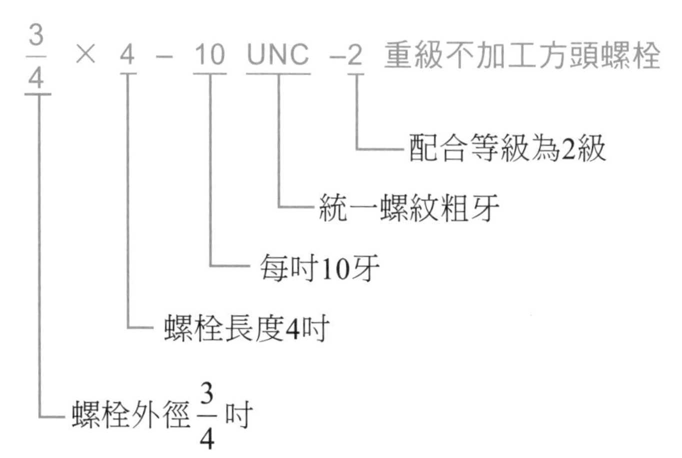

3 鎖緊裝置：因機器之振動或衝擊容易使螺帽鬆脫，容易造成意外或危險，所以螺帽必需有鎖緊裝置，鎖緊裝置分為「摩擦鎖緊」和「確閉鎖緊」兩種。確閉鎖緊可用在避免振動而易鬆脫螺帽之場合。

(1) 摩擦式：利用摩擦力來鎖緊，有可能鬆脫，不適宜在有震動之機械裝置。

①鎖緊螺帽法：即用兩種螺帽重疊鎖緊法稱為鎖緊螺帽法，通常下方螺帽較薄，上方螺帽較厚，如圖(十七)所示。

②螺旋彈簧鎖緊墊圈（彈簧鎖緊墊圈）：螺帽下方裝一彈簧墊圈，斷面成方形（註：舊標準為梯形），墊圈旋向要與螺紋旋向相反，當鎖緊時利用彈力作用產生螺栓與螺帽相互擠壓，藉摩擦力來阻止螺帽鬆脫之目的。如圖(十八)所示。

③有槽螺帽法（槽縫螺帽）：在螺帽之側邊開一小槽，在螺帽上方攻一小螺紋孔鎖上小螺釘，產生軸向壓力將該螺紋鎖緊。如圖(十九)所示。

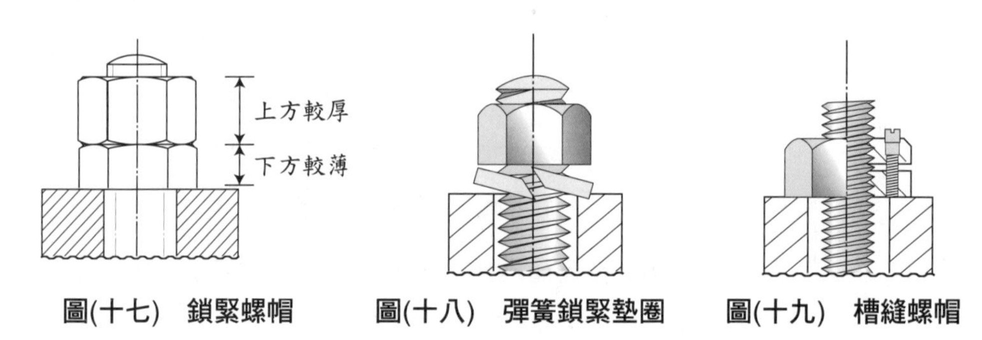

圖(十七) 鎖緊螺帽　　圖(十八) 彈簧鎖緊墊圈　　圖(十九) 槽縫螺帽

④鎖緊螺釘：螺帽側面開一螺絲孔，使用固定螺釘壓入銅片，以保護螺紋避免損壞，來防止螺帽鬆脫，如圖(二十)所示。

⑤錐形底座螺帽：螺帽尾端製成錐形，（螺帽一端具有45°倒角）錐角90°，用來增加摩擦力，而且可自動對正中心。應用在汽車車輪之鋼圈鎖緊。如圖(二一)(A)所示。

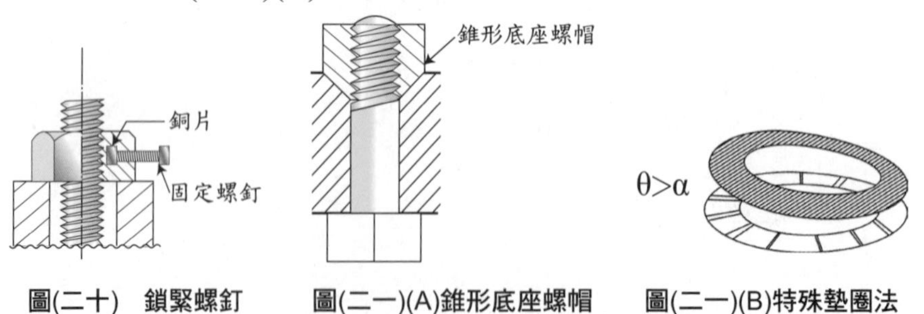

圖(二十) 鎖緊螺釘　　圖(二一)(A)錐形底座螺帽　　圖(二一)(B)特殊墊圈法

⑥特殊墊圈法：如圖(二一)(B)所示，用一對固定的特殊墊圈（輻射狀對稱的鋸齒），其斜面傾斜角，大於螺紋的傾斜角（α），使螺帽在振動環境此自我鎖定的力量使螺帽或螺栓不會鬆脫。用於機械的傳動軸、車輛等，又稱螺栓安全固定環。

(2) 確閉式：確閉式鎖緊，除非遭受破壞，否則螺帽不會鬆脫。確閉式鎖緊有堡形螺帽、開口銷、彈簧線、翻上墊圈、螺帽止動板。

① 堡形螺帽：螺帽頂端具有徑向溝槽，以利於螺栓所鑽的孔內加入開口銷來防止螺帽之鬆脫。如圖(二二)所示。

② 開口銷法：如圖(二三)所示，螺帽鎖緊後，將開口銷插在螺帽上方之螺桿孔中，亦可在貫穿螺帽和螺栓中插入開口銷，防止螺帽之鬆脫。

③ 彈簧線法：如圖(二四)所示，螺帽上端製成圓槽並鑽小孔，螺帽鎖緊後，將彈簧線套入圓槽來防止螺帽之鬆脫。

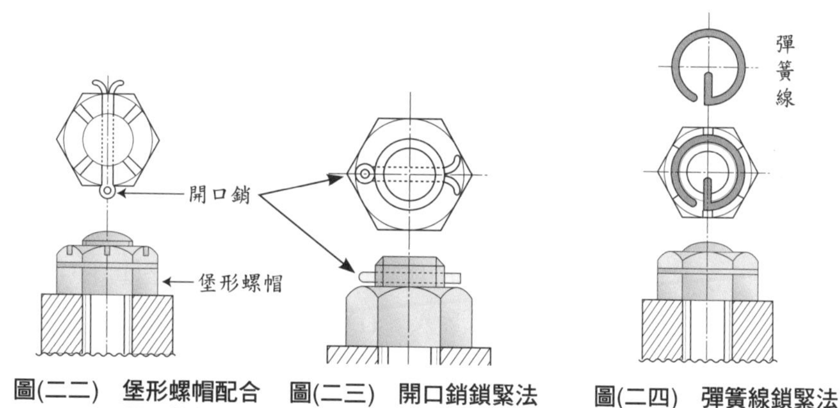

圖(二二) 堡形螺帽配合開口銷鎖緊　圖(二三) 開口銷鎖緊法　圖(二四) 彈簧線鎖緊法

④ 翻上墊圈（上彎墊圈）：如圖(二五)所示，螺帽鎖緊後，將墊片折彎成N形（又稱為舌形墊圈），使一邊緊貼螺帽側邊，一邊緊貼機座側邊，螺帽及螺栓不需因鑽孔或切槽而影響強度。

⑤ 螺帽止動板：當螺帽鎖緊後利用止動板以防止螺帽鬆動。如圖(二六)所示。

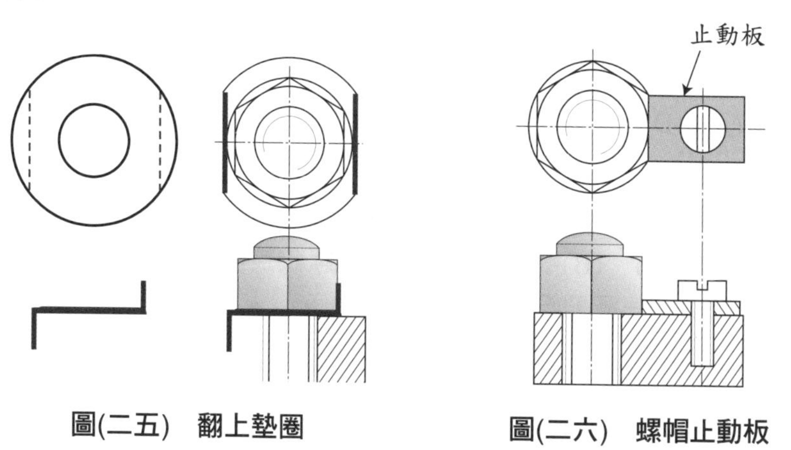

圖(二五) 翻上墊圈　圖(二六) 螺帽止動板

註 利用螺栓或螺釘結合機件時，應注意下列事項：

①若螺釘圓周排列時，須相對交互一點點鎖緊，不可任意順序或一個全部鎖完。

②若螺釘直線排列時，須由中央再向兩端交互一點點鎖緊。

③若有大小不同的螺釘時，需先鎖大的螺釘，再鎖小的螺釘，拆卸時先拆直徑小的螺釘。

立即測驗

( ) **1** 用在時常鬆卸處（如手弓鋸前端）之螺帽為 (A)翼形螺帽 (B)環首螺帽 (C)有槽螺帽 (D)扭矩螺帽。

( ) **2** 何種螺帽與螺栓接合後，螺栓不外露而且可防止油或水的滲漏？ (A)凸緣底座螺帽 (B)環首螺帽 (C)翼形螺帽 (D)蓋頭螺帽。

( ) **3** 球面底座螺帽的功用為何？ (A)容易對準中心 (B)容易拖吊 (C)防止油或水的滲入 (D)增加鎖緊力。

( ) **4** 凸緣底座螺帽其功用為何？ (A)可增加鎖緊力 (B)容易對準中心 (C)易於拆卸 (D)防止油水滲入。

( ) **5** 堡形螺帽配合開口銷使用，其目的為： (A)防止油水滲入 (B)防止螺帽變形 (C)增加鎖緊力 (D)防止螺帽鬆動。

( ) **6** D為螺栓直徑，則正規級螺栓頭的厚度為：

(A)D (B)$\frac{3}{2}$D (C)$\frac{2}{3}$D (D)$\frac{7}{8}$D。

( ) **7** 若D為螺栓直徑，則正規級螺帽厚度為：

(A)$\frac{7}{8}$D (B)$\frac{3}{2}$D (C)$\frac{2}{3}$D (D)D。

( ) **8** 規格為M20×1.5×40–1之螺栓，下列說明何者不正確？ (A)外徑20mm (B)螺距1.5mm (C)螺紋長度40mm (D)為公制三角形螺紋，一級配合。

( ) **9** 一螺栓公稱直徑D，則正級螺栓頭及螺帽對邊寬度為：

(A)$\frac{3}{2}$D (B)$\frac{2}{3}$D (C)D (D)$\frac{7}{8}$D。

( ) **10** 一開口扳手標「16」，此「16」表示為何呢？ (A)扳動螺栓之公稱直徑16mm (B)欲扳動六角螺帽之外接圓之直徑16mm (C)欲扳動六角螺帽之內切圓直徑16mm (D)扳動16英吋之螺栓。

( ) **11** 汽車鋼圈所用的鎖緊裝置是何種螺帽？ (A)錐形底部螺帽 (B)彈簧線鎖緊螺帽 (C)開口銷鎖緊螺帽 (D)有槽螺帽。

( ) **12** 具有防鬆效果之螺帽為： (A)翼形螺帽 (B)環首螺帽 (C)有槽螺帽 (D)六角螺帽。

( ) **13** 有槽螺帽的主要作用是： (A)鎖進小螺釘，防止螺帽鬆脫 (B)通孔用 (C)增加接觸面 (D)美觀。

( ) **14** 於原有螺帽上再加裝另一螺帽，用兩個螺帽鎖緊之裝置，稱為：(A)鎖緊螺帽 (B)槽縫螺帽 (C)蓋頭螺帽 (D)翼形螺帽。

( ) **15** 下列何者為利用摩擦力的鎖緊裝置： (A)翻上墊圈 (B)鎖緊螺帽 (C)開口銷 (D)彈簧線鎖緊。

( ) **16** 下列何者為確閉鎖緊裝置： (A)鎖緊螺帽 (B)彈簧墊圈 (C)有槽螺帽 (D)彈簧線鎖緊。

( ) **17** 螺旋彈簧墊圈防止螺帽鬆動時，必須： (A)墊圈旋向與螺桿相反 (B)墊圈旋向與螺桿相同 (C)墊圈與螺桿之旋向沒有關係 (D)一半同向另一半反向。

( ) **18** 下列何者為螺帽鬆脫之確閉鎖緊裝置？ (A)鎖緊螺帽 (B)堡形螺帽 (C)蓋頭螺帽 (D)槽縫螺帽。

( ) **19** 用途最廣的螺帽為： (A)方形螺帽 (B)六角螺帽 (C)翼形螺帽 (D)蓋頭螺帽。

( ) **20** 同一圓周上之螺釘，利用螺釘固定時，順序應為：
(A)先鎖正中央再鎖其左邊，再右邊方式
(B)相對交互一點點鎖緊
(C)順時針一個一個鎖
(D)間隔一個接一個鎖。

解答與解析

1 (A) **2 (D)** **3 (A)** **4 (A)** **5 (D)** **6 (C)** **7 (A)**

8 (C)。M20×1.5×40，「40」表螺栓長度非螺紋長度。

9 (A) **10** (C) **11** (A) **12** (C) **13** (A) **14** (A) **15** (B)

16 (C)(D)。聯考此題答案為(C)、(D)兩答案，因為有一本教科書定義堡形螺帽又稱有槽螺帽。所以答案才為(C)、(D)均可。

17 (A) **18** (B) **19** (B) **20** (B)

3-3 墊圈的用途及種類

當機件連接時在螺帽或螺釘下方加裝一金屬薄片，以阻止螺帽鬆脫，此金屬片稱為墊片。使用墊片必需增加螺紋長度，且有損壞螺栓螺紋之虞。

1 墊圈的功用：

(1) 增加摩擦面，防止螺帽鬆脫。

(2) 連接表面粗糙不平時，獲得光滑平整的接觸面。

(3) 增加承壓的面積，減少單位面積所受之壓力。

(4) 保護機件表面不受損和避免刮傷。（但無法保護螺栓）

2 常用墊圈：

(1) 普通墊圈：通常為圓形，為最常用的一種（亦有方形），一般以軟鋼、熟鐵或銅等軟金屬製成。又稱平墊圈。如圖(二七)所示。

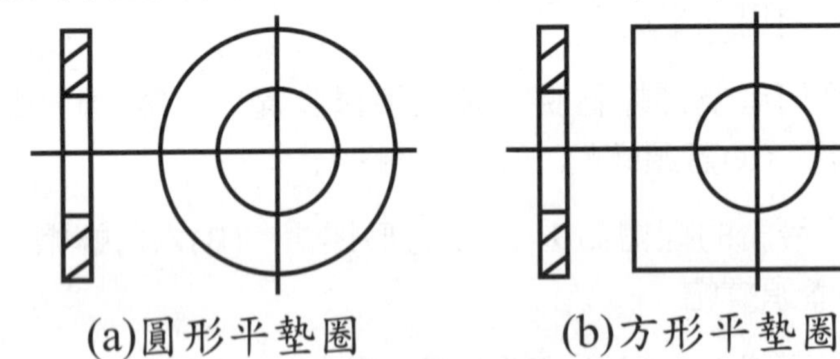

圖(二七) 平墊圈

(2) 彈簧墊圈：螺帽鎖緊後，彈簧墊圈變形產生彈性力，藉摩擦力來防止螺帽鬆脫。如圖(二八)所示。

(3) 齒形墊圈：防震、鎖緊防鬆效果較佳的一種，其內圈或外圈具有扭斜狀之齒，一般以硬化鋼製成。又稱梅花墊圈。如圖(二九)所示。

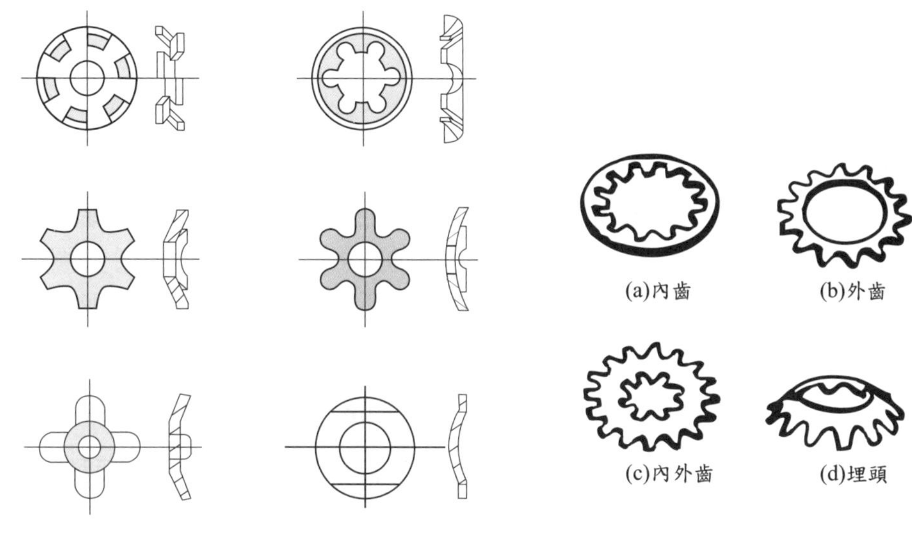

圖(二八) 彈簧墊圈

圖(二九) 齒形墊圈

(4) 螺旋彈性墊圈：斷面為方形（註：舊標準為梯形），繞成圓圈形，一般以合金鋼製成，使用時墊圈旋向與螺桿旋向相反，其自由高度為剖面厚度之兩倍。如圖(三十)所示。

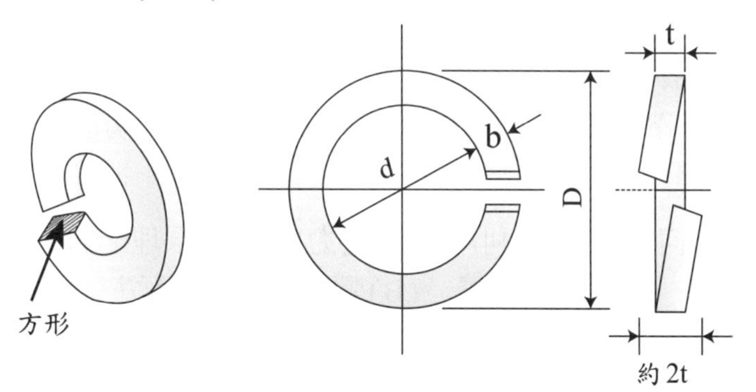

圖(三十) 螺旋彈性墊圈

3 墊圈標註法：（級數越重，則墊圈的厚度及外徑越大）

美國標準協會將墊圈分四級（輕、中、重、特重）。

標註為：

公稱內徑（實際孔徑會比公稱孔徑大）	負荷等級（輕、中、重、特重）	種類

例如：

ϕ12–輕級–平墊圈（查表ϕ12墊圈其內徑為14mm非12mm，此墊圈是配合ϕ12之螺栓使用。）（公稱孔徑約等於螺栓直徑加3mm）

立即測驗

( ) **1** 以下何者不是墊圈主要功用呢？ (A)可保護工件表面 (B)可增大承受負荷之面積 (C)防止螺帽鬆脫 (D)增加效率。

( ) **2** 下列有關墊圈之敘述，何者最不正確？ (A)防止螺帽鬆脫，可使用彈簧墊圈 (B)齒形墊圈具有防振之功用 (C)普通墊圈一般係以軟鋼、熟鐵或銅製成 (D)螺旋彈性墊圈之斷面為圓形。

( ) **3** ϕ12中級平墊圈的註記中，「12」係指墊圈的： (A)內徑為12mm (B)外徑為12mm (C)公稱內徑為12m (D)公稱外徑為12mm。

( ) **4** 墊圈之功用，下列敘述何者不正確？ (A)增加受力面積 (B)增加摩擦面減少鬆動 (C)表面粗糙，作為光滑平整承面 (D)避免螺栓螺紋損傷。

( ) **5** 墊圈之敘述，下列何者最不正確？ (A)墊圈可增加受力面積 (B)齒形墊圈具有防鬆作用 (C)彈簧墊圈又稱梅花墊圈 (D)普通墊圈又稱平墊圈。

( ) **6** 有關螺帽搭配墊圈使用方面，如螺帽下方加裝一螺旋彈簧墊圈，利用彈簧的彈力作用以防止螺帽鬆脫，此鎖緊裝置歸類為：(A)確閉鎖緊裝置 (B)彈性鎖緊裝置 (C)防震鎖緊裝置 (D)摩擦鎖緊裝置。

( ) **7** 下列何種螺帽是利用摩擦阻力鎖緊的原理，沒有確閉鎖緊的功能？ (A)堡形螺帽 (B)彈簧線鎖緊螺帽 (C)上翻墊圈螺帽 (D)槽縫螺帽。

解答與解析

1 (D)

2 (D)。螺旋彈簧墊圈斷面為方形，使用時墊圈旋向與螺桿旋向相反。

3 (C)　**4 (D)**

5 (C)。齒形墊圈又稱梅花墊圈。

6 (D)。彈性鎖緊裝置為螺帽下方加裝一螺旋彈簧墊圈，利用摩擦力來防止螺帽鬆脫。

7 (D)。槽縫螺帽為摩擦式鎖緊裝置。

考前實戰演練

( ) **1** 機螺釘直徑通常在多少mm以下： (A)7.35mm (B)6.35mm (C)5mm (D)3mm。

( ) **2** 何種螺釘可阻止兩物件相對運動，或調整機件之相對位置？ (A)機螺釘 (B)固定螺釘 (C)自攻螺釘 (D)肩螺釘。

( ) **3** 一般汽車引擎或內燃機之汽缸蓋等無法貫穿連接之鎖緊是利用： (A)貫穿螺栓 (B)帶頭螺栓 (C)機螺釘 (D)螺樁。

( ) **4** 衝床刮屑板處、鉋床的拍擊箱最常使用的螺釘為下列何者？ (A)固定螺釘 (B)肩頭螺釘 (C)機螺釘 (D)帽螺釘。

( ) **5** 在使用螺栓與螺釘中，何者不需在連接件上攻製螺紋？ (A)帶頭螺栓 (B)貫穿螺栓 (C)柱頭螺栓 (D)自攻螺釘。

( ) **6** 固定螺釘的功用何者正確？ (A)使圓柱機件在孔中可以轉動而不能滑動 (B)使圓柱機件軸心與孔中心一致 (C)使圓柱機件在孔中不易滑動或轉動 (D)使圓柱機件在孔中可以滑動而不能轉動。

( ) **7** 自攻螺釘是用硬化鋼或滲碳鋼製成，用於厚度在多少吋以下之軟金屬機件組合？ (A)$\frac{1}{16}$吋 (B)$\frac{1}{8}$吋 (C)$\frac{1}{32}$吋 (D)$\frac{1}{4}$吋。

( ) **8** 何種螺栓與螺帽接合後，螺栓不外露可防止水或油滲出？ (A)堡形螺帽 (B)槽縫螺帽 (C)翼形螺帽 (D)蓋頭螺帽。

( ) **9** 彈簧線鎖緊之螺帽鎖緊裝置，是屬於： (A)確動鎖緊 (B)摩擦鎖緊 (C)確閉鎖緊 (D)剛性鎖緊。

( ) **10** 直徑為8mm的正規級的帶頭螺栓，其螺栓頭的高度為： (A)4.2mm (B)8mm (C)5.3mm (D)6.4 mm。

( ) **11** 螺紋規範M60×2，表示： (A)節徑60mm，雙線螺紋 (B)外徑60mm，第二級配合 (C)外徑60mm，螺距2mm (D)節徑60mm，螺距2mm。

( ) **12** 一螺栓公稱直徑D，則正級螺帽及螺栓頭對邊的寬度為：(A)$\frac{3D}{4}$ (B)$\frac{2D}{3}$ (C)$\frac{7D}{8}$ (D)$\frac{3D}{2}$。

( ) **13** 一螺栓標註M8×1.25×50–2，則下列註解何者不正確？ (A)M表公制螺紋 (B)8表螺栓公稱直徑8mm (C)50表螺栓長度50mm (D)2表螺栓頭高2mm。

( ) **14** 一螺栓標註M18×2×20，其中「20」代表： (A)節徑20mm (B)螺紋長度20mm (C)螺栓長度20mm (D)外徑20mm。

( ) **15** 一螺栓符號為「M20×2×60–1」，其螺紋長度為： (A)46mm (B)60mm (C)20mm (D)40mm。

( ) **16** 一螺紋標註$\frac{5}{8}$–13UNC–2B，下列註解何者不正確？ (A)「$\frac{5}{8}$」表外徑$\frac{5}{8}$吋 (B)「13」表每吋為13牙 (C)「UNC」表統一粗牙螺紋 (D)雙螺線。

( ) **17** LH–2N–M30×3.5螺栓之螺栓直徑為： (A)30m (B)30mm (C)2cm (D)3.5mm。

( ) **18** L–2N–M12×2×60之公制螺栓，下列何者錯誤？ (A)雙線螺紋 (B)螺距2mm (C)螺紋長度60mm (D)左旋螺栓。

( ) **19** 欲將上下兩片各12mm厚之鋼板以貫穿螺栓及螺帽鎖緊，已知螺帽厚度12mm，螺栓之規格為M12×1.75，則螺栓長度最少應為多少mm？ (A)12 (B)16 (C)36 (D)24。

( ) **20** 何者表示為公制標準粗螺紋？ (A)Tr40×7 (B)Bu40×7 (C)M10×1.5 (D)M8×1。

( ) **21** 使用鎖緊螺帽，較薄的螺帽應該在： (A)上方或下方均可 (B)視情況而定 (C)下方 (D)上方。

( ) **22** 下列何者無法防止螺帽鬆脫？ (A)使用鎖緊螺帽 (B)螺帽以銷穿入鎖緊 (C)使用翼形螺帽 (D)使用螺旋彈性鎖緊墊圈。

( ) **23** 凸緣螺帽（墊圈底座螺帽），於螺帽底有較大承座，其目的為何？ (A)鎖緊時增加鎖緊力 (B)固定時易對準中心 (C)使螺帽易於拆卸 (D)提供製造時較容易。

( ) **24** 於原有螺帽上加裝另一螺帽可達到防鬆的螺帽為： (A)鎖緊螺帽 (B)有槽螺帽 (C)蓋頭螺帽 (D)翼形螺帽。

( ) **25** 在同一圓周上機件，利用螺釘固定時，其順序應為： (A)按順序一個接一個 (B)相對交互一點點鎖緊 (C)任意形式 (D)間隔一個接一個。

( ) **26** 直線排列之螺釘鎖緊應： (A)由中央向左右兩端交互鎖緊 (B)由左右兩端向中央鎖緊 (C)由左而右鎖緊 (D)由右而左鎖緊。

( ) **27** 當螺帽鎖緊後，將墊圈彎成N形，下列何者可阻止螺帽鬆脫的墊圈？ (A)螺旋彈簧鎖緊墊圈 (B)彈簧墊圈 (C)舌形墊圈 (D)平墊圈。

( ) **28** 為防止鎖緊的螺帽鬆脫，常在螺帽承面與結合件間置入彈簧墊圈，這是利用什麼原理來阻止螺帽鬆脫？ (A)彈簧所貯藏的能量 (B)接觸面之摩擦力 (C)彈簧之彈性力 (D)彈簧之壓力。

( ) **29** 使用螺栓結合機件時，加上墊圈（Washer）之功用，下列何者不正確？ (A)連結材料太軟，用以增加受力面積 (B)增加摩擦面減少鬆動 (C)表面粗糙，作為光滑平整承面 (D)避免螺栓螺紋損傷。

( ) **30** 下列敘述何者正確？ (A)墊圈可減少摩擦面減少鬆動 (B)連結材料太硬而不能承受過大的表面壓力時，可用墊圈來增加受力的面積 (C)固定螺釘能自己產生攻螺紋的作用 (D)零件的孔較大而螺帽接觸太小時應使用墊圈增加鎖緊力。

( ) **31** 下列有關墊圈之敘述，何者錯誤？ (A)阻絕承壓材料與空氣的接觸，避免生鏽 (B)增加摩擦面積 (C)防止螺帽鬆脫 (D)當表面不佳時，可作為承接面。

( ) **32** 有關墊圈的敘述，何者不正確？ (A)普通墊圈是最常用的一種 (B)可增加承壓面積 (C)齒鎖緊墊圈具有鎖緊作用 (D)螺旋彈性鎖緊墊圈，使用時墊圈旋向與螺桿旋向相同。

( ) **33** 墊圈的主要功能是： (A)連接面或承面不良時提供平盤承面 (B)減少螺帽旋緊時之阻力 (C)產生提升力 (D)釘孔太大時，可增加單位面積承受之壓力。

( ) **34** 墊圈的主要功能，下列何者為非？ (A)獲得適當接觸面 (B)增加承壓面積 (C)保護機件表面不受損 (D)固定機器底座。

( ) **35** 10mm輕級平墊圈，10mm係指墊圈之： (A)公稱外徑 (B)公稱內徑 (C)公稱厚度 (D)平均直徑。

( ) **36** 下列敘述何者為非？ (A)自攻螺釘能自己產生攻螺紋的作用 (B)墊圈可增加摩擦而減少鬆動 (C)連接材料太軟而不能承受過大的表面壓力時可用墊圈來增加受力的面積 (D)零件的孔較大而螺帽接觸太小時應鎖緊螺帽增加鎖緊力。

( ) **37** 在螺帽與螺栓間裝上一彈簧墊圈，最主要之目的為： (A)增加美觀 (B)阻止螺帽鬆脫 (C)減少摩擦力 (D)機件位置之定位。

( ) **38** 使用螺旋彈性墊圈防止螺帽鬆動時，應使： (A)墊圈旋向與螺紋旋向相反 (B)墊圈旋向與螺紋旋向相同 (C)墊圈與螺紋方向無關 (D)需再用插銷固定。

( ) **39** 有關機械利益與機械效率之敘述，下列何者正確？ (A)機械效率可以有效判斷機構是否省時 (B)機械利益大於1則費力省時 (C)任何機械的機械效率必小於1 (D)機械利益大則機械效率一定高。

( ) **40** 有關墊圈應用之敘述，下列何者不正確？ (A)於螺帽與螺栓間安裝彈簧墊圈，其最主要目的為藉由剪力來防止螺帽鬆脫 (B)使用墊圈可增加適當的承接面與摩擦面積，並減少單位面積所承受的壓力 (C)梅花墊圈可在連結材料承接面上產生輕微的銑切作用，並具有防震及鎖緊功用 (D)安裝墊圈可保護工件表面避免刮傷，並於工件表面粗糙或傾斜時作為承接面。

第4章 鍵與銷

4-1 鍵的用途與種類

鍵的材料為較佳的抗壓、抗剪的材料，一般為中碳鋼所製成。

鍵（key）為連結機件，一部分嵌入軸內（鍵座），一部份嵌入鍵槽（如圖(一)所示）。結合一起旋轉，鍵與鍵槽為緊密配合。

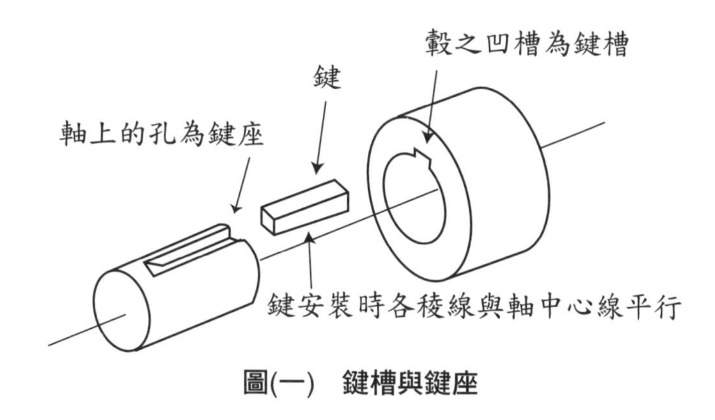

圖(一) 鍵槽與鍵座

1 鍵的功能：主要為防止兩個機件間之相對轉動，以傳達動力，如帶輪、鏈輪、齒輪等輪轂與軸間之連接，使其與軸一起轉動。適合傳送較大之動力，且可以拆裝修理更換之結合。

2 鍵的種類和規格：

(1)用於傳送小動力或輕負荷之用途：

① 方鍵：如圖(二)所示。
為最常用的鍵，鍵寬＝鍵高，鍵寬約為軸徑的 $\frac{1}{4}$ 倍，組合時，一半在鍵座，一半在鍵槽，橫斷面為正方形。

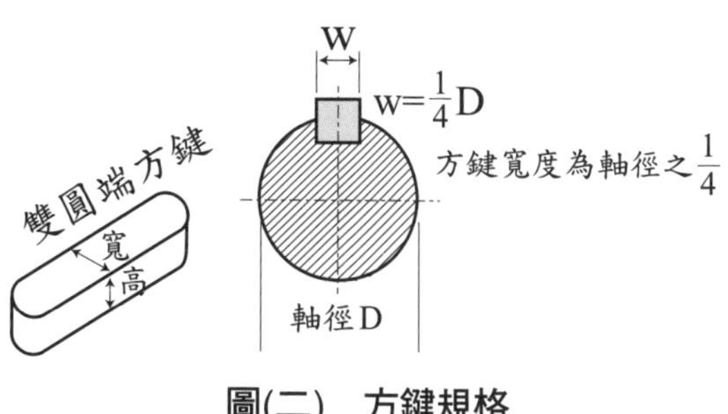

圖(二) 方鍵規格

②平鍵：如圖(三)所示。

平鍵鍵寬比鍵高大，橫斷面呈長方形。若使用方鍵（開槽較深）會減弱軸的強度時，可以用平鍵代替，但平鍵只適於輕負荷之動力傳送。

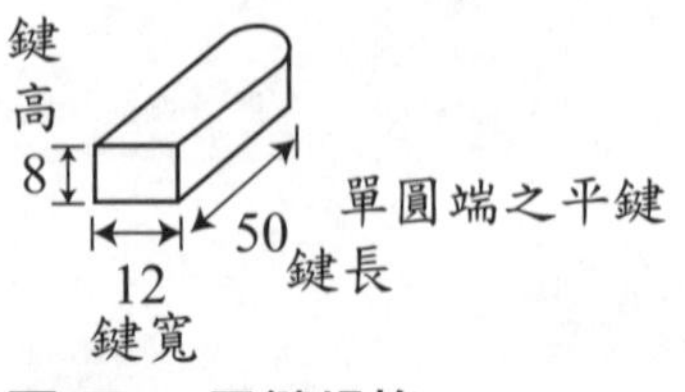

圖(三)　平鍵規格

方鍵或平鍵的規格為：

種類	公稱尺寸（寬W×高H×長L）	與	端部形狀

例如：平鍵12×8×50單圓端→寬12mm，高8mm，長50mm

③斜鍵（又稱推拔鍵）：如圖(四)所示。

斜鍵公制斜度$\frac{1}{100}$（每公尺傾斜1公分），英制斜度$\frac{1}{96}$（每呎傾斜$\frac{1}{8}$吋），將鍵上方做成傾斜狀，使鍵與鍵槽獲得緊密的配合，可承受衝擊而不致脫落，但缺點為不易拆卸。為了便於拆卸斜鍵，可將較厚的一端做成鉤狀即為帶頭斜鍵（又稱鉤頭斜鍵），優點為容易拆卸，但鍵頭突出，較危險。

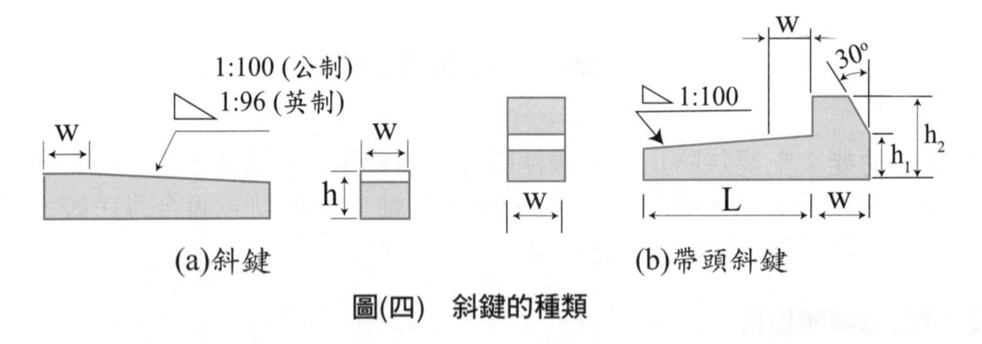

圖(四)　斜鍵的種類

④半圓鍵（又稱半月鍵、伍德鍵）：如圖(五)所示。

裝置時其圓弧面置於鍵座中，半月鍵寬度為軸之$\frac{1}{4}$，外形成半圓形，半月鍵的軸半徑＝鍵的半徑，半月鍵優點為可自動調心，用於汽車、電動機的傳動軸及時規皮帶輪與其軸之傳動。裝配時，$\frac{2}{3}$埋入鍵座，$\frac{1}{3}$嵌於鍵槽，半月鍵的軸因切深較深而影響強度，故用於傳達小扭矩之動力。

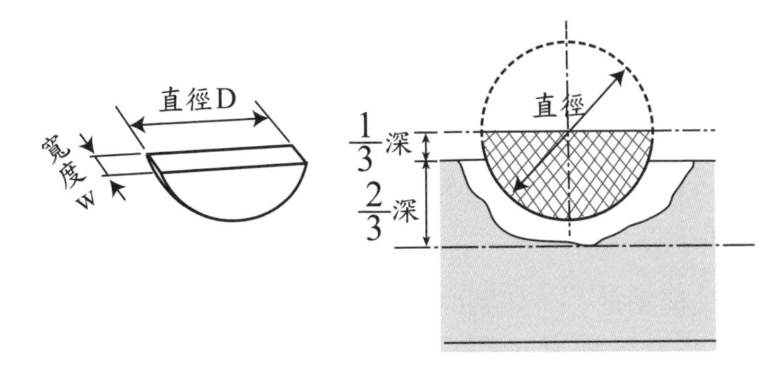

圖(五) 半月鍵

公制規格：半圓鍵寬度（mm）×直徑（mm）

例如：6×24半月鍵，表半圓鍵寬度6mm，直徑24mm

英制規格：以號數表示，最後2位數×$\frac{1}{8}$＝鍵直徑，

其餘數字×$\frac{1}{32}$＝鍵寬

(A)例如：＃1210，鍵直徑＝$10\times\frac{1}{8}=\frac{5}{4}$吋，鍵寬度＝$12\times\frac{1}{32}=\frac{3}{8}$吋。

(B)例如：NO.504，鍵直徑＝$4\times\frac{1}{8}$吋＝$\frac{1}{2}$吋，

鍵寬度＝$5\times\frac{1}{32}$吋＝$\frac{5}{32}$吋。

(C)例如：半月鍵8×32，表半月鍵寬度8mm，鍵直徑為32mm。

⑤ 鞍形鍵：鍵的上方製成斜度，公制斜度$\frac{1}{100}$，英制斜度$\frac{1}{96}$，底面和軸徑一樣製成圓弧，有鍵槽而無鍵座之鍵，藉摩擦力傳遞扭力，故僅用於小動力或輕負載。如圖(六)所示。

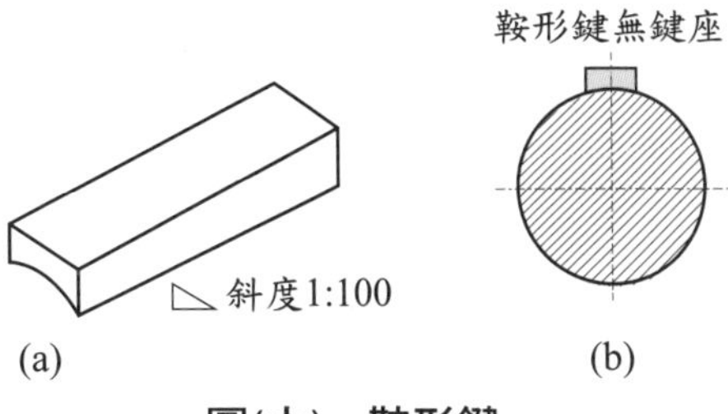

圖(六) 鞍形鍵

⑥ 滑鍵（又稱活鍵、羽鍵）：利用埋頭螺釘將鍵固定於軸上，鍵上無斜度，可與輪轂一起繞軸迴轉且軸上之機件可作軸向滑動。如圖(七)所示。

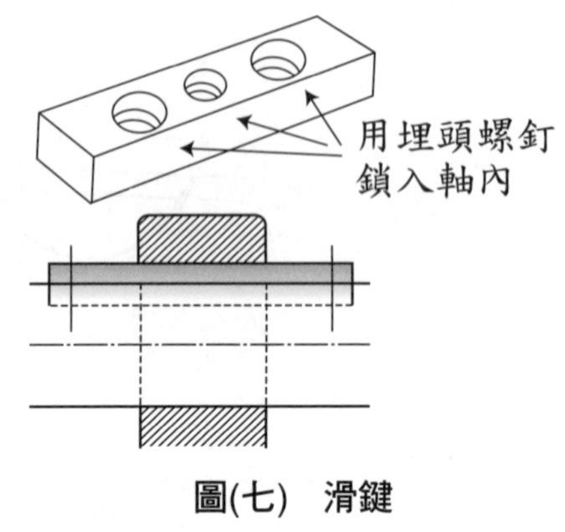

圖(七)　滑鍵

⑦ 圓鍵（又稱銷鍵）：如圖(八)所示。圓鍵是以銷為鍵者，可分為圓柱式和圓錐式。圓錐式公制錐度 $\frac{1}{50}$，英制 $\frac{1}{48}$，大端直徑在軸徑15cm以上者為軸徑的 $\frac{1}{5}$，15cm以下為 $\frac{1}{4}$。鍵槽可於機件裝妥以後再鑽孔安裝鍵，鍵座與鍵槽製作容易，不需緊密配合即可防止扭轉，拆裝容易。小形圓鍵用於固定手輪、曲柄等輕載荷之機件。

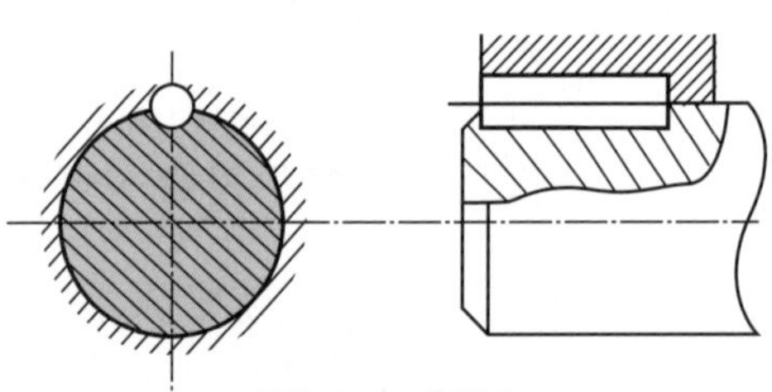
圖(八)　圓鍵

(2) 用於傳送大動力或重負荷：

① 切線鍵：如圖(九)所示。

用兩個形狀相同之斜鍵相對組合而成（斜鍵斜度公制1：100），裝置時鍵的對角線必須在軸的周緣上來承受剪力。一般切線鍵配置2處（互成120º），可傳達雙向動力（若迴轉方向一定時，只裝一處即可），切線鍵用在有衝擊性場合。又稱路易氏鍵。

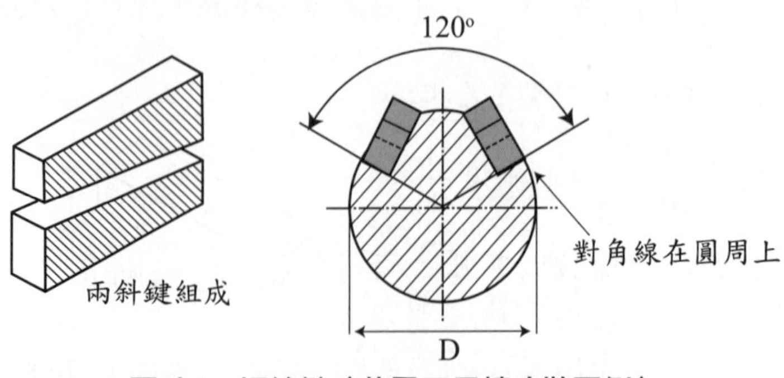

圖(九)　切線鍵（若需正反轉才裝兩側）

② 甘迺迪鍵：如圖(十)所示。
兩個方形斜鍵組成，其兩個鍵之對角線交於軸中心成90°，甘迺迪鍵承受壓應力而傳送兩個方向的動力。

③ 斜角鍵：如圖(十一)所示。
鍵之底部製成45°斜角，斜角部份嵌在鍵座內，斜面與鍵座底面角度成135°。正反轉時因鍵座與鍵底部之斜角使鍵向上滑動，讓鍵槽與鍵緊密配合，可傳達大扭矩，並減少扭轉傾向之發生。

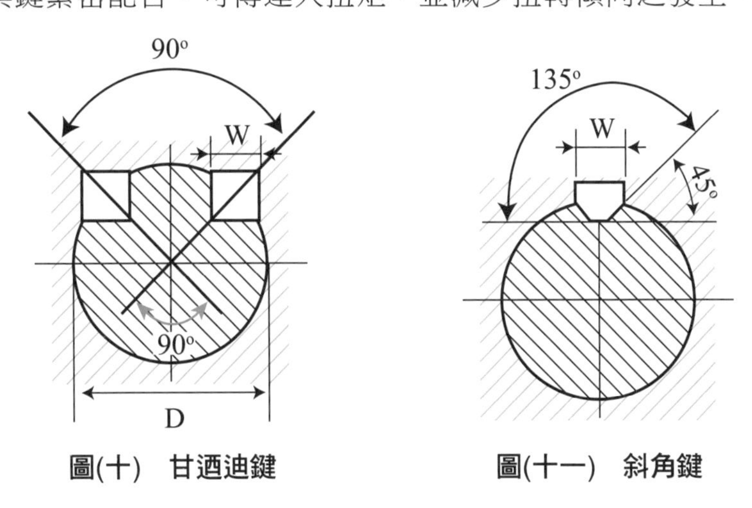

圖(十) 甘迺迪鍵　　圖(十一) 斜角鍵

④ 栓槽鍵（裂式鍵）：如圖(十二)所示。
栓槽鍵可以沿軸向移動和旋轉。栓槽鍵是將軸製成相等周節的鍵（或與齒輪相似的齒形），輪轂則製成相配合之槽。常用於立式銑床、馬達和汽車引擎處之手排變速箱，可傳達極大之扭矩。可分為平行式和漸開線式兩種。

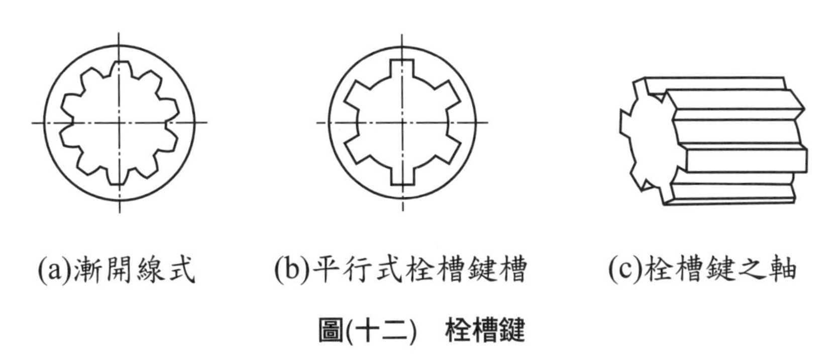

(a)漸開線式　(b)平行式栓槽鍵槽　(c)栓槽鍵之軸

圖(十二) 栓槽鍵

立即測驗

(　　) **1** 公制斜鍵之斜度為：　(A)1：96　(B)1：50　(C)1：100　(D)1：48。

(　　) **2** 鍵在動力傳動時，必須能承受何種負荷？　(A)抗壓　(B)抗拉　(C)抗剪　(D)抗壓與抗剪。

(　　) **3** 鍵的材料一般均為何種材質？　(A)高碳鋼　(B)中碳鋼　(C)低碳鋼　(D)合金鋼。

(　　) **4** 齒輪、皮帶輪等與軸的連接以何種機件連接較佳？　(A)螺釘　(B)螺栓　(C)鍵　(D)銷。

(　　) **5** 何種鍵在裝配時具有自動調心的功用？　(A)平鍵　(B)圓鍵　(C)半圓鍵　(D)鞍形鍵。

(　　) **6** 何種鍵為不需要鍵座之鍵？　(A)鞍形鍵　(B)路易氏鍵　(C)平鍵　(D)滑鍵。

(　　) **7** 方鍵的寬度或高度通常約為軸徑的多少倍？

(A)$\frac{1}{3}$　(B)$\frac{1}{2}$　(C)$\frac{1}{4}$　(D)1。

(　　) **8** 半月鍵的寬度約為軸徑的多少倍？　(A)$\frac{1}{3}$　(B)$\frac{1}{2}$　(C)$\frac{1}{4}$　(D)1。

(　　) **9** 半圓鍵的直徑約為軸徑的多少倍？

(A)$\frac{1}{3}$倍　(B)$\frac{1}{2}$倍　(C)1倍　(D)$\frac{1}{4}$倍。

(　　) **10** 當需承受衝擊性負載，採用何種鍵連接較適佳？　(A)路易氏鍵　(B)鞍形鍵　(C)半月鍵　(D)斜鍵。

(　　) **11** 滑鍵可使套裝在軸上的機件作何種運動呢？　(A)徑向和軸向　(B)徑向運動　(C)軸向運動　(D)固定不動。

(　　) **12** 帶頭斜鍵之「帶頭」主要作用為何？　(A)容易製造　(B)容易拆卸　(C)可傳送較大之動力　(D)可自動調心。

( ) **13** 車床尾座之手輪，使用何種鍵較佳呢？ (A)方鍵 (B)半月鍵 (C)鞍鍵 (D)圓鍵。

( ) **14** 鞍形鍵是用來傳遞何種大小之動力： (A)重級 (B)中級 (C)中輕級 (D)輕級。

( ) **15** 若平鍵的規格為“12×8×40單圓端”中，其中「12」代表鍵的： (A)長度 (B)寬度 (C)高度 (D)軸的直徑。

( ) **16** 可傳遞最大扭矩的鍵是何種鍵？ (A)方鍵 (B)半圓鍵 (C)圓鍵 (D)栓槽鍵。

( ) **17** 鍵在裝配時，鍵的圓面能在鍵座中活動的是何種鍵呢？ (A)半圓鍵 (B)斜鍵 (C)圓形鍵 (D)栓槽鍵。

( ) **18** 鍵號1208之半圓鍵，其鍵寬為多少吋？

(A)$\frac{1}{2}$ (B)$\frac{1}{4}$ (C)$\frac{1}{8}$ (D)$\frac{3}{8}$。

( ) **19** 半月鍵裝配在軸上時，嵌於鍵座部份，為鍵高的多少倍？

(A)$\frac{1}{2}$ (B)$\frac{1}{3}$ (C)$\frac{2}{3}$ (D)$\frac{1}{4}$。

解答與解析

1 (C) **2 (D)** **3 (B)** **4 (C)** **5 (C)** **6 (A)** **7 (C)** **8 (C)**

9 (C)。半月鍵的直徑＝軸的直徑，而半月鍵的寬度為軸徑的$\frac{1}{4}$。

10 (A) **11 (C)** **12 (B)** **13 (D)** **14 (D)** **15 (B)** **16 (D)** **17 (A)**

18 (D)。$\underline{12}$ $\underline{08}$，$12\times\frac{1}{32}=\frac{3}{8}$吋。

19 (C)

4-2 鍵的強度

1 軸所傳達之扭矩或功率：

(1) 傳達力矩：$T = F \times r = F \times \frac{D}{2}$

（如圖(十三)所示）

（F：鍵所受的壓力或剪力，D：軸徑）

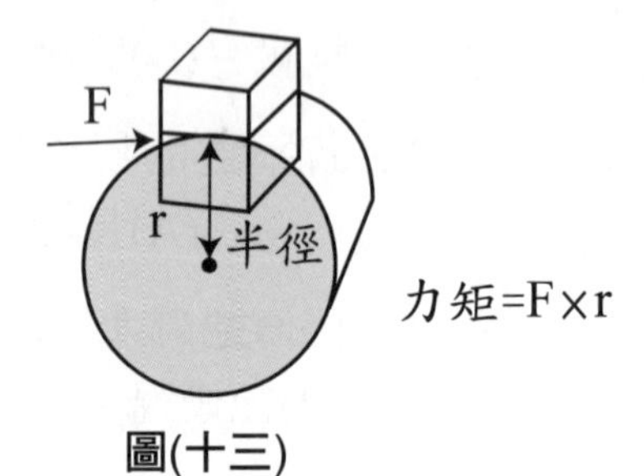

圖(十三)

(2) 傳達功率＝F · V＝F · r · ω＝T · ω

（瓦特） （牛頓）(m/s) （牛頓）（半徑m）（角速度rad/s）(N-m) (rad/s)

1馬力（PS）＝736瓦特，一仟瓦（kw）＝1000瓦特（w）＝1.36PS

	力量	速度	半徑	力矩	角速度	功率
代號	F	V	r	T	ω	
單位	牛頓	m/s	m	N-m	rad/s	瓦特

(3)剪應力之定義為單位面積所受之剪力（剪力與接觸面平行）

剪應力 $\tau\,(MPa) = \frac{F(N)}{A_{剪}(mm^2)}$

(4) 壓應力之定義為單位面積所受之壓力（壓力與接觸面垂直）

壓應力 $\sigma\,(MPa) = \frac{F(N)}{A_{壓}(mm^2)}$

壓應力	剪應力	力量	面積
σ	τ	F	A
MPa	MPa	牛頓	mm^2

註 $N\ rpm = N\,^{轉}/_{分} = \frac{N \times 2\pi\ rad}{60秒} = \frac{2N\pi}{60}\frac{rad}{sec}$

2 鍵所承受之應力：鍵所承受之應力為剪應力及壓應力，如圖(十四)所示。

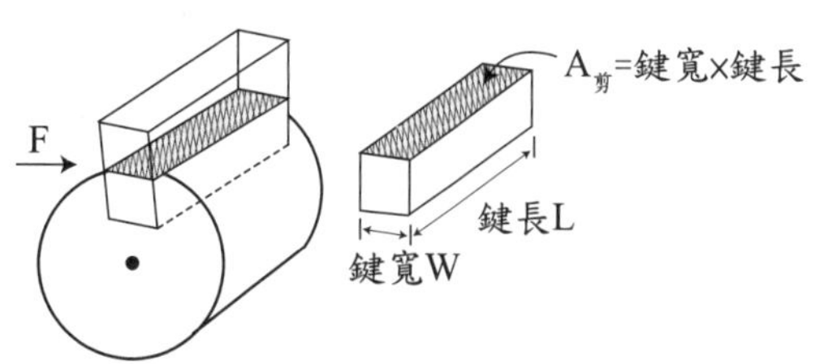

(a)剪斷之面積(剪力與接觸面平行)

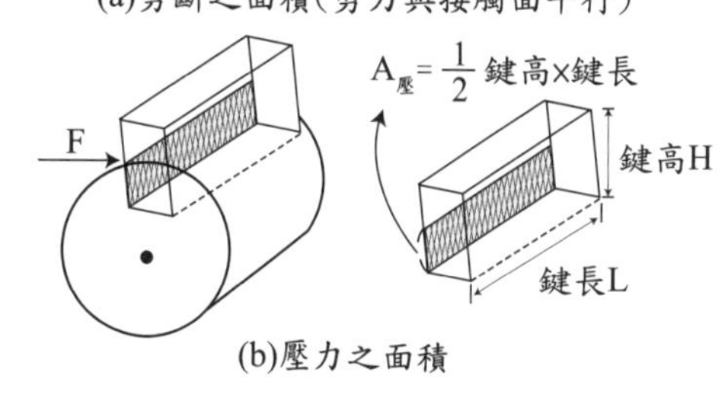

(b)壓力之面積

圖(十四)

(1) $壓應力\sigma=\dfrac{F}{\frac{1}{2}鍵高\times鍵長}=\dfrac{2F}{LH}$

(2) $剪應力\tau=\dfrac{F}{鍵寬\times鍵長}=\dfrac{F}{LW}$

W：鍵寬(mm)　L：鍵長(mm)

H：鍵高(mm)　F：力量(N)

註 若為方鍵時，鍵寬＝鍵高，∴σ＝2τ，即方鍵所受之壓應力＝兩倍之剪應力。

Notes

鍵的壓應力與剪應力計算

老師講解 1

平鍵規格8×6×20mm，裝於直徑100mm之軸上，軸承受240N-m之扭矩，則鍵所受之壓應力與剪應力各為多少MPa？

解：力矩＝F．r（直徑100mm＝10cm ∴ r＝5cm＝0.05m）

∴ 240＝F×0.05　∴ F＝4800N，

鍵寬8mm，高6mm，長20mm

剪應力 $\tau = \frac{F}{A_{剪}} = \frac{F}{鍵寬 \times 鍵長} = \frac{4800}{8 \times 20} = 30\text{MPa}$

壓應力 $\sigma_{壓} = \frac{F}{A_{壓}} = \frac{F}{\frac{1}{2} \times 鍵高 \times 鍵長} = \frac{4800}{\frac{1}{2} \times 6 \times 20} = 80\text{MPa}$

學生練習 1

直徑為40mm之軸，以皮帶輪傳動，皮帶輪上用一5mm×5mm×15mm之方鍵連結於軸上，設輪受到30N-m之扭轉力矩，則方鍵所受之壓應力及剪應力各為若干MPa？

鍵的壓應力、剪應力和功率之計算

老師講解 2

直徑400mm之軸，以皮帶輪帶動旋轉，並以10×10×50mm之方鍵連結，每分鐘300轉，傳遞功率為31.4kW之動力，則該鍵所受之壓應力與剪應力為多少MPa？

解：功率＝F‧r‧ω

（r＝200mm＝0.2m，300轉/分 $= \dfrac{300 \times 2\pi \text{ rad}}{60 \text{ sec}} = 10\pi \text{ rad/s}$）

31.4×1000＝F×0.2×10π

∴F＝5000N

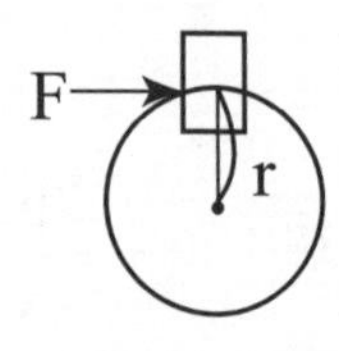

剪應力 $\tau = \dfrac{F}{A_{剪}} = \dfrac{5000}{10 \times 50}\text{MPa} = 10\text{MPa}$

壓應力 $\sigma_{壓} = \dfrac{F}{A_{壓}} = \dfrac{5000}{\frac{1}{2} \times 10 \times 50} = 20\text{MPa}$

註：由此題可得知：方鍵所受的壓應力為剪應力之兩倍。

學生練習 2

直徑20cm之傳動軸，轉速600rpm時可傳達62.8kW之功率，動力由一軸上有5cm長之輪轂用一方鍵傳送出去，若鍵的容許剪應力為20MPa，試求鍵的寬度？

鍵在扳手和手把應用之計算

老師講解 3

如圖所示，長為90cm之搖桿，以鍵固定於直徑8cm之軸上，鍵寬1.2cm，長5cm，搖桿末端加負載F，若鍵容許剪應力為60MPa，則(1)可傳送的扭力矩為若干N-cm？(2)負載F最大值為若干牛頓？

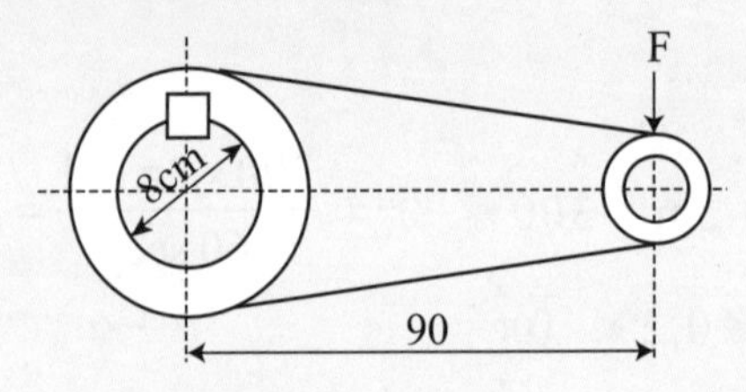

解：由 $\tau=\frac{P}{A}$　$\therefore 60=\frac{P}{鍵寬\times鍵長}=\frac{P}{12\times50}$　∴P＝36000N

(1)帶動之力矩＝P・r＝36000×4
＝144000N-cm

(2)由P・r＝F×90，
（直徑8cm，半徑4cm）
∴36000×4＝F×90
F＝1600N

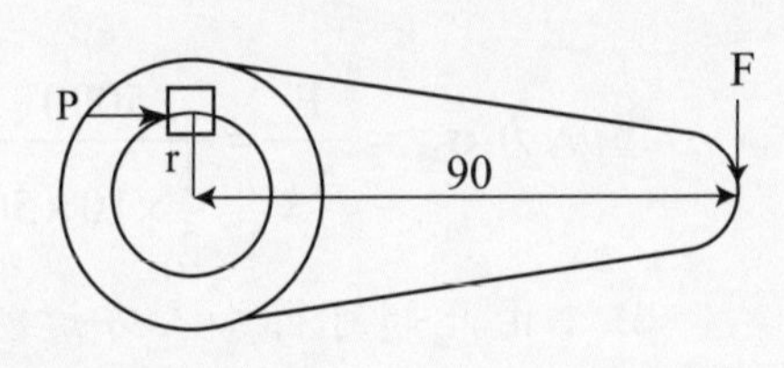

學生練習 3

如圖所示，長80cm之槓桿用一鍵直徑10cm之軸相連，鍵長4cm，斷面為每邊0.5cm之正方形，若鍵能承受之容許剪應力為20MPa，則(1)鍵可承受之最大扭矩為若干N-cm？(2)作用於桿端之力最大值F為若干牛頓？

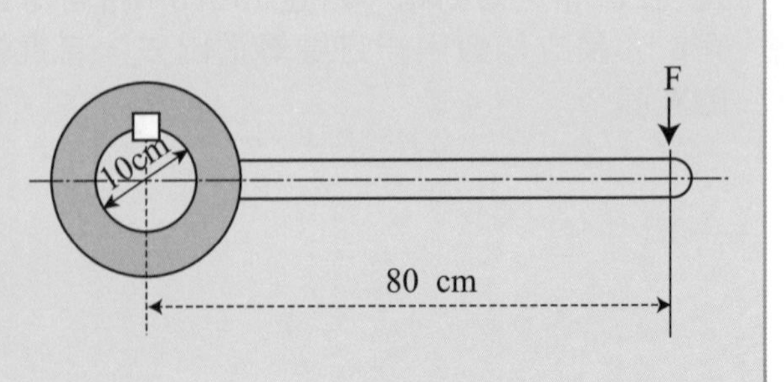

立即測驗

( ) **1** 方鍵受負荷作用時，所承受之壓應力為剪應力的多少倍？

(A)$\frac{1}{2}$ (B)1 (C)2 (D)4。

( ) **2** 一軸直徑200mm，用一平鍵傳達動力，若鍵寬20mm，鍵厚8mm，若鍵受負荷時，剪應力為24MPa，則此時鍵的壓應力為多少MPa？ (A)120 (B)60 (C)30 (D)48。

( ) **3** 一直徑200mm，以鏈輪傳動，鏈輪上用2cm×1cm×10cm之平鍵連結於軸上，轉速600rpm時傳達47.1kW，則鍵所受之剪應力為多少MPa？ (A)3.75 (B)7 (C)14 (D)28。

( ) **4** 同上題，鍵所受之壓應力為多少MPa？ (A)7.5 (B)15 (C)30 (D)60。

( ) **5** 一直徑100mm的軸，承受400N-m之扭轉力矩作用，軸上有5cm長之鍵槽，如鍵的容許剪應力為20MPa，容許壓應力為25MPa，則此鍵之鍵寬至少為多少mm？
(A)4 (B)8 (C)12.8 (D)16。

( ) **6** 同上題，此鍵之鍵高至少為多少mm？
(A)4 (B)8 (C)12.8 (D)16。

( ) **7** 如圖，有一長100cm之槓桿，利用一鍵與半徑5cm之軸連結，若鍵長2cm，橫斷面為每邊0.5cm之方鍵，若鍵容許剪應力為40MPa，則作用於桿端之力量中最大為若干N？ (A)400 (B)200 (C)100 (D)800。

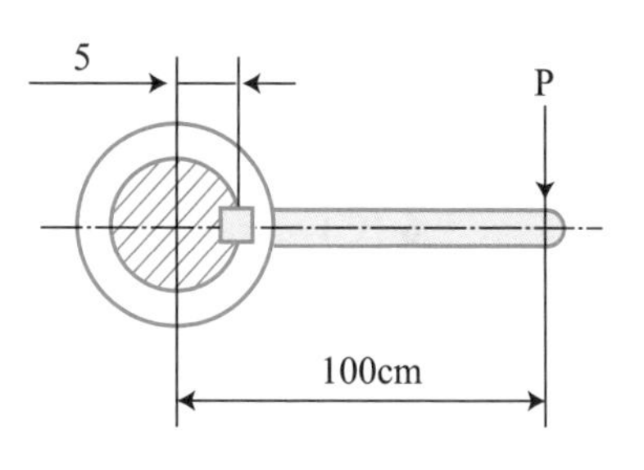

解答與解析

1 (C)

2 (A)。$\sigma_{壓}=\dfrac{F}{\frac{1}{2}\times 鍵高\times 鍵長}$，$\tau=\dfrac{F}{鍵寬\times 鍵長}$

$$\therefore 24 = \frac{F}{20 \times \ell} \text{，} \therefore \frac{F}{\ell} = 480$$

$$\sigma_{壓} = \frac{F}{\frac{1}{2} \times 8 \times \ell} = \frac{1}{4} \times 480 = 120 \text{ MPa}$$

3 (A)。功率＝F・r・ω，

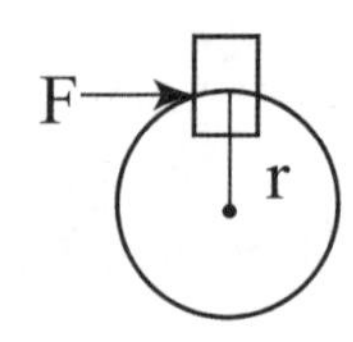

47.1×1000＝F×0.1×20π，

∴F＝7500N

（600轉/分＝600×2πrad/60秒＝20πrad/s，

r＝100mm＝0.1m）

$$\tau = \frac{F}{A_{剪}} = \frac{F}{鍵寬 \times 鍵長} = \frac{7500}{20 \times 100} = 3.75 \text{ MPa}$$

4 (B)。$\sigma_{壓} = \frac{F}{\frac{1}{2} \times 鍵高 \times 鍵長} = \frac{7500}{\frac{1}{2} \times 10 \times 100} = 15\text{MPa}$

5 (B)。力矩＝F・r，

400＝F×0.05（r＝50mm＝0.05m）

F＝8000N

$$\tau = \frac{F}{鍵寬 \times 鍵長} \quad \therefore 20 = \frac{8000}{鍵寬 \times 50}$$

∴鍵寬＝8mm

6 (C)。$\sigma_{壓} = \frac{F}{\frac{1}{2} \times 鍵高 \times 鍵長}$

$\therefore 25 = \frac{8000}{\frac{1}{2} \times 鍵高 \times 50}$，∴鍵高＝12.8mm

7 (B)。由 $\tau = \frac{F}{A} \quad \therefore 40 = \frac{F}{5 \times 20}$，F＝4000N

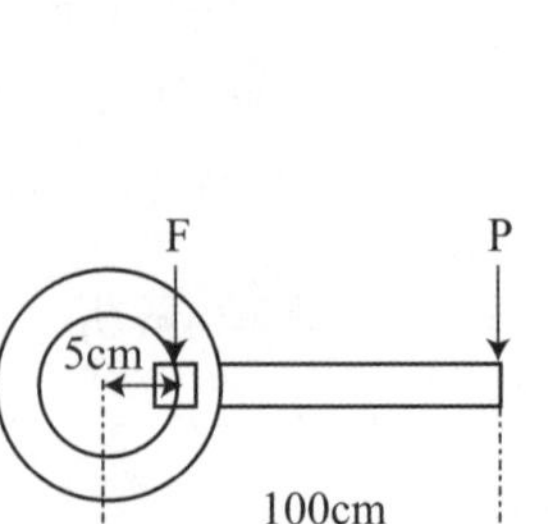

由對圓心力矩＝P×100＝F×5

∴P×100＝4000×5

∴P＝200N

4-3 銷的種類與用途

銷多為直徑50mm以下，銷的材質以碳鋼、不銹鋼和銅合金製成。銷的功用為機件間之定位、接合、傳達動力、封閉及防止機件脫落之用，其結合力比鍵小，其負荷為徑向或軸向之剪力作用，可分為

1 機械銷：

(1) 定位銷（又稱為直銷、合銷）：為直徑相同之圓柱體，兩端倒角或成圓角，用於兩配件之定位或需要絕對準確對正的場合，或做為活動機件之短軸。如：機車、汽車活塞銷。如圖(十五)所示。

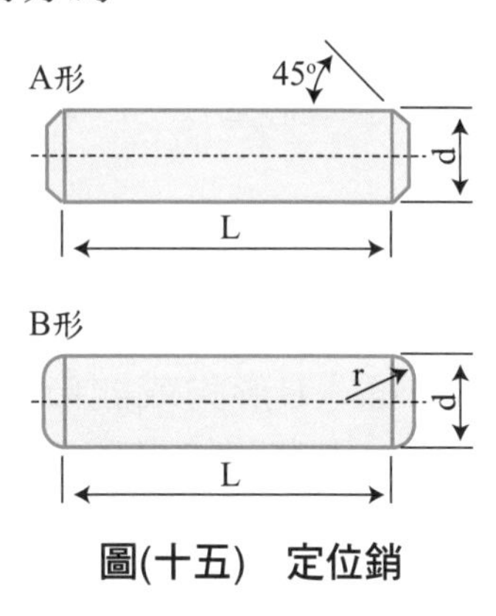

圖(十五) 定位銷

(2) 錐形銷（又稱斜銷、圓錐銷）：其錐度，公制錐度 $\frac{1}{50}$（即每公尺長直徑差2cm），英制錐度 $\frac{1}{48}$（即每呎 $\frac{1}{4}$ 吋之錐度）。如圖(十六)所示。利用錐度作緊密接合，用在負載小的工作機件中。其公稱直徑公制是指小端之直徑、英制為大端直徑，其功用為傳送動力、調節力量及調整位置。

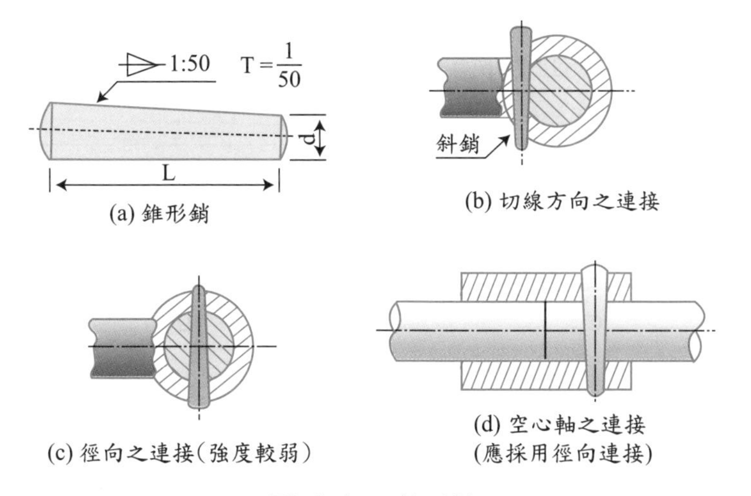

圖(十六) 錐形銷

(3) 開口銷：以斷面為半圓做成長度不一樣的狹長直銷，以退火鋼或黃銅製成，貫穿兩連結機件（如堡形螺帽與螺栓）之孔後將銷腳彎起，可防止此兩連結機件鬆脫。如圖(十七)所示。其規格表示為公稱直徑與長度，例如：1.2×18，表「1.2」公稱直徑，「18」表長度。

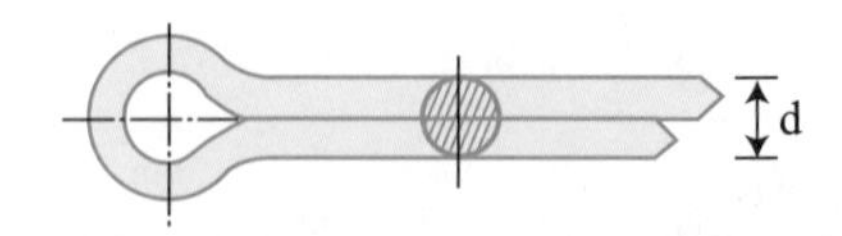

(a)開口銷(斷層面為半圓形)

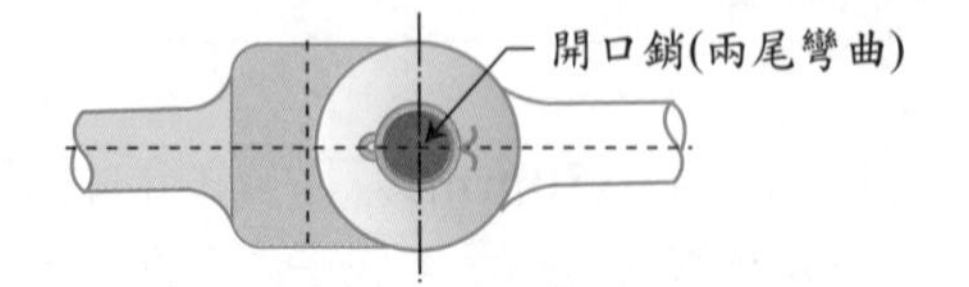

(b)關節與開口銷接合實例

圖(十七) 開口銷

(4) U型銷（又稱T型銷）：一端為圓盤頭，一端為圓柱，末端有一小孔，用來插入U形鉤或開口銷以防止脫落，使用在連接叉形及圓眼形之機件。用於關節接合處。如圖(十八)所示。

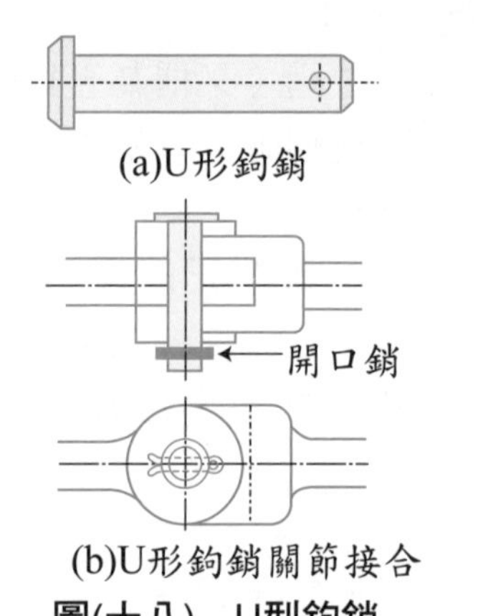

(b)U形鉤銷關節接合

圖(十八) U型鉤銷

(5) R型銷：R型銷用途為防止機件之脫落，常用於軸、U型鉤銷之端面。如圖(十九)所示。

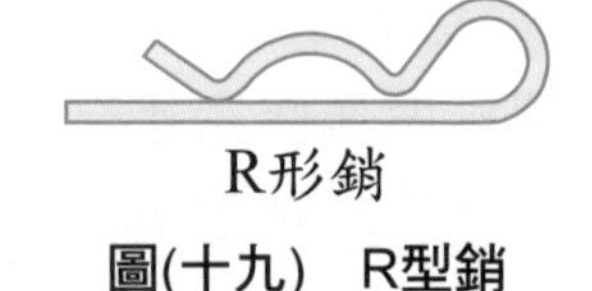

R形銷

圖(十九) R型銷

2 徑向鎖緊銷：對振動及衝擊負荷具有相當的抵抗力，且容易裝配。分為下列兩種：

(1) 有槽直銷：依美國標準協會規定分為六種，銷上之凸出邊用力敲擊打入會造成壓力，可防止鬆脫，適用於嚴重振動機件上。如圖(二十)所示。

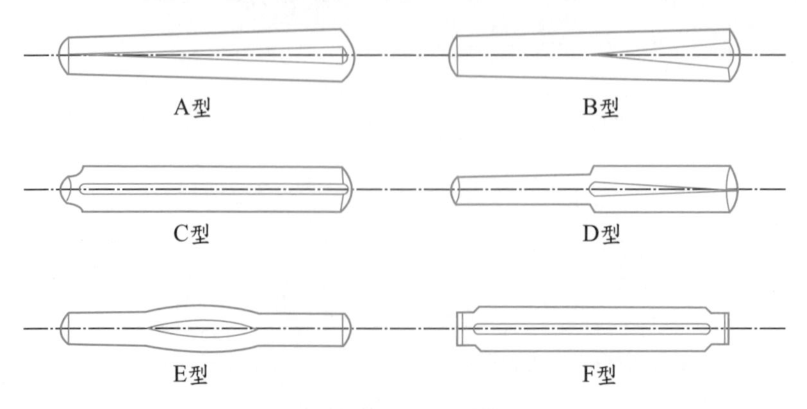

圖(二十) 有槽直銷

(2) 彈簧銷：為具有彈性之中空捲管（可承受較大的振動）或開槽圓管（使用較廣泛）兩種型式。當打入孔內時，利用其彈性向外擴張保持其與銷孔內之鎖緊作用。如圖(二一)所示。

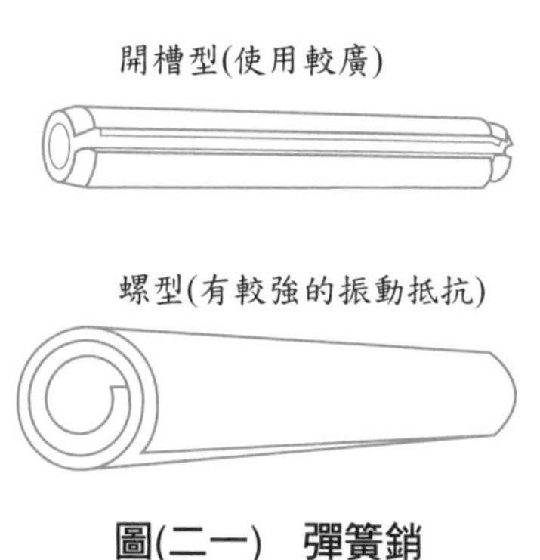

圖(二一) 彈簧銷

3 快釋銷：頭部帶有圓環，常用於鬆配合之孔內，**可快速拆裝，例如：滅火器和手榴彈上的插銷**。如圖(二二)所示。

4 **栓接頭銷**：乃利用剪力來傳達動力，銷受剪力方向與軸心垂直，使連接件做**剛性連接**，外形呈扁平狀，有錐形與機件保持緊密之配合。如圖(二三)所示。

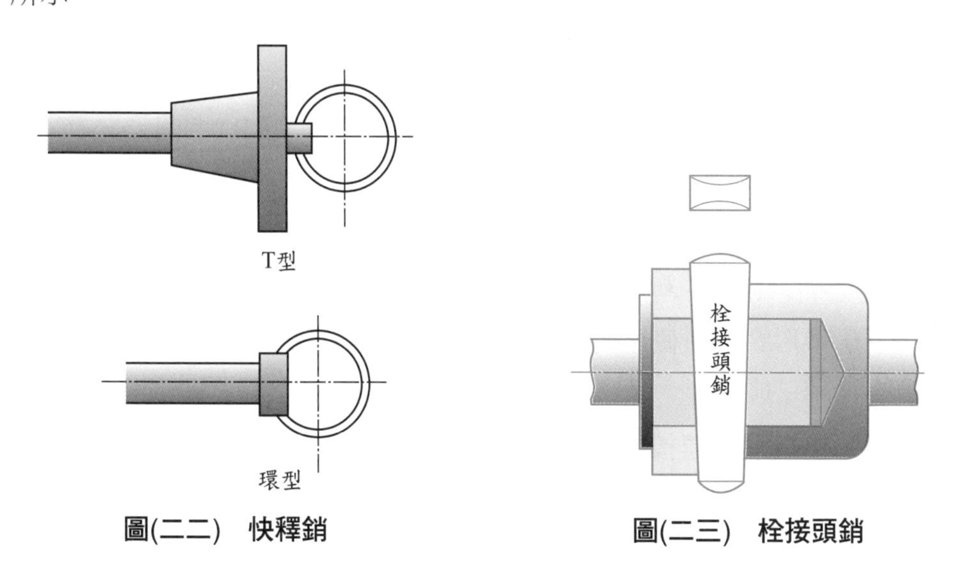

圖(二二) 快釋銷

圖(二三) 栓接頭銷

立即測驗

(　　) **1** 下列之敘述何者不是銷的主要功能？ (A)保護工件表面 (B)小動力傳達機件之聯結 (C)防鬆 (D)機件位置之定位。

(　　) **2** 推拔銷的錐度為每公尺直徑相差： (A)2mm (B)1mm (C)1cm (D)2cm。

( ) **3** 定位銷的主要功能在使兩機件：(A)夾緊在一起 (B)使一機件能繞著定位銷在另一機件上旋轉 (C)相對的位置能夠確定 (D)一塊機件在另一機件上作正確的滑動。

( ) **4** 機車、汽車汽缸活塞與連桿聯接之銷為何種銷？(A)斜銷 (B)定位銷 (C)開口銷 (D)彈簧銷。

( ) **5** 手榴彈和滅火器之提把與開關，平時連接原位，使用時拆卸最方便之銷形式為：(A)開口銷 (B)定位銷 (C)彈簧銷 (D)快釋銷。

( ) **6** 何種銷是由具有彈性之中空圓鋼管製成，打入孔內後，可利用其彈性使其鎖緊在孔內？(A)有槽直銷 (B)彈簧銷 (C)開口銷 (D)斜銷。

( ) **7** 下列何者屬於徑向鎖緊銷？(A)定位銷 (B)斜銷 (C)有槽直銷 (D)U形鉤銷。

( ) **8** 開口銷之斷面呈何種形狀？(A)圓形 (B)半圓形 (C)梯形 (D)矩形。

( ) **9** 關節接合應用何種銷來連接？(A)錐形銷 (B)定位銷 (C)開口銷 (D)U形鉤銷 為宜。

( ) **10** 堡形螺帽所使用的銷為何種銷？(A)直銷 (B)開口銷 (C)快釋銷 (D)U形鉤銷。

( ) **11** 栓接頭銷連接兩機件作何種連接呢？(A)可角度撓曲 (B)可任意角度和間隙之移動 (C)作剛性連接 (D)以上皆可。

( ) **12** 公制斜銷公稱直徑是指銷的哪一端直徑？(A)小端 (B)大端 (C)平均直徑 (D)以上皆是。

( ) **13** 下列何者為機械銷？(A)栓接頭銷 (B)有槽直銷 (C)斜銷 (D)快釋銷。

解答 **1 (A)** **2 (D)** **3 (C)** **4 (B)** **5 (D)** **6 (B)** **7 (C)**
8 (B) **9 (D)** **10 (B)** **11 (C)** **12 (A)** **13 (C)**

考前實戰演練

( ) **1** 最適合傳遞高扭力(大動力)的鍵為下列何者? (A)方鍵 (B)栓槽鍵 (C)半圓鍵 (D)帶頭斜鍵。

( ) **2** 下列有關鍵的敘述,何者最不正確?
(A)半月鍵,鍵的$\frac{2}{3}$高在鍵座,$\frac{1}{3}$在鍵槽
(B)半月鍵的直徑為軸徑的$\frac{1}{4}$
(C)斜角鍵在鍵的底部製成45º之斜角
(D)甘迺迪鍵為兩方鍵之對角線交於軸中心成90º,主要承受壓應力。

( ) **3** 切線鍵欲雙向傳動,則可在距離幾度之面上裝置另一組切線鍵? (A)90º (B)120º (C)150º (D)180º。

( ) **4** 何種鍵不需在傳動軸上挖製鍵座? (A)方鍵 (B)鞍形鍵 (C)半圓鍵 (D)圓鍵。

( ) **5** No.404半圓鍵,其鍵直徑及鍵寬分別為:
(A)$\frac{1}{4}''$,$\frac{1}{8}''$ (B)$\frac{1}{2}''$,$\frac{1}{8}''$ (C)$\frac{1}{8}''$,$\frac{1}{32}''$ (D)$\frac{1}{4}''$,$\frac{1}{16}''$。

( ) **6** 下列何者不是有斜度的鍵? (A)帶頭斜鍵 (B)切線鍵 (C)圓錐形鍵 (D)活鍵。

( ) **7** 斜鍵的斜度通常公制為多少? (A)1:20 (B)1:25 (C)1:50 (D)1:100。

( ) **8** 有關「鍵」之敘述,下列何者為非? (A)方鍵鍵寬與鍵高相等 (B)鞍形鍵適合於重負荷之傳動 (C)鉤頭斜鍵能承受震動力,不致脫落 (D)半圓鍵有自動對心之優點

( ) **9** 下列有關鍵的敘述何者最不正確? (A)切線鍵不管是否雙向(正反轉)傳動,只要裝一側即可 (B)鞍形鍵是需製作鍵槽,不用作鍵座 (C)活鍵可軸向運動和旋轉 (D)裂式鍵可軸向運動和旋轉。

(　　) **10** 皮帶輪、齒輪與軸之連接以何者最恰當？　(A)銷　(B)鍵　(C)固定螺釘　(D)收縮配合。

(　　) **11** 一帶輪以寬5mm、長20mm之鍵裝於直徑50mm的軸上，鍵的容許剪應力為2MPa，容許壓應力為5MPa，在鍵傳遞動力達到最高容許剪應力時，則鍵需要的最小高度應為多少mm，使鍵不至於受到壓應力破壞？　(A)3　(B)4　(C)5　(D)6。

(　　) **12** 下列敘述何者是錯誤的？　(A)使用彈簧墊圈之主要目的為防止鬆脫　(B)齒輪傳動中，常用鍵做為齒輪與軸之連接　(C)裝配時能自動調心的鍵是半圓鍵　(D)鞍形鍵可用來傳送較大動力。

(　　) **13** 關於鍵的下列敘述何者錯誤？　(A)承受衝擊負荷以採用切線鍵較佳　(B)安裝鞍形鍵輪轂不需鍵槽　(C)半圓鍵具自動調心　(D)斜鍵通常具有一定的傾斜度。

(　　) **14** 平鍵20×15×50單圓端中「20」是代表：　(A)長度　(B)寬度　(C)高度　(D)直徑。

(　　) **15** 半圓鍵裝配在軸上時，嵌於鍵槽部份，為鍵高之：　(A)$\frac{1}{3}$　(B)$\frac{2}{3}$　(C)$\frac{1}{4}$　(D)$\frac{1}{2}$。

(　　) **16** 圓鍵用於軸徑15cm以上時，大端直徑為軸徑之：　(A)$\frac{1}{2}$　(B)$\frac{1}{3}$　(C)$\frac{1}{5}$　(D)$\frac{1}{10}$。

(　　) **17** 何種鍵使用於衝擊負荷之處？　(A)帶頭斜鍵　(B)栓槽鍵　(C)切線鍵　(D)半圓鍵。

(　　) **18** 有關鍵的應力敘述何者正確？　(A)方鍵之鍵的壓應力＝剪應力　(B)平鍵之鍵的壓應力＝剪應力　(C)方鍵之鍵的剪應力＝2倍壓應力　(D)平鍵之鍵的壓應力大於剪應力。

(　　) **19** 不需要緊密配合就可以防止扭轉的鍵為下列何者？　(A)斜鍵　(B)圓鍵　(C)鞍形鍵　(D)切線鍵。

(　　) **20** 何者不是半圓鍵之別稱？　(A)半月鍵　(B)胡氏鍵　(C)伍德鍵　(D)甘迺迪鍵。

( ) **21** 斜角鍵嵌於軸之兩側斜面是為了： (A)容易裝配 (B)增加鍵之強度 (C)減少鍵槽體積 (D)便於軸向任一方向迴轉且可減少發生扭轉之傾向。

( ) **22** 半月鍵常使用於發電機、汽車之： (A)曲軸 (B)推拔軸 (C)中心圓軸 (D)偏心軸。

( ) **23** 鍵的一般選用之材料為： (A)高碳鋼 (B)中碳鋼 (C)低碳鋼 (D)合金鋼。

( ) **24** 軸和齒輪以平鍵緊固結合在一起，以傳達動力，則有關此平鍵上之壓應力與剪應力的敘述，下列何者正確？
(A)平鍵上的壓應力大於剪應力
(B)平鍵上的壓應力等於剪應力
(C)平鍵上的壓應力小於剪應力
(D)依軸的旋轉方向不同，平鍵上的壓應力可大於或小於剪應力。

( ) **25** 下列有關於鍵的敘述，何者錯誤？
(A)鞍鍵安裝的軸上無鍵座，且僅適合小負荷
(B)半圓鍵安裝的軸上具有半圓型鍵座，且具有自動調心的功能
(C)切線鍵的對角線必需通過軸的中心，其主要目的在承受壓力作用
(D)滑鍵為利用埋頭螺絲將鍵固定於軸上，使套裝在軸上的機件能進行軸向運動。

( ) **26** 一直徑20cm之軸，以帶輪傳動，帶輪上以20×10×100mm長之鍵連結，轉速300rpm時傳達40πkW之動力，則鍵上所受剪應力為： (A)18 (B)20 (C)22 (D)24 MPa。

( ) **27** 同上題，鍵所受之壓應力為多少MPa？ (A)10 (B)20 (C)40 (D)80。

( ) **28** 一平鍵之規格為12×8×100mm安裝於直徑1000mm的軸上，傳遞100kN·m扭矩，該平鍵承受之剪應力τ_s與壓應力σ_c何者最接近？ (A)τ_s=167MPa (B)τ_s=250MPa (C)σ_c=333MPa (D)σ_c=450MPa。

考前實戰演練

( ) **29** 輸入軸齒輪B安裝之平鍵規格為12×6×12mm，並承受扭矩為T時，若軸與鍵均不會損壞，則鍵所承受的壓應力對剪應力之比值，下列何者正確？ (A)2 (B)4 (C)6 (D)8。

( ) **30** 下列有關鍵與螺栓之敘述，何者最不正確？ (A)甘迺迪鍵之兩方形斜鍵之對角線交於軸心成90º (B)一般切線鍵配置之處互成120º (C)斜角鍵之底部製成1個45º之斜角 (D)螺栓與螺帽一般倒角為45º。

( ) **31** 一帶輪以10×10×50mm之鍵連結直徑200mm之軸，在轉速600rpm之情況下，所傳遞之功率為62.8kW，若該鍵所受之壓應力為σ_c，剪應力為τ，則： (A)$\sigma_c=40$MPa，$\tau=10$MPa (B)$\sigma_c=40$，$\tau=20$MPa (C)$\sigma_c=60$，$\tau=10$MPa (D)$\sigma_c=60$，$\tau=20$MPa。

( ) **32** 傳遞扭轉力矩時，鍵所受之主要破壞應力為： (A)壓應力 (B)熱應力 (C)拉應力 (D)剪應力。

( ) **33** 何種銷可做剛性之連接？ (A)快釋銷 (B)錐形銷 (C)T型銷 (D)栓接頭銷。

( ) **34** 已知一鍵之寬、高、長分別為5、5、20mm，裝於直徑20mm之軸上，若鍵的受力為2000N，則有關該鍵所承受的應力，何者正確？ (A)壓應力40N/mm^2 (B)壓應力20N/mm^2 (C)剪應力40N/mm^2 (D)剪應力80N/mm^2。

( ) **35** 英制之錐形銷每呎多少吋之錐度： (A)$\frac{1}{2}$ (B)$\frac{1}{4}$ (C)$\frac{1}{8}$ (D)$\frac{1}{16}$。

( ) **36** 定位銷之端面為圓頭，在規格標示中應標示： (A)A (B)B (C)C (D)S。

( ) **37** 開口銷所使用之材料常為： (A)不銹鋼 (B)退火鋼或黃銅 (C)鋁 (D)鑄鐵。

( ) **38** 有關彈簧銷其為： (A)利用螺旋彈簧支持的銷子 (B)螺旋彈簧當作銷子用 (C)具有彈性之開槽圓管依其彈性保持其在孔內的鎖緊作用 (D)具有塑性彎形之圓柱依其塑性保持在孔內之鎖緊作用。

( ) **39** 公制錐銷之錐度為： (A)1：100 (B)1：200 (C)1：25 (D)1：50。

( ) **40** 斜銷之錐度每公尺直徑差： (A)1mm (B)2mm (C)1cm (D)2cm。

( ) **41** 英制斜銷其公稱直徑是指下列何者？ (A)大端直徑 (B)小端直徑 (C)大小端平均直徑 (D)大端減小端直徑。

( ) **42** 對振動及衝擊負荷具有相當的抵抗力為何種銷？ (A)U型銷 (B)錐形銷 (C)栓接頭銷 (D)徑向鎖緊銷。

( ) **43** 定位銷的功能在使兩塊機件：
(A)夾緊在一起
(B)使一機件能繞著定位銷另一機件上旋轉
(C)相對的位置能夠確定
(D)一機件在另一機件上作正確的滑動。

( ) **44** 汽車、機車之活塞通常採用何種銷？ (A)開口銷 (B)定位銷 (C)錐形銷 (D)快釋銷。

( ) **45** 何種銷貫穿兩機件之孔後需將末端彎曲，防止機件脫落？ (A)定位銷 (B)快釋銷 (C)T形銷 (D)開口銷。

( ) **46** 下列何者非機械銷？ (A)定位銷 (B)快釋銷 (C)斜銷 (D)開口銷。

( ) **47** 銷的主要功能，下列何者為非？ (A)保護工件表面 (B)小動力傳達機件之連結 (C)防鬆 (D)機件位置之定位

( ) **48** 銷之敘述，下列何者不正確？ (A)消防滅火器之提把與開關使用快釋銷 (B)斜銷之錐度公制為1：50 (C)機車、汽車之活塞採用開口銷 (D)定位銷的功能在使兩件機件相對位置能夠確定。

( ) **49** 公制斜銷的公稱直徑是指下列何者？ (A)大端直徑 (B)小端直徑 (C)大小端平均直徑 (D)大端減小端直徑。

( ) **50** 一直徑20cm之軸，以帶輪傳動，帶輪上用一2cm×2cm×15cm之方鍵連結於軸上，轉速300rpm時傳輸功率47.1kW，則鍵上所受之剪應力約為多少MPa？ (A)4 (B)5 (C)6 (D)8。

考前實戰演練

第5章 彈簧

彈簧的功用

1 彈簧之主要功用

(1) 吸收震動、緩和衝擊：機器底座、汽車和火車底盤及飛機起落架上所用之彈簧，和海棉墊均為吸收震動的應用。

(2) 儲存能量：鐘錶及玩具上之發條、鑽床把手鑽完自動彈回系統、槍的扳機所用之彈簧均為藉彈簧儲存能量。

(3) 產生作用力：引擎氣閥之緊閉、凸輪與從動件之保持接觸、高速車床的制動器（煞車）、安全閥、壓力閥、離合器之作用所用之彈簧均利用彈簧產生作用力，保持機件之接觸。

(4) 力量與重量的測定：如彈簧秤、功率秤、量規上的指示器所用之彈簧均利用彈簧變形來測量力與變形量之關係。

2 彈簧的機械性質

(1) 彈性限度：物體受外力後變形，若外力移去後，物體即恢復原狀，此種可恢復原狀最大應力，稱為彈性限度。

(2) 疲勞強度：經反覆振動，使材料之破壞應力降低，此反覆變化造成之破壞應力最大值稱為「疲勞強度」。

(3) 鬆弛現象：彈簧鬆弛現象（潛變）的主要原因為

① 溫度升高：材料因溫度升高而產生膨脹變形及軟化，因此彈簧的彈性限度因溫度升高而降低。

② 負荷增加：負荷增加的時間過長過久則彈簧會產生鬆弛的現象。為了抵抗鬆弛現象發生，彈簧以使用不鏽鋼線為主。

立即測驗

(　　) **1** 汽車避震器，使用彈簧元件之主要功用為　(A)吸收震動　(B)產生作用力　(C)儲存能量　(D)力量量度。

(　　) **2** 下列敘述何者不屬於彈簧的功能？　(A)吸收震動、緩和衝擊　(B)儲存能量　(C)產生作用力　(D)力的放大。

( ) **3** 凸輪及離合器所用之彈簧，其主要功用為： (A)儲存能量 (B)吸收震動、緩和衝擊 (C)測定力量 (D)產生作用力。

( ) **4** 彈簧乃利用金屬之復原力吸收何種作用（或能量）之彈性體 (A)位能 (B)動能 (C)振動能 (D)彈性能。

( ) **5** 鐘錶和玩具除電池外一般常用何種機件來儲存能量？ (A)鍵 (B)銷 (C)彈簧 (D)齒輪。

( ) **6** 彈簧發生鬆弛現象，主要因素為負荷增加和何種情形？ (A)溫度降低 (B)表面鏽蝕 (C)溫度升高 (D)負荷型態改變。

解答 1 (A) 2 (D) 3 (D) 4 (C) 5 (C) 6 (C)

5-2 彈簧相關名詞術語

1 外徑：彈簧線圈的最大直徑，又稱大徑。

2 內徑：彈簧線圈的最小直徑，又稱小徑。

3 線徑：彈簧線材的橫截面直徑。

4 平均直徑（Dm）：彈簧的外徑與內徑的平均值，又稱節徑。

平均直徑 $D_m = \frac{外徑+內徑}{2}$ ＝內徑+線徑＝外徑－線徑，如圖(一)所示。

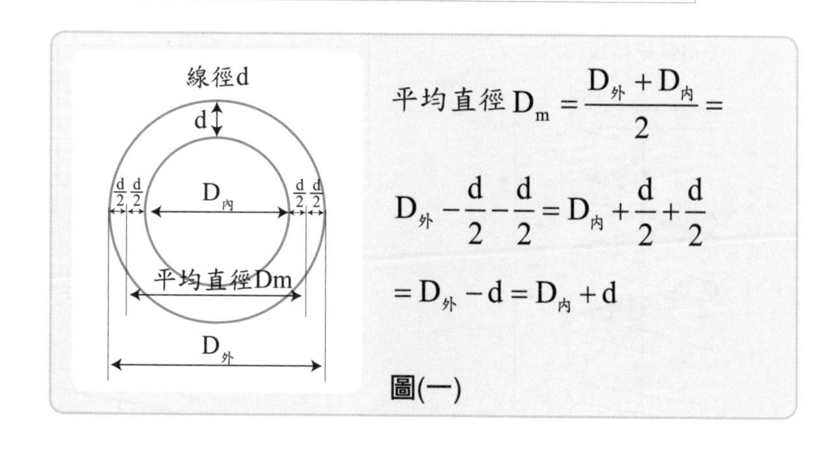

平均直徑 $D_m = \frac{D_外 + D_內}{2} = D_外 - \frac{d}{2} - \frac{d}{2} = D_內 + \frac{d}{2} + \frac{d}{2} = D_外 - d = D_內 + d$

圖(一)

5 彈簧指數(C)：彈簧的平均直徑（D_m）與線徑（d）之比值，即

彈簧指數 $C=\frac{D_m\ 平均直徑}{d\ 線徑}$(一般C介於5~12之間)。

6 虎克定律：在彈性限度內彈簧之變形量x，與彈簧所受的外力F成正比。

力量 $F=K\cdot x$ （K為彈簧常數，x為受力之變形量）

7 彈簧常數（K）：彈簧受力作用時，負荷（F）與彈簧變形量（x）之比值。

彈簧常數 $K=\frac{F\ 力量}{x\ 變形量}$。（即F＝K．x；影響彈簧常數有：線徑、平均直徑、材質、彈簧長度）

8 自由長度（L_f）：彈簧在無負荷狀態下的全長。彈簧以無負荷之狀態畫出，若欲以負荷之狀態畫出，則須記載負荷大小。

9 實長：彈簧受到完全壓縮時之長度。等於（線徑）×（彈簧線圈總數）。

10 總圈數：彈簧由一端繞至另一端所含之螺旋總圈數。

11 有效圈數：彈簧受負荷時的有效收縮之圈數。總圈數＝有效圈數+沒效圈數。（一般壓縮彈簧以全部圈數減2圈為有效圈數）

12 彈簧型式：有左旋、右旋（一般為右旋）或兩端為開口或閉合，或是否有磨平。如圖(二)所示。

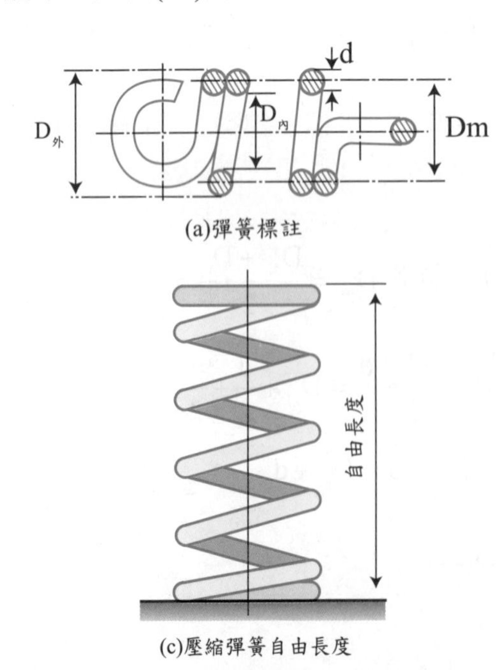

(a)彈簧標註

(c)壓縮彈簧自由長度

線徑d		
簧圈	平均直徑D_m	
	外徑$D_外$	
線圈數		
座圈數		
旋向		
自由長度		

(b)彈簧表格標註

負荷

實長

(d)壓縮彈簧受負荷之實長

圖(二) 彈簧的標註（圖為拉伸彈簧）

註 ①彈簧指數越大（表線徑越細）越容易變形。

②彈簧常數越大（K越大）表彈簧變形量越小，越不容易變形。

③螺旋壓縮彈簧有效圈數＝總圈數－1.5

立即測驗

(　　) **1** 當彈簧受外力作用時，力量與變形量的比值，稱為：
(A)彈性指數　(B)彈簧指數　(C)彈簧常數　(D)虎克定律。

(　　) **2** 若螺旋彈簧內徑10cm，線直徑為10mm，則彈簧指數為多少？
(A)11　(B)10　(C)9　(D)8。

(　　) **3** 在比例限度內彈簧承受負載時則生變形，負載與變形之間的關係為：
(A)成正比　(B)成反比　(C)平方成正比　(D)平方成反比。

(　　) **4** 彈簧不受外力作用，其全長，稱為：
(A)實長　(B)自由長度　(C)壓縮長度　(D)拉伸長度。

(　　) **5** 下列之敘述何者最不正確？　(A)彈簧受到完全壓縮時的長度稱為實長　(B)螺旋彈簧一般為右旋　(C)相同平均直徑時，彈簧指數越大，材料越不容易變形　(D)彈簧常數和變形量成反比。

解答與解析

1 (C)。$F=k\cdot x$　$\therefore K=\dfrac{F\ 力量}{x\ 變形量}$。

2 (A)。$D_m=D_{內}+d=10+1=11cm$　$\therefore C=\dfrac{D_m}{d}=\dfrac{11}{1}=11$

註：d=10mm=1cm

3 (A)。$F=k\cdot x$，F與x成正比。

4 (B)

5 (C)。$C=\dfrac{D_m}{d}$，彈簧指數越大表線徑越小，越容易變形。

5-3 彈簧的種類

彈簧種類依形狀分為線狀彈簧與板狀彈簧兩大類。依用途分為壓縮彈簧、拉伸彈簧、扭轉彈簧及特種彈簧等四種。

1 線狀彈簧：

(1) 螺旋彈簧：其斷面有圓形和方形或其他形狀，常製成螺旋形狀，一般為右旋，受力作用彈簧受剪力作用，其內側剪應力大於外側剪應力。

① 螺旋壓縮彈簧：主要承受壓力，壓縮彈簧用途最廣。彈簧各線圈間具有間隙，當受壓力時可以縮短。為增加接觸面，端面磨平 $\frac{3}{4}$ 圈，以獲得50～80%之接觸面。用在安全閥、汽車引擎內的汽門彈簧、腳踏車座墊彈簧、小客車避震器、自動原子筆心使用之彈簧。其自由長度＝壓緊長度+最大變形量。如表5-1所示。

表5-1

名稱	一般表示法	簡易表示法
圓柱形 (螺旋) 壓縮彈簧	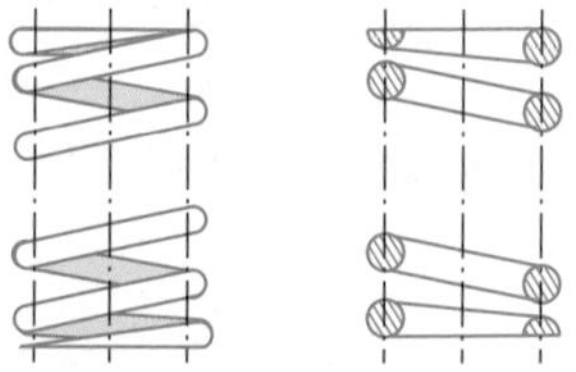	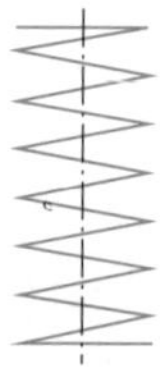

② 拉伸彈簧：金屬線繞成緊貼之螺旋圈，當受拉力時向外伸張。拉伸彈簧之兩端各有一環圈或鉤狀，供掛鉤用。常用在彈簧秤、鼓式煞車之回復彈簧、拉伸健身器材、煞車踏板、機車和腳踏車之駐車架彈簧、鼓式煞車回復彈簧。如表5-2所示。

表5-2

名稱	一般表示法	簡易表示法
圓柱形 拉伸彈簧	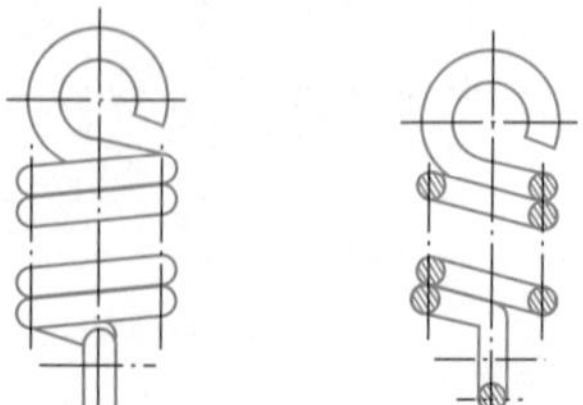	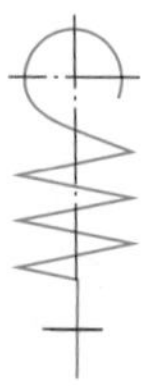

③扭轉彈簧（扭力彈簧）：分為螺旋扭轉彈簧和蝸旋扭轉彈簧

(A)螺旋扭轉彈簧：金屬線繞成緊貼或分開之螺旋圈，兩端或中間沿切線方向製成直臂狀。常用在家電用品、文具夾、門鉸彈簧、識別證之扣夾、鐵捲門。如表5-3所示。

表5-3

名稱	一般表示法	簡易表示法
圓柱形(螺旋)扭轉彈簧	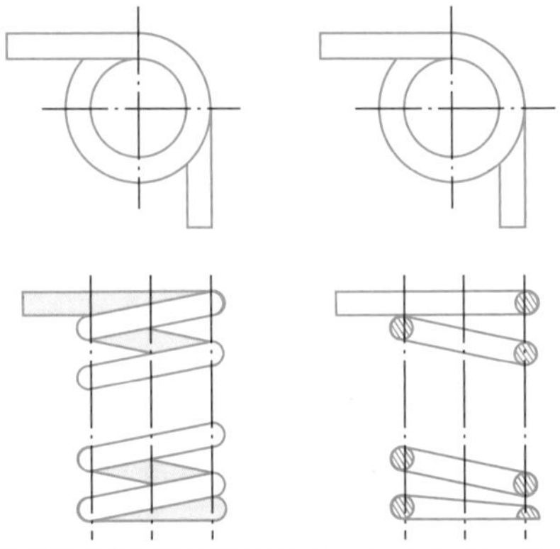	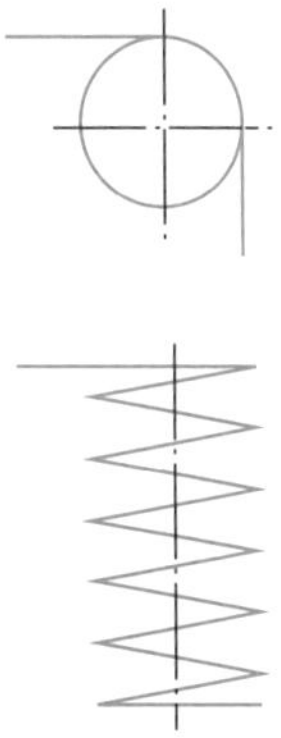

(B)蝸旋扭轉彈簧：用薄金屬片繞成螺旋形彈簧且各線圈在同一平面上，各線圈不互相接觸，可儲存能量，做為動力的來源。用於玩具、鐘錶之彈簧（俗稱游絲或發條），鑽床進刀手把之使用後自動回彈之彈簧均使用蝸旋扭轉彈簧。如表5-4所示。

表5-4

名稱	一般表示法	簡易表示法
蝸旋彈簧（彈簧中心固定於軸心）	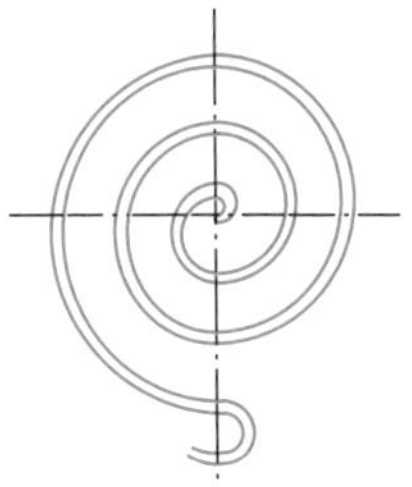	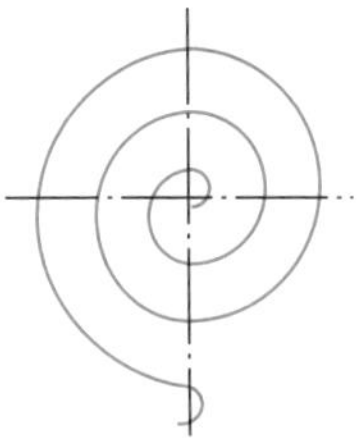

④錐形彈簧：由圓鋼線或銅片繞成錐形的螺旋圈。受力時小圈可進入大圈內，幾乎可達到完全平面可節省空間，受力時大直徑（大圈）先變形。用於手電筒後蓋壓縮電池的彈簧、沙發椅、彈簧床（使用圓錐形彈簧）、修果樹之手鉗和園藝用剪刀等使用蝸旋彈簧（具有自行減震的效果）。如表5-5所示。

表5-5

名稱	一般表示法	簡易表示法
圓錐形（壓縮）彈簧（線形）	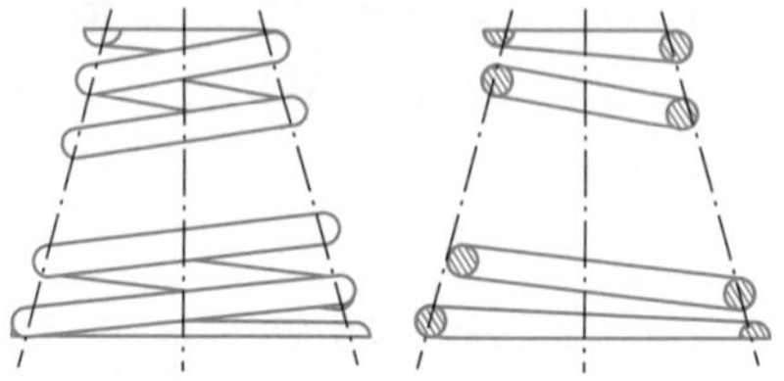	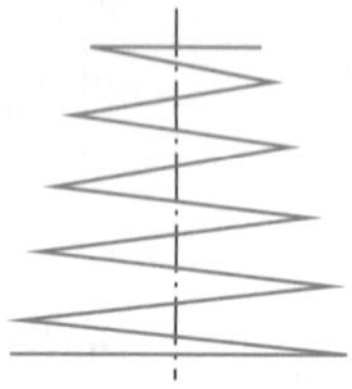
蝸旋彈簧(錐形彈簧)（板片形）	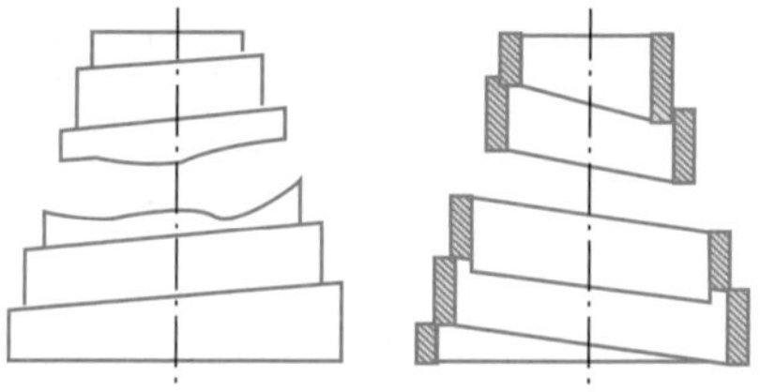	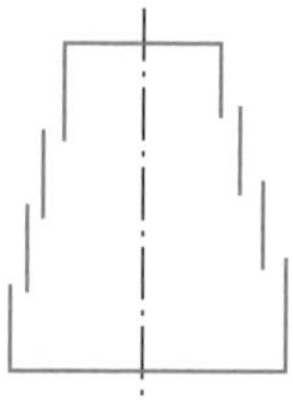

⑤ 環形彈簧：利用鋼線製成圓圈，其接合處各彎一小圓圈，以備放鬆彈簧的緊縮力，通常使用在軟管與硬管等管子的連接處。如圖(四)所示。

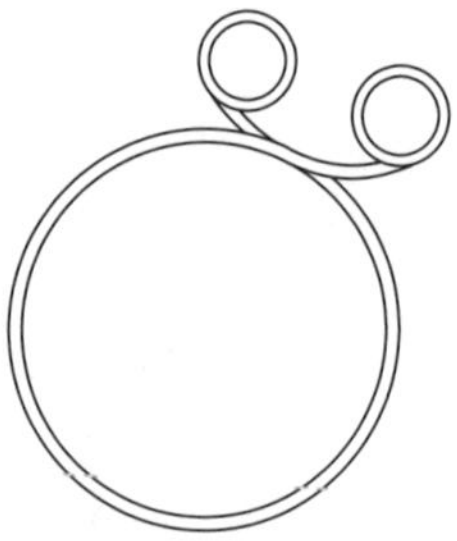

圖(四)　環形彈簧

2 板狀彈簧：利用板狀材料製成者，又稱片彈簧或平彈簧。

(1) 皿形彈簧：又稱圓盤彈簧亦稱貝勒維爾彈簧，為具有彈性之墊片，由薄片材料衝壓製成。用於空間狹小且需要負荷大，一般取外徑＝2倍內徑時具有最大彈性。用於摩擦離合器、摩擦制動器、壓床及煞車系統上之彈簧，鎖緊後不會因振動而鬆脫。如表5-6所示。

表5-6

名稱	一般表示法	簡易表示法
皿形彈簧		

(2) 疊片彈簧（葉片彈簧）：由數片長度不同有曲度之彈簧鋼片組合而成，可承受大負荷，其所受壓力是集中在最長片之兩端，故當受壓力時，板片彈簧變較平直來吸收振動。用來減少車身的振動。一般採用三角型或梯形，其目的是使每一斷面的彎曲應力（或強度）均相等。常用於大貨車、火車之底盤避震。如表5-7所示。

表5-7

名稱	一般表示法	簡易表示法
板片（疊板）彈簧		

(3) 單片彈簧：由金屬薄片製成，用於負荷較小之地方。當單片彈簧一端固定，另一端受力即產生反作用力。常用於電器開關、電源插座、指甲刀、機槍彈匣，如圖(五)所示。

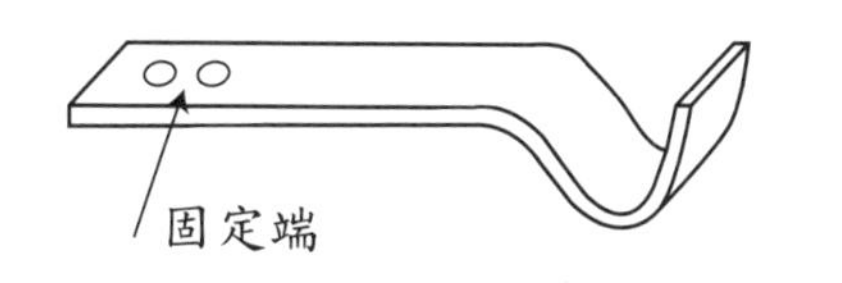

圖(五)　單片彈簧

(4) 扣環（又叫卡環）：扣環是一具有彈性之薄片圈環，嵌在軸或孔內之溝槽，用於防止機件（軸承）發生軸向運動的功用。如圖(六)所示。分為C型扣環和E形扣環兩種。C形扣環可用於軸和孔內使用。而E型扣環僅為軸用之扣環。規格：d×t。

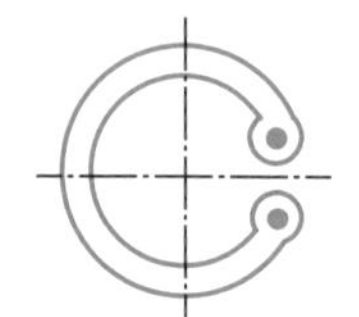

(a) C形扣環(孔用)
內扣環：孔之溝槽內

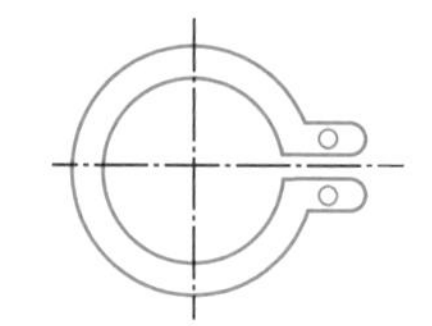

(b) C形外扣環(軸用)
外扣環：軸之軸頸外

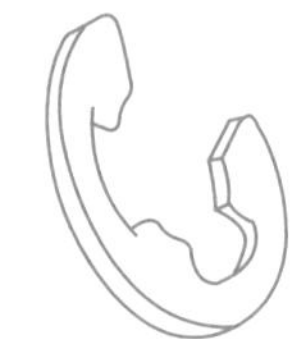

(c) E形扣環(軸用)

圖(六)　扣環

立即測驗

(　　) **1** 螺旋彈簧如在兩端磨平 $\frac{3}{4}$ 圈，其主要用途為承受：　(A)拉力　(B)壓力　(C)扭力　(D)衝擊力。

(　　) **2** 螺旋壓縮彈簧的兩端磨平，其主要目的為：　(A)節省材料　(B)減少重量　(C)增加美觀　(D)增加接觸面積。

(　　) **3** 彈簧床和沙發椅是使用何種彈簧？　(A)螺旋伸張　(B)螺旋壓縮　(C)皿形　(D)錐形彈簧。

(　　) **4** 彈簧未受外力前，各圈具有間隙，經常保持向兩端伸張之張力，此彈簧稱為何種？　(A)壓縮彈簧　(B)拉伸彈簧　(C)扭轉彈簧　(D)皿形彈簧。

(　　)　**5** 錐形彈簧壓縮負荷時，何處會先變形呢？　(A)大直徑　(B)中直徑　(C)小直徑　(D)平均直徑。

(　　)　**6** 可防止機件發生軸向運動的彈簧為：　(A)螺旋壓縮彈簧　(B)伸張彈簧　(C)線彈簧　(D)扣環。

(　　)　**7** 用薄片材料衝壓而成具有彈性之墊片為何種彈簧？　(A)圓盤彈簧　(B)扣環　(C)單片彈簧　(D)板片彈簧。

(　　)　**8** 用於負荷大、空間狹小時，何種彈簧較適合使用？　(A)蝸旋扭力彈簧　(B)錐形彈簧　(C)疊片彈簧　(D)皿形彈簧。

(　　)　**9** 葉片彈簧斷面為三角形的目的是因為：　(A)美觀　(B)做成斷面等強度　(C)三點可決定一平面　(D)平衡作用。

(　　)　**10** 大卡車及大貨車避震用之彈簧一般為何種彈簧？　(A)葉片彈簧　(B)扭力彈簧　(C)螺旋壓縮彈簧　(D)錐形彈簧。

(　　)　**11** 小客車避震器所用之彈簧是何種彈簧？　(A)葉片彈簧　(B)扭轉彈簧　(C)螺旋壓縮彈簧　(D)錐形彈簧。

(　　)　**12** 下列有關彈簧之敘述何者最不正確？　(A)E型扣環僅為軸用　(B)槍枝彈匣為單片彈簧　(C)紗門鉸彈簧為蝸旋扭轉彈簧　(D)用途最廣的彈簧為壓縮彈簧。

(　　)　**13** 觀察碳鋅電池盒壓緊裝置與手電筒內極座彈簧，採用何種形式彈簧較適合？　(A)疊板彈簧　(B)圓盤形彈簧　(C)錐形彈簧　(D)螺旋壓縮彈簧。

(　　)　**14** 關於彈簧的各項敘述，下列何者正確？　(A)彈簧支持負載時，能有效伸縮之圈數稱為負荷圈數　(B)螺旋彈簧之彈簧指數愈小，則表示彈簧愈容易變形　(C)錐形彈簧壓縮時，小圈部分變形較小並縮進大圈內　(D)桿狀彈簧可使鑽床進刀把手在鑽完孔後能自動回彈。

解答與解析

1 (B)　**2 (D)**　**3 (D)**　**4 (A)**　**5 (A)**　**6 (D)**　**7 (A)**　**8 (D)**
9 (B)　**10 (A)**　**11 (C)**

12 (C)。紗門鉸彈簧為螺旋扭轉彈簧。

13 (C)。電池盒壓緊裝置與手電筒內極座彈簧應用於單片彈簧、錐形彈簧。

14 (C)。(A)彈簧在承受外力作用下，能有效伸縮之圈數稱為有效圈數。

(B)彈簧指數$C=\frac{D_m}{d}$，彈簧指數愈小表示彈簧線徑越粗愈不容易變形。

(D)蝸形扭轉彈簧可使鑽床進刀把手在鑽完孔後能自動回彈。

5-4 彈簧材料

1 彈簧材料：彈簧之材料需具有較高之疲勞限度（珠擊法可以用來增加材料的疲勞限度）、彈性限度及耐衝擊性。依用途不同有應用最多的高碳鋼和合金鋼、銅、銅鎳合金等非鐵合金和非金屬材料的橡膠、塑膠和橡皮、合成樹脂。

2 彈簧材料的種類：（以金屬材料居多）

(1) 碳鋼和合金鋼：製造時，大型彈簧採用高溫熱軋成形後經淬火回火而製成。小型彈簧則先退火後再冷加工抽製，製成後再經淬火、回火而得到一般製成線或板狀之彈簧。

① 琴鋼線（SWP）：含碳量為0.65%~0.95%之高碳鋼，有高機械性能和抗拉強度。通常直徑3mm以下，為較高級的小型彈簧材料。

② 油回火線：含碳量0.60%~0.70%之碳和1%錳之回火鋼，因韌性高、價格便宜，為螺旋彈簧的主要材料。

③ 不銹鋼：其強度高、韌性大，用於室外或易腐蝕和抗潛變之處。

④ 矽錳鋼：耐衝擊、強度大，用於大型彈簧和板片彈簧等彈性係數要求很高的地方。

⑤ 鉻釩鋼：為最常用的合金鋼彈簧材料，具耐高溫、高強度之特性，用於飛機引擎汽門的彈簧。

註 合金鋼具有較佳韌性與疲勞強度和耐衝擊。板片彈簧亦有以高碳鋼製成。大型彈簧使用高碳鋼或合金鋼兩類，其中高碳鋼最常用。

(2) 非鐵金屬材料：非鐵及非鐵合金鋼，具有高導電性、抗腐蝕及抗磁性。

① 鈹銅：銅與鈹（2%）之合金，能耐酸與耐海水之腐蝕，製法以低溫冷作捲成彈簧。

② 孟鈉（蒙納）合金：銅、鎳之合金。能耐溫200℃，常用於食品工業中，以冷作加工製成彈簧。

③ 英高鎳合金：為鎳鉻和少量鐵鈷之合金（含鉻可耐高溫耐氧化）具有良好的耐溫性，在370℃內不會有鬆弛現象，常用於鍋爐、蒸氣閥、渦輪機及噴射機引擎內之彈簧。為冷作加工製成彈簧。

④ 可鎳爾合金：為鎳鈷鐵鈦之合金，具耐溫、耐蝕及高強度合金。

⑤ 磷青銅：主要的成分為銅、錫與磷，強度高、耐蝕性強，通常以冷加工捲曲而成。

(3) 橡膠、塑膠、合成樹脂：此種彈簧主要為吸收振動和緩和衝擊，缺點為不耐高溫、不耐疲勞。

(4) 流體材料：利用空氣的可壓縮性和水的擾流所做成的彈簧，有極佳的作用力緩衝效果，如氣墊鞋（氣墊避震器）、油壓避震器等。

立即測驗

( ) 1 彈簧最常用的材料為何種材質？ (A)黃銅 (B)鋁 (C)鋼 (D)橡膠。

( ) 2 下列何者不是製作彈簧的材料？ (A)矽錳鋼 (B)琴鋼線 (C)鋁 (D)合成樹脂。

( ) 3 用於飛機引擎之氣門彈簧常用之材料為 (A)碳鋼 (B)琴鋼線 (C)青銅 (D)鉻釩鋼。

( ) 4 大型彈簧之材料一般以何種材料製成？ (A)黃銅 (B)碳鋼 (C)合金鋼 (D)非鐵合金 為最多。

( ) 5 適合於製作小型彈簧，其機械性質佳、抗拉強度高且韌性大之材料為 (A)琴鋼線 (B)矽錳鋼 (C)磷青銅 (D)蒙納合金。

( ) 6 孟鈉合金製成的彈簧，其主要的成分為 (A)銅、鋁 (B)銅、鉻 (C)鎳、鉻 (D)銅、鎳。

( ) 7 英高鎳合金製成之彈簧，其耐熱溫度在多少度C以內？ (A)700℃ (B)600℃ (C)370℃ (D)200℃。

解答 1 (C) 2 (C) 3 (D) 4 (B) 5 (A) 6 (D) 7 (C)

5-5 彈簧的組合

1 並聯：如圖(七)所示。兩組彈簧並聯時。

(1) 外力＝各彈簧之回復力之和$F=F_1+F_2+\cdots\cdots$

(2) 總變形量＝各彈簧之變形量$X=X_1=X_2$

(3) 由虎克定律$F=K\cdot X$

$F=F_1+F_2 \quad \therefore K_{並}\cdot X=K_1X_1+K_2X_2$

（$\because X=X_1=X_2$） $\therefore$ $\boxed{K_{並}=K_1+K_2}$

（若三個並聯時$K_{並}=K_1+K_2+K_3$）

2 串聯：當兩組彈簧串聯時，如圖(八)所示。

(1) 每個彈簧受力均相同＝外力$F=F_1=F_2$

(2) 總變形量＝各個彈簧變形量相加$X=X_1+X_2$

(3)由$F=K \cdot X$

$$\therefore X=\frac{F}{K}$$

$$\therefore \frac{F}{K_{串}}=\frac{F_1}{K_1}+\frac{F_2}{K_2}\ (\because F=F_1=F_2)$$

$$\boxed{\frac{1}{K_{串}}=\frac{1}{K_1}+\frac{1}{K_2}},$$

$$(\frac{1}{K_{串}}=\frac{K_2}{K_1K_2}+\frac{K_1}{K_1K_2}=\frac{K_1+K_2}{K_1K_2}\quad \therefore K_{串}=\frac{K_1K_2}{K_1+K_2})$$

$$(若三個組合時\frac{1}{K_{串}}=\frac{1}{K_1}+\frac{1}{K_2}+\frac{1}{K_3})$$

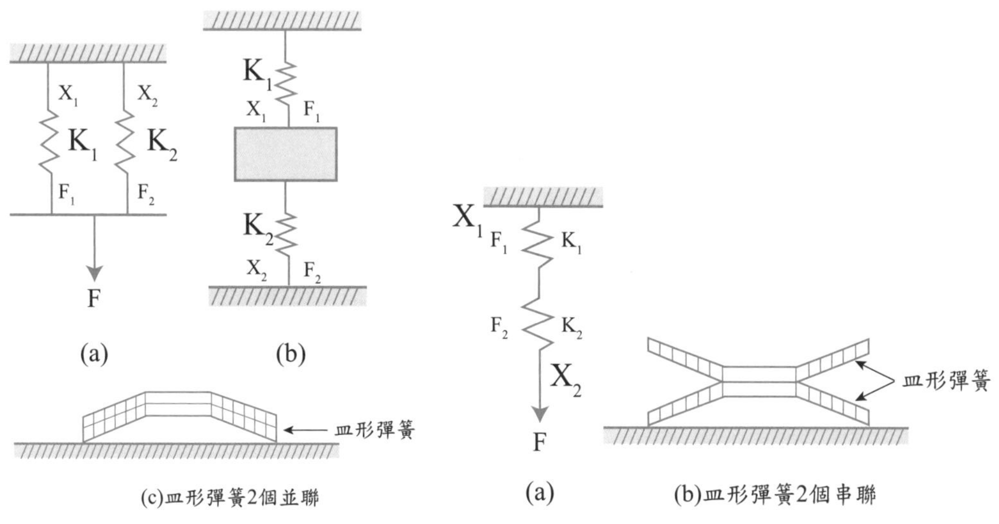

圖(七) 彈簧並聯圖形

圖(八) 彈簧串聯

彈簧串、並聯之計算與伸長量

老師講解 1

兩條拉伸彈簧，彈簧常數分別為30N/mm及60N/mm，若承受900N之荷重，則此兩條彈簧串聯，並聯時伸長量分別為多少mm？

解：1. 並聯時，$K_{並}=K_1+K_2=30+60=90N/mm$

$F=K\cdot x$

$\therefore 900=90\cdot x$

$\therefore$ 並聯伸長量 $x=10mm$

2. 串聯時，$\frac{1}{K_{串}}=\frac{1}{K_1}+\frac{1}{K_2}=\frac{1}{30}+\frac{1}{60}=\frac{2+1}{60}=\frac{1}{20}$

$K_{串}=20$ N/mm，$F=K\cdot x$，

$900=20\cdot x$

$\therefore$ 串聯伸長量 $x=45mm$

學生練習 1

如圖所示之彈簧，其彈簧常數$K_1=24N/mm$，$K_2=4N/mm$，$K_3=8N/mm$，則其組合後彈簧常數K為多少？受100N荷重時伸長量為多少mm？

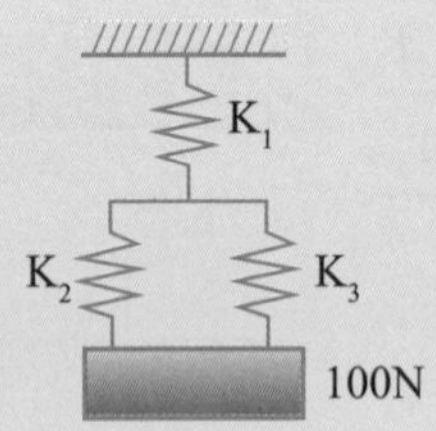

複雜組合型之彈簧常數與變形量

老師講解 2

若兩根相同的彈簧，自由長度均為20cm，若彈簧常數為200N/cm，掛重物後的圖形如圖所示，試求物體A與B之重量各為多少N？

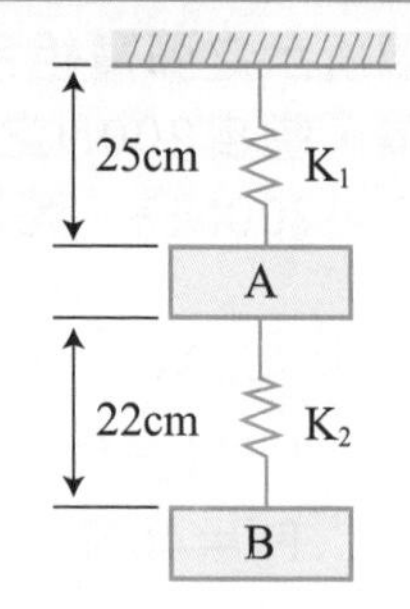

解：K_2下方掛B物體 （22cm、B）伸長2cm

$\therefore F=K_2 \cdot x=200\times 2=400N \Rightarrow$ B物體重400N

上方彈簧受到A、B重量相加，伸長量5cm

$\therefore F=K \cdot x$，$(W_A+W_B)=200\times 5=1000N$

$\therefore W_A=1000-W_B=1000-400=600N$，A物重600N

學生練習 2

如圖所示之彈簧組合受到300N之荷重，則總伸長量為多少公分？

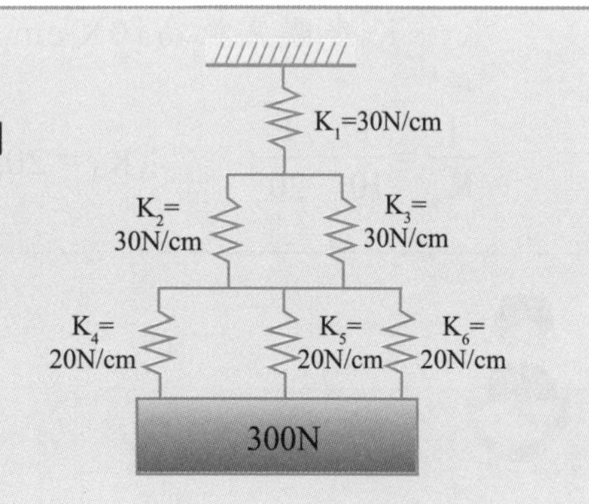

負荷偏位型之彈簧伸長量計算

老師講解 3

如圖所示之彈簧組合若原先沒負荷時，ℓ_1與ℓ_2等長，當掛200N之物體時仍保持水平，則K_3＝？掛200N時，彈簧總伸長量為多少cm？

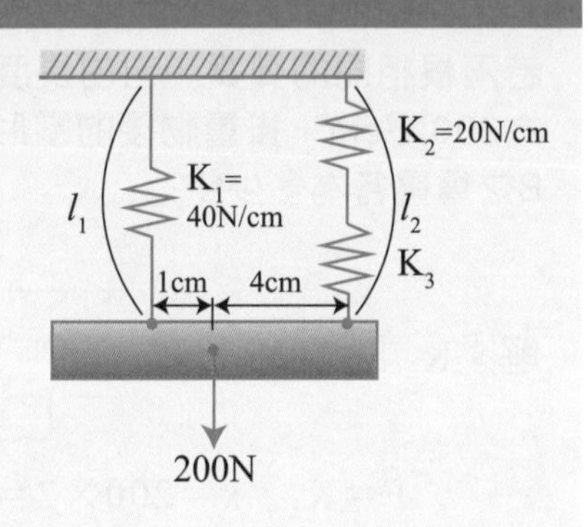

解：由之$\Sigma M_A=0$

$200\times 1=F_2\times 5$

$\therefore F_2=40N$

$F_1+F_2=200N$

$\therefore F_1=160N$

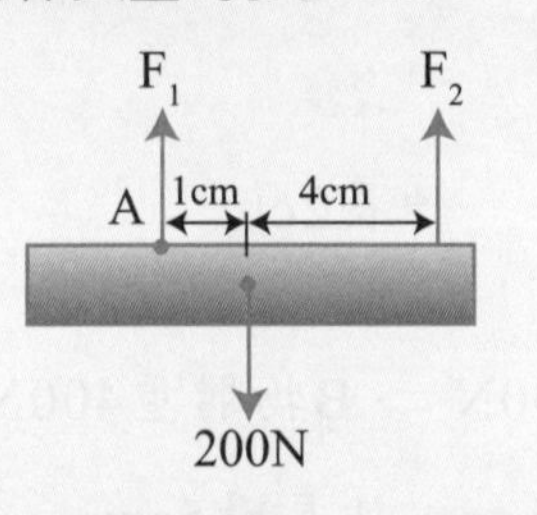

保持水平→兩邊伸長量相同

$F_1=K_1x_1$　$\therefore 160=40\cdot x_1$　$\therefore x_1=4cm$（總伸長量）

又K_2與K_3之組合常數令為K_S

$\therefore F=K\cdot x$　　$\therefore 40=K_S\times 4$　　$\therefore K_S=10N/cm$

K_2、K_3串聯常數為10N/cm　　$\therefore \frac{1}{10}=\frac{1}{K_2}+\frac{1}{K_3}=\frac{1}{20}+\frac{1}{K_3}$

$\frac{1}{K_3}=\frac{1}{10}-\frac{1}{20}$　　$\therefore K_3=20N/cm$

學生練習 3

如右圖所示，三個螺旋彈簧串接，且其兩端固定（兩固定端長20cm），彈簧常數均為2N/cm，一15N的力F作用於A點，且三個彈簧位移與作用力均為線性關係，則A點位移為多少cm？

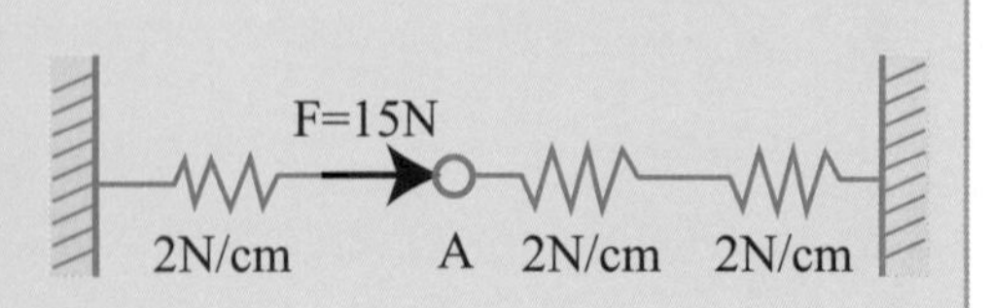

立即測驗

( ) **1** 有兩根彈簧其常數分別為K_1及K_2，兩者串聯後，此組合的彈簧常數為： (A)K_1+K_2 (B)$K_1\times K_2$ (C)$\dfrac{K_1+K_2}{K_1\times K_2}$ (D)$\dfrac{K_1\times K_2}{K_1+K_2}$。

( ) **2** 兩個螺旋伸張彈簧，彈簧常數分別為60N/cm及40N/cm，若串聯使用承受120N負荷，試求彈簧總伸長量為多少公分？ (A)10cm (B)5cm (C)2.4cm (D)1.2cm。

( ) **3** 同上題，若並聯使用，則總伸長量為多少公分？
(A)10cm (B)5cm (C)2.4cm (D)1.2cm。

( ) **4** 3個相同的彈簧常數均為K，若兩彈簧並聯後，再另一個彈簧串聯，則總彈簧常數為：
(A)$\dfrac{2}{3}$K (B)2K (C)$\dfrac{4}{3}$K (D)3K。

( ) **5** 如圖所示，物體的質量為M，彈簧的彈簧常數均為K，則此組合的總彈簧常數為多少？ (A)4K (B)2K (C)K (D)$\dfrac{K}{2}$。

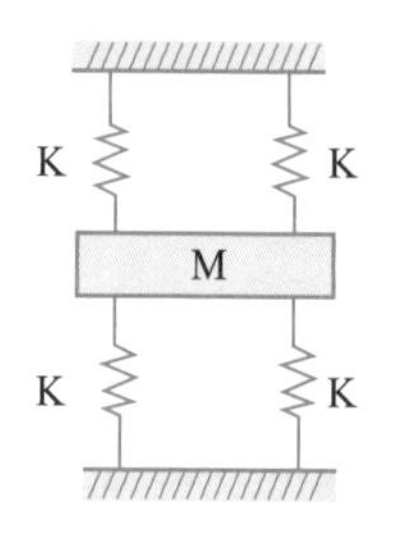

( ) **6** 5個相同的皿形彈簧常數均為K，其組合情形如右圖所示，當受負荷W時，其總變形量為多少？
(A)$\dfrac{6W}{K}$ (B)$\dfrac{5W}{6K}$
(C)$\dfrac{6W}{5K}$ (D)$\dfrac{W}{5K}$。

( ) **7** 如圖所示之彈簧系統，K_1＝10N/mm，K_2＝20N/mm，K_3＝10N/mm，K_4＝10N/mm，則組合後總彈簧常數為多少N/mm？
(A)10 (B)20
(C)30 (D)35。

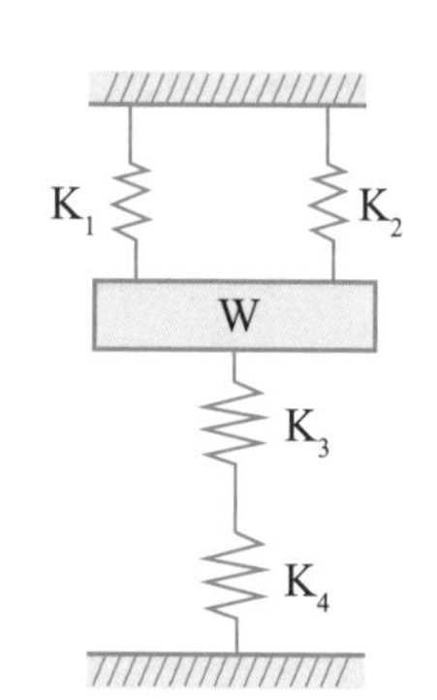

解答與解析

1 (D)

2 (B)。$\dfrac{1}{K_{串}}=\dfrac{1}{60}+\dfrac{1}{40}=\dfrac{2+3}{120}=\dfrac{5}{120}$

$\therefore K_{串}=24$ N/cm　$\therefore F=K_{串}\cdot x_{串}$，$120=24\cdot x$

$\therefore X=5$cm

3 (D)。$K_{並}=K_1+K_2=60+40=100$N/cm

$\therefore F=K\cdot x$，$120=100\cdot x$

$\therefore X=1.2$cm

4 (A)。$\dfrac{1}{K_{總}}=\dfrac{1}{2K}+\dfrac{1}{K}=\dfrac{3}{2K}$　　$\therefore K_{總}=\dfrac{2}{3}K$

5 (A)。4個並聯　$\therefore K_{總}=K_1+K_2+K_3+K_4=4K$

6 (B)。

2個先並聯　$\therefore K_S=K+K=2K$

3個並聯　$K_P=K+K+K=3K$

K_S與K_P串聯　$\dfrac{1}{K_{總}}=\dfrac{1}{2K}+\dfrac{1}{3K}=\dfrac{5}{6K}$

$\therefore K_{總}=\dfrac{6}{5}K$　公式$F=K\cdot X$，$W=\dfrac{6}{5}K\cdot X$　$\therefore X=\dfrac{5W}{6K}$

7 (D)。原圖可變成

K_S為K_1、K_2之並聯

$\therefore K_S=K_1+K_2=10+20$

$=30$N/mm

K_P為K_3、K_4之串聯

$\therefore \dfrac{1}{K_P}=\dfrac{1}{K_3}+\dfrac{1}{K_4}=\dfrac{1}{10}+\dfrac{1}{10}=\dfrac{2}{10}=\dfrac{1}{5}$

$\therefore K_P=5$

總組合彈簧為K_S和K_P並聯

$\therefore K=K_S+K_P=30+5=35$N/mm

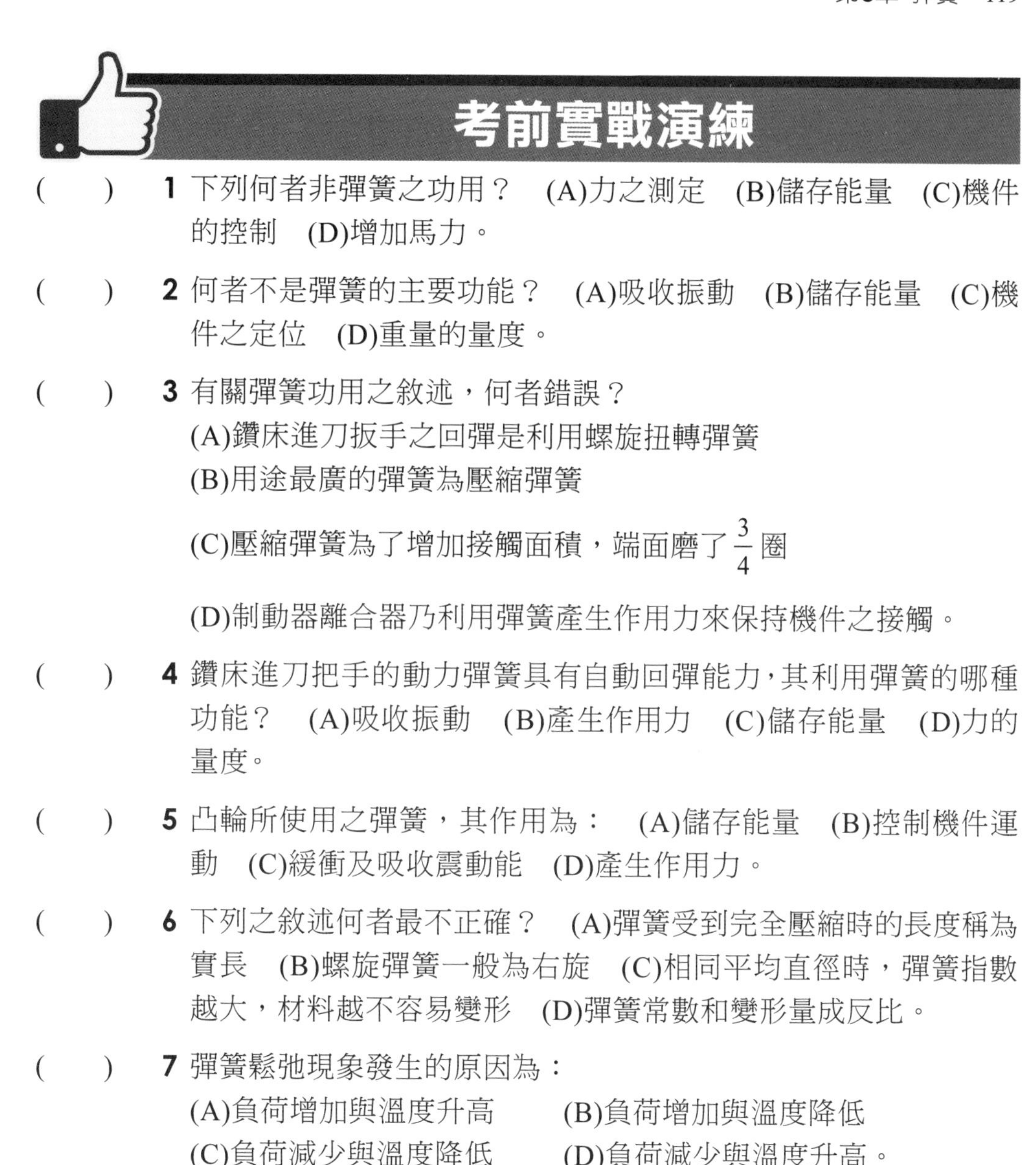

考前實戰演練

(　　) **1** 下列何者非彈簧之功用？ (A)力之測定 (B)儲存能量 (C)機件的控制 (D)增加馬力。

(　　) **2** 何者不是彈簧的主要功能？ (A)吸收振動 (B)儲存能量 (C)機件之定位 (D)重量的量度。

(　　) **3** 有關彈簧功用之敘述，何者錯誤？
(A)鑽床進刀扳手之回彈是利用螺旋扭轉彈簧
(B)用途最廣的彈簧為壓縮彈簧
(C)壓縮彈簧為了增加接觸面積，端面磨了 $\frac{3}{4}$ 圈
(D)制動器離合器乃利用彈簧產生作用力來保持機件之接觸。

(　　) **4** 鑽床進刀把手的動力彈簧具有自動回彈能力，其利用彈簧的哪種功能？ (A)吸收振動 (B)產生作用力 (C)儲存能量 (D)力的量度。

(　　) **5** 凸輪所使用之彈簧，其作用為： (A)儲存能量 (B)控制機件運動 (C)緩衝及吸收震動能 (D)產生作用力。

(　　) **6** 下列之敘述何者最不正確？ (A)彈簧受到完全壓縮時的長度稱為實長 (B)螺旋彈簧一般為右旋 (C)相同平均直徑時，彈簧指數越大，材料越不容易變形 (D)彈簧常數和變形量成反比。

(　　) **7** 彈簧鬆弛現象發生的原因為：
(A)負荷增加與溫度升高　(B)負荷增加與溫度降低
(C)負荷減少與溫度降低　(D)負荷減少與溫度升高。

(　　) **8** 有關彈簧名詞定義，何者錯誤？
(A)平均直徑 $=\frac{外徑+內徑}{2}$
(B)彈簧指數 $=\frac{線徑}{平均直徑}$
(C)自由長度是指在完全無負載狀況下之長度
(D)彈簧常數 $=\frac{外力}{變形量}$ 。

考前實戰演練

( ) **9** 彈簧受到完全壓縮之長度為：
(A)無壓縮長度 (B)有效長度 (C)自由長度 (D)實長。

( ) **10** 有關彈簧指數、彈簧常數關係之敘述下列何者正確？
(A)彈簧常數愈大愈易變形 (B)彈簧指數愈大愈不易變形
(C)彈簧常數愈大愈不易變形 (D)兩者互為倒數。

( ) **11** 若壓縮彈簧的總圈數為10圈，允許彈簧稍有彎曲，則有效圈數為：
(A)8 (B)9 (C)7.5 (D)10 圈。

( ) **12** 螺旋彈簧之線圈平均直徑為5cm，線徑為0.5cm，其彈簧指數為：
(A)10 (B)9 (C)8 (D)11。

( ) **13** 彈簧內徑為50mm，線徑為5mm，則彈簧指數為多少？
(A)9 (B)10 (C)11 (D)12。

( ) **14** 有一彈簧受到500N的軸向負荷，其線圈外徑40mm，線直徑為5mm，則其彈簧指數為： (A)12.5 (B)7 (C)8 (D)9。

( ) **15** 防止機件發生軸向運動之機件為下列何者？
(A)壓縮彈簧 (B)伸張彈簧 (C)蝸旋彈簧 (D)扣環。

( ) **16** 制動器、離合器緩衝彈簧所用為何種彈簧？
(A)拉伸彈簧 (B)碟形彈簧 (C)扭轉彈簧 (D)動力彈簧。

( ) **17** 板狀彈簧的設計，一般做成三角形或梯形，其目的是：
(A)材料充分利用 (B)為了美觀
(C)兩端彎矩影響較小 (D)使每一斷面的彎曲應力相等。

( ) **18** 下列有關彈簧之敘述何者最不正確？
(A)E型扣環僅為軸用
(B)槍枝彈匣為單片彈簧
(C)紗門鉸彈簧為蝸旋扭轉彈簧
(D)用途最廣的彈簧為壓縮彈簧。

( ) **19** 有關彈簧敘述何者不正確？
(A)壓縮彈簧為了增加接觸面積，常把兩端磨平
(B)彈簧發生鬆弛現象的原因為負荷增加與溫度升高
(C)皿形彈簧常使用於大負荷，空間狹小受到限制的場合
(D)螺旋扭力彈簧常應用在鐘錶機構中做為動力來源之彈簧。

( ) **20** 如右圖係何種彈簧的簡略畫法？ (A)壓縮彈簧 (B)拉伸彈簧 (C)扭力彈簧 (D)錐形彈簧。

( ) **21** 皿形彈簧之外徑為內徑之： (A)3倍時 (B)2倍時 (C)相等時 (D)4倍時 有最好的彈性。

( ) **22** 螺旋壓縮彈簧受負荷時，會產生剪應力，則其外側剪應力較內側剪應力為： (A)小 (B)大 (C)相等 (D)不一定。

( ) **23** 在機械上最常使用的彈簧為何？ (A)壓縮 (B)拉伸 (C)扭力 (D)錐形 彈簧。

( ) **24** 彈簧床、沙發椅和撐竿跳之墊片乃採用何種彈簧？ (A)螺旋壓縮 (B)錐形彈簧 (C)螺旋伸張 (D)海綿。

( ) **25** 健身器材中擴胸健身器，使用之彈簧為下列何者？ (A)壓縮彈簧 (B)拉伸彈簧 (C)扭轉彈簧 (D)錐形彈簧。

( ) **26** 用薄片材料衝壓而成具有彈性之墊片為何種彈簧？ (A)圓盤彈簧 (B)扣環 (C)單片彈簧 (D)板片彈簧。

( ) **27** 小客車避震器所用之彈簧是何種彈簧？ (A)葉片彈簧 (B)扭轉彈簧 (C)螺旋壓縮彈簧 (D)錐形彈簧。

( ) **28** 下列何者是用二片板片彈簧製成？ (A)手剪鉗 (B)握力健身器 (C)機車之駐車架 (D)指甲剪。

( ) **29** 有關橡皮彈簧之敘述，何者錯誤？ (A)不耐疲勞 (B)不能符合虎克定律 (C)不耐蝕 (D)不能用為吸收震動。

( ) **30** 高級小型彈簧的材料為何？ (A)不鏽鋼 (B)鋁合金 (C)彈簧鋼 (D)琴鋼線。

( ) **31** 大型彈簧使用何種材料？ (A)高碳鋼或合金鋼 (B)青銅 (C)琴鋼線 (D)矽錳鋼。

( ) **32** 何者不能作為製作彈簧的材料？ (A)鑄鐵 (B)油回火線 (C)琴鋼線 (D)矽錳鋼。

( ) **33** 用於飛機引擎之氣門彈簧常用之材料為： (A)碳鋼 (B)琴鋼線 (C)青銅 (D)鉻釩鋼。

( ) **34** 下列何者是板片彈簧常用之材料？ (A)碳鋼 (B)鉻釩鋼 (C)矽錳鋼 (D)不銹鋼。

( ) **35** 孟鈉合金能耐高溫，使用在食品工業上，是由： (A)銅錫 (B)銅鋅 (C)銅鎳 (D)銅鋁 所組成。

( ) **36** 在受壓及消震、消衝擊與消噪音的場合之彈簧材料，選何種較適合？ (A)橡膠材料 (B)彈簧鋼 (C)青銅 (D)黃銅。

( ) **37** 有關彈簧材料，下列何者錯誤？

(A)大型彈簧以選用青銅或黃銅為材料

(B)吸收震動、緩和衝擊以選用橡膠、合成樹脂為材料

(C)抗腐蝕與抗潛變以選用不鏽鋼線為材料

(D)螺旋彈簧以選用油回火彈簧線為材料。

( ) **38** 如右圖所示的彈簧系統，彈簧常數 $K_1=K_2=K_3=1$，則等值彈簧常數為？

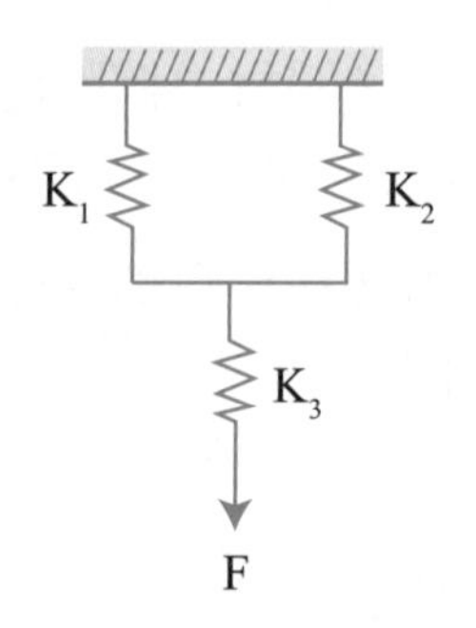

(A)1 (B)$\frac{2}{3}$

(C)$\frac{3}{2}$ (D)2。

( ) **39** 由三個彈簧所組成的彈簧系統，如右圖所示，彈簧常數k_1=4N／mm，k_2=4N／mm，k_3=2N／mm，所有彈簧的位移與作用力均呈線性關係，若重物W掛置後，位移量Δx=2.5mm，則重物W的重量為多少N？

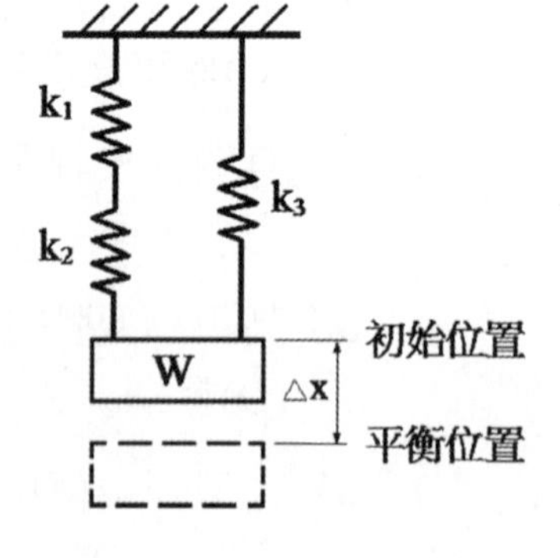

(A)2.5 (B)4.0

(C)10 (D)25。

( ) **40** 如圖所示，求總彈簧常數K為何？

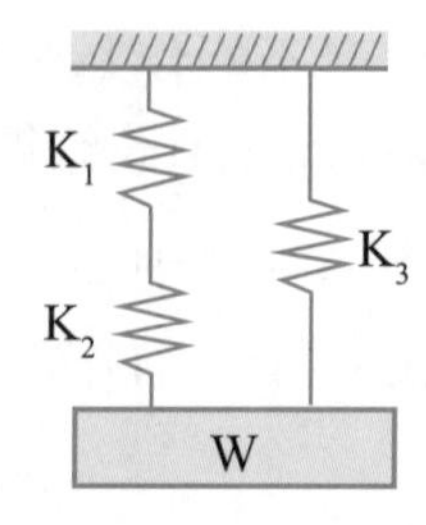

(A)$K=K_1+K_2+K_3$

(B)$\frac{1}{K}=\frac{1}{K_1}+\frac{1}{K_2}+\frac{1}{K_3}$

(C) $\dfrac{1}{K}=\dfrac{1}{K_3}+\dfrac{1}{K_1+K_2}$

(D) $K=\dfrac{K_1K_2}{K_1+K_2}+K_3$ 。

( ) **41** 使用三個相同的彈簧，彈簧常數為K，受軸向負荷W，則可能的最小總撓曲量為： (A)$\dfrac{9W}{K}$ (B)$\dfrac{3W}{K}$ (C)$\dfrac{W}{3K}$ (D)$\dfrac{W}{K}$ 。

( ) **42** 兩伸張彈簧，彈簧常數150N/cm及100N/cm，以串聯互鉤吊一荷重150N，則彈簧之變形量為多少cm？
(A)0.6 (B)1 (C)2.5 (D)2。

( ) **43** 一振動系統如右圖所示，物體的質量為m，彈簧的彈簧常數均為K，則此系統的總彈簧常數為：

(A)4K
(B)3K
(C)2K
(D)K。

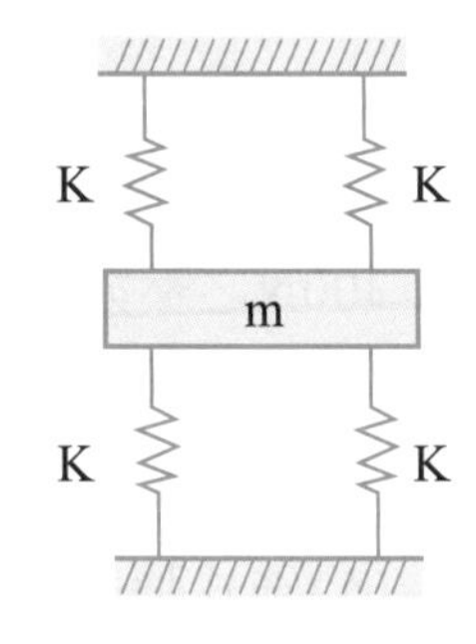

( ) **44** 長度相同的A、B兩拉伸彈簧，A的彈簧常數為20N/cm，B的彈簧常數為30N/cm，若忽略本身重量，則下列敘述何者錯誤？
(A)A彈簧受60N軸向荷重時，伸長量為3cm
(B)兩彈簧串聯互鉤後，彈簧的組合總彈簧常數為12N/cm
(C)兩彈簧串連後承受60N荷重時，總伸長量為5cm
(D)承受相同荷重時，B彈簧的伸長量為A彈簧的1.5倍。

( ) **45** 4個相同的彈簧，彈簧常數均為K，組合如右圖時彈簧之總彈簧常數為：

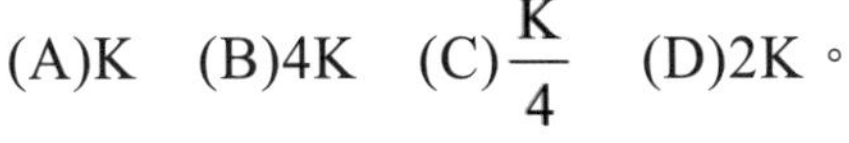
(A)K (B)4K (C)$\dfrac{K}{4}$ (D)2K。

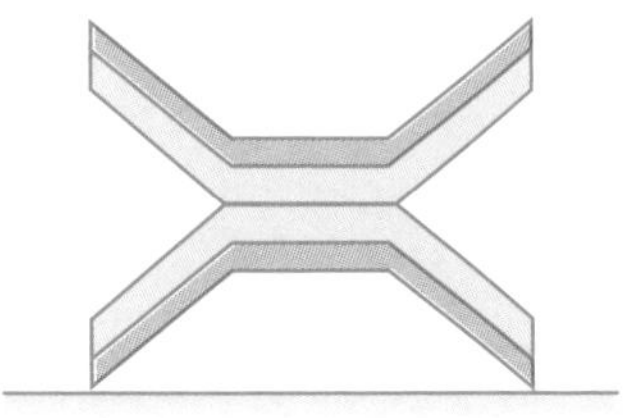

( ) **46** 若數個彈簧串聯，下列敘述何者正確？
(A)各彈簧之變形量必相等
(B)各彈簧之回復力必相等
(C)各彈簧常數必相等
(D)各彈簧之有效圈數必相等。

考前實戰演練

(　　) **47** 兩個彈簧常數均為K之彈簧並聯，再與一彈簧常數為K之彈簧串聯，總彈簧常數為： (A)$\frac{2}{3}$K (B)2K (C)$\frac{3}{2}$K (D)3K。

(　　) **48** 一壓縮彈簧，受壓縮力由200N增至320N時，彈簧長度由70mm被壓縮至55mm，則彈簧常數為多少N/cm？ (A)8 (B)10 (C)80 (D)100。

(　　) **49** 下列有關彈簧功用的敘述，何者不正確？
(A)吸收機械瞬間震動的能量
(B)利用彈簧產生的作用力，調節機件的位置或保持機件的接觸
(C)力量的量度
(D)保持機械元件的接觸彈性。

(　　) **50** 有一螺旋壓縮彈簧，施以100N之壓力時，量得彈黃長度為90mm；施以250N之壓力時，量得彈黃長度為60mm；則施以300N之壓力時，此彈簧之長度應為多少mm？
(A)40 (B)45 (C)50 (D)55。

(　　) **51** 下列何種彈簧常用於一般機械式鐘錶的發條？
(A)碟式彈簧（disk spring）
(B)渦旋彈簧（volute spring）
(C)蝸旋扭轉彈簧（spiral torsion spring）
(D)螺旋扭轉彈簧（helical torsion spring）。

第6章 軸承及連接裝置

6-1 軸承的種類

軸承（又稱培林）為保持軸的中心於一定位置及用來引導、限制軸之運動的機件，軸承為機件中之固定機件。

1 依接觸性質分為滑動軸承與滾動軸承。

(1) 滑動軸承：軸承間以面接觸作滑動接觸，為對偶中面接觸的旋轉，即為低對中的迴轉對。

(2) 滾動軸承：軸承間以點或線接觸作滾動接觸，可分為滾珠軸承和滾子軸承，為對偶中的高對。

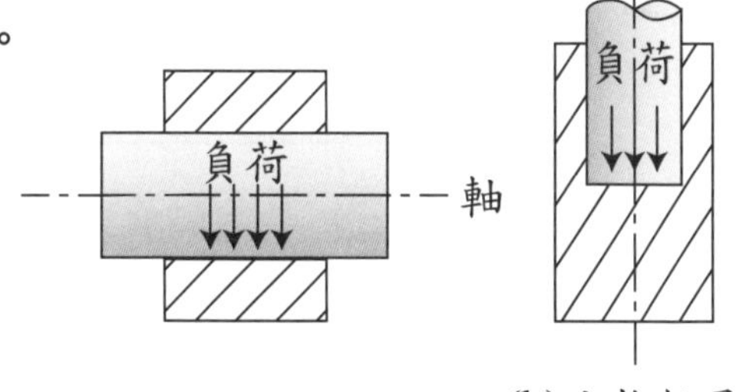

圖(一) 軸承型式

2 依負載的方向分為徑向軸承和止推軸承。

(1) 徑向軸承（又稱頸軸承）：負荷之方向垂直於中心軸線者稱為徑向軸承。如圖一(a)所示。

(2) 止推軸承：負荷之方向平行於軸向，可支持機件旋轉，亦可阻止軸向運動，稱為止推軸承（又稱軸向軸承）。如圖一(b)所示。

6-1-1 滑動軸承

1 滑動軸承的特性：

(1) 優點：製造容易、構造簡單、耐震動可承受較大的衝擊負荷。

(2) 缺點：摩擦大、功的損耗大、易於磨蝕、潤滑及散熱較困難。

① 徑向滑動軸承有下列三種：

(A)整體軸承：如圖(二)所示。

在鑄鋼或鑄鐵之實體材料上鑽孔、搪孔，加入襯套（以便磨損可更換）而成。為軸承中構造最簡單者。用於低轉速、重負荷之傳動。襯套材料之硬度必須小於軸，襯套常用材料為青銅、黃銅、白合金。

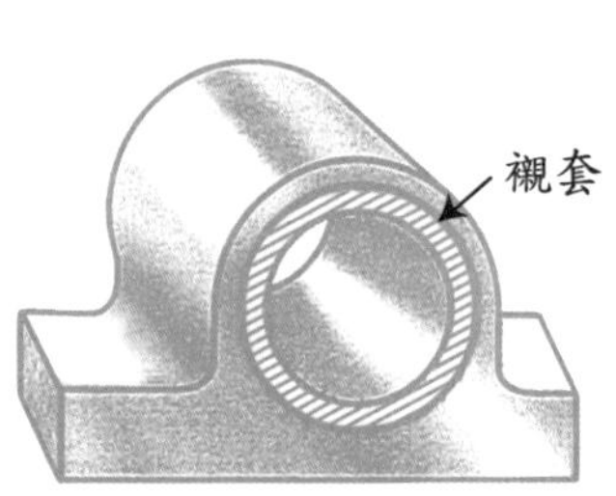

圖(二) 整體軸承

(B)對合軸承：如圖(三)所示。

軸承磨耗後可調整墊片再使用，為應用最多的滑動軸承。用於工具機之主軸（車床主軸）、汽車曲柄軸上之軸承等。

(C)四部軸承：如圖(四)所示。

軸承分成上下左右四部份，以便於軸承磨損後可以調整。常用於大型蒸汽機、發電機、電動機等之主軸軸承。

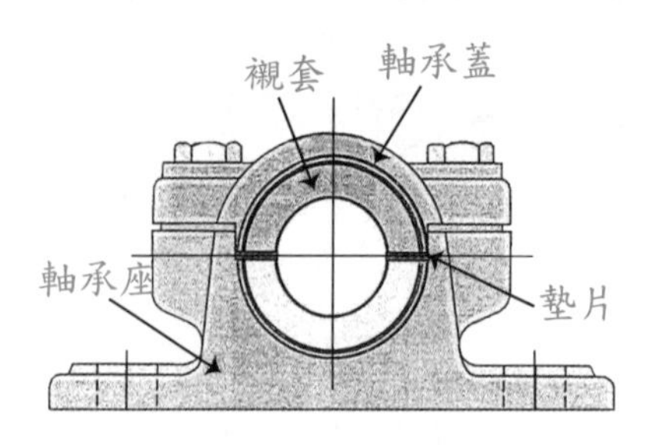

圖(三) 對合軸承

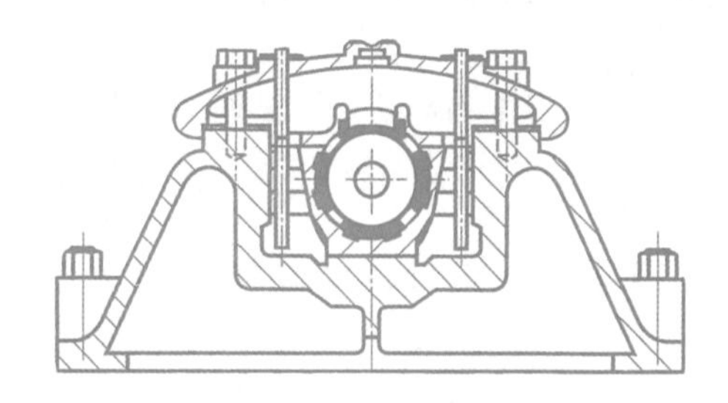

圖(四) 四部軸承

② 軸向滑動軸承（又稱止推滑動軸承）：可支持軸轉動，並阻止軸向運動。

(A)端軸承（又稱樞軸承、階級軸承）：

如圖(五)所示。端軸承軸端會放置墊片。使用時，潤滑油要淹過所有墊片。此外，為了確保油膜存在軸承底部，具有傾斜角單方向固定、雙方向做搖擺。

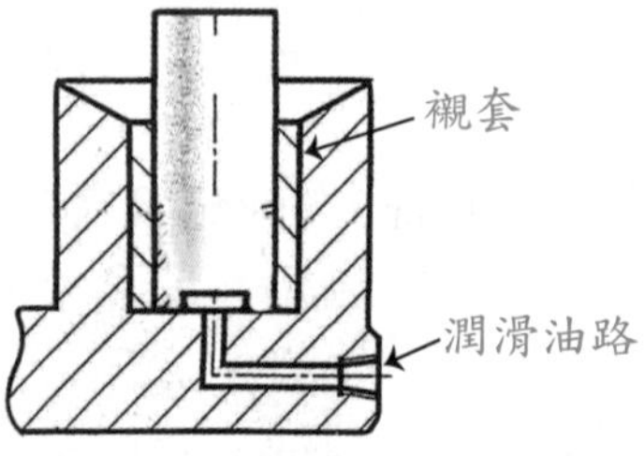

圖(五) 端軸承

軸承裝置在軸端以支持垂直軸者即為垂直式止推軸承。

(B)環止推軸承（套環軸承）：如圖(六)所示。

此種軸承可與軸製成一體或分開，軸承裝置不限於軸端。可在軸之中間任意位置。有單環（如圖a）和多環（如圖b）兩種型式，均可承受雙向之軸向負荷，而多環式可承受高速及重負載的軸向推力，但需有自動潤滑之裝置。

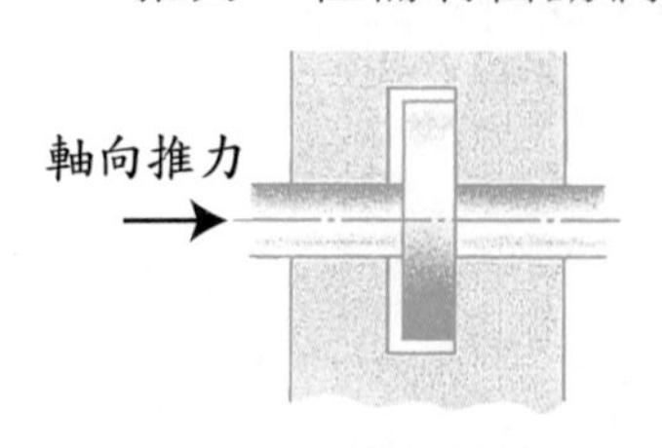

(a)單環式

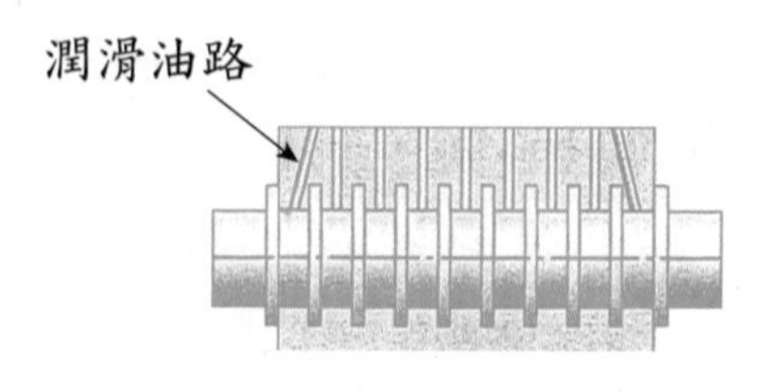

(b)多環式

圖(六) 環止推軸承

(C)流體靜壓軸承：利用壓縮空氣來抵抗軸向負荷，即為「空氣軸承」，如圖(七)所示。使軸承軸頸無直接接觸。

(D)外壓軸程：利用外壓泵浦將油注入軸承與軸頸間。

③ 特殊滑動軸承：

(A)多孔軸承（又稱含油軸承）：由粉末冶金法製成孔隙約佔25%。孔隙間填充潤滑油，當旋轉時，孔隙內之油被吸出潤滑；軸停止時，因毛細作用油被吸回孔隙內。不需要再加潤滑油。用於軸徑小、輕負荷的轉軸。因毛細作用，可自孔隙補油，並非油溝。

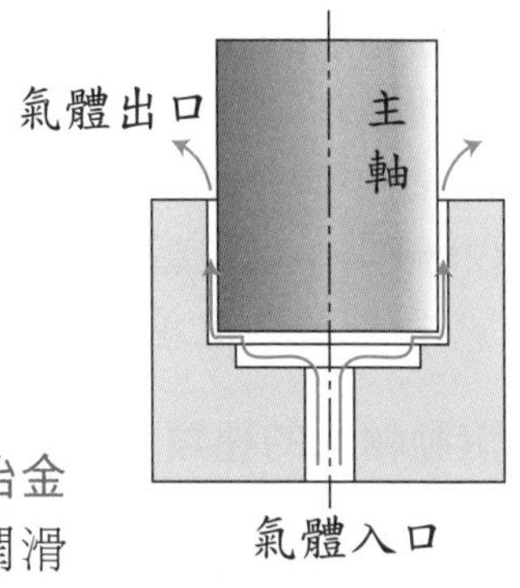

圖(七) 空氣軸承

(B)無油軸承：以石墨或其他固體潤滑劑作為襯套之軸承，不需要加潤滑劑。如尼龍軸承即是無油軸承。用於輕負荷，不可污染之軸承，如食品機械。

(C)寶石軸承：寶石硬度高，又不需加潤滑油。用於鐘錶、精密機械。

6-1-2 滾動軸承

1 滾動軸承的構造：

包括內環、外環、滾動體及保持器（滾珠籠）。依滾動形狀之不同可分為滾珠軸承、滾子軸承及滾針軸承三種。如圖(八)所示。

其中保持器為使滾珠保持距離，避免滾珠互相接觸產生摩擦及噪音。

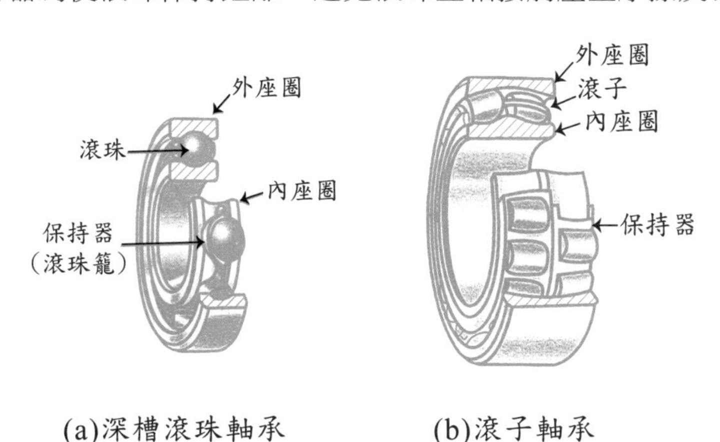

圖(八) 滾動軸承

2 滾動軸承的特性：

(1) 優點：因滾動接觸，起動阻力小，摩擦阻力小，動力損失較少，潤滑容易，磨耗小，可長時間連續高運轉，規格標準化，互換性大。

(2) 缺點：裝設較難，無法局部修理更換，磨損後易產生噪音及振動，且對衝擊負荷之承受能力甚弱。

3 滾動軸承的種類：

(1) 徑向滾珠軸承

① 單列深槽滾珠軸承：如圖(八)(a)所示。

構造簡單、精度高、使用最廣、適合高轉速，例如鑽床主軸之軸承。主要承受徑向負荷，其負荷與滾珠直徑、數目成正比。

② 單列斜角滾珠軸承：如圖(九)所示。

內外圈都只在一側有較高的肩，另一側維持滾珠不脫落。可承受徑向及軸向兩種負荷，單列承受單方向的軸向負荷，而雙列（又稱複合斜角滾珠軸承，兩個斜角軸承軸向夾在一起）可以承受雙方向的軸向負荷，應用在汽車輪軸上。接觸角普通有15°、30°、40°等，斜角越大所能承受軸向負荷越大。

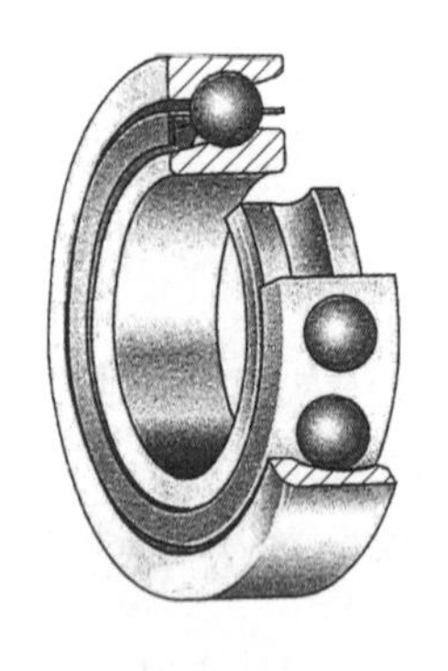
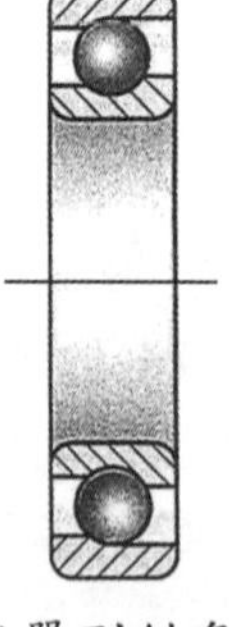

(a)單列斜角

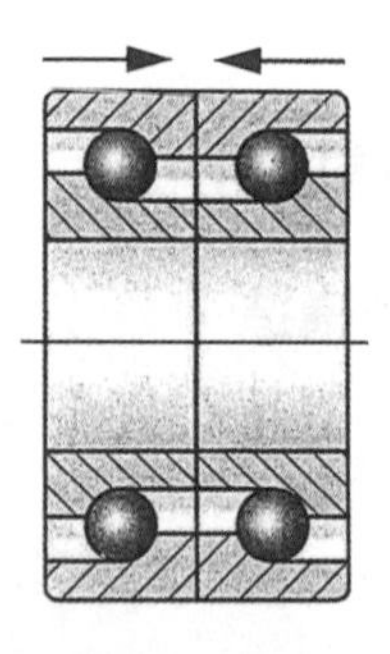

(b)雙列斜角

圖(九) 斜角軸承

③ 雙行滾珠軸承：如圖(十)所示。

軸承包括兩組滾珠和保持器，所以徑向負荷能力比單列者大。

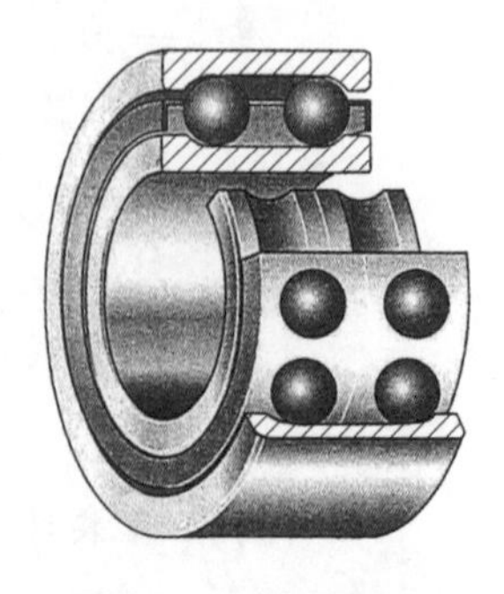

圖(十) 雙行軸承

④ 雙行斜角滾珠軸承：兩個單列斜角滾珠軸承做成一體，可承受雙軸向力和較大之徑向力，如圖(十一)所示。

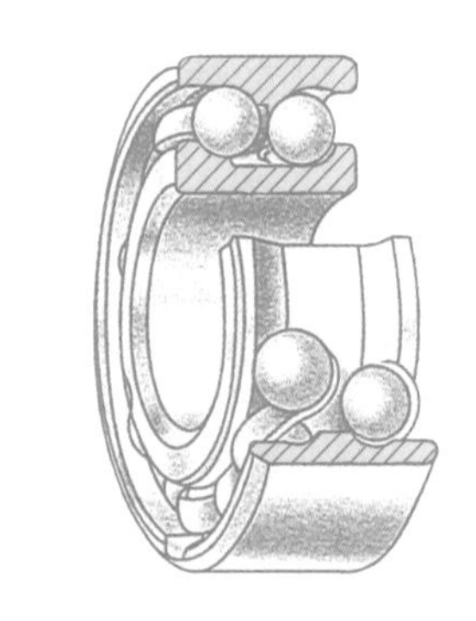

圖(十一) 雙行斜角滾珠軸承

⑤ 自動對正滾珠軸承（球面滾珠軸承）：如圖(十二)所示。
外環之內面成圓弧，允許旋轉軸角度偏差，可自動對正中心，主要為承受徑向負荷。

⑥ 連座軸承：將軸承連結軸承底座而成，優點為裝置簡單，可節省製造費用和自動調整中心。如圖(十三)所示。

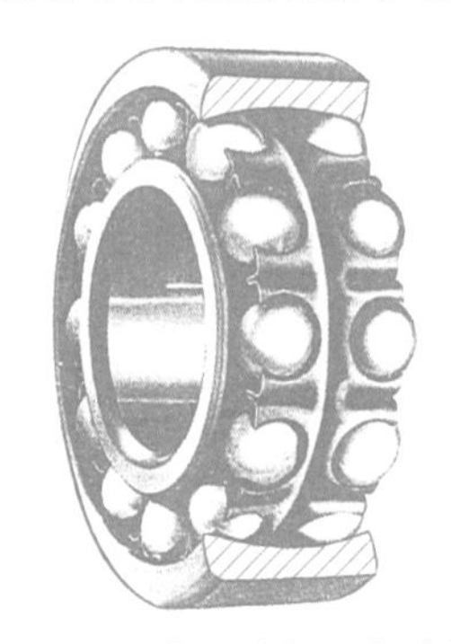

圖(十二) 自動對正滾珠軸承

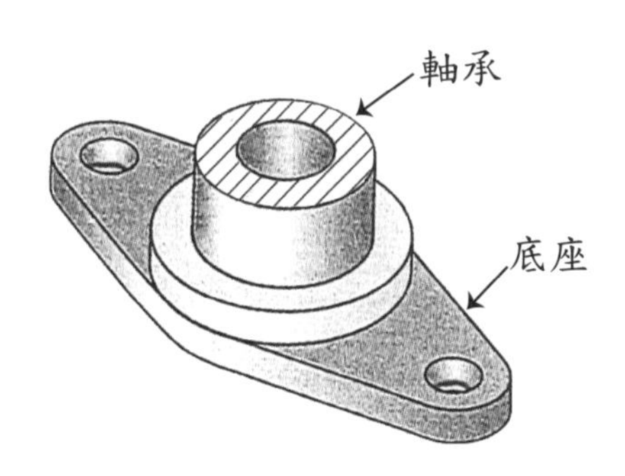

圖(十三) 連座軸承

(2) 滾珠止推軸承：主要承受軸向力，由固定座圈（環）、迴轉座圈（環）、滾珠和保持器組成。如圖(十四)所示。

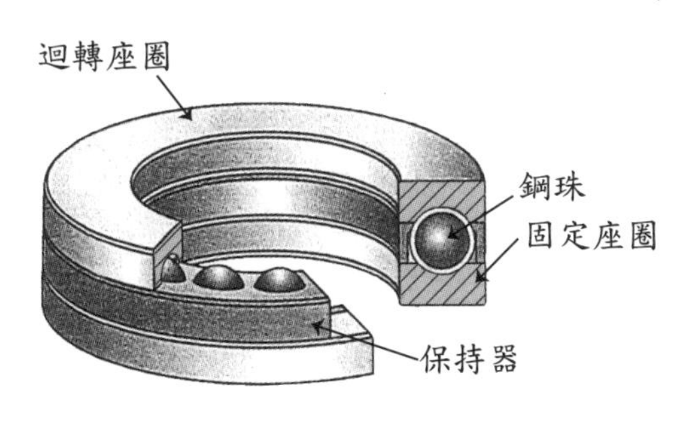

(a)單列止推滾珠軸承

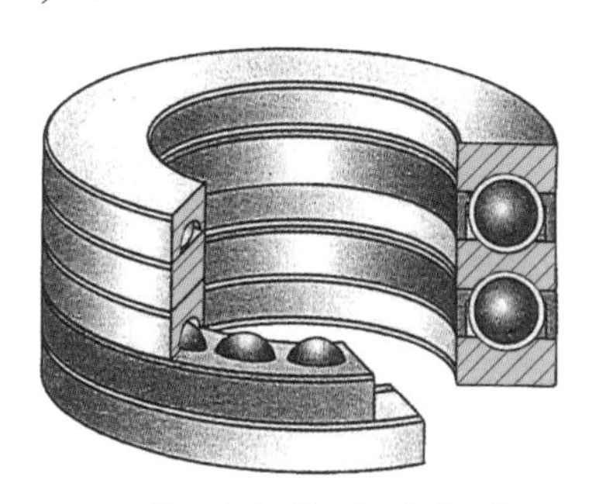

(b)雙列止推滾珠軸承

圖(十四) 止推軸承

① 單列滾珠止推軸承：主要承受軸向負荷，不適合高速運轉。
② 雙列滾珠止推軸承：可承受較大之軸向負荷。

註 陶瓷軸承因陶瓷硬度大、耐高溫、耐磨耗、耐腐蝕、電之絕緣體之優點，廣泛運用在超高速轉動之馬達及光電、半導體上之需超高速運轉之傳動上。

深槽滾珠軸承	斜角滾珠軸承	球面滾珠軸承
	θ 接觸角	
止推球面滾子軸承	**圓錐型滾子軸承**	**球面滾子軸承**

4 滾子軸承（又稱滾柱軸承）：因滾子為線的接觸，滾珠為點接觸，故滾子軸承所承受之負荷較滾珠軸承大。

(1) 徑向滾子軸承

① 圓柱滾子軸承（圓筒滾子軸承、直滾子軸承）：如圖(十五)所示。

滾子直徑相等之圓柱體，各滾子中心線與主軸平行。使用於重負荷、高速迴轉場合，如車床、銑床之主軸。

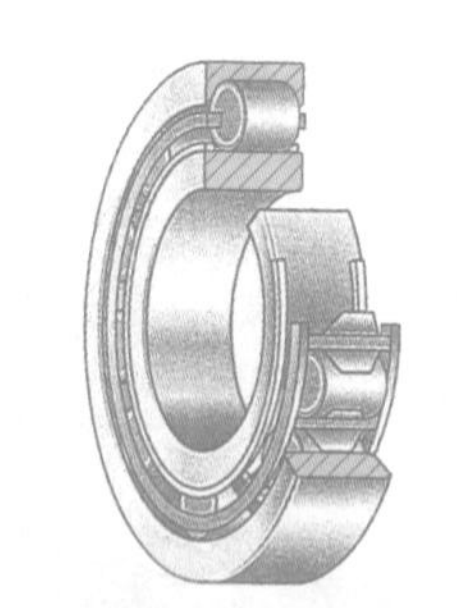

圖(十五)　徑向圓筒滾子軸承

② 圓錐滾子軸承：如圖(十六)所示。

各圓錐滾子中心線與主軸中心線交於一點，可同時承受較大之徑向及單一軸向兩種負荷，用於汽車前輪、後輪、變速器及差速器。

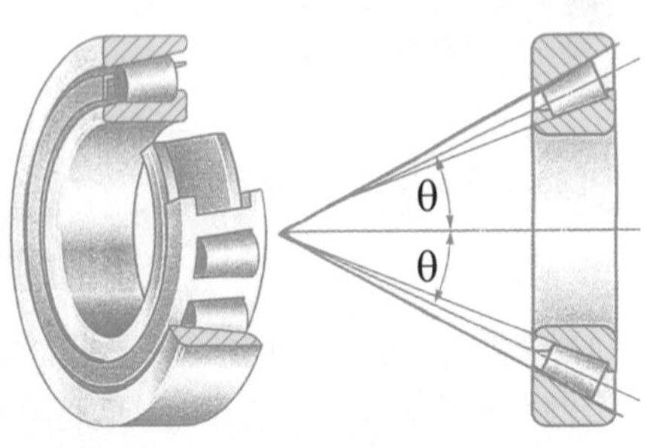

圖(十六)　徑向錐形滾子軸承

③ 自動對正滾子軸承（球面滾子軸承）：如圖(十七)所示。
外環座內側做成球面，能自動對正中心用於重負荷和衝擊負荷，用於鐵路車輛之減速機。

④ 滾針軸承（滾針直徑約2～5mm）（needle bearing）：如圖(十八)所示。
不適合軸向推力，直徑較小的滾子軸承（一般以長度與直徑的比值約為6倍以上稱為滾針軸承）因接觸線較長，承受較大的負荷。但摩擦阻力小，通常不使用保持器。

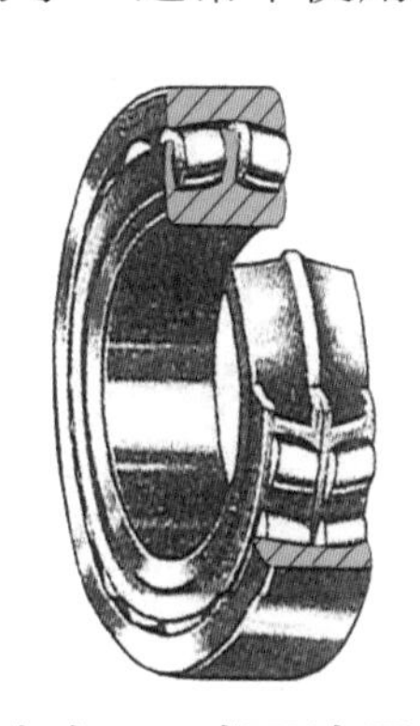

圖(十七) 球面滾子軸承

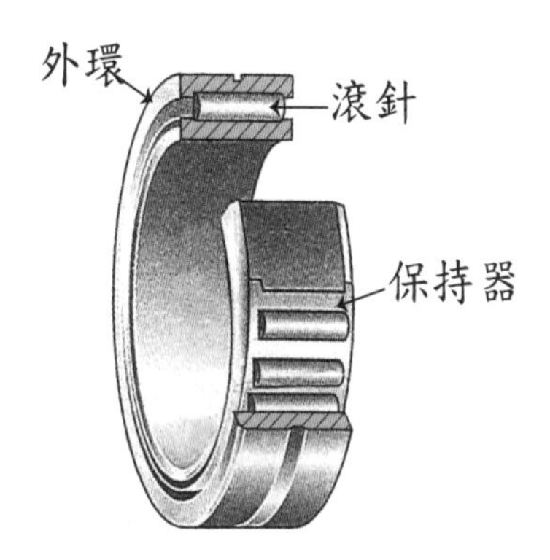

圖(十八) 滾針軸承

(2) 滾子止推軸承

① 圓筒滾子止推軸承（止推直滾子軸承）：滾子為直圓柱，中心線與軸心線垂直。可承受較大之軸向推力，如圖(十九)所示。不適合高速運轉。

② 錐形滾子止推軸承：使用錐形滾子，座圈亦做成錐形，來承受軸向推力。如圖(二十)所示。

③ 球面滾子止推軸承：滾子為球面，具有自動對正中心之作用。如圖(二一)所示。

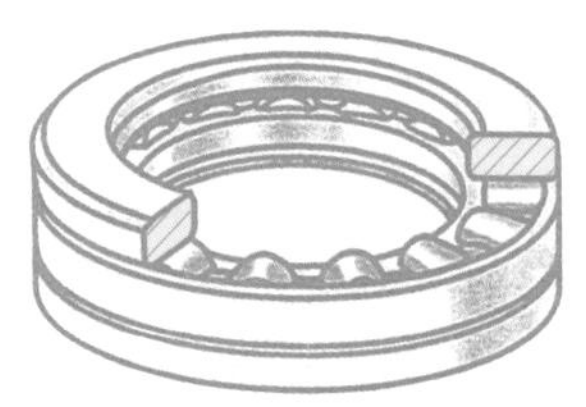

圖(十九) 圓筒滾子止推軸承

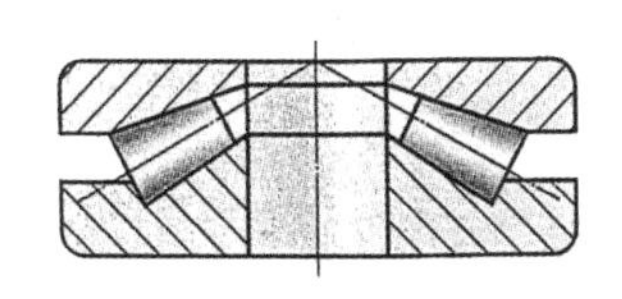

圖(二十) 錐形滾子止推軸承

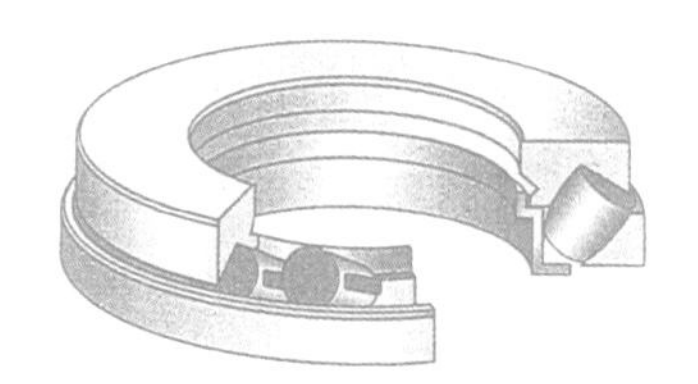

圖(二一) 球面滾子止推軸承

立即測驗

( ) 1 軸承為何種機械？ (A)固定機件 (B)控制機件 (C)連接機件 (D)運動機件。

( ) 2 軸承承受負荷方向與軸中心線垂直者稱為： (A)徑向軸承 (B)樞軸承 (C)止推軸承 (D)環軸承。

( ) 3 滑動軸承應用最多且用於車床之主軸、汽車曲柄軸上之軸承為何？ (A)止推軸承 (B)整體軸承 (C)對合軸承 (D)四部軸承。

( ) 4 大型機器為便於軸承磨損時之調整通常採用何種軸承？ (A)整體軸承 (B)四部軸承 (C)對合軸承 (D)滾動軸承。

( ) 5 下列哪一種軸承可同時承受軸向與徑向負荷？ (A)滾針軸承 (B)錐形滾子軸承 (C)徑向軸承 (D)止推軸承。

( ) 6 多孔軸承是以何種方式製成？ (A)鑄造 (B)切削加工 (C)粉末冶金 (D)衝壓加工。

( ) 7 無油軸承，下列敘述何者錯誤？ (A)適合輕負載 (B)是一種多孔軸承 (C)軸承承面可以石墨為潤滑劑 (D)不必加油亦具有極佳潤滑性。

( ) 8 何者軸承能自動對正中心？ (A)球面滾子軸承 (B)圓筒滾子軸承 (C)錐形滾子軸承 (D)滾針軸承。

( ) 9 軸承之功用為何？ (A)承受軸上扭力 (B)防止軸之彎曲 (C)調整軸中心位置 (D)保持軸中心位置。

( ) 10 軸承承面充以石墨質或其他固定潤滑劑，為何種軸承？ (A)多孔軸承 (B)環軸承 (C)無油軸承 (D)空氣軸承。

( ) 11 軸承長度與直徑的比值為六倍或六倍以上時，為何種軸承？ (A)圓筒軸承 (B)直滾子軸承 (C)錐形滾子軸承 (D)滾針軸承。

( ) 12 可裝在軸間任何位置的滑動軸承為何種？ (A)環軸承 (B)無油軸承 (C)多孔軸承 (D)整體軸承。

( ) **13** 有關軸承共通性之功能包括：①適合高速運轉、②潤滑容易、③可承受大負載或衝擊、④啟動阻力小，則一般滾動軸承包括前述哪些功能？ (A)①②④ (B)①②③ (C)①③④ (D)②③④。

( ) **14** 下列何種軸承同時具有軸向與徑向負荷？ (A)滾針軸承 (B)徑向軸承 (C)斜角滾珠軸承 (D)止推軸承。

( ) **15** 若一滾珠軸承，鋼珠直徑愈大或數目愈多，則： (A)軸承安裝愈容易 (B)徑向荷重能力愈大 (C)軸承轉速可愈高 (D)軸承使用上無影響。

( ) **16** 滾動軸承優點與滑動軸承比較，下列敘述何者錯誤？ (A)滾動軸承可承受較大負荷 (B)滾動軸承可長時間連續高速運轉 (C)滾動軸承產品規格化，互換性大 (D)滾動軸承起動阻力小，潤滑容易。

( ) **17** 滾動軸承中使用最廣的為下列何種軸承？ (A)深槽滾珠軸承 (B)斜角滾珠軸承 (C)自動調心軸承 (D)滾針軸承。

( ) **18** 軸承所承受的負荷與軸中心線平行者為何種？ (A)徑向軸承 (B)滾針軸承 (C)止推軸承 (D)無油軸承。

( ) **19** 無油軸承，下列敘述何者錯誤？ (A)不必加油亦具有極佳潤滑性 (B)軸承承面可充以石墨等為潤滑劑 (C)尼龍軸承屬於無油軸承 (D)適合重負荷。

( ) **20** 何種軸承不能承受軸向負荷？ (A)環軸承 (B)對合軸承 (C)斜角滾珠軸承 (D)樞軸承。

( ) **21** 四部軸承為下列何種軸承？ (A)滾子軸承 (B)徑向軸承 (C)止推軸承 (D)環軸承。

解答

1 (A) **2** (A) **3** (C) **4** (B) **5** (B) **6** (C) **7** (B)

8 (A) **9** (D) **10** (C) **11** (D) **12** (A)

13 (A)。滾動軸承其缺點為不能承受較大的負荷及震動。

14 (C) **15** (B) **16** (A) **17** (A) **18** (C) **19** (D) **20** (B) **21** (B)

6-2 滾動軸承的規格及應用

滾動軸承為了互換性和大量生產已標準化，世界上大都採用「國際標準組織」ISO為標準。滾動軸承為標準機件，以公稱號碼表示，公稱號碼由「基本記號」及「補助記號」組成，如表6-1所示。

表6-1 滾動軸承規格符號表示法

		符號	說明
輔助符號（附於基本符號之前）		E	表面硬化鋼
		EC	膨脹補正硬化鋼
		F	不鏽鋼
		TK	高速鋼
		TS	特殊耐熱處理鋼
基本符號	軸承型式	1	自動對正滾珠軸承
		2	自動對正滾子軸承
		3	雙列斜角滾珠軸承 錐形滾子軸承
		4	雙列深槽滾珠軸承
		5	止推滾珠軸承
		6	深槽滾珠軸承
		7	斜角滾珠軸承
		N,NU NF	筒型滾子軸承
		UCP UCFC UCFL	連座軸承
		NA NK	滾針軸承
	尺寸系列		
	內徑號碼		
	接觸角記號		

輔助符號（附於基本符號之後）		符號	說明
	保持器符號	FI	鋼
		LI	銅合金
		PB	磷青銅
		Y	黃銅
		T2	合成樹脂
	密封板符號	ZZ	鋼板
		LLB	合成橡膠（非接觸型）
		LLU	合成橡膠（非接觸型）
	軌道圈形狀符號	K	內徑1/12錐度
		N	圈溝
		NR	附止環
	組合符號	DB	背面組合
		DF	正面組合
		DT	並列組合
	間隙符號	C_1	比C_2間隙小
		C_2	比普通間隙小
		C_3	比普通間隙大
		C_4	比C_3間隙大
	符號等級	P6	JIS6級
		P5	JIS5級
		B5	ABEC5 RBEC5

1 基本號碼：若一軸承規格為71320C，軸承型式：7，尺寸系列：13，內徑號碼：20，接觸角記號：C。

(1) 軸承型式：通常以號碼或英文字母表示。

(2) 尺寸級序：如圖(二二)所示。包括寬度及直徑級序稱為尺寸級序，寬在前，直徑在後。尺寸級序以兩位數表示，若僅一位數表示時，則該數字代表直徑級序。例如「23」表寬2級，直徑（外徑）3級，若「4」表「04」，寬0級，直徑4級。

① 寬度（或厚度）級序：分為8、0、1、2、3、4、5、6。

② 直徑（及外徑）級序：分為8、9、0、1、2、3、4。

級序依次漸大，所能承受的負荷越大。（每種尺度均有五種等級即0、1、2、3、4或100、200、300、400、500表示：特輕、輕、中、重、特重。）

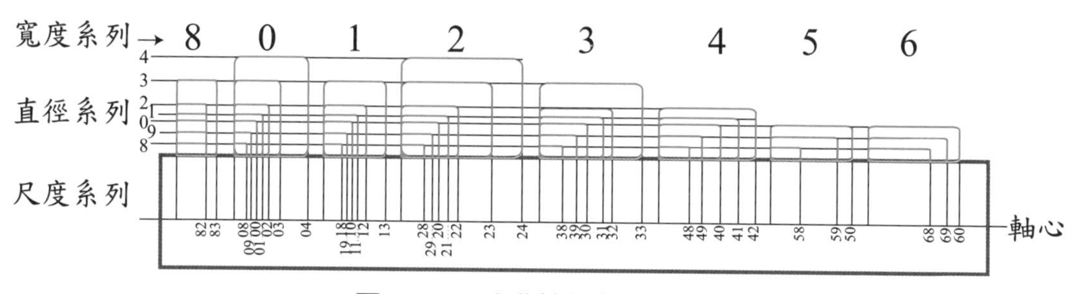

圖(二二) 滾動軸承之尺寸級序

註 當內徑寬度級序均相同時，直徑（外徑）越大者，其寬度較大

(3) 內徑號碼：

① 內徑在10mm以下（1~9mm），其記號即為內徑值（mm）。

② 內徑480mm（含）~10mm（含）時，以兩位數字代表內徑（即為孔徑）尺寸：

00	代表內徑10mm
01	代表內徑12mm
02	代表內徑15mm
03	代表內徑17mm
04~96	代表內徑號碼×5即為內徑尺寸

③ 內徑500mm以上：孔徑號碼即為內徑尺寸。

④ 有斜線記號者，數字即為內徑。

例如：62／30代表內徑30mm，62／2.5代表內徑2.5mm。

⑤三個數字前無英文字母，例如：609代表內徑9mm。
三個數字前有英文字母，例如：N452代表內徑52×5＝260mm（N表軸承型式）。
⑥四位或五位數字：最後兩位數字代表內徑號碼。

內徑代號	00	01	02	03	04~96	500mm以上	有斜線者
內徑（孔徑）mm	10mm	12mm	15mm	17mm	代號×5＝內徑	代號數字即為內徑	後面數字即為內徑

(4) 接觸角記號：

軸承型式	接觸角	接觸角記號
斜角滾珠軸承	10°~22°（普通15°）	C
	22°~32°（普通30°）	A（可省略）
	32°~45°（普通40°）	B
錐形滾子軸承	10°~17°	B（可省略）
	17°~24°	C
	24°~32°	D

註 ①斜角滾珠軸承可承受推向推力之大小為B＞A＞C。
②錐形滾子軸承可承受推向推力之大小為D＞C＞B。

Notes

軸承規格之意義

老師講解 1

若滾動軸承規格TK－7320CFIDF，請說明其代表之意義。

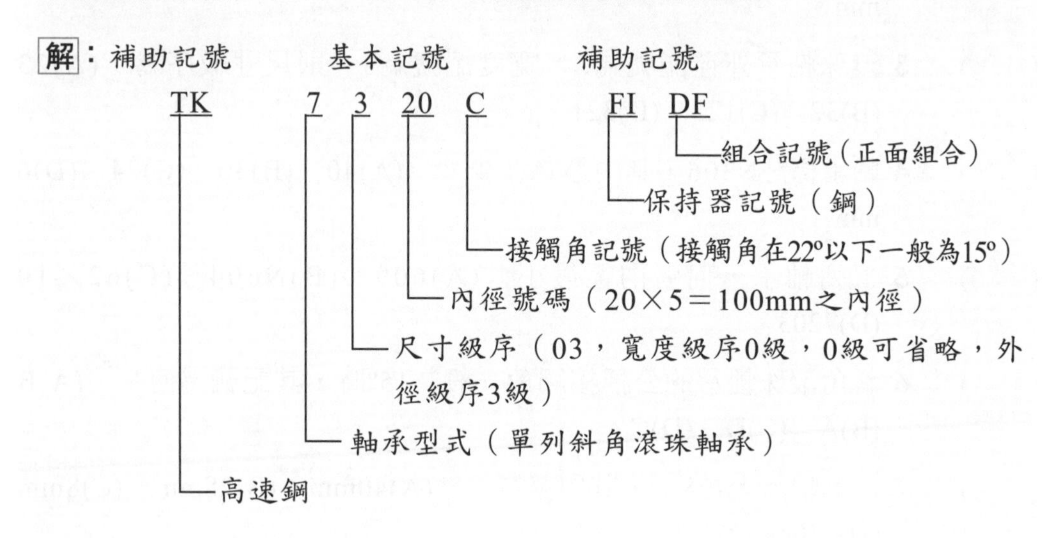

學生練習 1

試說明軸承(1)31340；(2)608；(3)N352之意義。

立即測驗

( ) **1** 軸承公稱號碼為「7308」，「3」則代表為何？ (A)軸承型式 (B)尺寸級序 (C)接觸角記號 (D)內徑代號。

( ) **2** 軸承號碼為7302其孔徑為何？ (A)10 (B)12 (C)15 (D)2 mm。

( ) **3** 滾珠軸承外徑記號為2，寬度記號為3，則尺寸級序為 (A)23 (B)32 (C)123 (D)321。

( ) **4** 軸承標註N306，其內徑為多少？ (A)40 (B)30 (C)24 (D)6 mm。

( ) **5** 下列軸承，何者內徑最小 (A)609 (B)N604 (C)62／10 (D)7203。

( ) **6** 斜角滾珠軸承的公稱接觸角一般為15°時，其記號為何？ (A)B (B)A (C)D (D)C。

( ) **7** 滾動軸承「728」，其內徑為： (A)40mm (B)28mm (C)8mm (D)140mm。

( ) **8** 若一滾動軸承規格為TK-6206中「2」代表： (A)軸承形式 (B)孔徑號碼 (C)尺寸級序 (D)接觸角記號。

( ) **9** 軸承A的公稱號碼為6300，軸承B的公稱號碼為6200，下列敘述何者錯誤？
(A)A軸承的外徑較B軸承大
(B)兩軸承的內徑相等
(C)兩軸承型式相同
(D)A軸承之接觸角較B軸承大。

解答與解析

1 (B)。7308：3表寬度0級，直徑3級，「3」表尺寸級序。

2 (C)。7302：00表10mm，01表12mm，02表15mm，03表17mm。

3 (B)。寬在前，直徑在後。

4 (B)。N306：N表圓筒滾子軸承，06表內徑06×5＝30mm。

5 (A)。(A)609表內徑9mm；(B)N604表內徑04×5＝20mm；(C)62／10表內徑10mm；(D)7203表內徑17mm。

6 (D)　**7 (C)**　**8 (C)**

9 (D)。6300，6200，其中6300，A直徑3級寬度0級

所以A強度較大，AB兩接觸角相同。

6-3 聯結器的種類及功用

1 軸的連接裝置，在應用上分為

(1) 聯結器：兩軸連接後不再分離，僅修理或更換時才拆離，屬於永久接合之用途。

(2) 離合器：因操作需要隨時使兩軸結合或分離的連接。屬於間歇性的離合。

2 需使用聯結器的情況：

(1) 軸太長無法使用機械整體製成（一體成型），必需分段加工。

(2) 傳動軸前後兩段轉速不同。

(3) 傳動兩軸不在一直線上或有角度偏差。

3 聯結器：分為剛性聯結器、撓性聯結器和流體聯結器。聯結器的主要功用為傳遞旋轉運動和扭矩。

(1) **剛性聯結器：傳動之兩軸中心線必在同一直線，且轉速必相同，不能有角度偏差，只適用同心軸。有凸緣、塞勒氏、摩擦、分筒、套筒等五種。**

① 凸緣聯接器：如圖(二三)所示。構造簡單、成本低，為最常使用的剛性聯接器。用於軸徑大（25mm以上）和高速精密機械時使用，使用時兩軸必須對正，左右凸緣用鍵與軸結合，再用螺栓連接兩凸緣，螺栓受剪力作用。

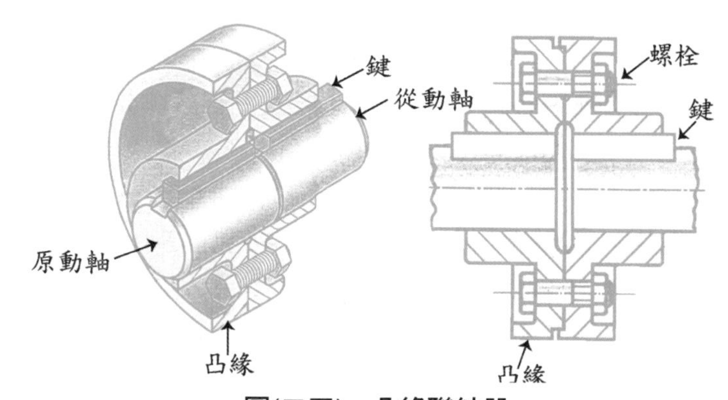

圖(二三)　凸緣聯結器

② 塞勒氏聯結器：由具有內外錐度圓筒組成，以螺栓鎖緊。藉兩套同錐度之圓筒利用摩擦力來聯結傳達動力（也可以用鍵來固定），適用於輕負荷。如圖(二四)所示。

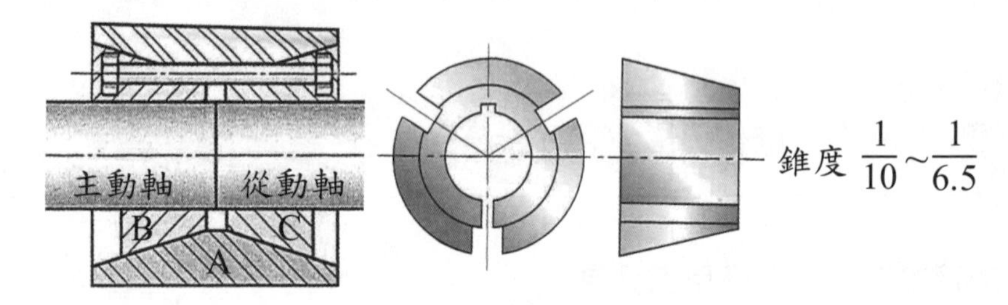

圖(二四) 塞勒氏聯結器

③ 摩擦阻環聯結器：利用兩端為錐形之分裂圓筒，利用錐形套環打入，藉摩擦力來聯結傳動，只適用於輕負荷。如圖(二五)所示。

④ 分筒聯結器：又稱盒形聯結器，由兩分裂圓筒對合組成，置入斜鍵再以螺栓鎖緊，可傳中級負荷。如圖(二六)所示。

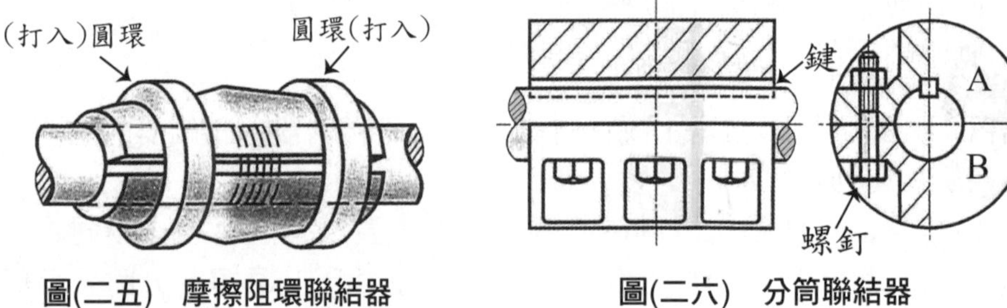

圖(二五) 摩擦阻環聯結器　　圖(二六) 分筒聯結器

⑤ 套筒聯結器：又稱筒形聯結器，利用套筒將兩軸連接，用銷、鍵或固定螺釘來鎖緊軸與套筒。兩軸直徑相同，亦可不同，為構造最簡單、成本低之輕負荷動力傳送。如圖(二七)所示。

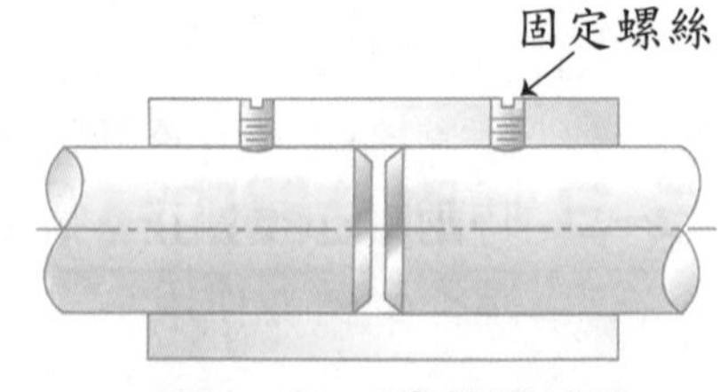

圖(二七) 套筒聯結器

(2) **撓性聯結器：兩軸中心線不在同一直線上，容許少量偏心距或角度偏差或軸向移動，可吸收軸的部份振動。**

① 歐丹聯結器（又稱歐哈姆聯結器）：如圖(二八)所示。為等腰連桿機構的應用，兩軸各聯接柱形凸緣，接觸面上有凹槽，中間有一圓盤，盤面兩邊各有凸出之長條且相互垂直，與兩凸緣共三機件聯結而成。用於兩軸平行偏心很小且兩軸角速度絕對相等時，但容易引起振動，不適合高速運轉。

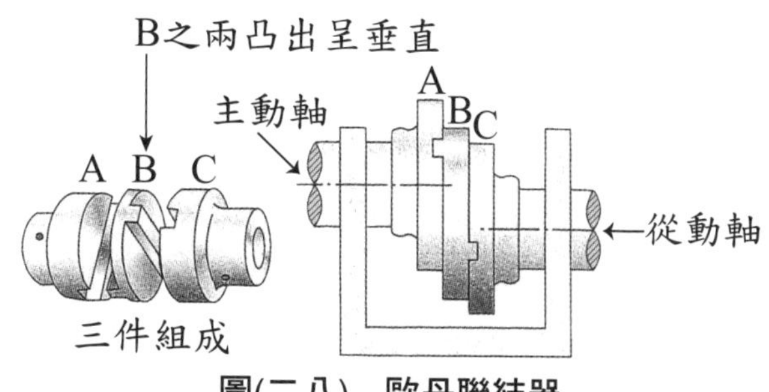

圖(二八) 歐丹聯結器

② 萬向接頭（又稱為虎克接頭或十字接頭）：如圖(二九)所示。為球面連桿機構之應用，用於兩軸不平行，相交於一點，且角度可任意變更者，具有吸震性與耐久性，夾角在5°以下最理想，最大不宜超過30°，角速比在一迴轉中變化兩次，亦即從動輪迴轉180°，其角速比變化即完成一循環。原動軸做等角速度轉動，從動軸做變角速度轉動。兩軸夾角越大，角速度變化越大，傳動效率越差。兩軸之轉速比在介於$\cos\theta \sim \frac{1}{\cos\theta}$（θ為兩軸夾角）。若欲使兩軸轉速相同，可在兩傳動軸之間再加一中間軸（或副軸），使其相交夾角需相等，即成對使用，萬向接頭用於汽車傳動軸。

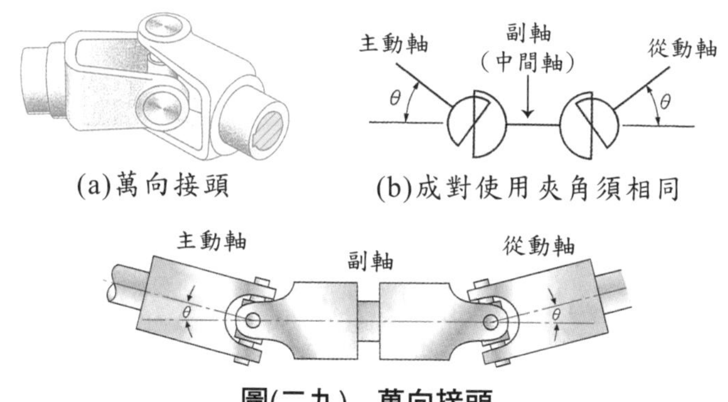

圖(二九) 萬向接頭

③ 撓性齒輪聯結器：如圖(三十)所示。兩軸之端點各裝一外齒輪，再用兩個內齒輪配合，再以螺栓固定，用於有微小量之偏心或角度有偏差之處。

④ 鏈條聯結器：如圖(三一)所示。由兩鏈輪組成，再用雙重之滾子鏈環繞來傳達動力，用於微量之偏心或角度偏差時。

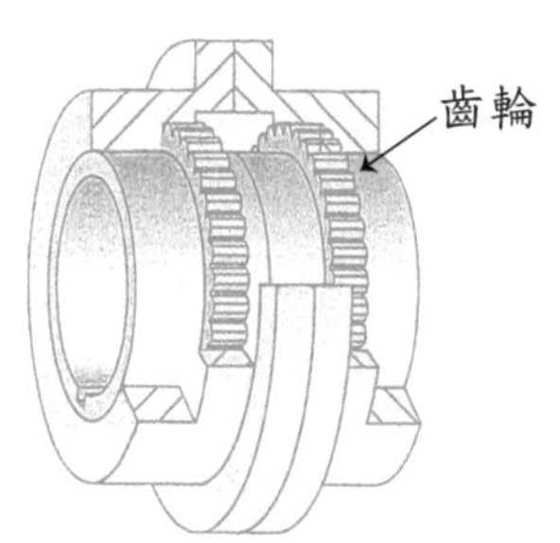

圖(三十) 撓性齒輪聯結器

⑤ **脹縮接頭聯結器**：如圖(三二)所示。**允許兩軸有軸向偏差，軸受熱膨脹時特別適用。**

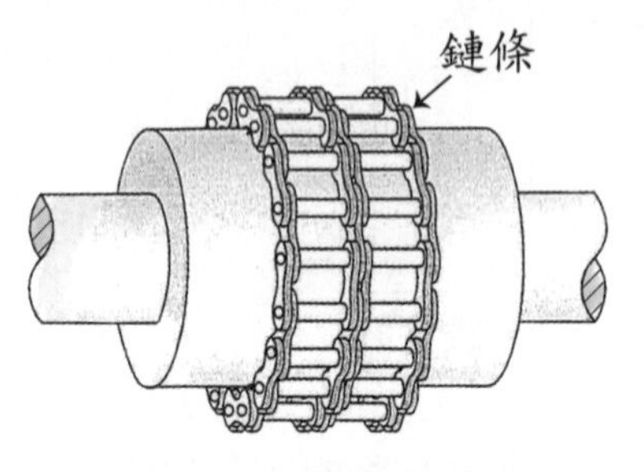

圖(三一) 鏈條聯結器

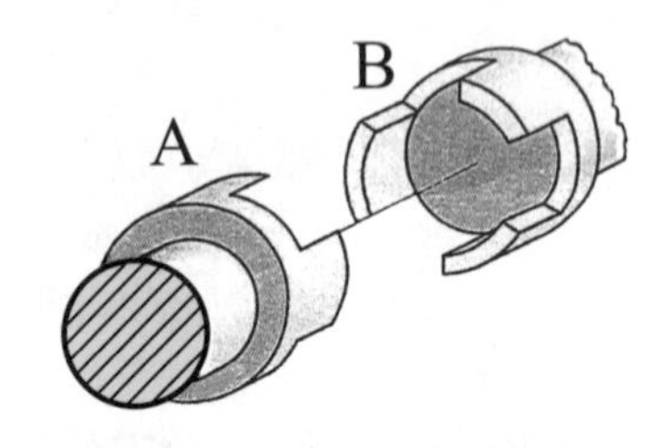

圖(三二) 脹縮接頭聯結器

⑥ 撓性彈簧環片（線）聯結器：如圖(三三)所示。用一薄彈簧銅片來回彎曲纏繞兩軸，用於有微量的偏心或角度偏差時。

⑦ 彈性凸緣聯結器（或彈性材料膠合聯結器）：如圖(三四)所示。在凸緣聯結器之螺栓孔內加入橡皮（橡膠）環墊，用於兩軸有角度偏差時，可使衝擊緩和。

⑧ 撓性盤聯結器：如圖(三五)所示。以銅片、皮革、纖維或塑膠，以交錯之方式用螺栓固定在凸緣盤。

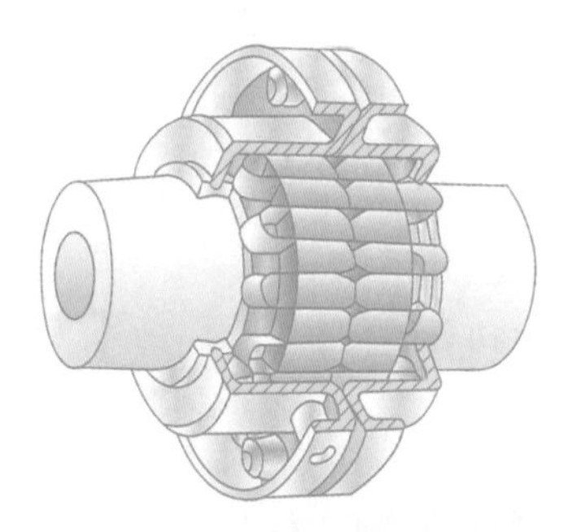

圖(三三) 撓性彈簧環片（線）聯結器

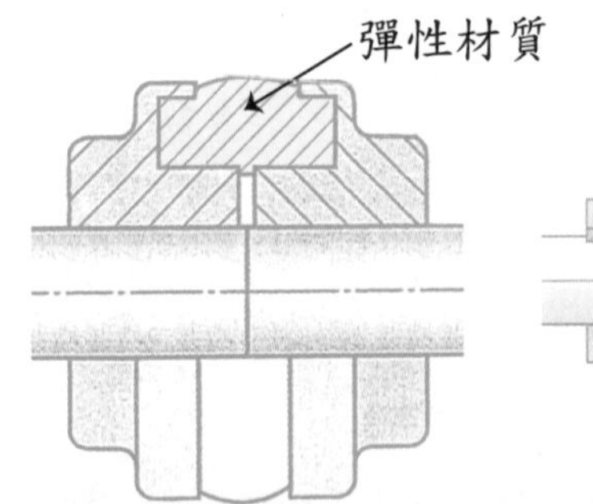

圖(三四) 彈性凸緣聯結器

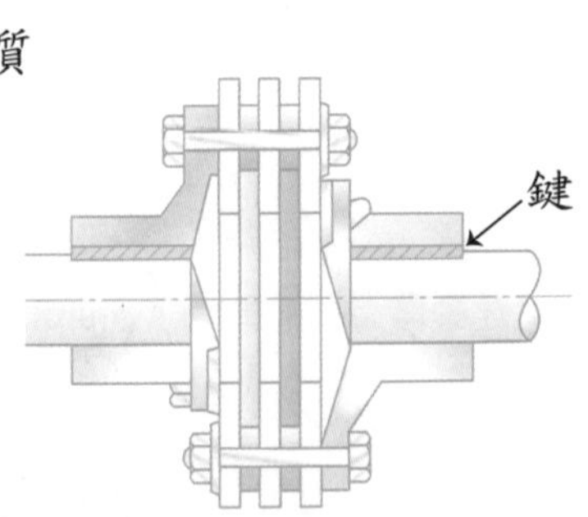

圖(三五) 撓性盤聯結器

(3) **流體聯結器**：又稱液壓聯結器，有三個主要的元件：外殼、動葉輪與渦輪，外殼由鋁合金壓鑄而成，利用流體的輸入與輸出產生壓力，使兩軸結合來傳達動力。汽車之自動排檔即使用流體聯結器。如圖(三六)所示。

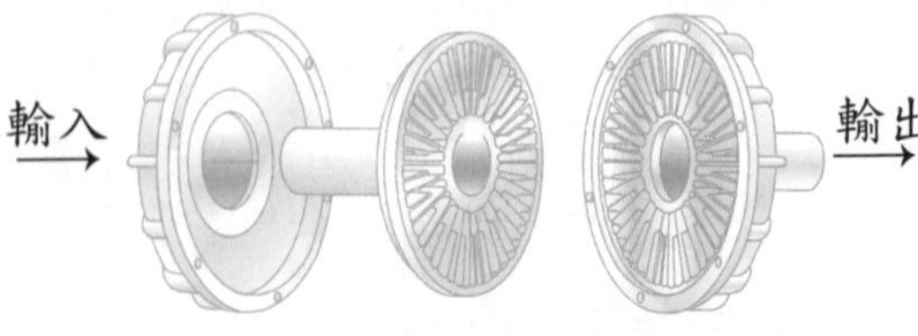

圖(三六) 流體聯結器

立即測驗

( ) 1 下列那一種不屬於撓性聯結器？ (A)脹縮接頭 (B)套筒聯結器 (C)歐丹聯結器 (D)鏈條聯結器。

( ) 2 塞勒氏聯結器是利用何種力來做傳動？ (A)剪力 (B)摩擦力 (C)壓力 (D)張力。

( ) 3 萬向接頭，原動軸以等角速度旋轉，從動軸則作何種運動？ (A)等角加速度轉動 (B)等角速度轉動 (C)變角速度轉動 (D)等速度運動。

( ) 4 萬向接頭是利用何種原理？ (A)螺旋 (B)斜面 (C)等腰連桿 (D)球面連接。

( ) 5 哪一種聯結器，可以允許兩軸間有微量偏心？ (A)鏈條聯結器 (B)凸緣聯結器 (C)塞勒氏聯結器 (D)套筒聯結器。

( ) 6 歐丹聯結器是何種機構的應用？ (A)雙曲柄 (B)平行相等曲柄 (C)等腰連桿 (D)球面連桿。

( ) 7 下列何種機構可使兩軸迅速連接及分離機件？ (A)制動器 (B)離合器 (C)萬向接頭 (D)聯結器。

( ) 8 萬向接頭常成對使用是為了： (A)增加扭力 (B)降低轉速 (C)使主動軸與從動軸角速度相同 (D)增加轉速。

( ) 9 下列何種聯結器，可用於聯結兩軸平行但不共線？ (A)凸緣聯結器 (B)套筒聯結器 (C)萬向接頭 (D)歐丹聯結器。

( ) 10 若一萬向接頭的兩軸夾角愈大，則角速度比變化： (A)不變 (B)不一定 (C)愈小 (D)愈大。

( ) 11 凸緣聯結器上的螺栓，當軸迴轉時是受何種力作用？ (A)壓力 (B)磁力 (C)拉力 (D)剪力。

( ) 12 一般汽車傳動系統中，常使用下列何種聯結器？ (A)歐丹聯結器 (B)萬向接頭 (C)鏈條聯結器 (D)凸緣聯結器。

( ) 13 下列何種軸聯結器可允許兩軸間有少量偏心？ (A)套筒聯結器 (B)凸緣聯結器 (C)分筒聯結器 (D)鏈條聯結器。

( ) **14** 使用聯結器的目的，下列何者錯誤？ (A)可使兩軸不成一直線之傳動 (B)減少軸傳動摩擦阻力 (C)可允許兩軸的角度偏差 (D)可連結同心軸。

( ) **15** 萬向接頭下列敘述何者錯誤?
(A)又稱虎克接頭
(B)主動軸的角速度為定值
(C)從動軸的角速度每轉$\frac{1}{2}$轉時，即發生週期性的一次變化
(D)從動軸角速度之比介於$\cos\theta$與$\frac{1}{\sin\theta}$之間。

( ) **16** 汽車的自動排檔使用何種聯結器？ (A)液體聯結器 (B)萬向接頭 (C)鏈條聯結器 (D)歐丹聯結器。

( ) **17** 下列有關聯結器之敘述何者最不正確？
(A)歐丹聯結器由兩凸緣和中間一圓盤共三件組成
(B)歐丹聯結器中間圓盤兩邊各有凸出之長條且互相垂直
(C)歐丹聯結器連接之兩軸角速度絕對相等
(D)用途最廣的剛性聯結器是塞勒氏聯結器。

( ) **18** 萬向接頭若兩軸夾角角度為30°，則兩軸最大與最小速比比值為？
(A)$\frac{2}{\sqrt{3}}$ (B)$\frac{3}{4}$ (C)$\frac{4}{3}$ (D)$\frac{\sqrt{3}}{2}$。

解答與解析

1 (B)。剛性聯結器有摩擦、分筒、套筒、塞勒氏、凸緣等五種。

2 (B)。塞勒氏聯結器乃利用摩擦力。

3 (C) **4 (D)** **5 (A)** **6 (C)** **7 (B)** **8 (C)** **9 (D)** **10 (D)**

11 (D) **12 (B)** **13 (D)** **14 (B)**

15 (D)。萬向接頭，從動軸角速度介於$\cos\theta \sim \frac{1}{\cos\theta}$。

16 (A)

17 (D)。用途最廣的剛性聯結器是凸緣。

18 (C)。$\frac{\text{最大速比}}{\text{最小速比}} = \frac{\frac{1}{\cos\theta}}{\cos\theta} = \frac{\frac{1}{\cos 30^\circ}}{\cos 30^\circ} = \frac{1}{\cos^2 30^\circ} = \frac{4}{3}$

6-4 離合器的種類及功用

在旋轉狀態下，可輕易且迅速地與主動軸分離或接合之機構稱為離合器。離合器之功用，有時可用來維持等速率、等扭矩，超過負載會打滑，或限制反轉等目的。其分離結合有自動控制和手動，手動乃利用操作軸環與撥桿，撥桿再撥動從動件與主動件結合。

1 顎夾離合器（確動離合器）：作確實的離合動作，裝配簡單，所佔體積小，傳達動力大，但接合時易產生突然的撞擊和振動，其原理為利用顎爪嚙合處之剪力傳動。

(1) 方爪離合器：如圖(三七)所示。用於雙方向之傳動，須在兩軸靜止狀態下或兩軸同步轉動時結合、分離，用於傳達較大動力。常用於起動馬達，但同步馬達迴轉同步運動可於旋轉中結合與分離。

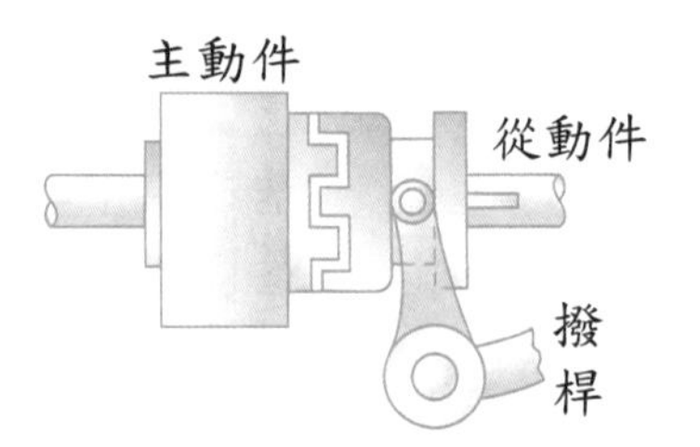

圖(三七) 方爪離合器

(2) 單向斜爪離合器（又稱螺旋爪離合器）：如圖(三八)所示。須在靜止狀態下嚙合，特點為轉軸只能作單一方向旋轉，亦有雙斜齒形可作雙向傳動。

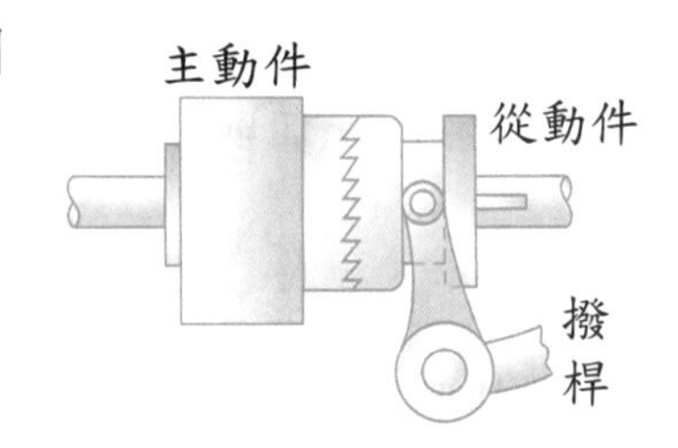

圖(三八) 單向斜爪離合器

2 摩擦式離合器：藉摩擦力傳達動力，傳動時產生的衝擊與振動較小，負荷過大會打滑不會損壞機件。依受力方向可分為受力與軸向平行之軸向摩擦離合器（例如：錐形離合器和圓盤離合器）；受力與軸向垂直之徑向摩擦離合器（例如：帶離合器與塊狀離合器）。

(1) 圓盤離合器（又稱片狀離合器）：如圖(三九)所示。常用於汽、機車之碟煞，圖(三九)為單盤，亦有將圓盤數目增加，以增加接觸面之數目，來增加扭矩，稱為多盤離合器。

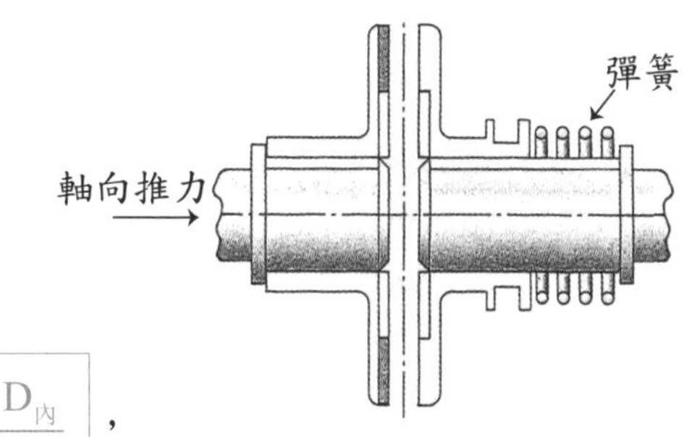

圖(三九) 圓盤離合器

半徑 $r = \frac{D_m}{2}$，平均直徑 $D_m = \frac{D_{外} + D_{內}}{2}$，

傳動力矩 $T = f \times r = \mu N_{正} \cdot \frac{D_m}{2} = \mu F_{軸向} \cdot \frac{D_m}{2}$

摩擦力 $f=\mu N_{正}$ ，$N_{正}$：正壓力（與接觸面垂直），μ：摩擦係數

$$P壓應力（壓力）=\frac{F}{A}$$

（F與接觸面垂直，在摩擦圓盤為正壓力或軸向推力），$A_{空心}=\frac{\pi}{4}(D_{外}^{2}-D_{內}^{2})$

∴軸向推力（正壓力）

$$F_{軸向}=N_{正}=P\cdot A=P\cdot\frac{\pi}{4}(D_{外}^{2}-D_{內}^{2})$$

$F_{軸向}$；$(N_{正})$單位為牛頓
壓應力（壓力）P單位為MPa，
外徑、內徑單位為mm。

註 上方均為單盤式算法，若多盤式時，

若為n個則力矩$T=n\left(\mu N_{正}\cdot\frac{D_m}{2}\right)=n\left(\mu F_{軸向}\cdot\frac{D_m}{2}\right)$

(2) 塊狀離合器：用一個或多個塊狀物由徑向壓於圓筒表面，利用摩擦力傳達扭矩。塊狀物置於圓筒之外側或內側，但接觸角需60º以下，否則壓力不均勻。如圖(四十)所示。

(3) 圓錐離合器：如圖(四一)所示。利用兩圓錐面產生摩擦力來傳動，其半錐角越小則摩擦力越大，但分離不易，一般採用半錐角12.5º（即錐角25º）。傳動時為了保持接觸，常使用彈簧作用於離合器上來維持接觸。若半錐角90º即為圓盤離合器。

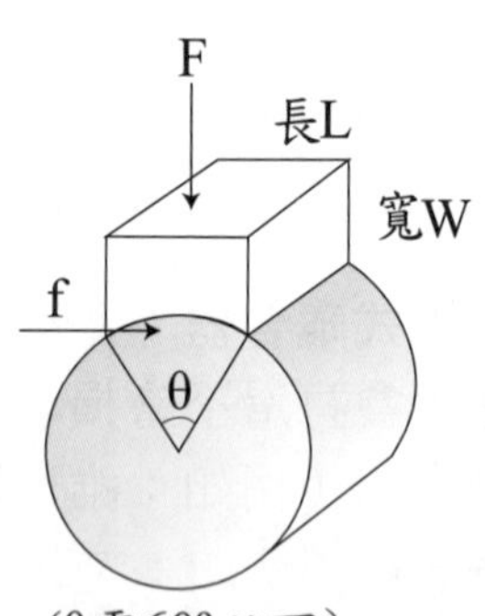

圖(四十) 塊狀離合器

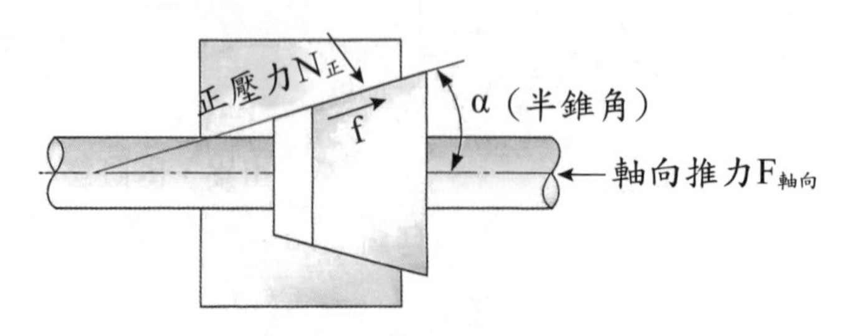

圖(四一) 圓錐離合器

(4) 帶離合器：利用撓性鋼帶上面覆上石棉、纖維等摩擦係數較大的材料。當鋼帶拉緊與輪鼓密合時使原動件和從動件結合傳達動力，適用於重負荷、巨大衝擊之工作，例如礦場之起重機。如圖(四二)所示。

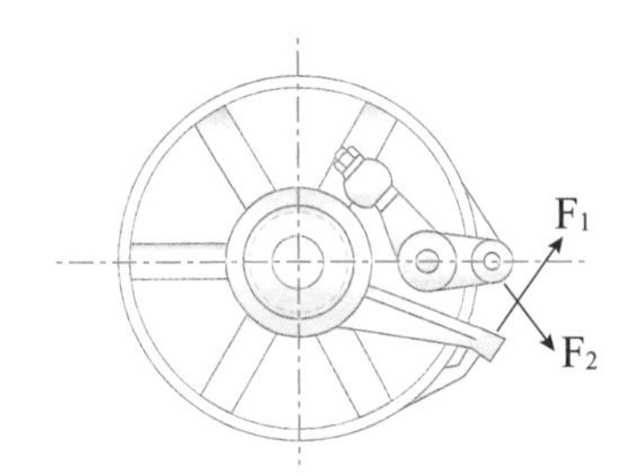

圖(四二) 帶離合器

(5) 乾流體離合器：旋轉時藉離心力將主動件藉殼內的鋼球將從動的轉板夾緊以傳達動力，如圖(四三)所示。主動軸轉速越快離心力越大，傳達的扭矩也越大，當主軸低於某一轉速時即不轉動。優點為起動與停止衝擊力較小，缺點為機構內部因摩擦阻力造成動力損失。

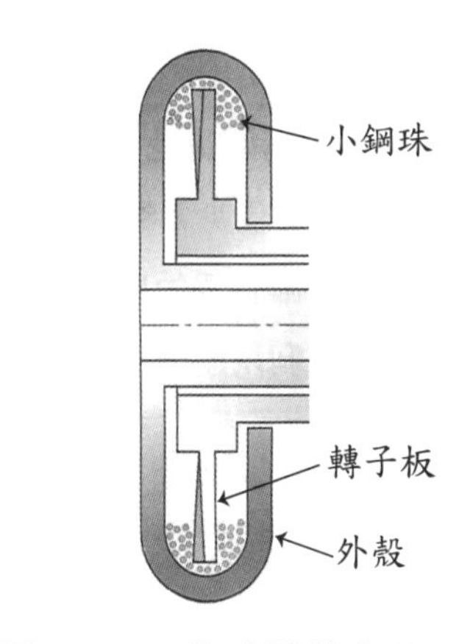

圖(四三) 乾流體離合器

(6) 流體離合器：可緩和衝擊力，如圖(四四)所示。將兩電扇相對放置，一電扇轉動時利用旋轉空氣使另一風扇旋轉。

(7) 電磁離合器：利用磁場作用於磁鐵粉上，以磁力使磁粉在主動件和從動件間結合傳達動力。如圖(四五)所示。常見於汽車引擎之自動離合器。

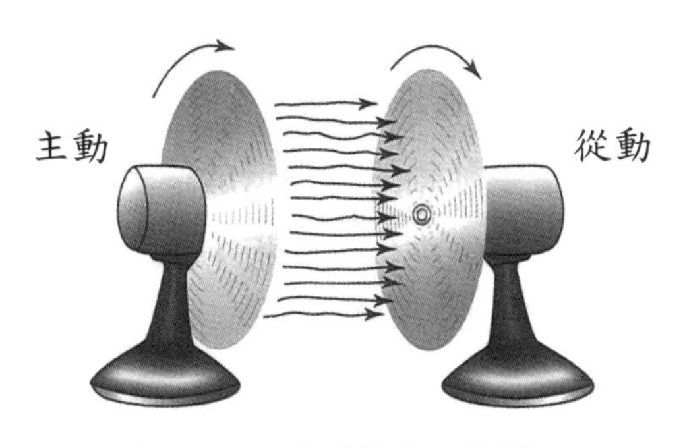

圖(四四) 流體離合器的原理

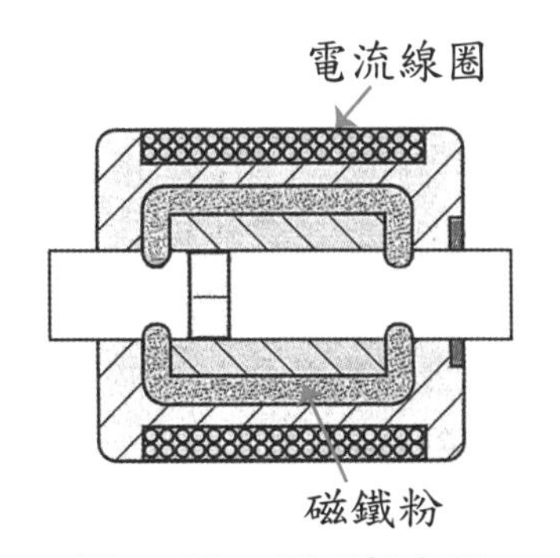

圖(四五) 電磁離合器

(8) 超越式離合器（又稱過速離合器、自由輪、單向離合器）：只允許主動軸單一方向將動力傳至從動軸；若主動軸反方向旋轉，則從動軸不發生運動。如圖(四六)所示。常用於摩擦棘輪離合器。

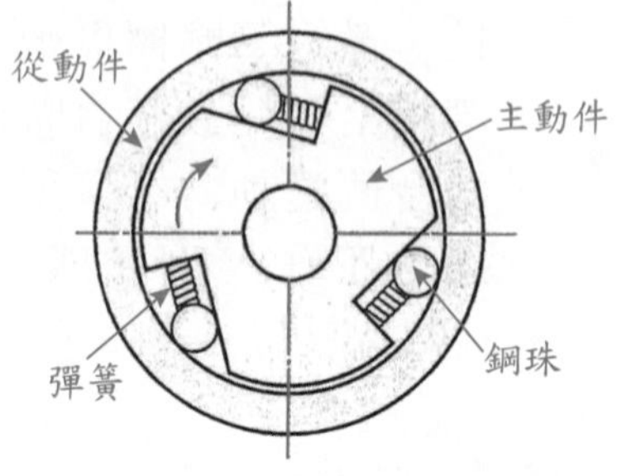

圖(四六) 超越式離合器

Notes

摩擦圓盤之傳動功率與軸向推力

老師講解 2

若有一圓盤離合器，若其摩擦係數為0.2，圓盤外徑120mm，內徑80mm，欲傳動扭矩600N-m時，所需之軸向推力為多少N？

解：平均直徑 $=\dfrac{12+8}{2}=10\text{cm}$

$\therefore$ 半徑 $r=\dfrac{D_m}{2}=5\text{cm}=0.05\text{m}$

力矩 $=f\cdot r=\mu N_{正}\cdot\dfrac{D_m}{2}$，

$600=(0.2\times N_{正})\times 0.05$

$\therefore$ 正壓力 $=$ 軸向推力 $=60000\text{N}$

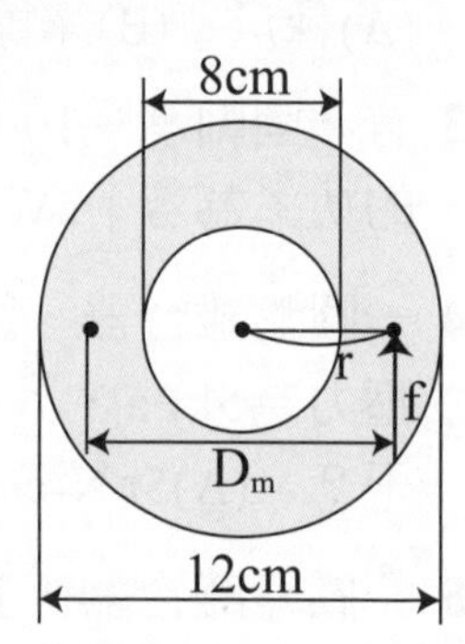

學生練習 2

若一圓盤離合器，圓外徑為20cm，內徑為10cm，若盤面承受均勻的壓力為5kPa，摩擦係數為0.2，求此離合器傳遞之扭力矩為若干N-cm？若主動軸以600rpm轉動時，可傳達之功率為多少瓦特？

立即測驗

( ) **1** 使用錐形離合器時，錐角以幾度為最佳？ (A)25º (B)20º (C)12.5º (D)8º。

( ) **2** 乾流體離合器是利用下列何種方式使乾流體夾緊轉板藉以傳達動力？
(A)棘爪 (B)摩擦力 (C)離心力大小 (D)膨脹原理。

( ) **3** 有一圓軸承受1000N-m之扭矩，且轉速為600rpm，則此軸能傳送的功率為若干kW？ (A)20π (B)5π (C)2π (D)10π。

( ) **4** 一圓盤離合器，圓外徑為12cm，內徑為8cm，若盤面承受均勻的壓力為5kPa，其摩擦係數為0.5，求此離合器傳遞之扭力矩為若干？ (A)5πN-cm (B)50πN-cm (C)100πN-cm (D)25πN-cm。

( ) **5** 一圓盤離合器，其摩擦係數為0.2，圓盤外徑8cm，內徑4cm，軸向推力為1000N，則可傳送之扭矩為多少N-cm？
(A)3000 (B)600 (C)6000 (D)1200。

( ) **6** 有一圓盤離合器，若其摩擦係數為0.3，圓盤外徑為6cm，內徑為4cm，欲傳動扭矩630N-cm時，則所需之軸向推力為多少N？
(A)1680 (B)210 (C)420 (D)840。

( ) **7** 流體離合器可讓傳動時具備何種優點？
(A)從動軸轉速變高 (B)衝擊力緩和
(C)衝擊力增強 (D)從動輪轉速變低。

( ) **8** 不論正、反方向旋轉都能產生確實的離合作用，且轉矩甚大，則宜採用下列何種？
(A)斜爪離合器 (B)方爪離合器
(C)錐形離合器 (D)圓盤離合器。

( ) **9** 圓盤離合器為何種離合器？
(A)摩擦離合器 (B)流體離合器
(C)爪離合器 (D)電磁離合器。

( ) **10** 一軸轉速1200rpm，若扭矩1000牛頓-米，則此軸所傳送的功率為多少kW？ (A)20π (B)30π (C)40π (D)50π。

( ) **11** 下列有關離合器之敘述何者最不正確？
(A)超越式離合器只能單向傳達動力

(B)帶離合器常用於礦場之起重機
(C)離合器手動乃用撥桿，撥動從動件與主動件結合
(D)塊狀離合器受力與軸向平行。

( ) **12** 為讓塊狀離合器接觸面的壓力均勻，其接觸角需在幾度以下？
(A)30° (B)60° (C)90° (D)120°。

解答與解析

1 (A)。錐形離合器半錐角以12.5°最佳，即錐角25°。

2 (C)

3 (A)。功率＝T．ω＝$1000\times\frac{600\times 2\pi}{60}$＝20π×1000瓦特＝20πkW

4 (D)。$D_m=\frac{12+8}{2}=10\text{ cm}$，壓應力＝$\frac{F}{A}$，$\frac{5}{1000}=\frac{F}{\frac{\pi}{4}(120^2-80^2)}$

$F=10\pi=N_{正}$

力矩 $T=f\cdot r=\mu N_{正}\times\frac{D_m}{2}=(0.5\times 10\pi)\times\frac{10}{2}=25\pi\text{ N-cm}$

5 (B)。$D_m=\frac{8+4}{2}=6\text{ cm}$

力矩 $T=f\cdot r=\mu N_{正}\times\frac{D_m}{2}$

∴力矩 $T=(0.2\times 1000)\times\frac{6}{2}=600\text{ N}-\text{cm}$

6 (D)。$D_m=\frac{6+4}{2}=5\text{ cm}$

力矩 $T=f\cdot r=\mu N_{正}\times\frac{D_m}{2}$，$630=(0.3\times N_{正})\times\frac{5}{2}$

∴$N_{正}=840N$

7 (B) **8 (B)** **9 (A)**

10 (C)。$1200\text{ rpm}=\frac{2\pi\times 1200\text{ rad}}{60\text{秒}}=40\pi\text{ rad/s}$

功率＝T‧ω＝1000×40π＝40000π瓦特＝40πkW

11 (D)。塊狀離合器受力與軸向垂直，乃徑向摩擦離合器。

12 (B)

考前實戰演練

( ) **1** 軸承為機械中的： (A)固定機件 (B)運動機件 (C)連接機件 (D)控制機件。

( ) **2** 軸承的功用為何？ (A)承受軸上的扭轉力 (B)糾正軸的彎曲 (C)調整軸的中心位置 (D)保持軸中心的位置。

( ) **3** 下列何種軸承，可承受較大的軸向負荷？ (A)止推軸承 (B)雙列滾球軸承 (C)單列滾珠軸承 (D)滾針軸承。

( ) **4** 可裝在軸間任何位置的滑動軸承為何種？ (A)環軸承 (B)無油軸承 (C)多孔軸承 (D)整體軸承。

( ) **5** 斜角滾珠軸承可承受： (A)軸向 (B)徑向 (C)軸向與徑向 (D)正向 負荷。

( ) **6** 大型發電機，蒸汽機的主軸承，為了磨損時方便調整，一般使用那一種軸承？ (A)四部軸承 (B)滾珠軸承 (C)對合軸承 (D)止推軸承。

( ) **7** 滾針軸承長度與直徑的比值約為幾倍以上？
(A)3 (B)6 (C)9 (D)12 倍。

( ) **8** 那一種不是構成徑向滾珠軸承的元件？
(A)滾珠籠 (B)外座圈 (C)鋼珠 (D)襯套。

( ) **9** 若一滾動軸承標註No.6308，其中「08」表示其內徑為多少？
(A)8 (B)30 (C)15 (D)40 mm。

( ) **10** 若一軸承標註72303，其內徑為多少？ (A)62 (B)30 (C)17 (D)12 mm。

( ) **11** 若軸承A的公稱號碼為6310，軸承B的公稱號碼為6210，下列敘述何者不正確？ (A)兩軸承均為深溝滾珠軸承 (B)兩軸承的孔徑相等 (C)B軸承可承受較大的負荷 (D)軸承A的寬度較B的大。

( ) **12** 下列何種軸承負荷為平行於軸中心線： (A)徑向軸承 (B)止推軸承 (C)整體軸承 (D)四部軸承。

( ) **13** 萬向接頭兩軸中心線相交的角度最大不宜超過幾度？ (A)5° (B)15° (C)25° (D)30°。

( ) **14** 聯結器的敘述，下列何者錯誤？
(A)剛性聯結器所連接的兩軸必須再同一軸線上，且不允許有角度偏差
(B)套筒聯結器構造最簡單，通常用於輕負荷動力的傳動
(C)歐丹聯結器連接的兩傳動軸，其角速度相等，是一種剛性聯結器
(D)萬向接頭連接的兩軸，其夾角愈大則轉速比變化愈大。

( ) **15** 錐形離合器，半錐角以多少度為佳？ (A)10.5° (B)12.5° (C)15° (D)25°。

( ) **16** 圓盤離合器是使用那一種力量來傳達動力？ (A)摩擦力 (B)棘爪 (C)熱脹冷縮 (D)地心引力。

( ) **17** 萬向接頭聯接相交兩軸，當兩軸相交角度愈小，從動軸角速度的變化則為何？ (A)愈大 (B)愈小 (C)不一定 (D)沒有變化。

( ) **18** 有最大軸角度的聯結器為何種聯結器？ (A)萬向接頭 (B)歐丹聯結器 (C)塞勒氏錐形聯結器 (D)套筒聯結器。

( ) **19** 那一種聯結器是用於聯結平行但不共線的兩軸？ (A)套筒聯結器 (B)凸緣聯結器 (C)歐丹聯結器 (D)萬向接頭。

( ) **20** 離合器中的撥桿是用於撥動那一機件？ (A)聯結器 (B)軸環 (C)主動件 (D)從動件。

( ) **21** 從動軸可正、反方向旋轉，且扭力矩甚大，則宜使用那種離合器？ (A)方形離合器 (B)斜爪離合器 (C)銷離合器 (D)錐形離合器。

( ) **22** 一軸以6.28kW來帶動，此軸產生的扭矩為100N-m，則其轉速為多少rpm？ (A)600 (B)300 (C)1200 (D)2400。

( ) **23** 一圓盤離合器，已知摩擦係數為0.4，圓盤外徑8cm，內徑4cm，假設均勻磨耗，若軸向推力為600N，則傳動扭矩為多少N-cm？ (A)72 (B)24 (C)720 (D)360。

( ) **24** 一圓盤離合器，已知摩擦係數為0.2，圓盤外徑為14cm，內徑為6cm，考慮均勻磨耗，傳動扭矩為40N-cm，試求所需軸向推力為多少N？ (A)40 (B)80 (C)60 (D)20。

( ) **25** 一圓盤離合器，圓外徑為12cm，內徑8cm，若盤面承受均勻的壓力為5kPa，摩擦係數為0.3，求此離合器傳遞的扭力矩為若干N-cm？ (A)15π (B)20π (C)25π (D)30π。

( ) **26** 關於選用機構上的軸承時，若需可承受較大負載與衝擊，磨損時可調整且安裝拆卸方便，則下列何者是最適當的選擇？ (A)流體式靜壓軸承 (B)整體式滑動軸承 (C)環止推滑動軸承 (D)對合式滑動軸承。

( ) **27** 一圓盤離合器，外徑為14cm，內徑為6cm，若μ＝0.2，軸向推力為2000N，則扭矩為： (A)100N-m (B)40N-m (C)10N-m (D)20N-m。

( ) **28** 下列有關聯結器之敘述何者最不正確？
(A)歐丹聯結器由兩凸緣和中間一圓盤共三件組成
(B)歐丹聯結器中間圓盤兩邊各有凸出之長條且互相垂直
(C)歐丹聯結器連接之兩軸角速度絕對相等
(D)用途最廣的剛性聯結器是塞勒氏聯結器。

( ) **29** 一圓盤離合器，若其摩擦係數為0.4，圓盤外徑80mm，內徑40mm，假設均勻磨耗，欲傳動扭矩360N-mm時，則所需之軸向推力為多少N？ (A)30 (B)60 (C)80 (D)100。

( ) **30** 下列何種機件無法於機構中傳達運動與動力？
(A)齒輪 (B)凸輪 (C)導螺桿 (D)軸承。

( ) **31** 一般而言，若以滾動軸承與滑動軸承互相比較，則下列何者不是滾動軸承之優點？
(A)磨耗較小 (B)構造簡單
(C)動力損失較小 (D)起動抵抗力較小。

( ) **32** 相對於滾動軸承而言，滑動軸承具有下列哪一項特性？
(A)可承受震動 (B)摩擦力較小
(C)適用於高轉速 (D)可以長時間連續運轉。

( ) **33** 軸承所承受的負載與軸中心線垂直者稱為：
(A)徑向軸承 (B)止推軸承
(C)空氣軸承 (D)負載軸承。

(　　) **34** 有關軸承的敘述，下列何者正確？
(A)軸承為傳動機件
(B)斜角滾珠軸承能承受徑向與軸向負荷
(C)軸承受力方向與軸中心線垂直者，稱為止推軸承
(D)軸承受力方向與軸中心線平行者，稱為徑向軸承。

(　　) **35** 安裝於傳動軸上的螺旋齒輪，以單方向傳遞動力時，下列哪一種軸承不適合用來支撐此傳動軸？
(A)深槽滾珠軸承（deep groove ball bearing）
(B)滾針軸承（needle bearing）
(C)斜角滾珠軸承（angular contact ball bearing）
(D)錐形滾子軸承（tapered roller bearing）。

(　　) **36** 一般使用於汽車發動機起動馬達的離合器為何？
(A)圓錐離合器　(B)帶離合器
(C)摩擦離合器　(D)顎夾離合器。

(　　) **37** 下列有關離合器之敘述何者最不正確？
(A)超越式離合器只能單向傳達動力
(B)帶離合器常用於礦場之起重機
(C)離合器手動乃用撥桿，撥動從動件與主動件結合
(D)塊狀離合器受力與軸向平行。

(　　) **38** 兩軸中心線不平行且相交於一點時，應使用何種聯結器？
(A)筒形聯結器　(B)凸緣聯結器
(C)萬向接頭聯結器　(D)歐丹聯結器。

(　　) **39** 適用於兩軸中心線不在同一直線上，或稍有軸向移動及角度偏差之軸，可防止扭歪與振動產生的聯軸器是：
(A)凸緣聯軸器　(B)套筒聯軸器
(C)摩擦阻環聯軸器　(D)撓性聯軸器。

(　　) **40** 下列何種離合器是藉離心力以傳送動力？　(A)電磁離合器　(B)圓盤離合器　(C)錐形離合器　(D)乾流體離合器。

(　　) **41** 歐丹聯結器為何種機構的應用：　(A)雙曲柄　(B)平行曲柄　(C)等腰連桿　(D)球面連桿。

( ) **42** 若萬向接頭的兩軸中心線相交的角度為25º，則兩軸之最小角速比為： (A)$\frac{1}{\sin 25°}$ (B)sin25º (C)cos25º (D)$\frac{1}{\cos 25°}$。

( ) **43** 一旋轉軸徑20mm，承受4000N之負荷，軸承之容許壓力為4MPa，則軸承的長度應為： (A)25mm (B)30mm (C)40mm (D)50mm。

( ) **44** 哪一種聯結器適用於兩軸間有軸向之偏差傳動？
(A)萬向接頭聯結器 (B)凸緣聯結器
(C)脹縮接頭聯結器 (D)塞勒氏聯結器。

( ) **45** 二只滾珠軸承之編號分別為6210與6310，下列敘述何者正確？
(A)兩軸承之外徑相同
(B)兩軸承之內徑相同
(C)兩軸承內之滾珠直徑大小完全相同
(D)兩軸承之寬度相同。

( ) **46** 錐形離合器是利用下列何種原理來傳達動力？
(A)摩擦力 (B)磁力 (C)重力 (D)慣性力。

( ) **47** 下列滾珠軸承編號中，何者之內徑為60mm？
(A)6006 (B)6060 (C)6210 (D)6212。

( ) **48** 下列離合器裝置中，何者屬於確動離合器？ (A)爪形離合器 (B)摩擦離合器 (C)電磁離合器 (D)流體離合器。

( ) **49** 有關標稱號碼為6430的滾珠軸承，下列敘述何者不正確？
(A)6代表軸承為深槽滾珠軸承
(B)4代表尺寸級序
(C)軸承內徑為30mm
(D)此軸承寬度為0級，直徑為4級

( ) **50** 下列何種連接裝置，最適合使用於主動軸與從動軸需隨時連接或分離的情況？ (A)萬向接頭 (B)圓盤離合器 (C)凸緣聯接器 (D)歐丹聯結器。

(　　) **51** 下列選項為軸承名稱及其斷面圖，何者是正確的配對？

(A)自動對正滾珠軸承（self-aligning ball bearing）

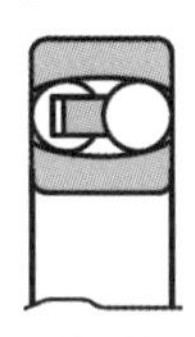

(B)深槽滾珠軸承（deep-groove ball bearing）

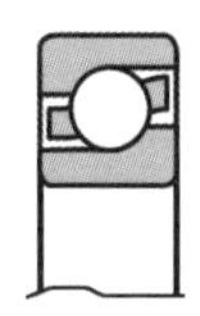

(C)球面滾子止推軸承（spherical roller thrust bearing）

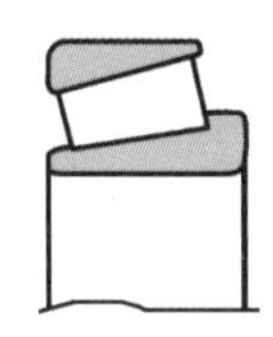

(D)錐形滾子軸承（tapered roller bearing）。

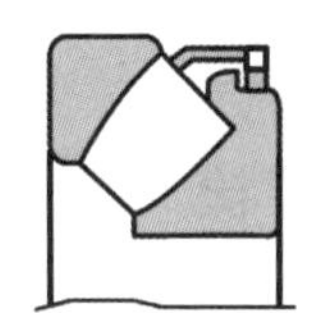

(　　) **52** 下列關於聯結器的敘述，何者錯誤？　(A)剛性聯結器所連接的兩軸必須在同一軸線上，且不允許有角度偏差　(B)套筒聯結器構造最簡單，通常用於輕負荷動力的傳動　(C)歐丹聯結器連接的兩傳動軸，其角速度相等，是一種剛性聯結器　(D)萬向接頭連接的兩軸，其夾角愈大則轉速比變化愈大。

(　　) **53** 有關軸聯結器之敘述，下列何者不正確？　(A)凸緣聯結器在裝置時連接軸必須對正，否則會造成撓曲及嚴重磨損　(B)歐丹聯結器其兩軸互相平行但不在同一中心線上，偏心距離較小且允許兩軸角速度有差異　(C)萬向接頭聯結器其兩軸中心線交於一點，且兩軸迴轉時角度可任意變更　(D)撓性彈簧聯結器是藉由彈簧鋼片傳遞動力，此連結器允許兩軸間有微量偏心與角度偏差。

(　　) **54** 下列有關離合器的敘述，何者不正確？　(A)流體離合器其結合與分離時所產生之衝擊較方爪離合器小　(B)圓盤離合器是屬於摩擦離合器　(C)方爪離合器做連接時，兩軸須停止迴轉　(D)超越式離合器當主動軸正、逆轉時，均能傳遞扭矩。

(　　) **55** 有關軸承之敘述，下列何者不正確？　(A)滾珠軸承徑向負載容量與滾珠數目及滾珠直徑成正比　(B)單列止推滾珠軸承可承受軸向負載，適用於高速運轉　(C)滾子軸承比滾珠軸承強度強，因此能承受更大負載　(D)單列斜角滾珠軸承接觸角愈大，可承受止推負載也愈大。

第7章 帶輪

7-1 撓性傳動

當兩軸距離太遠，無法使用直接接觸來傳動時，必須使用可撓性之中間連接物來帶動稱為「撓性傳動」。常用的撓性傳動中間連接物有皮帶、鏈條、繩索三種。其中皮帶與繩索利用摩擦力傳動，當負荷過大時會打滑，不會損壞機件，但速比不正確，而鏈條可獲得正確之轉速比，有效力量大，但不適合高速傳動。

1 皮帶傳動之優缺點：

(1) 優點：

①用於兩軸距離較遠的傳動，運轉安靜平穩。

②裝置簡單、成本低。

③利用摩擦力來傳達動力，負荷過大會產生打滑使機件免於損壞。

(2) 缺點：

①會產生滑動損失（一般約2～3%）。

②轉速比不正確（不含同步皮帶），無法傳達大動力，傳達效率較差。

註 ①直接接觸傳動如摩擦輪或齒輪。
②撓性中間連接物只能傳送拉力，無法承受壓力。

立即測驗

( ) **1** 下列何者不是撓性傳動？ (A)皮帶 (B)鏈條 (C)繩索 (D)齒輪。

( ) **2** 撓性傳動之特性中，下列敘述何者錯誤？ (A)屬於間接傳動型式 (B)帶輪具可撓性 (C)帶圈具可撓性 (D)僅能傳達拉力。

( ) **3** 皮帶輪的傳動機構，下列敘述何者錯誤？ (A)可用於距離較遠傳動 (B)傳動速比正確 (C)超負荷時安全 (D)裝置簡單成本低。

解答與解析

1 (D)

2 (B)。帶輪的輪子不具可撓性，但皮帶具可撓性。

3 (B)

7-2 帶與帶輪

皮帶是靠摩擦力來傳動，所以皮帶必須有高摩擦係數和具有高強韌且柔曲性及耐溫度、溼度及化學侵蝕之穩定性。依斷面形狀可分為平皮帶、V型皮帶、確動皮帶和圓皮帶。

1 平皮帶：

(1) 斷面為扁平狀，為最常用的一種皮帶。如圖(一)所示。一般由牛皮製成，適宜兩軸距離10m以內。皮帶速度可達25m／sec（或1500m／min、4500呎／min），斷面厚度通常為5mm（單層帶）。皮帶與皮帶輪面間之接觸角度不得小於120°，若小於120°則傳動效率差。皮帶寬度約為帶輪輪面寬度的

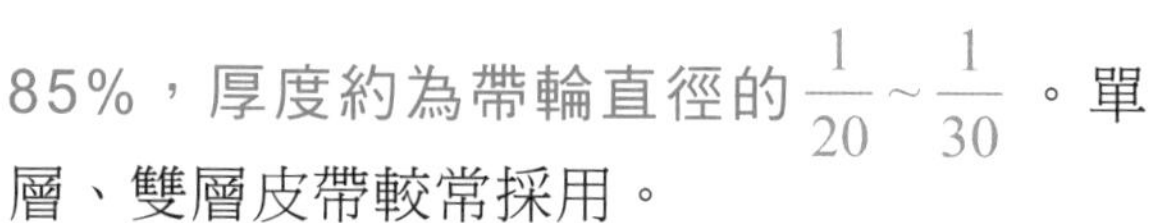

85%，厚度約為帶輪直徑的 $\frac{1}{20}\sim\frac{1}{30}$。單層、雙層皮帶較常採用。

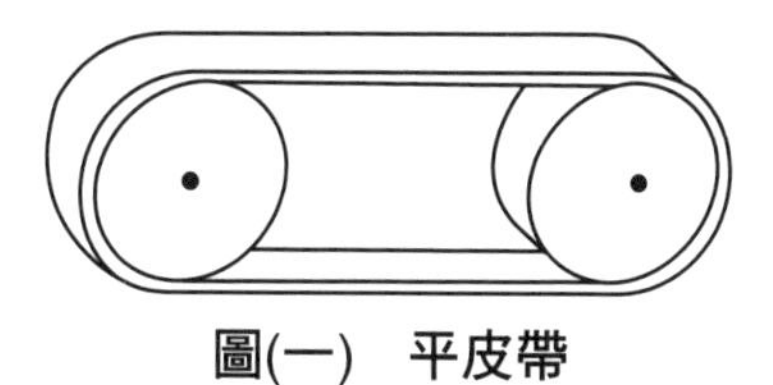

圖(一) 平皮帶

(2) 平皮帶之結合方法有膠合法、縫合法、鉚合法及扣接法，一般機工廠的平皮帶常使用扣接法接合，方便快速。

(3) 平皮帶製造的材料

① 皮革帶：用動物皮革製成，一般以牛皮為主。單層平皮帶之厚度通常為5mm，缺點為易受溫度和濕度影響，用於中低轉速之傳動。

② 織物帶：利用棉布、麻布、尼龍布或其他人造纖維製成之皮帶。具有高度防潮、防熱，及不易老化的優點。但繞於帶輪的緊密度較差，所以傳動效率差。

③ 橡皮帶：由橡膠製成，成本低，不易磨損，柔軟性高，具有高度防潮與抗酸的優點，對油或和熱較無法抵抗。一般三角皮帶即為橡皮帶。

④ 鋼帶：材料為薄鋼板，厚度0.2~1mm，摩擦係數小，不受氣候影響，抗拉強度高、耐久性佳、不易伸縮，安裝正確時不易滑動，洗滌方便，適用於高速轉動和精密的機械。

(4) 防止皮帶脫落的方法：平皮帶在傳動時，因兩側所受張力不同，當皮帶之轉動速度較大時，鬆側易發生跳躍現象而脫落，脫落防止方法有帶叉、凸緣帶輪、隆面帶輪等三種方法。

① 帶叉（導叉）：如圖(二)所示。在皮帶進入輪面之一側安裝一帶叉約束皮帶之移動或跳動。因與皮帶兩邊摩擦，易造成皮帶邊緣磨損，故不常用。

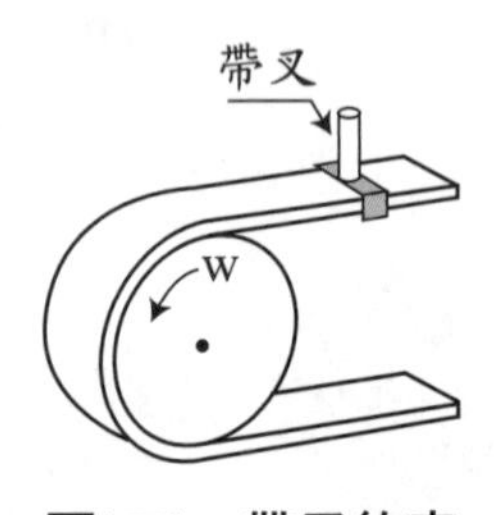

圖(二) 帶叉約束

② 隆面帶輪：如圖(三)所示。使用中央部份做成隆起之帶輪可使皮帶不再左右移動，為最普遍採用的方法，只允許一輪為隆面帶輪，輪面常採用圓錐面或球面，因為中間皮帶與輪面的張力較兩側大，所以皮帶不會往兩側滑動。隆面高度約為輪寬的 $\frac{1}{50} \sim \frac{1}{100}$。

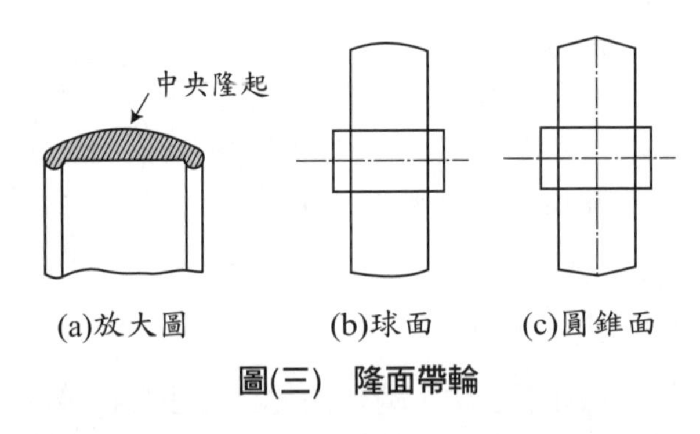

圖(三) 隆面帶輪

③ 凸緣帶輪（凹面帶輪）：如圖(四)所示。將帶輪兩製成凸出之邊緣，來約束帶圈脫落，但會影響皮帶之裝卸不便，故不常用。

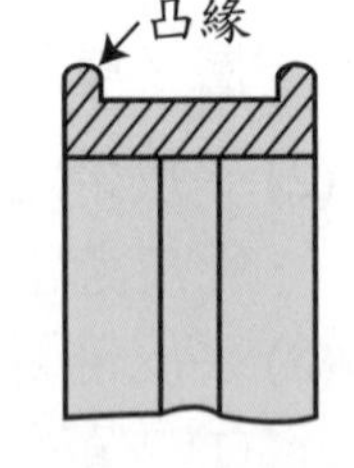

圖(四) 凸緣帶輪

註 V型皮帶、圓皮帶、定時皮帶不會有帶圈脫落的問題。

2 V型皮帶：V型皮帶又稱三角皮帶，其斷面成梯形而無接頭之環形帶圈，兩側面夾角40°，如圖(五)所示。使用在汽車和車床、銑床、鑽床之動力驅動。

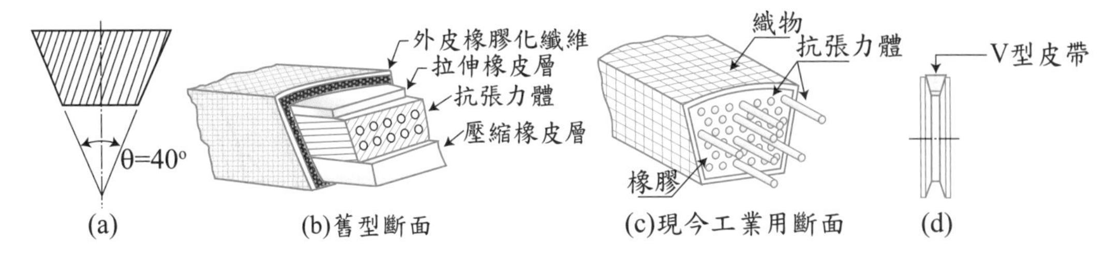

圖(五) V型皮帶

(1) V型皮帶之優點

① 適用於兩軸距離短（5公尺內），轉速比大，傳動效率高。

② 摩擦力大，滑動損失小，可並聯數條V型皮帶於同一帶輪，傳送較大之動力且一條斷裂仍可使用。

③ 可以吸收衝擊、噪音小。

④ 裝置簡單，價格便宜，損壞可立即更換。

⑤ 允許兩軸稍有偏差，適切之傳動速15m／s（900m／min、2700呎／min）

(2) ① 傳統型V型皮帶規格：斷面由小到大可分為M、A、B、C、D、E等六級，其中M級斷面最小，E級斷面最大。

② 依中華民國國家標準分普通帶及窄帶。

A.普通V型皮帶：由小到大可分為Y、Z、A、B、C、D、E等七級。

B.窄V型皮帶：由小到大可分為SPZ、SPA、SPB、SPC等四級。

其表示法為型別×長度。例如：A×700mm代表此V型皮帶為A型，皮帶全長為700mm。

(3) V型皮帶槽角：V型皮帶側面夾角40°，而槽角小於40°（約34°~38°），作為皮帶磨損後變小或槽輪變大的裕度。為使皮帶磨損仍使皮帶兩側與輪槽接觸，V型皮帶底部與槽並無接觸，接觸會影響力量傳達。如圖(六)所示。

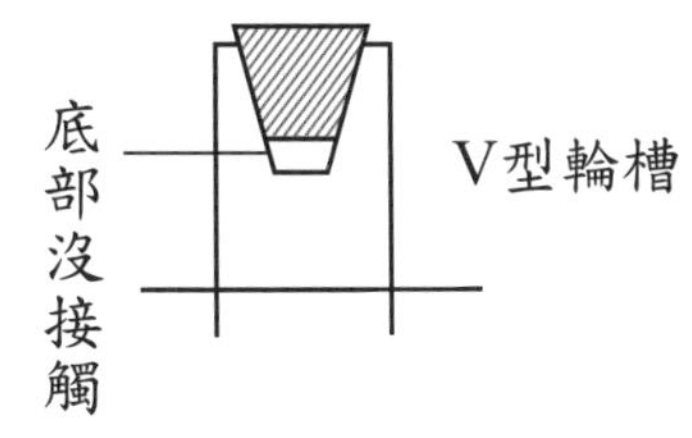

圖(六) V型皮帶與V槽之接觸情形

3 確動皮帶（又稱定時皮帶或同步皮帶）：如圖(七)所示，皮帶之內側製成齒狀（梯形齒或圓齒），與製有齒型之帶輪相嚙合，以達到確動同步而無滑動。不靠摩擦力傳動，故速比正確、噪音小，且傳達動力大兼具鏈條與齒輪之優點，但價格貴。常用於汽車引擎之正時皮帶和車床導螺桿之傳動皮帶和精密機械中。

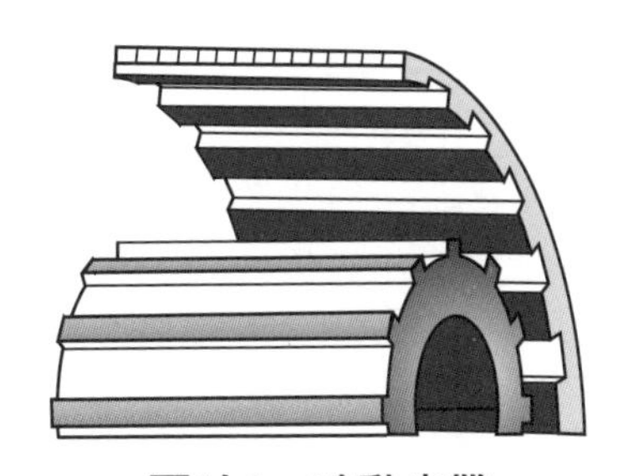

圖(七) 確動皮帶

4 圓皮帶：斷面呈圓形如圖(八)所示，外形與繩索類似，皮帶輪需製成凹面圓槽，使用在輕負荷之傳動，如家庭用之縫紉機、滾筒輸送機等。

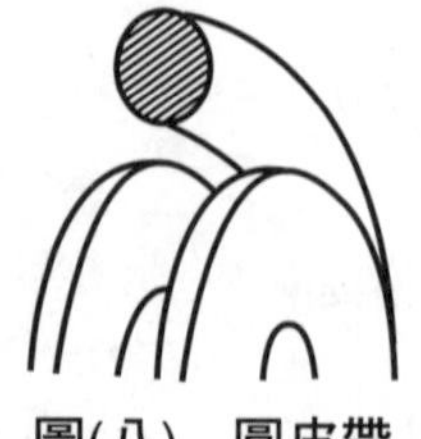

圖(八) 圓皮帶

5 皮帶裝置定律：

(1) 皮帶輪轉動時，為了使皮帶不致脫落，必須：皮帶進入帶輪時之寬度中心線須在帶輪之寬度中線平面上，稱為「皮帶裝置定律」。

(2) 兩軸在空間互成90º，但不相交稱為直角迴轉皮帶：直角迴轉皮帶中，增設一「導輪」來引導皮帶的移動，可將傳動變為可逆傳動迴轉方向，使進入側與退出側兩者中心均在中央平面內。如圖(九)(B)所示。

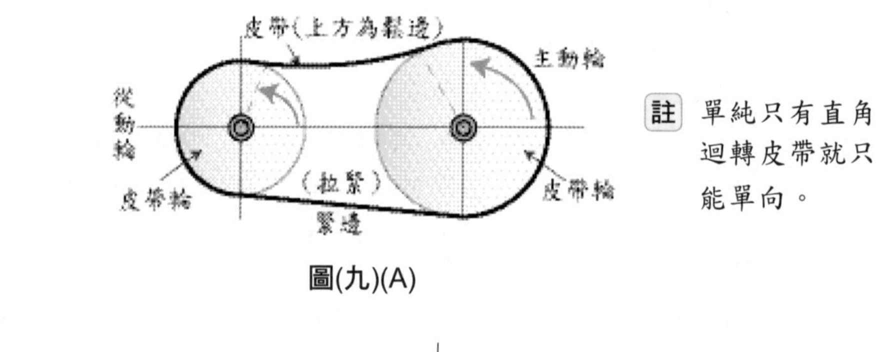

註 單純只有直角迴轉皮帶就只能單向。

圖(九)(A)

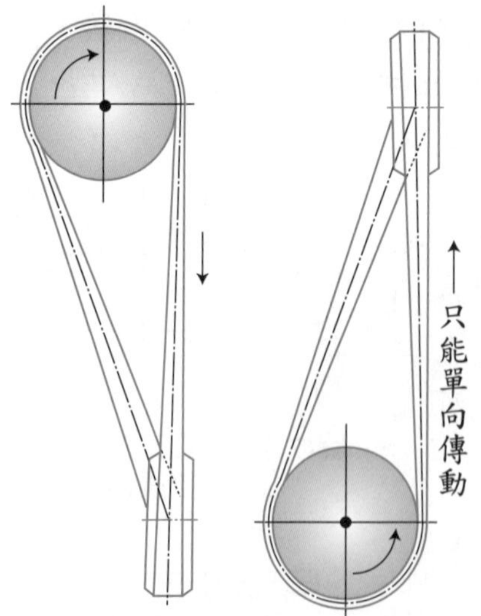

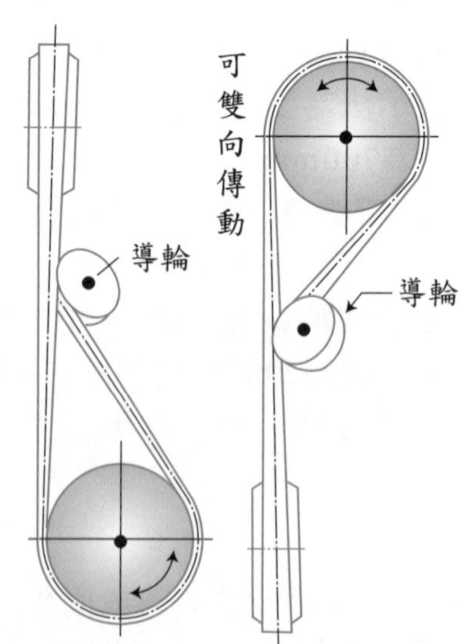

(a)只能單向傳動之直角迴轉皮帶　(b)可逆傳動直角迴轉皮帶（有加導輪）

圖(九)(B)

立即測驗

( ) **1** 三角皮帶斷面成何種形狀？
(A)三角形 (B)梯形 (C)圓形 (D)長方形。

( ) **2** 三角皮帶之兩側面夾角約為多少度？
(A)30º (B)40º (C)50º (D)75º。

( ) **3** 防止帶圈脫落之方法中以採用何者較佳？
(A)帶叉 (B)凸緣帶輪
(C)凹面帶輪 (D)隆面帶輪。

( ) **4** 何種皮帶不是依靠摩擦力來傳達動力且可防止滑動打滑？
(A)V型皮帶 (B)鋼帶
(C)確動皮帶 (D)圓皮帶。

( ) **5** 家庭用縫紉機常用何種皮帶？
(A)平皮帶 (B)V型皮帶
(C)確動皮帶 (D)圓皮帶。

( ) **6** 三角皮帶帶輪溝槽角度以多少度為宜？
(A)40º以上 (B)40º
(C)34º~38º (D)34º以內。

( ) **7** 傳統型V型皮帶的規格有多少種？
(A)A、B、C、D四種
(B)A、B、C、D、E五種
(C)A、B、C、D、E、F六種
(D)M、A、B、C、D、E六種。

( ) **8** 下列何種型別之V型帶具有最小之斷面積？
(A)M (B)A (C)D (D)E。

( ) **9** 一般平皮帶之接合方法中，大部份使用何種接合法？
(A)鉚接法 (B)膠合法
(C)縫合法 (D)扣接法。

( ) **10** 在高速運轉下為防止影響精度之情形下，皮帶傳動裝置應採用何種材質之皮帶？
(A)鋼帶 (B)皮革帶
(C)橡皮帶 (D)織物帶。

(　　) **11** 下列有關皮帶之敘述何者最不正確？
(A)鋼帶厚度約0.2～1mm
(B)單層平皮帶厚度約5mm
(C)防止皮帶脫落之方法中，隆面帶輪之兩傳動帶輪均需採用隆面
(D)隆面帶輪之隆面高度為輪面寬度的$\frac{1}{50}\sim\frac{1}{100}$。

(　　) **12** 皮帶輪傳動時，皮帶寬度約為輪面寬度之：
(A)95％　(B)85％　(C)75％　(D)65％　為最佳。

解答與解析

1 (B)　**2 (B)**　**3 (D)**　**4 (C)**　**5 (D)**　**6 (C)**　**7 (D)**

8 (A)。傳統型V型皮帶斷面以M最小，E最大。

9 (D)　**10 (A)**

11 (C)。隆面帶輪只須一輪採用隆面即可。

12 (B)

7-3 皮帶長度

皮帶必須要有適當的初張力才能有摩擦力能傳動，太長、太短均不宜。若D表大輪直徑，d表小輪直徑，C為兩軸心距離，L表皮帶長度。

1 開口皮帶：用於兩軸平行，轉向相同。如圖(十)所示。傳動時應使皮帶緊邊在下，鬆邊在上，以增加接觸角，減少滑動損失。

(1) 開口皮帶的皮帶長度 $L_{開口} \fallingdotseq \frac{\pi}{2}(D+d)+2C+\frac{(D-d)^2}{4C}$

(2) 小輪與皮帶之接觸角 $\theta_{小}=\pi-2\theta$ $=\pi-2(\sin^{-1}\frac{D-d}{2C})$，

大輪接觸角 $\theta_{大}=\pi+2\theta$ $=\pi+2(\sin^{-1}\frac{D-d}{2C})$，

其中 $\sin\theta_{開口}=\frac{D-d}{2C}$，$\theta_{開口}=\sin^{-1}\frac{D-d}{2C}$。

(3) 帶輪接觸角宜大於120º，否則開口皮帶的小皮帶輪易產生滑動。
(4) 開口帶裝置簡單、皮帶壽命長（因接觸角小，傳達之動力小）。
(5) 開口帶可加裝拉緊帶輪裝在鬆邊之一側且靠近較小之帶輪來增加接觸角。
(6) 接觸角之定義為「皮帶與帶輪接觸部分對帶輪中心所成之夾角」，開口皮帶大輪恆大於180º，小輪恆小於180º，開口皮帶 $\theta_{大}+\theta_{小}=360^{\circ}$。

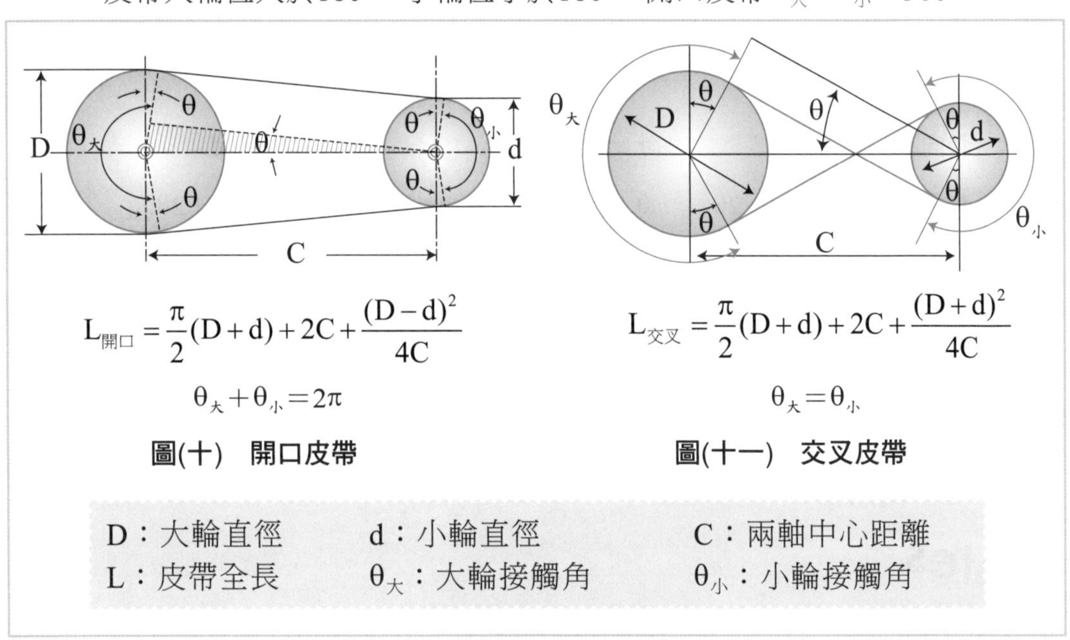

$$L_{開口}=\frac{\pi}{2}(D+d)+2C+\frac{(D-d)^2}{4C}$$
$$\theta_{大}+\theta_{小}=2\pi$$

圖(十) 開口皮帶

$$L_{交叉}=\frac{\pi}{2}(D+d)+2C+\frac{(D+d)^2}{4C}$$
$$\theta_{大}=\theta_{小}$$

圖(十一) 交叉皮帶

D：大輪直徑　d：小輪直徑　C：兩軸中心距離
L：皮帶全長　$\theta_{大}$：大輪接觸角　$\theta_{小}$：小輪接觸角

2 交叉皮帶：用於兩軸平行，轉向相反。如圖(十一)所示。交叉皮帶接觸角大，傳達動力大，但交會處會產生磨損，影響使用壽命，所以交叉帶輪只能使用平皮帶。

(1) 交叉皮帶的皮帶長度 $L_{交叉}\fallingdotseq\frac{\pi}{2}(D+d)+2C+\frac{(D+d)^2}{4C}$

(2) 交叉皮帶大輪、小輪與皮帶之接觸角均相等，

$\theta_{大}=\theta_{小}=\pi+2\theta=\pi+2(\sin^{-1}\frac{D+d}{2C})$，其中 $\sin\theta_{交叉}=\frac{D+d}{2C}$，$\theta_{交叉}=\sin^{-1}\frac{D+d}{2C}$。

(3) 交叉皮帶長度比開口皮帶長度多 $\frac{D\cdot d}{C}$

（利用公式 $L_{交叉}-L_{開口}=\frac{Dd}{C}$ 可證明出來）。

3 尺量法：以尺繞皮帶輪直接量度，而以量得的數值中減去0.8%（或每3公尺減去2.54公分，或10呎減去1吋）即為皮帶長度，作為皮帶因初張力而造成的緩衝。

	開口皮帶	交叉皮帶
兩軸	平行	平行
帶長	$L_{開口}=\frac{\pi}{2}(D+d)+2C+\frac{(D-d)^2}{4C}$	$L_{交叉}=\frac{\pi}{2}(D+d)+2C+\frac{(D+d)^2}{4C}$
轉向	同向	反向
夾角	$\theta_{大}=\pi+2\theta_{開口}$，$\theta_{小}=\pi-2\theta_{開口}$	$\theta_{大}=\theta_{小}=\pi+2\theta_{交叉}$
θ	$\sin\theta_{開口}=\frac{D-d}{2C}$	$\sin\theta_{交叉}=\frac{D+d}{2C}$
兩角關係	$\theta_{大}+\theta_{小}=2\pi$	$\theta_{大}=\theta_{小}$

Notes

開口皮帶和交叉皮帶之長度計算

老師講解 1

證明開口皮帶與交叉皮帶長度差為$\frac{Dd}{C}$，C表兩輪中心距離，D表大輪直徑，d為小輪直徑。

解：$L_{開口}=\frac{\pi}{2}(D+d)+2C+\frac{(D-d)^2}{4C}$

$L_{交叉}=\frac{\pi}{2}(D+d)+2C+\frac{(D+d)^2}{4C}$

$L_{交叉}-L_{開口}=\frac{(D+d)^2}{4C}-\frac{(D-d)^2}{4C}=\frac{(D^2+2Dd+d^2)-(D^2-2Dd+d^2)}{4C}$

$=\frac{2Dd-(-2Dd)}{4C}=\frac{4Dd}{4C}=\frac{Dd}{C}$

學生練習 1

兩軸相距400cm，兩皮帶輪外徑D＝70cm，d＝30cm，試求(1)開口皮帶；(2)交叉皮帶之全長各多少公分？

開口皮帶與交叉皮帶之接觸角和長度差之計算

老師講解 2

兩帶輪直徑各為200cm以及40cm，若兩軸中心距離為160cm，試求(1)開口皮帶；(2)交叉皮帶其帶圈與帶輪之接觸角各為多少度？

（註：$\sin 37^\circ = \frac{3}{5}$，$\sin 53^\circ = \frac{4}{5}$，$\sin 48.6^\circ = \frac{3}{4}$）

解：D＝200cm，d＝40cm，C＝160cm

(1)開口皮帶 $\sin\theta_{開口} = \frac{D-d}{2C} = \frac{200-40}{2\times160} = \frac{1}{2}$，$\therefore \theta_{開口} = 30^\circ$

$\theta_{大} = 180^\circ + 2\theta = 180^\circ + 2\times30^\circ = 240^\circ$

$\theta_{小} = 180^\circ - 2\theta = 180^\circ - 2\times30^\circ = 120^\circ$

(2)交叉皮帶 $\sin\theta_{交叉} = \frac{D+d}{2C} = \frac{200+40}{2\times160} = \frac{3}{4}$ $\therefore \theta_{交叉} = 48.6^\circ$

交叉皮帶：$\theta_{大} = \theta_{小} = 180^\circ + 2\theta = 180^\circ + 2\times48.6^\circ = 277.2^\circ$

學生練習 2

兩皮帶輪外徑各為40cm及20cm，中心距離為100cm，試問用交叉皮帶傳動，比開口皮帶傳動，帶長差多少公分？

立即測驗

( ) **1** 兩皮帶外徑各為60cm及30cm，中心距離為200cm，試求若以交叉皮帶傳動，會比以開口皮帶傳動帶長，長度差多少公分？
(A)4.5 (B)9 (C)18 (D)36。

( ) **2** 開口帶輪傳動時，若D為大輪直徑，d為小輪直徑，C為兩輪中心距，則小輪之接觸角為：

(A)$180°+2\sin^{-1}(\frac{D+d}{2C})$ (B)$180°-2\sin^{-1}(\frac{D+d}{2C})$

(C)$180°+2\sin^{-1}(\frac{D-d}{2C})$ (D)$180°-2\sin^{-1}(\frac{D-d}{2C})$ 。

( ) **3** 若設計一個開口平皮帶傳動軸相距48cm，兩皮帶輪之外徑各為16cm與20cm，則皮帶全長為多少公分？ (A)150.6 (B)152.6 (C)154.6 (D)156.6。

( ) **4** 若設計為交叉皮帶兩軸距離100cm，兩帶輪直徑分別為20cm和10cm，則皮帶全長為多少公分？ (A)249.4 (B)239.4 (C)229.4 (D)219.4。

( ) **5** 下列有關皮帶之敘述何者最不正確？
(A)開口皮帶輪接觸角大輪$\theta_{大}$＞小輪$\theta_{小}$而且$\theta_{大}+\theta_{小}=2\pi$
(B)交叉皮帶接觸角，大輪$\theta_{大}$＝小輪$\theta_{小}$
(C)開口皮帶若發生打滑現象，一般會出現在大輪上
(D)皮帶用尺直接量長度時，每10呎應減去1吋來當皮帶長度。

解答與解析

1 (B)。長度差$=\frac{Dd}{C}=\frac{60\times 30}{200}=9\text{ cm}$。

2 (D)。$\theta_{小}=\pi-2\theta_{開口}$，$\sin\theta_{開口}=\frac{D-d}{2C}$ $\therefore \theta_{開口}=\sin^{-1}\frac{D-d}{2C}$

$$\therefore \theta_{小}=\pi-2(\sin^{-1}\frac{D-d}{2C})$$

3 (B)。$L_{開口}=\frac{\pi}{2}(D+d)+2C+\frac{(D-d)^2}{4C}=\frac{\pi}{2}(20+16)+2\times 48+\frac{(20-16)^2}{4\times 48}$

$=152.6\text{cm}$

4 (A)。$L_{交叉}=\frac{\pi}{2}(D+d)+2C+\frac{(D+d)^2}{4C}$

$=\frac{\pi}{2}(20+10)+2\times100+\frac{(20+10)^2}{4\times100}$

$\doteqdot 249.35\text{ cm}$

5 (C)

7-4 速比

皮帶外側伸長，內側收縮，中心層（中立面）無收縮和伸長，如圖(十二)，所以用中立面速度表帶圈之速度。

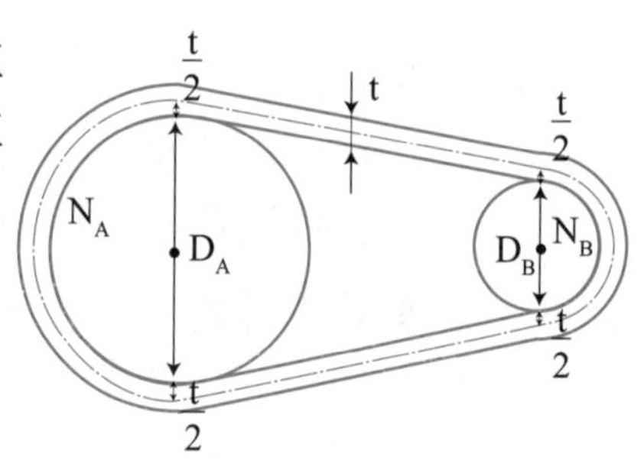

圖(十二) 開口皮帶傳動

$\because V_A=V_B$

$\therefore \pi(D_A+t)\cdot N_A=\pi(D_B+t)\cdot N_B$

$\therefore \boxed{\frac{N_B}{N_A}=\frac{D_A+t}{D_B+t}}$ （考慮皮帶厚度）

A：原動輪	B：從動輪	N：皮帶輪轉速
D：皮帶輪直徑	t：皮帶厚度	s：滑動損失率

1 皮帶輪不考慮皮帶厚度且無滑動時之速比 $\boxed{\frac{N_B}{N_A}=\frac{D_A}{D_B}}$ **轉速與直徑成反比。**

2 皮帶輪考慮皮帶厚度且無滑動時之速比 $\boxed{\frac{N_B}{N_A}=\frac{D_A+t}{D_B+t}}$ **。（考慮皮帶厚度）**

3 考慮皮帶厚度與滑動時之速比 $\boxed{\frac{N_B}{N_A}=\frac{D_A+t}{D_B+t}(1-S)}$ **。(考慮皮帶厚度與打滑率)**

（註 一般皮帶滑動率約為2～3%）（利用此公式要小心，末輪N_B在分子，主從輪N_A在分母）

4 不考慮皮帶厚度，考慮滑動時之速比 $\frac{N_B}{N_A}=\frac{D_A}{D_B}(1-S)$。

5 一般皮帶輪速比約 $\frac{1}{6}\sim 6$，若超過時應加中間輪來傳動。

6 開口皮帶兩輪轉向相同，交叉皮帶兩輪轉向相反。

皮帶輪轉速和皮帶厚度

老師講解 3

A輪直徑89.5cm之帶輪轉速為300rpm，若A輪傳動給B輪直徑44.5cm，皮帶之厚度為5mm，兩輪用皮帶聯動，則B輪的轉速為多少rpm？

解：$\frac{N_A}{N_B}=\frac{D_B+t}{D_A+t}$ ，$\frac{300}{N_B}=\frac{44.5+0.5}{89.5+0.5}$

$\therefore N_B=600\text{ rpm}$

學生練習 3

若A輪半徑50cm，轉速為420rpm，另一B輪轉速280rpm，若不考慮皮帶厚度，兩輪用平帶聯動，試求B輪直徑為多少公分？

皮帶輪轉速與皮帶厚度和打滑率

老師講解 4

一組開口皮帶傳動機構，若A輪直徑30cm，轉速1000rpm順時針，若皮帶厚度為5mm，滑動損失為5%，若B輪直徑45cm，則B輪轉速和轉向為多少？

解：令$D_A = 30cm$，$N_A = 1000rpm$，$t = 0.5cm$，$D_B = 45cm$

若沒有打滑時，（開口帶轉向相同）

$$\frac{N_B}{N_A} = \frac{D_A + t}{D_B + t} \qquad \therefore \frac{1000}{N_B} = \frac{45+0.5}{30+0.5}\text{，}N_B = 670 \text{ rpm}$$

因為打滑損失5%之轉速，所以考慮打滑後之轉速為670(1－0.05)＝636.5rpm

答N_B為636.5rpm，順時針（或用$\frac{N_B}{N_A} = \frac{D_A + t}{D_B + t}(1-0.05)$，

$\frac{N_B}{1000} = \frac{(30+0.5)}{(45+0.5)}(1-0.05)$ 解出$N_B = 636.5$）

學生練習 4

一組交叉皮帶輪傳動，若主動輪A之外徑為19.5cm，從動輪B之外徑為49.5cm，若主動輪之轉速為1000rpm順時針，皮帶厚度為5mm，滑動率為2%，則從動輪B之轉速為多少rpm？轉向？

立即測驗

( ) **1** 平皮帶輪若兩軸距離小，且轉速比大，則容易發生什麼現象？ (A)振動過大 (B)噪音過大 (C)皮帶容易打滑 (D)扭矩可以增加。

( ) **2** 兩帶輪之轉速比與帶輪直徑成何種比例？ (A)正比 (B)反比 (C)平方成正比 (D)平方成反比。

( ) **3** 交叉皮帶輪傳動，若主動輪直徑50cm，600rpm順時針旋轉，而從動輪直徑為150cm，則從動輪 (A)1800rpm順時針 (B)1800rpm逆時針 (C)200rpm逆時針 (D)200rpm順時針 轉動。

( ) **4** 一組平皮帶輪傳動，主動輪A之外徑為19.5cm，從動輪B之外徑為39.5cm，若從動輪B之轉速為500rpm，若皮帶厚度為0.5cm，不計滑動時則主動輪A之轉速為多少rpm？ (A)250 (B)500 (C)750 (D)1000。

( ) **5** 兩皮帶輪A、B之直徑分別為19.5cm及9.5cm，設皮帶厚度為0.5cm，若A輪為大輪為原動輪，B輪為從動輪，若考慮滑動損失2%，從動輪B輪之轉速為980rpm，則原動輪A轉速約為若干rpm？ (A)500 (B)2000 (C)480 (D)960。

( ) **6** 下列有關皮帶之敘述何者最不正確？ (A)一般皮帶滑動率約2～3% (B)一般皮帶輪之速比為$6\sim\frac{1}{6}$ (C)開口帶可加裝拉緊輪，拉緊輪是裝在緊邊之一側且靠近較大之帶輪 (D)皮帶輪為了增加接觸角鬆邊必須在上面。

解答與解析

1 (C) **2 (B)**

3 (C)。$\frac{N_{主}}{N_{從}}=\frac{D_{從}}{D_{主}}$，$\frac{600}{N_{從}}=\frac{150}{50}=3$ $\therefore N_{從}=200\text{ rpm}$（交叉傳動為反向）

4 (D)。$\frac{N_A}{N_B}=\frac{D_B+t}{D_A+t}$ $\therefore \frac{N_A}{500}=\frac{39.5+0.5}{19.5+0.5}=\frac{40}{20}=2$ $\therefore N_{(A)}=1000\text{ rpm}$

5 (A)。$\therefore \frac{N_B}{N_A}=\frac{D_A+t}{D_B+t}(1-S)$ $\therefore \frac{980}{N_A}=\frac{(19.5+0.5)}{(9.5+0.5)}(1-0.02)$

$\therefore N_{(A)}=500\text{ rpm}$

6 (C)。拉緊輪應裝在鬆邊且靠近小輪，因為開口帶小輪易打滑。

7-5 塔輪

皮帶傳動時若直徑固定時，速比亦固定，若要有變速之時，則採用塔輪來變速。皮帶長度、兩輪連心線長都一定沒改變。主動輪轉速固定，若塔輪有三種稱為三級塔輪，若有四種則稱四級塔輪，如圖(十三)所示。

圖(十三) 階級塔輪

1 階級塔輪：

(1) 交叉帶塔輪的計算公式

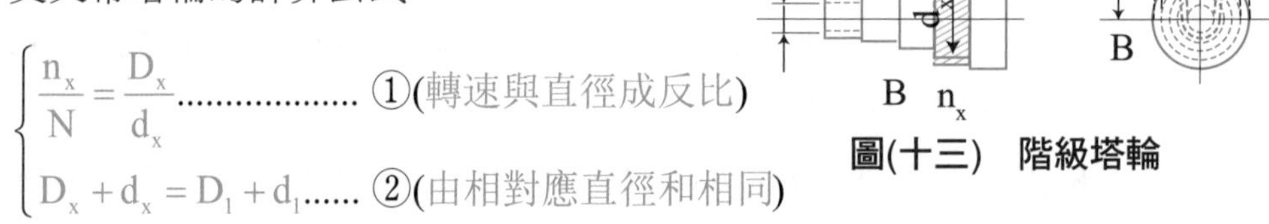

$$\begin{cases} \dfrac{n_x}{N} = \dfrac{D_x}{d_x} \text{..................} ①(轉速與直徑成反比) \\ D_x + d_x = D_1 + d_1 \text{......} ②(由相對應直徑和相同) \end{cases}$$

由①、②解出求各階帶輪之直徑。

(2) 開口帶塔輪的計算公式：（帶長、中心距離均固定）

$$\begin{cases} \dfrac{n_x}{N} = \dfrac{D_x}{d_x} \\ \dfrac{\pi}{2}(D_x + d_x) + 2C + \dfrac{(D_x - d_x)^2}{4C} = \dfrac{\pi}{2}(D_1 + d_1) + 2C + \dfrac{(D_1 - d_1)^2}{4C} \\ (利用帶長相同解出D_x、d_x) \end{cases}$$

2 相等階級塔輪：一對相同的塔輪倒置而成之塔輪裝置，稱為「相等塔輪」。一般採用奇數階，如圖(十四)所示。若不計滑動時：

(1) 從動軸中央階之轉速與原動軸轉速N相同。即$n_3 = N$（$\because d_3 = D_3$）。

(2) 原動軸之轉速為從動軸在中央階兩邊對稱位置上轉速之等比中項，即 $n_1 \cdot n_5 = n_2 \cdot n_4 = N^2$ 。

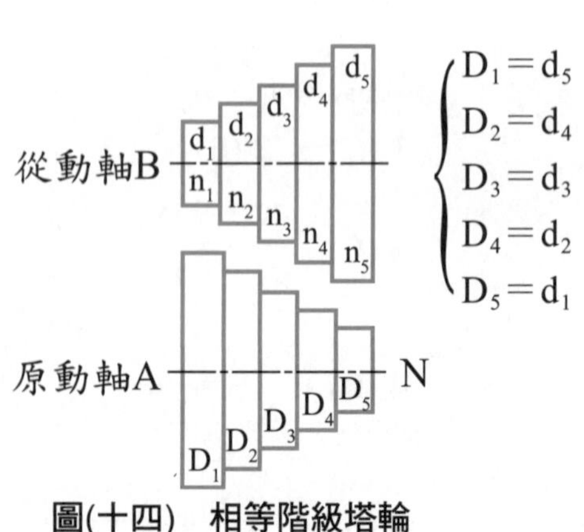

圖(十四) 相等階級塔輪

(3) 從動軸的最高轉速與最低轉速之乘積等於原動軸的轉速之平方，即 $n_{max} \cdot n_{min} = N^2 = n_1 \times n_5$

(4) 從動軸各階轉速成等比級數。

3 皮帶之傳動功率：皮帶輪為了產生摩擦，必須有適當的拉力，稱為初張力。當主動輪轉動時緊邊張力變大，鬆邊張力變小。如圖(十五)所示。

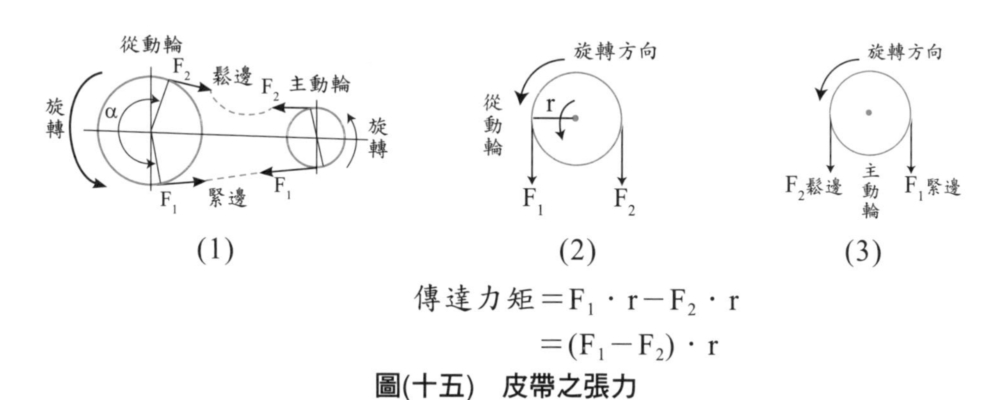

傳達力矩 $= F_1 \cdot r - F_2 \cdot r$
$= (F_1 - F_2) \cdot r$

圖(十五) 皮帶之張力

若F_1表皮帶緊邊張力，F_2表皮帶鬆邊張力。

(1) 皮帶之有效張力 $F = F_1 - F_2$

(2) 緊邊張力 $F_1 = F_2 \cdot e^{\mu\alpha}$

（由此式得知，接觸角越大，可增加有效力∴皮帶鬆邊在上面，可增加接觸角）e：自然對數，μ：摩擦係數，α：接觸角（弳度）

(3) 實驗結果，緊邊與鬆邊張力之比為$F_1 : F_2 = 7 : 3$時較適宜。

（即 $F_1 = \frac{7}{3}F_2$）

(4) 皮帶所需之寬度，$W = \frac{F_1\text{皮帶緊邊拉力}}{\text{皮帶每單位寬度之拉力}}$。

(5) 若初張力為$F_{初}$，總張力為F，則$F = F_1 + F_2 \Rightarrow F > F_1 > F_{初} > F_2$。

(6) 傳動功率 $= F \cdot V = F \cdot r\omega$

其中 F為有效張力$= F_1 - F_2$(牛頓)，
V皮帶速度(m/s)，
r皮帶輪半徑(m)，
D皮帶輪直徑(m)，

功率(瓦特)，
角速度ω(rad/sec)，
1馬力(PS)＝736瓦特(W)，
一千瓦(kW)＝1000瓦(W)，

$$N轉/分 = \frac{N \times 2\pi\ rad}{60sec} = \frac{2N\pi}{60}\ rad/sec$$ ，

另外之公式功率（仟瓦）$= \frac{F \cdot V}{1000} = \frac{(F_1 - F_2)}{1000} \times \frac{\pi DN}{60}$。

(7) 皮帶對軸所產生的 扭矩 ＝有效張力×軸之半徑＝ $(F_1 - F_2) \times \frac{D}{2}$

(8) 皮帶輪傳達功率與皮帶速度、有效拉力成正比。帶圈可傳動之功率亦與帶圈本身強度有關。

相等塔輪之轉速計算

老師講解 5

一對相等五階級塔輪，若主動輪之轉速為200rpm，從動軸之最高轉速為400rpm，則從動軸最高轉速與最低轉速比為若干？從動軸最低轉速為何？

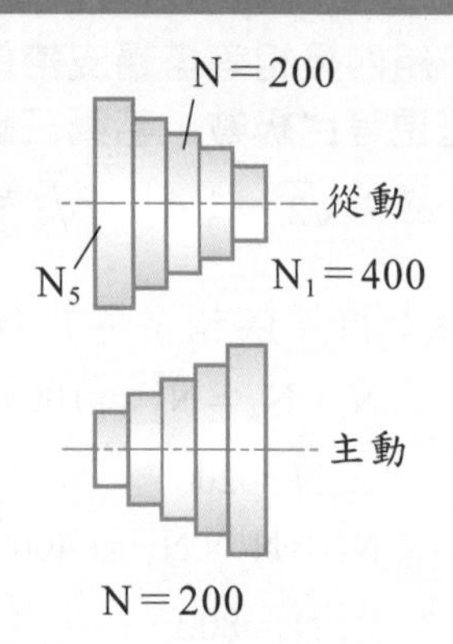

解：$N^2 = N_1 \times N_5 \rightarrow 200^2 = 400 \times N_5$

$\therefore N_5 = 100$ rpm（最低轉速）

$\dfrac{N_1}{N_5} = \dfrac{400}{100} = 4$倍

學生練習 5

一組相等三級塔輪，如圖所示，若主動軸轉速400rpm，從動軸最低轉速320rpm，則從動軸n_1、n_2、n_3轉速分別為多少rpm？

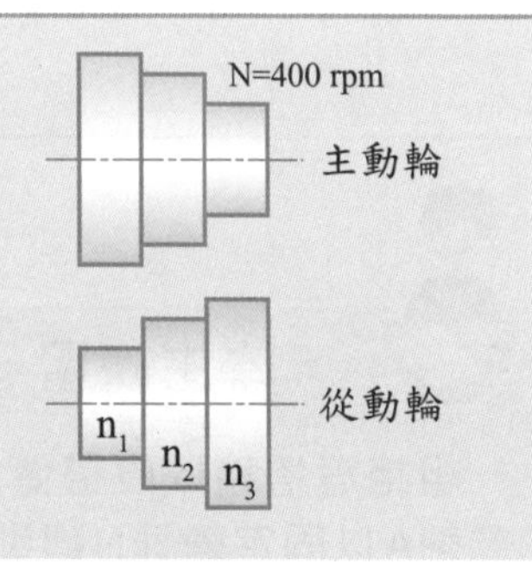

階級塔輪、各階直徑與轉速關係

老師講解 6

一組四級相等塔輪皮帶傳動系統，最低之輸出轉速N_1為100rpm且各級輸出轉速呈現等比級數，若第三級輸出轉速N_3為400rpm，求主動輪轉速約為多少rpm？（註：$\sqrt{2}\fallingdotseq 1.41$，$\sqrt{3}\fallingdotseq 1.73$）

解：相等塔輪呈等比級數時，

$N_1 \times N_3 = N_2^2 \Rightarrow 100 \times 400 = N_2^2$

$\therefore N_2 = 200$

$N_3^2 = N_2 \times N_4 \Rightarrow 400^2 = 200 \times N_4$

$\therefore N_4 = 800$

$\dfrac{N_1}{N} = \dfrac{d_4}{d_1} = \dfrac{100}{N}$，又$\dfrac{N_4}{N} = \dfrac{d_1}{d_4} = \dfrac{800}{N}$

$\therefore \dfrac{100}{N} = \dfrac{d_4}{d_1} = \dfrac{N}{800}$　$\therefore N^2 = 80000$，$N = 200\sqrt{2}$ r.p.m。

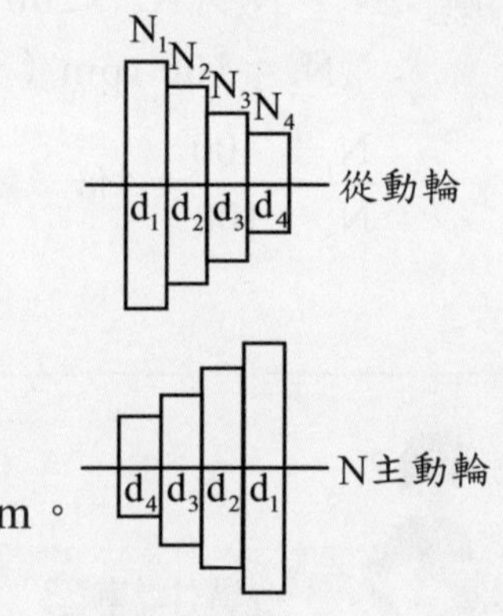

學生練習 6

一組相等塔輪以皮帶傳動，如右圖所示，若主動軸A以固定轉速N轉動，從動軸B的最高轉速n_2=90rpm，最低轉速n_{10}=40rpm，則主動軸A的轉速N與從動軸B的n_6轉速分別為多少rpm？

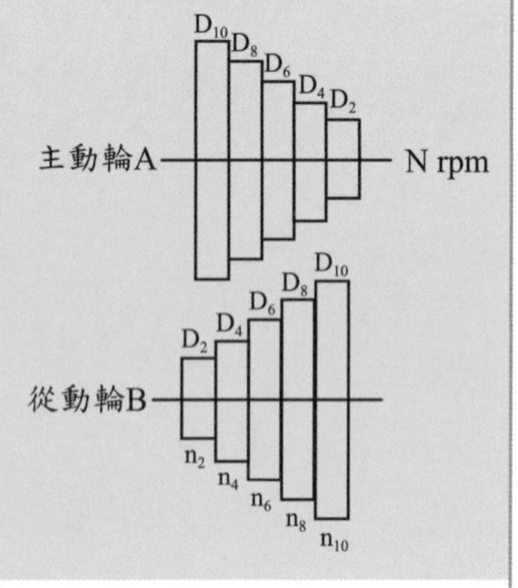

皮帶輪傳遞功率之計算

老師講解 7

設有一皮帶輪傳動，原動輪直徑100cm，轉速1200rpm，若皮帶之緊邊張力為600N，鬆邊張力為200N，試求(1)皮帶之總拉力？(2)皮帶之有效拉力？(3)可傳遞之功率為若干kW？

解：(1)總拉力 $= F_1 + F_2 = 600 + 200 = 800N$

(2)有效拉力 $= F_1 - F_2 = 600 - 200 = 400N$

(3)1200轉/分 $= \dfrac{1200 \times 2\pi\ rad}{60sec} = 40\pi\ \ rad/s$

功率 $= F_{有效} \cdot r \cdot \omega$　　（$r = 50cm = 0.5m$）

$= 400 \times 0.5 \times 40\pi$ 瓦特（W）

$= 8\pi kW$

學生練習 7

若繩圈傳動之速度為10m/sec，繩輪直徑80cm，每一繩之緊邊張力為300N，鬆邊之張力為200N，若用20條繩圈一起傳達動力，則可傳達之動功率為多少仟瓦？

皮帶傳遞功率時之皮帶寬度

老師講解 8

帶輪直徑40cm，其轉速為600rpm，傳達8πkW之動力，若皮帶每公分寬度允許500N之拉力且緊邊與鬆邊之拉力比為3：1，則皮帶寬度至少為多少公分？皮帶之線速度為多少m/s？

解：1. $F_1：F_2 = 3：1$　　$\therefore F_1 = 3F_2$　　$r = 20cm = 0.2m$

功率 $= F \cdot r \cdot \omega$

$8\pi \times 1000 = F_{有效} \times 0.2 \times 20\pi$

（$600轉/分 = \dfrac{600 \times 2\pi\ rad}{60sec} = 20\pi\ \ rad/s$）

$\therefore F_{有效力} = 2000牛頓 = F_1 - F_2 = 3F_2 - F_2 = 2F_2$

$\therefore F_2 = 1000N$，$F_1 = 3000N$　皮帶寬度 $= \dfrac{3000}{500} = 6\ cm$

2. $V(m/s) = r(m)\omega(rad/s) = 0.2 \times 20\pi = 4\pi m/s$

學生練習 8

直徑100cm的皮帶輪，其轉速為300rpm，傳達20πkW之動力，若皮帶每公分寬度允許500N之拉力，且緊邊與鬆邊拉力之比為7：3，則緊邊張力為多少牛頓？皮帶寬度至少多少cm？

立即測驗

( ) **1** 根據實驗結果，平皮帶輪的鬆邊與緊邊的張力比，下列何者較佳？
(A)7：3 (B)5：3 (C)3：5 (D)3：7。

( ) **2** 用皮帶傳動的兩軸，已知原動軸轉速300rpm，從動軸轉速為450rpm，若皮帶速率為3π公尺／秒，則從動輪直徑為多少公分？
(A)20 (B)40 (C)60 (D)30。

( ) **3** 若皮帶的緊邊拉力為1000N，鬆邊拉力為400N，皮帶輪直徑20cm，其轉速為300rpm，則下列敘述何者錯誤？
(A)有效拉力為600N (B)皮帶線速度為πm/分
(C)皮帶總拉力為1400N (D)可傳達之功率為0.6πkW。

( ) **4** 直徑60公分之皮帶輪，轉速736rpm，傳遞10π馬力之功率，若皮帶緊邊受力為鬆邊之2倍，皮帶每公分之允許拉力為500N，求皮帶的寬度為至少若干公分？
(A)1 (B)2 (C)4 (D)8。

( ) **5** 有一皮帶輪固定於軸上，其兩側之拉力及輪徑如圖所示，若輪子直徑40cm，則此軸所產生之扭力矩為多少N-m？

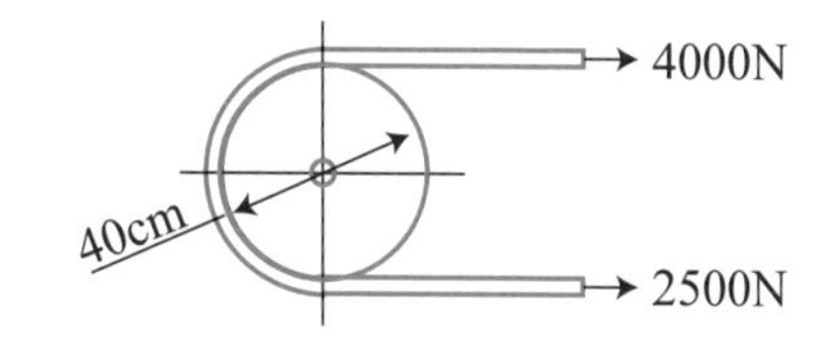

(A)1300 (B)2600
(C)300 (D)600。

( ) **6** 一組相等五級塔輪傳動，主動軸每分鐘迴轉數為240，從動軸每分鐘最低迴轉數為40，則從動軸最低轉數與最高轉數之比為
(A)36：1 (B)6：1 (C)1：6 (D)1：36。

( ) **7** 三階皮帶輪用交叉式傳動，若主動軸轉速為300rpm，主動軸最大直徑為90cm，從動軸之轉速分別為900、450、150rpm，試求從動輪之最大直徑為多少公分？
(A)30 (B)40 (C)80 (D)160。

( ) **8** 若皮帶輪300rpm時，可傳送之功率為2πkW，若其有效拉力為500牛頓，若緊邊張力為鬆邊之2倍，則皮帶輪之直徑為多少公分？
(A)20 (B)40 (C)80 (D)160。

(　　) **9** 有關皮帶之敘述，下列何者最不正確？
(A)相等塔輪奇數階時，從動輪各階轉速成等比級數
(B)相等塔輪奇數階時，從動輪中間輪轉速與原動輪相同
(C)CNS普通V型皮帶分Y、Z、A、B、C、D、E七級規格
(D)直角迴轉皮帶，不用加導輪即可逆向傳動。

(　　) **10** 有關V型皮帶（又稱三角皮帶）的敘述，下列何者正確？ (A)皮帶斷面為三角形 (B)皮帶兩側面夾角為50° (C)傳動時可承受衝擊負載 (D)傳動時底部應與槽輪接觸。

解答與解析

1 (D)。緊邊：鬆邊為7：3，鬆邊：緊邊為3：7。

2 (B)。$V=r_{從}\cdot\omega_{從}$

$$\omega_{從}=450\text{ rpm}=\frac{450\times2\pi\text{ rad}}{60\text{ 秒}}=15\pi\text{ rad/s}$$

$\therefore V=r_{從}\omega_{從}\rightarrow3\pi=r_{從}\times15\pi$　　$\therefore r_{從}=\frac{1}{5}\text{m}=20\text{cm}$

$\therefore d_{從}=2r_{從}=40\text{cm}$

3 (B)。(B)V(m/分)＝r(m)ω(rad/分)

$\therefore V=0.1\times(300\times2\pi)=60\pi\text{m/分}$，$F_{有效}=F_1-F_2=1000-400=600\text{N}$

$$300\text{轉/分}=\frac{300\times2\pi\text{ rad}}{\text{分}}=600\pi\text{ rad/分}=\frac{300\times2\pi\text{ rad}}{60\text{秒}}=10\pi\ \text{rad/s}$$

(D)功率$=F_{有效}\cdot r\cdot\omega=600\times0.1\times10\pi=600\pi$瓦特$=0.6\pi$kW。

4 (C)。$736\text{轉/分}=\frac{736\times2\pi\text{ rad}}{60\text{sec}}$，1PS＝736瓦特，功率$=F\cdot r\cdot\omega$

$$10\pi\times736=(F_1-F_2)\times0.3\times\frac{736\times2\pi}{60}$$

$\therefore F_1-F_2=1000=2F_2-F_2$　$\therefore F_2=1000\text{N}$，$F_1=2F_2=2000$牛頓

皮帶寬度$=\frac{2000}{500}=4\text{cm}$。

5 (C)。力矩＝$(F_1-F_2)\cdot R=(4000-2500)\times 0.2=300$ N-m。

6 (D)。$N^2_{主動}=N_{從(max)}\times N_{從(min)}$　　$240^2=40\times N_{max}$

$\therefore N_{max}=1440rpm$　　$\dfrac{N_{min}}{N_{max}}=\dfrac{40}{1440}=\dfrac{1}{36}$

7 (C)。由轉速與直徑成反比

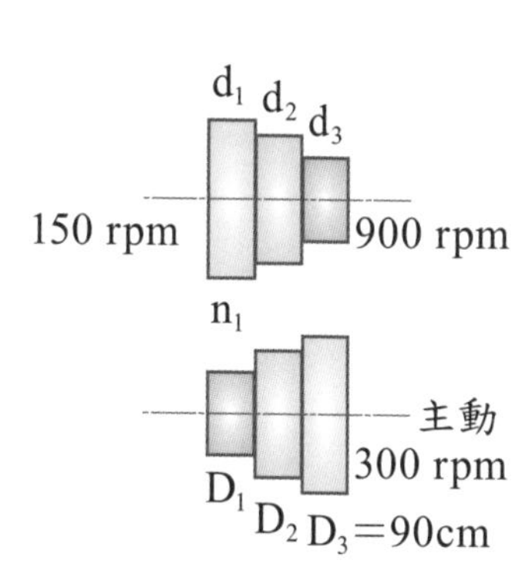

$\dfrac{N}{n_3}=\dfrac{d_3}{D_3}$　$\therefore\dfrac{300}{900}=\dfrac{d_3}{90}$　$\therefore d_3=30$ cm

$\dfrac{N}{n_1}=\dfrac{d_1}{D_1}$　$\therefore\dfrac{300}{150}=\dfrac{d_1}{D_1}$　$\therefore d_1=2D_1$

∴交叉傳動

$\therefore D_1+d_1=D_3+d_3=\rightarrow 2D_1+D_1=90+30$

$\therefore D_1=40cm$，$d_1=80cm$。

8 (C)。功率(瓦)＝$F_{有效}$(牛頓)·r(m)·ω(rad/s)

$$300\text{ rpm}=\frac{300\times 2\pi\text{ rad}}{60秒}=10\pi\text{ rad/s}$$

$2\pi\times 1000=500\times r\times 10\pi$　$\therefore r=0.4m=40cm$　$\therefore D=2r=80cm$

9 (D)

10 (C)。V型皮帶斷面為梯形、皮帶兩側面夾角為40°、傳動時底部與槽輪沒有接觸。

考前實戰演練

( ) **1** 關於皮帶之傳動，下列何者不是其優點？
(A)可用於兩軸距離較遠之傳動
(B)運轉平穩、安靜，能抗突震及過度負荷
(C)裝置簡單成本低
(D)速比正確。

( ) **2** 撓性傳動元件之特性，下列各敘述哪些正確？(1)間接傳動形式 (2)帶輪可具撓性(3)帶圈可具撓性(4)僅傳達拉力(5)適於二軸較遠之傳動 (A)12345 (B)1345 (C)145 (D)1234。

( ) **3** V型皮帶A×400mm，其中400表示？ (A)帶圈內圍長度 (B)帶圈外圍長度 (C)兩軸中心距 (D)帶圈長度。

( ) **4** 下列敘述，何者錯誤？
(A)家庭用縫紉機常用圓皮帶
(B)6×7鋼絲繩為7根鋼絲扭成一股，再由6股絞成一鋼絲繩
(C)皮帶與帶輪之接觸角愈大，皮帶滑動愈大
(D)鋼帶適合使用於高速精密機械。

( ) **5** 下列有關V型皮帶的敘述，何者錯誤？
(A)其斷面成梯形
(B)具有A、B、C、D、E等五種型別
(C)其兩摩擦面間所夾之角度為40^{o}
(D)E級V型皮帶之斷面面積最大。

( ) **6** 傳統型V型皮帶之表示法為：型別×長度，其型別編號之規格中，下列何者不屬於規範內型式名稱？ (A)M (B)N (C)A (D)B。

( ) **7** 下列何者不是三角皮帶輪的槽角？ (A)34° (B)42° (C)36° (D)38°。

( ) **8** 鋼皮帶之厚度為： (A)0.2~0.8mm (B)0.8~1.5mm (C)0.2~1mm (D)0.02~0.1mm。

( ) **9** 當兩傳動軸之軸中心平行且距離較遠時，若要求轉速比必須精確且噪音較小，採用下列何種傳動方式最為適宜？ (A)齒輪 (B)繩索 (C)圓形皮帶 (D)確動皮帶。

( ) **10** 下列何種皮帶傳動，同時具有鏈條傳動與齒輪傳動的優點？ (A)平皮帶 (B)圓形皮帶 (C)V型皮帶 (D)確動皮帶。

( ) **11** 下列何者不是三角皮帶輪（V型皮帶輪）傳動的優點？ (A)適用於兩軸距離較小的傳動 (B)傳送速比正確 (C)噪音小 (D)可承受衝擊負擔。

( ) **12** 下列有關皮帶之敘述何者最不正確？
(A)鋼帶厚度約0.2～1mm
(B)單層平皮帶厚度約5mm
(C)防止皮帶脫落之方法中，隆面帶輪之兩傳動帶輪均需採用隆面
(D)隆面帶輪之隆面高度為輪面寬度的$\frac{1}{50}\sim\frac{1}{100}$。

( ) **13** 兩皮帶輪A、B之直徑分別為19.5cm及9.5cm，設皮帶厚度為0.5cm，若A輪為大輪為原動輪，B輪為從動輪，若考慮滑動損失2%，從動輪B輪之轉速為980rpm，則原動輪A轉速約為若干rpm？ (A)500 (B)2000 (C)480 (D)960。

( ) **14** 哪一種皮帶不怕潮濕和高溫？ (A)齒形皮帶 (B)織物帶 (C)橡皮帶 (D)鋼帶。

( ) **15** 確動皮帶之傳動，其主要優點為： (A)防止帶圈脫落 (B)速比正確，動力損失小 (C)製造成本低，方便使用 (D)承受高速迴轉，噪音小。

( ) **16** 皮帶輪傳動時，皮帶寬度約為輪面寬度之： (A)95% (B)85% (C)75% (D)65% 為最佳。

( ) **17** 直角迴轉皮帶之應用，下列何者正確？
(A)可逆傳動
(B)主動軸與從動軸互相垂直，中心線相交於一點
(C)一輪上皮帶的退出點與另一輪上皮帶的進入點，無需同時位於輪寬中心平面上
(D)可用於平皮帶。

( ) **18** 一組皮帶輪傳動裝置，主動輪直徑30cm，從動輪直徑20cm，中心距200cm，分別使用交叉皮帶與開口皮帶連結，若比較兩種連結方式的皮帶長度，下列敘述何者正確？

(A)交叉皮帶比開口皮帶長3cm (B)交叉皮帶比開口皮帶長6cm
(C)開口皮帶比交叉皮帶長3cm (D)開口皮帶比交叉皮帶長6cm。

( ) **19** 如右圖所示，一組可作無段變速之錐輪（cone pulley），其中心距離為500mm，以開口式皮帶傳動，則其皮帶長度為多少mm？

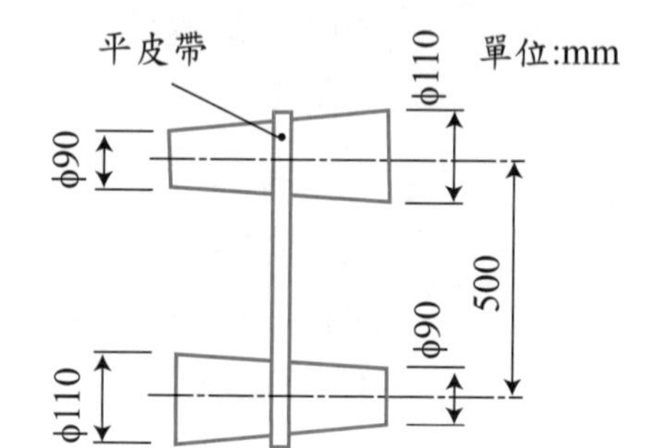

(A)814 (B)1283
(C)1314 (D)1345。

( ) **20** 有大、小兩皮帶輪，小輪的直徑為24cm，轉速為360rpm，大輪的直徑為36cm，若不計皮帶厚度且無滑動現象，則大輪轉速為多少rpm？
(A)180 (B)240 (C)280 (D)360。

( ) **21** 平皮帶傳動時，皮帶厚度約為帶輪直徑之：
(A)$\frac{1}{5}$~$\frac{1}{10}$ (B)$\frac{1}{10}$~$\frac{1}{20}$ (C)$\frac{1}{20}$~$\frac{1}{30}$ (D)$\frac{1}{30}$~$\frac{1}{50}$ 倍。

( ) **22** 若兩皮帶輪外徑分別為50cm及30cm，中心距離為200cm，則交叉皮帶長為多少公分？（註：π≒3.14）：
(A)424.663 (B)524.663
(C)533.663 (D)633.633。

( ) **23** 同一平面的兩平行軸，具有大小兩輪的皮帶傳動裝置，下列敘述何者不正確？
(A)開口皮帶輪傳動，兩帶輪轉向相同
(B)開口皮帶輪傳動，皮帶緊邊應在下方
(C)交叉皮帶輪傳動的皮帶長度大於開口皮帶傳動
(D)交叉皮帶輪傳動大小兩輪的接觸角和恰為360°。

( ) **24** 一組開口平帶傳動，若D_A為大輪直徑，D_B為小輪直徑，C為二輪軸中心距離，則大輪之接觸角為：

(A)$180^\circ + 2\sin^{-1}\left(\frac{D_A - D_B}{2C}\right)$

(B)$180^{\circ}-2\sin^{-1}\left(\frac{D_A-D_B}{2C}\right)$

(C)$180^{\circ}+2\sin^{-1}\left(\frac{D_A+D_B}{2C}\right)$

(D)$180^{\circ}-2\sin^{-1}\left(\frac{D_A+D_B}{2C}\right)$。

( ) **25** 皮帶之緊邊張力為鬆邊張力之幾倍最佳？ (A)$\frac{1}{2}$倍 (B)$1\frac{1}{2}$倍 (C)$2\frac{1}{3}$倍 (D)3倍。

( ) **26** 二皮帶輪傳動，A輪直徑為300mm，轉速1000rpm，B輪直徑為450mm，皮帶厚度為5mm，帶與輪面間滑動損失2%，試求B輪轉速？ (A)565 (B)657 (C)493 (D)796 rpm。

( ) **27** 帶輪之傳動，若緊邊張力為T_1，鬆邊張力為T_2，則有效挽力為：(A)$2T_1-T_2$ (B)T_1+T_2 (C)T_1-T_2 (D)$T_1\times T_2$。

( ) **28** 工具機主軸之多段變速，各級轉速之間大多採用何種級數？(A)等差級數 (B)等比級數 (C)調和級數 (D)不成級數。

( ) **29** 下列四種皮帶的安裝方式，何者正確？

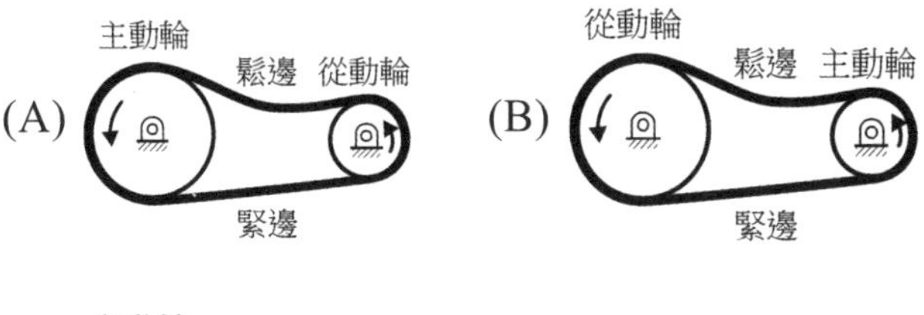

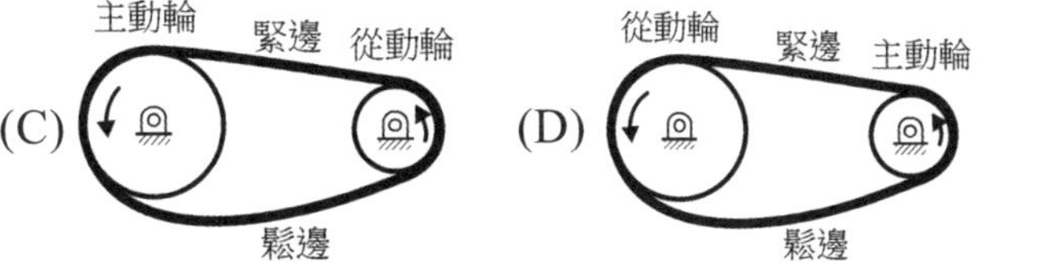

。

( ) **30** 一平皮帶輪，接觸角θ（以徑度表示），摩擦係數μ，緊邊拉力T_1，鬆邊拉力T_2，則：

(A)$\frac{T_2}{T_1}=e^{\mu\theta}$ (B)$\frac{T_2}{T_1}=e^{\frac{\mu}{\theta}}$ (C)$\frac{T_1}{T_2}=e^{\mu\theta}$ (D)$\frac{T_1}{T_2}=e^{\frac{\mu}{\theta}}$。

( ) **31** 皮帶輪使用拉緊輪可增加接觸角，此接觸角愈大： (A)傳達動力愈大 (B)傳達動力愈小 (C)摩擦動力愈小 (D)與傳達動力無關。

( ) **32** 二輪徑相同之開口皮帶機構中，若有效拉力為400N且總拉力為1100N，則其緊邊力與鬆邊力之比值為多少？ (A)2.75 (B)4 (C)3 (D)2.14。

( ) **33** 設有一帶圈之速度為200m/min，其緊邊張力與鬆邊張力之差為900N，試求其傳達功率為多少kW？ (A)3 (B)4 (C)5 (D)6 kW。

( ) **34** 下列有關皮帶之敘述何者最不正確？
(A)一般皮帶滑動率約2～3%
(B)一般皮帶輪之速比為$6\sim\frac{1}{6}$
(C)開口帶可加裝拉緊輪，拉緊輪是裝在緊邊之一側且靠近較大之帶輪
(D)皮帶輪為了增加接觸角鬆邊必須在上面。

( ) **35** 直徑60公分之皮帶輪，轉速736rpm，傳遞10π馬力之功率，若皮帶緊邊受力為鬆邊之2倍，皮帶每公分之允許拉力為500N，求皮帶的寬度為至少若干公分？ (A)1 (B)2 (C)4 (D)8。

( ) **36** 直徑40cm之皮帶輪，轉速750rpm，傳達5πkW之動力，設皮帶每公分寬允許250N拉力，且緊邊與鬆邊拉力比為7：3，則緊邊拉力為多少牛頓？ (A)3500 (B)1500 (C)1750 (D)750。

( ) **37** 開口平皮帶之傳動中，已知A輪直徑30cm，B輪轉速120rpm，中心距200cm，若無滑動現象，皮帶線速度3.14m/sec，則B輪直徑為： (A)25cm (B)40cm (C)50cm (D)60cm。

( ) **38** 關於皮帶輪傳達馬力，傳遞之效率與下列何者無關？
(A)皮帶圈材質強度 (B)皮帶圈與帶輪摩擦係數
(C)皮帶圈迴轉速度 (D)皮帶圈長度。

( ) **39** 三階皮帶輪用交叉式傳動，若主動軸轉速為300rpm，主動軸最大直徑為90cm，從動軸之轉速分別為900、450、150rpm，試求從動輪之最大直徑為多少公分？ (A)30 (B)40 (C)80 (D)160。

( ) **40** 若繩圈傳動之速度為10m/sec，繩輪直徑80cm，每一繩之緊邊張力為300N，鬆邊之張力為200N，若用20條繩圈一起傳達動力，則可傳達之動功率為多少仟瓦？ (A)1 (B)2 (C)10 (D)20。

( ) **41** 要防止帶圈脫落，實際上以採用： (A)帶叉 (B)凸緣帶輪 (C)平面帶輪 (D)隆面帶輪 約束較佳。

( ) **42** 下列有關皮帶之敘述何者最不正確？
(A)開口皮帶輪接觸角大輪$\theta_{大}$＞小輪$\theta_{小}$而且$\theta_{大}+\theta_{小}=2\pi$
(B)交叉皮帶接觸角，大輪$\theta_{大}$＝小輪$\theta_{小}$
(C)開口皮帶若發生打滑現象，一般會出現在大輪上
(D)皮帶用尺直接量長度時，每10呎應減去1吋來當皮帶長度。

( ) **43** 一對三階相等塔輪，如右圖所示，若主動軸之轉速為N＝200rpm，從動軸之最低轉速為n_5＝100rpm，則從動軸其他二階n_1與n_3之轉速分別為多少rpm？
(A)400，200
(B)200，400
(C)200，600
(D)600，200。

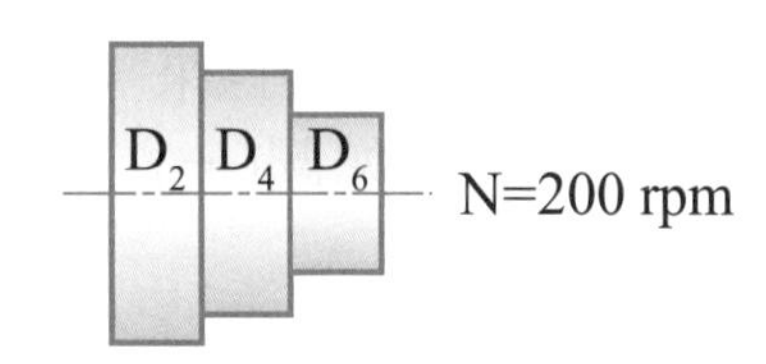

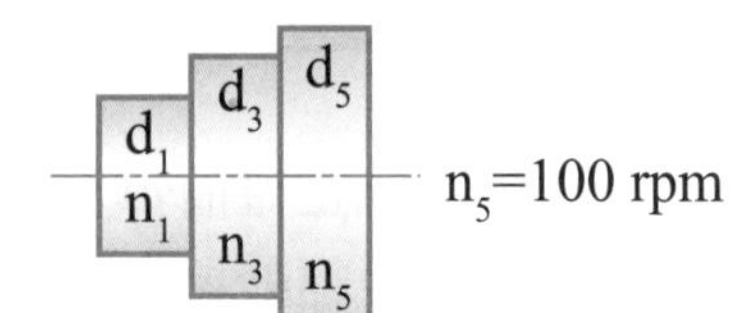

( ) **44** 相等五級塔輪之主動軸轉速120rpm，從動軸最低轉速60rpm，則從動軸最大轉速為 (A)80 (B)120 (C)200 (D)240 rpm。

( ) **45** 一皮帶輪的直徑為60cm，轉速為200rpm，若在無滑動情況下，此皮帶所傳達的功率為4.71kW，且皮帶的緊邊拉力為1000N，試求皮帶的鬆邊拉力約為多少N？ (A)250 (B)325 (C)450 (D)525。

( ) **46** 一組四級相等塔輪皮帶傳動系統，最低之輸出轉速N_1為50rpm且各級輸出轉速呈現等比級數，若第三級輸出轉速N_3為200rpm，求主動輪轉速約為多少rpm？（註：$\sqrt{2}\fallingdotseq1.41$，$\sqrt{3}\fallingdotseq1.73$）
(A)141 (B)173
(C)282 (D)346。

第8章 鏈輪

8-1 鏈條傳動

皮帶傳動時無法獲得精確轉速比（因為會打滑），而齒輪速比正確，但無法較遠距離傳動，則此時使用鏈條來傳動最恰當。如圖(一)所示。

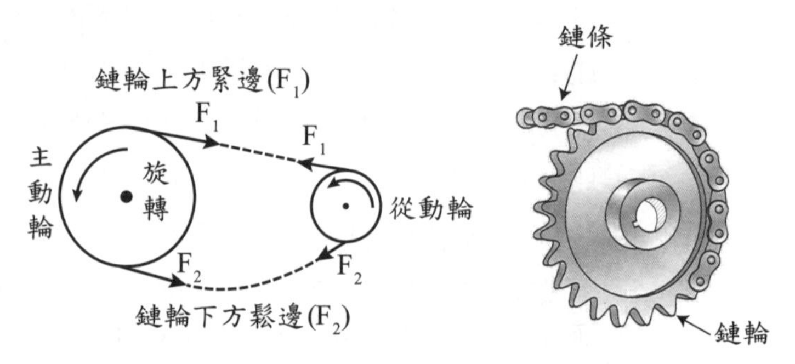

圖(一)　鏈條與鏈輪

1 鏈條傳動的優缺點：

(1) 優點：

①轉速比正確而無滑動。

②傳動距離較遠（近距離亦可使用）。

③鬆邊張力幾乎為零，只有緊邊有張力，故有效張力大（鏈條不是靠摩擦力傳動），傳動效率高，且軸承受力小，不易損壞。

④不受高溫、潮濕的影響，使用壽命長。

(2) 缺點：

①製造成本較高（裝置與維護較困難）。

②鏈輪之從動輪轉速不均勻，不適合高速轉動（易產生振動及噪音）。

③負荷過大時會斷裂，且須常潤滑。

④磨損後鏈條會伸長。

2 鏈輪傳動之注意事項：

(1) 速比應在1：7以下。鏈條應徹底潤滑，並加保護蓋以預防危險。

(2) 鏈條與鏈輪的接觸角應大於120°。

(3) 鏈條緊邊應在上方，鬆邊在下方（與皮帶輪相反）。

(4) 伸長量每呎不得超過$\frac{3}{8}$吋（約百分之3，即每公尺超過3cm之伸長量則不能再使用）。

(5) 為使磨損均勻，鏈條之鏈節為偶數，輪之齒數須為奇數。
(6) 鏈輪齒數宜多，鏈節宜短，從動輪轉速均勻，鏈輪齒數不得小於25齒，最多不超過120齒，否則齒數過小易產生振動和噪音；齒數過多，則鏈齒易脫鏈輪。
(7) 鏈輪之兩軸心距離一般以20~50倍之鏈條節距，若發生振動時，可取20倍以下較佳。

註 鏈輪傳動與帶輪傳動，相同的速比時，鏈輪寬度會比帶輪小。

立即測驗

( ) **1** 鏈條與鏈輪傳動時，鏈條繞於鏈輪上的接觸角，一般不得小於多少度？ (A)120º (B)140º (C)90º (D)100º。

( ) **2** 當傳動的距離較遠，且速比仍需正確時，用何種傳動方式較佳呢？ (A)皮帶 (B)鏈條 (C)摩擦輪 (D)齒輪。

( ) **3** 利用滾子鏈條傳動時，其節數通常為： (A)奇數 (B)偶數 (C)奇數偶數均可 (D)鏈輪齒數為偶數，鏈節則為奇數。

( ) **4** 有關鏈條之敘述，何者最不正確？ (A)鏈條屬於撓性傳動 (B)鏈條之緊邊宜在上方 (C)不易受溫度和溼氣影響，故壽命較長 (D)鏈條原動輪會有弦線作用而產生振動和噪音。

( ) **5** 鏈輪兩軸間之距離，一般是取鏈條鏈節距的多少倍？ (A)10~20倍 (B)20~30倍 (C)20~50倍 (D)50~90倍。

( ) **6** 下列敘述何者不為鏈條傳動之優點？ (A)不受溼氣及溼度之影響 (B)無滑動現象且效率高 (C)有效力量較大 (D)適合高速傳動且傳動速率非常穩定。

解答與解析

1 (A) **2 (B)** **3 (B)**

4 (D)。原動輪等速轉動，從動輪才有弦線作用。

5 (C) **6 (D)**

8-2 鏈條之種類及構造

鏈條種類很多，依功用分為起重鏈、輸送鏈、動力傳達鏈。

1 起重鏈：起重或曳引重物和吊掛作業用之鏈。

(1) 套環鏈（又稱平環鏈）：如圖(二)所示。平環鏈（套環鏈）由橢圓形金屬環所成，常用於吊車、起重機及挖土機，材料多為碳鋼、合金鋼。

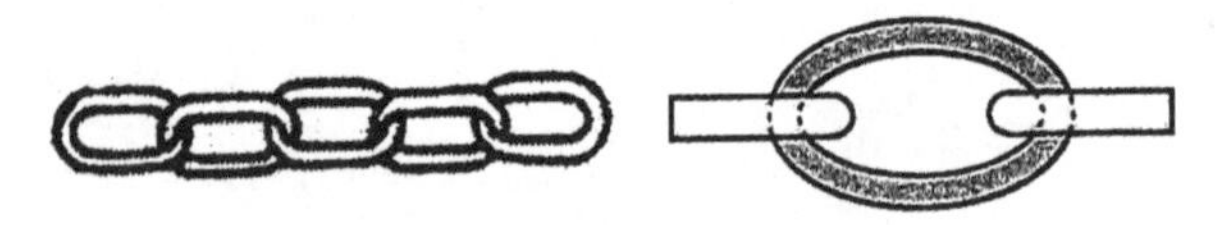

圖(二) 套環鏈（平環鏈）

(2) 柱環鏈（又稱日字鏈）：如圖(三)所示。外形與套環鏈相似，在每一套環中加支柱增加強度及定位，強度高。多用於船上之錨鏈及繫緊鏈，材料多為熟鐵或碳鋼、合金鋼。

圖(三) 柱環鏈（日字鏈）

2 輸送鏈（搬運鏈、運送鏈）：輸送或搬運用之鏈，如輸送帶。此種鏈條表面幾乎為平面，可直接將大貨物置於上方直接運送，亦可使用可撓性之帶或板將物品置於上方運送小貨物。

(1) 合環鏈：如圖(四)所示。又稱閉連鏈，鏈條由銷連接間隔和連接片而成。必為偶數節，使可連接成圈，而「偏位型鏈」（斜口式）鏈節奇數、偶數均可。用於低速重負荷之連續操作之運輸系統。

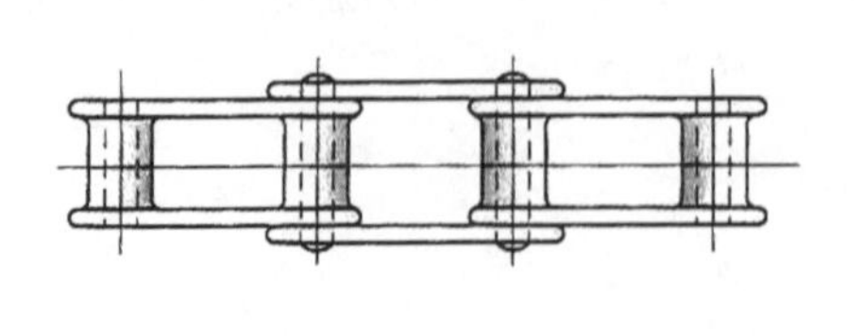

(a)平口式

（此為偶數節，不能使頭尾連成圈）

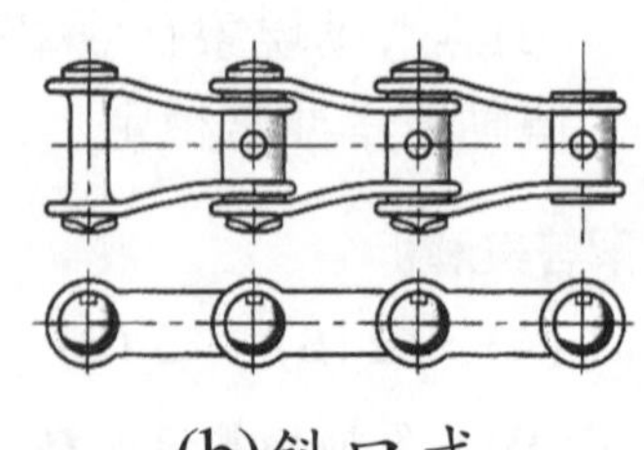

(b)斜口式

（偶數或奇數節，均可使頭尾相接成圈）

圖(四) 合環鏈

(2) 鉤節鏈（鉤連鏈）：如圖(五)所示。鏈條利用一端為活鉤互相連接另一端桿形至所需之長度，可隨時裝拆來調整長度，其表面近乎平面，可將物品置於其上運送，用於低速之傳送。

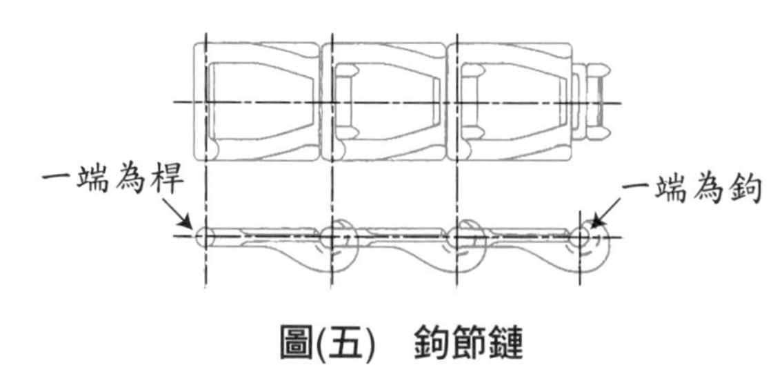

圖(五) 鉤節鏈

3 動力傳達鏈（功率傳達鏈）：用於傳達兩軸之動力與運動，可得正確之速比和傳動效率，鏈條與鏈輪經表面硬化處理以耐磨耗和增加使用壽命，一般為碳鋼、合金鋼精製而成。

(1) 塊狀鏈：如圖(六)所示。由鋼料衝製成8字形塊狀注環鋼塊，兩側用鋼片以銷子連接而成。用於低速之動力傳動，製造簡單，價格便宜。傳遞速度不超過250m／min。

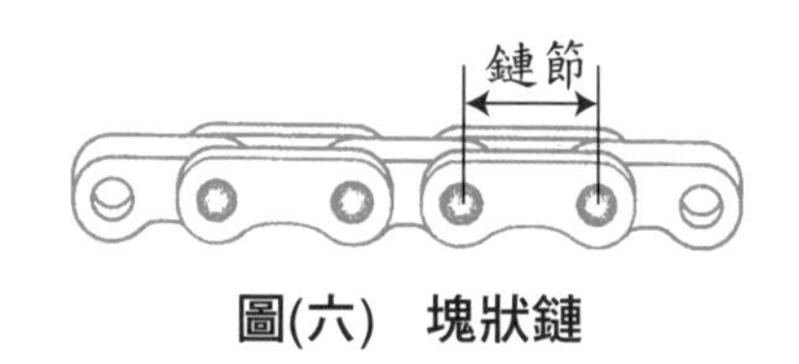

圖(六) 塊狀鏈

(2) 滾子鏈：如圖(七)所示。滾子鏈是由滾子、襯套、鋼銷、鏈板及開口銷組成。鏈條由滾子自由轉動減少摩擦力，提高效率，其鏈節最小單位為兩節為一單位，所以鏈節必為偶數，若為奇數必須使用偏位連接板才能使用。滾子鏈為應用最廣之動力鏈，如機車、腳踏車及鏈條連結器。可多條並聯使用，傳達動力大。為了磨損均勻，鏈輪常採奇數齒，通常17齒以上，為了極均勻傳動不得少於25齒。鏈輪的齒形曲線為節圓以上為漸開線，以下為圓形（半圓形）。傳遞速度約V＝300m／min。

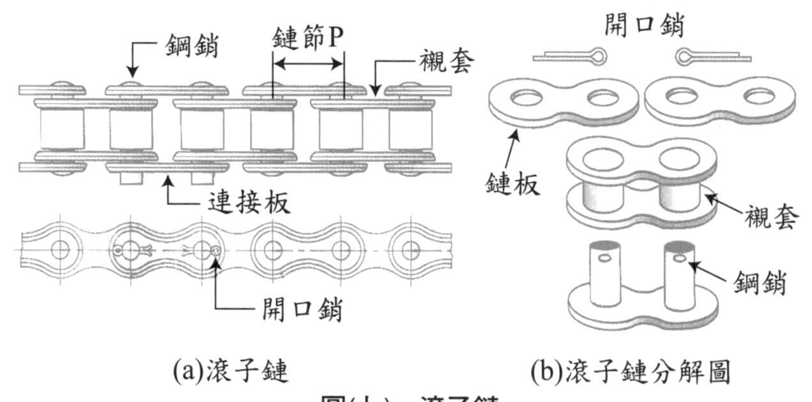

(a)滾子鏈　(b)滾子鏈分解圖

圖(七) 滾子鏈

(3) 無聲鏈（又稱倒齒鏈）：如圖(八)所示。鏈條與鏈輪傳動時由接觸到分離無滑動發生，所以沒有噪音。用於高速傳動，運轉時平穩無噪音且壽命長。傳動速度約450m/分。齒形之兩端製成斜直邊之齒型，不易脫鏈。鏈條因磨損而伸長時，鏈條與鏈輪接觸部份會漸漸遠離鏈輪中心而自動調節長度，所以磨損而增長時仍可使用（可取代引擎的確動皮帶）。

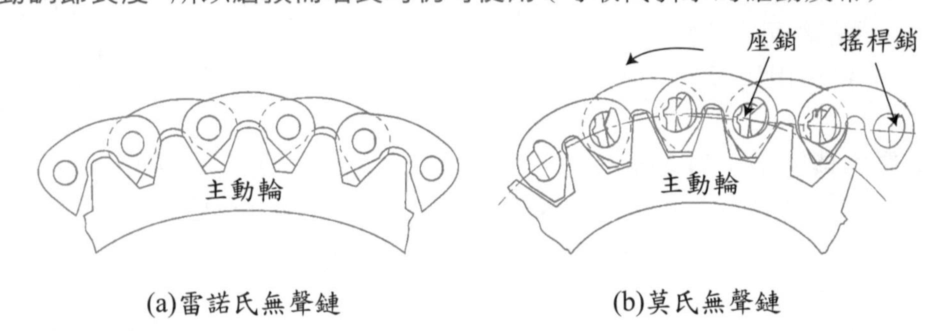

(a)雷諾氏無聲鏈　(b)莫氏無聲鏈

圖(八)　無聲鏈

無聲鏈分為兩種：

① 雷諾無聲鏈：其構造為鏈片兩端各有斜直邊而鏈輪亦有斜直邊的齒相接觸，當鏈條短時，鏈條在鏈輪上比較接近鏈輪中心，當鏈條磨損拉長時，逐漸遠離鏈輪中心，所以鏈條不會脫離鏈輪。

② 莫氏無聲鏈：將雷諾無聲鏈的圓柱銷改為座銷和搖桿銷，搖桿銷之表面在座銷平面做滾動接觸而無滑動，所以摩耗量少，可免加潤滑油，如需要，加少量即可。用於高速傳動精密機械、汽輪機。

立即測驗

(　　) **1** 何者為使用最多之動力傳達鏈條？
(A)滾子鏈　(B)無聲鏈
(C)塊狀鏈　(D)日字鏈。

(　　) **2** 一般用於吊車、起重機的鏈條為何種鏈條？
(A)塊狀鏈　(B)日環鏈
(C)鉤節鏈　(D)平環鏈。

(　　) **3** 動力傳達時最高速傳動且無噪音的鏈條是：
(A)滾子鏈　(B)塊狀鏈
(C)日環鏈　(D)倒齒鏈。

(　　) **4** 為什麼鏈輪設計時，鏈輪之輪齒常採用奇數齒，其主要原因為：
(A)減少振動與摩擦　(B)使磨損均勻
(C)減少弦線作用　(D)可避免鏈條脫鏈。

( ) **5** 無聲鏈運轉時安靜無聲，無聲鏈兩端的齒形狀為：
(A)斜直邊 (B)漸開線
(C)橢圓形 (D)拋物線。

( ) **6** 船舶上之錨鏈是使用何種鏈條？
(A)滾子鏈 (B)鉤節鏈
(C)平環鏈 (D)日環鏈。

( ) **7** 鏈條使用過久，導致鏈條脫離鏈輪，應使用何種鏈條可避免脫鏈？
(A)無聲鏈 (B)塊狀鏈
(C)滾子鏈 (D)日環鏈。

( ) **8** 下列何種鏈條為輸送鏈？
(A)滾子鏈 (B)柱環鏈
(C)合環鏈 (D)無聲鏈。

( ) **9** 下列何種鏈條有座銷和搖桿銷，可免加潤滑油，用於高速傳動之精密機械和汽輪機上？
(A)雷諾無聲鏈 (B)滾子鏈
(C)塊狀鏈 (D)莫氏無聲鏈。

( ) **10** 一般機車、腳踏車用何種鏈條傳動呢？
(A)塊狀鏈 (B)滾子鏈
(C)無聲鏈 (D)鉤節鏈。

解答 **1 (A)** **2 (D)** **3 (D)** **4 (B)** **5 (A)** **6 (D)** **7 (A)** **8 (C)** **9 (D)** **10 (B)**

8-3 速比

鏈條與鏈輪傳動時，因沒有滑動，所以主動輪與從動輪切線速度必相同。

$\therefore V_1 = V_2$，$\pi D_1 N_1 = \pi D_2 N_2$ $\therefore D_1 N_1 = D_2 N_2$ 即 $\dfrac{N_1}{N_2} = \dfrac{D_2}{D_1}$

1 鏈輪轉速比：鏈輪的轉速與齒數或節圓直徑成反比。

$$\frac{N_1}{N_2}=\frac{T_2}{T_1}=\frac{D_2}{D_1}$$

，N：鏈輪轉速，T：齒數，D：節圓直徑。

2 鏈條傳達之功率：

功率（瓦特）＝F（牛頓）·V（m/s）

F：鏈條緊邊張力（牛頓），V：鏈條平均速度（m/s），

1kW＝1000瓦特，1馬力（PS）＝736瓦特

註 若功率固定則鏈條張力F與速度V成反比。

3 鏈條長度：鏈條長度與開口皮帶長度計算方法相同。

$$鏈條長度\ L \doteqdot \frac{\pi}{2}(D+d)+2C+\frac{(D-d)^2}{4C}$$

其中 C：表軸心距離，D、d：表鏈輪的節圓直徑，

P：表鏈節長度，T：表齒數。

→總鏈節數 $n=\frac{L}{P}$（n必須進位取整數，若為奇數則加1求得偶數節），

由圓周長πD＝PT ∴節圓直徑 $D=\frac{PT}{\pi}$

$$\therefore L=\frac{\pi}{2}(\frac{PT_1}{\pi}+\frac{PT_2}{\pi})+2C+\frac{(\frac{PT_1}{\pi}-\frac{PT_2}{\pi})^2}{4C}$$

$$\therefore 總鏈節數\ n=\frac{L}{P}=\frac{1}{2}(T_1+T_2)+\frac{2C}{P}+\frac{P}{C}(\frac{T_1-T_2}{2\pi})^2\ 。$$

4 (1) 鏈輪的節圓直徑 $D=\frac{P}{\sin\theta}=\frac{P}{\sin(\frac{180^\circ}{T})}$。

(2) 鏈輪周節的半圓心角 $\theta=\frac{180^\circ}{T}$。

(3) 由圓周長PT ≒ πD→鏈輪節圓直徑 $D=\frac{PT}{\pi}$。

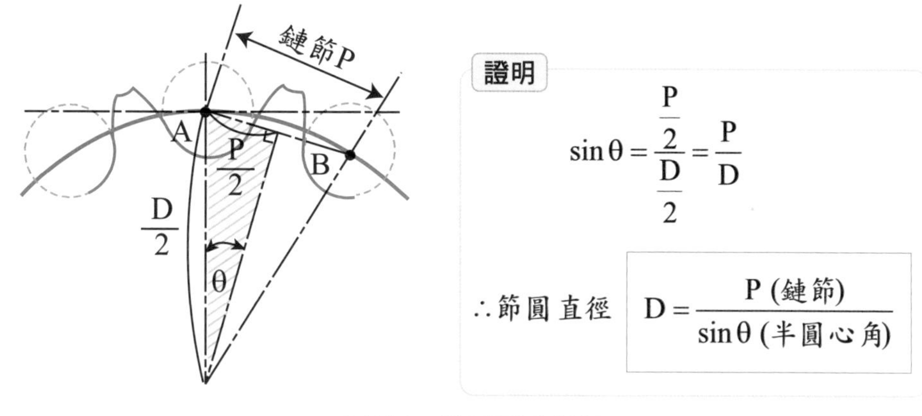

圖(九) 滾子鏈之鏈輪

5 鏈條傳動的多邊形傳動：

(1) 弦線作用：如圖(十)所示。當原動輪以等角速度旋轉時，鏈條在鏈輪上形成多邊形，非圓形，使得鏈條的速度隨時在變動，使從動輪之角速度不斷變化，而產生震動和噪音，稱為「弦線作用」。

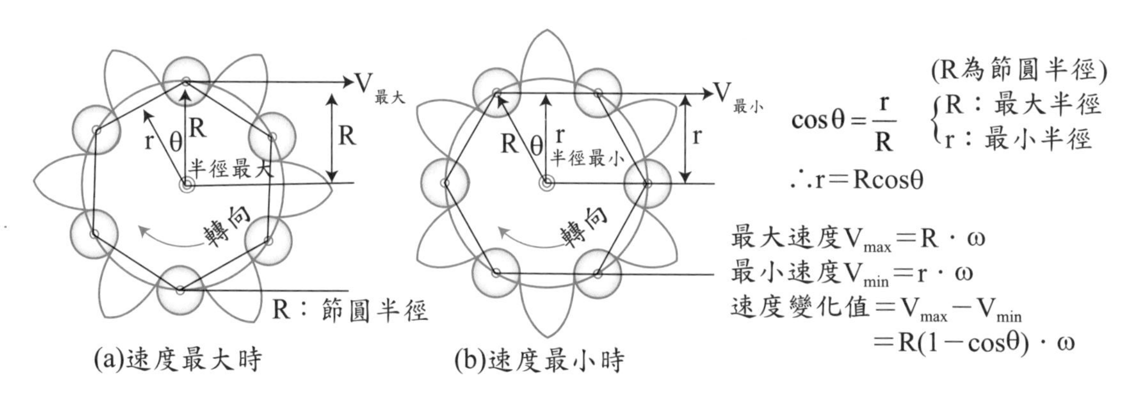

圖(十) 鏈條之速度變化

(2) 減少鏈輪傳動噪音之方法（減少弦線作用之方法）：

① 使用**節距較短**之鏈條。 ② **增加鏈輪齒數**。

③ 徹底給予**潤滑**。 ④ **降低轉速**。

⑤ 利用拉緊輪增加張力。

(3) 弦線作用之滾子中心與鏈輪軸心之垂直距離變動值

$$＝R－r＝R(1－\cos\theta)\ （其中\ \theta=\frac{180^\circ}{T}）（R為節圓半徑）。$$

鏈條長度、節數、節圓直徑

老師講解 1

兩鏈輪齒數分別為40齒及80齒，用2cm鏈節以滾子鏈作為傳動鏈條，兩軸心距離為100cm，試求(1)兩鏈輪之節圓直徑；(2)鏈節數；(3)鏈圈的長度。

解：1. 由$\pi D = PT$ ∴節圓直徑$D = \dfrac{PT}{\pi}$（P：鏈節長度，T：齒數）

$$\therefore D = \frac{PT_1}{\pi} = \frac{2\times 80}{\pi} = \frac{160}{\pi}\ \text{cm} \fallingdotseq 51\ \text{cm}$$

$$d = \frac{PT_2}{\pi} = \frac{2\times 40}{\pi} = \frac{80}{\pi}\ \text{cm} \fallingdotseq 25.5\ \text{cm}$$

2. $$L = \frac{\pi}{2}(D+d) + 2C + \frac{(D-d)^2}{4C} = \frac{\pi}{2}(\frac{160}{\pi} + \frac{80}{\pi}) + 2\times 100 + \frac{(\frac{160}{\pi} - \frac{80}{\pi})^2}{4\times 100}$$

$$= 120 + 200 + 1.63 = 321.63\ \text{cm}$$

一節2cm，共需$\dfrac{321.63}{2} = 160.8$節→需162節（鏈節需偶數）

3. 一節2cm→需162節為$162\times 2 = 324$cm之鏈條長度

學生練習 1

兩鏈輪中心距離為220cm，鏈節長度為3cm，兩齒輪分別為60齒及30齒，(1)兩鏈輪之節圓直徑；(2)鏈節數；(3)鏈圈長度。

鏈條傳遞之功率

老師講解 2

若鏈條傳動時，緊邊張力為1500N，鏈條平均速度為20m/min，則此鏈條可傳送功率若干kW？多少PS？

解：功率（瓦）＝F（牛頓）・V（m/s）

$$（20m/分 = 20\times\frac{m}{60秒}=\frac{1}{3}\ m/s）$$

$$\therefore 功率 = 1500\times\frac{1}{3} = 500瓦特 = 0.5kW$$

1PS＝736瓦特

$$\therefore 功率 = \frac{500}{736}\ PS \fallingdotseq 0.68PS$$

學生練習 2

若一動力鏈條之緊邊張力為12kN牛頓，平均速度為45m/min，則此鏈條可傳遞之功率為若干仟瓦（kW）？

鏈輪之轉速與速度、位移之計算

老師講解 3

世界腳踏車冠軍—阿姆斯壯騎公路腳踏車，若前、後方鏈輪之齒數分別為50齒及25齒，若阿姆斯壯每分鐘踩踏150轉，若後輪直徑為80公分，試求後輪每分鐘轉速和此時腳踏車之速度km/hr？

解：1. $\dfrac{N_{前}}{N_{後}}=\dfrac{T_{後}}{T_{前}}$，$\dfrac{150}{N_{後}}=\dfrac{25}{50}$ $\therefore N_{後}=300\text{rpm}$

2. $V=r\omega=0.4\times10\pi$

$$=4\pi\text{m/s}=\frac{4\pi\times\frac{1}{1000}\text{km}}{\frac{1}{3600}\text{hr}}$$

$$=14.4\pi\text{km/hr}$$

（$D=0.8\text{m}$ $\therefore r=0.4\text{m}$

$$300轉/分=\frac{300\times2\pi\ \text{rad}}{60\ \text{sec}}=10\pi\text{rad/s}$$）

學生練習 3

捷安特腳踏車，當前、後鏈輪之齒數各為50齒及15齒，若前鏈輪轉速為120rpm，則後輪之轉速為若干？若後輪胎直徑為80公分，則此腳踏車每分鐘可行走若干公尺？

鏈條之弦線變化值計算與功率損耗計算

老師講解 4

若一鏈輪有6齒，鏈輪節圓直徑為100公分，轉速120rpm，則弦線作用的變動值為多少公分？鏈圈上最大線速度、最小之線速度各為多少m/s？

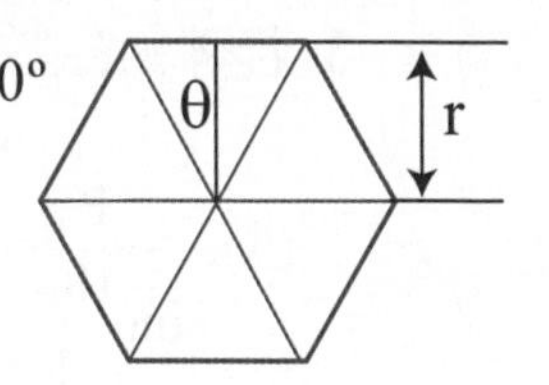

解：1. $\theta=\dfrac{180°}{T}=\dfrac{180°}{6}=30°$，$R=50cm$，$r=50\cos30°$

$=50\times0.866=43.3cm$

∴弦線變化值$=R-r=50-43.3=6.7cm$

2. 120轉/分$=\dfrac{120\times2\pi\ rad}{60\ sec}=4\pi rad/s$

$V(m/s)=r(m)\,\omega(rad/s)$

$\therefore V_{max}=R\cdot\omega=0.5\times4\pi=2\pi\ m/s$

$V_{min}=r\cdot\omega=0.433\times4\pi=1.732\pi\ m/s$

學生練習 4

若鏈輪傳動時，鏈輪A以20齒200rpm迴轉帶動40齒的B鏈輪，若傳動過程有20%的動力變成熱而損耗掉，則鏈輪B的轉數為多少rpm？若B輪直徑150cm且其緊邊張力500N，則傳動之功率為多少kW？

立即測驗

( ) **1** A和B兩鏈輪裝鏈條來傳動，已知A輪轉速為300rpm，齒數為20齒，鏈條節距為20mm，若摩擦損失20％之動力，則鏈條的平均線速度為多少m/sec？ (A)3.2 (B)4 (C)1.6 (D)2。

( ) **2** 腳踏車前輪60齒，後輪15齒，當前輪轉速150rpm時，則後輪轉速為何？ (A)600 (B)100 (C)37.5 (D)350 rpm。

( ) **3** 若鏈輪齒數為T，半角為θ，鏈節為P，則鏈輪的節圓直徑為何？
(A)$\dfrac{P}{\sin(\frac{180^\circ}{T})}$ (B)$\dfrac{\sin(\frac{180^\circ}{T})}{P}$ (C)$\dfrac{P}{\sin(\frac{360^\circ}{T})}$ (D)$\dfrac{\cos(\frac{360^\circ}{T})}{P}$。

( ) **4** 兩鏈輪中心距離為180cm，節圓直徑分別為57cm及29cm，則鏈條之長度約為多少公分？ (A)436cm (B)456cm (C)466cm (D)496cm。

( ) **5** 一部自行車，輪胎直徑為60cm，其前輪齒數為60齒、後齒輪為30齒，當小明踩腳踏板10圈之後，自行車可前進多少公尺？
(A)188.4 (B)37.7 (C)376.8 (D)18.8 m。

( ) **6** 自行車使用的鏈條節距為1.3cm，鏈輪中心距為44cm，前後鏈輪齒數分別為38齒與19齒，則使用的鏈條長度最短約為多少cm？
(A)75.4 (B)127.4 (C)148.2 (D)162.5。

( ) **7** 若一鏈輪為30齒，則鏈輪周節半角θ為多少度？
(A)6º (B)9º (C)12º (D)18º。

( ) **8** 鏈輪的轉速與節圓直徑成 (A)反比 (B)正比 (C)平方比 (D)鏈輪轉速與節圓直徑無關。

( ) **9** 若一鏈節為2公分的鏈輪齒數分別為46齒與24齒，中心距為100公分，試求鏈節數為多少？ (A)134 (B)136 (C)135 (D)138。

解答與解析

1 (D)。V＝rω，πD＝PT，$\therefore D=\dfrac{PT}{\pi}=\dfrac{2\times 20}{\pi}=\dfrac{40}{\pi}$ cm

（鏈輪不會打滑，轉速比固定，與摩擦損失無關）

$300轉/分=\dfrac{300\times 2\pi\ rad}{60\ 秒}=10\pi rad/s$，$r=\dfrac{20}{\pi}cm=\dfrac{0.2}{\pi}m$

$\therefore V = r\omega = \frac{0.2}{\pi} \times 10\pi = 2\ m/s$ 。

2 (A)。$\frac{N_{前}}{N_{後}} = \frac{T_{後}}{T_{前}}$ ，$\frac{150}{N_{後}} = \frac{15}{60}$ $\therefore N_{後} = 600rpm$。

3 (A)。$D = \frac{P}{\sin\theta} = \frac{P}{\sin(\frac{180°}{T})}$ 。

4 (D)。$L = \frac{\pi}{2}(D+d) + 2C + \frac{(D-d)^2}{4C} = \frac{\pi}{2}(57+29) + 2\times180 + \frac{(57-29)^2}{4\times180}$

$= 496.1cm$。

5 (B)。$\frac{N_{前}}{N_{後}} = \frac{T_{後}}{T_{前}}$ ，$\frac{10}{N_{後}} = \frac{30}{60}$

$\therefore N_{後} = 20$圈，1圈$= 2\pi\ rad$

$s = r \cdot \theta = (0.3)(20\times2\pi) = 12\pi m ≒ 37.7m$。

6 (B)。鏈條長度$= \frac{\pi}{2}(D+d) + 2C + \frac{(D-d)^2}{4C}$，節圓直徑$D = \frac{PT}{\pi}$

鏈條長度$= \frac{\pi}{2}\left(\frac{1.3\times38}{\pi} + \frac{1.3\times19}{\pi}\right) + 2\times44 + \frac{\left(\frac{1.3\times38}{\pi} - \frac{1.3\times19}{\pi}\right)^2}{4\times44}$

$= 125.4cm$

鏈節數$= \frac{鏈輪長度}{鏈節長度} = \frac{125.4}{1.3} = 96.46$節$= 98$節（進位取整數，鏈輪為均勻磨損，鏈節為偶數節）

$98\times1.3 = 127.4cm$

7 (A)。$\theta = \frac{180°}{T} = \frac{180°}{30} = 6°$ 。

8 (A)

9 (B)。$D = \frac{PT}{\pi}$ $\therefore D = \frac{2\times46}{\pi}$ ，$d = \frac{2\times24}{\pi}$

$L = \frac{\pi}{2}(D+d) + 2C + \frac{(D-d)^2}{4C} = \frac{\pi}{2}(\frac{92}{\pi} + \frac{48}{\pi}) + 2\times100 + \frac{(\frac{92}{\pi} - \frac{48}{\pi})^2}{4\times100}$

$= 270.49\ cm$

節數$= \frac{270.49}{2} = 135.24$節，取136節。

考前實戰演練

( ) 1 鏈條與鏈輪之接觸角，最好為多少度以上為佳？ (A)180º (B)150º (C)120º (D)90º。

( ) 2 何者不是鏈條傳動之優點？ (A)不受濕氣及冷熱之影響 (B)無滑動現象且傳動效率高 (C)有效挽力較大 (D)適合高速迴轉且傳動速率穩定。

( ) 3 二鏈輪的中心距離為鏈節的多少倍最理想？ (A)0～30 (B)20～50 (C)50～80 (D)70～90。

( ) 4 欲使鏈輪傳動均勻，鏈輪齒數不得少於： (A)20 (B)25 (C)30 (D)35。

( ) 5 動力鏈條每呎有多少吋之拉長，就無法使用，必須更換新鏈條？ (A)$\frac{1}{8}$ (B)$\frac{3}{4}$ (C)$\frac{3}{8}$ (D)$\frac{1}{4}$。

( ) 6 下列何者不是鏈條之特性？ (A)可傳動較遠距離 (B)靠摩擦力傳動 (C)有效拉力大，傳動效率高 (D)緊邊張力大。

( ) 7 何者最適合用於傳遞兩長距離之動力，轉速比又正確？ (A)摩擦輪系 (B)皮帶輪系 (C)齒輪系 (D)鏈輪系。

( ) 8 鏈輪傳動時的轉速比與： (A)節徑成反比，齒數成正比 (B)節徑成正比，齒數成反比 (C)節徑成反比，齒數成反比 (D)節徑成正比，齒數成反比。

( ) 9 下列何者不是在鏈條傳動之優點？ (A)傳動距離遠 (B)不受溼氣與高溫影響 (C)有效張力較皮帶大 (D)傳動速率穩定。

( ) 10 為使磨損均勻，鏈輪之齒數最好為： (A)奇數 (B)偶數 (C)奇數、偶數皆可 (D)25齒以下用奇數；25齒以上用偶數。

( ) 11 鏈輪輪齒為奇數，鏈條之節數為偶數之原因是為了： (A)減少振動 (B)使磨損均勻 (C)避免脫鏈 (D)減少弦線作用。

( ) 12 鏈條的擺動及噪音應防止，預防的方法何者不正確？ (A)利用拉緊輪增加張力 (B)改變鏈輪之轉速 (C)轉速過大時，使用較大鏈節的鏈條 (D)徹底給予潤滑。

(　　) **13** 下列何者不正確？ (A)自行車或機車所採用的傳動鏈條為滾子鏈 (B)無聲鏈屬於動力傳達鏈 (C)鏈輪輪齒之形狀，上半部為漸開線，下半部為半圓形 (D)鏈輪與鏈條的傳動為剛體中間聯接傳動。

(　　) **14** 使用鏈圈傳達動力時下列敘述何者正確？ (A)無緊邊拉力 (B)傳動效率較低 (C)有滑動產生 (D)有效拉力等於緊邊張力。

(　　) **15** 若滾子鏈的鏈節愈長則： (A)效率愈高 (B)愈不適合高速之轉動 (C)傳動馬力愈大 (D)有效挽力愈大。

(　　) **16** 何者不是鏈條的功用？ (A)起重 (B)輸送 (C)動力傳送 (D)連接機件。

(　　) **17** 鏈條之傳動，下列何者不正確？ (A)轉速比為定值 (B)可作遠距離之傳動 (C)在相同的速比下，鏈輪之外徑比皮帶輪小 (D)適合高速轉動。

(　　) **18** 下列有關鏈條之敘述，何者錯誤？ (A)鏈輪齒數一般不得少於17齒 (B)在相同速比下，鏈輪之外徑比皮帶輪大 (C)不易受溫度和濕氣影響，故壽命較長 (D)在高速運轉下無法使用。

(　　) **19** 下列何種鏈條有座銷和搖桿銷，可免加潤滑油，用於高速傳動之精密機械和汽輪機上？ (A)雷諾無聲鏈 (B)滾子鏈 (C)塊狀鏈 (D)莫氏無聲鏈。

(　　) **20** 以速率而言，下列何種鏈的傳遞速率最快？ (A)塊狀鏈 (B)倒齒鏈 (C)滾子鏈 (D)合環鏈。

(　　) **21** 無聲鏈之鏈條不容易脫離鏈輪的原因是： (A)鏈輪之齒與鏈條無磨損現象 (B)鏈不易拉長 (C)鏈條之銷子可調節鏈的長短 (D)鏈輪與鏈條接觸面為直線，鏈條在鏈輪上能按鏈節之長短自行調整其應佔的地位。

(　　) **22** 無聲鏈傳動可以無聲，是因為： (A)有消音器 (B)無滑動發生 (C)鏈輪較大 (D)鏈輪較小。

(　　) **23** 高速動力傳動，不產生噪音與陡震為何種鏈條？ (A)塊狀鏈 (B)鈎節鏈 (C)滾子鏈 (D)倒齒鏈。

(　　) **24** 日字鏈於每節套環中央均有一橫柱，此功用為下列何者？ (A)美觀 (B)利於串接 (C)增加強度及定位 (D)懸掛物件用。

(　　) **25** 自行車或機車一般所採用之傳動鏈條為下列何者？　(A)平環鏈　(B)塊狀鏈　(C)柱環鏈　(D)滾子鏈。

(　　) **26** 無聲鏈又稱倒齒鏈，鏈條與鏈輪的接觸到分離，無滑動發生，因此運轉時沒有噪音，下列其特點何者錯誤？　(A)適用於較大負荷及高速動力傳動的場合　(B)節距因磨損而增長時，可自調整其應佔位置，仍可使用　(C)傳動時不生噪音與陡震，效率高，壽命長　(D)齒片兩端的齒形為斜曲線。

(　　) **27** 傳遞動力之鏈輪中效率最佳的是：　(A)柱環鏈　(B)塊狀鏈　(C)倒齒鏈　(D)滾子鏈。

(　　) **28** 何者為最常用之動力鏈條？　(A)滾子鏈　(B)塊狀鏈　(C)無聲鏈　(D)平環鏈。

(　　) **29** 鏈輪鏈齒之外形曲線：　(A)下半為圓形，上半為漸開線　(B)下半漸開線，上半圓形　(C)下半擺線，上半圓形　(D)下半擺線，上半漸開線。

(　　) **30** 動力鏈中，傳動速度的快慢，下列順序何者正確？　(A)無聲鏈＞滾子鏈＞塊狀鏈　(B)滾子鏈＞無聲鏈＞塊狀鏈　(C)無聲鏈＞塊狀鏈＞滾子鏈　(D)滾子鏈＞塊狀鏈＞無聲鏈。

(　　) **31** 有關柱環鏈之敘述，下列何者錯誤？　(A)又稱日型鏈　(B)屬於動力鏈　(C)橢圓環中加一橫支柱是為了增加其強度與定位　(D)常用於船上之錨鏈。

(　　) **32** 為了防止使用時間過久，每一鏈節之長與鏈輪輪齒上的周節不能相合導致鏈條脫離鏈輪，應採用：　(A)倒齒鏈　(B)塊狀鏈　(C)滾子鏈　(D)柱環鏈。

(　　) **33** 鏈輪之速度比要求約為3，若為降低磨損的考慮，最佳之兩鏈輪齒數為：　(A)15，45　(B)16，48　(C)25，75　(D)20，60。

(　　) **34** 二鏈輪中心距離為180cm，鏈節長度為4cm，大小輪齒數分別為60齒及40齒，此鏈條之長度約為若干公分？　(A)561　(B)541　(C)551　(D)568。

(　　) **35** 某鏈輪之齒數為60，鏈節長度為3cm，則其節圓直徑為多少cm？（$\sin 3^\circ = 0.052$，$\sin 6^\circ = 0.104$，$\sin 60^\circ = 0.866$）：　(A)3.46　(B)28.8　(C)76.9　(D)57.7　cm。

( ) **36** 二鏈輪中心距200cm，大小鏈輪節圓直徑為60cm及30cm，則鏈條長度約為多少公分： (A)542.5 (B)532.5 (C)522.5 (D)552.5 cm。

( ) **37** 為避免鏈條傳動時產生擺動及噪音，可採行之方法中下列何者正確？ 1.徹底給予潤滑 2.改變鏈輪轉速 3.變更軸間距離 4.減少鏈輪齒數，加大鏈條規格 5.利用拉緊輪，增加張力。： (A)1245 (B)123 (C)1235 (D)12345。

( ) **38** 欲使弦線作用減小，下列何者不可行？ (A)鏈輪之速率須降低 (B)鏈輪齒數盡量多 (C)鏈輪直徑加大 (D)採用鏈節小、齒數多之鏈輪。

( ) **39** θ為鏈節半角，P為鏈節長度，D為鏈輪節圓直徑，T為鏈輪齒數，則何者錯誤？

(A) $D=\dfrac{P}{\sin\theta}$ (B) $D=\dfrac{P\times T}{\pi}$ (C) $D=\dfrac{\pi\times P}{T}$ (D) $\theta=\dfrac{180^\circ}{T}$ 。

( ) **40** 鏈輪傳送之功率固定，則鏈條張力與線速度： (A)平方成正比 (B)平方成反比 (C)成正比 (D)成反比。

( ) **41** 一鏈輪傳動組，若A為27齒以200rpm迴轉帶動54齒的B輪，若傳動過程有2%的動力變成熱而損耗掉，則鏈輪B的轉數為： (A)98 (B)400 (C)100 (D)396 rpm。

( ) **42** 二個鏈輪48齒及24齒，利用3πmm節距之滾子鏈作傳動，二軸距1000mm，則二鏈輪之直徑各為： (A)144，72 (B)72，144 (C)80，40 (D)120，60 mm。

( ) **43** 鏈條節數與鏈輪齒數，應該以： (A)節數為奇數，齒數為偶數 (B)節數為偶數，齒數為奇數 (C)二者皆奇數 (D)二者皆偶數。

( ) **44** 鏈輪傳動時，其速度變化隨鏈條速率增大而： (A)愈大 (B)愈小 (C)不變 (D)視齒數而定。

( ) **45** A及B鏈輪裝上鏈條傳動，已知A輪轉速為300rpm，齒數為20齒，假設鏈條節距為20mm，則鏈條之平均線速度為多少m/sec？ (A)8 (B)1.0 (C)4 (D)2.0。

( ) **46** 一組鏈輪機構於傳動運轉中，若兩個鏈輪的轉速比為4：1，下列敘述何者錯誤？ (A)兩個鏈輪的節圓直徑相同 (B)鏈條上任意點的運動速度不為等速 (C)鏈條鬆邊和緊邊的運動線速度之大小相同 (D)透過鏈輪機構的傳動，兩軸的扭力比例為1：4。

( ) **47** 若一鏈輪之最大容許張力為4000N，其轉速為60rpm，傳達2πkW時，求鏈輪之節圓直徑為若干公分？ (A)25 (B)50 (C)100 (D)200 cm。

( ) **48** 若鏈輪齒數為T，半角為θ，鏈節為P，則鏈輪的節圓直徑為何？
(A)$\dfrac{P}{\sin(\frac{180^\circ}{T})}$ (B)$\dfrac{\sin(\frac{180^\circ}{T})}{P}$ (C)$\dfrac{P}{\sin(\frac{360^\circ}{T})}$ (D)$\dfrac{\cos(\frac{360^\circ}{T})}{P}$。

( ) **49** 有一部自行車，前、後鏈輪之齒數分別為50齒即15齒，若前輪轉速75rpm，後輪之輪胎直徑為60cm，則該自行車的速度為多少km/hr？ (A)5π (B)9π (C)10π (D)18π。

( ) **50** 一鏈輪30齒，節徑100cm，若轉速為300rpm，則下列何者錯誤？（已知：sin3º＝0.0523，sin6º＝0.1045，sin84º＝0.9945，sin87º＝0.9986）： (A)鏈輪周節半圓心角為6º (B)弦線作用之變動值為0.275cm (C)鏈條之最大速度為15.7m/sec (D)鏈條之最小速度為1.64m/sec。

( ) **51** 一鏈輪傳動裝置，兩軸中心距為120公分，鏈節長為3公分，速比為3：7，小鏈輪的齒數為21齒，則其鏈條總長度為多少公分？ (A)345 (B)342 (C)348 (D)351。

( ) **52** 二鏈輪傳動，若原動鏈輪的節圓直徑30cm，轉速300rpm，緊邊張力為420牛頓，摩擦損失為20%，則其所傳達之動力約為多少KW？ (A)1.58 (B)3.16 (C)3.72 (D)1.98。

( ) **53** 下列有關於滾子鏈條傳動的敘述，何者錯誤？ (A)用於水平傳動時，鏈條應將其緊邊至於上方，鬆邊置於下方 (B)鏈輪的輪齒數愈少，從動鏈輪轉速的變動範圍也愈小 (C)鏈輪的輪齒數過少，易生擺動及噪音；過多則易脫離鏈輪 (D)接觸角應在120º以上，兩軸中心距離為鏈條節距的20～50倍左右。

( ) **54** 摩擦輪傳動的特點，下列敘述何者不正確？ (A)當從動輪阻力過大時會在摩擦接觸處發生滑動，從動機件不致損壞 (B)整體裝置簡單、便宜，傳動時噪音較小 (C)不適合傳動大扭矩大馬力負載 (D)主動輪常由較從動輪硬的材質構成，可使傳動系統有較長使用壽命。

第9章 摩擦輪

9-1 摩擦輪傳動原理

1 利用摩擦力將動力直接傳給其他輪，而本身亦轉動者稱為「摩擦輪」，常用於遊樂場之海盜船、雲霄飛車轉彎、剷雪機等，凡負載輕、速比不需正確時使用。其優缺點為：

(1) 優點：

①輕負荷時，可高速迴轉。

②裝置簡單、成本低、維修容易，起動緩和、噪音小。

③負載超過時，會產生滑動，不致於損壞機件。

(2) 缺點：

①不能傳達較大動力（因摩擦力有限）。

②轉速比不精確（會發生滑動現象），因滑動現象有動力損失。

③接觸面易磨損。

2 原動輪大都採用較軟材料，從動輪多使用硬質材料，如鑄鐵或鋁合金，而原動輪材料為鑄鐵，表面加襯皮革、橡膠、木材纖維以原動輪軟之材料，可增加摩擦係數，當負荷過大不會損壞從動輪。

3 摩擦輪利用摩擦力來傳動，利用滾動接觸傳動，但實際上摩擦輪會打滑，很難得到純滾動之接觸，但為了計算方便，通常把摩擦輪視為滾動接觸。

4 滾動接觸傳動條件：

(1) 兩機件在接觸點之切線速度必相等。

(2) 接觸點恆在連心線上。

(3) 兩機件的傳動弧長必相等。

5 摩擦力：$f=\mu N_{正}$

其中f為摩擦力（單位為牛頓），μ為摩擦係數，$N_{正}$為兩輪之正壓力（單位為牛頓）。

6 摩擦輪傳達功率（瓦特）＝f（牛頓）×V（m/s）＝$\mu N_{正}$・V＝$\mu N_{正}$・r・ω

V：速度（m/sec）　f：摩擦力（牛頓）
r：半徑（m）　ω：角速度（rad/s）

註 功率＝$f \cdot V = \mu N_{正} \cdot V = \mu N_{正} \cdot r\omega = \mu N_{正} \cdot \frac{D}{2} \times \frac{2N\pi}{60} = \frac{\mu N_{正}\pi DN}{60}$（瓦特）

∴功率（仟瓦）＝$\frac{F \cdot V}{1000} = \frac{\mu P\pi DN}{1000 \times 60}$（$N_{正}$＝P＝正壓力）

或功率（馬力）＝$\frac{1}{736} \times \frac{\mu P\pi DN}{60}$（P為正壓力）

1kW（千瓦）＝1000瓦特＝$\frac{1}{0.736}$PS（馬力）＝1.36PS，

1馬力＝736瓦特，速度V＝rω。

註 增加摩擦輪傳動功率之方法：
（因為功率$F \cdot V = f \cdot r \cdot \omega = \mu N_{正} \cdot r \cdot \omega$）
①增加正壓力（因正壓力大時極易損壞機件，故不可過大）。
②增加輪子直徑（受空間的限制）。
③增加轉速（有最大極限的限制）。
④增加摩擦係數，為摩擦輪增加傳動功率的最佳方法。

Notes

摩擦輪傳送功率之正壓力

老師講解 1

一摩擦輪傳動，其中一輪直徑100公分，轉速為600rpm，若接觸面摩擦係數為0.2，傳動2π馬力，問施加該輪的垂直正壓力為若干牛頓？

解：2π馬力＝2π×736瓦特，r＝50cm＝0.5m

$$\omega = 600\text{rpm} = \frac{600\text{轉}}{\text{分}} = \frac{600\times 2\pi \text{ rad}}{60\text{秒}} = 20\pi \text{ rad/s}$$

∴功率＝f‧V＝$\mu N_{正}$‧r‧ω

$2\pi \times 736 = 0.2 \times N_{正} \times 0.5 \times 20\pi$

∴正壓力$N_{正}$＝736牛頓

學生練習 1

直徑200mm之摩擦輪，轉速為300rpm，傳達功率4πkW，若接觸處的摩擦係數為0.25，則垂直正壓力為多少牛頓？

摩擦輪傳送功率

老師講解 2

摩擦輪直徑為120公分，每分鐘轉速為250轉，若正壓力為2000牛頓，摩擦係數0.2，試求可傳送之功率為多少仟瓦（kW）？

解：$r=60cm=0.6m$，$\omega=250$轉/分

$$=\frac{250\times 2\pi \text{ 弧度}}{60 \text{ 秒}}=\frac{25}{3}\pi \text{ rad/s}$$

$$\text{功率}=f\cdot V=\mu N_{\text{正}}\cdot r\cdot \omega$$

$$=0.2\times 2000\times 0.6\times \frac{25}{3}\pi$$

$$=2000\pi \text{ 瓦特}=2\pi kW$$

學生練習 2

一摩擦輪直徑20cm，轉速736rpm，摩擦係數0.2，二輪間之垂直壓力3000N，可傳送多少馬力之功率？

立即測驗

( ) **1** 哪一種傳動機構，當負載突然增大時，在接觸面會產生滑動，使機件不致損傷？ (A)摩擦輪 (B)鏈輪 (C)齒輪 (D)連桿 機構。

( ) **2** 摩擦輪之從動輪一般以何種材料製成？ (A)橡膠 (B)木材 (C)比主動輪硬的金屬 (D)比主動輪軟的金屬。

( ) **3** 摩擦輪傳動之功率與下列敘述何者正確？ (A)摩擦係數無關 (B)與正壓力成正比 (C)與轉速成反比 (D)與直徑大小無關。

( ) **4** 下列敘述何者不是摩擦輪傳動之優點？ (A)噪音小 (B)構造簡單 (C)負荷過大時，機件不易損壞 (D)轉速比準確。

( ) **5** 滾動接觸的條件中，下列敘述何者錯誤？ (A)接觸點必在連心線上 (B)接觸點之線速度必相等 (C)傳動弧長必相等 (D)兩輪角速度必相等。

( ) **6** 摩擦輪傳動時則下列敘述何者正確？ (A)具有準確的轉速比 (B)傳達功率的大小不受正壓力影響 (C)摩擦係數愈小對傳動愈有利，不會有能量之損失 (D)傳達相同馬力時若降低轉速則需增高正壓力。

( ) **7** 若圓柱形摩擦輪之直徑為100cm，轉速為600rpm，接觸面之正壓力為2000N，摩擦係數為0.2，則其傳動功率為多少kW？ (A)π (B)2π (C)4π (D)8π。

( ) **8** 若摩擦輪直徑50公分，接觸處面摩擦係數為0.1，今以300rpm傳輸動力為6.28馬力，則其正壓力為若干牛頓？
(A)2888 (B)4888 (C)5888 (D)16000。

解答與解析

1 (A) **2 (C)** **3 (B)** **4 (D)** **5 (D)** **6 (D)**

7 (C)。$r=0.5m$，$\omega=600轉/分=600\times\dfrac{2\pi\ rad}{60秒}=20\pi rad/s$

$功率=F\cdot V=\mu N_{正}\cdot r\cdot\omega=0.2\times2000\times0.5\times20\pi$

$=4000\pi瓦特=4\pi kW$

8 (C)。$r=25cm=0.25m$，$\omega=300$轉/分$=\dfrac{300\times2\pi\ rad}{60秒}=10\pi\ rad/s$

功率$=F\cdot V=\mu N_{正}\cdot r\cdot\omega=0.1\times N_{正}\times0.25\times10\pi=6.28\times736$

∴正壓力$N_{正}=5888$牛頓

9-2 摩擦輪的種類與構造

1 圓柱摩擦輪（兩軸在同一平面且互相平行）

當圓柱摩擦輪為滾動傳動（無滑動時），兩輪之轉速與直徑（或半徑）成反比。

(1) 外接（切）圓柱摩擦輪：兩輪轉向相反，如圖(一)所示。

① 兩軸中心距 $C=R_A+R_B$。

（∴$R_A=C-R_B$）

② $\dfrac{N_A}{N_B}=\dfrac{R_B}{R_A}=\dfrac{D_B}{D_A}$。

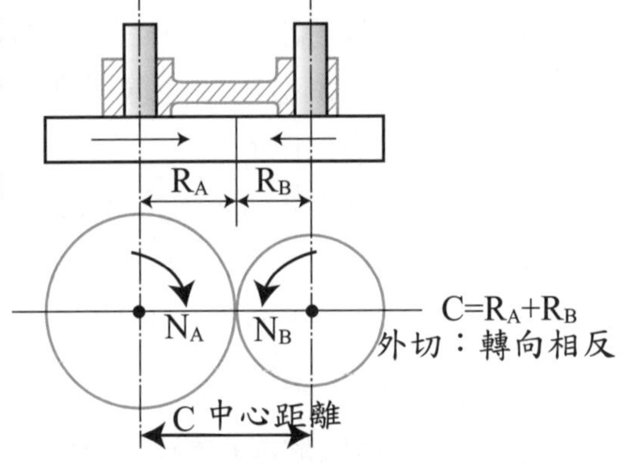

圖(一) 外接圓柱摩擦輪

(2) 內接（切）圓柱摩擦輪：兩輪轉向相同。如圖(二)所示。

① 兩軸中心距 $C=R_A-R_B$。（當$R_A>R_B$）（$R_A=C+R_B$）

② $\dfrac{N_A}{N_B}=\dfrac{R_B}{R_A}=\dfrac{D_B}{D_A}$。

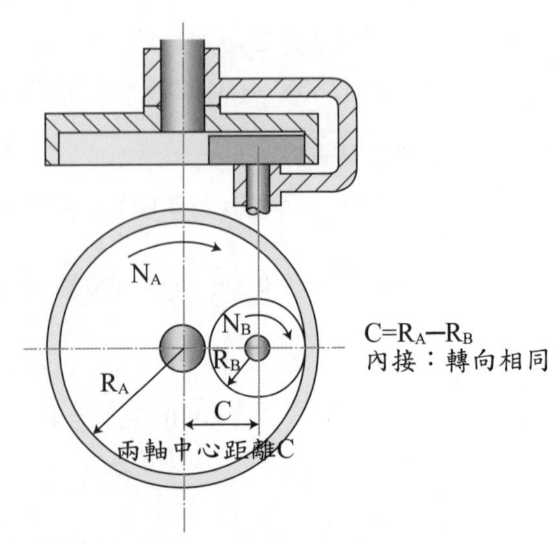

圖(二) 內接圓柱形摩擦輪

2 圓錐摩擦輪（兩軸在同一平面，但不平行、相交於一定角度）

當圓錐摩擦輪為滾動傳動（無滑動時），兩輪之轉速與半錐角之正弦值成反比。

證明

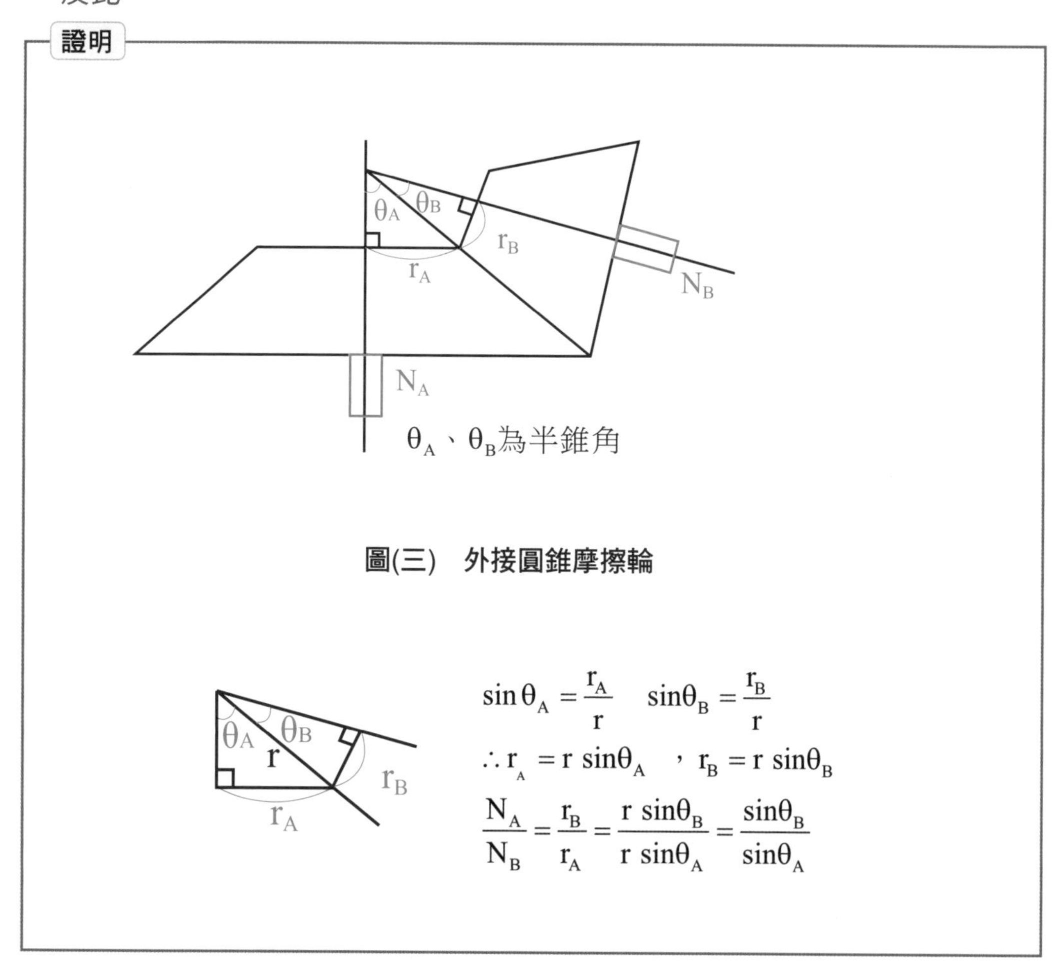

圖(三)　外接圓錐摩擦輪

$$\sin\theta_A=\frac{r_A}{r}\qquad \sin\theta_B=\frac{r_B}{r}$$

$$\therefore r_A=r\sin\theta_A\ ，\ r_B=r\sin\theta_B$$

$$\frac{N_A}{N_B}=\frac{r_B}{r_A}=\frac{r\sin\theta_B}{r\sin\theta_A}=\frac{\sin\theta_B}{\sin\theta_A}$$

(1) 外接（切）圓錐摩擦輪：兩輪轉向相反（如圖(三)所示）

① 兩軸之夾角 $\theta=\theta_A+\theta_B$ （θ_A、θ_B為半錐（頂）角）。

② $\frac{N_A}{N_B}=\frac{\sin\theta_B}{\sin\theta_A}$ 。

證明 外接圓錐摩擦輪，$\tan\theta_A = \dfrac{\sin\theta}{\dfrac{N_A}{N_B}+\cos\theta}$

外接兩軸夾角 $\theta=\theta_A+\theta_B$，$\theta_B=\theta-\theta_A$，N_A、N_B分別為A、B輪之轉速

$$\frac{N_A}{N_B}=\frac{\sin\theta_B}{\sin\theta_A}=\frac{\sin(\theta-\theta_A)}{\sin\theta_A}=\frac{\sin\theta\cos\theta_A-\cos\theta\sin\theta_A}{\sin\theta_A}=\sin\theta\cot\theta_A-\cos\theta$$

$$\therefore \sin\theta\cot\theta_A=\frac{N_A}{N_B}+\cos\theta \qquad \therefore \cot\theta_A=\frac{\dfrac{N_A}{N_B}+\cos\theta}{\sin\theta}$$

$$\therefore \tan\theta_A=\frac{1}{\cot\theta_A}=\frac{\sin\theta}{\dfrac{N_A}{N_B}+\cos\theta}$$

同理可求 $\tan\theta_B=\dfrac{\sin\theta}{\dfrac{N_B}{N_A}+\cos\theta}$，

其中 $\theta=\theta_A+\theta_B$

(2) 內接（切）圓錐摩擦輪：兩輪轉向相同（如圖(四)所示）。

① 兩軸之夾角 $=\theta_A-\theta_B$

（θ_A、θ_B半錐（頂）角）

② $\dfrac{N_A}{N_B}=\dfrac{\sin\theta_B}{\sin\theta_A}$

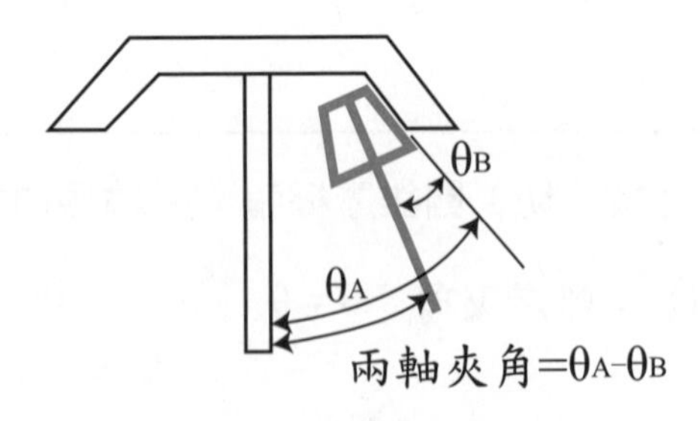

圖(四) 內接圓錐摩擦輪

證明 **內切圓錐摩擦輪，** $\tan\theta_A = \dfrac{\sin\theta}{\cos\theta - \dfrac{N_A}{N_B}}$

兩軸夾角$\theta = \theta_A - \theta_B$ $\therefore \theta_B = \theta_A - \theta$，$N_A$、$N_B$分別為A、B輪之轉速

$$\therefore \frac{N_A}{N_B} = \frac{\sin(\theta_A - \theta)}{\sin\theta_A} = \frac{\sin\theta_A\cos\theta - \cos\theta_A\sin\theta}{\sin\theta_A}$$

$$= \cos\theta - (\cot\theta_A)\sin\theta，\therefore (\cot\theta_A)(\sin\theta) = \cos\theta - \frac{N_A}{N_B}$$

$$\therefore \cot\theta_A = \frac{\cos\theta - \dfrac{N_A}{N_B}}{\sin\theta} \qquad \therefore \tan\theta_A = \frac{1}{\cot\theta_A} = \frac{\sin\theta}{\cos\theta - \dfrac{N_A}{N_B}}$$

同理：由$\theta_A = \theta + \theta_B$代入，可得 $\tan\theta_B = \dfrac{\sin\theta}{\dfrac{N_B}{N_A} - \cos\theta}$

(3) 圓柱與圓錐：摩擦輪之內、外切情形

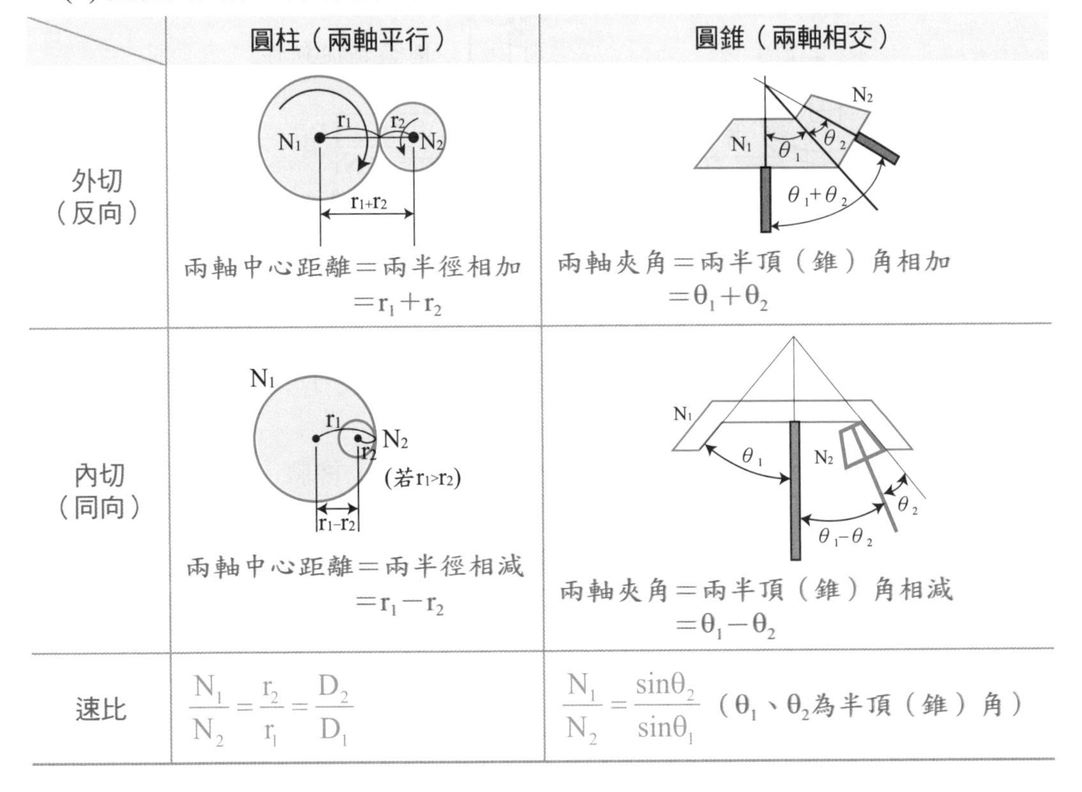

	圓柱（兩軸平行）	圓錐（兩軸相交）
外切（反向）	兩軸中心距離＝兩半徑相加 $= r_1 + r_2$	兩軸夾角＝兩半頂（錐）角相加 $= \theta_1 + \theta_2$
內切（同向）	兩軸中心距離＝兩半徑相減 $= r_1 - r_2$	兩軸夾角＝兩半頂（錐）角相減 $= \theta_1 - \theta_2$
速比	$\dfrac{N_1}{N_2} = \dfrac{r_2}{r_1} = \dfrac{D_2}{D_1}$	$\dfrac{N_1}{N_2} = \dfrac{\sin\theta_2}{\sin\theta_1}$（$\theta_1$、$\theta_2$為半頂（錐）角）

3 凹槽摩擦輪：如圖(五)所示。在圓柱形摩擦輪做成凹槽形可產生較大的摩擦力，其節線為滾動接觸外其他部位均為滑動。使摩擦輪在不增加正壓力下，利用凹槽摩擦輪可傳達較大的動力。凹槽摩擦輪通常由鑄鐵做成，其溝槽兩邊夾角θ一般在30º～40º之間，夾角太大則效果不佳，太小則摩擦力大、消耗動力。凹槽摩擦輪用於礦場起重機或帶動旋轉式泵。

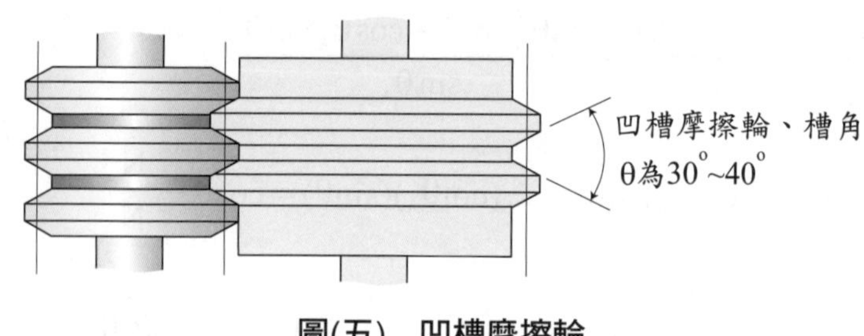

圖(五) 凹槽摩擦輪

註 可變速之摩擦輪有①圓盤與滾子。②橢圓摩擦輪。③葉瓣摩擦輪。④伊凡氏圓錐摩擦輪等。

4 圓盤與滾子（可改變轉速與轉向）：當兩圓錐摩擦輪之半頂角皆增大為90º時，兩軸中心線就會在同一平面正交（垂直），則兩摩擦輪就變兩圓輪。如圖(六)所示。當兩軸正交，若須用摩擦輪傳達變速（包括轉速大小及轉向）運動時，一般均使用圓盤與滾子摩擦輪。

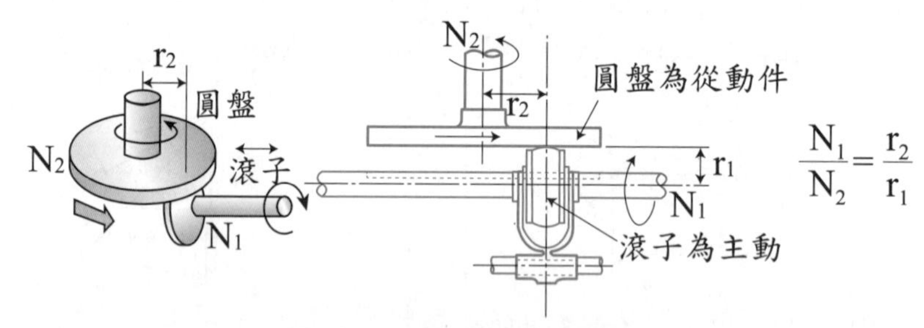

圖(六) 圓盤與滾子摩擦輪

(1) 若為純滾動時，$\frac{N_A}{N_B}=\frac{R_B}{R_A}$，（轉速和半徑成反比）。

(2) 一般滾子（外圍包覆軟質耐磨材料，如皮帶、橡膠）為主動輪，圓盤（用硬質之鋼鐵製成）為從動輪。常用在工具機的進刀機構。

(3) 當滾子往中心移動，圓盤轉速會變快，遠離中心會變慢，超過中心時，圓盤的轉向會改變，所以利用滾子移動，可改變從動輪之轉向和轉速。

5 橢圓摩擦輪：如圖(七)所示。兩個大小完全相同的橢圓摩擦輪，以橢圓的焦點為中心軸，其兩軸中心距等於橢圓之長軸，當主動輪作等角速度轉動時，從動輪之角速度不為定值，其速比保持一定週期性的變化。（最大角速比）×（最小角速比）＝1（即最大角速比與最小角速比互為倒數）

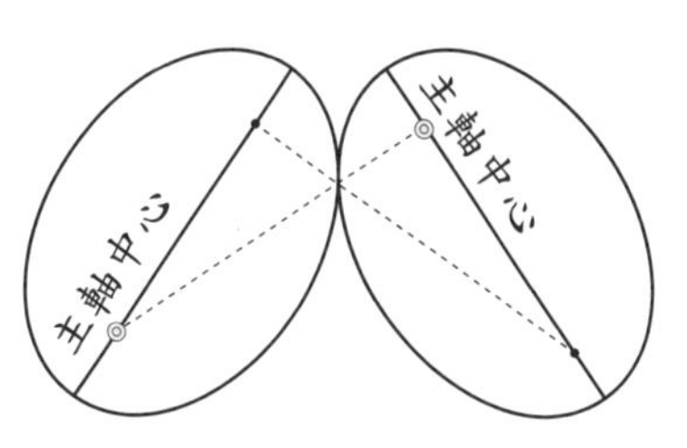

圖(七) 橢圓摩擦輪

6 葉瓣摩擦輪：如圖(八)所示。利用數條對稱對數螺線組合而成的封閉曲線來連續傳達動力稱「葉瓣輪」，因形狀有如葉瓣。

(1) 葉瓣輪之兩軸互相平行，轉向相反，傳動轉速比不為定值，其速比保持一定週期性的變化。

(2) 單葉輪由兩條間隔180º之對數螺旋線組成，雙葉輪由4條相隔90º，三葉輪由6條間隔60º組成，所以螺線間隔角度θ與輪葉數n之關係為 $\theta = \frac{180^\circ}{n}$ 。

單葉輪：2條對數螺旋線間隔180º

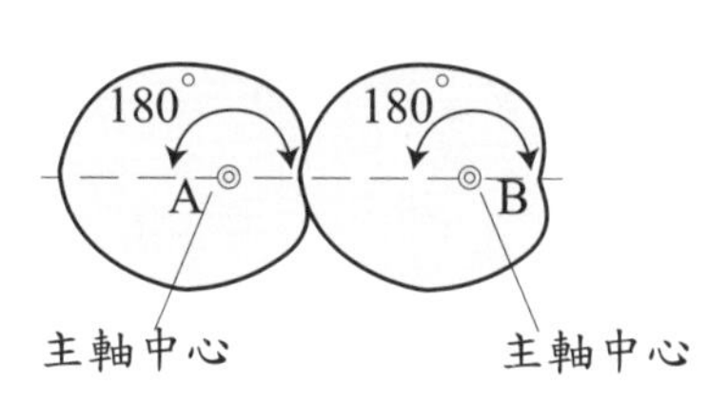

(a)單葉輪

雙葉輪：4條對數螺旋線間隔90º

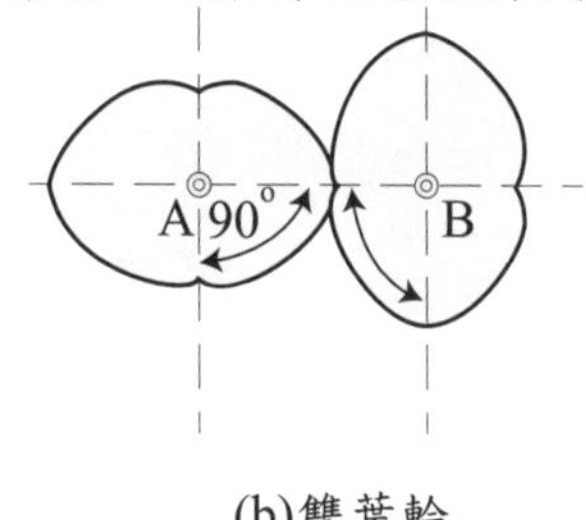

(b)雙葉輪

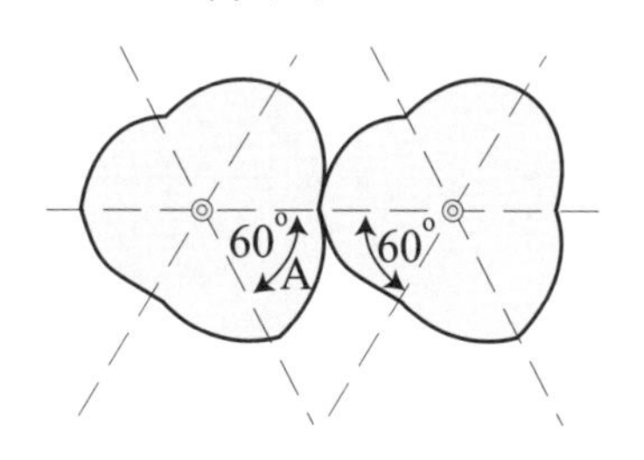

(c)三葉輪

三葉輪：6條對數螺旋線間隔60º

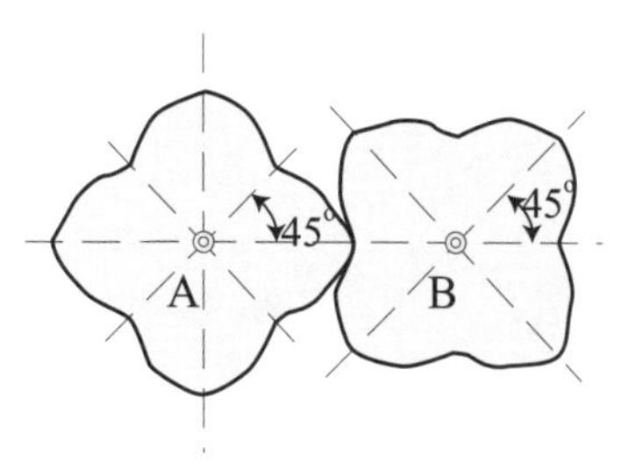

(d)四葉輪

四葉輪：8條對數螺旋線間隔45º

圖(八) 葉瓣輪

7 伊凡氏圓錐輪摩擦：如圖(九)所示為伊凡氏圓錐輪摩擦輪，伊凡氏圓錐摩擦輪為兩圓錐錐度相同，相互倒置，中間夾一平皮帶所組成，若為純滾動接觸時，將皮帶移至最左邊時，主動輪半徑小，從動輪半徑大，則從動輪之轉速最小；若將皮帶移至最右邊時，主動輪半徑大，從動輪半徑小，則從動輪之轉速最大。伊凡氏摩擦輪由皮帶之移動來改變從動輪之轉速。其轉速與半徑成反比，即 $\boxed{\frac{N_1}{N_2}=\frac{R_2}{R_1}}$。

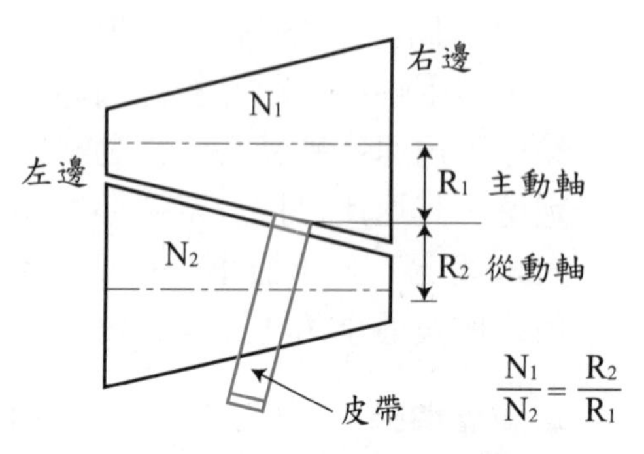

圖(九) 伊凡氏圓錐輪摩擦

Notes

圓柱摩擦輪速比與中心距離

老師講解 3

兩外接之圓柱形摩擦輪傳動，其直徑分別為60cm及20cm，若大輪之轉速為100rpm，則小輪之轉速為多少rpm？兩軸中心距離為多少公分？

(註：此題型應注意同向、反向；內接、外接；錐角、半角；半徑或直徑。計算要小心，非常容易失誤)

解：1.轉速與直徑成反比 $\frac{N_{大}}{N_{小}}=\frac{D_{小}}{D_{大}}$ ，$\frac{100}{N_{小}}=\frac{20}{60}$

$\therefore N_{小}=300\text{rpm}$

2.兩軸中心距離，

$\therefore$ 外接中心距離

$=r_1+r_2$

$=30+10$

$=40\text{cm}$

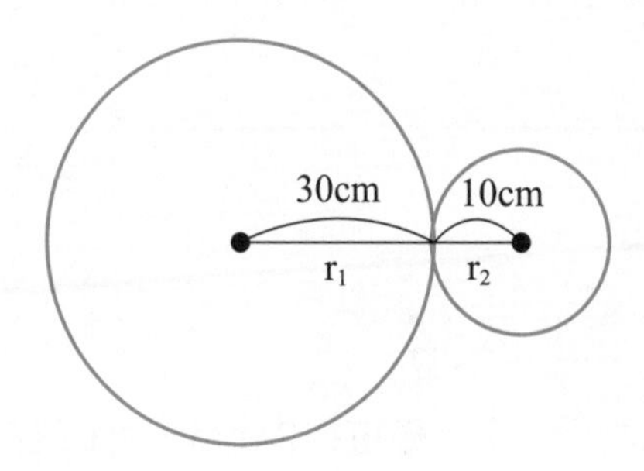

學生練習 3

直徑80cm及20cm之內接兩摩擦輪，大輪每分鐘迴轉200次，小輪每分鐘迴轉若干次？兩軸中心距離為多少公分？

圓柱摩擦輪由速比求直徑和中心距離

老師講解 4

兩軸心距離為20cm之圓柱型摩擦輪，若轉向相反，若轉速比為3：1，則此兩輪之直徑各為多少公分？

解：轉向相反為外接摩擦輪，轉速比3：1

⇒ 轉速差3倍則半徑差3倍

中心距離＝r＋3r＝20＝4r

故小輪半徑r＝5cm，大輪半徑3r＝15cm

∴大輪直徑30cm，小輪直徑10cm

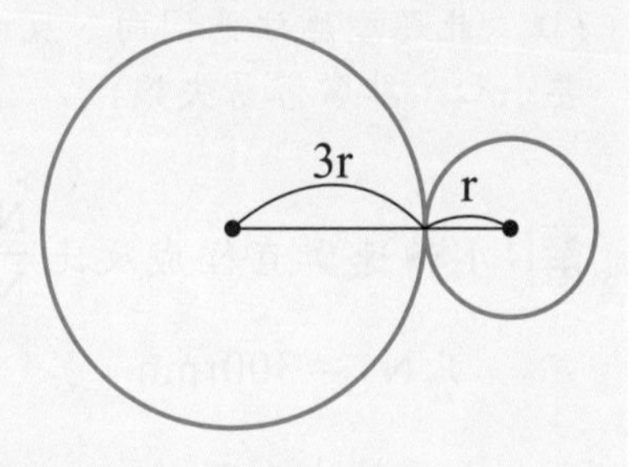

學生練習 4

兩摩擦輪轉向相同，若A輪直徑24cm，且B輪的轉速為A輪的4倍，則兩輪軸之中心距離為多少公分？

圓錐摩擦輪之速比

老師講解 5

兩軸線相交成90°之圓錐摩擦輪，若主動輪之錐角為60°，轉速為100rpm，試求從動輪之錐角及轉速？

解：1.若為外接：主動A輪錐角60°，半角30°

$\therefore \theta_A = 30°$，$\theta_A + \theta_B = 90°$

$\therefore \theta_B = 60°$（即從動輪半角60°）

轉速與半錐角正弦值成反比

主動

θ_A

θ_B

$$\frac{N_A}{N_B} = \frac{\sin\theta_B}{\sin\theta_A} \quad , \quad \frac{100}{N_B} = \frac{\sin 60^\circ}{\sin 30^\circ}$$

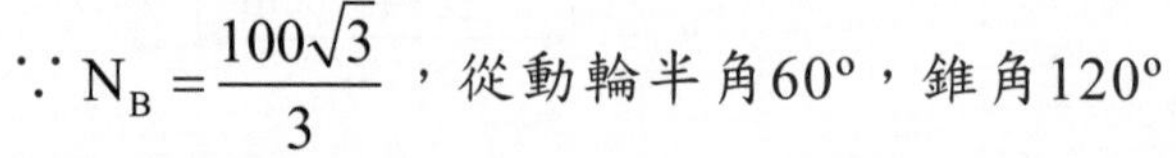

$\because N_B = \dfrac{100\sqrt{3}}{3}$，從動輪半角60°，錐角120°

2.若為內接，$\theta_B - \theta_A = 90°$

$\therefore \theta_B = 120°$（半角）

$\therefore$從動輪錐角為240°

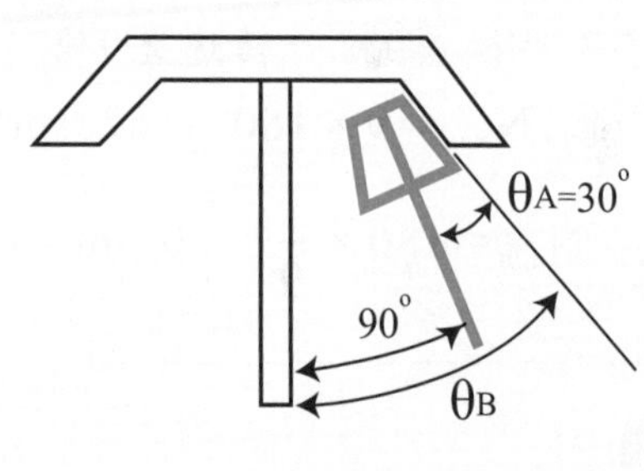

$$\frac{N_A}{N_B} = \frac{\sin\theta_B}{\sin\theta_A} = \frac{\sin 120^\circ}{\sin 30^\circ} = \frac{\frac{\sqrt{3}}{2}}{\frac{1}{2}} = \sqrt{3}$$

$$\therefore N_B = \frac{N_A}{\sqrt{3}} = \frac{100}{\sqrt{3}}\text{rpm} = \frac{100\sqrt{3}}{3}\text{rpm}$$

學生練習 5

兩軸成正交轉向相反的圓錐形摩擦輪，A輪之轉速為$100\sqrt{3}$rpm，B輪之轉速為300rpm，則A、B兩軸之頂角各為多少度？

橢圓摩擦輪之轉速

老師講解 6

若橢圓摩擦輪的長軸為10cm，短軸為6cm，主動輪的轉速為180rpm，試求兩軸間之距離及從動輪的最小轉速和最大轉速各為多少？

解：1. $\overline{ab}+\overline{ac}=$長軸，$\overline{ad}=\frac{1}{2}$短軸，$\overline{ab}=\frac{1}{2}$長軸

$\therefore \overline{ad}=3cm$，$\overline{ab}=5cm$

$\therefore r^2=x^2+y^2$

$\therefore y=4cm$　$\therefore \overline{be}=1cm$

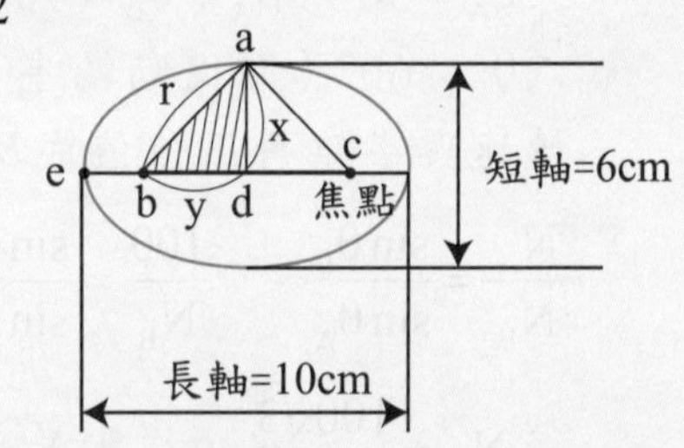

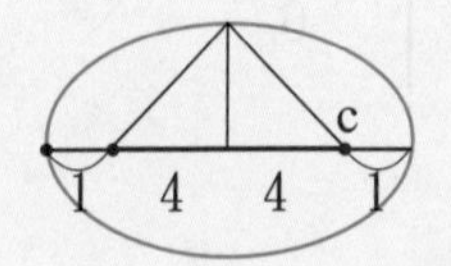

2. 半徑差9倍→轉速差9倍

$\therefore N_{max}=9\times 180=1620rpm$

$N_{min}=180\times\frac{1}{9}=20rpm$

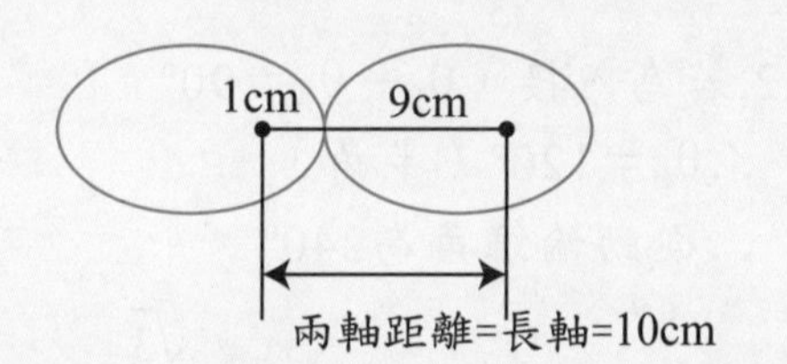

學生練習 6

兩相等橢圓輪，主動輪轉速為60rpm，若長軸為20cm，短軸為16cm，則從動輪最大及最小轉速各為多少？兩軸距離為多少？

立即測驗

( ) **1** 利用摩擦輪傳動時，若不增加兩軸之間之正壓力，而欲傳送較大的動力，則使用何種摩擦輪呢？ (A)外接圓柱形摩擦輪 (B)內接圓柱形摩擦輪 (C)凹槽摩擦輪 (D)圓錐摩擦輪。

( ) **2** 凹槽摩擦輪之槽角，一般為多少度？ (A)10°～20° (B)20°～30° (C)30°～40° (D)40°～50°。

( ) **3** 若圓柱摩擦輪的轉向相同則此兩摩擦輪必為： (A)內切接觸 (B)外切接觸 (C)角速度相等 (D)不一定內接或外接。

( ) **4** 橢圓輪傳動的基本條件是: (A)兩軸心距等於長軸 (B)兩軸心距等於短軸 (C)兩橢圓大小不同 (D)兩軸不平行時使用。

( ) **5** 由對數螺線形成之摩擦輪是： (A)橢圓輪 (B)葉瓣輪 (C)圓錐形摩擦輪 (D)伊凡氏摩擦輪。

( ) **6** 橢圓摩擦輪若最大角速比為5，則最小角速比為多少呢？ (A)25 (B)0.2 (C)0.5 (D)2。

( ) **7** 如圖所示為三種葉瓣輪（單葉輪、雙葉輪、三葉輪的組合傳動）。若單葉輪A旋轉2圈，則三葉輪C旋轉多少圈？

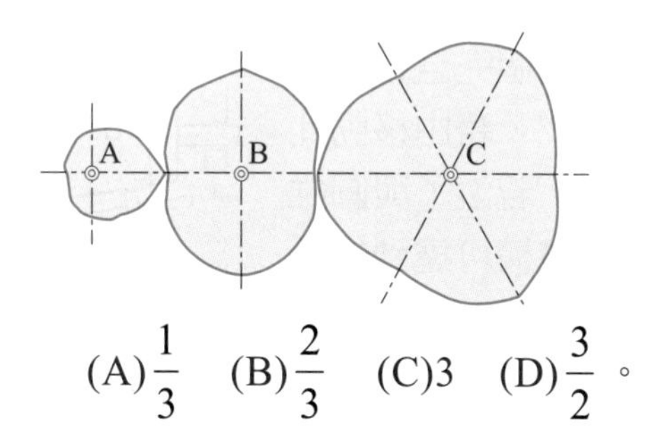

(A)$\frac{1}{3}$ (B)$\frac{2}{3}$ (C)3 (D)$\frac{3}{2}$ 。

( ) **8** 圓錐輪的轉速與兩輪的半徑成何種比例？

(A)正比 (B)反比 (C)平方成正比 (D)平方成反比。

( ) **9** 外接圓柱摩擦輪，若兩軸之距離為120cm，主動輪之轉速為80rpm，從動輪之轉速為20rpm，則兩輪之直徑相差多少cm？

(A)72 (B)80 (C)144 (D)160。

(　　) **10** 有三個圓柱摩擦輪A、B及C，摩擦輪A與B為外接，摩擦輪B與C為內接，如右圖所示，其中摩擦輪半徑R_A=R_C，中心距O_AO_B=450mm且O_BO_C=250mm，摩擦輪之間無滑動產生，若摩擦輪A以120rpm順時針方向旋轉，則摩擦輪C的轉速與轉向為何？

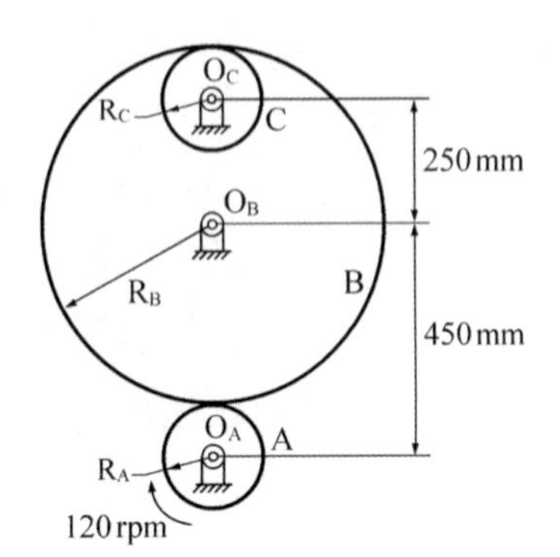

(A)40／3rpm，順時針方向旋轉
(B)40／3rpm，逆時針方向旋轉
(C)120rpm，順時針方向旋轉
(D)120rpm，逆時針方向旋轉。

(　　) **11** 外接圓錐摩擦輪若兩中心夾角為θ，當主動輪之轉速N_A，從動輪之轉速N_B，則主動輪之半頂角α為多少？

(A) $\alpha=\tan^{-1}\left(\dfrac{\sin\theta}{\frac{N_B}{N_A}+\cos\theta}\right)$　　(B) $\alpha=\tan^{-1}\left(\dfrac{\sin\theta}{\frac{N_B}{N_A}-\cos\theta}\right)$

(C) $\alpha=\tan^{-1}\left(\dfrac{\sin\theta}{\frac{N_A}{N_B}-\cos\theta}\right)$　　(D) $\alpha=\tan^{-1}\left(\dfrac{\sin\theta}{\frac{N_A}{N_B}+\cos\theta}\right)$。

(　　) **12** 如圖所示之摩擦輪組，係由兩個完全相同的圓錐形摩擦輪及一滾子所組成，藉由移動此滾子以達到無段變速之目的，若滾子與圓錐形摩擦輪之間無滑動，則此機構可達到的最大轉速比為最小轉速比的多少倍？

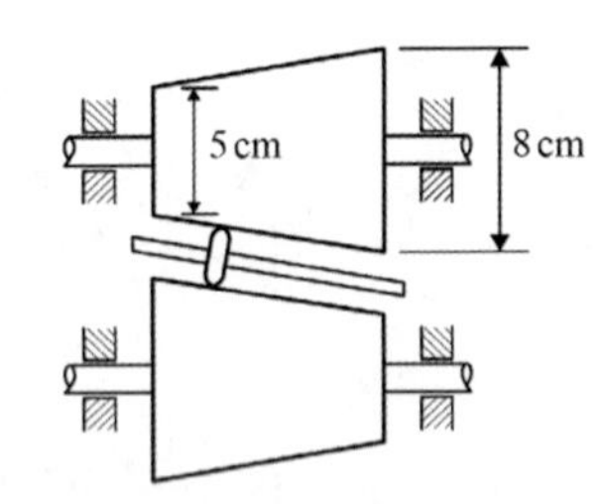

(A)1.60　　(B)2.56
(C)3.20　　(D)5.12。

(　　) **13** 如圖所示，主動輪A以120rpm旋轉時，則B輪最低轉速每分鐘多少？

(A)25　　(B)20
(C)240　　(D)40。

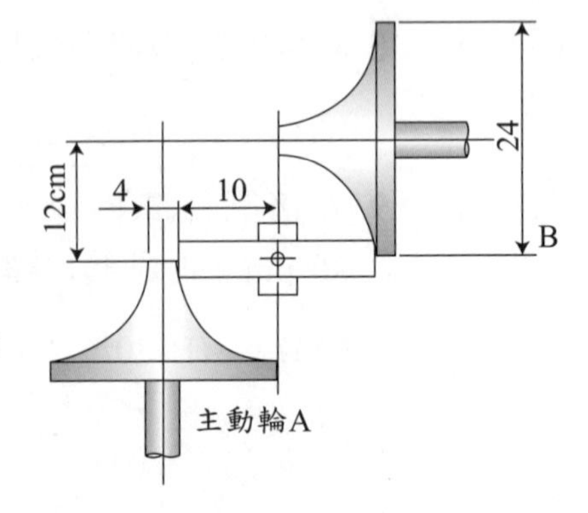

(　　) **14** 圓錐形摩擦輪，若半頂角分別為θ_A和θ_B，則轉速比$\dfrac{N_A}{N_B}$為多少？

(A) $\frac{\cos\theta_A}{\cos\theta_B}$　(B) $\frac{\sin\theta_A}{\sin\theta_B}$

(C) $\frac{\sin\theta_B}{\sin\theta_A}$　(D) $\frac{\cos\theta_B}{\cos\theta_A}$。

(　) **15** 兩外接（外切）圓錐形摩擦輪之軸成正交，主動輪之頂角等於60^o，若主動輪旋轉一圈，則被動輪旋轉多少圈？　(A)2　(B)1　(C)$\sqrt{3}$　(D)$\frac{1}{\sqrt{3}}$。

(　) **16** 一對內接圓錐形摩擦輪，其圓錐頂角分別為A輪120^o、B輪60^o，若A輪轉速10rpm，則B輪轉速為多少rpm？　(A)$10\sqrt{3}$　(B)$\frac{10}{\sqrt{3}}$　(C)5　(D)20。

(　) **17** A與B兩圓柱形摩擦輪，若$V_A=3V_B$（V_A、V_B為切線速度），但兩軸之轉速比N_B：$N_A=2$：3，則兩輪直徑D_A：D_B之比值為：(A)9：2　(B)2：9　(C)2：1　(D)1：2。

(　) **18** 兩軸中心距離80cm之外接圓柱摩擦輪，若A輪轉速為300rpm，B輪轉速為100rpm；兩摩擦輪間之正壓力為4000牛頓，摩擦係數為0.25，則兩軸間可傳達之功率為多少kW？
(A)2π　(B)4π　(C)6π　(D)8π。

(　) **19** 橢圓形摩擦輪的傳動敘述，下列何者最不正確？　(A)兩橢圓大小相等　(B)兩軸心距等於橢圓長軸　(C)軸心位於焦點上　(D)接觸點恆在連心線上固定位置。

(　) **20** 如兩軸正交之摩擦輪可以改變速比為何種摩擦輪？　(A)伊凡氏摩擦輪　(B)葉瓣摩擦輪　(C)橢圓形摩擦輪　(D)圓盤與滾子。

(　) **21** 如圖所示，A、B兩圓柱形摩擦輪，裝於S軸與T軸上A、B接觸點為滾動，C、E兩摩擦輪亦裝於S軸與T軸上，在X點產生滑動，若E輪之線速度為C輪3倍，試求C輪直徑為若干公分？
(A)48　(B)36　(C)24　(D)96。

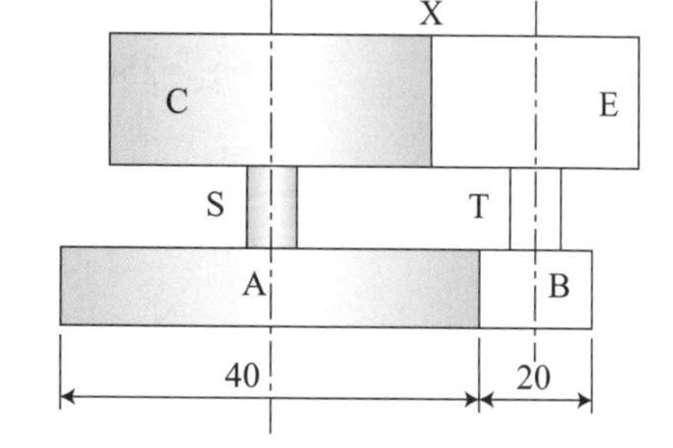

解答與解析

1 (C)。凹槽摩擦輪傳送較大的動力。

2 (C)。凹槽摩擦輪的槽角比40º小，一般為36º或38º。

3 (A)。轉向相同為內切，轉向相反為外接。

4 (A)。兩軸心距離等於長軸、主軸在焦點上，最大速比×最小速比＝1。

5 (B)。葉瓣輪為對數螺旋線形成之摩擦輪。

6 (B)。橢圓摩擦輪：最大速比×最小速比＝1，5×最小速比＝1，

故最小速比為$\frac{1}{5}=0.2$。

7 (B)。A轉兩圈為走4條曲線 ⇒ C輪轉4條對數螺旋線即走了$\frac{4}{6}$圈。（三葉輪由6條對數螺旋線組成）。

8 (B)。$\frac{N_1}{N_2}=\frac{r_2}{r_1}$，轉速與半徑成反比。

9 (C)。外接

主＝80rpm，從＝20rpm

轉速差4倍，半徑也差4倍

4R＋R＝120，主動輪轉速快半徑小

$R=24cm \rightarrow r_2 \rightarrow D_2=48cm$

$4R=96cm \rightarrow r_1 \rightarrow D_1=192cm$

$D_1-D_2=192-48=144cm$

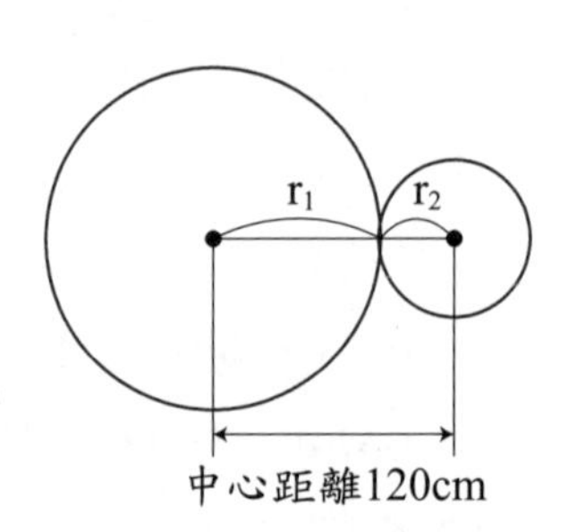

10 (D)。A、B輪外接中心距離為

$r_A+r_B=450$.........①

B、C輪內接中心距離為

$r_B-r_C=250$.........②

$r_A=r_C$，①+②，$2r_B=700$　$\therefore r_B=350mm$

$\therefore r_A=100mm$，$r_B=350mm$，$r_C=100mm$

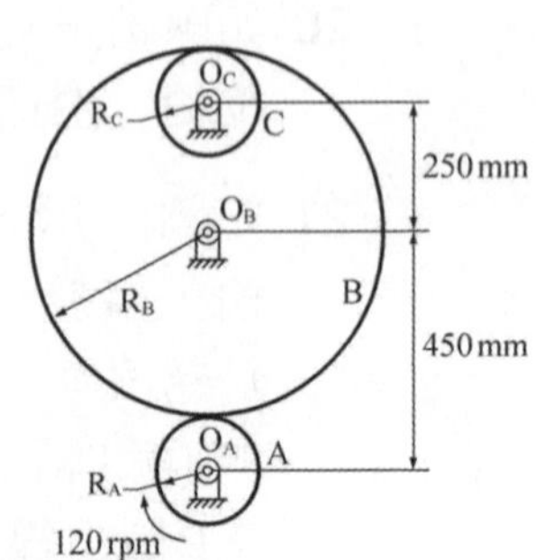

$e_{A\rightarrow C}=\frac{N_C}{N_A}=-\frac{100}{100}=-1$(首末旋向相反，輪系值取負號)

$\frac{N_C}{N_A}=-1$，$N_A=120$

$\therefore N_C=-120$ rpm (逆時針)

11 (D)。外接兩軸夾角 $\theta=\theta_A+\theta_B$，$\theta_B=\theta-\theta_A$，N_A、N_B分別為A、B輪之轉速

$$\frac{N_A}{N_B}=\frac{\sin\theta_B}{\sin\theta_A}=\frac{\sin(\theta-\theta_A)}{\sin\theta_A}=\frac{\sin\theta\cos\theta_A-\cos\theta\sin\theta_A}{\sin\theta_A}$$
$$=\sin\theta\cot\theta_A-\cos\theta$$

$\therefore \sin\theta\cot\theta_A=\frac{N_A}{N_B}+\cos\theta$ $\qquad$ $\therefore \cot\theta_A=\frac{\frac{N_A}{N_B}+\cos\theta}{\sin\theta}$

$$\therefore \tan\theta_A=\frac{1}{\cot\theta_A}=\frac{\sin\theta}{\frac{N_A}{N_B}+\cos\theta}$$

$$\Rightarrow \therefore \theta_A=\alpha=\tan^{-1}\frac{\sin\theta}{\frac{N_A}{N_B}+\cos\theta}$$

12 (B)。最大速比 $\frac{8}{5}$，最小速比 $\frac{5}{8}$

$\therefore \frac{\frac{8}{5}}{\frac{5}{8}}=\frac{64}{25}=2.56$。

13 (B)。$\frac{N_A}{N_B}=\frac{R_B}{R_A}$，

$\frac{120}{N_B}=\frac{12}{2}$

$\therefore N_B=20$rpm

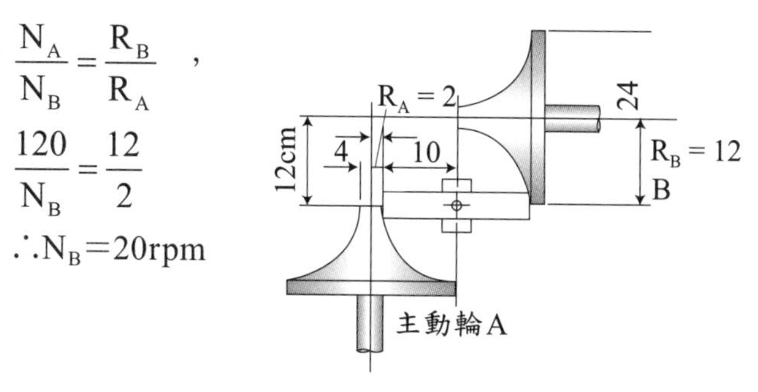

14 (C)。轉速與半錐角正弦值成反比 $\frac{N_A}{N_B}=\frac{\sin\theta_B}{\sin\theta_A}$

15 (D)。外接$\theta_A+\theta_B=90^o$　∵已知θ_A頂角60^o，半頂角30^o　∴$\theta_B=60^o$

$$\frac{N_A}{N_B}=\frac{\sin\theta_B}{\sin\theta_A} \qquad \frac{1}{N_B}=\frac{\sin 60^\circ}{\sin 30^\circ}\text{，}\frac{1}{N_B}=\frac{\frac{\sqrt{3}}{2}}{\frac{1}{2}}=\sqrt{3}$$

$$\therefore N_B=\frac{1}{\sqrt{3}}\text{圈}$$

16 (A)。θ_A頂角120^o，半頂角60^o；θ_B頂角60^o，半頂角30^o

$$\frac{N_A}{N_B}=\frac{\sin\theta_B}{\sin\theta_A}\text{，}\frac{10}{N_B}=\frac{\sin 30^\circ}{\sin 60^\circ} \qquad \therefore\frac{10}{N_B}=\frac{\frac{1}{2}}{\frac{\sqrt{3}}{2}}=\frac{1}{\sqrt{3}}\text{，}$$

$$N_B=10\sqrt{3}\text{ rpm}$$

17 (C)。$N_B：N_A=2：3$，$2N_A=3N_B$　∴ $N_A=\frac{3}{2}N_B$

$V=\pi DN$，$V_A=3V_B$

$\pi D_AN_A=3\pi D_BN_B$

$\pi D_A(\frac{3}{2}N_B)=3\pi D_BN_B$

$\frac{3}{2}D_A=3D_B$　∴$D_A=2D_B$，$D_A:D_B=2:1$

18 (A)。轉速差3倍，半徑差3倍，轉速快、半徑小

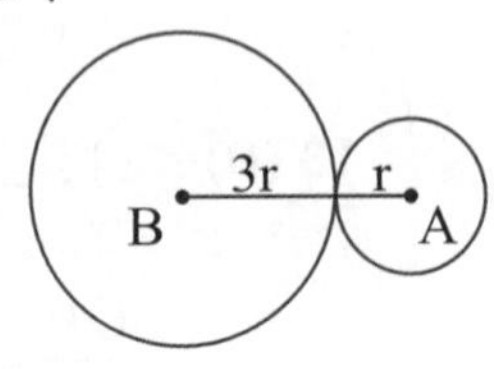

∴$r_A=r$ 則 $r_B=3r$

$\omega_A=300\text{ rpm}=10\pi\text{ rad/s}$

$4r=80$，$r=20\text{cm}\Rightarrow A$，$3r=60\text{cm}\Rightarrow B$

功率$=\mu N_{正}\times r_A\cdot\omega_A$

A輪之功率$=0.25\times4000\times0.2\times10\pi$

$=2000\,\pi$ 瓦特

$=2\pi\text{kW}$

19 (D)　**20 (D)**

21 (C)。AB間無滑動 $\therefore \frac{N_S}{N_T}=\frac{D_B}{D_A}=\frac{20}{40}=\frac{1}{2}$ $\therefore N_S=\frac{1}{2}N_T$，即 $N_C=\frac{1}{2}N_E$

$V_E=3V_C$，$\pi D_E N_E=3\pi D_C N_C=3\pi D_C\times\frac{1}{2}N_E$

$\therefore D_E=\frac{3}{2}D_C$

中心距離 $\frac{D_C+D_E}{2}=\frac{D_A+D_B}{2}$

$D_C+D_E=40+20=D_C+\frac{3}{2}D_C=\frac{5}{2}D_C$

$\therefore D_C=24\text{cm}$

Notes

考前實戰演練

( ) 1 當負荷超過機構的負載量時，輪間會有打滑，並不會造成機件損壞的是： (A)齒輪 (B)鏈輪 (C)摩擦輪 (D)連桿組。

( ) 2 有關摩擦輪的敘述，下列何者錯誤？ (A)外切時兩輪轉向相反 (B)屬於直接接觸傳動 (C)輪間常有滑動，故動力有損失 (D)摩擦力愈大動力的損失愈大。

( ) 3 下列那一種摩擦輪轉速是固定不會改變的？ (A)凹槽摩擦輪 (B)橢圓摩擦輪 (C)葉瓣輪 (D)伊凡氏摩擦輪。

( ) 4 兩摩擦輪旋轉時，若無滑動現象，則接觸點的切線速度： (A)相等 (B)不相等 (C)與半徑成正比 (D)與半徑成反比。

( ) 5 滾動接觸之兩圓錐摩擦輪，其迴轉速度與： (A)頂角之正弦值成反比 (B)頂角之正弦值成正比 (C)半頂角之正弦值成正比 (D)半頂角之正弦值成反比。

( ) 6 凹槽摩擦輪之敘述何者正確？ (A)可傳遞較大的動力 (B)凹槽均為滑動 (C)除節線外，凹槽其餘部位均為滾動 (D)兩凹槽接觸的部位均為純滾動。

( ) 7 在不變更摩擦輪尺寸大小也不增加兩軸間正壓力，若要想增大其傳送動力時，兩輪周邊宜採用： (A)外接圓柱形 (B)內接圓柱形 (C)橢圓形 (D)凹槽形。

( ) 8 下列何者不是摩擦輪傳動之優點？ (A)噪音小 (B)構造簡單 (C)從動軸阻力過大時，機件不致損壞 (D)速度比準確。

( ) 9 摩擦輪之主動軸以金屬作成，則從動輪應以何種材料做成？ (A)木材 (B)皮帶 (C)比主動輪較硬的金屬 (D)比主動輪較軟的金屬。

( ) 10 由對數螺線形成之傳動輪是： (A)橢圓輪 (B)葉瓣輪 (C)圓錐形摩擦輪 (D)球面與圓柱摩擦輪。

( ) 11 使用兩只橢圓形作為摩擦傳動元件，其傳動條件中，下列何者不正確？ (A)需使用兩個相等橢圓 (B)兩軸中心距離等於橢圓長軸 (C)兩軸以橢圓焦點為軸，且互相平行 (D)傳動速比須一定。

( ) **12** 兩橢圓輪作滾動接觸時，其角速比為： (A)恆定 (B)隨時改變 (C)由小變大 (D)由大變小。

( ) **13** 下列何者可用來改變速比？ (A)圓柱形摩擦輪 (B)圓錐型摩擦輪 (C)凹槽形摩擦輪 (D)葉瓣輪。

( ) **14** 兩橢圓輪傳動時，若最小角速比0.2，則最大角速比為： (A)4 (B)2 (C)5 (D)0.4。

( ) **15** 圓錐形摩擦輪之下列敘述何者正確？ (A)兩輪間呈面接觸 (B)用於傳達兩歪斜軸之動力 (C)轉速比與接觸點之圓錐半徑成反比 (D)用於傳達兩平行軸之動力。

( ) **16** 圓盤與滾子的傳動，其特性為： (A)從動輪之轉速可調整，其迴轉方向不可調整 (B)從動輪之轉速不可調整，其迴轉方向可調整 (C)從動輪之轉速與迴轉方向均可調整 (D)從動輪之轉速與迴轉方向均不可調整。

( ) **17** 一摩擦輪轉速每分鐘迴轉600次，直徑為20公分，接觸處之正壓力為1500牛頓，若摩擦係數為0.1，則其傳達功率為若干仟瓦？ (A)0.3π (B)0.6π (C)300π (D)600π。

( ) **18** 今有一對轉向相反的圓柱摩擦輪，兩軸心距為300mm，轉速分別為200rpm，100rpm。若兩輪間之摩擦係數為0.15，且可傳達3.14KW之動力，則兩輪間之正壓力約為多少KN？ (A)5 (B)30 (C)20 (D)10。

( ) **19** 兩機件成滾動接觸的條件，下列何者錯誤？
(A)接觸點在連心線上 (B)接觸點之線速度必相等
(C)傳動弧長相等 (D)兩輪角速度必相等。

( ) **20** 如右圖所示，若滾子R之中心位置距T軸3公分，T軸轉速為240rpm，且無滑動，則S軸之轉速為多少rpm？
(A)80
(B)240
(C)480
(D)720。

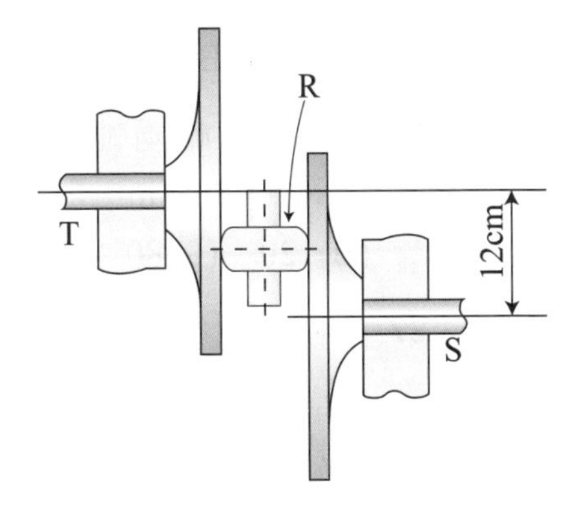

(　　) **21** 如圖所示，在S與T軸上，以A、B兩圓柱做滾動接觸傳動，C、E為繫於兩軸上互相滑動的圓柱，在x點，若E表面速度為C的兩倍，求C之直徑為若干公分？

(A)$\dfrac{297}{7}$　(B)$\dfrac{396}{7}$

(C)$\dfrac{397}{7}$　(D)$\dfrac{296}{7}$。

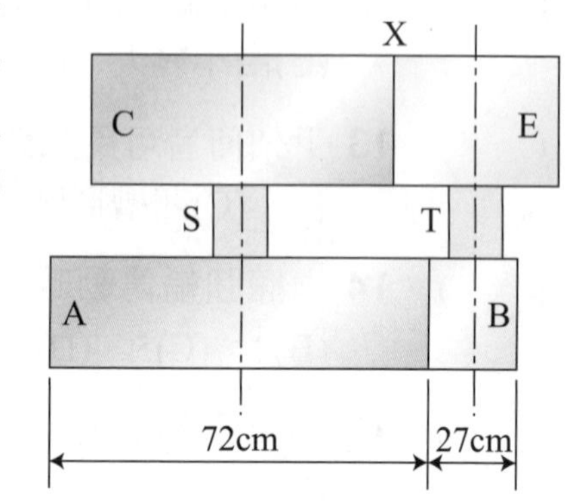

(　　) **22** 兩相等橢圓輪，主動輪轉速為60rpm，若長軸為20cm，短軸為16cm，則從動輪最大轉速為多少rpm？
(A)120　(B)240　(C)480　(D)540。

(　　) **23** 如圖所示，甲與乙為正交之兩軸，A為滾子，若甲輪以100rpm迴轉時，則乙軸最大轉速為多少rpm？

(A)60　(B)600

(C)$\dfrac{100}{6}$　(D)$\dfrac{6}{100}$。

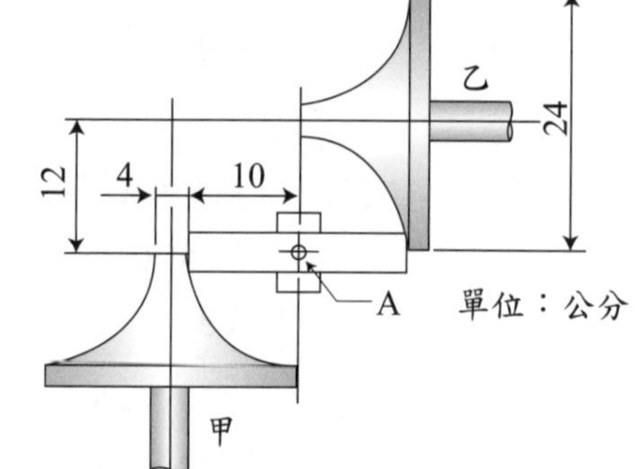

(　　) **24** 兩軸平行之內接圓盤甲、乙，兩軸心相距40cm，甲輪每分鐘迴轉80次，而乙輪每分鐘回轉240次，則此甲輪之半徑為多少公分？
(A)60　(B)20　(C)10　(D)30。

(　　) **25** 圓柱摩擦輪轉向相同，兩平行軸之中心距離為80cm，主動輪轉速為60rpm，從動輪轉速為20rpm，試求主動輪直徑為多少公分？
(A)40　(B)120　(C)80　(D)240。

(　　) **26** 圓柱摩擦輪兩軸相距80公分，已知原動輪轉速為50rpm，從動輪轉速為150rpm，試求內切時從動輪之直徑為多少公分？　(A)240　(B)120　(C)80　(D)40。

(　　) **27** 兩轉向相反之圓柱形摩擦輪之中心距為100cm，兩輪之角速比為2：3，若無滑動發生，則其直徑分別為多少公分？　(A)80，120　(B)120，80　(C)60，40　(D)300，200。

(　　) **28** 內切圓錐形摩擦輪傳動，若兩軸夾角為90º，已知A輪轉速500rpm，A輪半頂角30º，則B輪之頂角為多少度？ (A)60º (B)150º (C)120º (D)240º。

(　　) **29** 若兩摩擦輪且轉向相同，主動輪直徑為96公分，當從動輪的轉速為主動輪的四倍，則兩輪軸的中心距離為： (A)240 (B)72 (C)480 (D)36 cm。

(　　) **30** 內切圓錐摩擦輪，主動輪與被動輪的轉速比為$\sqrt{3}$：1，兩迴轉軸之夾角為30º，則主動輪之半頂角為被動輪半頂角的多少倍？

(A)$\frac{1}{2}$ (B)2 (C)$\frac{1}{3}$ (D)3。

(　　) **31** 兩圓柱軸距離為50公分，甲、乙兩輪為外切純滾動的摩擦輪，甲輪對乙輪之角速比為1：3，則甲輪的直徑為若干公分？ (A)12.5 (B)25 (C)37.5 (D)75。

(　　) **32** 無滑動之兩圓柱摩擦輪，直徑分別為60cm及20cm，若大輪於4分鐘內轉600圈，則小輪於3分鐘內轉多少圈？ (A)450 (B)750 (C)1150 (D)1350。

(　　) **33** 兩內切圓錐形摩擦輪，A輪的轉速為300rpm，半頂角為30º，若B輪的轉速為$100\sqrt{3}$ rpm，則兩軸之夾角為： (A)30º (B)45º (C)60º (D)90º。

(　　) **34** 兩圓錐形外切摩擦輪滾動時，兩軸相交90度，A輪錐角為60度，轉速100rpm，則B輪轉速為多少rpm？ (A)50 (B)200 (C)$\frac{100}{\sqrt{3}}$ (D)$100\sqrt{3}$。

(　　) **35** 如圖所示為三種葉瓣輪（單葉輪、雙葉輪、三葉輪的組合傳動）。若單葉輪A旋轉2圈，則三葉輪C旋轉多少圈？

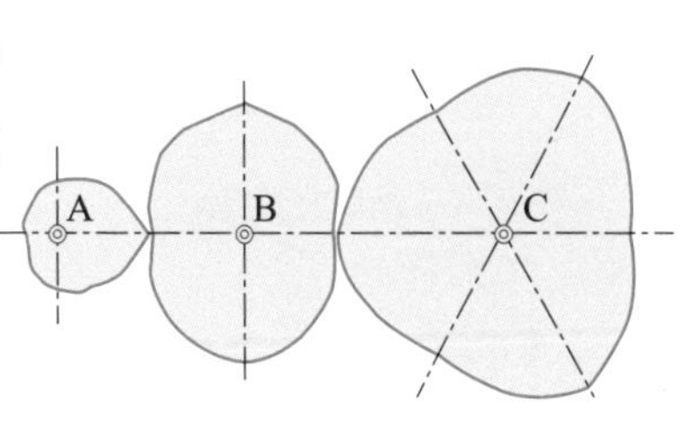

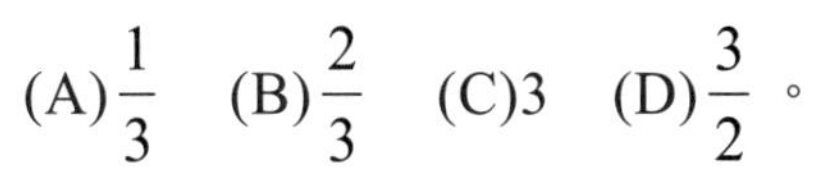
(A)$\frac{1}{3}$ (B)$\frac{2}{3}$ (C)3 (D)$\frac{3}{2}$。

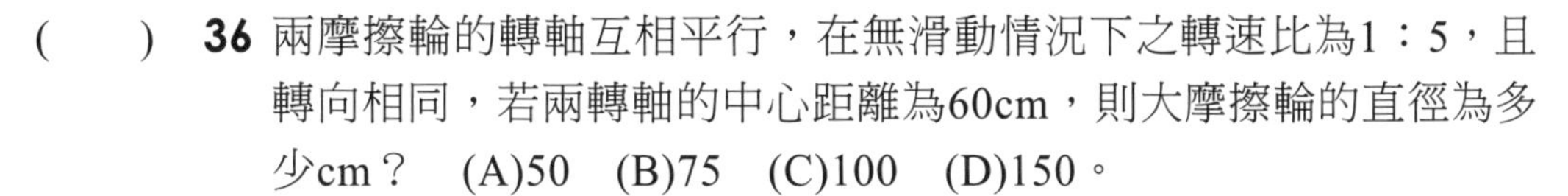
(　　) **36** 兩摩擦輪的轉軸互相平行，在無滑動情況下之轉速比為1：5，且轉向相同，若兩轉軸的中心距離為60cm，則大摩擦輪的直徑為多少cm？ (A)50 (B)75 (C)100 (D)150。

(　　) **37** 一組外切摩擦輪傳動系統，速比為1：5，傳送功率為0.314kW，小輪直徑200mm，兩輪間摩擦力為100N，求大輪之轉速為多少rpm？（註：$\pi \doteqdot 3.14$）　(A)50　(B)60　(C)90　(D)120。

(　　) **38** 一對圓錐形摩擦輪A、B，二中心軸線之交角為75°，其中A 輪的半頂角為45°。若A、B二個摩擦輪轉向相反，則摩擦輪B對摩擦輪A的轉速比為何？　(A)$\frac{\sqrt{3}}{2}$　(B)$\sqrt{\frac{3}{2}}$　(C)$\sqrt{2}$　(D)$\sqrt{3}$。

(　　) **39** 一對摩擦輪組由兩個相同的圓錐形摩擦輪A、B及一個滾子組成如圖所示，利用滾子的移動產生無段變速的效果。假設三者之間為純滾動接觸傳動，若圓錐輪A轉速為100rpm，則圓錐輪B可能的轉速為多少rpm？

(A)40
(B)160
(C)240
(D)360。

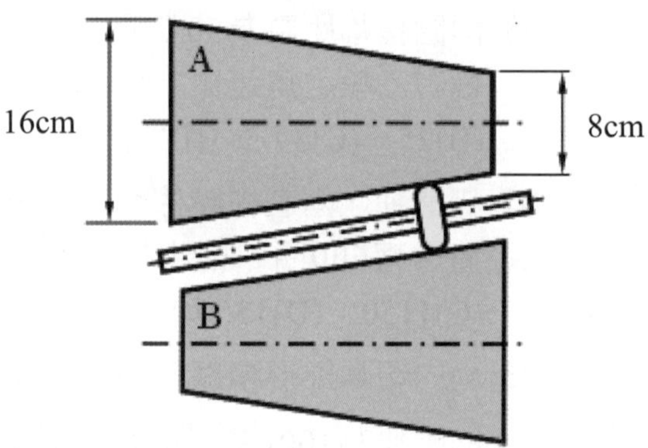

(　　) **40** 如圖所示，兩圓柱形摩擦輪A與B，半徑比R_A：R_B=2：3，假設無滑動產生，則轉速比N_A：N_B等於多少？
(A)1：1
(B)4：9
(C)2：3
(D)3：2。

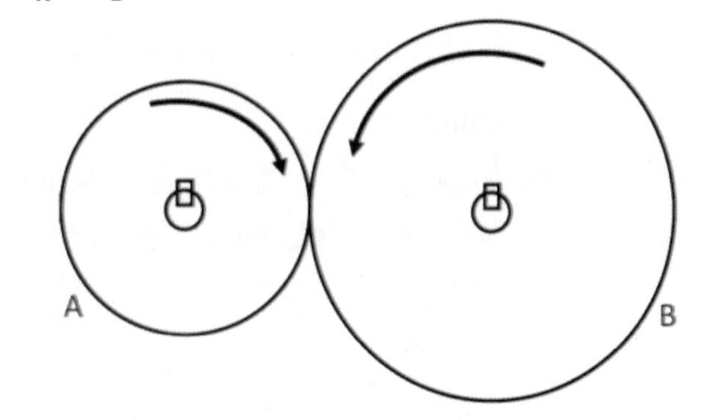

第10章 齒輪

10-1 齒輪的種類及用途

皮帶輪及摩擦輪當負荷過大會有打滑，使得速比不正確。若兩軸距離遠又需正確的速比時，則使用鏈輪較經濟。若兩軸相距較近，則使用齒輪為最佳。

齒輪是在摩擦輪的表面，製成適當齒形，靠正向力（非摩擦力）來傳送速比正確的動力，如圖(一)。齒輪的齒面為滑動接觸，在節圓為滾動接觸，所以齒輪的接觸為滾動帶滑動的「複式接觸」。

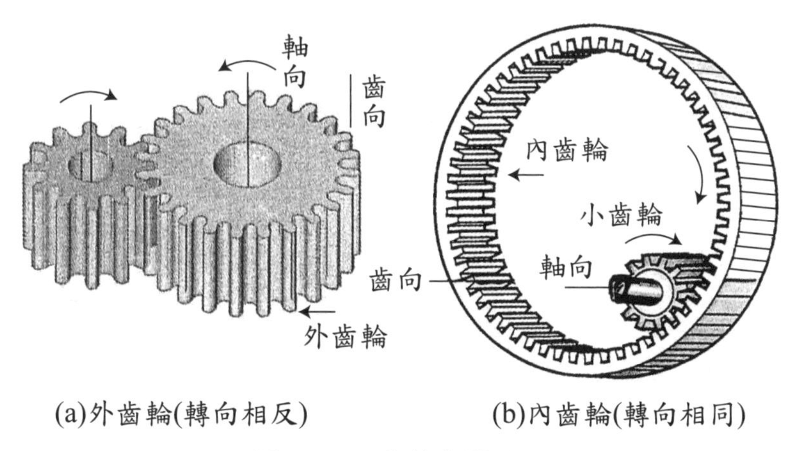

(a)外齒輪(轉向相反)　　(b)內齒輪(轉向相同)

圖(一)　正齒輪之圖形

1 齒輪之功用為：

(1) 傳達動力：例如汽機車、工具機等之動力傳遞。

(2) 改變運動方向：外接正齒輪傳動時，兩輪轉向相反，內接正齒輪，傳動時轉向相同。

(3) 改變旋轉速度：齒輪傳動可利用輪系來改變。

2 齒輪依兩軸裝置的情況分為兩軸平行、兩軸相交、兩軸不相交也不平行等三大類：

(1) 連接平行兩軸的齒輪：兩平行軸的齒輪傳動有外齒輪、內齒輪、螺旋齒輪、人字齒輪、齒條與小齒輪、針輪等。

①正齒輪：正輪輪齒的齒向與軸向平行，分為「外齒輪」與「內齒輪」兩種。

(A)外齒輪：如圖(一)(a)所示。兩輪轉向恆相反。

(B)內齒輪：如圖(一)(b)所示。大者稱為「內齒輪」或「環形齒輪」，小者稱為「小齒輪」，兩輪轉向相同。

②螺旋齒輪：螺旋齒輪又稱「正扭齒輪」，如圖(二)所示。螺旋齒輪用於兩平行軸之傳動其優點為：傳達動力大，漸近式之嚙合傳遞，不致發生突來的振動和衝擊，所以運轉較平滑安靜，噪音小。螺旋齒輪的缺點為：易產生軸向推力，可採用人字形齒輪來消除軸向推力或用止推軸承。

兩嚙合螺旋齒輪之螺旋角（一般15º～35º）要相等，螺旋方向要相反，即一左一右相嚙合。螺旋齒輪螺旋角越大，軸向推力越大。

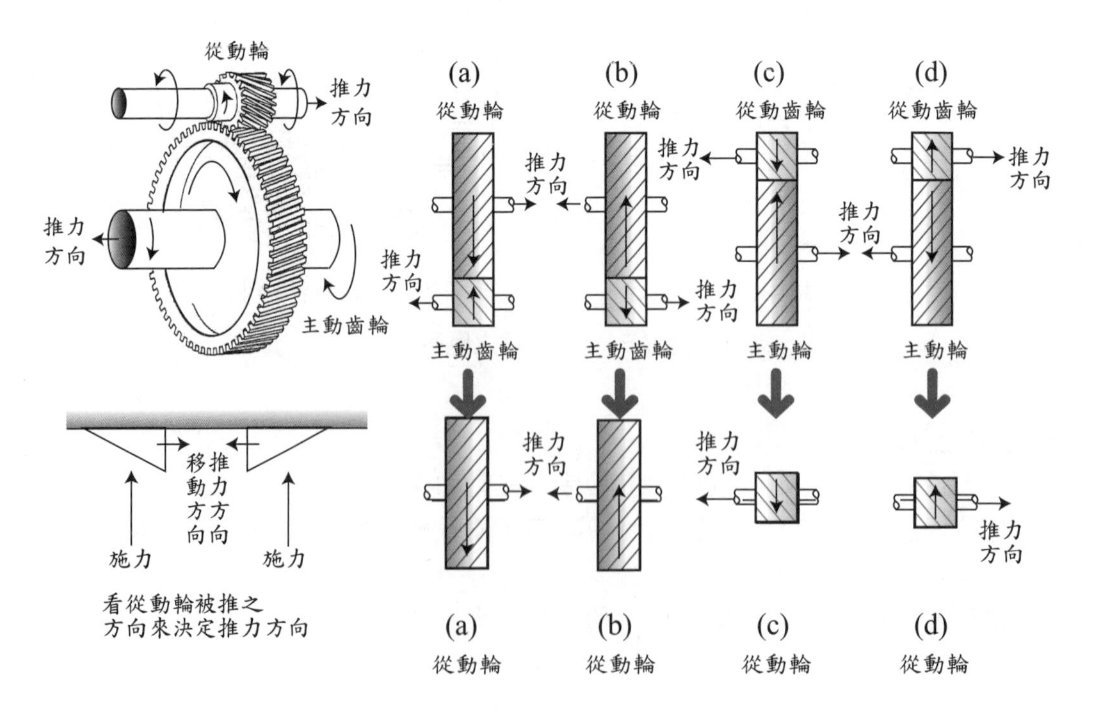

圖(二) 螺旋齒輪

③人字齒輪：人字齒輪又稱雙螺旋齒輪，如圖(三)所示，是將兩個螺旋齒輪，一個左旋，一個右旋所組合而製成，人字齒輪之優點為：傳動圓滑，噪音小，無軸向推力。

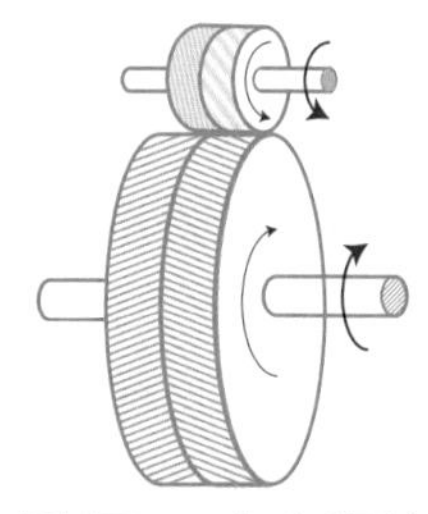

圖(三) 人字齒輪

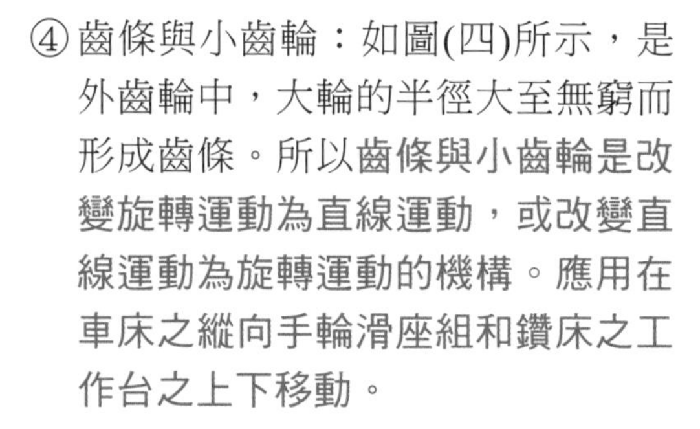

④齒條與小齒輪：如圖(四)所示，是外齒輪中，大輪的半徑大至無窮而形成齒條。所以齒條與小齒輪是改變旋轉運動為直線運動，或改變直線運動為旋轉運動的機構。應用在車床之縱向手輪滑座組和鑽床之工作台之上下移動。

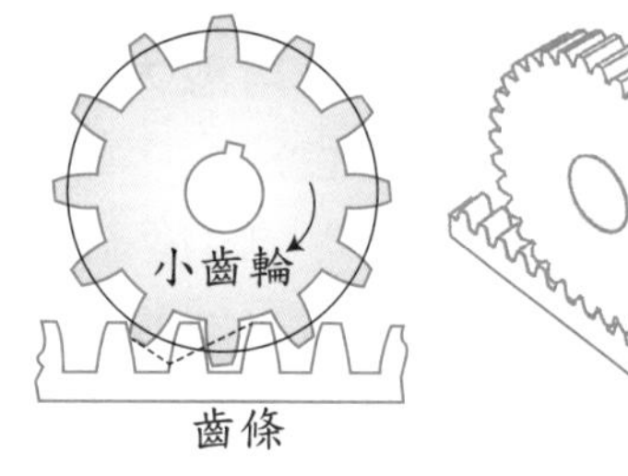

圖(四) 齒條與小齒輪

⑤針輪（銷輪）：如圖(五)所示。一個齒輪是由圓筒狀之「銷」所構成。另一輪齒腹部是半圓形，齒面由擺線所形成。針齒輪之強度不高，使用在儀器之調節上，而不作動力傳送之用途。

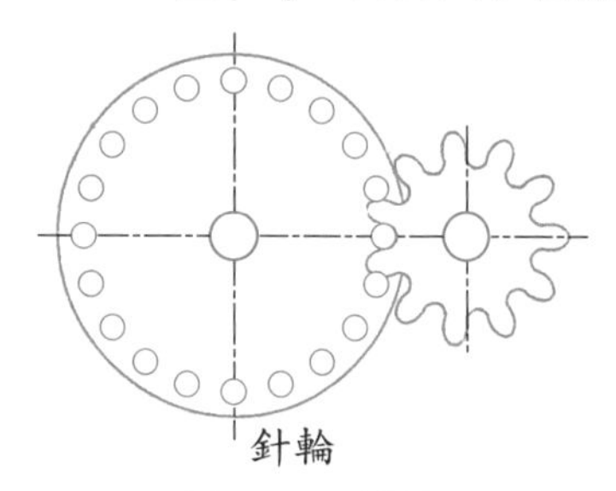

圖(五) 針輪

(2) 連接相交軸的齒輪－斜齒輪：斜齒輪之截面為圓錐，又稱傘形齒輪，有平斜齒輪、冠狀齒輪、螺旋斜齒輪及蝸旋斜齒輪等。

①平斜齒輪（Straight bevel gear）：又稱直齒斜齒輪，如圖(六)所示。其齒向與節圓錐線一致，傳動之兩軸中心線可為任意角度，若兩軸正交（夾90º），齒輪的大小相等時，稱為斜方齒輪，此種齒輪因大小相同，傳動時速比不變，僅用於改變方向，如圖(六)(b)所示。

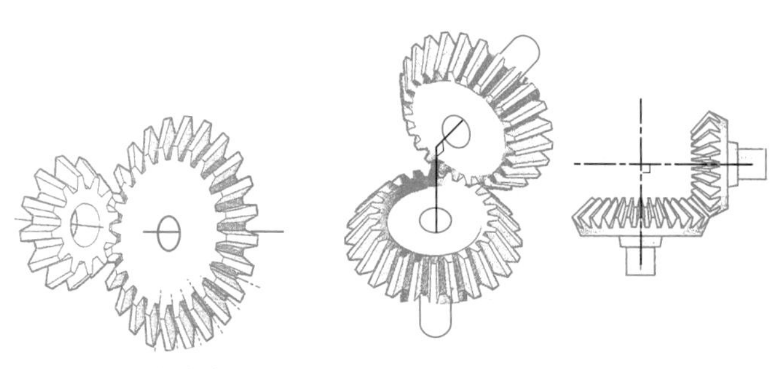

(a)平斜齒輪　(b)斜方齒輪(兩軸垂直)

圖(六) 平斜齒輪

② 冠狀齒輪（crown gear）：如圖(七)所示，一對斜齒輪中之一輪的錐形頂角為180°（或半錐角90°），形成平面圓盤似皇冠，此種齒輪稱為冠狀齒輪。

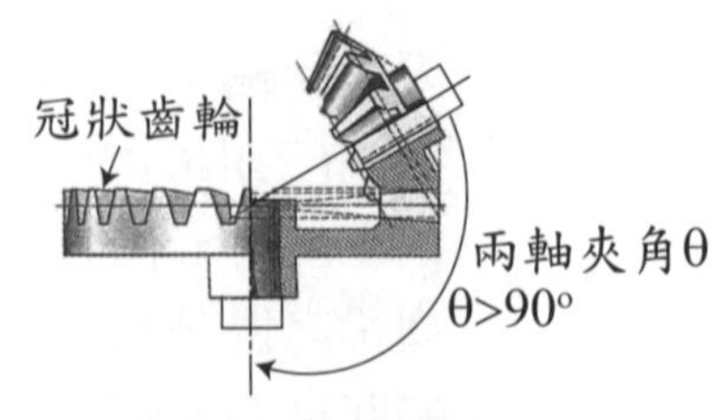

圖(七) 冠狀齒輪

③ 螺旋斜齒輪：如圖(八)所示。將平斜齒輪錐面上的齒扭轉成螺旋狀，其螺旋角愈大，傳動產生的軸向推力也愈大，螺旋角一般為20°～25°。螺旋斜齒輪接觸率高，運轉較平滑穩定，噪音小，適合高速及重負荷之傳動。

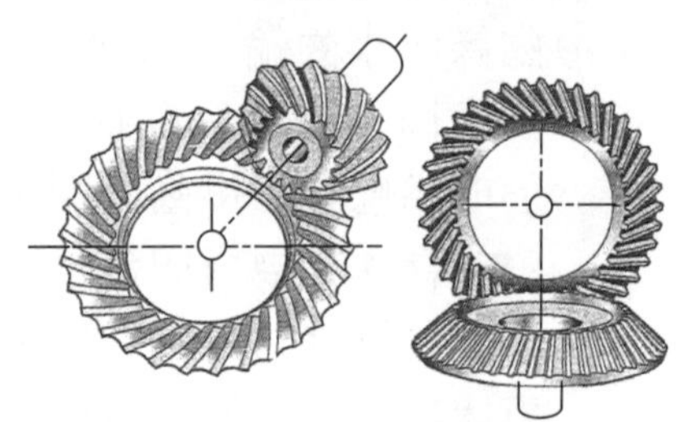

圖(八) 螺旋斜齒輪

④ 蝸線斜齒輪：如圖(九)所示。螺旋齒輪斜齒輪之曲線為對數螺旋線，適用於高速及重負荷傳動。常用於汽車的差速機構中。

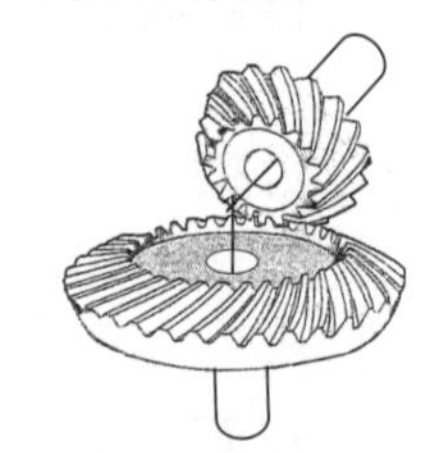

圖(九) 蝸線斜齒輪

(3) 兩軸不平行亦不相交之齒輪有蝸桿蝸輪、螺輪、雙曲面齒輪、戟齒輪：

① 蝸桿與蝸輪：蝸桿與蝸輪齒形用漸開線，如圖(十)所示。蝸輪與正齒輪不同之處為蝸輪面有向內彎曲之弧形，使囓合時，有更大之接觸面，使傳動強度增加。常用於兩軸空間投影成垂直（但不平行，不相交），傳動時只能蝸桿為主動，蝸輪為從動，動力無法由蝸輪傳給蝸桿，可防止倒轉。（註：蝸桿仍可正反轉）

(A)蝸桿與蝸輪具有甚大的減速比，運轉靜穩且不易逆轉。常用於起重機、昇降機、吊車。

(B)蝸桿與蝸輪的轉速比：

（計算時與節圓直徑無關）

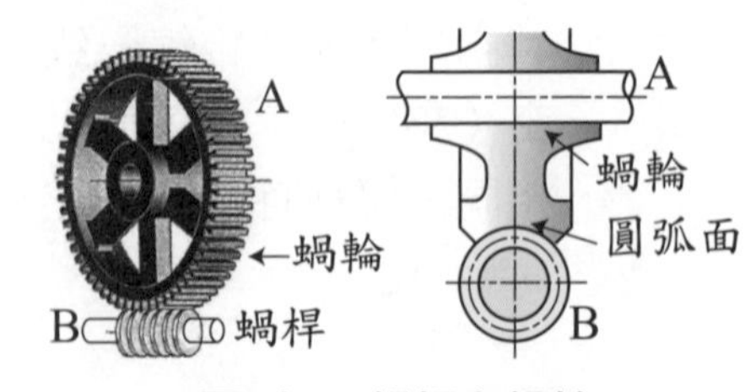

圖(十) 蝸桿與蝸輪

$$\frac{\text{蝸輪轉速}}{\text{蝸桿轉速}} = \frac{\text{蝸桿螺紋線數}}{\text{蝸輪齒數}},$$

（若為單線蝸桿，則蝸桿轉一圈，使蝸輪轉動一齒，若為雙線蝸桿，則蝸輪轉動兩齒）。

(C)蝸桿與蝸輪配合的條件為：蝸桿的螺距＝蝸輪的周節。且蝸桿之導程角等於蝸輪之螺旋角。

②螺輪（又稱螺線齒輪）：與螺旋齒輪相似，螺輪螺旋角未必相等，但兩輪成點接觸，易因磨損失振動，如圖(十一)所示。不適於傳遞較大的負荷。

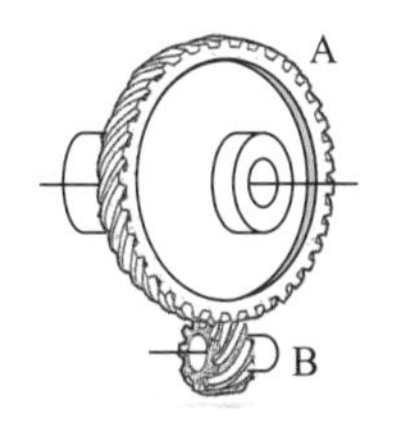

圖(十一) 螺輪

③雙曲面齒輪：如圖(十二)所示為「雙曲面齒輪」，又稱「歪斜齒輪」，其節面為雙曲面，在雙曲面上刻出輪齒，兩軸不相交，兩軸互相垂直之動力傳遞。因製造困難，故應用不廣，用在紡織機械上。

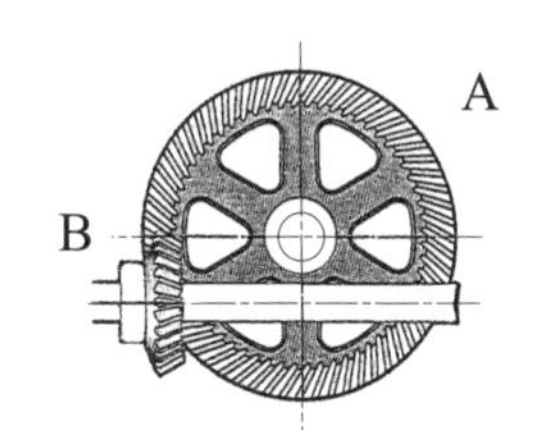

圖(十二) 雙曲面齒輪

④戟齒輪：如圖(十三)所示。戟齒輪與蝸線斜齒輪相似，齒形都是對數螺線的一部份，兩軸不相交，傳動時有較多的齒接觸，所以運轉靜穩，有較大的轉速比，且不易磨損。常用於汽車差速器內的齒輪傳動機構中。

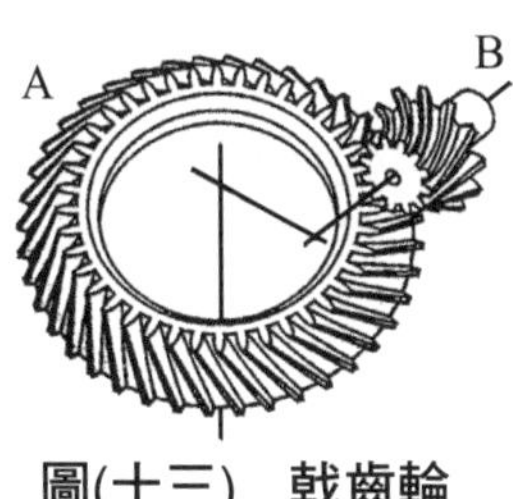

圖(十三) 戟齒輪

Notes

蝸桿與蝸輪之轉速比

老師講解 1

雙線蝸桿與40齒之蝸輪嚙合，當蝸桿以400rpm的轉速迴轉，則蝸輪的轉速為多少rpm？

解：由 $\frac{N_{桿}}{N_{輪}}=\frac{蝸輪齒數}{蝸桿線數}$ ，$\frac{400}{N_{輪}}=\frac{40}{2}=20$

$N_{輪}=20rpm$

學生練習 1

當三線蝸桿帶動一個60齒的蝸輪，若蝸輪的轉速為40rpm，則蝸桿的轉速為多少rpm？

立即測驗

( ) **1** 兩個齒輪相互接觸傳動時，齒面與齒面為何種接觸？ (A)滑動接觸 (B)滾動接觸 (C)先滑動再滾動 (D)先滾動再滑動。

( ) **2** 齒輪之傳動在節圓上為何種接觸？ (A)間接接觸 (B)滾動接觸 (C)滑動接觸 (D)複式接觸。

(　　) **3** 下列何者非齒輪的功用？ (A)傳達動力 (B)改變運動方向 (C)作功 (D)改變旋轉速度。

(　　) **4** 何種齒輪用於兩軸既不平行也不相交的傳動？ (A)冠狀齒輪 (B)斜齒輪 (C)雙曲面齒輪 (D)人字齒輪。

(　　) **5** 何種齒輪於傳動時會產生軸向推力？ (A)正齒輪 (B)斜齒輪 (C)螺旋齒輪 (D)蝸桿與蝸輪。

(　　) **6** 若兩軸互相平行，應該採用何種齒輪來傳動？ (A)人字齒輪 (B)斜齒輪 (C)蝸桿與蝸輪 (D)戟齒輪。

(　　) **7** 傳動時若需較大減速比應採用何種齒輪？ (A)正齒輪組 (B)蝸桿蝸輪組 (C)斜齒輪組 (D)螺旋齒輪組。

(　　) **8** 蝸桿與蝸輪傳動時，其兩軸於空間成： (A)平行 (B)交一點 (C)90°不相交 (D)90°相交。

(　　) **9** 若要傳達兩相交軸的動力，可使用何種齒輪？ (A)正齒輪 (B)斜方齒輪 (C)蝸桿與蝸輪 (D)螺旋齒輪。

(　　) **10** 雙線蝸桿與一40齒之蝸輪相嚙合，若蝸桿每分鐘迴轉40轉，則蝸輪每分鐘之迴轉為多少rpm？ (A)1 (B)2 (C)800 (D)1600。

(　　) **11** 欲消除螺旋齒輪的軸向推力，可採用何種齒輪？ (A)斜齒輪 (B)人字齒輪 (C)雙曲面齒輪 (D)蝸桿與蝸輪。

(　　) **12** 傳動兩平行之螺旋齒輪，其兩齒輪組合條件是： (A)螺旋角相等，螺旋方向相同 (B)螺旋角不相等，螺旋方向相反 (C)螺旋角相等，螺旋方向相反 (D)螺旋角不相等，螺旋方向相同。

(　　) **13** 連接兩平行軸的螺旋齒輪又稱為何種齒輪？ (A)正扭齒輪 (B)戟齒輪 (C)冠狀齒輪 (D)針齒輪。

(　　) **14** 下列何種齒輪傳動在兩平行軸時，動力最大而且噪音最小？ (A)直齒正齒輪 (B)螺旋齒輪 (C)斜形齒輪 (D)針形齒輪。

(　　) **15** 汽車差速器應用何種齒輪？ (A)平斜齒輪 (B)螺旋斜齒輪 (C)雙曲面齒輪 (D)戟齒輪 最佳。

(　　) **16** 雙線蝸桿與一30齒之蝸輪相嚙合，蝸桿節圓直徑10cm，蝸輪節圓直徑60cm，欲使蝸輪每分鐘60轉，則蝸桿轉速為每分鐘多少轉？ (A)2 (B)4 (C)900 (D)1800。

(　　) **17** 如圖所示之兩平行軸以兩螺旋齒輪P、Q嚙合傳動，依螺旋旋向及箭頭所指之旋轉方向，若P齒輪為主動輪，則兩軸安裝止推軸承位置何者正確？ (A)A、D (B)B、C (C)A、C (D)B、D。

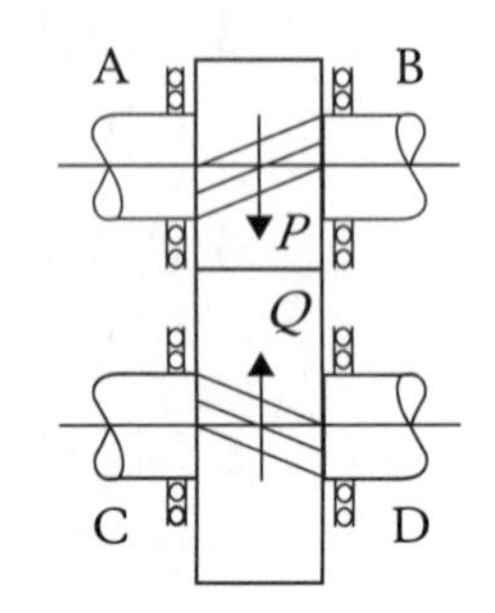

(　　) **18** 雙線之蝸桿與40齒之蝸輪配合傳動，蝸輪之周節為10mm，若蝸桿轉速為120rpm，則蝸桿之導程為多少mm？ (A)5 (B)10 (C)20 (D)40。

(　　) **19** 蝸桿與蝸輪傳動，應以 (A)蝸桿 (B)蝸輪 (C)蝸桿與蝸輪均可 (D)以上皆非 為主動。

解答與解析

1 (A) **2** (B) **3** (C) **4** (C) **5** (C) **6** (A) **7** (B) **8** (C) **9** (B)

10 (B)。$\frac{N_{桿}}{N_{輪}}=\frac{蝸輪齒數}{蝸桿線數}=\frac{40}{2}$，$\therefore N_{輪}=\frac{40}{20}=2\text{ rpm}$。

11 (B) **12** (C)

13 (A)。螺旋齒輪又稱正扭齒輪。

14 (B) **15** (D)

16 (C)。$\frac{N_{桿}}{N_{輪}}=\frac{蝸輪齒數}{蝸桿線數}$，$\frac{N_{桿}}{60}=\frac{30}{2}$ $\therefore N_{桿}=900\text{rpm}$。

17 (A)。看被動被推之方向即看Q輪

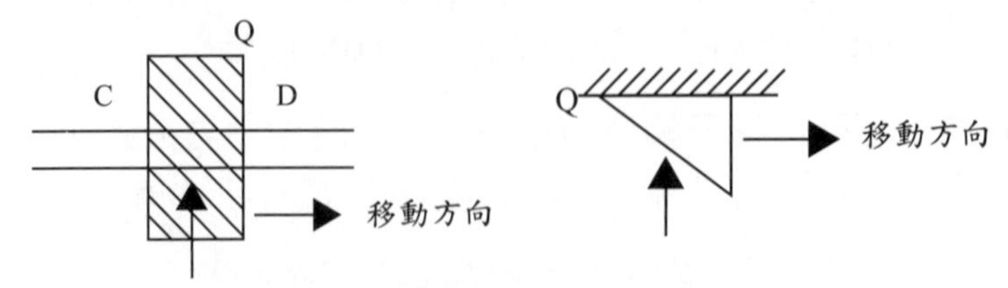

即Q裝右邊，因作用與反作用力P裝左邊。

18 (C)。蝸桿之節距＝蝸輪周節為P_C＝10mm

雙線導程＝2×10＝20mm

19 (A)

10-2 齒輪各部名稱

齒輪各部份名稱和關係如圖(十四)所示，其名詞解釋如下：

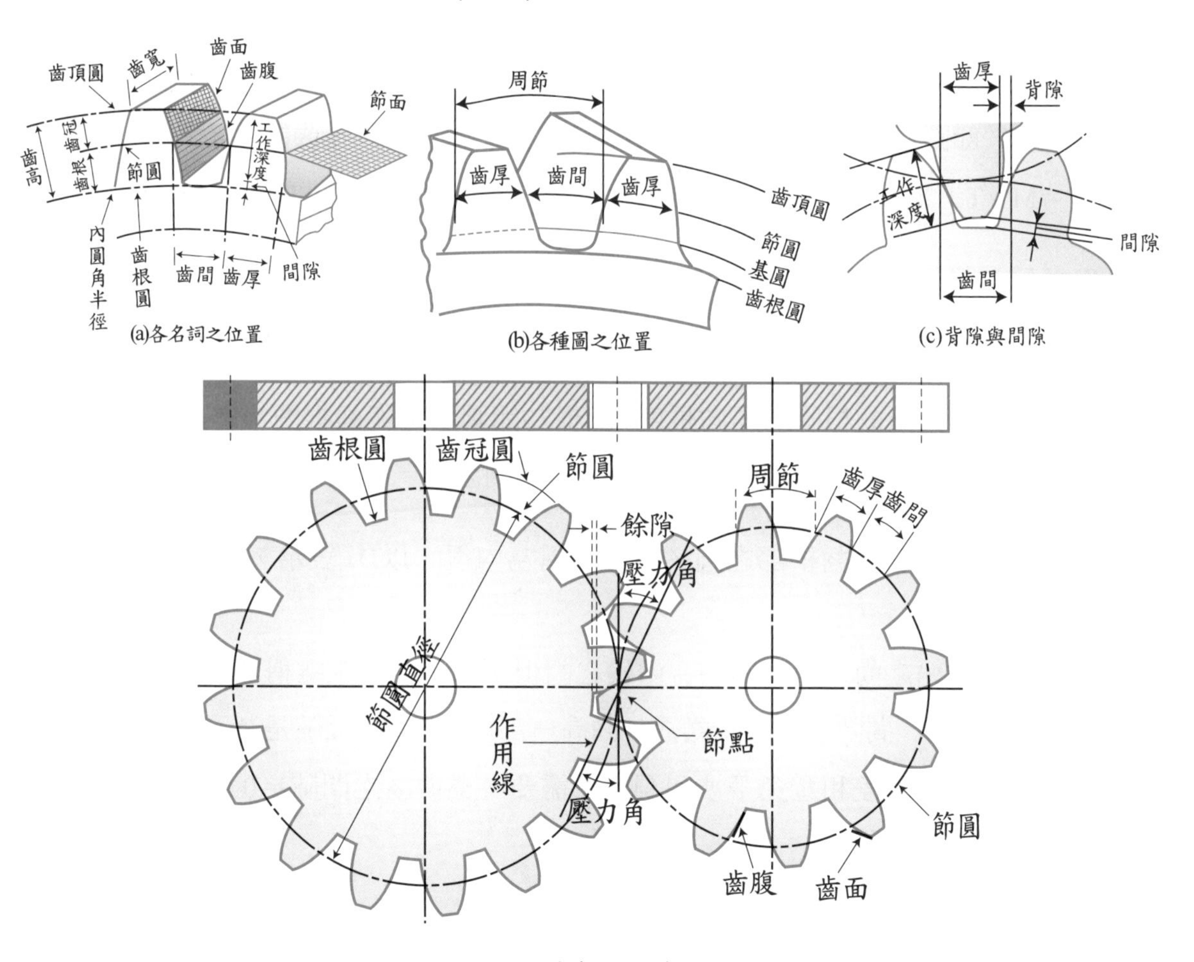

(a)各名詞之位置　(b)各種圓之位置　(c)背隙與間隙

(d)嚙合之關係

圖(十四)　齒輪之各部名稱

1. **節面**：節面表示齒輪之理想面，相當於摩擦輪之表面。正齒輪的節面為圓柱面，斜齒輪的節面為圓錐面。

2. **節圓**：節圓為一假想圓。兩個齒輪嚙合時，兩齒輪的節圓相切。節圓的直徑簡稱節徑，以D表示。由節圓所構成的面即為節面。齒條的節圓為一直線稱為節線。

註 $\frac{N_1}{N_2}=\frac{T_2}{T_1}=\frac{D_2}{D_1}$ 齒輪轉速與節圓直徑成反比，轉速與齒輪成反比。

3 節點：兩嚙合齒輪節圓相切的點稱為節點。節點必在兩齒輪的連心線上。兩嚙合齒輪由接觸點所作公法線必通過節點。

4 齒頂圓：即通過齒冠的圓，又稱「齒冠圓」。齒冠圓直徑又稱「外徑」，外徑等於節圓直徑加上兩倍齒冠。 $D_{外}=D_{節}+2$倍齒冠 ， 全齒制（標準齒）$D_{外}=M(T+2)$ ， 短齒制$D_{外}=M(T+1.6)$ ，（M為模數，T為齒數）。

5 齒冠：又稱「齒頂」，齒冠為齒頂圓至節圓的徑向長度。

全齒制（標準齒）齒冠＝M ， 短齒制齒冠＝0.8M 。

6 齒根：節圓至齒根圓的徑向長度。齒根為節圓半徑與齒根圓半徑之差。

全齒制（標準齒）齒根＝1.25M ， 短齒制齒根＝M 。

7 齒根圓：包含各齒根部之圓，其直徑稱為內徑，以$D_{內}$表示，$D_{內}$＝節徑－2×齒根。

8 間隙：齒輪之齒頂圓與其嚙合齒輪之齒根圓間之徑向距離稱為間隙，或稱餘隙，亦即 間隙＝齒根－齒冠＝齒高－工作高度 。間隙是為了避免熱脹冷縮和製造公差和避免干涉和潤滑所需要。標準齒之間隙＝0.25M，短齒制之間隙＝0.2M。

9 齒間：相鄰兩齒間沿節圓之弧線長。

10 齒厚：輪齒沿節圓所量得之弧線長。

註 通常 齒厚＝齒間＝周節的一半＝$\frac{P_c}{2}=\frac{\pi M}{2}$ ，實際上為了熱膨脹的問題，齒間略大於齒厚，齒間－齒厚＝0.05mm。（即為齒隙）

11 背隙：齒間大於相配合輪齒之齒厚的量稱為背隙，又稱為齒隙，因為背隙使從動齒輪無法準確定位。背隙等於齒間與其相嚙合齒輪之齒厚的差，即背隙＝齒間－齒厚。理論上齒隙為零，但由於熱膨脹或嚙合中心距離之誤差，齒間須大於齒厚。

12 齒深：齒深為齒冠圓至齒根圓之徑向距離，又稱「齒高」，亦即 齒深＝齒冠＋齒根 。標準齒高＝2.25M ， 短齒制齒高＝1.8M 。

13 工作深度：兩嚙合輪齒相互嵌入的深度，工作深度為齒冠的兩倍。標準齒工作深度＝2M，短齒制工作深度＝1.6M。

14 齒面：節圓至齒頂圓間之曲面。

15 齒腹：節圓至齒根圓間之曲面。

16 齒面寬：為齒面或齒腹之寬度，又稱齒寬。

17 模數（M）：節圓直徑D（mm）與齒數T之比值，即每一齒所占節圓直徑的長度，即 $模數\ M=\dfrac{D}{T}$ 。模數為公制齒輪表示齒形之大小。模數愈大，表示齒形愈大。模數為公制齒輪計算各部份尺寸之依據。兩嚙合之齒輪，其模數必相等。（當模數相等→周節、徑節亦相等）。

18 徑節（P_d）：齒數T與節圓直徑D（單位為吋）之比值，即 $P_d=\dfrac{T}{D}$ 。模數M與徑節P_d之關係式： $M\cdot P_d=25.4$ 。

徑節為英制齒形大小。徑節愈大，齒形愈小。
徑節為英制齒輪用以計算各部份尺寸之依據。

19 周節（P_c）：在節圓上，自齒輪齒上之某一點至相鄰齒同一位點之弧線長稱為周節。

$周節\ P_c=\dfrac{\pi D}{T}$，公制：$周節\ P_c=\dfrac{\pi D}{T}=\pi M$，英制：$周節\times 徑節=\dfrac{\pi D}{T}\times\dfrac{T}{D}=\pi$。

(1) 周節等於齒厚與齒間之和。周節為齒輪齒形大小，周節越大，齒形越大。

(2) 兩嚙合齒輪，其周節必相等。（當P_c相同→M、P_d亦相同）

(3) $模數\ M=\dfrac{D}{T}$，$徑節\ P_d=\dfrac{T}{D}$，$周節\ P_c=\dfrac{\pi D}{T}$。

$M\times P_d=25.4$，$P_c=\pi M$，$P_c\times P_d=\pi$。

20 作用線：作用線為兩嚙合齒輪之一個接觸點與節點之連線，又稱壓力線，如圖(十五)所示之$\overline{APB}$直線。

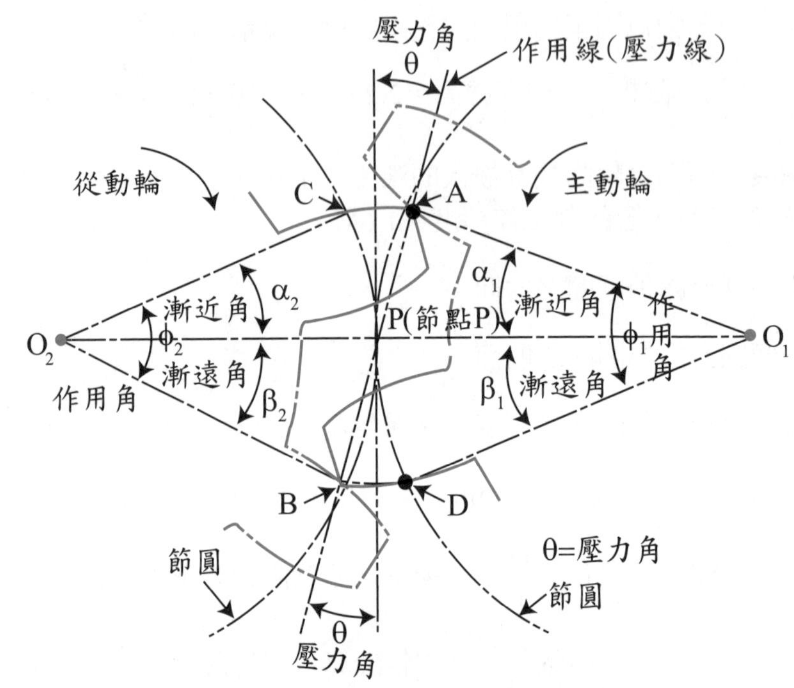

圖(十五) 齒輪的嚙合作用之角度、位置

21 壓力角（又稱傾斜角）：為作用線與節圓公切線所夾之角，如圖(十五)所示之θ角。

(1) 漸開線齒輪之壓力角恆為定值，壓力角小，傳動有效力愈大，壓力角愈小時，推動齒輪之分力愈大，而軸承所承受之徑向壓力愈小，但壓力角太小易造成干涉。壓力角愈大，軸承的壓力亦愈大。壓力角介於14.5º～22.5º之間，CNS標準採用20º之壓力角。

(2) 擺線齒輪在接觸瞬間，壓力角最大，當接觸點在節點時壓力角為零，此時效率最高，節點至分離時壓力角又變大，擺線齒輪壓力角隨時改變（漸開線齒輪壓力角則為定值）。

(3) 同一模數之全深制標準齒輪，壓力角$14\frac{1}{2}^{\circ}$及20º相異處為齒根圓角半徑（即齒根厚度）。壓力角20º的齒根較厚。

22 接觸線：接觸線為一對嚙合齒輪之接觸點，在傳動時所走過的軌跡。漸開線齒輪，接觸線為一直線，如圖(十五)所示之$\overline{APB}$直線；擺線齒輪，接觸線為曲線。

23 漸近角、漸遠角、作用角、漸近弧、漸遠弧、作用弧：（如圖十五）

漸近角 兩相嚙合輪齒，接觸點至節點，所旋轉的角度。($\angle AO_1P$)

漸近弧 兩相嚙合輪齒，接觸點至節點，所旋轉的節圓弧長。($\overset{\frown}{AP}$)

漸遠角 兩相嚙合輪齒，節點至分開點，所旋轉的角度。($\angle PO_1B$)

漸遠弧 兩相嚙合輪齒，節點至分開點，所旋轉的節圓弧長。($\overset{\frown}{PD}$)

作用角 兩相嚙合輪齒，接觸點至分開點，所旋轉的角度。($\angle AO_1D$)

作用弧 兩相嚙合輪齒，接觸點至分開點，所旋轉的節圓弧長。($\overset{\frown}{AD}$)

註 ①由圖(十五)中得知，漸近角為α_1、α_2，漸遠角為β_1、β_2，作用角為ϕ_1、ϕ_2，漸近弧為$\overset{\frown}{AP}$和$\overset{\frown}{CP}$，漸遠弧為$\overset{\frown}{PB}$和$\overset{\frown}{PD}$。

②作用角＝漸近角＋漸遠角，作用弧＝漸近弧＋漸遠弧。作用角為ϕ_1、ϕ_2，作用弧為$\overset{\frown}{AD}$和$\overset{\frown}{CB}$。

③兩嚙合齒輪的作用弧相等而且大於周節，否則齒將停止，無法傳動。

④兩嚙合齒輪的作用角不一定相等。

24 接觸率：為作用弧與周節之比值，又稱「接觸比」，接觸比必須大於1，否則無法運轉。接觸率愈大，則運轉愈平穩、傳動效率愈好。接觸率通常在1.4以上。

$$接觸比=\frac{作用弧}{周節}$$

25 基圓：與壓力線相切之圓。如圖(十六)所示。

基圓直徑$D_{基}$＝節圓直徑$D_{節}\times\cos\theta$。（θ為壓力角）

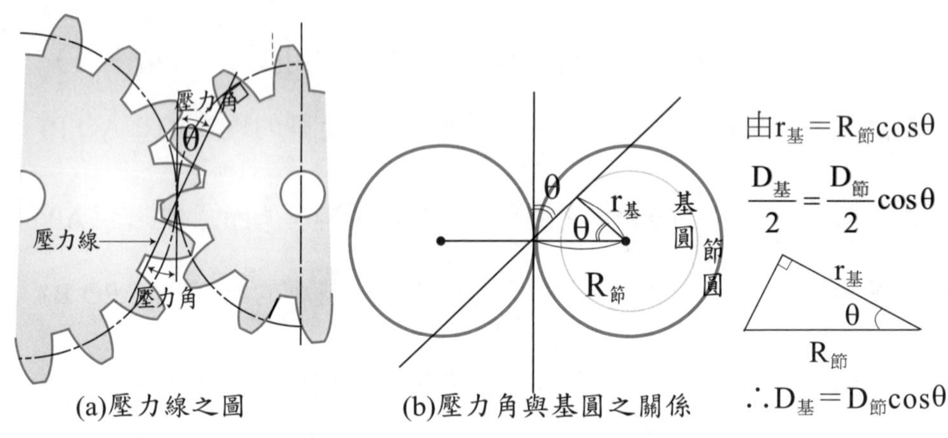

(a)壓力線之圖　(b)壓力角與基圓之關係

圖(十六)　壓力角與基圓之關係

(1) 基圓是為了展開漸開線而生的假想圓，漸開線齒輪在基圓以上的齒形為漸開線，基圓以下為徑向直線。

(2) 齒輪之壓力角愈大→基圓愈小→齒形曲率愈大→齒根較厚→強度較大→傳達動力較大。但易生噪音。

26 兩輪中心距離：（由$M=\frac{D}{T}$　$\therefore D_{節徑}=MT$）

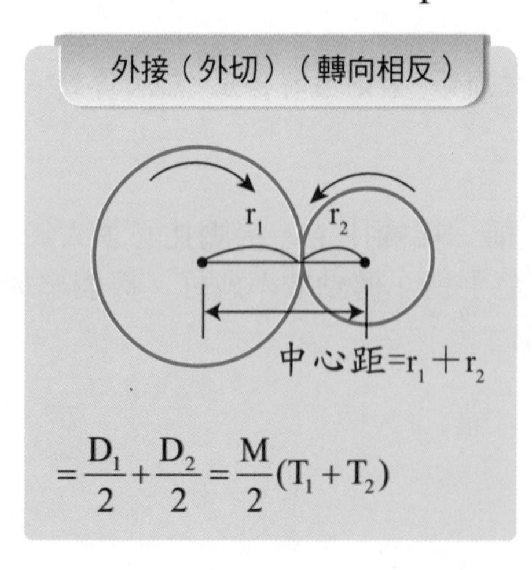

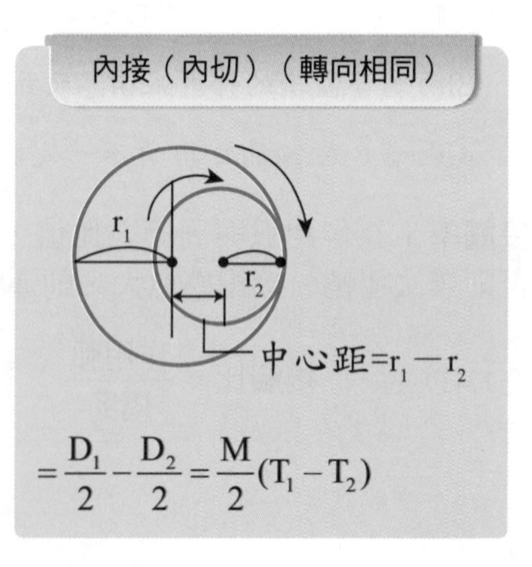

27 斜齒輪：斜齒輪用在連接兩軸相交者，其節面為圓錐，如圖(十七)所示。

註 ①節徑：斜齒輪大端的節圓直徑。

②節圓錐角：為節圓錐頂角之半，亦即節圓錐素線與軸線之夾角，又稱為「節角」。

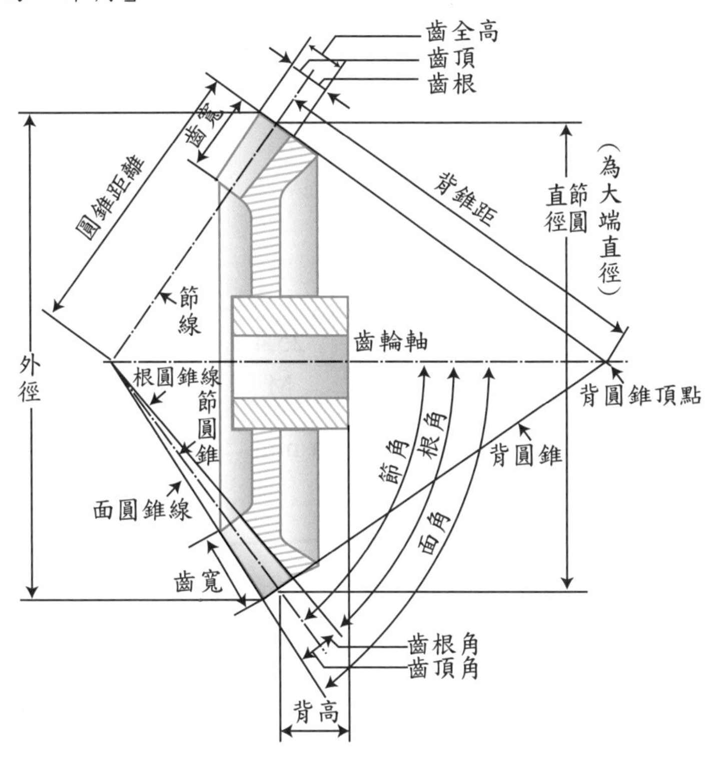

圖(十七) 斜齒輪之各部名稱

28 螺旋齒輪：螺旋齒輪表示齒形大小的周節有周節和法周節兩種。

(1) 與軸線垂直之齒形周節，此周節與正齒輪之周節相同，以「P_c」表示。

(2) 與輪齒垂直斷面之齒形周節稱為「法周節」，以「P_{cn}」表示，所得到之徑節為「法徑節」，所得到的模數，稱為「法模數」。
其公式運算與正齒輪相同，如圖(十八)所示。

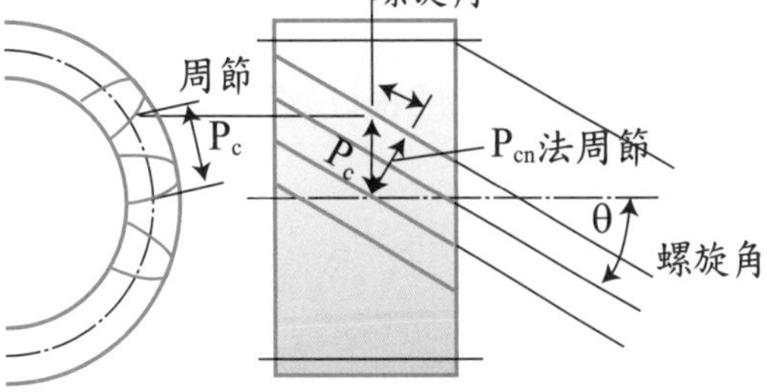

圖(十八) 螺旋齒輪之周節

$\cos\theta=\dfrac{P_{cn}}{P_c}$，∴ 法周節$P_{cn}=P_c\cos\theta$。

（法周節＝周節×cos螺旋角）

齒輪規格各部份尺寸之計算

老師講解 2

若節圓直徑120mm，齒數為30之標準齒正齒輪，其周節、模數、徑節、齒間、齒厚、齒冠、齒根、齒高、工作深度、間隙、外徑各為多少？

解：1.周節 $P_c = \frac{\pi D}{T} = \frac{\pi \times 120}{30} = 4\pi$ mm

2.模數 $M = \frac{D}{T} = \frac{120}{30} = 4$ mm

3.徑節P_d：$M \times P_d = 25.4$　　$\therefore P_d = \frac{25.4}{M} = \frac{25.4}{4} = 6.35$ 齒/吋

4.齒間＝齒厚＝$\frac{P_c}{2} = \frac{\pi M}{2} = \frac{\pi \times 4}{2} = 2\pi$ mm

5.齒冠＝M＝4mm

6.齒根＝1.25M＝5mm

7.齒高＝齒冠＋齒根＝9mm

8.工作深度＝2倍齒冠＝8mm

9.間隙＝齒根－齒冠＝1mm

10.外徑＝節徑＋2倍齒冠＝120＋2×4＝128mm

學生練習 2

一20º公制標準齒輪，模數為2，齒數為50，試求其(1)節徑(2)周節(3)徑節(4)齒厚(5)齒冠(6)齒根(7)齒高(8)工作深度(9)間隙(10)外徑各為多少？

齒輪嚙合之中心距離與速比

老師講解 3

A、B兩外切齒輪，兩軸距離為90mm，若轉速比N_A/N_B＝2，A齒輪之周節P_C＝2π mm時，則兩輪之齒數應為多少？B齒輪模數為多少？

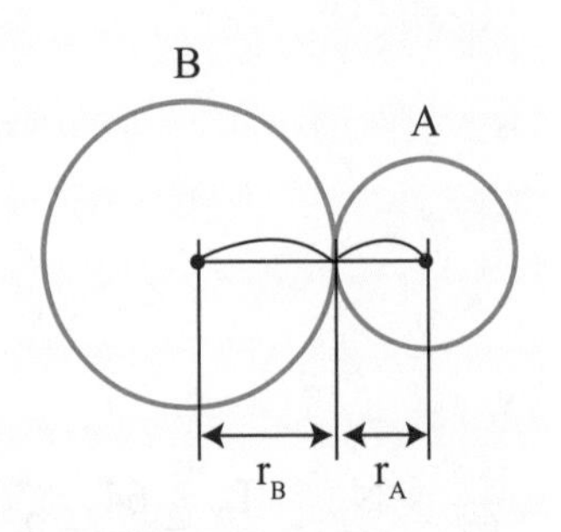

解：1. $\dfrac{N_A}{N_B}=\dfrac{D_B}{D_A}=2$，$\therefore D_B=2D_A$

中心距$=\dfrac{D_A+D_B}{2}=90$，$\therefore D_B+D_A=180$

又$D_B=2D_A$　$\therefore D_A+2D_A=180$，

$D_A=60mm$；$D_B=120mm$

$P_c=\dfrac{\pi D}{T}\Rightarrow\dfrac{\pi D_A}{T_A}=2\pi$　　$T_A=30$齒

$\dfrac{\pi D_B}{T_B}=2\pi$　　$T_B=60$齒

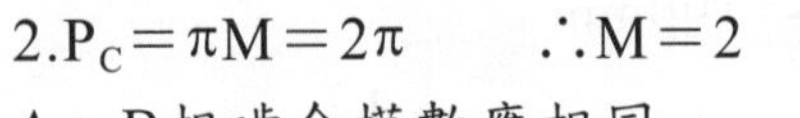

2. $P_C=\pi M=2\pi$　　$\therefore M=2$

A、B相嚙合模數應相同　　$\therefore M_A=M_B=2mm$

學生練習 3

A、B兩相嚙合之正齒輪，轉向相同，模數為5，角速比為3：2，中心距為300mm，試求A、B兩輪之齒數各為何？

齒條之移動距離

老師講解 4

如圖所示漸開線正齒輪與齒條傳動，已知A為32齒、B為64齒、C為20齒，各齒模數為5，若齒A轉一圈，則齒條移動多少mm？

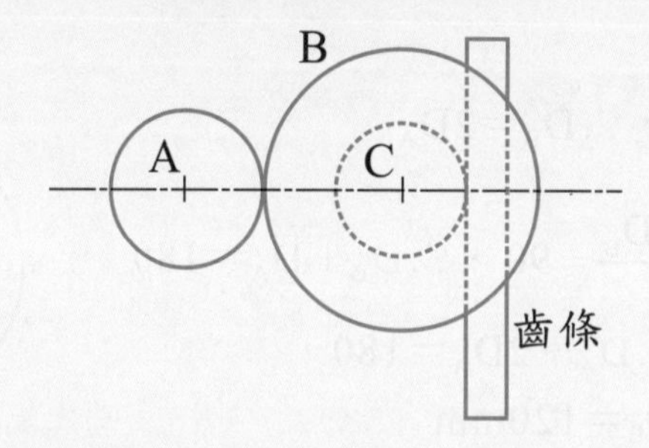

解：$\frac{N_A}{N_B}=\frac{T_B}{T_A}=\frac{64}{32}=2$，又$N_A=1$，

$\therefore N_B=\frac{1}{2}$圈（即齒輪C也轉了$\frac{1}{2}$圈）

C輪之節圓直徑$D_C=MT_C=5\times20=100\text{mm}$

BC兩齒輪同軸，$\therefore$C轉$\frac{1}{2}$圈，齒條移動C齒輪之$\frac{1}{2}$圓周長

$\therefore$齒條移動量$=\frac{1}{2}\pi D_c=\frac{1}{2}\pi\times100=50\pi\ \text{mm}$

學生練習 4

齒條與小齒輪嚙合，當小齒輪迴轉2圈時，齒條移動62.8公分，已知小齒輪齒數為25齒，則其模數為多少？

作用角、基圓直徑與接觸率

老師講解 5

兩嚙合之外接正齒輪，模數為5，轉速比為2：1，輪軸中心距為225mm，若小齒輪之輪齒作用角為18°，則該對齒輪的接觸率（contact ratio）為何？

解：外接中心距離 $C=\frac{M}{2}(T_1+T_2)$，$225=\frac{5}{2}(T_1+T_2)$，

$\therefore T_1+T_2=90$

轉速比為2：1 ⇒ 半徑1：2即R：2R（轉速與半徑成反比）

$2R+R=225$，$R=75$，$D_1=MT_1$，$150=5\times T_1$，$T_1=30$

$2R=150$，$D_2=MT_2$，$300=5\times T_2$，$T_2=60$

小齒輪作用角18°＝作用弧為 $\frac{18^\circ}{360^\circ}\pi D=\frac{1}{20}\pi\times150=\frac{15}{2}\pi$

接觸率 $=\frac{\text{作用弧}}{\text{周節}}=\frac{\frac{15}{2}\pi}{5\pi}=\frac{15}{10}=1.5$，（周節 $P_C=\pi M=5\pi$）

學生練習 5

兩嚙合外接正齒輪，轉速比為3：2，輪軸中心距為75mm，兩齒輪接觸率為1.4，若大齒輪之作用角為14°，則兩齒輪齒數分別為何？

立即測驗

( ) **1** 正齒輪之齒數T，節圓直徑D，則周節為何？ (A)D/T (B)T/D (C)πD/T (D)T/πD。

( ) **2** 若兩嚙合齒輪之齒冠為a，齒根為b，則下列敘述何者錯誤？ (A)間隙為b－a (B)外徑＝節徑＋2b (C)工作深度為2a (D)全齒深為a＋b。

( ) **3** 兩嚙合齒輪傳動時，下列何者可不必相同？ (A)徑節 (B)周節 (C)模數 (D)節徑。

( ) **4** 兩嚙合正齒輪傳動時作用弧長：
(A)相等且小於周節
(B)相等且大於周節
(C)與轉速成反比且小於周節
(D)與轉速成反比且大於周節。

( ) **5** 齒輪工作深度是齒冠的多少倍？ (A)1 (B)1.25 (C)2 (D)2.25。

( ) **6** 一齒輪之齒根與其相嚙合齒輪之齒頂。兩者之徑向長度差稱為：(A)工作高度 (B)齒腹 (C)背隙 (D)間隙。

( ) **7** 兩內接正齒輪之轉速與： (A)節圓直徑成正比 (B)齒數成正比 (C)節圓直徑成反比 (D)基圓直徑成正比。

( ) **8** 兩相嚙合正齒輪之節圓相切之點稱為： (A)節點 (B)切點 (C)交點 (D)作用點。

( ) **9** 下列有關齒輪之敘述何者正確？
(A)徑節愈大，齒形愈大
(B)徑節等於節圓直徑除以齒數
(C)周節等於齒數除以節圓直徑
(D)模數愈大，則齒形愈大。

( ) **10** 兩相嚙合齒輪，自開始接觸至節點所轉動的角度，稱為： (A)作用角 (B)漸近角 (C)壓力角 (D)漸遠角。

( ) **11** 設模數為2，齒數為35，則齒輪的外徑為多少？ (A)66 (B)38 (C)70 (D)74 mm。

( ) **12** 一齒輪之模數為5.08mm／齒，其徑節應為多少齒／吋？

(A)1.27 (B)12.7 (C)$\frac{\pi}{5.08}$ (D)5。

( ) **13** 齒數20，周節為15.7mm之漸開線齒輪，壓力角為20°，則其基圓直徑為多少mm？（sin20°＝0.342，cos20°＝0.94）

(A)20mm (B)34.2mm
(C)56.4mm (D)94mm。

( ) **14** 兩軸心相距240mm之外切正齒輪，若模數為4，小輪齒數為30齒。則兩輪之轉速比為：

(A)1：2 (B)1：3
(C)1：4 (D)1：5。

( ) **15** A、B兩正齒輪相互嚙合，A輪為88齒，每分鐘迴轉150次，B輪每分鐘迴轉300次，則B輪齒數為多少齒？

(A)22 (B)176 (C)44 (D)66。

( ) **16** 一對外接正齒輪，模數為3，大齒輪齒數為40，中心距離為90mm，小齒輪齒數為：

(A)15 (B)20 (C)25 (D)30。

( ) **17** 兩正齒輪嚙合轉向相同，若齒數分別為45齒及60齒，其周節為6.28mm，則兩軸之中心距離為：

(A)15 (B)105 (C)30 (D)210 mm。

( ) **18** 齒數為100，螺旋角為20°之螺旋齒輪，法模數為3mm，則模數為：

(A)3cos20° (B)3sec20°
(C)3tan20° (D)3sin20°。

( ) **19** 齒輪的接觸率值愈大，則：

(A)傳動效率愈低 (B)轉速比愈大
(C)傳動效率愈高 (D)以上皆非。

( ) **20** 一對相互嚙合的外接正齒輪，齒輪模數為5，主動輪齒數為20齒，從動輪轉速為100rpm。若兩齒輪轉軸中心距為200mm，則主動輪轉速為多少rpm？ (A)300 (B)400 (C)500 (D)600。

解答與解析

1 (C)

2 (B)。外徑＝節徑＋2倍齒冠＝節徑＋2a

3 (D)。兩齒輪嚙合時，M、P_c、P_d均相同，但節圓直徑不一定要相同。

4 (B) **5 (C)**

6 (D)。間隙＝齒根－齒冠

7 (C) **8 (A)** **9 (D)** **10 (B)**

11 (D)。$D_{外}=M(T+2)$

$D_{外}=2(35+2)=74mm$

12 (D)。$M\times P_d=25.4$ $\therefore P_d=\frac{25.4}{5.08}=5$ 齒／吋

13 (D)。$D_{基}=D_{節}\cos\theta$

$P_C=\pi M=15.7$ $\therefore M=5mm$

$D_{節}=MT=5\times20=100$

$\therefore D_{基}=100\cos20^o$（由$\cos20^o=0.94$）$=94mm$

14 (B)。外接中心距離 $C=\frac{M}{2}(T_1+T_2)$

$240=\frac{4}{2}(T_1+30)$，$\therefore T_1=90$ 轉速比與齒數成反比30：90=1：3

15 (C)。$\frac{N_A}{N_B}=\frac{T_B}{T_A}$ ，$\frac{150}{300}=\frac{T_B}{88}$ ，$\therefore T_B=44$齒。

16 (B)。外接中心距離 $C=\frac{M}{2}(T_1+T_2)$

$90=\frac{3}{2}(40+T_2)$，$T_2=20$齒

17 (A)。$P_C=\pi M=6.28$，$\therefore M=2mm$

轉向相同為內接，中心距離$=\frac{M}{2}(T_1-T_2)$

中心距 $C=\frac{2}{2}(60-45)=15\text{ mm}$

18 (B)。法周節＝周節×cosθ，又周節$P_C=\pi M$ ∴π×法模數＝π×模數cosθ

∴法模數＝模數cosθ

$$3=M\cos 20^{\circ} \because M=\frac{3}{\cos 20^{\circ}}=3\sec 20^{\circ}$$

19 (C)

20 (D)。外接兩輪中心距離$C=\frac{M}{2}(T_{主}+T_{從})$，$200=\frac{5}{2}(20+T_{從})$，$T_{從}=60$齒

$$\frac{N_{主}}{N_{從}}=\frac{T_{主}}{T_{從}}，\frac{N_{主}}{100}=\frac{60}{20}，N_{主}=300\text{rpm}$$

10-3 齒輪的基本定律

齒輪傳動時，若要使兩齒輪的角速度比維持一定值，則必須滿足：兩輪齒接觸點的公法線，必通過兩齒輪連心線上節點，此稱為齒輪傳動的基本定律。如圖(十九)所示。

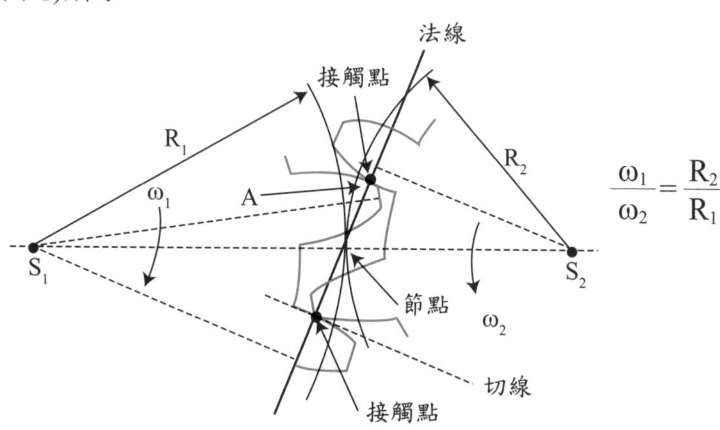

圖(十九) 齒輪傳動的基本定律

若兩齒輪的外形曲線若要符合齒輪基本定律，則此兩曲線必互為共軛曲線。常用的共軛曲線有漸開線與擺線。

若 ϕ_1、ϕ_2 ：為主動、從動輪的作用角。

R_1、R_2 ：為主動、從動輪的節圓半徑。

D_1、D_2 ：為主動、從動輪的節圓直徑。

T_1、T_2 ：為主動、從動輪的齒數。
N_1、N_2 ：為主動、從動輪的轉速。

1 因作用弧長相等：作用弧長$S=R_1\phi_1=R_2\phi_2$

$\therefore \dfrac{\phi_1}{\phi_2}=\dfrac{R_2}{R_1}=\dfrac{D_2}{D_1}$，即齒輪之作用角與直徑成反比。

2 因接觸點之切線速度相等：$V=\pi D_1N_1=\pi D_2N_2$

$\therefore \dfrac{N_1}{N_2}=\dfrac{D_2}{D_1}$，齒輪之轉速與直徑成反比。

3 兩齒輪嚙合時，周節相等：$P_c=\dfrac{\pi D_1}{T_1}=\dfrac{\pi D_2}{T_2}$

$\therefore \dfrac{D_2}{D_1}=\dfrac{T_2}{T_1}$，齒輪之直徑與齒數成正比。

$$\therefore \boxed{\dfrac{N_1}{N_2}=\dfrac{D_2}{D_1}=\dfrac{T_2}{T_1}=\dfrac{\phi_1}{\phi_2}}$$

即齒輪的轉速與直徑成反比。
即齒輪的轉速與齒數成反比。
即齒輪的轉速與作用角成正比。
即作用角與齒數、節徑成反比。

齒輪的傳動是滑動接觸及滾動接觸，即在**齒面與齒腹為滑動接觸，在節圓為滾動接觸**。

立即測驗

( ) **1** 一對相嚙合的齒輪中，兩輪齒接觸點的公法線恆須通過：
(A)基圓 (B)節點 (C)齒根圓 (D)齒冠圓。

( ) **2** 正齒輪傳動機構中，兩輪的作用角與：
(A)節圓直徑成正比 (B)節圓直徑成反比
(C)轉速成反比 (D)齒數成正比。

( ) **3** 兩外接正齒輪，轉速與：
(A)節圓直徑及齒數成正比 (B)節圓直徑及齒數成反比
(C)基圓直徑及齒數成正比 (D)基圓直徑成正比，齒數成反比。

( ) **4** A、B兩嚙合之正齒輪，A之齒數為60，B之齒數為30，若A之轉速為180rpm，則B之轉速為： (A)90 (B)180 (C)360 (D)720 rpm。

解答與解析

1 (B) **2 (B)** **3 (B)**

4 (C)。$\frac{N_A}{N_B}=\frac{T_B}{T_A}=\frac{30}{60}=\frac{1}{2}=\frac{180}{N_B}$ ∴NB＝360rpm

10-4 齒形的種類

1 漸開線

(1) 漸開線的定義：一直線在一圓上滾動，直線上任一點所形成的軌跡，稱為「漸開線」，此圓稱為「基圓」，相同基圓直徑的漸開線，曲率相同；漸開線齒輪基圓直徑愈大，漸開線愈平直。基圓直徑越小，漸開線曲率越大，漸開線齒輪外形曲線決定於基圓。

漸開線的性質為漸開線上任何一點之法線，必須與基圓相切（或曲線上任一點之曲率中心必在基圓之切點上）。如圖(二十)(a)(b)所示。輪齒曲線採用漸開線者，稱為漸開線齒輪。

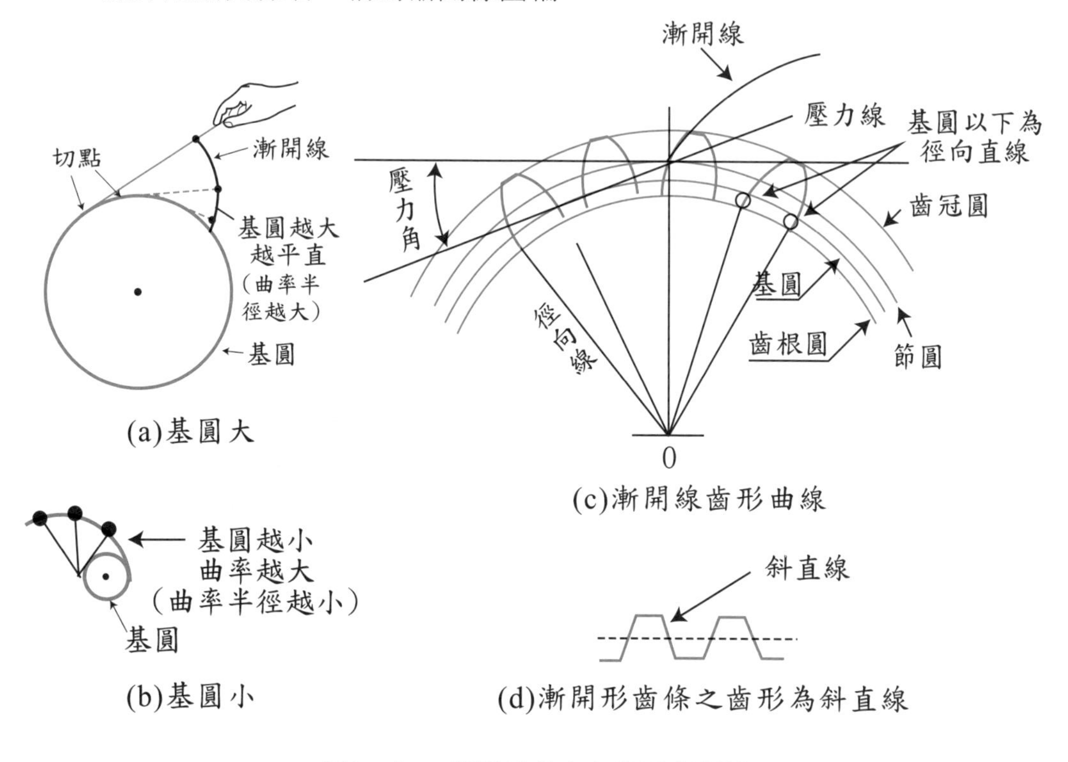

圖(二十) 漸開線曲率與基圓之關係

(2) 漸開線齒形：漸開線齒輪之齒形曲線，基圓以上至齒冠為漸開線，基圓以下至齒根圓為徑向直線。如圖(c)所示。

註 ①漸開線齒條齒形為一條斜直線，如圖(d)所示，因基圓半徑為無窮大。
②基圓直徑愈大，漸開線的曲率愈小；齒根較細，強度較差。

(3) 漸開線齒輪之干涉：漸開線齒輪在基圓以內為徑向直線（非漸開線），當一輪齒之漸開線齒面與相嚙合輪齒為非漸開線齒腹接觸時，即發生齒尖切入齒腹的現象，稱為「干涉」（在基圓直徑內產生干涉），即齒形的接觸部分為非共軛時稱為干涉。
如圖(二一)所示。在兩嚙合齒輪中，若作用線和兩基圓之切點為A、B，而兩齒輪接觸開始點和結束點，兩點落在A點和B點之外側，則產生干涉，若兩點落在A、B兩點之內側，則不產生干涉。
干涉使齒輪在運轉時會發生鎖緊、切入，導致磨損、振動、噪音及速比不正確的現象。

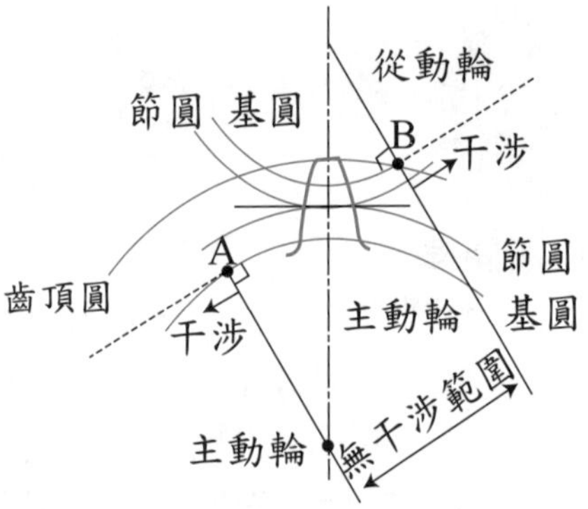

圖(二一)　齒輪是否發生干涉之判別

(4) 消除干涉現象的方法：
① 增加齒數。
② 較大壓力角。（縮小基圓直徑）
③ 採用短齒制。（縮小齒冠圓）
④ 齒腹內陷。（即挖空干涉之部位）
⑤ 增加中心距離。（即增加節圓直徑）
⑥ 改用擺線齒輪。
⑦ 採用移位齒輪。（註：增加中心距離會讓背隙增加，且接觸率降低，但基圓不變。）

2 擺線齒輪的齒形

(1) 擺線的種類：可分為正擺線、外擺線、內擺線三種。如圖(二二)、(二三)所示。

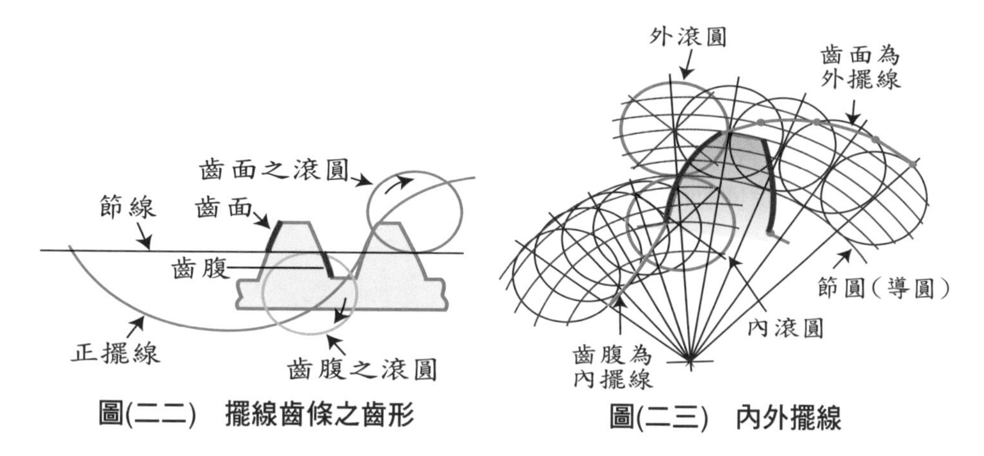

圖(二二) 擺線齒條之齒形　　**圖(二三) 內外擺線**

① **外擺線：一滾圓在一導圓外側滾動時**，此滾圓圓周上任一點所形成的軌跡。用於製造擺線齒輪的齒面曲線。

② **內擺線：一滾圓在一導圓內側滾動時**，此滾圓圓周上任一點所形成的軌跡。用於製造擺線齒輪的齒腹曲線。

③ **正擺線：一滾圓在一直線上滾動時**，此滾圓圓周上任一點所形成的軌跡。用於製造齒條之齒面和齒腹之曲線。

(2) 擺線齒輪的齒形曲線為**齒面外擺線；齒腹為內擺線**。所以擺線齒輪的齒形曲線是由**兩種曲線**所組成。擺線齒條：**齒形為兩條正擺線**所組成。

(3) 滾圓直徑大小對齒腹的影響

擺線齒輪的齒腹形狀，由內滾圓直徑大小來決定。

① **內滾圓直徑小於節圓半徑時，根部較寬強度較大**，如圖(二四)(a)所示。

② 內滾圓直徑等於節圓半徑時，齒腹由**徑向直線**所形成，為「徑向齒腹」。如圖(二四)(b)所示。

③ 內滾圓直徑大於節圓半徑時，齒腹內陷、強度最弱，如圖(二四)(c)所示。以強度而言，內滾圓的直徑應小於節圓的半徑較佳。

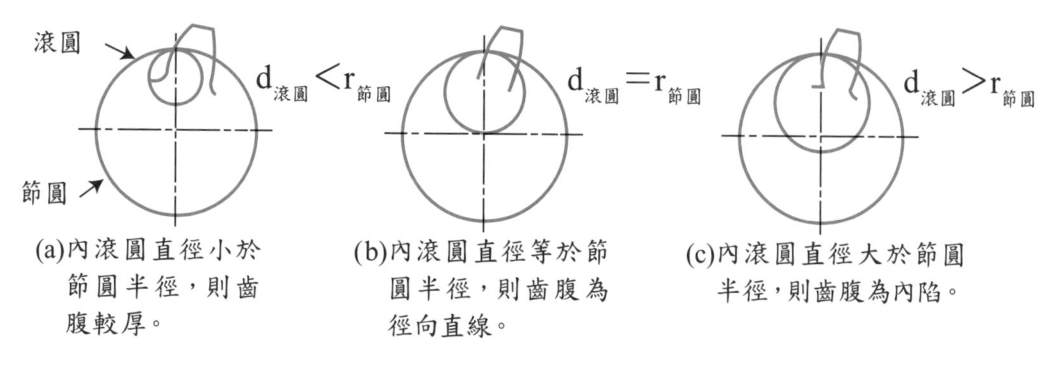

圖(二四) 滾圓直徑大小對齒腹的影響

註 同一擺線之齒輪，外擺線之滾圓不一定等於內擺線之滾圓，但嚙合傳動時，一齒輪之外滾圓必須與相嚙合齒輪之內滾圓直徑相同。

3 齒輪互換（相嚙合）條件

(1) 兩漸開線齒輪傳動時必須
 ① 壓力角相等。
 ② 周節（模數或徑節）相同。

(2) 兩擺線齒輪傳動時必須
 ① 一齒輪的內滾圓與另一嚙合之齒輪外滾圓滾圓直徑相等。
 ② 周節（模數或徑節）相同。

註 ①擺線齒輪的齒面和齒腹，可由大小不同的兩個滾圓所產生的內外擺線所形成。
 ②漸開線齒輪壓力角固定，擺線齒輪當兩輪齒面初結合的接觸壓力角為最大，此時效率最差，繼續運轉時，壓力角逐漸減小，效率漸增。當兩齒輪的接觸點落在節點時，壓力角等於零，此時效率最高。當過了節點，壓力角隨兩齒輪的逐漸分開而增加。
 ③漸開線齒輪，若要嚙合並交換使用時，其壓力角和周節（或模數、徑節）應相等。若周節（或模數、徑節）不相等，則無法配合；若壓力角不相等，則會產生運動不圓滑的現象。

4 齒輪之漸開線齒形與擺線齒形的比較

	漸開線齒輪	擺線齒輪
構成曲線	一種（基圓以上為漸開線）	二種（齒面外擺，齒腹內擺）
製造容易度	製造容易、成本低（只有一種曲線）	製造困難（兩種曲線不易製造）
壓力角	固定	不固定（嚙合時由大而小，節點時為0°，而後由小而大）
效率	低	高（壓力角0°時，效率最高）
互換性	高（M、P_c、P_d相同、壓力角相同）	低（M、P_c、P_d相同，滾圓直徑要相同且滾圓直徑應小於節圓半徑）
干涉現象	有干涉	沒有干涉
角速比	中心距離誤差不影響角速比	中心距離會影響角速比（擺線齒輪節圓必需相切，否則無固定角速比）

	漸開線齒輪	擺線齒輪
強度	大（齒根較厚）（可用於傳達大動力或衝擊大的情況）	低（齒根較弱）
磨耗	大（因為干涉造成）	小（沒有干涉）
潤滑	不良	良
接觸線	直線	曲線

註 漸開線齒輪在製造、成本、強度而言，漸開線齒輪的實用性優於擺線齒輪，所以大多數傳達動力用的齒輪均採用漸開線齒輪，擺線齒輪則用於鐘錶及其他精密儀器中，因擺線齒輪磨耗較小、效率高。

漸開線齒輪之優缺點

優點

(A)齒形由單一曲線形成，製造容易，成本低。
(B)齒根較厚，強度大。
(C)中心距離稍微誤差，不影響轉速比。
(D)傳動之互換性高。

缺點

(A)潤滑不良，磨損較大。
(B)傳動效率較低。
(C)有發生干涉的可能，易生噪音。

擺線齒輪之優缺點

優點

(A)潤滑良好，磨損較少。
(B)傳動效率較高。
(C)沒有干涉現象。

缺點

(A)齒形由兩種曲線形成，製造不易，成本高。（擺線齒輪齒面由外擺、齒腹為內擺）
(B)齒根較薄，強度較差。
(C)中心距離須正確。
(D)傳動之互換性較差。

立即測驗

( ) 1 一圓在一直線上滾動，則圓周上一點的軌跡稱為： (A)正擺線 (B)外擺線 (C)內擺線 (D)漸開線。

( ) 2 擺線齒輪之齒形曲線為： (A)齒面正擺線，齒腹內擺線 (B)齒面外擺線，齒腹正擺線 (C)齒面外擺線，齒腹內擺線 (D)齒面內擺線，齒腹外擺線。

( ) 3 一直線沿一圓之圓周轉動時，則該直線上任何一點所形成之軌跡，為： (A)漸開線 (B)擺線 (C)拋物線 (D)雙曲線。

( ) 4 那一種齒輪傳動中，壓力角需要一定？ (A)拋物線 (B)擺線 (C)雙曲線 (D)漸開線。

( ) 5 擺線齒輪傳動中，當兩輪的接觸點位於節點上的節圓公切線時，其壓力角為： (A)15 (B)0 (C)20 (D)22.5 度。

( ) 6 兩相嚙合的正齒輪中，作用線與在節點上的節圓公切線的夾角稱為： (A)作用角 (B)漸近角 (C)漸遠角 (D)壓力角。

( ) 7 下列何者不是擺線齒輪互換的條件？
(A)壓力角相等 (B)周節相等 (C)徑節相等 (D)滾圓相等。

( ) 8 漸開線齒輪的齒形決定於：
(A)節圓 (B)滾圓 (C)基圓 (D)齒頂圓。

( ) 9 齒輪的基圓愈大，則漸開線的平均曲率半徑：
(A)愈小 (B)愈大 (C)恆不變 (D)不一定。

( ) 10 漸開線齒形齒輪之接觸線為：
(A)直線 (B)曲線 (C)拋物線 (D)漸開線。

( ) 11 鐘錶、精密儀器的齒輪齒形常用何種曲線？
(A)漸開線 (B)擺線 (C)螺旋線 (D)對數螺旋線。

( ) 12 下列何者非消除漸開線齒輪干涉的方法？
(A)縮小基圓直徑 (B)減少壓力角
(C)齒腹內凹 (D)增大中心距。

( ) 13 擺線齒輪之節徑為D，內滾圓直徑為d，如要製造強度較大的齒輪，則：
(A)$D<d/2$ (B)$d<D/2$ (C)$d>D/2$ (D)$D=d/2$。

(　　) **14** 下列敘述何者最不正確？
(A)漸開線齒輪比擺線齒輪強度高
(B)擺線齒輪之壓力角會隨接觸點之改變而變化
(C)擺線齒輪之製造比漸開線齒輪困難
(D)擺線齒輪之優點為中心線略為改變仍能保有良好轉速比。

解答　**1** (A)　**2** (C)　**3** (A)　**4** (D)　**5** (B)　**6** (D)　**7** (A)
8 (C)　**9** (B)　**10** (A)　**11** (B)　**12** (B)　**13** (B)　**14** (D)

10-5 齒形與齒輪的規格

為了製造容易、互換性方便及降低成本，我們將各種齒輪的規格予以「標準化」，將齒輪之各部份尺寸，均訂出一定的標準。

1 公制標準齒輪

公制標準齒輪之齒形大小，以「模數」表示。漸開線常用之壓力角有 $14\frac{1}{2}^{\circ}$、15°、20°、$22\frac{1}{2}^{\circ}$ 等，我國CNS標準採用20°之壓力角。表為各種標準齒輪的各尺寸和規格。

名稱	公制長齒制	公制短齒制	Fellows株狀齒	B&S混合齒
壓力角	20°	20°	20°	14.5°
齒冠	M	0.8M	$\frac{1}{P_{d2}}$	$\frac{1}{P_d}$
齒根	1.25M	M	$\frac{1.25}{P_{d2}}$	$\frac{1.157}{P_d}$
工作深度	2M	1.6M	$\frac{2}{P_{d2}}$	$\frac{2}{P_d}$
全齒深	2.25M	1.8M	$\frac{2.25}{P_{d2}}$	$\frac{2.157}{P_d}$

名稱	公制長齒制	公制短齒制	Fellows株狀齒	B&S混合齒
齒厚	$\frac{\pi M}{2}$	$\frac{\pi M}{2}$	$\frac{\pi}{2P_{d_1}}$	$\frac{\pi}{2P_{d_1}}$
齒間	$\frac{\pi M}{2}$	$\frac{\pi M}{2}$	$\frac{\pi}{2P_{d_1}}$	$\frac{\pi}{2P_{d_1}}$
間隙	0.25M	0.2M	$\frac{0.25}{P_{d2}}$	$\frac{0.157}{P_d}$
外徑	M(T＋2)	M(T＋1.6)	$\frac{T}{P_{d1}}+\frac{2}{P_{d2}}$	$\frac{(T+2)}{P_d}$
齒根圓半徑	0.236M	0.3M	$\frac{0.25}{P_d}$	$\frac{0.209}{P_d}$
單位	mm	mm	吋	吋

註 表中M為模數；P_d徑節；T齒數；株狀齒之徑節為一分數（$\frac{P_{d1}}{P_{d2}}$）；分子P_{d1}代表第一徑節，用來計算節徑、周節、齒間、齒厚用；分母P_{d2}代表第二徑節，用來計算齒冠、齒根、齒深和工作深度。

2 各種齒輪比較：如圖(二五)所示。

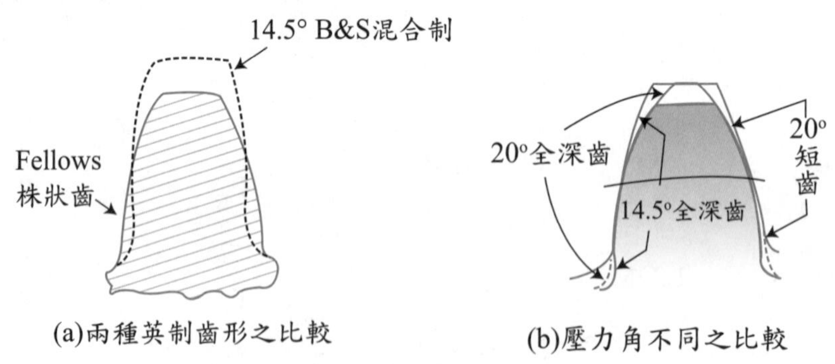

(a)兩種英制齒形之比較　(b)壓力角不同之比較

圖(二五)　各齒制齒形的比較

(1) 20°全深制：運轉平穩，齒根較寬，較短齒制易產生干涉。壓力角20°之齒根厚度較壓力角$14\frac{1}{2}^{\circ}$者為厚，且齒根圓角半徑R亦較大，所以20°全深齒之齒根較厚，強度較大，用於一般機械傳動上。

(2) 20°短齒制齒輪：強度較大，不易折斷，避免干涉，但接觸率少，易生噪音，用於汽車傳動軸上。

(3) 費洛氏短齒制（Fellows）（株狀齒）有下列優點：

① 強度較大。

② 輪齒間滑動速度較少，所以齒面的磨損較均勻。

③ 淬火時，收縮彎扭的現象較少。

(4) 布朗和沙普$14\frac{1}{2}^{\circ}$混合齒制（B&S）：

① 齒頂與齒根為擺線，中間為漸開線，可避免因中心距離而影響速比且沒有干涉。

② 適用於一般性傳動。

Notes

各種齒輪各尺寸和規格計算

老師講解 6

一齒輪採用費洛氏短齒，其節圓直徑20吋，徑節$\frac{4}{5}$，試求(1)齒輪之齒數(2)周節(3)齒間(4)齒冠(5)齒根(6)外徑各為多少英吋？

解：$D=20$吋，$P_{d1}=4$，$P_{d2}=5$

(1)齒數$T=P_{d1}\times D=4\times 20=80$齒

(2)周節$P_c=\frac{\pi}{P_{d1}}=\frac{\pi}{4}$吋

(3)齒間$=\frac{P_c}{2}=\frac{\frac{\pi}{4}}{2}=\frac{\pi}{8}$吋

(4)齒冠$=\frac{1}{P_{d2}}=\frac{1}{5}$吋

(5)齒根$=\frac{1.25}{P_{d2}}=\frac{1.25}{5}$吋

(6)外徑$=D_{節}+2$倍齒冠$=20+2(\frac{1}{5})=20.4$吋

學生練習 6

一短齒制齒輪的齒數為50，節圓直徑為40cm，則此齒輪之(1)齒冠(2)齒根(3)工作深度(4)齒厚(5)外徑各為何？

立即測驗

( ) **1** 株狀齒的第一徑節P_{d1}是用來計算：
(A)齒冠 (B)齒厚 (C)齒根 (D)齒間隙。

( ) **2** 同一節徑和齒數之正齒輪中，14.5ºB&S混合制齒與Fellows株狀齒兩比較，下列何者正確？
(A)前者齒高較短 (B)後者磨損較快
(C)前者齒根部較厚 (D)後者強度較大。

( ) **3** 公制模數漸開線齒輪中，我國中央標準局採定之壓力角為多少度？ (A)14.5 (B)15 (C)20 (D)22.5 度。

( ) **4** 壓力角為14.5º與20º的兩相同模數全齒制的標準齒輪，兩齒輪不同的地方為何？
(A)齒根的厚度 (B)齒高的高度
(C)齒頂的高度 (D)全齒的高度。

( ) **5** 有關漸開線齒輪的敘述何者不正確？
(A)接觸線為一直線
(B)壓力角不變
(C)中心距稍有出入，轉速比便發生變化
(D)比擺線齒輪製造容易。

( ) **6** 短齒制模數為10的正齒輪，齒數為60T，則其齒冠高為多少mm？
(A)10 (B)$\frac{10}{\pi}$ (C)$\frac{\pi}{10}$ (D)8 mm。

( ) **7** 若Fellows短齒制之徑節為$\frac{3}{4}$其意義為：
(A)$P_d=0.75$ (B)$P_{d1}=4$，$P_{d2}=3$
(C)$P_{d1}=3$，$P_{d2}=4$ (D)$P_d=\frac{4}{3}$。

解答與解析

1 (B) **2 (D)** **3 (C)** **4 (A)** **5 (C)**

6 (D)。短齒制，齒冠0.8M＝0.8×10＝8mm。

7 (C)

考前實戰演練

( ) **1** 螺旋齒輪敘述下列何者錯誤？
(A)螺旋角愈大軸向推力愈大
(B)可採用人字齒輪來抵消其軸向推力
(C)螺旋角一般採15～35°
(D)常用於相交兩軸的傳動。

( ) **2** 齒輪傳動中，在兩輪的節圓上為何種接觸？ (A)滑動 (B)滾動 (C)推動 (D)滾動兼滑動。

( ) **3** 下列何者不是齒輪傳動的優點？ (A)速比正確 (B)高低轉速傳動均可 (C)耐衝擊 (D)潤滑容易，磨損少。

( ) **4** 下列何者為直接滑動接觸的機件？ (A)摩擦輪 (B)皮帶輪 (C)齒輪 (D)鏈輪。

( ) **5** 蝸桿與蝸輪組，已知蝸輪模數為6，節徑為180mm，蝸桿螺紋線數為2。節徑為40mm，若蝸桿轉速為450rpm，則蝸輪轉速為多少rpm？ (A)10 (B)20 (C)30 (D)40。

( ) **6** 斜齒輪節圓直徑是依據： (A)小端直徑 (B)大端直徑 (C)視情況而定 (D)大小端平均直徑。

( ) **7** 若不平行不相交的兩軸用齒輪來傳動，下列何者最不適合？
(A)螺線齒輪 (B)戟齒輪 (C)人字齒輪 (D)蝸輪與蝸桿。

( ) **8** 兩軸心相距240mm的外切正齒輪，若模數為8，小輪齒數為20齒，則兩輪之轉速比為： (A)1：2 (B)1：3 (C)1：4 (D)1：5。

( ) **9** 20°全深制漸開線正齒輪，外徑為200mm，模數為5mm，則其齒數為： (A)42 (B)38 (C)39 (D)30。

( ) **10** 標準正齒輪的模數為3，齒數為32，則其外徑為多少mm？
(A)100.8 (B)96 (C)102 (D)108。

( ) **11** 模數為10mm，齒數為30的齒輪，其工作深度為多少mm？
(A)12.5 (B)10 (C)20 (D)22.5。

( ) **12** 若一齒輪的周節為3.14cm，則其模數為多少mm？ (A)3.14π (B)1 (C)5 (D)10。

( ) **13** 小齒輪與齒條的嚙合傳動組合，當小齒輪轉$1\frac{1}{2}$圈時，齒條移動了47.1cm，若小齒輪之齒數為50齒，則小齒輪之模數為多少mm？
(A)0.5 (B)1 (C)2 (D)4。

( ) **14** A、B兩嚙合齒輪中，若D為節圓直徑，T為齒數，N為迴轉速，ϕ為作用角，θ為壓力角，P_c為周節，P_d為徑節，下列何者正確？

(A)$\frac{N_B}{N_A}=\frac{T_B}{T_A}$ (B)$\frac{D_A}{D_B}=\frac{\theta_A}{\theta_B}$

(C)$\frac{D_A}{D_B}=\frac{\phi_B}{\phi_A}$ (D)$\frac{T_A}{T_B}=\frac{\phi_A}{\phi_B}$ 。

( ) **15** 擺線齒輪與漸開線齒輪之齒形，下列敘述何者正確？
(A)擺線齒輪嚙合條件之一，其一齒之齒面與另一嚙合齒之齒腹需由同一滾圓所滾出之擺線
(B)擺線齒輪其齒面與齒腹之齒形，皆由滾圓之外擺線所形成
(C)齒輪在周節與齒數相同條件下，擺線齒輪會較漸開線齒輪齒腹更厚，故強度也較佳
(D)漸開線齒輪若發生齒輪中心距的誤差，將造成角速比的變化，而擺線齒輪則影響不大。

( ) **16** 兩個外接的漸開線正齒輪，若因尺寸公差之故，組裝後發現中心距增加了2%，則下列敘述何者正確？
(A)基圓半徑不變，節圓半徑變大
(B)基圓半徑不變，節圓半徑也不變
(C)基圓半徑變大，節圓半徑不變
(D)基圓半徑變大，節圓半徑也變大。

( ) **17** 何種齒輪常用於大客車或汽車之後軸傳動機構？ (A)螺旋齒輪 (B)蝸線斜齒輪 (C)戟齒輪 (D)雙曲面齒輪。

( ) **18** 標準齒制中，齒輪工作深度為齒冠的幾倍？
(A)1 (B)2 (C)3 (D)4。

( ) **19** 齒輪的接觸比愈大，則：
(A)傳動效率愈低 (B)轉速比愈大
(C)傳動效率愈高 (D)轉速比愈小。

( ) **20** 一對嚙合的漸開線鑄造齒輪，若主動齒輪減速至完全靜止，且從動齒輪沒有任何負載，則下列何種因素造成從動齒輪無法準確定位？
(A)接觸率 (B)壓力角
(C)間隙 (D)背隙。

( ) **21** 漸開線正齒輪嚙合傳動，輪齒自開始接觸到終止，其接觸點永遠落於何處？ (A)壓力線上 (B)節點上 (C)節圓上 (D)基圓上。

( ) **22** 如右圖所示的螺旋齒輪，A及B兩軸應加裝止推軸承，其安裝之左右位置依A、B軸之順序為何？
(A)左、左
(B)右、右
(C)左、右
(D)右、左。

B
A
A為主動軸

( ) **23** 漸開線齒輪的齒形取決於：
(A)基圓 (B)滾圓 (C)節圓 (D)內圓。

( ) **24** 共軛曲線的特性為何？ (A)使二機件滑動 (B)兩機件的角速度比恆為一定 (C)能連續傳達運動 (D)使接觸點永遠在連心線上。

( ) **25** 何者不是擺線齒輪互換的基本條件？ (A)節徑相等 (B)周節相等 (C)徑節相等 (D)滾圓相等。

( ) **26** 下列敘述何者不正確？
(A)齒輪基本定律為兩相嚙合齒輪的輪齒其接觸點的公法線必經過其節點
(B)在震動或衝擊大的情形下應使用擺線齒輪為佳
(C)一直線沿一圓的圓周轉動時，此直線上任何一點的軌跡即為此圓的漸開線
(D)一圓沿一直線滾動，該圓的圓周上一點所形成的軌跡稱為正擺線。

( ) **27** 消除漸開線齒輪發生干涉現象的方法，何者不正確？ (A)增大壓力角 (B)增大節圓直徑 (C)修改齒腹或齒面 (D)減少齒數。

( ) **28** 一漸開線齒輪接觸點的軌跡為何種線？ (A)直線 (B)拋物線 (C)雙曲線 (D)螺旋線。

( ) **29** 若一漸開線齒輪基圓直徑為40mm，壓力角20º，則節圓直徑為多少mm？ (A)20sin（20º） (B)40cos（20º） (C)20tan（20º） (D)40sec（20º）。

( ) **30** 漸開線最常用於何處？ (A)螺紋 (B)齒輪 (C)彈簧 (D)鉚釘。

( ) **31** 若壓力角14.5º與20º為同一模數的全齒制標準齒輪，相異處為何？ (A)齒根圓角半徑（或齒根厚度） (B)齒冠高 (C)齒根高 (D)齒厚。

( ) **32** 下列有關齒輪之敘述，何者錯誤？ (A)齒深等於齒冠加齒根高 (B)齒深等於工作深度加間隙 (C)齒腹為輪齒介於節圓與齒頂圓間之曲面 (D)背隙又可稱為齒隙。

( ) **33** 下列何種齒輪於嚙合傳動時，兩齒輪之中心軸線會相交？ (A)人字齒輪 (B)戟齒輪 (C)冠狀齒輪 (D)蝸桿與蝸輪。

( ) **34** 下列何種齒輪可提供較大的減速比？ (A)內齒輪 (B)螺旋齒輪 (C)真齒輪 (D)蝸桿與蝸輪。

( ) **35** 下列有關齒輪的敘述，何者不正確？
(A)擺線齒輪的優點為中心線略為改變時，仍能保有良好的運轉
(B)漸開線齒輪之壓力角恆定
(C)兩個相嚙合齒輪，周節相同
(D)兩個相嚙合齒輪，轉速與齒數成反比。

( ) **36** 下列何者能傳達一組軸中心互成直角而不相交，且有高轉速比的兩軸？ (A)正齒輪 (B)螺旋斜齒輪 (C)冠狀齒輪 (D)蝸桿與蝸輪。

( ) **37** 兩互相嚙合的外接正齒輪，模數為2mm，其轉速比為3：1，兩軸中心距離為100mm，則兩齒輪的齒數相差多少？ (A)25齒 (B)50齒 (C)75齒 (D)100齒。

( ) **38** 已知一公制標準正齒輪之節圓直徑為60mm，壓力角20度，齒數30齒，則其周節為多少mm？ (A)π (B)1.5π (C)2π (D)2.5π。

( ) **39** 有一對兩軸平行之外接螺旋齒輪，已知主動輪之螺旋方向為右旋，螺旋角為15º，則其被動輪之螺旋方向及螺旋角為多少度？ (A)右旋15º (B)左旋15º (C)右旋75º (D)左旋75º。

( ) **40** 下列有關正齒輪之敘述，何者正確？ (A)漸開線標準正齒輪的模數愈大，其齒冠高愈小 (B)一對嚙合漸開線正齒輪的中心距離稍微增大，不會影響其角速比 (C)擺線齒輪的壓力角為定值，故不容易產生振動與噪音 (D)一般而言，擺線齒輪比漸開線齒輪容易製造。

( ) **41** 下列有關漸開線正齒輪與擺線正齒輪的敘述，何者正確？ (A)一對嚙合漸開線正齒輪的接觸線為一直線，其壓力角為定值 (B)漸開線齒輪容易潤滑，故輪齒間的磨耗較小 (C)當一對嚙合擺線正齒輪的接觸點與節點重合時，其壓力角為最大 (D)就互換性而言，擺線正齒輪的互換性比漸開線正齒輪高。

( ) **42** 一對漸開線標準齒輪在組裝時，因尺寸公差使兩軸中心距離改變，下列敘述何者正確？ (A)齒頂圓直徑改變 (B)齒根圓直徑改變 (C)基圓直徑改變 (D)節圓直徑改變。

( ) **43** 下列關於齒輪的敘述，何者不正確？ (A)兩嚙合齒輪之節圓必相切於一固定點，此點稱為節點 (B)節圓之直徑簡稱為節徑 (C)周節等於齒間與齒厚之和 (D)兩嚙合齒輪之工作深度等於齒冠與齒根之和。

( ) **44** 兩嚙合之外接正齒輪，模數為5，轉速比為2：1，輪軸中心距為225mm，若小齒輪之輪齒作用角為18º，則該對齒輪的接觸率（contact ratio）為何？ (A)1.5 (B)1.6 (C)1.7 (D)1.8。

( ) **45** 以下有關漸開線齒輪之敘述，何者正確？ (A)漸開線齒輪的優點之一，是傳動過程不會發生干涉（interference）現象 (B)將軸心距離稍微加大後，漸開線齒輪的壓力角仍然保持不變 (C)將軸心距離稍微加大後，漸開線齒輪的基圓直徑仍然保持不變 (D)將軸心距離稍微加大後，漸開線齒輪的節圓直徑仍然保持不變。

( ) **46** 下列有關齒輪傳動之敘述，何者正確？ (A)螺旋齒輪傳動時，兩螺旋齒輪之螺旋角需相同 (B)正齒輪傳動時，主動齒輪軸線與從動齒輪軸線相交成一角度 (C)兩相嚙合之正齒輪其工作深度為齒根的兩倍 (D)為保持兩嚙合齒輪之角速度維持一定之比值，兩齒輪接觸點之公切線必經過節點。

第11章 輪系

11-1 輪系概述

1 兩個以上之摩擦輪、齒輪、鏈輪、帶輪組合，將一軸之動力傳遞至另一軸者，稱為「輪系」。輪系中輪與輪之傳動以齒輪或皮帶或鏈條來傳達。
一輪系中，最先轉動者稱為「首輪」（其軸為首軸）或稱「主動輪」；輪軸最後轉動者稱為「末輪」（其軸為末軸）或稱為「從動輪」。介於首末兩軸之間者，通稱為「中輪」（其軸為中軸），如圖(一)動力由A輪傳至D輪，A輪為首輪，D輪為末輪，B、C稱為中輪，其傳動軸A軸稱為首軸，B軸、C軸稱為中軸，D軸稱為末軸。

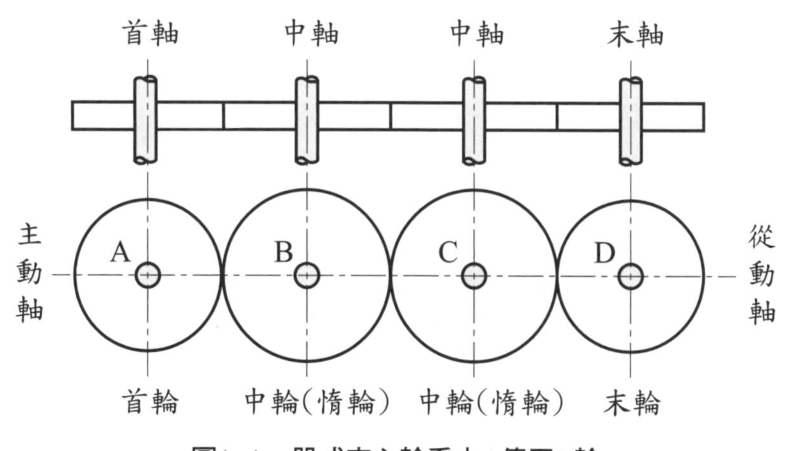

圖(一)　單式定心輪系由A傳至D輪

2 輪系之分類：

(1) 依中軸上之輪數分為：

①單式輪系：在輪系中，所有中軸上只有一個輪子，稱為「單式輪系」，如圖(一)所示。若A為首輪，D為末輪，中軸上之兩輪B、C稱為惰輪。
惰輪的目的：

(A)改變從動輪之旋轉方向，惰輪不影響輪系值之絕對值。單式輪系當均為外切齒輪時，惰輪數目為奇數，則首末兩輪之迴轉方向相同；若惰輪數目為偶數，則首末兩輪之迴轉方向相反。

(B)惰輪可減少輪系所占的空間和減少製造費用。若兩軸距離較遠時，若不使用惰輪，則必須做兩個很大的輪子，增加製造成本和所占空間。

② 複式輪系：輪系中，至少有一中軸上有兩輪或兩輪以上者，稱為「複式輪系」，如圖(二)所示。

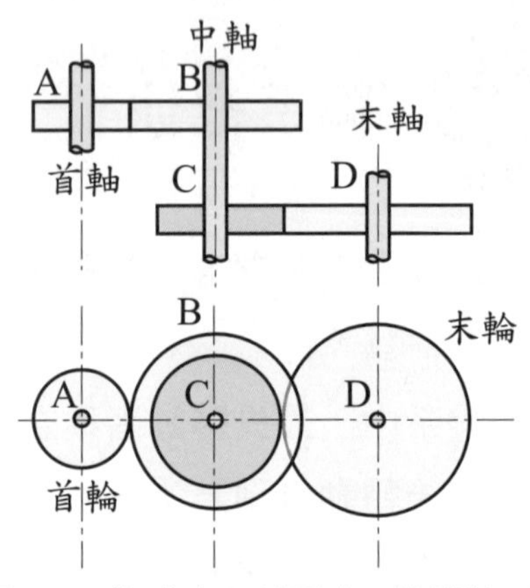

圖(二) 複式定心輪系由A輪傳給D輪

(2) 依輪軸之運動情形分為

① 普通輪系：各輪軸均固定者，又稱為「定心輪系」，如圖(一)、圖(二)所示，其軸心均為固定。

② 周轉輪系（epicyclic trains）：輪系中至少有一輪軸會繞另一輪軸旋轉，又稱「行星輪系」，如圖(三)所示。

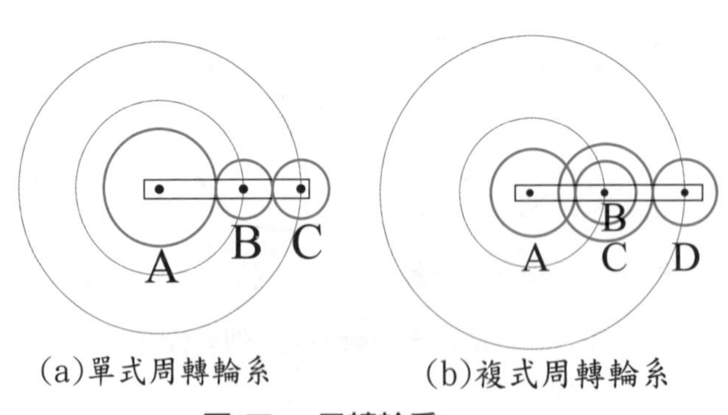

圖(三) 周轉輪系

立即測驗

(　　) **1** 單式輪系中，惰輪之齒數： (A)與輪系值無關 (B)可改變轉速大小 (C)可改變傳動馬力 (D)以上皆非。

(　　) **2** 下列何種輪系轉速最精確？ (A)繩輪系 (B)摩擦輪系 (C)皮帶輪系 (D)齒輪系。

(　　) **3** 一輪系中除了最初一個原動輪與最末一個從動輪之外，其他各輪均為惰輪者，則此種輪系為： (A)單式輪系 (B)複式輪系 (C)回歸輪系 (D)周轉輪系。

(　　) **4** 外齒輪之複式輪系，首、末輪迴轉方向相同，首、末兩輪外：(A)中間有奇數個齒輪 (B)中間有偶數個齒輪 (C)中間軸有奇數個 (D)中間軸有偶數個。

(　　) **5** 一輪系中有一輪或數個輪系繞固定之軸迴轉，其餘各輪繞該固定軸而迴轉，則此輪系為： (A)單式輪系 (B)複式輪系 (C)回歸輪系 (D)周轉輪系。

(　　) **6** 單式輪系中，惰輪數目為奇數時，則首末兩輪： (A)轉速必相等 (B)轉向必相同 (C)轉速必不相等 (D)轉向必相反。

解答　**1 (A)**　**2 (D)**　**3 (A)**　**4 (C)**　**5 (D)**　**6 (B)**

11-2 輪系值

齒輪、鏈輪、皮帶輪之轉速與齒數成反比，或轉速與直徑成反比。

1 定心輪系的輪系值e：（輪系值e定義為：末輪轉速與首輪轉速之比值。）

公式：

$$\text{定心輪系輪系值 } e=\frac{\text{末輪轉速}}{\text{首輪轉速}}=(\pm)\frac{\text{各主動輪齒數(或直徑)乘積}}{\text{各從動輪齒數(或直徑)乘積}}$$

註 ①公式中±號表示：「+」代表首末兩輪轉向相同，「－」代表首末兩輪轉向相反，當均為外接時，除首末軸外，有奇數個中間軸，輪系值取正，有偶數個中間軸輪系值取負。

②習慣上，首末輪之轉速一般取順時針方向為正；逆時針方向為負。即由公式算出轉速為正為順時針，為負表逆時針。

③除首末軸外，一軸只有一輪為惰輪，惰輪只改變轉向，不改變轉速，計算時不用管其齒數或直徑。

2 設A、B、C、D、E、F輪之轉速各為N_A、N_B、N_C、N_D、N_E、N_F齒數各為T_A、T_B、T_C、T_D、T_E、T_F，節徑各為D_A、D_B、D_C、D_D、D_E、D_F，考慮其變化型式有下列數種變化：

(1) 定心輪系之輪系值（A輪傳給D輪）

（如圖(一)所示，四輪均外接）

輪系值$e_{A\to D}=\dfrac{N_D}{N_A}=-\dfrac{T_A}{T_D}$

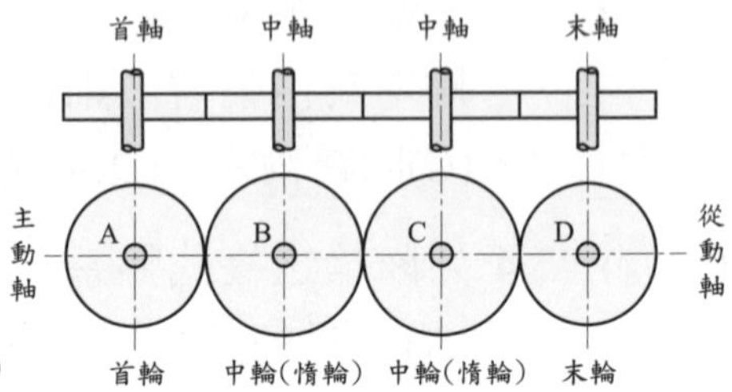

圖(一)

（∵B、C為惰輪，不用管齒數，A到D有2個中間軸，首末反向取負）

(2) 複式輪系之輪系值（A輪傳給D輪）

（如圖(二)所示，均為外接）

輪系值$e_{A\to D}=\dfrac{N_D}{N_A}=+\dfrac{T_A\times T_C}{T_B\times T_D}$

（A到D有一中間輪、輪系值取正）

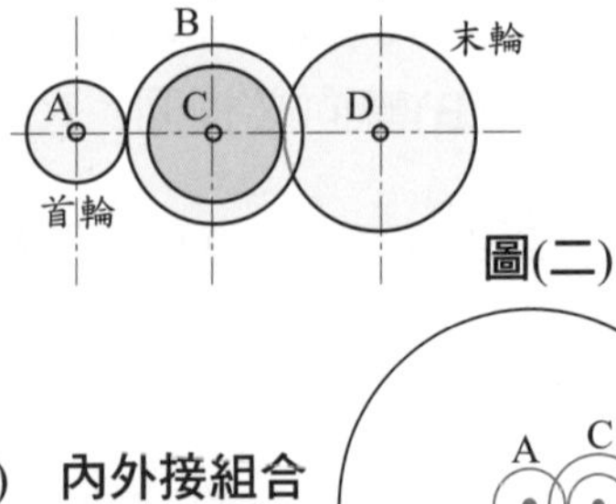

圖(二)

(3) 內外接組合型：E輪為內接齒輪

（由A輪傳給E輪）（如圖(四)所示）

輪系值$e_{A\to E}=\dfrac{N_E}{N_A}=+\dfrac{T_A\times T_C}{T_B\times T_E}$

圖(四) 內外接組合型複式輪系

（A到E時，D輪為惰輪，A、D之間中軸一個，

A、D輪同向，D與E內接轉向相同，所以A、E同向取正號）

(4) 皮帶型（開口帶如圖(五)所示）（由A輪傳給D輪）

① 開口帶時：輪系值$e_{A\to D}=\dfrac{N_D}{N_A}=+\dfrac{D_A\times D_C}{D_B\times D_D}$（開口皮帶為同向，輪系值取正，若為交叉帶則應注意首末反向，視多少個交叉帶而定）（如圖(a)）

② 一個交叉帶時（如圖(b)所示）輪系值$e_{A\to D}=\dfrac{N_D}{N_A}=-\dfrac{D_A\times D_C}{D_B\times D_D}$

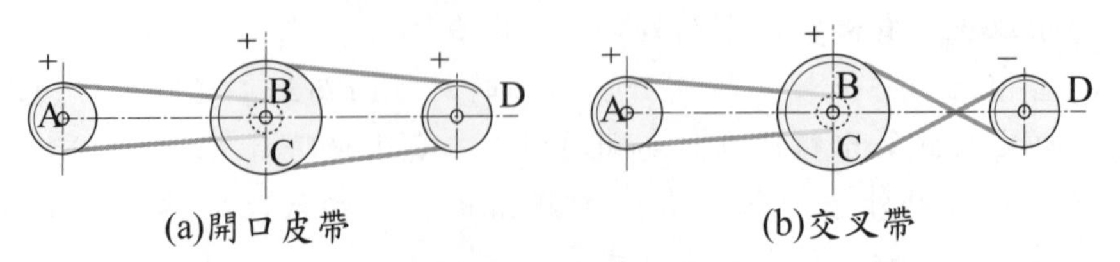

(a)開口皮帶 (b)交叉帶

圖(五) 複式帶輪系

(5) 皮帶和齒輪組合型（如圖(六)所示）

（A、B為齒輪，C、D為帶輪，由A輪傳給D輪）

輪系值$e_{A\to D}=\dfrac{N_D}{N_A}=-\dfrac{T_A\times D_C}{T_B\times D_D}$

（外接齒輪A軸與B、C軸反向，但開口皮帶使B、C軸與D軸同向，所以A、D軸反向取負號）

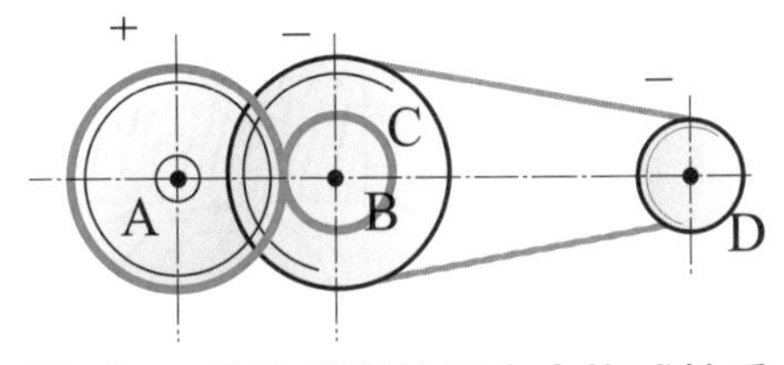

圖(六) 齒輪與帶輪組合之複式輪系

註 輪系值之絕對值大於1，為增加轉速用；小於1者，為減速用，減速是為了增加扭矩，輪系值等於1為轉速不變。

① 輪系值$e=\dfrac{N_末}{N_首}$，若e>1，即$\dfrac{N_末}{N_首}>1$ $\therefore N_末>N_首$ ∴為增速

② 輪系值$e=\dfrac{N_末}{N_首}$，若e<1，即$\dfrac{N_末}{N_首}<1$ $\therefore N_末<N_首$ ∴為減速

③ 使用中間軸之目的為：可改變末輪的轉向和首末兩輪的轉速比並且可以節省空間，減少首末兩輪的直徑。

④ 一般設計上每一對齒輪齒數比不宜大於6或$\dfrac{1}{6}$。

(6) 蝸桿與蝸輪的輪系值

① 蝸桿與蝸輪的傳動是以蝸桿為主動，蝸輪為從動的減速機構。由轉速與齒數成反比。

$$\therefore 輪系值(e)=\frac{蝸輪轉速}{蝸桿轉速}=\frac{T_n(蝸桿的螺紋線數)}{T(蝸輪齒數)}$$

註 當蝸桿為右旋轉，當蝸桿順時針轉動時，接觸點會被吸入（靠近）逆時針轉動時，接觸點會遠離如圖(七)所示（當左旋時與右旋反向）。

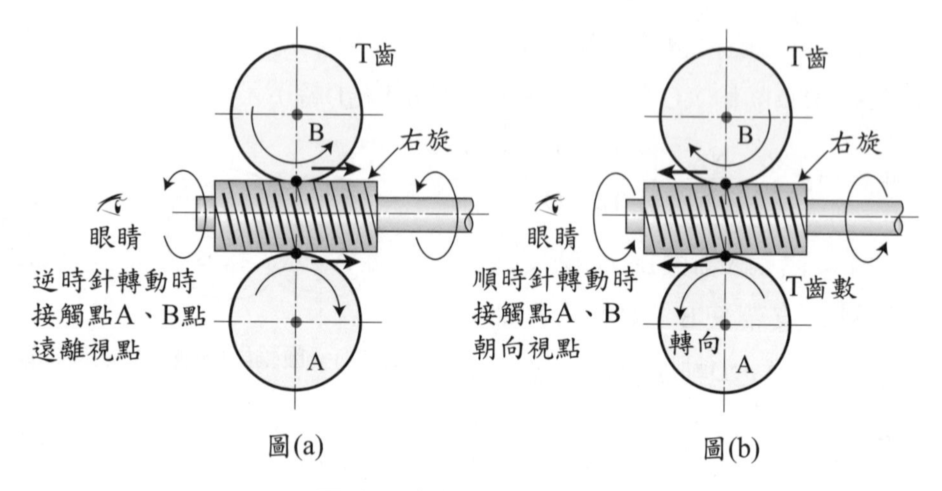

圖(七) 螺桿與蝸輪之轉向

② 正齒輪、斜齒輪及蝸桿與蝸輪組合傳動時，如圖(八)所示。

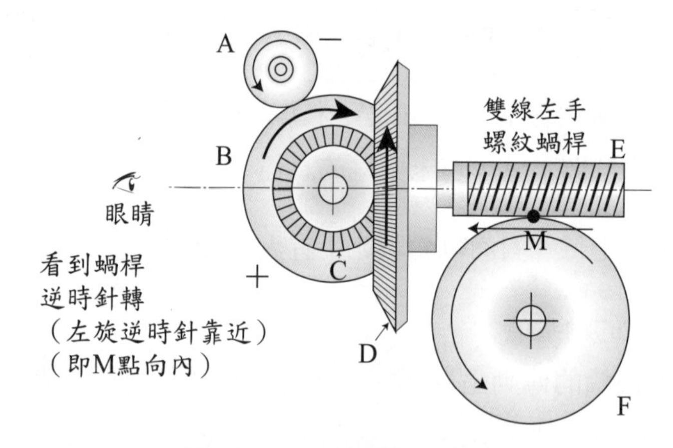

圖(八) 正斜齒輪與蝸輪組

$$e_{A\to F}=\frac{N_F}{N_A}=+\frac{T_A\times T_C\times T_E}{T_B\times T_D\times T_F}$$

其中$T_E=2$，A、F輪轉向相同，當A輪逆時針轉動時，由左邊看斜齒輪D為逆時針，左螺紋逆時針靠近，接觸點M向內，所以F輪逆時針，A、F同向取正。

單式定心輪系

老師講解 1

如圖所示，A輪40齒，B輪29齒，A、B為外齒輪，C為內齒輪80齒，當A輪轉速100 rpm順時針，則N_C=？

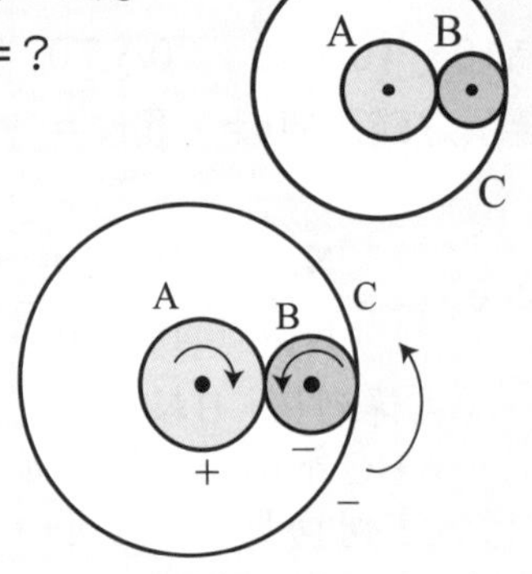

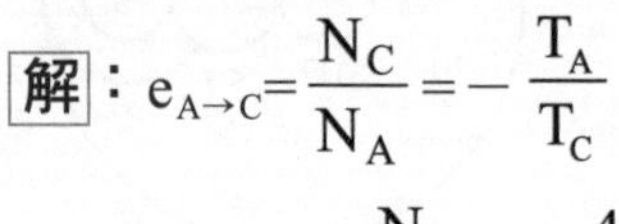

解：$e_{A\to C}=\dfrac{N_C}{N_A}=-\dfrac{T_A}{T_C}$

$\therefore e_{A\to C}=\dfrac{N_C}{100}=-\dfrac{40}{80}$

$\therefore N_C=-50$ rpm（逆時針）

A、B外接反向，B、C內接同向
∴A、C反向，e取負
∴A→C時B為惰輪

學生練習 1

如圖所示的單式輪系，若A輪以順時針方向迴轉100 rpm，試求輪系值和C輪的迴轉速與方向？

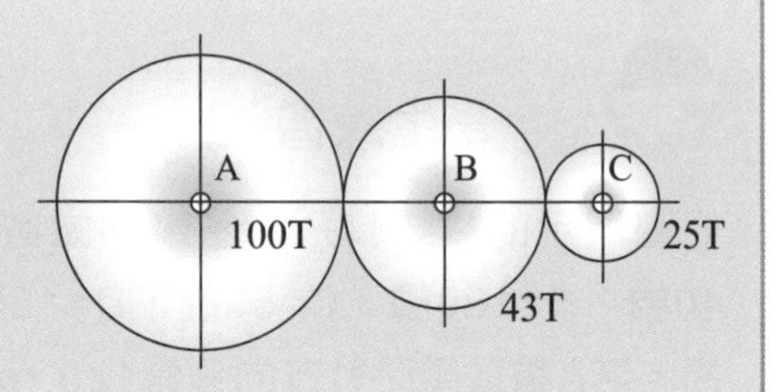

複式定心輪系

老師講解 2

如圖所示，A、B、C、D為外齒輪，E為內齒輪，齒數分別為10、15、10、20、70，若N_A=140 rpm逆時針，求此輪系之輪系值e=？和N_E=？

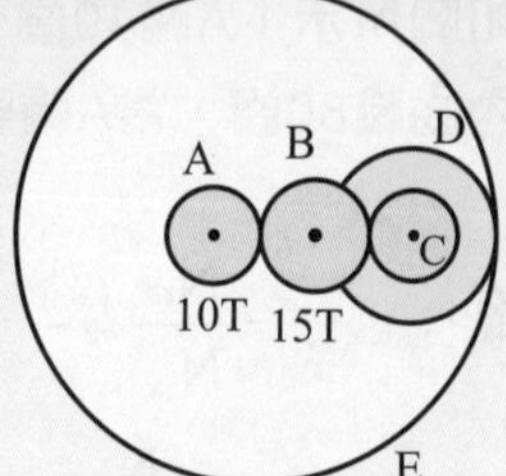

解：$e_{A\to E}=\dfrac{N_E}{N_A}=+\dfrac{10\times 20}{10\times 70}=+\dfrac{2}{7}$

（A傳到E，B軸只有一輪為惰輪，不用管齒數）

（ABC外接→AC同向，CE內接

∴CE同向即A、E同向，e取正）

$e_{A\to E}=+\dfrac{2}{7}=\dfrac{N_E}{N_A}=\dfrac{N_E}{-140}$

∴$N_E=-40$（負表逆時針）

即N_E為40 rpm逆時針

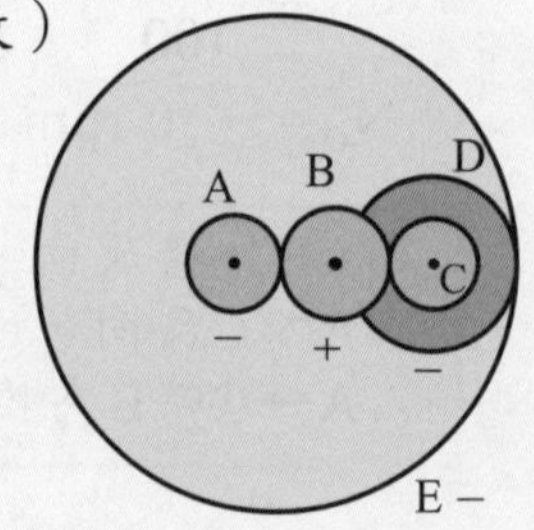

學生練習 2

如圖所示的複式輪系，各輪的齒數分別為A＝40齒，B=100齒，C=50齒，D=125齒，E=25齒，若A輪以順時針方向迴轉120 rpm，試求輪系值及E輪的迴轉速與方向？

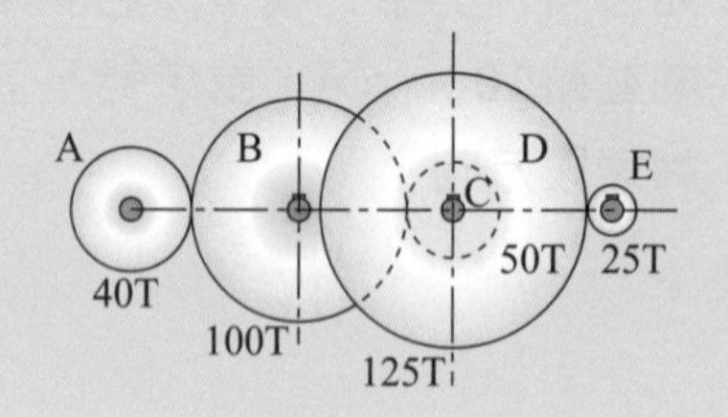

皮帶輪系

老師講解 3

如右圖所示，A輪100齒，B輪50齒，C輪直徑48cm，D輪直徑12cm，若A輪以50 rpm順時針迴轉，則D輪為多少rpm？輪系值e=？

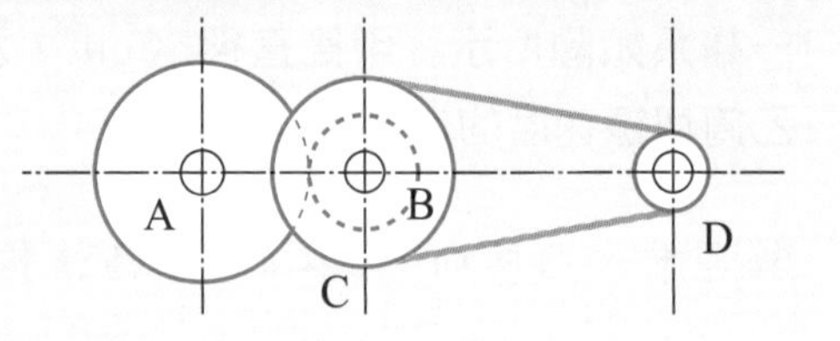

解：$e_{A\to D}=\dfrac{N_{末}}{N_{首}}=-\dfrac{\text{各主動輪齒數乘積}}{\text{各從動輪齒數乘積}}$

（A、B外接反向，C、D開口皮帶同向∴A、D反向，e取負）

$e_{A\to D}=\dfrac{N_D}{N_A}=-\dfrac{T_A\times D_C}{T_B\times D_D}=-\dfrac{100\times 48}{50\times 12}=-8$

又$e_{A\to D}=\dfrac{N_D}{50}=-8$

$\therefore N_D=-400$ rpm（負表逆時針）　　即400 rpm逆時針

學生練習 3

如圖所示，A、B、C、D四帶輪，直徑為10、30、20、60cm，若不計滑動，當主動輪A之轉速為900 rpm順時針，則從動輪D的轉速為多少rpm？輪系值e=？

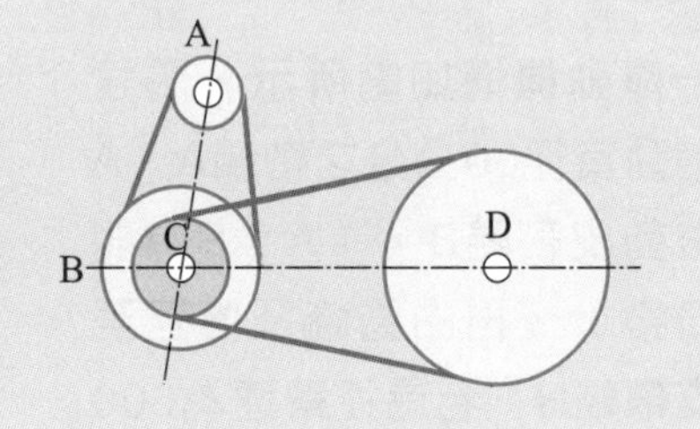

斜齒輪系組合

老師講解 4

一輪系如圖所示，甲筒直徑50cm，乙筒直徑為100cm，試求輪系值及甲筒與乙筒切線速度的比值。

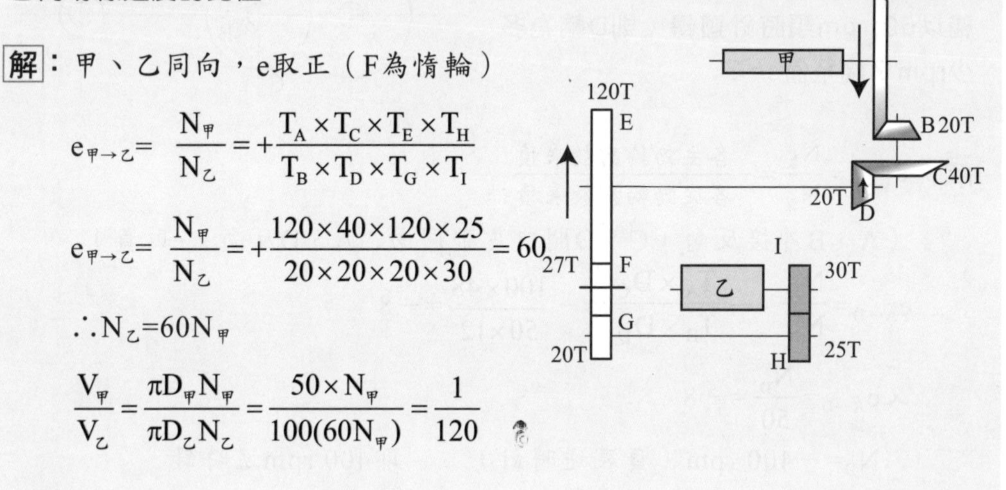

解：甲、乙同向，e取正（F為惰輪）

$$e_{甲\to乙}=\frac{N_{甲}}{N_{乙}}=+\frac{T_A\times T_C\times T_E\times T_H}{T_B\times T_D\times T_G\times T_I}$$

$$e_{甲\to乙}=\frac{N_{甲}}{N_{乙}}=+\frac{120\times 40\times 120\times 25}{20\times 20\times 20\times 30}=60$$

$\therefore N_{乙}=60N_{甲}$

$$\frac{V_{甲}}{V_{乙}}=\frac{\pi D_{甲}N_{甲}}{\pi D_{乙}N_{乙}}=\frac{50\times N_{甲}}{100(60N_{甲})}=\frac{1}{120}$$

學生練習 4

一傳動機構如圖所示，馬達帶動直徑30公分之帶輪A，A帶動皮帶輪B，（A、B為開口帶），再由齒輪系傳達至皮帶輪H，若馬達轉速為600 rpm，試求此機構之輪系值為若干？H輪輸送帶之切線速度為多少m/s？

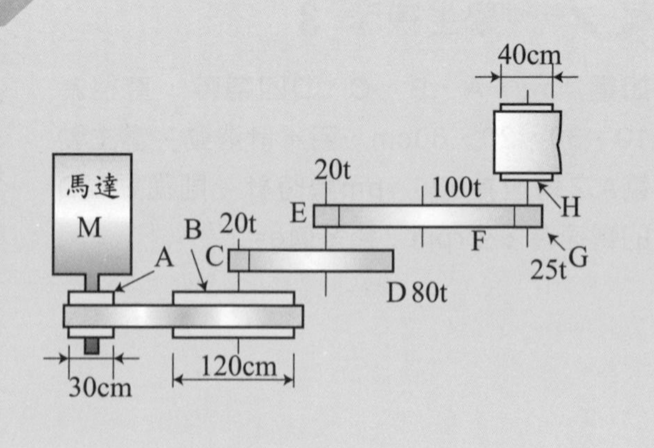

斜齒輪、蝸桿蝸輪組合型

老師講解 5

如右圖所示，正齒輪、斜齒輪、蝸桿與蝸輪等組合之輪系，設輪1之轉速為2000rpm逆時針方向旋轉，則蝸輪6的轉速為多少？輪系值e＝?

16T　50T　1　6　雙線 左螺紋蝸桿　2　3　5　4　40T　25T　40T

6　1　2　3　5　4　視線（看蝸桿逆時針）　左螺紋　+

解：$n_1 = -2000\text{rpm}$

$$e_{1\to6} = \frac{N_{末}}{N_{首}} = \frac{\text{各主動輪齒數與蝸桿線數乘積}}{\text{各從動輪齒數乘積}}$$

$$= \frac{n_6}{n_1} = \frac{-16\times25\times2}{40\times40\times50} = \frac{-1}{100}$$

$$n_6 = e\cdot n_1 = -2000\times\frac{-1}{100} = +20\text{ rpm}$$ （順時針）

蝸桿為逆時針→左螺紋逆時針靠近

∴6號輪為順時針，1、6反向e取負

學生練習 5

如圖所示之輪系，試求(a)輪系值為多少？(b)設輪A為反時針方向旋轉1200rpm，則F輪之轉速及轉向如何？

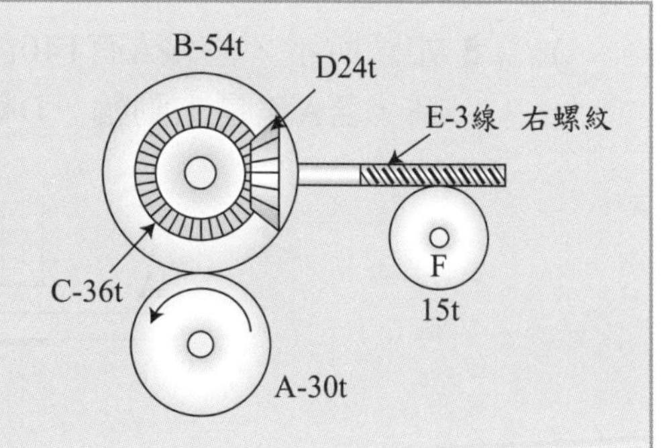

立即測驗

( ) **1** 輪系中，首、末兩輪迴轉方向相反，轉速相同，則輪系值為：(A)+1 (B)－1 (C)0 (D)+2。

( ) **2** 輪系值大於1之輪系是用來： (A)降低轉速 (B)增加轉速 (C)增加扭矩 (D)增加功率。

( ) **3** 設計輪系時，每兩輪間之輪系值宜取多少最佳？ (A)大於6 (B)6～1/6 (C)小於6 (D)任意值。

( ) **4** A、B、C、D四個齒輪構成一個外接單式輪系，齒數分別為50、70、110、100，A為首輪，D為末輪，則輪系值e為多少？

(A)2 (B)－2 (C)$\frac{1}{2}$ (D)$-\frac{1}{2}$。

( ) **5** 若首輪之轉速為逆時針方向144 rpm，若輪系值為$-\frac{1}{6}$，則末輪之轉速為： (A)順時針864 rpm (B)逆時針864 rpm (C)逆時針24 rpm (D)順時針24 rpm。

( ) **6** 惰輪的功用在於： (A)增加輪系值 (B)減少輪系值 (C)改變迴轉方向 (D)增加傳動功率。

( ) **7** 在外接單式輪系中，惰輪軸如為偶數個時，則首輪與末輪的轉向：(A)相同 (B)相反 (C)不一定 (D)先同向再反向。

( ) **8** 如圖所示，齒輪A有140齒，B有70齒，C有100齒，D有20齒之輪系，若A輪是主動輪，D輪是從動輪，則輪系值為：

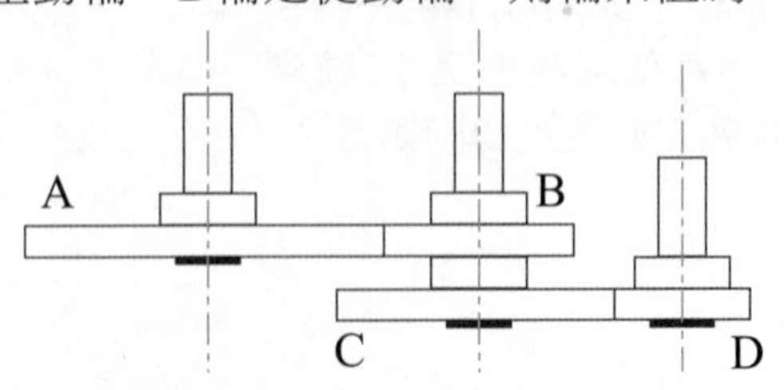

(A)10 (B)－10 (C)0.1 (D)－0.1。

( ) **9** 如圖所示，A齒輪齒數為80，B齒輪齒數為40，C帶輪直徑為100公分，D帶輪為40公分，設A輪轉速為40 rpm逆時針方向，D帶輪的迴轉速與方向為多少？

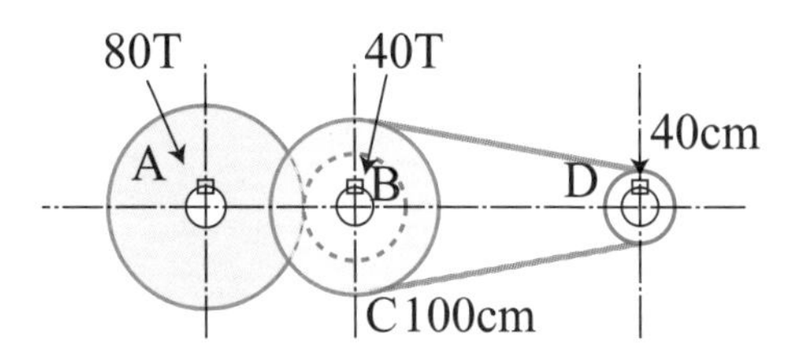

(A)200順時針 (B)200逆時針
(C)400順時針 (D)400逆時針。

( ) **10** 如圖所示之內外接齒輪輪系，A齒輪數為40，B齒輪數為80，內齒輪C之齒數為200齒，若A輪為逆時針方向200 rpm，則C輪之轉向及轉速為：

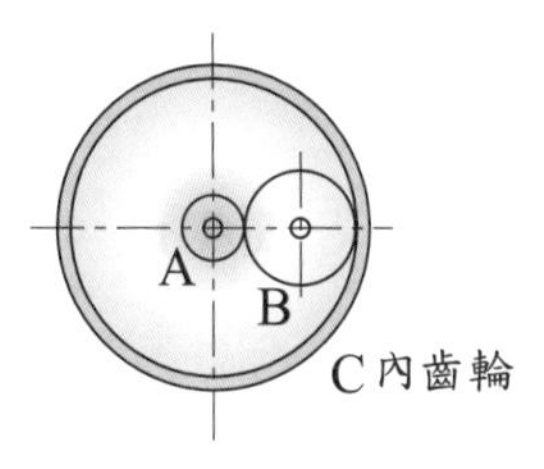

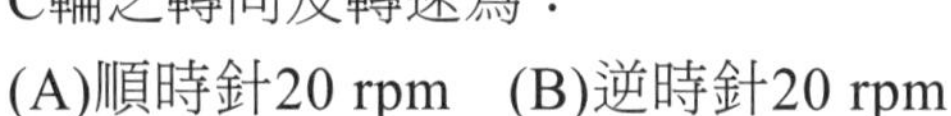

(A)順時針20 rpm (B)逆時針20 rpm
(C)逆時針40 rpm (D)順時針40 rpm。

( ) **11** 如圖所示，A為主動件，其轉速為20 rpm，則從動件B之轉速為：

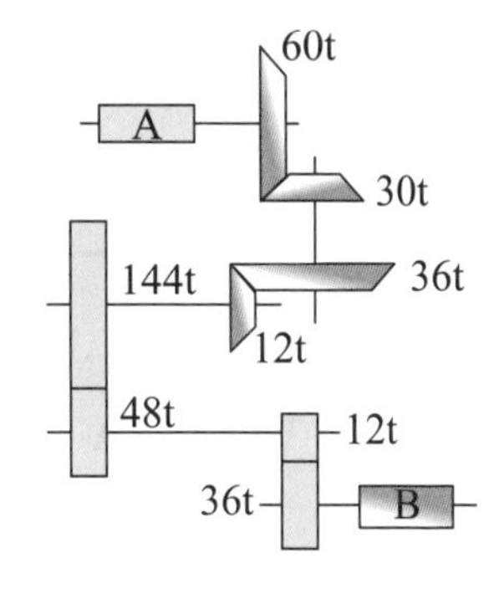

(A)18 rpm
(B)32 rpm
(C)60 rpm
(D)120 rpm。

( ) **12** 如圖所示，若A輪轉速為600 rpm，齒輪G每分鐘的轉數為何？

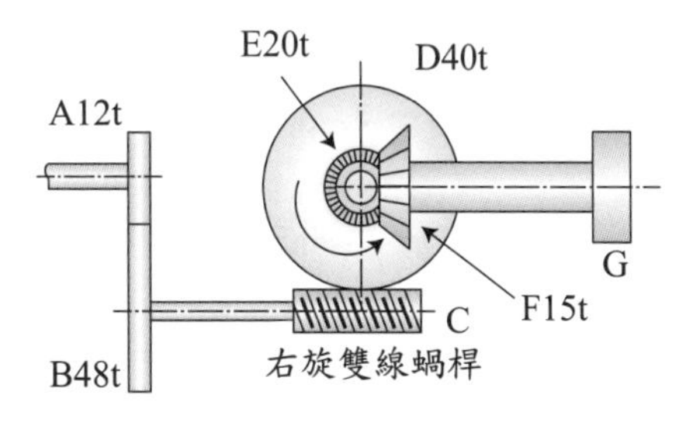

(A)10 (B)20
(C)60 (D)36000

( ) **13** 如圖所示，為正齒輪、斜齒輪、蝸桿與蝸輪組合的輪系，設輪A的轉速為每分鐘1000 rpm逆時針方向迴轉，試求蝸輪F的迴轉速與轉向為何？ (A)10 rpm順時針 (B)10 rpm逆時針 (C)20 rpm順時針 (D)20 rpm逆時針。

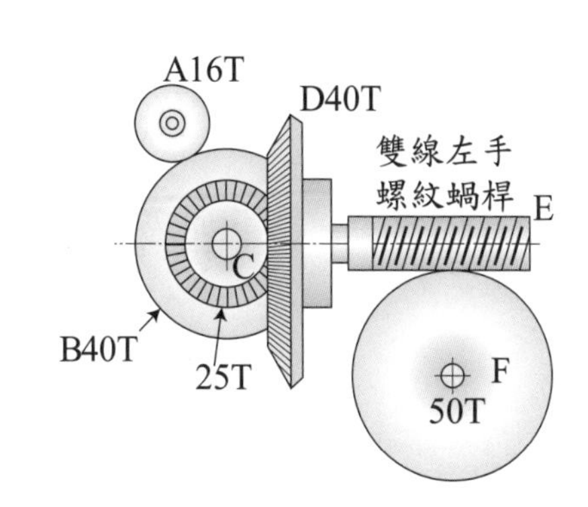

解答與解析

1 (B)　**2 (B)**　**3 (B)**

4 (D)。$e_{A\to D}=\dfrac{N_D}{N_A}=-\dfrac{T_A}{T_D}=\dfrac{-50}{100}=\dfrac{-1}{2}$

A　B　C　D

B、C為惰輪

\+　−　+　−

5 (D)。$e=\dfrac{N_{末}}{N_{首}}=\dfrac{N_{末}}{-144}=-\dfrac{1}{6}$，$N_{末}=+24$，順時針24 rpm

6 (C)　**7 (B)**

8 (A)。$e=\dfrac{N_{末}}{N_{首}}=\dfrac{主動輪齒數乘積}{從動輪齒數乘積}=\dfrac{N_D}{N_A}=\dfrac{T_A\times T_C}{T_B\times T_D}=\dfrac{140\times 100}{70\times 20}=10$

9 (A)。$e_{A\to D}=\dfrac{N_D}{N_A}=-\dfrac{T_A\times D_C}{T_B\times D_D}$　$\therefore e=\dfrac{T_A\times D_C}{T_B\times D_D}=-\dfrac{80\times 100}{40\times 40}=-5=\dfrac{N_D}{-40}$

$\therefore N_D=+200$ rpm順時針方向迴轉

10 (D)。A、B反向，B、C同向　∴A、C反向

$e_{A\to C}=\dfrac{N_C}{N_A}=-\dfrac{T_A}{T_C}$，$\dfrac{N_C}{-200}=-\dfrac{40}{200}$　$\therefore N_C=+40$（順）

11 (D)。$e_{A\to B}=\dfrac{N_B}{20}=\dfrac{-60\times 36\times 144\times 12}{30\times 12\times 48\times 36}=-6$

$\therefore N_B=-120$ rpm（負表與A輪反向）

12 (A)。$e_{A\to G}=\dfrac{N_G}{N_A}=\dfrac{N_G}{+600}=+\dfrac{12\times 2\times 20}{48\times 40\times 15}=+\dfrac{1}{60}$　$\therefore N_G=+10$ rpm

13 (B)。$e=\dfrac{N_F}{N_A}=+\dfrac{T_A\times T_C}{T_B\times T_D}\times\dfrac{n_E}{T_F}=+\dfrac{16\times 25}{40\times 40}\times\dfrac{2}{50}=+\dfrac{1}{100}$

$\therefore \dfrac{N_F}{N_A}=+\dfrac{1}{100}=\dfrac{N_F}{-1000}$　$\therefore N_F=-10$（逆時針）

11-3 輪系應用

輪系在機械上的應用非常廣泛，茲列舉數種常見之輪系的應用來說明：

1 換向機構

換向機構：如圖(九)所示為單式定心輪系之應用。主輪齒輪A與柱齒輪D，齒數相同。

(1) 輪A與輪D轉向相同時

如圖(九)(a)所示。齒輪A→齒轉C→齒輪D。首末兩輪之間有一個惰輪C，所以輪A與輪D轉向轉速均相同，輪系值e＝1。

(2) 輪A與輪D轉向相反時

如圖(九)(b)所示。齒輪A→齒輪B→齒輪C→齒輪D。首末兩輪之間有2個惰輪，所以輪A與輪D轉向轉速相同、轉向相反，輪系值e＝－1。

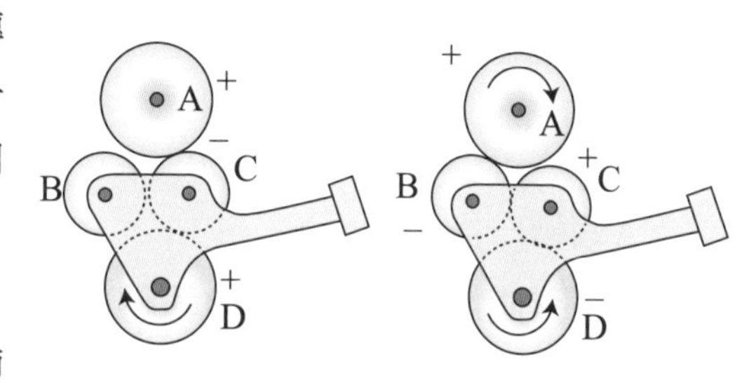

圖(九) 換向機構

2 回歸輪系：

若首輪與末輪裝置於同軸心上，謂之「回歸輪系」又稱「後列齒輪系」，如圖(十)所示。

(1) 如圖(十)所示之塔輪為五級，皮帶可得5種轉速，當再加上後列齒輪，則主軸可得10種不同的轉速。若塔輪為N級，則主軸可得2N種不同的轉速。

輪系值$e=\dfrac{N_D}{N_A}=\dfrac{T_A\times T_C}{T_B\times T_D}$

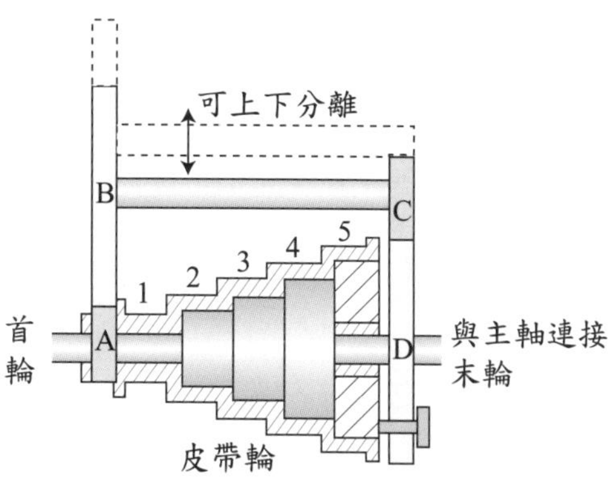

圖(十) 回歸輪系

(2) 當A、B、C、D輪模數相等時，則 $T_A+T_B=T_C+T_D$

（由兩軸中心距離相同，$r_A+r_B=r_C+r_D$，

$\frac{M}{2}(T_A+T_B)=\frac{M}{2}(T_C+T_D)$ 可證明）

(3) 回歸輪系應用在：時鐘輪系、車床後列齒輪輪系和汽車手排變速輪系。

3 起重機輪系

如圖(十一)所示，起重機輪系為複式輪系之應用，在齒輪A的軸線上搖柄經齒輪B、C傳至D，D齒輪的軸線上裝有一捲筒，可使懸吊於捲筒上之重物W上升或下降。

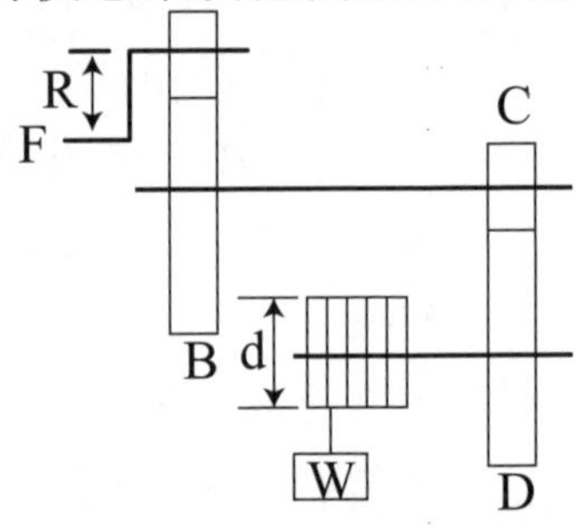

圖(十一) 起重機輪系

輪系值 $e_{A\to D}=\frac{N_D}{N_A}=\frac{T_A\times T_C}{T_B\times T_D}$，

當A輪轉一圈，$N_D=e$

∴力量F使A輪轉一圈，D輪轉e圈，W上升e圈之圓周長，即W上升，$e\times\pi D$

①若沒摩擦損失時，輸入功＝輸出功

∴$F\cdot 2\pi r=W\cdot e\times\pi D$ ∴ 機械利益 $M=\frac{W}{F}=\frac{2R}{De}$

②考慮效率時， 機械效率 $\eta=\frac{\text{輸出功}}{\text{輸入功}}=\frac{W\cdot e\cdot\pi D}{F\cdot 2\pi R}\to M=\frac{W}{F}=\frac{2R}{De}\eta$

Notes

回歸輪系之題型

老師講解 6

如圖所示車床後列輪系，T_A＝40齒，T_B＝120齒，T_C＝40齒，T_D＝120齒，當A輪之轉速為1800 rpm時，D輪之轉速為多少？

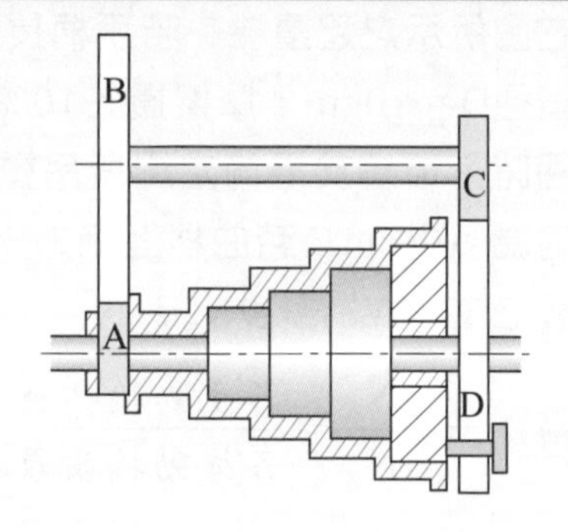

解：$e_{A\to D}=\frac{N_D}{N_A}=+\frac{T_A\times T_C}{T_B\times T_D}$

$=+\frac{40\times 40}{120\times 120}=+\frac{1}{9}$

$\frac{N_D}{N_A}=+\frac{1}{9}$　　$N_D=1800\times\frac{1}{9}=200$ rpm

學生練習 6

如右圖所示一車床後列齒輪之回歸齒輪系，若所有齒輪之模數均相等，且T_A＝30齒，T_B＝110齒，T_C＝30齒，則A輪之轉速為1210 rpm時，D輪之轉速為多少？

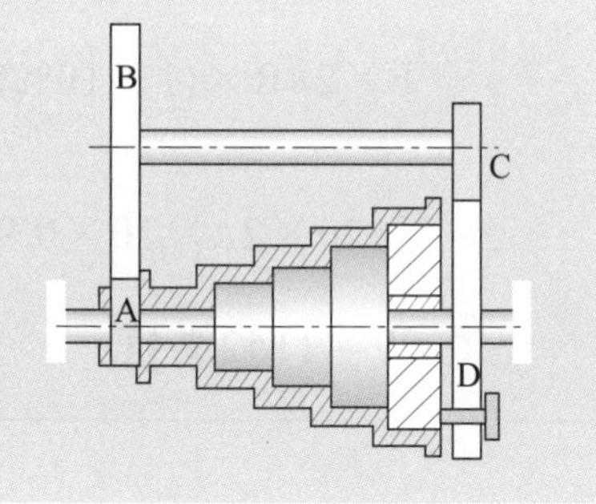

起重機輪系

老師講解 7

右圖所示之起重機，若手柄長R＝20cm，捲筒直徑D＝10cm，摩擦損失10%，則當手柄轉一圈時，環繞於捲筒之繩所吊重物W移動之距離約為多少cm？若曲柄上施力F＝20Nt，則能吊起之重物W為多少Nt？

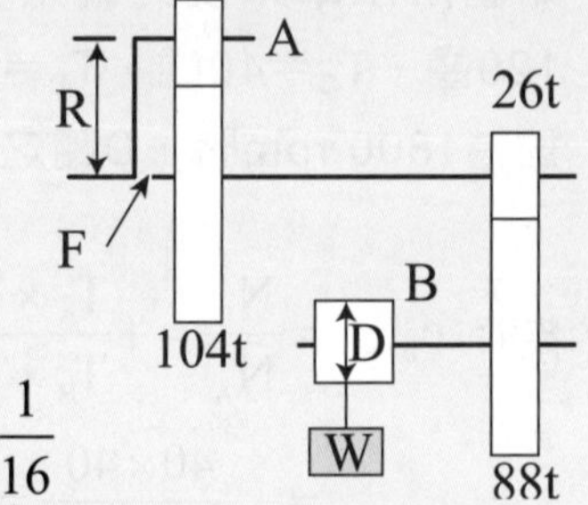

解：$e=\dfrac{N_{末}}{N_{首}}=\dfrac{各主動輪齒數乘積}{各從動輪齒數乘積}=\dfrac{N_B}{N_A}=\dfrac{22\times 26}{104\times 88}=\dfrac{1}{16}$

①即力量F轉A輪一圈，B輪轉$\dfrac{1}{16}$圈，即W移動$\dfrac{1}{16}$的圓周長

$=(\pi\times 10)\times\dfrac{1}{16}\fallingdotseq 2$（cm）（註：考慮移動量時與摩擦損失無關）

②$\eta=\dfrac{輸出功}{輸入功}$　∴輸入功×η＝輸出之功，

$F\times 2\pi R\times(1-10\%)=W\times\dfrac{1}{16}\pi D$

即$20\times 2\pi\times 20\times 0.9=W\times\dfrac{1}{16}\pi\times 10$

∴W＝1152牛頓

學生練習 7

如右圖所示之起重機輪系，其齒輪A、B、C與D的齒數標示於圖中，已知其曲柄K的半徑R為400 mm，捲筒直徑d為250 mm，若在曲柄上施力F＝150N，且不計摩擦損耗下，則能吊起的重量W為多少N？

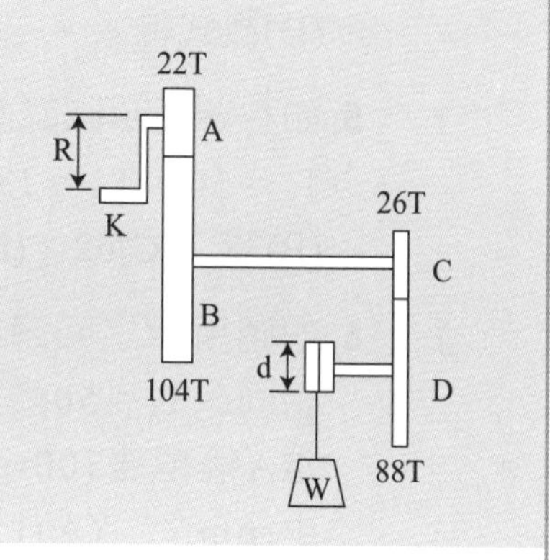

立即測驗

(　　) **1** 如圖所示，將動力由輪4傳至輪1之齒輪系，它是一種：(A)換向機構 (B)變速機構 (C)變換進給機構 (D)以上皆非。

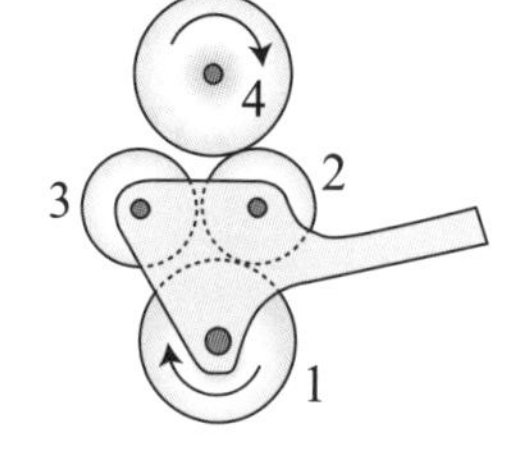

(　　) **2** 回歸輪系中，若輪系值$\frac{1}{12}$，且所有齒輪模數相同，則下列何齒輪配合可以採用？

(A)$\frac{24}{48}\times\frac{15}{90}$ (B)$\frac{15}{45}\times\frac{12}{48}$ (C)$\frac{12}{36}\times\frac{12}{48}$ (D)$\frac{20}{60}\times\frac{24}{96}$。

(　　) **3** 當一輪系首末兩輪裝置於同心軸上時，此輪系為：(A)單式輪系 (B)複式輪系 (C)周轉輪系 (D)回歸輪系。

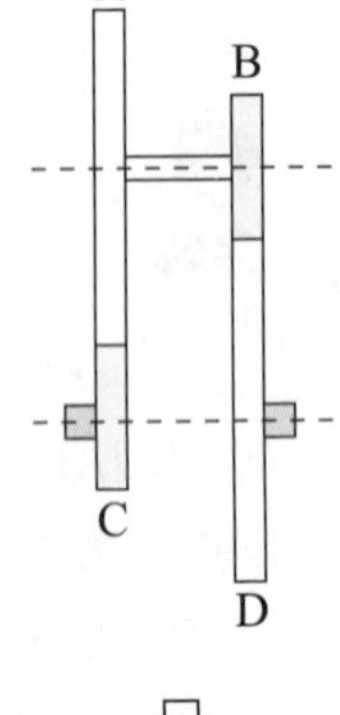

(　　) **4** 一般塔輪傳動之車床，其後列齒輪為何種輪系？ (A)回歸輪系 (B)周轉輪系 (C)單式輪系 (D)複式輪系。

(　　) **5** 如右圖所示回歸齒輪系，若兩對齒輪模數相同，$T_A=50$，$T_B=28$，$T_D=40$，則Tc為： (A)18 (B)38 (C)62 (D)68。

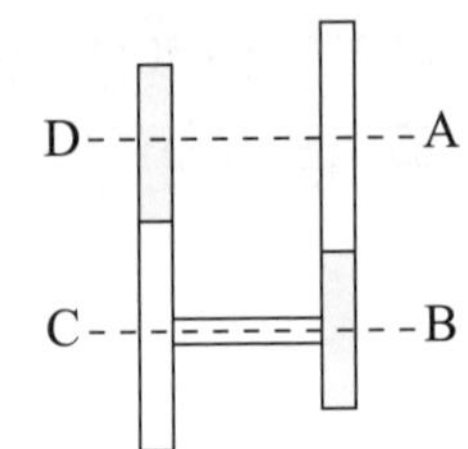

(　　) **6** 如圖所示之回歸齒輪系，若兩對齒輪模數相同，$T_A=50$齒，$T_B=25$齒，$T_C=40$齒，當A輪轉速700rpm時，則D輪之轉速為多少rpm？ (A)1500 (B)1600 (C)1400 (D)1200。

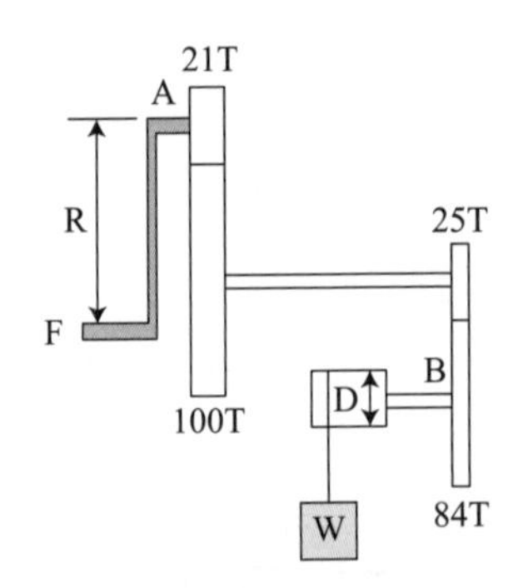

(　　) **7** 如圖所示之起重機輪系，若曲柄R＝200cm，捲筒直徑D為64cm，摩擦損失20%，則當手輪轉一圈，則W移動距離為多少cm？ (A)2π (B)4π (C)1.6π (D)3.2π。

(　　) **8** 同上題，若曲柄施力10N，可舉起之重物W為多少牛頓？ (A)800 (B)1000 (C)1250 (D)1500。

解答與解析

1 (A)

2 (B。$\frac{1}{12}=\frac{1}{3}\times\frac{1}{4}=\frac{15}{45}\times\frac{12}{48}=\frac{T_A}{T_B}\times\frac{T_C}{T_D}$

A+B之齒數需等於C+D之齒數

3 (D)　**4 (A)**

5 (A)。$T_A+T_C=T_B+T_D$，$50+T_C=28+40$，$T_C=18$

6 (B)。$T_A+T_B=T_C+T_D$，$50+25=40+T_D$，$T_D=35$

$$e=\frac{N_D}{N_A}=\frac{T_A\times T_C}{T_B\times T_D}=\frac{50\times40}{25\times35}\text{，}N_D=700\times\frac{50\times40}{25\times35}=1600\text{ rpm}$$

7 (B)。$e_{A\to B}=\frac{N_B}{N_A}=\frac{21\times25}{100\times84}=\frac{1}{16}$

即A轉一圈，B移動 $\frac{1}{16}$ 圈之圓周長，

即 $\frac{1}{16}\times\pi D=\frac{\pi\times 64}{16}=4\pi$ cm（移動量與摩擦損失無關，摩擦損失只影響舉起之物重因為齒輪不會打滑）

8 (A)。效率 $=\frac{輸出功}{輸入功}$，$0.8=\frac{W\times\frac{1}{16}\pi D}{F\cdot 2\pi R}=\frac{W\times\frac{1}{16}\times\pi\times 64}{10\times 2\pi\times 200}$

$\therefore$W＝800牛頓

11-4 周轉輪系

輪系中，至少有一輪軸會繞另一輪軸迴轉，稱為「周轉輪系」又稱「行星輪系」，周轉輪系可分為「單式周轉輪系」及「複式周轉輪系」。

- 絕對轉速：周轉輪系中，該輪對固定軸的轉速。
- 相對轉速：周轉輪系中，該輪相對「旋臂」的轉速。

 即相對轉速$N_{A/m}$＝絕對轉速N_A－旋轉臂的轉速N_m。

1 周轉輪系之輪系值，為末輪之相對轉速與首輪相對轉速之比值。

公式：

$$周轉輪系輪系值\ e=\frac{末輪相對轉速}{首輪相對轉速}=\frac{末輪絕對轉速-旋臂轉速}{首輪絕對轉速-旋臂轉速}$$

$$=(\pm)\frac{各主動輪齒數(或直徑)乘積}{各從動輪齒數(或直徑)乘積}$$

或

$$e=\frac{N_{末}-N_{臂}}{N_{首}-N_{臂}}=\pm\frac{T_{首}\times\cdots\cdots}{T_{末}\times\cdots\cdots}$$

注意

①周轉輪系之轉速N：通常取順時針方向為正，逆時針方向為負。

②輪系值正負號表示法為：當旋臂不動時，首末兩輪轉向相同時取正，轉向相反時取負。

③除首末軸外，一軸只有一輪為惰輪，惰輪計算時不用考慮齒數。

設A、B、C、D、E、F輪之轉速各為N_A、N_B、N_C、N_D、N_E、N_F齒數各為，T_A、T_B、T_C、T_D、T_E、T_F或節徑為，D_A、D_B、D_C、D_D、D_E、D_F時，懸臂轉速N_m。

(1) 單式周轉輪系之輪系值：如圖(十二)所示（由A輪傳至B輪）

圖(a)二個外接時，輪系值$e_{A\to B}=\dfrac{N_B-N_m}{N_A-N_m}=-\dfrac{T_A}{T_B}$（A到B，若旋臂不動，A、B外接，旋轉方向相反，輪系值取負）

圖(b)三個外接時，輪系值$e_{A\to C}=\dfrac{N_C-N_m}{N_A-N_m}=+\dfrac{T_A}{T_C}$（A→B→C，B為惰輪、外接有一中間軸，若旋臂不動，A、C輪同向取正）

圖(c)輪系值$e_{A\to D}=\dfrac{N_D-N_m}{N_A-N_m}=+\dfrac{T_A}{T_D}$（A→B→C→D，B、C為惰輪，當旋臂靜止時，A、C同向，又C、D為內接同向，所以A、D同向，輪系值取正）

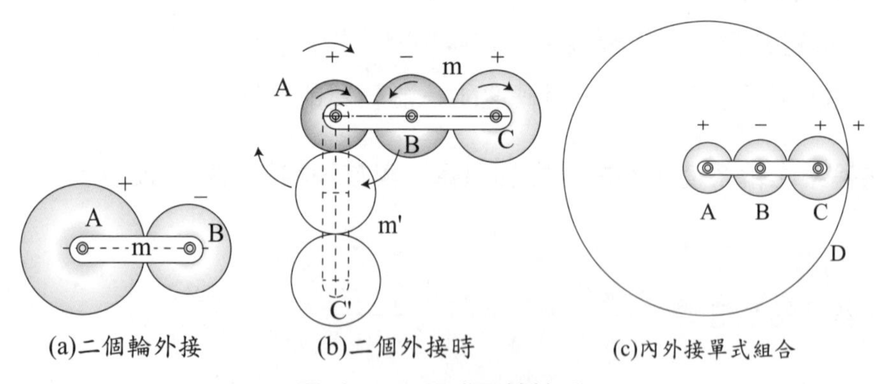

圖(十二)　單式周轉輪系

(2) 複式周轉之輪系，如圖(十三)所示

圖(a)輪系值$e_{A\to D}=\dfrac{N_D-N_m}{N_A-N_m}=+\dfrac{T_A\times T_C}{T_B\times T_D}$

（當旋臂靜止時，A、D同向，輪系值取＋）

圖(b)輪系值$e_{A\to D}=\dfrac{N_D-N_m}{N_A-N_m}=-\dfrac{T_A\times T_C}{T_B\times T_D}$（當旋臂靜止時，C與D內接同向，A與B外接反向，∴A、D反向，輪系值取負）

圖(c)輪系值$e_{A\to E}=\dfrac{N_E-N_m}{N_A-N_m}=+\dfrac{T_A\times T_D}{T_C\times T_E}$（A輪傳至E輪，則輪B為惰輪，若旋臂靜止時，A、E同向，輪系值取＋）

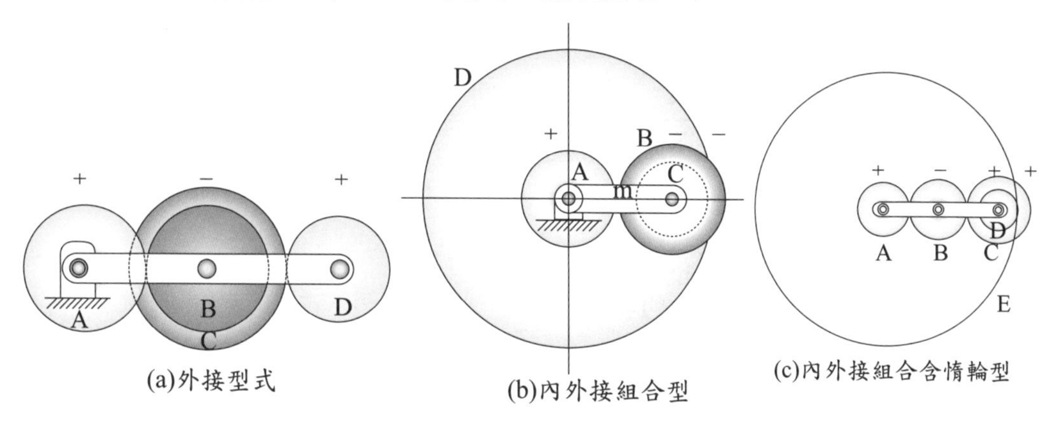

圖(十三) 複式周轉輪系

(3) 斜齒輪周轉輪系，如圖(十四)所示

圖(a)輪系值$e_{A\to D}=\dfrac{N_D-N_m}{N_A-N_m}=-\dfrac{T_A\times T_C}{T_B\times T_D}$

（由圖中X為進入點，即A、B斜齒輪一起吸入，Y為離開點，C、D斜齒輪向外，可知A、D輪反向輪系值為負，有塗黑者為懸臂）

圖(b)$T_A=T_C$時輪系值$e_{A\to C}=\dfrac{N_C-N_m}{N_A-N_m}=-\dfrac{T_A}{T_C}=-1$，（A傳到C時，B為惰輪）（即單式斜齒輪周轉輪系，當首末齒數相同時，輪系值＝－1）

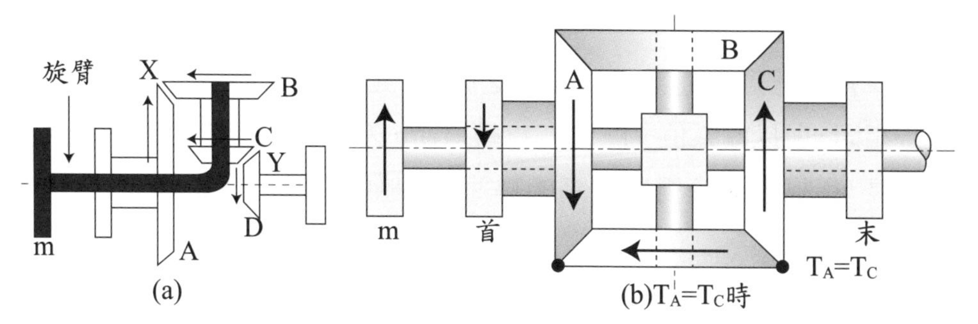

圖(十四) 斜齒輪周轉輪系

2 周轉輪系之應用

(1) 三重滑車

圖(十五)為應用內齒輪複式周轉輪系中「三重滑車」。當手動鏈輪2輸入動力時，因為S軸與輪3同軸，所以動力經S軸傳送至輪3，再經輪4傳給輪6和內齒輪輪7，則旋臂A帶動起重鏈輪5旋轉，使物體上升或下降，以獲得較大之機械利益。若齒輪3為首輪，末輪為固定之內齒輪輪7，$\therefore N_7=0$，而且旋臂A與輪5合為一體 $\therefore N_A=N_5=N_m$

$$\therefore \text{輪系值} e_{3\to 7}=\frac{N_7-N_m}{N_3-N_m}=-\frac{T_3\times T_6}{T_4\times T_7}$$

當$N_7=0$而且$N_A=N_5$，

$$\therefore e_{3\to 7}=\frac{N_5}{N_3-N_5}=\frac{T_3\times T_6}{T_4\times T_7}$$

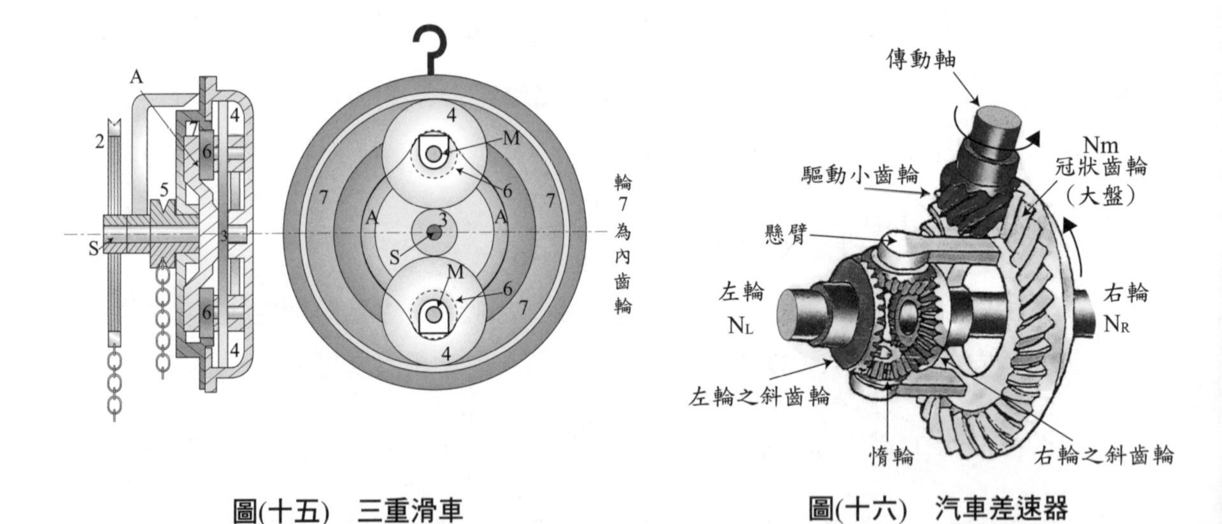

圖(十五) 三重滑車　　圖(十六) 汽車差速器

(2) 汽車差速器

汽車差速器為斜齒輪周轉輪系之應用，如圖(十六)所示。左右斜齒輪齒數相同，所以輪系值－1。當汽車轉彎時，因外側輪行經之道路較內側輪為長，所以外側輪需要較高的轉速，來避免翻覆，此種不同之轉速藉差速器調整。

（左斜齒輪與右斜齒輪齒數相同時）

輪系值$e=\dfrac{N_L-N_m}{N_R-N_m}=-1\rightarrow$ $\boxed{N_L+N_R=2N_m}$

所以汽車無論直行或轉彎，其左右兩輪之轉速和必為大齒盤轉速的兩倍。

①當汽車直線行駛時（$N_{左}=N_{右}$）：所有其他齒輪與大盤為一整體而旋轉，即$N_{左}=N_{右}$（左右兩輪轉速相等）。

②汽車行駛於彎道時：當汽車向右轉彎時，則左輪的轉速比右輪的轉速快（左彎時相反）

③當汽車直線行駛，兩驅動輪阻力相同，此時中間兩個行星齒輪與兩邊不產生自轉，當汽車轉彎，因為有一側距離短，迫使行星齒輪自轉，使外側轉速加快。當有一側打滑（或一輪離地），差速器會打全部的動力，傳到打滑的半軸上，使打滑一側轉速加快，而另一側失去動力而產生危險。

(3) 太陽行星輪系：

如圖(十七)所示瓦特氏單式周轉輪系之應用。齒輪固定在曲柄上，因齒輪1與齒輪2齒數相同，所以輪系值為－1，連桿3為活塞之連桿，齒輪1為曲柄軸，若活塞往復一次，則曲柄軸可旋轉二圈。

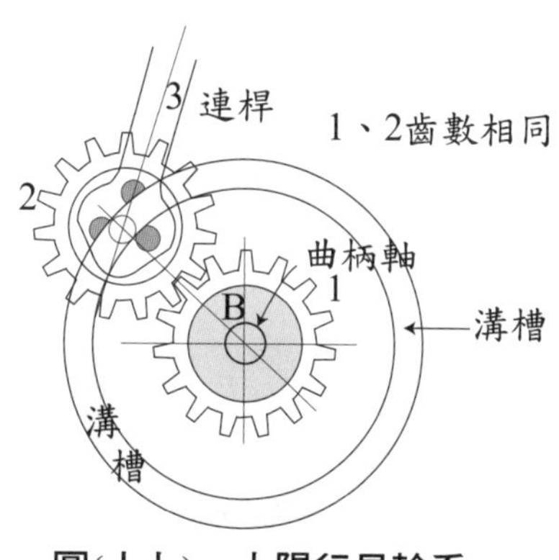

圖(十七)　太陽行星輪系

證明 齒輪1與2齒數相等，輪系值＝－1，且兩輪中心軸線AB可視為輪系懸臂N_m。當活塞往復一次時，帶動連桿3轉一圈，即$N_m=1$。

輪系值$e_{2\rightarrow1}=\dfrac{N_1-N_m}{N_2-N_m}=-1$　因為輪2固定

$\therefore N_2=0$　$\therefore N_1-N_m=N_m$，$N_1=2N_m=2$

複式周轉輪系外接題型

老師講解 8

如圖所示之周轉輪系，旋臂m逆時針繞A輪之軸心轉7圈，A輪順時針轉5圈，則C、D兩輪之轉數與轉向各為何？

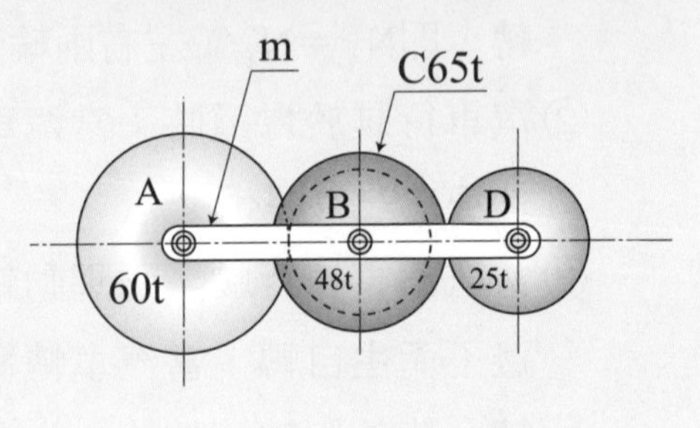

解：$e=\dfrac{N_{末}-N_{臂}}{N_{首}-N_{臂}}=\pm\dfrac{各主動輪齒數乘積}{各從動輪齒數乘積}$

$e_{A\to B}=\dfrac{N_B+7}{5+7}=-\dfrac{60}{48}$，$N_B=-22$ rev(逆時針)$=N_C$（BC同軸）

$e_{A\to D}=\dfrac{N_D+7}{5+7}=+\dfrac{60\times 65}{48\times 25}$，$N_D=32$ rev(順時針)

(註：$N_m=-7$，$N_A=5$)

學生練習 8

如圖所示，A為旋臂，B、C各為具有24、18齒的齒輪，輪B固定，旋臂依順時方向旋轉30轉，則齒輪C轉速為何？

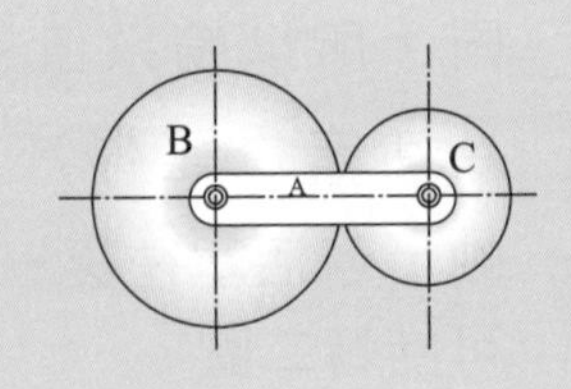

複式周轉輪系、內接題型

老師講解 9

如圖所示，D為50齒之內齒輪，40齒之齒輪B和10齒之齒輪C為同軸齒輪，若20齒之齒輪A轉速為＋400 rpm，齒輪D為－51 rpm，則旋臂之轉速為何？

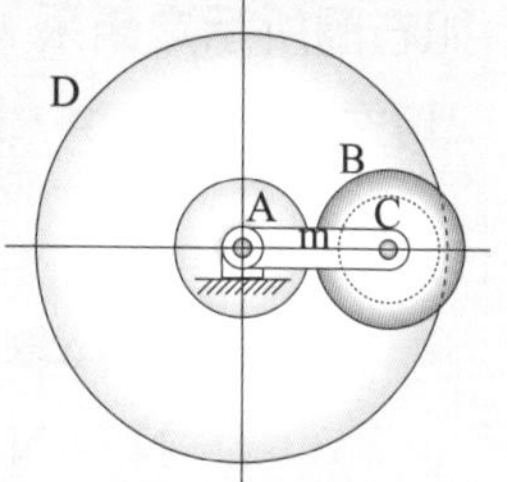

解：$e=\dfrac{N_{末}-N_{臂}}{N_{首}-N_{臂}}=\pm\dfrac{各主動輪齒數乘積}{各從動輪齒數乘積}$，

（A、B反向，B、D同向，所以A、D反向）

$e=\dfrac{N_D-N_m}{N_A-N_m}=-\dfrac{20\times10}{40\times50}$，$\dfrac{-51-N_m}{400-N_m}=-\dfrac{1}{10}$，$N_m=-10$ rpm逆時針

學生練習 9

如右圖所示之周轉輪系，若$T_A=30$，$T_B=20$，$T_C=10$，$T_D=90$，且$N_A=+30$，$N_D=0$，則$N_C=$？

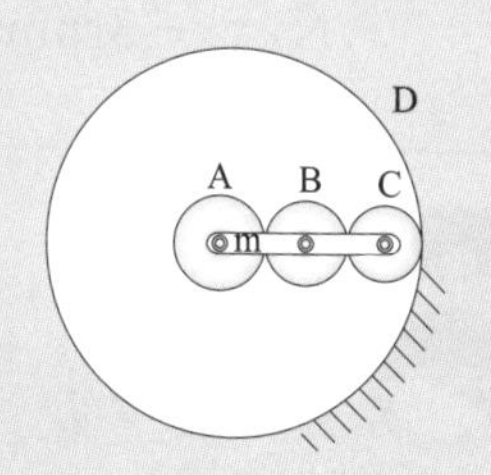

複式斜齒輪周轉輪系題型

老師講解 10

如右圖所示之輪系，若輪7轉速為＋39rpm，輪2轉速為－10rpm，則A輪之轉速為若干rpm？

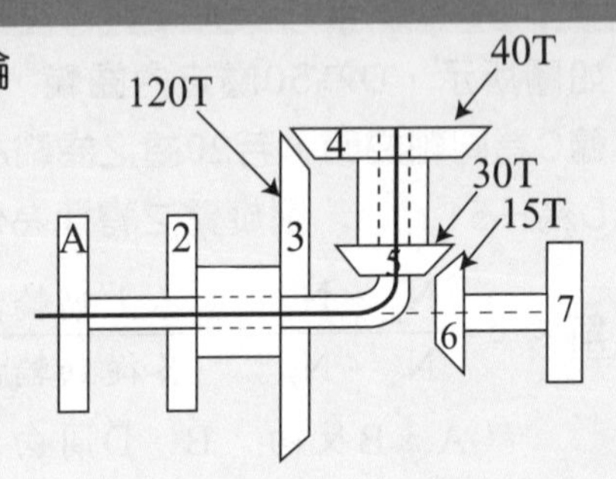

解：A為旋臂

2.6輪反向e取負

$$e_{2\to7}=\frac{N_7-N_A}{N_2-N_A}=-\frac{120\times30}{40\times15}$$

$$\frac{39-N_A}{-10-N_A}=-6$$

$\therefore 39-N_A=60+6N_A$

$7N_A=-21$

$\therefore N_A=-3\text{rpm}$

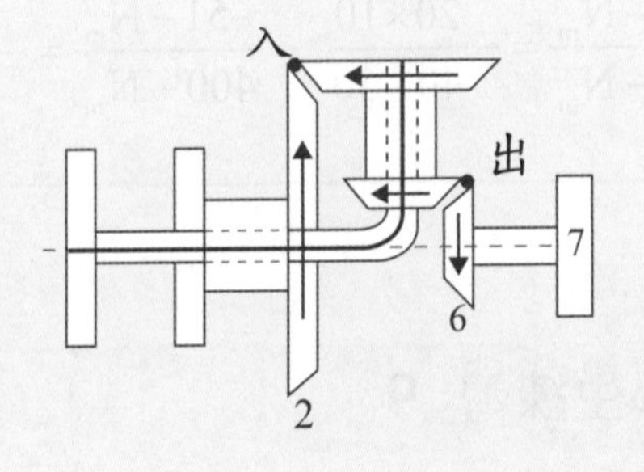

學生練習 10

如圖所示，為斜齒周轉輪系，輪E、G兩輪為相等之斜齒輪，若輪A順時針轉動80rpm，試求輪G的轉速及轉向？

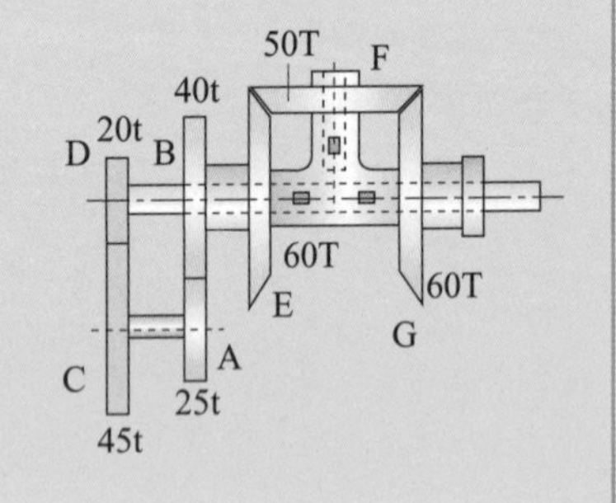

立即測驗

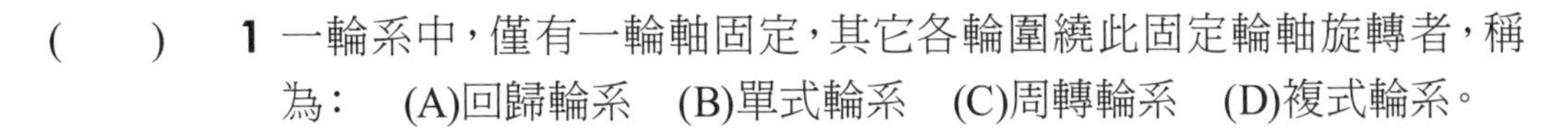

(　　) **1** 一輪系中，僅有一輪軸固定，其它各輪圍繞此固定輪軸旋轉者，稱為：　(A)回歸輪系　(B)單式輪系　(C)周轉輪系　(D)複式輪系。

(　　) **2** 周轉輪系中，某輪相對角速度，為其絕對角速度與：　(A)旋轉臂角速度之差　(B)首輪角速度之差　(C)中輪角速度之差　(D)末輪角速度之差。

(　　) **3** 周轉輪系中，某輪之絕對迴轉數係指該輪對於：　(A)原動軸之迴轉數　(B)旋臂之迴轉數　(C)從動軸之迴轉數　(D)固定軸之迴轉數。

(　　) **4** 汽車彎路時，左、右兩輪轉速不同，應使用：　(A)單式輪系　(B)複式輪系　(C)正齒輪周轉輪系　(D)斜齒輪周轉輪系。

(　　) **5** 太陽行星齒輪系中，活塞每往復一次，則曲柄旋轉多少次？　(A)1　(B)2　(C)3　(D)4。

(　　) **6** 三重滑車為何種輪系之應用？　(A)回歸輪系　(B)周轉輪系　(C)單式輪系　(D)複式輪系。

(　　) **7** 斜齒輪周轉輪系中，若首末兩個斜齒輪之齒數相等，則輪系值為多少？　(A)0　(B)1　(C)－1　(D)2。

(　　) **8** 汽車之差速輪系，其左、右兩輪之轉速和，等於大齒盤轉速之多少倍？　(A)1　(B)1.5　(C)2　(D)3。

(　　) **9** 一周轉輪系如圖所示，A為80齒，B為40齒，若旋臂m順時針轉速為3 rpm，輪A之轉速為2 rpm逆時針，則輪B之轉速為何？
(A)13 rpm順時針　(B)13 rpm逆時針
(C)7 rpm順時針　(D)7 rpm逆時針。

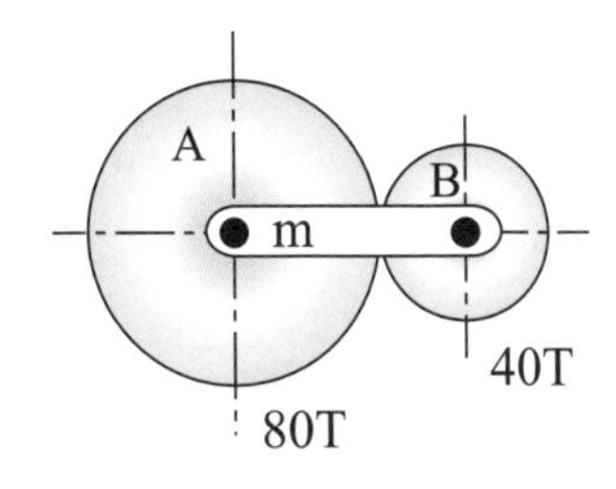

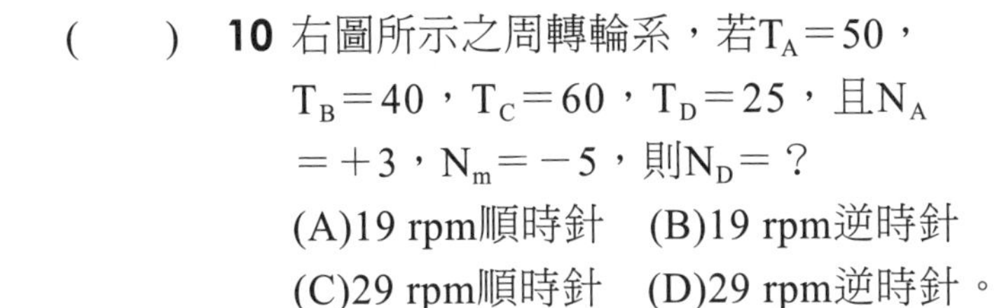

(　　) **10** 右圖所示之周轉輪系，若$T_A=50$，$T_B=40$，$T_C=60$，$T_D=25$，且$N_A=+3$，$N_m=-5$，則$N_D=$？
(A)19 rpm順時針　(B)19 rpm逆時針
(C)29 rpm順時針　(D)29 rpm逆時針。

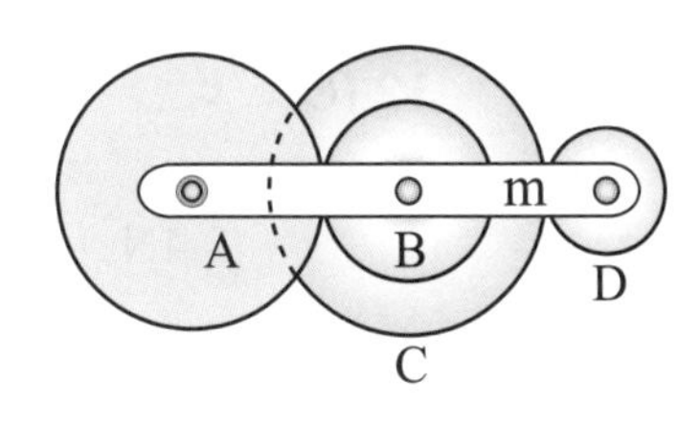

(　　) **11** 如圖所示之周轉輪系，若A輪為40齒逆時針每分鐘10轉，E輪為內齒輪且為固定，試求D輪之轉速為若干？
(A)15 rpm順時針　(B)15 rpm逆時針
(C)25 rpm順時針　(D)25 rpm逆時針。

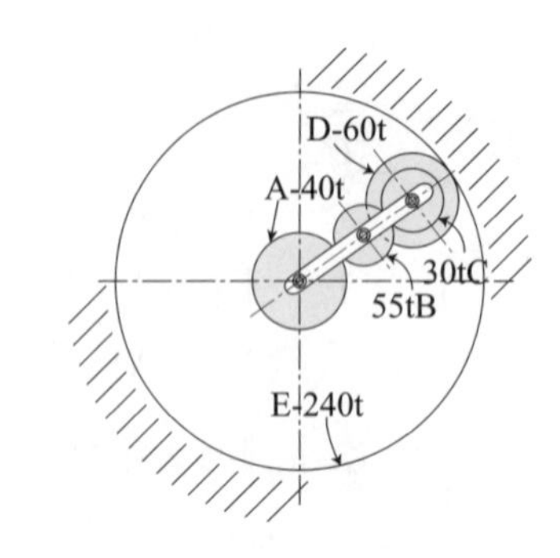

(　　) **12** 如圖所示之斜齒輪周轉輪系，若4號輪轉速為85 rpm順時針，1號輪為固定不動，則旋臂m之轉速與轉向為何？
(A)60.7 rpm順時針　(B)60.7 rpm逆時針
(C)25 rpm順時針　(D)25 rpm逆時針。

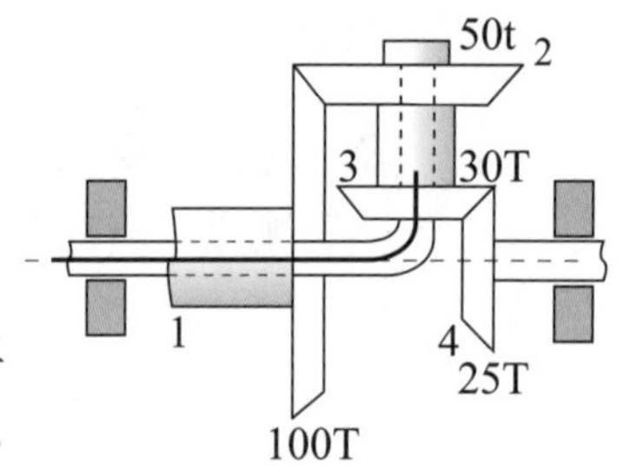

解答與解析

1 (C)　**2** (A)　**3** (D)　**4** (D)　**5** (B)　**6** (B)　**7** (C)　**8** (C)

9 (A)。$e=\dfrac{N_{末}-N_{臂}}{N_{首}-N_{臂}}=-\dfrac{T_{首}}{T_{末}}$，$e_{A\to B}=\dfrac{N_B-3}{-2-3}=-\dfrac{80}{40}$，$N_B=13$ rpm順時針

10 (A)。$e=\dfrac{N_{末}-N_{臂}}{N_{首}-N_{臂}}=\pm\dfrac{各主動輪之齒數乘積}{各從動輪之齒數乘積}$，$e_{A\to D}=\dfrac{N_D+5}{3+5}=\dfrac{50\times 60}{40\times 25}$

$N_D+5=24$　$\therefore N_D=19$ 順時針

11 (B)。$\underset{(B為惰輪)}{e_{A\to E}}=\dfrac{N_E-N_m}{N_A-N_m}=\dfrac{0-N_m}{-10-N_m}=+\dfrac{40\times 60}{30\times 240}=+\dfrac{1}{3}$

$3N_m=10+N_m$，$N_m=5$ rpm（A、E同向e為正）

$\underset{(B為惰輪，N_C=N_D)}{e_{A\to C}}=\dfrac{N_C-5}{-10-5}=+\dfrac{40}{30}$，$N_C=-15=N_D$（逆時針）

（A、D同向e取正）

12 (C)。$e_{1\to 4}=\dfrac{N_4-N_m}{N_1-N_m}=-\dfrac{100\times 30}{50\times 25}=-2.4=\dfrac{85-N_m}{0-N_m}$

$2.4N_m=85-N_m$　$\therefore 3.4N_m=85$　$\therefore N_m=25$ rpm

考前實戰演練

( ) **1** 下列何者輪系不是周轉輪系之應用？ (A)三重滑車 (B)起重機輪系 (C)太陽行星輪系 (D)汽車差速器。

( ) **2** 單式輪系中，惰輪功用在於何者？ (A)增加傳動力 (B)改變輪系值 (C)改變速率 (D)改變旋轉方向。

( ) **3** 輪系值大於1時，通常用來： (A)增速 (B)減速 (C)改變旋轉方向 (D)改變傳動功率。

( ) **4** 在一輪系中，除首末兩輪之軸外，其他各軸只有一輪者，稱為：(A)單式輪系 (B)複式輪系 (C)周轉輪系 (D)回歸輪系。

( ) **5** 一輪系中，各輪繞其固定軸心迴轉者，稱為： (A)普通輪系 (B)單式輪系 (C)複式輪系 (D)周轉輪系。

( ) **6** 一般動力傳送的輪系中大多使用何種曲線之齒形齒輪？ (A)漸開線 (B)擺線 (C)漸開線與擺線混合 (D)阿基米德螺旋線。

( ) **7** 複式輪系中，下列何者正確？ (A)中間輪個數與迴轉方向無關 (B)中間軸個數為一或任何奇數，則首末兩輪迴轉方向相同 (C)中間輪齒數與輪系之值無關 (D)中間輪個數為二或任何偶數，則首末兩輪迴轉方向相同。

( ) **8** 複式輪系中，首、末兩輪之外，其餘之齒輪稱為： (A)中間輪 (B)惰輪 (C)從動輪 (D)首輪。

( ) **9** 在輪系中，首、末兩輪迴轉方向和轉速都相同，則輪系值可能為： (A)＋1 (B)－1 (C)0 (D)－2。

( ) **10** 一輪系之輪系值e＝30，每輪齒數不得少於12，則此輪系各齒輪齒數配合應用，下列何者最佳？

(A)$\frac{12t}{360t}$ (B)$\frac{360t}{12t}$ (C)$\frac{60t}{12t}\times\frac{72t}{12t}$ (D)$\frac{12t}{72t}\times\frac{12t}{60t}$。

( ) **11** 有關惰輪敘述，下列何者錯誤？ (A)單式輪系中之中間輪稱為惰輪 (B)惰輪之齒數與輪系值大小無關 (C)惰輪可使輪系之軸心距離縮短 (D)兩軸距離較遠時，可使用惰輪，避免使用大齒輪。

(　　) **12** 周轉輪系中，某輪的相對角速度等於該輪之：(A)絕對角速度＋輪系旋臂角速度　(B)絕對角速度－輪系旋臂角速度　(C)絕對角速度×輪系旋臂角速度　(D)絕對角速度÷輪系旋臂角速度。

(　　) **13** 如圖(一)所示，A輪反時針為－100rpm，則E輪之轉速及轉向為：
(A)＋15
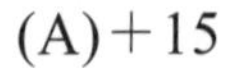
(B)＋30
(C)－30
(D)－15 rpm。

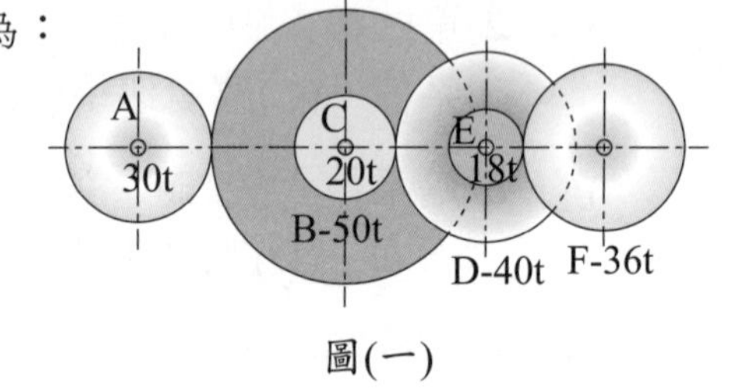

圖(一)

(　　) **14** 如圖(二)所示，A輪之轉速為逆時針60 rpm，則E輪之轉速為：
(A)逆時針192 rpm
(B)逆時針18.75 rpm
(C)順時針18.75 rpm
(D)順時針192 rpm。

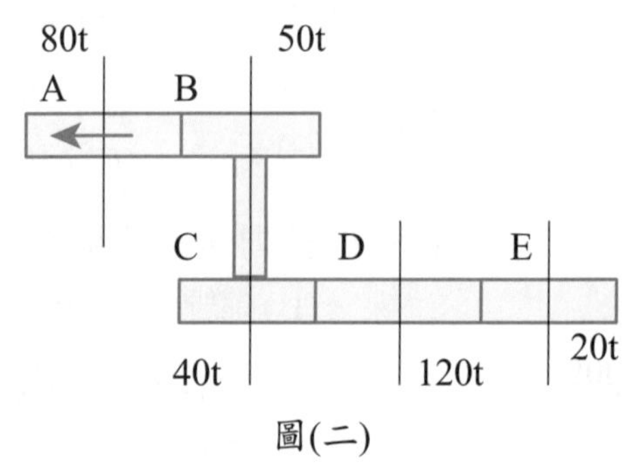

圖(二)

(　　) **15** 如圖(三)所示之輪系，輪系值為：

(A)$-\frac{1}{18}$　(B)$+\frac{1}{12}$

(C)$-\frac{1}{6}$　(D)$+\frac{1}{6}$。

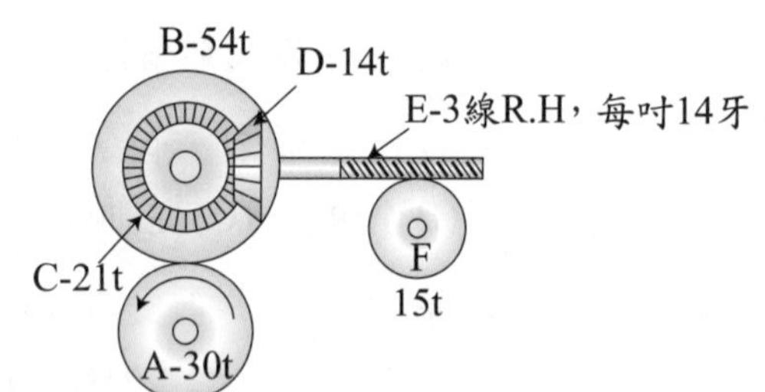

圖(三)

(　　) **16** 上題中，設A輪逆時針600rpm，則F輪之轉速和轉向為：
(A)－33　(B)＋50
(C)＋100　(D)－100 rpm。

(　　) **17** 如圖(四)表示，曲柄長R＝25cm，捲筒直徑d＝16cm，設機械效率為60%，若曲柄上施力F＝100牛頓，則捲物筒上可吊起重W為：
(A)5000　(B)8333
(C)2000　(D)3000　牛頓。

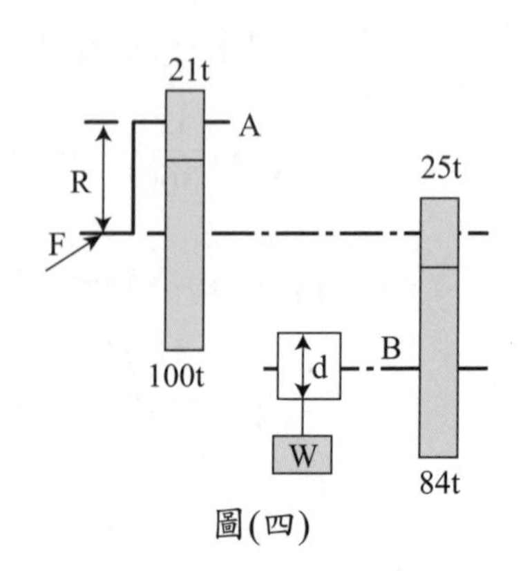

圖(四)

( ) **18** 如圖(五)所示之起重機輪系，曲柄R＝30cm，捲筒直徑D＝30cm，在不計摩擦損失情形下欲吊起重物W＝640牛頓時，曲柄上施力F應為多少牛頓？
(A)5
(B)10
(C)20
(D)40。

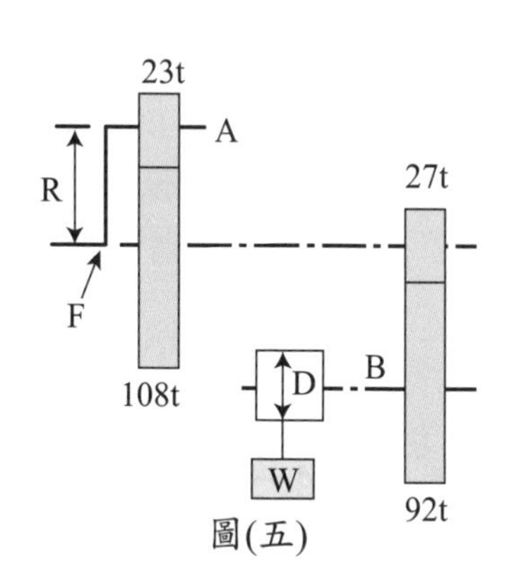

圖(五)

( ) **19** 一輪系如圖(六)所示，S_1軸迴轉5 rpm時，S_1與S_2同向迴轉，S_2轉速為$3\frac{1}{3}$ rpm，試求輪4之齒數為多少？
(A)20 (B)35 (C)45 (D)55 齒。

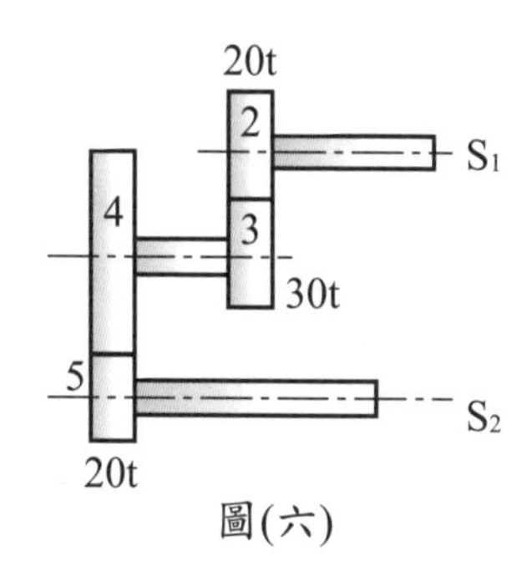

圖(六)

( ) **20** 車床的回歸輪系，如果塔輪級數為五，則車床主軸可得幾檔不同的轉速？ (A)5 (B)10 (C)15 (D)20。

( ) **21** 一變速機構如圖(七)所示，斜齒輪A為輸入端，順時針3000 rpm旋轉，蝸桿C為雙線右手螺紋，蝸輪D齒數50齒並與蝸桿C嚙合，求蝸輪輸出之轉速與旋轉方向為何？
(A)40 rpm順時針旋轉
(B)40 rpm逆時針旋轉
(C)80 rpm順時針旋轉
(D)80 rpm逆時針旋轉。

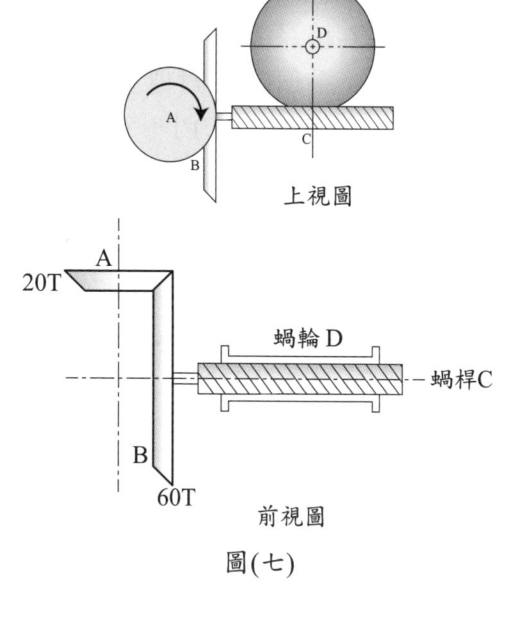

圖(七)

( ) **22** 如圖(八)所示，將動力由軸1傳至軸4之齒輪系，請問它是一種： (A)變換轉向機構 (B)變換變速機構 (C)變換進給機構 (D)加速輪系機構。

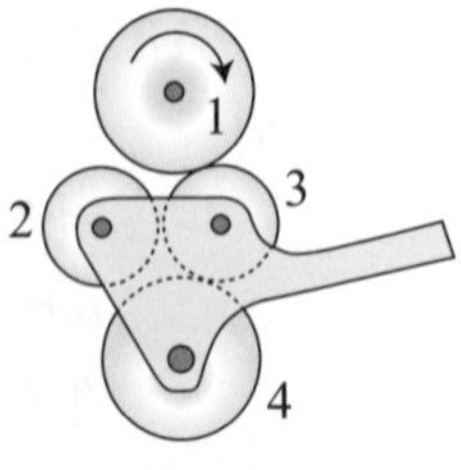

圖(八)

( ) **23** 掛鐘輪系為使用何種輪系？ (A)回歸輪系 (B)換向輪系 (C)周轉輪系 (D)行星輪系。

( ) **24** 一後輪軸上裝設差速器（differential gear）的後輪驅動汽車，當其直行平坦的路面時，已知左右兩個後輪轉速維持在360 rpm。若此汽車不減速而右轉彎，已知此時其右後輪的轉速為180 rpm，則此時其左後輪的轉速為多少 rpm？ (A)180 (B)360 (C)540 (D)600。

( ) **25** 車床之後列齒輪系為何種輪系？
(A)普通輪系 (B)回歸輪系
(C)單式輪系 (D)周轉輪系。

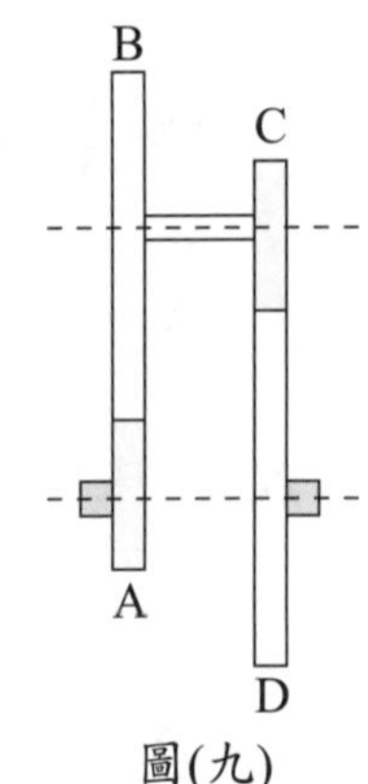

圖(九)

( ) **26** 如圖(九)所示之回歸輪系，A為主動件，D為從動件，T為齒數，且模數相同，下列敘述何者錯誤？ (A)$T_A+T_B=T_C+T_D$ (B)輪系值$e=\frac{T_A\times T_C}{T_B\times T_D}$ (C)回歸輪系可使主軸轉速得到雙倍的變化 (D)減速比大，適於輕負荷。

( ) **27** 輪系當中，若要得到較大扭矩，則輪系值之絕對值要： (A)先變大再變小 (B)大 (C)小 (D)先變小再變大。

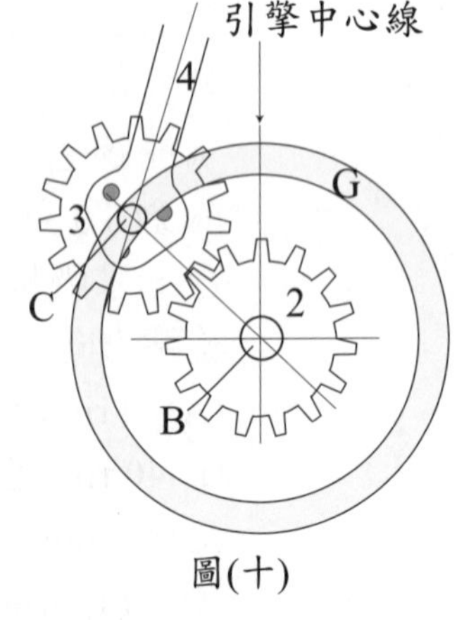

圖(十)

( ) **28** 如圖(十)所示，為太陽行星齒輪裝置，若曲柄迴轉2次則活塞往復幾次？
(A)4次 (B)3次 (C)2次 (D)1次。

( ) **29** 起重機輪系為下列何種輪系之應用？
(A)回歸輪系 (B)周轉輪系
(C)單式輪系 (D)複式輪系。

( ) **30** 三重式滑車為何種輪系之應用？ (A)周轉輪系 (B)回歸輪系 (C)普通輪系 (D)複式輪系。

( ) **31** 汽車後軸裝置之差速器，其輪系為： (A)正齒輪周轉輪系 (B)斜齒輪周轉輪系 (C)定心輪系 (D)回歸輪系。

( ) **32** 下列何者非回歸輪系之應用？ (A)時鐘輪系 (B)車床後列齒輪系 (C)汽車手排變速輪系 (D)汽車轉向差速輪系。

( ) **33** 於周轉輪系中，某輪之絕對轉速，為輪對於： (A)絕對轉速─旋臂轉速 (B)旋臂之迴轉速 (C)從動軸之迴轉速 (D)固定軸之迴轉速。

( ) **34** 單式斜齒輪周轉輪系，若首、末兩斜齒輪齒數相等，則輪系值為： (A)－1 (B)－2 (C)＋1 (D)＋2。

( ) **35** 如圖(十一)所示，已知旋臂m作逆時針旋轉20rpm，轉輪B相對於旋臂m作順時針旋轉30rpm，則轉輪對固定中心之絕對轉速為： (A)10 rpm，順時針 (B)10 rpm，逆時針 (C)50 rpm，順時針 (D)50 rpm，逆時針。

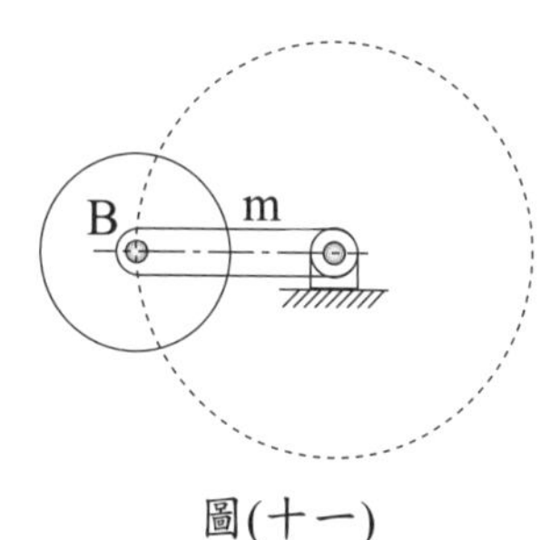

圖(十一)

( ) **36** 如圖(十二)所示之周轉輪系，齒輪A、B、C、D之齒數分別為$T_A=30t$，$T_B=20t$，$T_C=10t$，$T_D=90t$，若$n_D=0$，$n_A=+20rpm$，則旋臂m轉速為若干？ (A)10 (B)－10 (C)－5 (D)20。

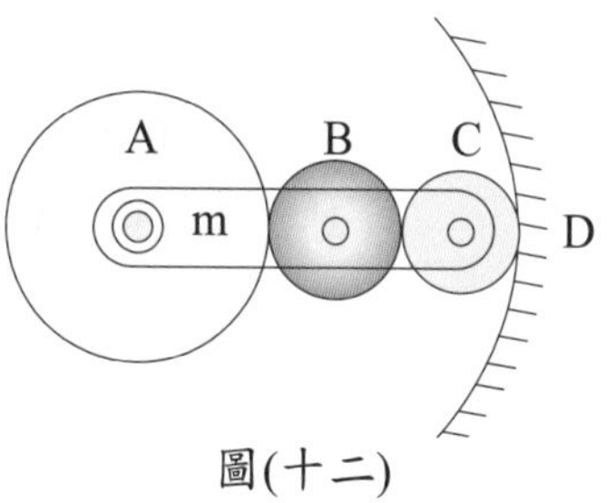

圖(十二)

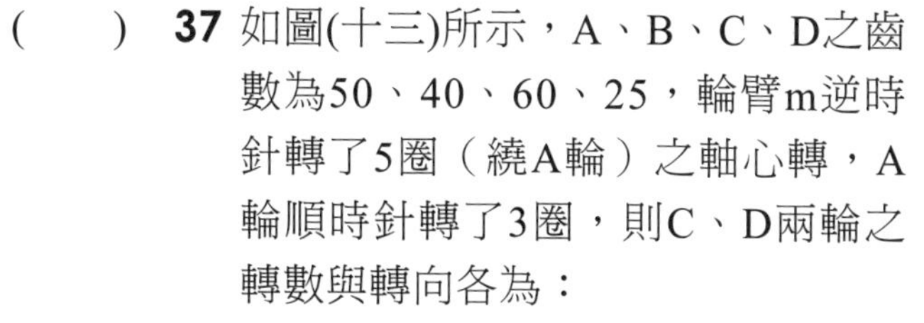
( ) **37** 如圖(十三)所示，A、B、C、D之齒數為50、40、60、25，輪臂m逆時針轉了5圈（繞A輪）之軸心轉，A輪順時針轉了3圈，則C、D兩輪之轉數與轉向各為：
(A)C輪15轉順時針，D輪19轉逆時針
(B)C輪19轉順時針，D輪15轉順時針
(C)C輪19轉順時針，D輪15轉逆時針
(D)C輪15轉逆時針，D輪19轉順時針。

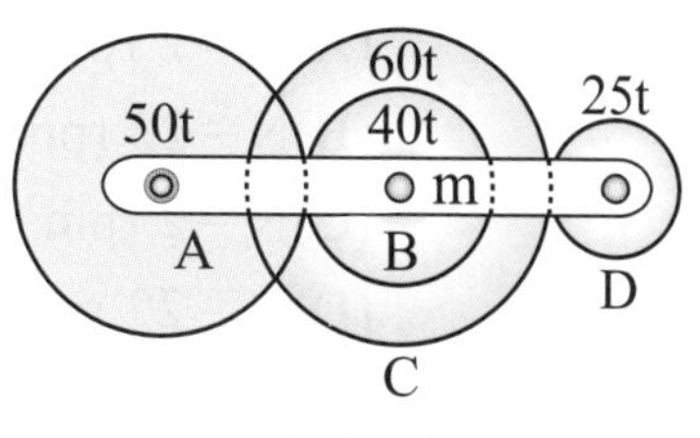

圖(十三)

( ) **38** 如圖(十四)所示之周轉輪系，A輪為固定不動之內齒輪，T_A＝80齒，T_B＝20齒，旋轉臂N_m＝5 rpm逆時針，則小齒輪N_B＝？
(A)10 rpm（順時針） (B)10 rpm（逆時針）
(C)15 rpm（順時針） (D)15 rpm（逆時針）。

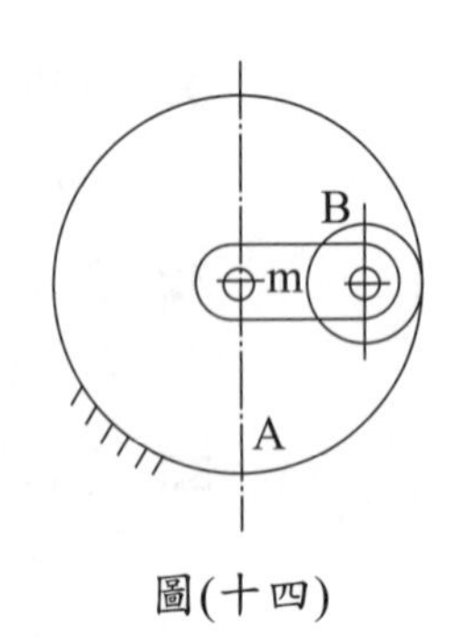

圖(十四)

( ) **39** 如圖(十五)所示斜齒輪周轉輪系，若N_2＝2 rpm（順時針），N_3＝3 rpm（逆時針），則N_7＝？
(A)7 rpm（順時針）
(B)7 rpm（逆時針）
(C)3 rpm（順時針）
(D)3 rpm（逆時針）。

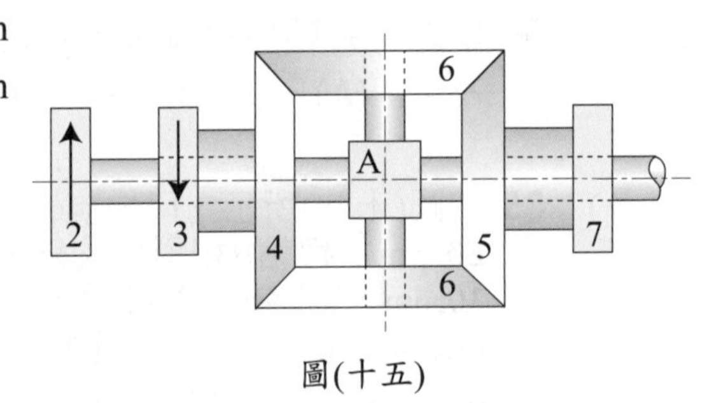

圖(十五)

( ) **40** 如圖(十六)所示之斜齒輪周轉輪系，若4號輪轉速為85rpm，1號輪為固定不動，則旋臂m之轉速為何？
(A)15 rpm (B)25 rpm
(C)35 rpm (D)45 rpm。

50t 2
3
30T
4
1
25t
100t
圖(十六)

( ) **41** 如圖(十七)所示，為一斜齒輪周轉輪系，若輪4之轉速為38圈（順時針），輪5為迴轉10圈（逆時針），求A輪之轉速及轉向？
(A)N＝2 rpm（順時針）
(B)N＝22 rpm（順時針）
(C)N＝2 rpm（逆時針）
(D)N＝22 rpm（逆時針）。

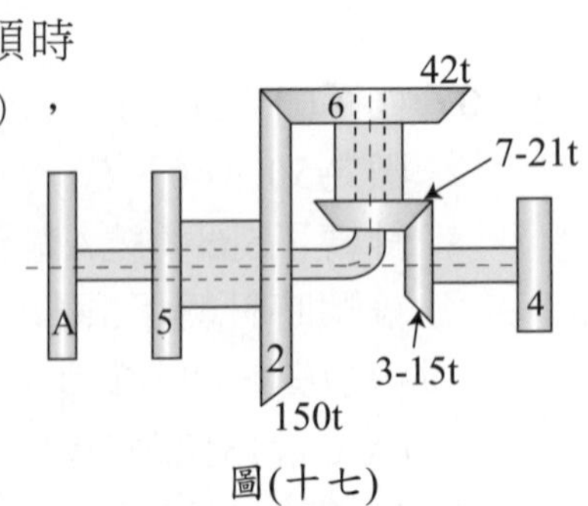

圖(十七)

( ) **42** 下列有關傳統汽車差速器輪系的敘述，何者正確？
(A)汽車直行時，差速器內的行星輪沒有自轉運動
(B)左輪打滑空轉時，右輪也會隨著打滑空轉
(C)左輪與右輪的轉速和等於行星臂的轉速
(D)汽車右轉時，右輪轉速高於左輪轉速。

(　　) **43** 一組模數為1的定軸輪系右圖所示，若齒輪2轉90°時，齒輪4正好轉了30°，下列哪一個可能是這組齒輪系的齒數關係？

(A)T_2=20、T_3=40、T_4=60

(B)T_2=20、T_3=40、T_4=80

(C)T_2=30、T_3=30、T_4=60

(D)T_2=40、T_3=60、T_4=80。

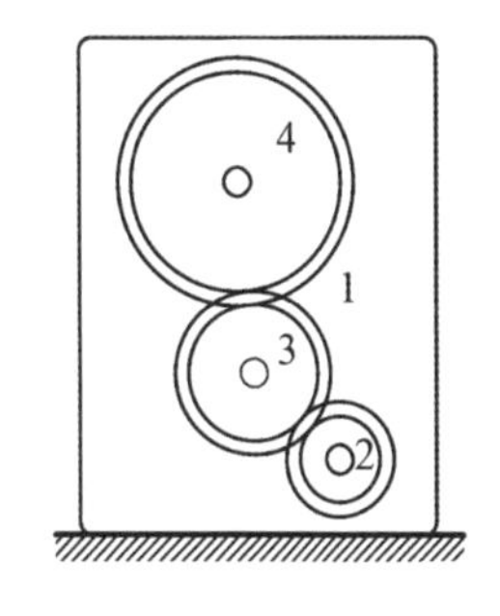

(　　) **44** 如右圖所示，已知旋臂C作順時針方向旋轉20 rpm，轉輪B相對於旋臂作順時針方向旋轉30 rpm，則轉輪B對共轉中心O之絕對轉速為：　(A)$20\sqrt{3}$ rpm順時針　(B)10 rpm逆時針　(C)50 rpm順時針　(D)20 rpm逆時針。

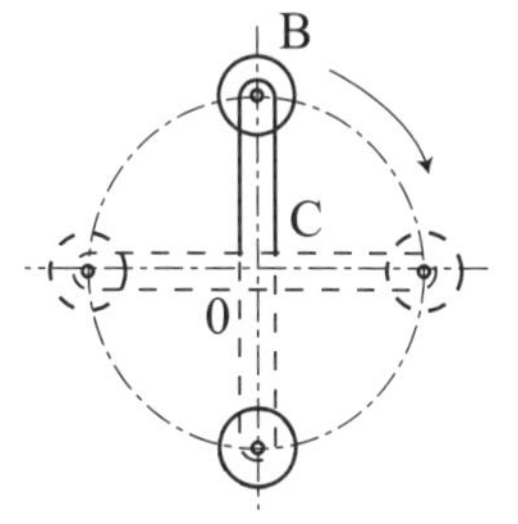

(　　) **45** 要設計如圖之周轉輪系，當主動A齒輪轉速為2rpm逆時針，旋臂m轉速3rpm順時針，B齒輪轉速為13rpm順時針，若選用模數為3的A、B正齒輪，A齒輪齒數為20齒，A齒輪之軸心為固定中心，則下列敘述何者正確？

(A)輪系值為 (1/2)

(B)B齒輪齒數為15齒

(C)A、B齒輪的軸心距為60mm

(D)B齒輪節圓直徑為30mm。

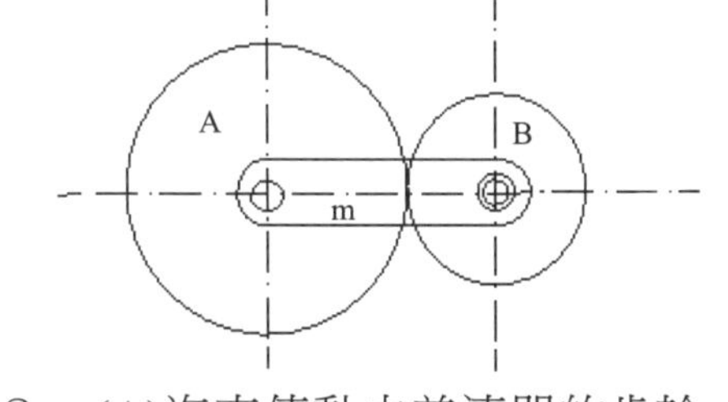

(　　) **46** 有關輪系的敘述，下列何者錯誤？　(A)汽車傳動之差速器的齒輪為周轉輪系之應用　(B)一般舊式車床塔輪傳動的後列齒輪為回歸輪系　(C)周轉輪系主動輪轉速增加，輪系值也跟著增加　(D)複式輪系中，改變其中間輪齒數可改變輪系值。

(　　) **47** 齒輪胚料（工件）和蝸輪（齒輪G）安裝在同一軸上並一起旋轉，滾齒刀具和斜齒輪A安裝在同一軸上並一起旋轉，蝸桿F為單螺線。若齒輪胚料為順時針轉動、轉速為ω，求滾齒刀具的轉動速度為多少？

(A)15ω　　(B)18ω

(C)20ω　　(D)23ω。

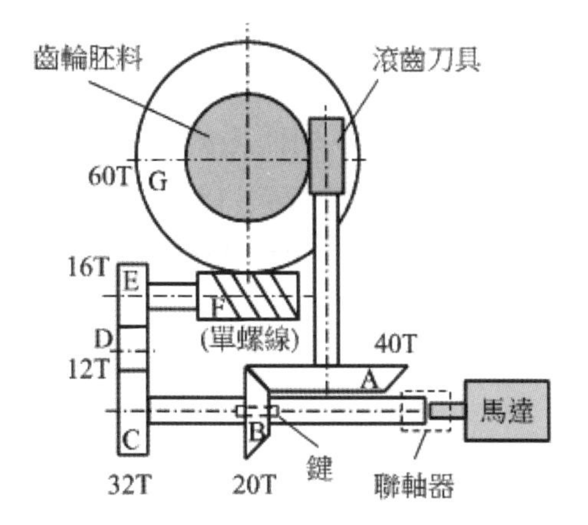

考前實戰演練

(　　) **48** 如右圖所示一複式周轉輪系，A輪軸心固定，A、B、C三輪之齒數分別為100齒、80齒與120齒，A輪順時針6 rpm，旋臂m逆時針2rpm，若要D輪順時針22rpm旋轉，則D輪齒數為何？

(A)20齒　(B)30齒　(C)50齒　(D)90齒。

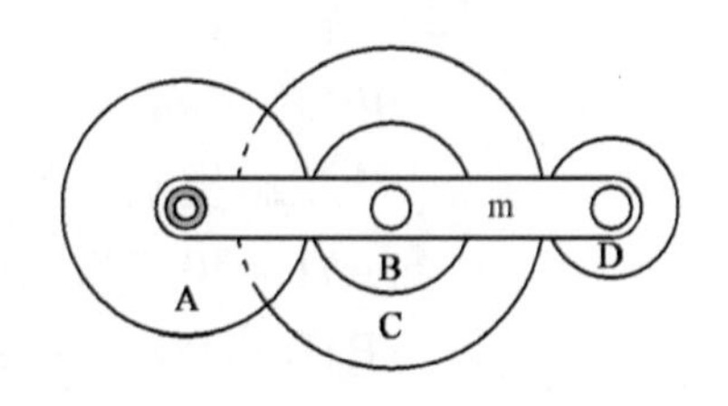

(　　) **49** 如右圖所示之漸開線正齒輪與齒條傳動，已知A為32齒、B為64齒、C為20齒，各齒模數為5，若齒A轉一圈，則齒條移動多少mm？

(A)78.5　(B)157　(C)225　(D)314。

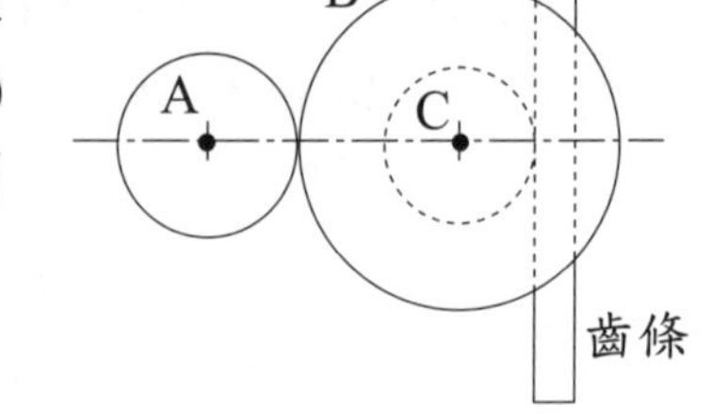

(　　) **50** 一周轉輪系機構如右圖所示，N_A＝10 rpm順時針旋轉，N_B＝6 rpm順時針旋轉，則C輪轉速與旋轉方向為何？

(A)8 rpm順時針旋轉

(B)8 rpm逆時針旋轉

(C)10.5 rpm順時針旋轉

(D)10.5 rpm逆時針旋轉。

(　　) **51** 一複式齒輪系如右圖所示，A輪為主動輪，其轉速為100 rpm，則從動輪B的轉速為多少 rpm？

(A)100　(B)200

(C)400　(D)800。

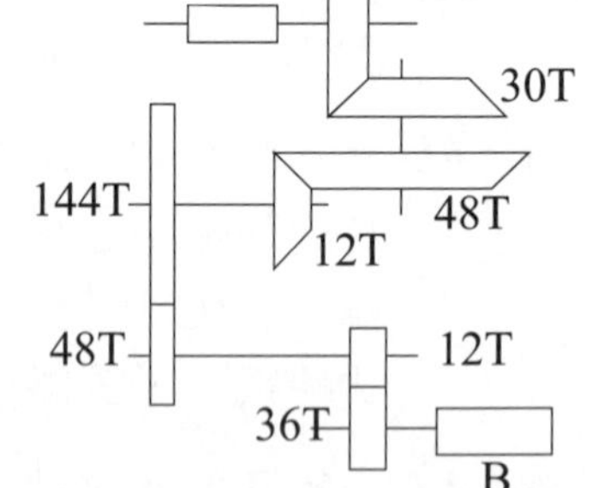

(　　) **52** 回歸輪系中，若輪系值為$\frac{1}{12}$，且所以齒數模數相同，則可以採用下列何組齒輪配合（以下數字代表各齒輪之齒數？）

(A)$\frac{24}{48}\times\frac{15}{90}$　(B)$\frac{15}{45}\times\frac{12}{48}$　(C)$\frac{13}{52}\times\frac{16}{48}$　(D)$\frac{20}{80}\times\frac{30}{90}$。

第12章 制動器

12-1 制動器（brake）的用途

制動器又稱「煞車」，其原理乃利用接觸面的摩擦力、流體的黏滯力或電磁的阻尼力，來吸收運動機件的動能或位能，使機件減速或停止。制動器所吸收的能量，則轉變成熱能而消失在空氣中。

制動器為各種機械和車輛來控制機件速率不可或缺的設備，廣泛應用在車輛、起重機械、工作機械等。制動器之「制動能量」是依散熱的能力而設計，並非以力矩之大小而決定。各種制動器中流體的黏滯力及電磁的阻尼力，只能使高速運轉之機械運動減速，而無法完全停止；若欲迅速停止，則須使用機械式制動器。

制動器之功率：

功率	力量F	速度V	半徑r	角速度ω
瓦特	牛頓N	m/s	m	rad/s

功率＝F · V＝F · r · ω

(1) 帶狀制動器F為有效力，即 $F = F_{緊邊} - F_{鬆邊} = F_1 - F_2$

(2) 塊狀制動器F為 摩擦力，F＝μN（N為正壓力）

又：$壓（應）力\sigma = \dfrac{N(正壓力)}{面積A}$

∴ 正壓力N＝〔壓（應）力σ〕×（面積A）

（1 kW＝1000瓦特）

（1 PS＝736瓦特）

∴ 功率＝F · V＝μσ · A · V

功率	摩擦係數μ	壓（應）力σ	面積A	速度V
瓦特（W）	沒單位	MPa	mm^2	m/s

所以制動器之制動功率與壓（應）力σ成正比，與制動面積A成正比。

制動功率

老師講解 1

若制動器之摩擦表面積為100cm²，摩擦係數為0.25，接觸面的壓力為0.2MPa，若制動速度為10m/sec時，則制動功率為若干千瓦（kW）？

解：功率＝F・V＝$\mu N_{正}$・V

$$壓(應)力(MPa)=\frac{力量(與A\perp)(牛頓)(即正壓力)}{面積(mm^2)}$$

$1cm^2=1cm\times1cm=10mm\times10mm=100mm^2$

$\therefore 0.2=\frac{N_{正}}{100\times100}$　$\therefore N_{正}=2000$牛頓

功率＝$\mu N_{正}\cdot V=(0.25\times2000)\times10=5000$瓦特＝5kW

學生練習 1

一制動器之摩擦表面積為75cm²，摩擦係數為0.4，接觸面的壓力為100N/cm²時，若制動速度為20m/sec時，制動功率為多少瓦特？多少馬力？

立即測驗

( ) 1 一般稱為煞車之機構是指： (A)制動器 (B)聯結器 (C)離合器 (D)連桿機構。

( ) 2 制動器之作用為： (A)吸收熱能變為動能 (B)吸收熱能變為位能 (C)吸收動能或位能變為熱能 (D)吸收熱能變為動能或位能。

( ) 3 制動器之制動馬力與扭矩的關係成： (A)平方反比 (B)平方正比 (C)正比 (D)反比。

( ) 4 機械式制動器所產生的熱量與所加的壓力成： (A)平方根反比 (B)正比 (C)反比 (D)平方正比。

( ) 5 制動器的制動容量是依據何者而設計： (A)正壓力 (B)摩擦力 (C)制動力矩 (D)散熱能力。

( ) 6 若制動器摩擦面積為150cm^2，摩擦係數為0.2，接觸面單位面積所受之壓力為0.2MPa，若制動速度為10m/sec，則制動功率為若干千瓦？ (A)3 (B)6 (C)9 (D)12。

( ) 7 若制動器之正壓力為500牛頓，鼓輪以4500rpm迴轉，鼓輪直徑100cm，接觸處的摩擦係數0.2，求此制動器散熱率為多少kW？ (A)3.75π (B)7.5π (C)15π (D)30π。

解答與解析

1 (A) **2 (C)**

3 (C)。功率 $= F \cdot V = T \cdot \omega$ 功率與力矩T成正比

4 (B)。壓(應)力 $\sigma = \dfrac{N_{正}}{面積A}$

$\therefore$ 正壓力 $N_{正} = \sigma$ 壓力 $\times$ 面積A

功率（產生熱量）$= F \cdot V = \mu N_{正} \cdot V = \mu\sigma$(壓力)$\times A$(面積)$\times V$

$\therefore$ 功率與壓力σ成正比

5 (D)

6 (B)。壓（應）力σ（MPa）$= \dfrac{正壓力(牛頓)}{面積(mm^2)}$

$0.2 = \dfrac{N_{正}}{150 \times 100}$ $\therefore N_{正} = 3000$ 牛頓

$(\because 1cm^2 = 1cm \times 1cm = 10mm \times 10mm = 100mm^2)$

$\therefore$ 功率 $= F \cdot V = \mu N_{正} \cdot V = 0.2 \times 3000 \times 10 = 6000$ 瓦 $= 6kW$

7 (B)。4500轉／分 $= \dfrac{4500 \times 2\pi \text{ rad}}{60 \text{ sec}} = 150\pi \text{ rad/s}$

功率 $= F \cdot V = F \cdot r \cdot \omega = \mu N_{正} \cdot r \cdot \omega$

$= 0.2 \times 500 \times 0.5 \times 150\pi = 7500\pi$ 瓦特 $= 7.5\pi$ 千瓦

12-2 制動器的種類及構造

1 制動器：依制動的不同，分為機械式、電磁式、流體式等三種。

(1) 機械式制動器

機械式制動器是靠摩擦力來產生制動作用，使運動機件減速或停止。常用的機械式制動器有帶制動器、塊制動器、內靴式制動器和圓盤制動器。

① **帶制動器：**帶制動器的主要構造為煞車鼓輪、煞車帶及槓桿連件等三部分所組成。如圖(一)所示。**為制動器中構造成最簡單者。**煞車帶多為鋼帶、皮帶或繩索內側襯以木材、石棉織物、皮革等摩擦係數較大的材料來利用槓桿原理把煞車帶拉緊，**藉接觸面的摩擦力以達制動的目的。**

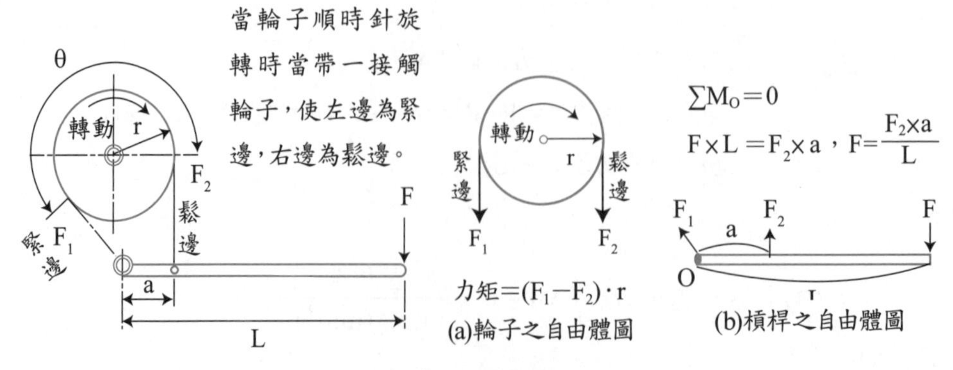

圖(一) 帶制動器

② 制動力矩＝$F_1 \cdot r - F_2 \cdot r$＝（$F_1 - F_2$）$\cdot r$

〔註：有效張力＝$F_1 - F_2$，$F_1 : F_2 = 7 : 3$最佳〕

③ 皮帶緊邊張力F_1

$F_1 = F_2 \cdot e^{\mu \cdot \theta}$

其中μ：摩擦係數。

F_2：鬆邊張力、F_1：緊邊張力

θ：皮帶與旋轉體間之接觸角度，單位為弧度。

e：自然對數底數。e＝2.718

r＝鼓輪半徑

④ (a)由槓桿之自由體圖圖(一)(b)所示（若輪子順時針轉動）

$\Sigma M_o = 0$，

$F \cdot L = F_2 \times a$

$\therefore$施力$F = \dfrac{F_2 \times a}{L}$

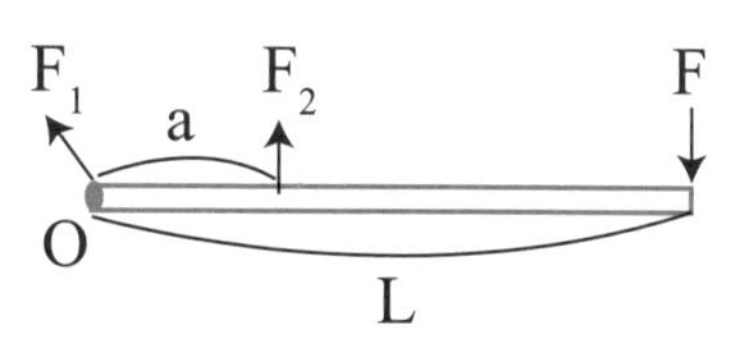

(b)若為逆時針轉動，如圖(二)

由$\Sigma M_o = 0$，

$F \cdot L - F_1 \times a = 0$

$\therefore$施力$F = \dfrac{F_1 \times a}{L}$

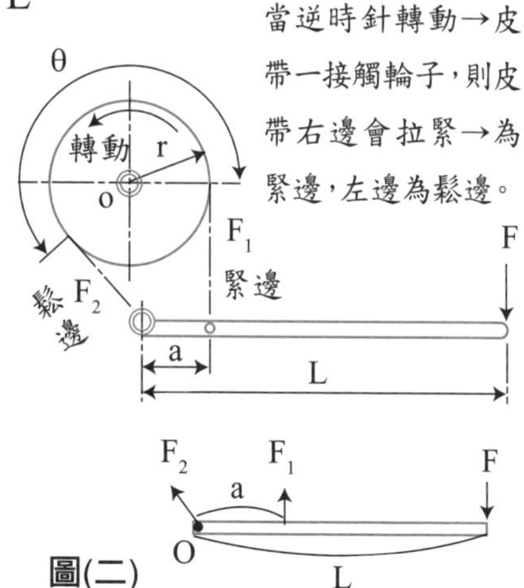

圖(二)

⑤ 差動式帶制動器

如圖(三)所示為「差動式帶制動器」又稱「自勵式制動器」，此制動器之帶的兩端皆不與槓桿樞軸相連接。槓桿上F_1對樞軸的力矩與作用力之力矩同向，可增加制動扭力矩，較省力。

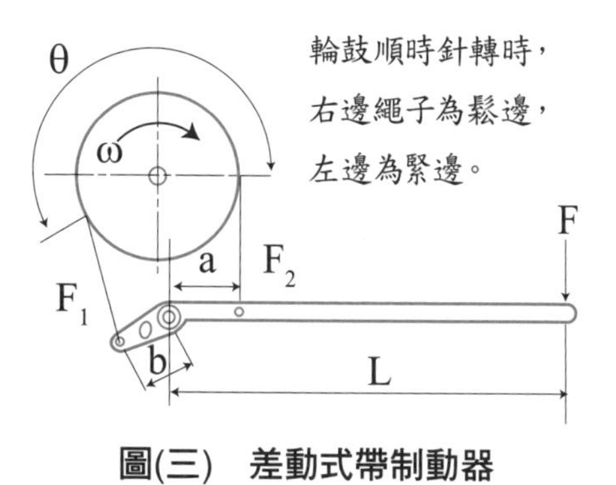

圖(三) 差動式帶制動器

若輪鼓順時針旋轉，由自由體圖

$\Sigma M_o = 0$，$F \cdot L + F_1 \times b - F_2 \times a = 0$

$\therefore F = \dfrac{F_2 a - F_1 b}{L} = \dfrac{F_2 a - (F_2 e^{\mu\theta}) \times b}{L}$

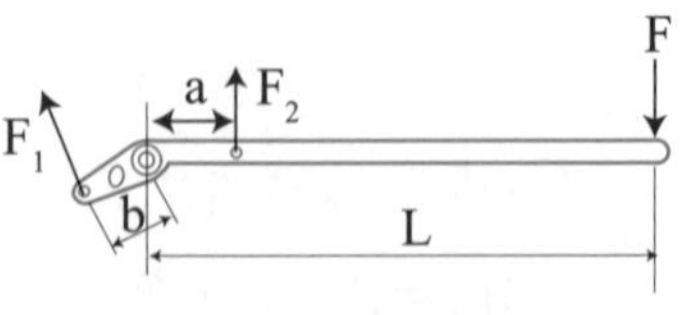

槓桿之自由體圖

$F = \dfrac{F_2(a - be^{\mu\theta})}{L}$

若$be^{\mu\theta}$之值大於a，則F為負值，即：只要帶與制動輪一接觸，不必經施力F，立即產生制動作用，而產生自鎖，自鎖易造成危險，為了避免自鎖必須$a > b^{\mu\alpha}$。

所以設計時不可使$be^{\mu\theta} > a$。當a大於但又接近$be^{\mu\theta}$之值時，則施力愈為省力。

註 帶制動器計算時要先判斷何者為緊邊，何者為鬆邊，由輪鼓轉向來判別。

(2) 塊制動器

塊制動器如圖(四)所示，塊制動器的原理是利用槓桿受外力時，煞車塊體與煞車鼓輪接觸，利用接觸面的摩擦力對輪軸所產生的制動扭矩，以致煞車。

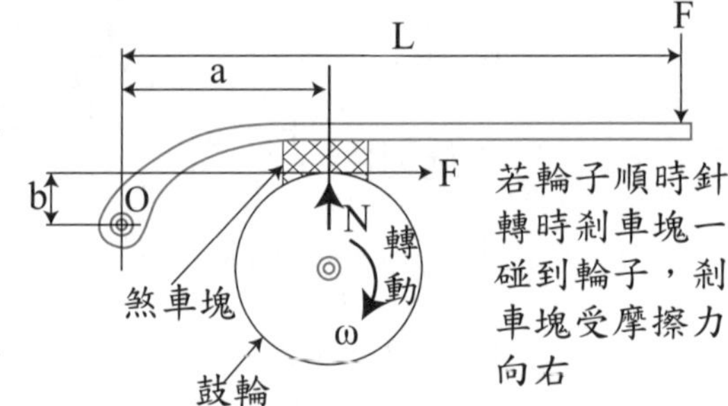

① 制動力矩$= f \cdot r = \mu N \cdot r$

摩擦力$f = \mu N$

μ：摩擦係數，

N：正壓力，

r：輪子半徑

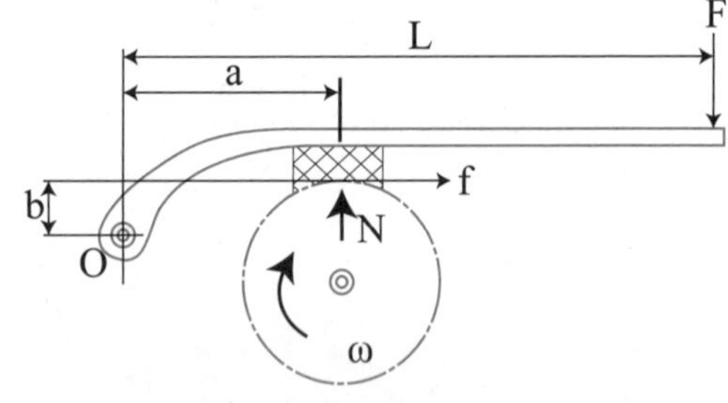

(a) 煞車塊和槓桿之自由體圖（若輪子順時針轉動）

② 若輪子順時針轉動時，煞車塊受到輪子之帶動受摩擦力向右。如圖(四)(a)所示

由$\Sigma M_o = 0$，

$f \times b + F \times L - N \times a = 0$

$\therefore$施力$F = \dfrac{Na - f \times b}{L}$

$= \dfrac{Na - \mu N \times b}{L} = \dfrac{N(a - \mu b)}{L}$

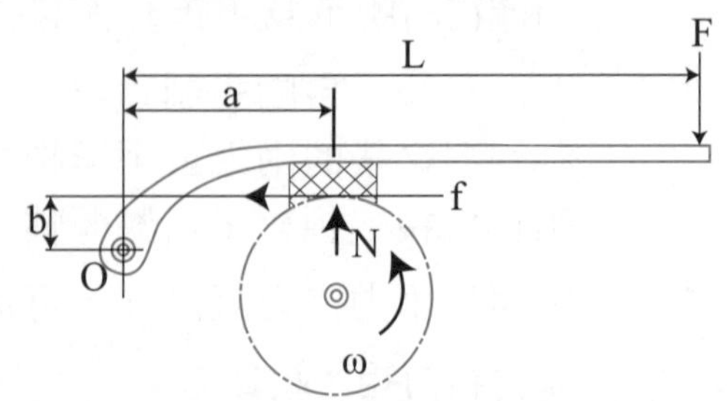

(b) 若輪子逆時針轉時，煞車塊一碰到輪子，受摩擦力向左

圖(四) 塊制動器

此情況當施力F≦0時，即$a-\mu b\leq 0$，$a\leq\mu b$，只要煞車塊與輪子一接觸就立即產生制動作用而產生自鎖，所以設計時必須$a>\mu b$才不會發生危險。

③ 若輪子逆時針轉動時，煞車塊受到輪子帶動受摩擦力向左（如圖(四)(b)所示）

由$\Sigma M_o=0$，$f\times b+N\times a-F\times L=0$

$$\therefore \text{施力} F=\frac{fb+Na}{L}=\frac{\mu Nb+Na}{L}=\frac{N(a+\mu b)}{L}$$

④ 雙塊制動器

兩個煞車塊同時作動，可增加制動力在鼓輪上安裝，且可使作用力平衡。如圖(五)所示。單塊制動器只適用於較小軸徑之處，不適合大動力之煞車，而雙塊制動器適用於較大動力之煞車機構。

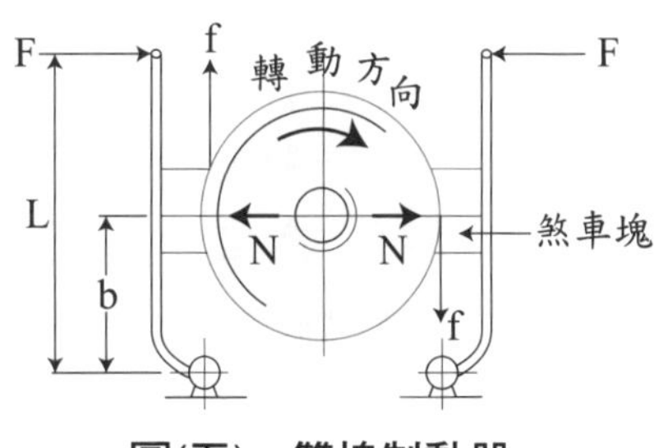

圖(五) 雙塊制動器

(3) 圓盤制動器（又稱碟式制動器或碟煞）

圓盤制動器是由煞車圓盤、鉗夾、煞車底板及煞車襯組成如圖(六)所示，其操作力通常由液壓控制。係在旋轉軸上裝置一圓盤，隨著車輪旋轉，中間為空心並有葉片，以提高散熱性，圓盤當施以煞車時，兩側之液壓缸同時圓盤產生壓力，活塞前端之煞車襯與圓盤間產生摩擦力而使其停止轉動。其煞車力與主軸平行。

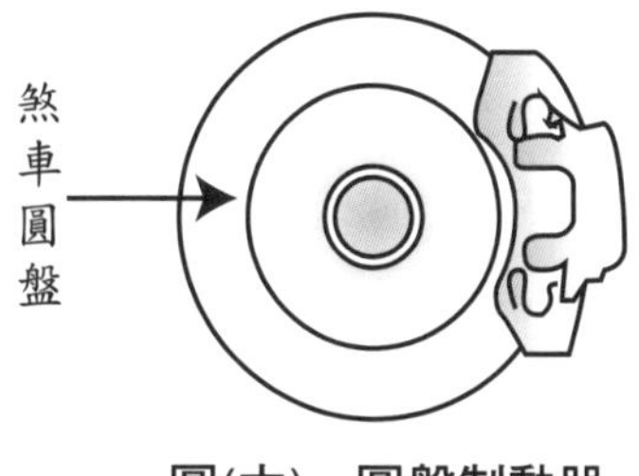

圖(六) 圓盤制動器

碟式制動器之散熱面積大，不易過熱，且無自動鎖緊作用，常用於小汽（客）車及機車上。目前一般小型汽車的煞車系統大多採四輪碟式制動器，或前碟後鼓式制動。

(4) 內靴式制動器

用兩個相同金屬履塊，製成靴狀裝於鼓輪的內側，利用金屬履塊往外擴張，迫使摩擦片抵住鼓輪，產生制動力，稱為內靴式制動器或鼓式制動器，依操作力產生方式的不同分為：

① 機械式內靴制動器：係由踏板或手操縱桿受力時，制動桿操縱凸輪左右轉動，使凸輪轉動迫使煞車靴向外擴張，制動來令夾片抵緊制動鼓而發生制動效果，如圖(七)所示。

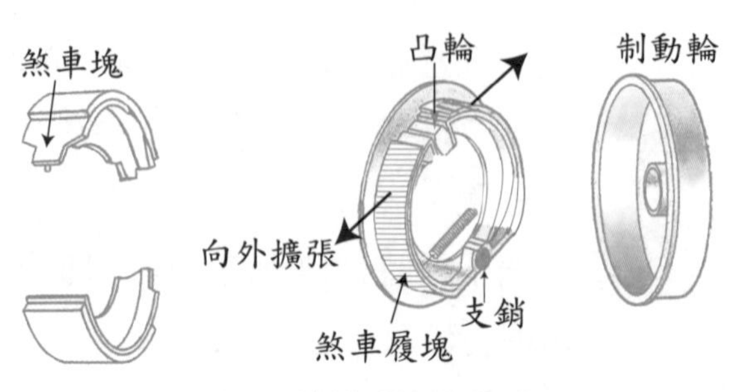

圖(七) 機械式內靴制動器

常用於機車上。鼓式制動器有一邊（有一塊煞車履塊）會產生「自動煞緊作用」故煞車力較大，但散熱較差、易過熱。

② 液壓式或空壓式內靴制動器：當用力於腳踏板時，經由液壓系統（或氣壓）的推桿，推動「主油壓缸」內之活塞受高壓作用使活塞向外移動，制動靴向外擴張，制動靴襯片與制動鼓輪接觸壓緊因摩擦力作用而產生制動作用，如圖(八)所示。常用於小型汽車（液壓式內靴制動器）、大型汽車（空壓式內靴制動器）上。

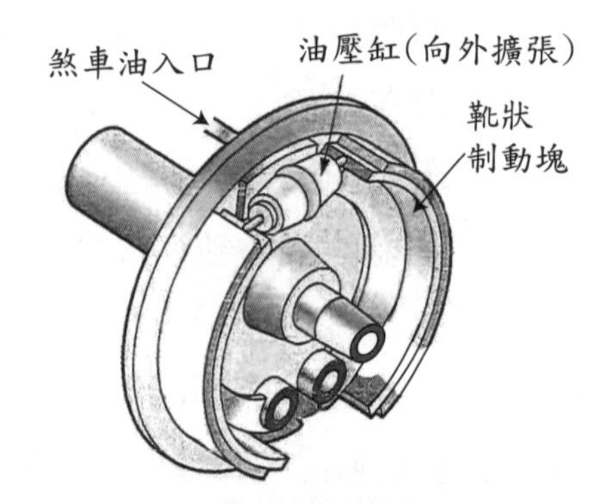

圖(八) 內靴式油壓制動器

(5) 流體式制動器：流體式制動器乃利用流體的黏滯力，來替代機械式的摩擦力用來煞車，流體制動器只能做為減速之用途，若需要使運動機件完全停止，則須用機械式制動器。常用於礦場或油田或鑽油井工程設備之煞車器用途。

(6) 電磁式制動器：電磁式制動器乃利用電磁原理，將動能或位能變成電磁能所產生電磁阻尼力來吸收能量，以達制動效果。其優點是調速變換容易，亦即容易變換制動力。電磁制動器不是靠摩擦力來產生制動，所以較不易造成機件過熱，適合較長時間的制動。電磁式制動器分為「渦電流制動器」和「發電機制動器」兩種。

① 發電機制動器：將轉軸與發電機連接，利用發電機將動能轉變為電能，再利用電阻將電能變成熱能消失於空氣中，或將電能儲存再利用，發電機制動器常用於大型卡車和鐵路火車車輛上。其優點為易於控制發電機輸出。缺點為須一段時刻才能制動作用，故須配合使用其他制動裝置。

② 渦電流制動器：由固定圓盤和轉動圓盤組成，圓盤上繞有線圈，當通以電流後其間因感應渦電流而產生磁場，使轉動圓盤產生制動作用。此種制動器常用於大型汽車之煞車輔助裝置，用於減輕煞車之負擔。

帶制動力

老師講解 2

如圖所示之制動器，制動鼓之直徑為20cm，若制動力矩為200N－cm，當輪鼓順時針轉動和逆時針轉動時，且$F_1=2F_2$，則制動力P各為多少牛頓？

若皮帶容許應力2MPa皮帶厚2mm，則帶的寬度至少多寬才不會斷？

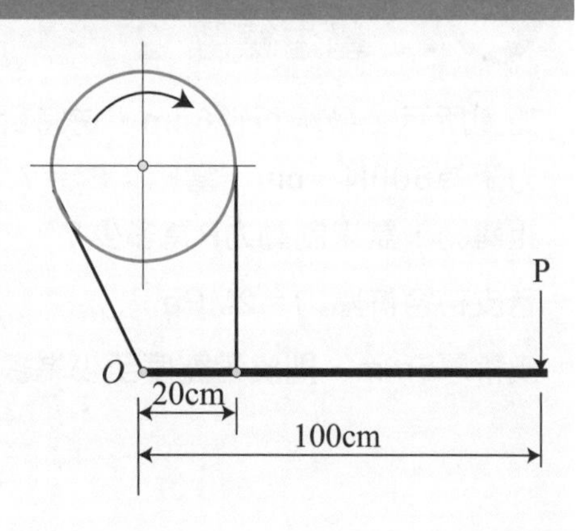

解：制動力矩$=F_1\cdot r-F_2\cdot r$

$=200=(F_1-F_2)\cdot r$

又$F_1=2F_2$，$(2F_2-F_2)\times 10=200$

$\therefore F_2=20N \quad F_1=40N$

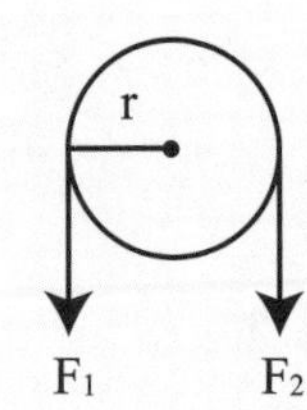

(1)若輪鼓順時針轉動時，當煞車帶一碰到輪鼓，因慣性作用左邊為緊邊（F_1），右邊為鬆邊（F_2）。

$\therefore \Sigma M_o=0$

$20\times 20=P\times 100$

$\therefore P=4N$

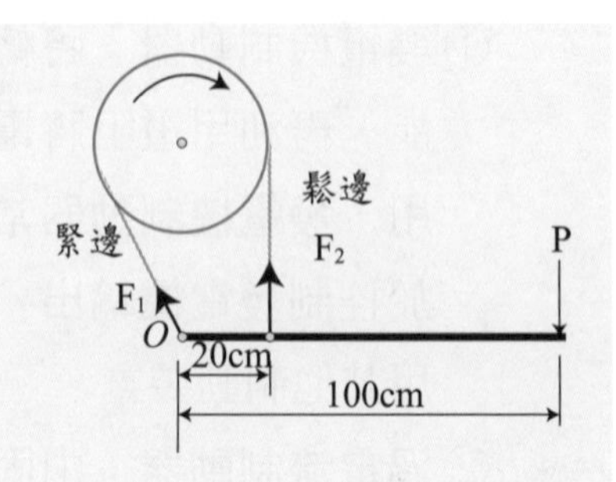

(2)若輪鼓逆時針轉動時，當煞車帶一碰到輪鼓，因慣性使右邊拉緊（緊邊），左邊放鬆（鬆邊）。

$\therefore \Sigma M_o = 0$

$P \times 100 = F_1 \times 20 = 20 \times 40$

$\therefore P = 8$ 牛頓

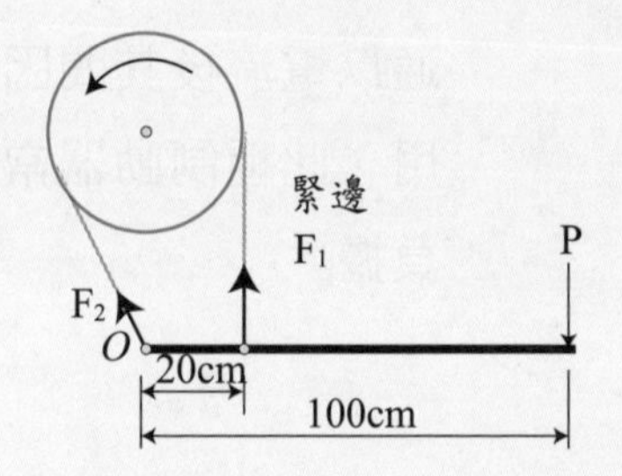

(3)$\sigma = \dfrac{F_1}{A}$（因為緊邊受力最大，最易斷）

$$\sigma = \frac{40}{\text{皮帶厚} \times \text{皮帶寬}} = \frac{40}{2 \times \text{帶寬}} = 2$$

$\therefore$ 帶寬 $= 10$mm

學生練習 2

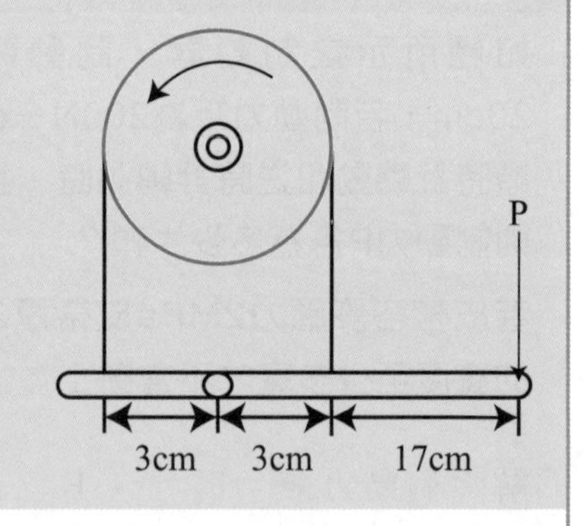

如圖所示，鼓輪直徑6cm，逆時針轉動平衡扭力矩為600N－cm，當F_1：F_2＝7：3時，則停止轉動，試求制動力P為多少？

若皮帶容許應力＝2MPa

皮帶厚5mm，則皮帶寬度至少為多少mm？

帶制動力考慮作用角

老師講解 3

如圖所示之帶制動器，用於平衡之扭力矩為1300N－cm，設鼓輪逆時針轉動直徑為40cm，摩擦係數為0.2，接觸角θ為240°，試求所需之外力P為若干？（若$e^{\frac{0.8\pi}{3}}=2.3$）

解：輪鼓逆時針轉動，當煞車帶一接觸輪鼓，因慣性產生左邊鬆邊，右邊緊邊。

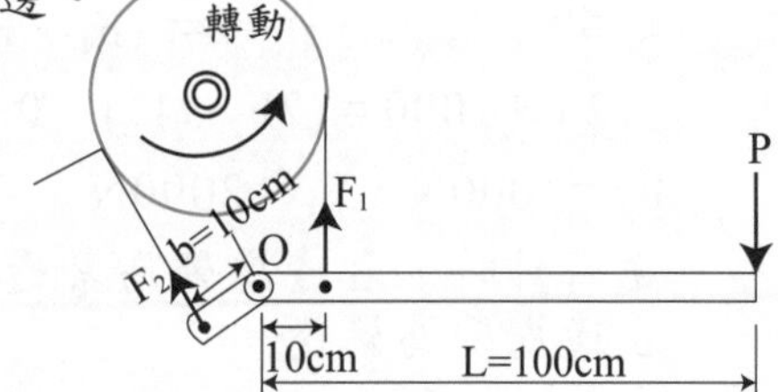

$180°=\pi$，$240°=\dfrac{240°\pi}{180°}$

$F_1=F_2e^{\mu\alpha}$

$\therefore F_1=F_2e^{0.2\times\frac{240°\pi}{180°}}=e^{\frac{0.8\pi}{3}}F_2=2.3F_2$

又制動力矩$=(F_1-F_2)\cdot r=(2.3F_2-F_2)\times\dfrac{40}{2}=1300$

$\therefore F_2=50N$，$F_1=2.3\times50=115N$

$\therefore \Sigma M_o=0$，$F_2\times10+P\times100=F_1\times10$

$\therefore P\times100=115\times10-50\times10$

$P=6.5N$

學生練習 3

如圖所示之制動器，制動鼓輪順時針轉動，其直徑為40cm，θ為252°，摩擦係數μ＝0.25，若$F_1=2400N$，則需制動力P與制動扭矩各為若干？（若$e^{0.25\times252°\times\frac{\pi}{180°}}=3$）

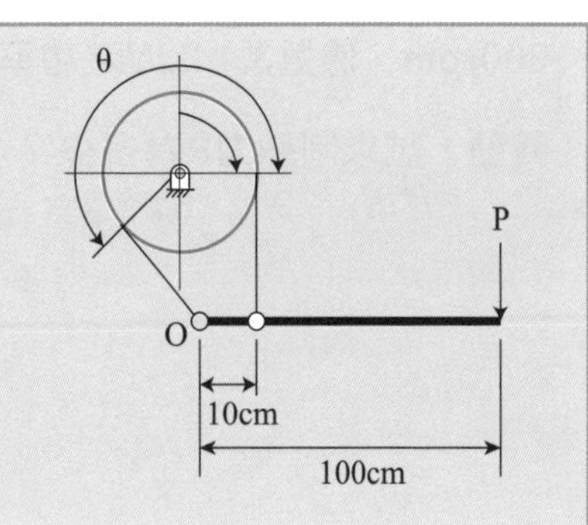

帶制動功率

老師講解 4

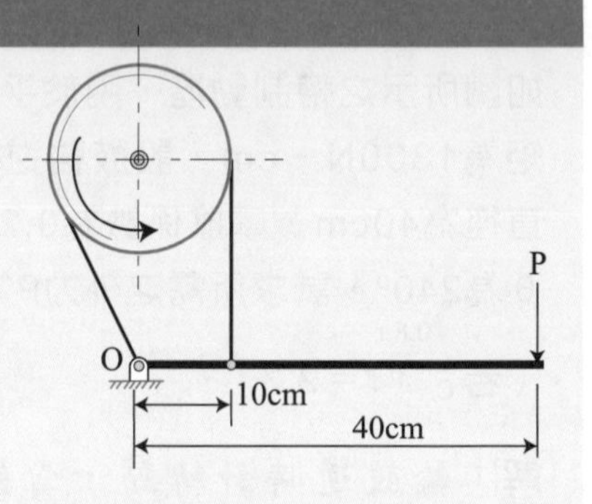

一皮帶制動器如圖所示，輪鼓直徑為50cm，傳動之功率為2πkw，轉速為240rpm，若F_1：F_2＝2：1，試求反時針旋轉時所需之外力P為若干？

解：$F_1 = 2F_2$，直徑50cm，半徑$r = 0.25m$

$$240\text{轉}/\text{分} = \frac{240 \times 2\pi\ \text{rad}}{60\ \text{sec}} = 8\pi\ \text{rad/s}$$

功率$= F_{有效力} \cdot r \cdot \omega = (F_1 - F_2) \cdot r \cdot \omega$

$\therefore 2\pi \times 1000 = (2F_2 - F_2) \cdot 0.25 \cdot 8\pi$

$F_2 = 1000N$，$F_1 = 2000N$

逆時針時，右邊皮帶為緊邊，
左邊皮帶為鬆邊。

$\therefore \Sigma M_o = 0$

$F_1 \times 10 = P \times 40 = 2000 \times 10$

$\therefore P = 500N$

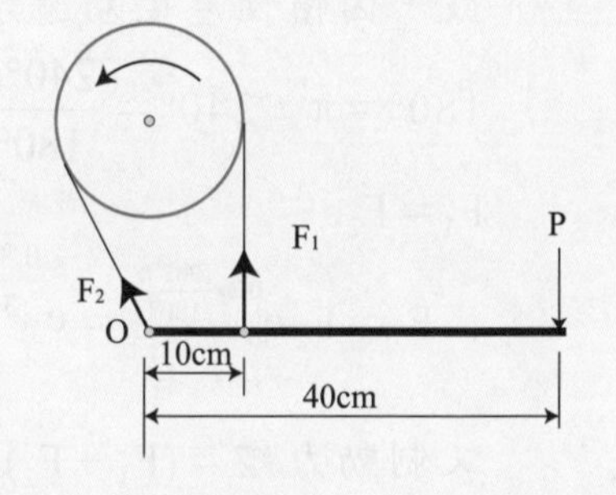

學生練習 4

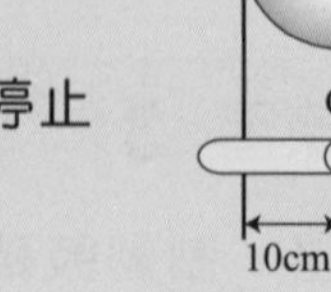

如圖所示之鼓輪直徑為20cm，逆時針轉動，轉速300rpm，傳遞3.14kW之功率，當$F_1 = \frac{7}{3}F_2$時停止轉動，試求制動力P為多少？

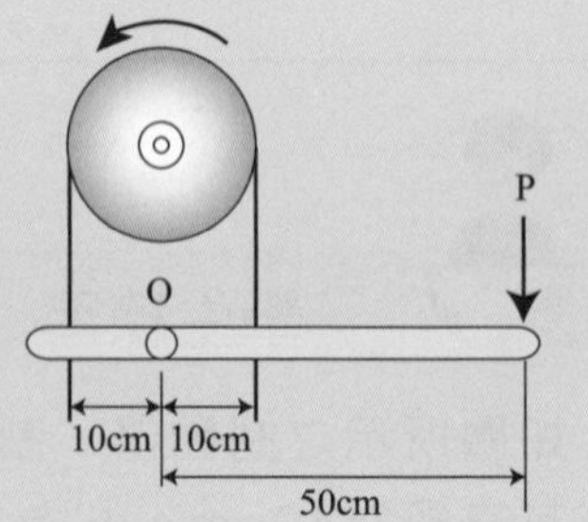

塊制動器

老師講解 5

如圖所示之單塊制動器，若轉軸的轉矩T＝16N－m，鼓輪直徑40cm，摩擦係數μ＝0.2，求該輪做順時鐘旋轉時，所需最小制動作用力P為若干N？逆時針時P為多少？

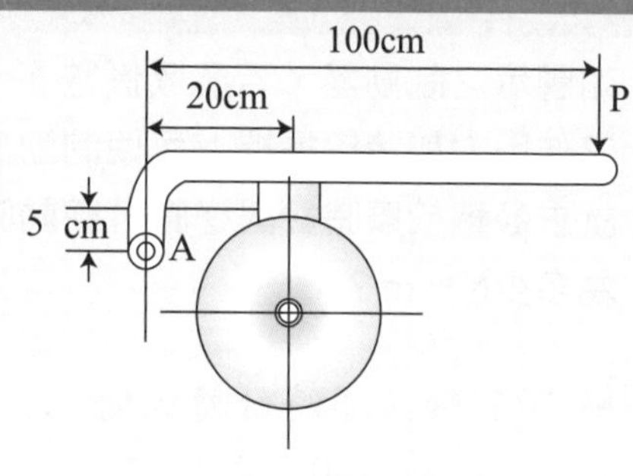

解：$r=20cm=0.2m$

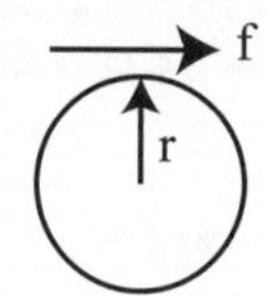

力矩＝$f \cdot r$

$16=f\times0.2$

$\therefore f=80$牛頓

$f=\mu N_{正}$，$80=0.2N_{正}$　$\therefore N_{正}=400$牛頓

(1)輪鼓順時針轉動時

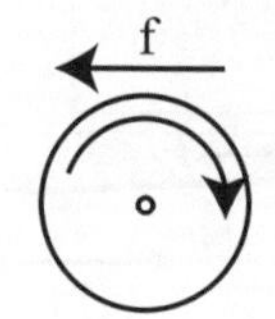

$\therefore \Sigma M_A=0$

$f\times5+P\times100=N_{正}\times20$

$80\times5+P\times100=400\times20$

$\therefore P=76$牛頓

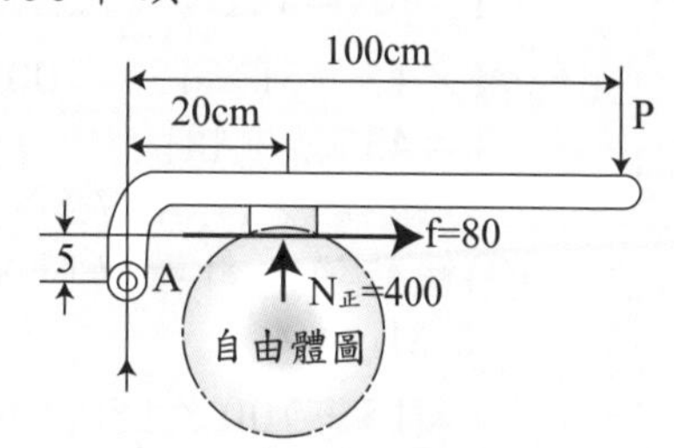

(2)輪鼓逆時針轉動時

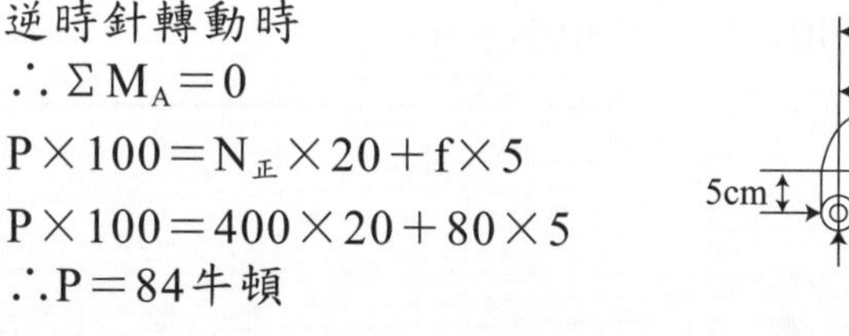

$\therefore \Sigma M_A=0$

$P\times100=N_{正}\times20+f\times5$

$P\times100=400\times20+80\times5$

$\therefore P=84$牛頓

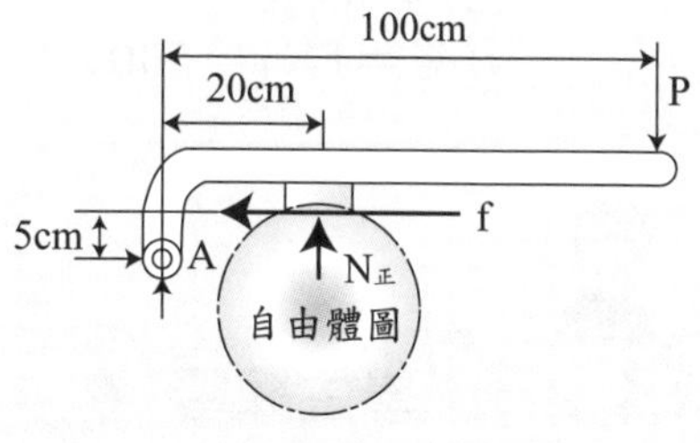

學生練習 5

如圖所示之一塊狀制動器，摩擦係數＝0.25，鼓輪逆時針轉動受扭矩800N－cm作用，則鼓輪停止轉動所需施力F為多少牛頓？

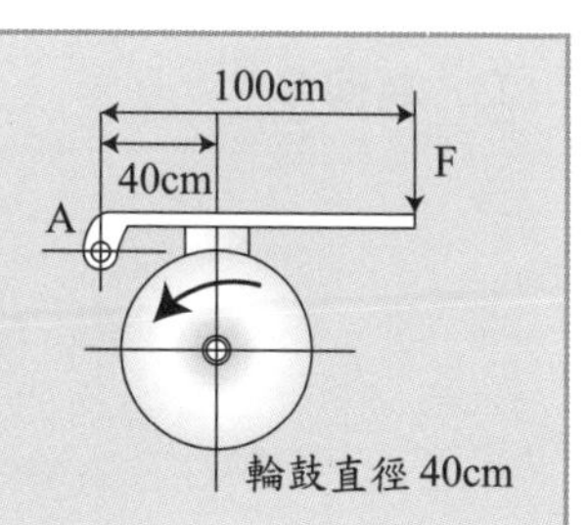

塊制動力方向

老師講解 6

如圖示之制動器，若摩擦係數μ＝0.2，用700N之作用力加諸於槓桿上可使制動鼓輪停止不動。試求鼓輪於順時針與逆時針轉動時之制動力矩各為多少N－m？

150　700N　45　A　15　直徑80cm　單位為公分

解：(1)輪鼓順時針轉動時

$\Sigma M_A=0$

$f\times15+N\times45=700\times150$

$f=\mu N=0.2N\quad\therefore N=5f$

$f\times15+5f\times45=700\times150$

$f=437.5$ 牛頓

力矩$=f\times r=437.5\times0.4=175N-m$

(2)輪鼓逆時針轉動時

$\Sigma M_A=0$

$f\times15+700\times150=N\times45=5f\times45$

$\therefore f=500N$

力矩$=f\times r=500\times0.4=200N-m$

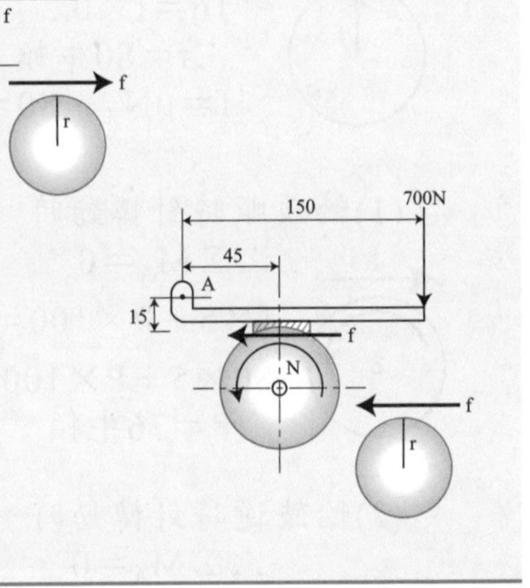

學生練習 6

如圖所示之帶制動器，鼓輪半徑為r，逆時針旋轉，帶與鼓輪摩擦係數為μ，接觸角為θ，當制動作用發生時，鼓輪兩側帶之張力分別為F_1、F_2，求作用於鼓輪上之制動扭矩T，為何？

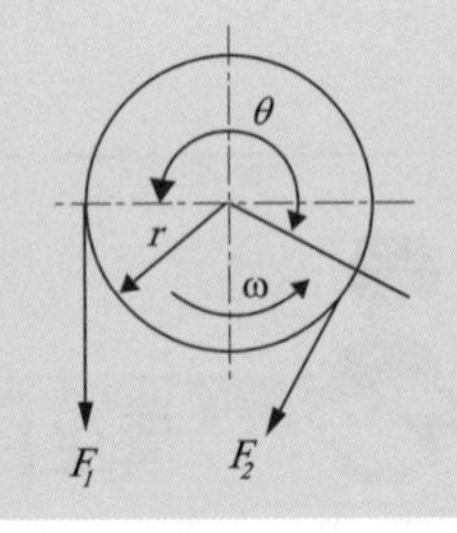

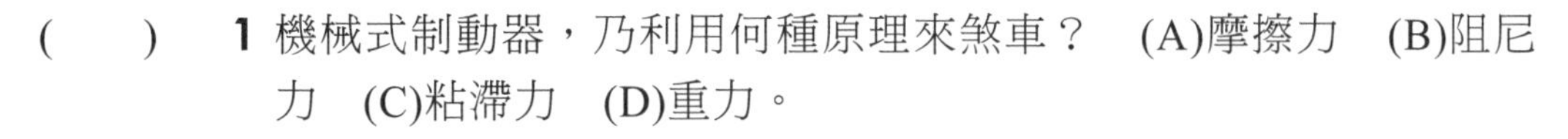

立即測驗

( ) **1** 機械式制動器，乃利用何種原理來煞車？ (A)摩擦力 (B)阻尼力 (C)粘滯力 (D)重力。

( ) **2** 塊狀制動器使用雙塊的主要原因為何？ (A)減輕煞車制動作用 (B)使制動作用力平衡 (C)確保制動器的效用和美觀 (D)以上皆是。

( ) **3** 油田或礦場等地方所使用的制動器，一般使用何種制動器？ (A)電磁式 (B)鼓式 (C)液體式 (D)圓盤式。

( ) **4** 下列敘述何者非為機械式制動器？ (A)電磁式制動器 (B)塊狀制動器 (C)帶制動器 (D)碟式制動器。

( ) **5** 有關制動器的敘述，何者敘述錯誤？ (A)長時間連續踩煞車會過熱而使煞車失靈 (B)電磁制動器將動能變成電磁能而產生制動力 (C)流體制動器利用流體的黏滯力制動，可快速使運動停止 (D)機械式制動器主要是利用摩擦的阻力制動。

( ) **6** 若制動作用時間長應以何種制動器較佳？ (A)鼓式制動器 (B)電磁制動器 (C)液體式制動器 (D)塊狀制動器。

( ) **7** 現今自行車常用的煞車為何種制動器？ (A)塊狀制動器 (B)鼓式制動器 (C)碟式制動器 (D)液體制動器。

( ) **8** 帶狀制動器緊邊張力為F_1，鬆邊之張力F_2，則有效煞車力F等於： (A)F_1+F_2 (B)F_1-F_2 (C)$F_1\times F_2$ (D)$F_1\div F_2$。

( ) **9** 帶狀制動器，若緊邊之拉力F_1，鬆邊之拉力F_2，輪鼓之直徑為D，則制動扭矩為：

(A)$(F_1+F_2)\times\frac{D}{2}$ (B)$F_1\times\frac{D}{2}$

(C)$(F_1\times F_2)\times\frac{D}{2}$ (D)$(F_1-F_2)\times\frac{D}{2}$。

( ) **10** 一般吊車、起重機及升降機常用何種制動器？ (A)圓盤式制動器 (B)流體式制動器 (C)機械式制動器 (D)電磁式制動器。

( ) **11** 內靴式機械制動器是利用哪一種零件的作用，使內靴履塊與鼓輪發生摩擦而達到制動的目的。 (A)斜面 (B)槓桿 (C)凸輪 (D)螺旋。

( ) **12** 單塊制動器，若扭矩T，摩擦力F，輪鼓半徑R，摩擦係數μ，正壓力N，則： (A)T＝μNR (B)N＝TμR (C)T＝μN/R (D)N＝Tμ/R。

( ) **13** 內靴式油壓煞車，係在主汽缸加壓，車輪圓筒之活塞受油壓迫後： (A)煞車塊靜止 (B)煞車塊向內收縮 (C)煞車塊向外打開 (D)煞車塊和輪鼓一起轉動。

( ) **14** 目前機車一般採用何種制動器？ (A)帶狀制動器 (B)內靴式氣壓制動器 (C)內靴式機械制動器 (D)內靴式油壓制動器。

( ) **15** 目前小汽車除了碟煞外，一般多採用： (A)帶制動器 (B)內靴式氣壓制動器 (C)內靴式機械制動器 (D)內靴式油壓制動器。

( ) **16** 一般大型汽車常使用之制動器為何種制動器？ (A)塊狀制動器 (B)帶狀制動器 (C)鼓式制動器 (D)碟式制動器。

( ) **17** 鼓式制動器可得較大之制動力量原因為何？ (A)煞車來令片有較大之摩擦係數 (B)散熱良好 (C)一邊具有自動煞緊作用 (D)兩邊都具有自動煞緊作用。

( ) **18** 若皮帶制動器的緊邊張力F_1，鬆邊張力F_2，接觸角θ，摩擦係數μ，則： (A)$F_1 = e^{\mu\theta} \cdot F_2$ (B)$F_2 = e^{\mu\theta} \cdot F_1$ (C)$F_1 = 2e^{\mu\theta} \cdot F_2$ (D)$F_2 = 2e^{\mu\theta} \cdot F_1$（e＝2.718）。

( ) **19** 碟式動器又稱為： (A)圓盤制動器 (B)內靴式制動器 (C)鼓式制動器 (D)發電機制動器。

( ) **20** 機械式制動器是利用外力產生摩擦阻力而對旋轉軸產生制動作用，哪一種制動器其產生煞車摩擦力的正壓力方向與旋轉軸的軸向平行？ (A)碟式制動器 (B)塊狀制動器 (C)帶式制動器 (D)內靴制動器。

( ) **21** 一塊狀制動器尺寸右圖所示，若輪鼓順時針旋轉，轉速1200rpm，傳送功率P為1kW，制動器摩擦係數μ為0.25，求其施力F最少須為多少N？ (A)$150/\pi$ (B)$250/\pi$ (C)$500/\pi$ (D)$650/\pi$。

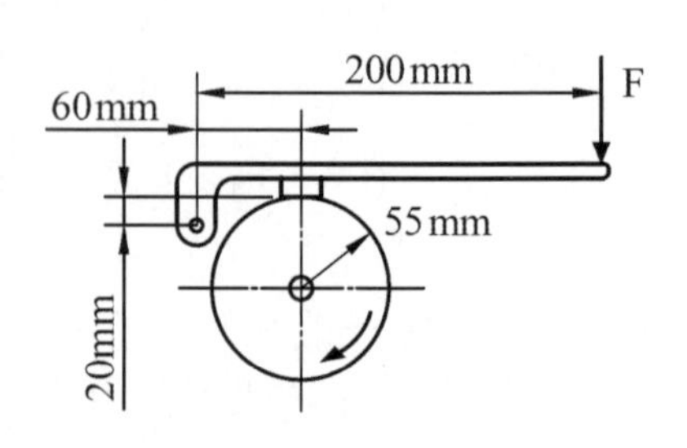

( ) **22** 如圖所示輪鼓直徑為8cm逆時針轉動，平衡扭矩為1680N－cm，當$F_1=\frac{7}{3}F_2$時停止轉動，試求制動力P為多少牛頓？

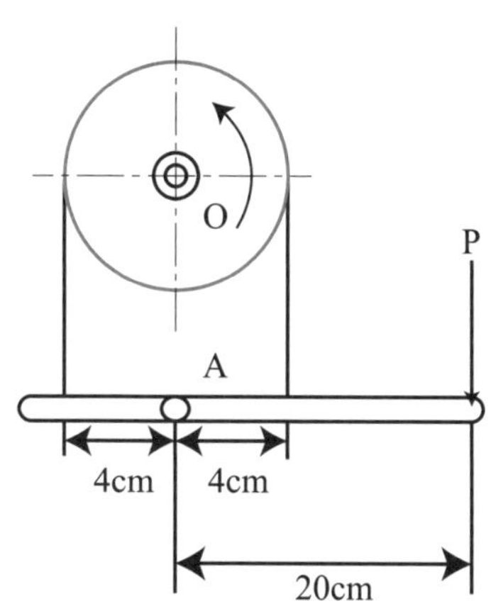

(A)42 (B)84 (C)168 (D)252。

( ) **23** 如圖所示，若鼓輪直徑40公分，逆時針轉動，輪鼓制動功率6.28kW，轉速600 rpm，若a＝8公分，b＝4公分，L＝80公分，則停止轉動所需作用力F為若干牛頓？（若$F_1=2F_2$）？

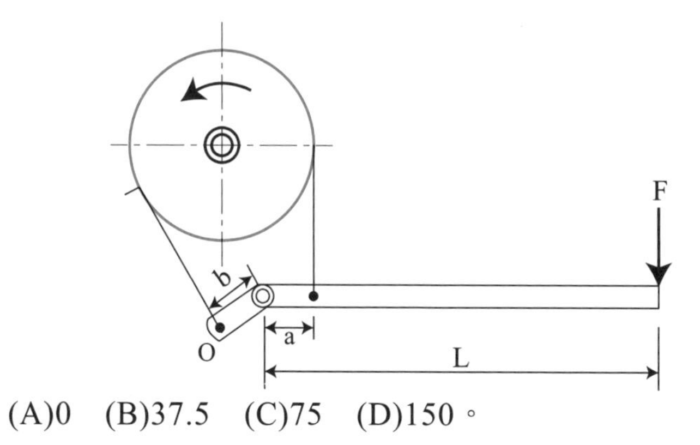

(A)0 (B)37.5 (C)75 (D)150。

解答與解析

1 (A) **2 (B)** **3 (C)** **4 (A)**

5 (C)。流體制動器，只能減速，無法快速停止。

6 (B) **7 (A)**

8 (B)。對圓心力矩$=F_1\cdot r-F_2\cdot r$

$=(F_1-F_2)\cdot r$

$F_1-F_2=F_{有效力}$

r r
F_1 F_2

9 (D)。力矩＝（F_1-F_2）·r＝（F_1-F_2）× $\dfrac{D}{2}$

10 (D)　**11 (C)**

12 (A)。力矩＝f · R＝$\mu N_{正}$ · R

13 (C)　**14 (C)**　**15 (D)**　**14 (C)**　**17 (C)**　**18 (A)**　**19 (A)**　**20 (A)**

21 (C)。功率＝f×r×ω

$$\Rightarrow 1000 = f \times 0.055 \times \frac{2\pi \times 1200}{60}$$

$$\therefore f = \frac{5000}{11\pi} \text{ 牛頓}$$

$$f = 0.25N \Rightarrow \frac{5000}{11\pi} = 0.25 \times N$$

$$\therefore N = \frac{20000}{11\pi} \text{ 牛頓}$$

$$f \times 20 + F \times 200 = N \times 60$$

$$f + 10F = 3N$$

$$\frac{5000}{11\pi} + 10F = 3\left(\frac{20000}{11\pi}\right)$$

$$\therefore F = \frac{6000-500}{11\pi} = \frac{500}{\pi} \text{ 牛頓}$$

22 (B)。制動力矩＝（F_1-F_2）· r

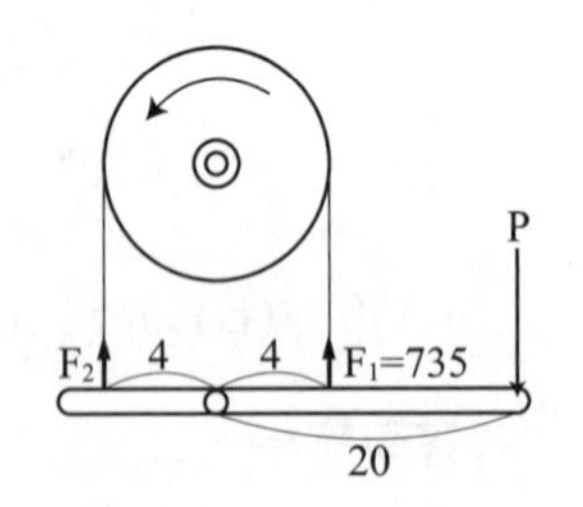

$$1680 = \left(\frac{7}{3}F_2 - F_2\right) \times 4 = \frac{16}{3}F_2$$

$$\therefore F_2 = 315N，F_1 = \frac{7}{3}F_2 = 735N$$

逆時針轉動，帶與輪鼓一接觸右邊拉緊→緊邊F_1，左邊鬆邊F_2

$\Sigma M_o = 0$，$735 \times 4 = P \times 20 + 315 \times 4$

∴P＝84牛頓

23 (C)。功率＝F · r · ω，600轉／分＝$\dfrac{600 \times 2\pi \text{ rad}}{60 \text{ sec}}$＝20π rad/s

6.28×1000＝（F_1-F_2）· r · ω

$=(2F_2-F_2)\times0.2\times20\pi=F_2\times4\pi$

$\therefore F_2=500N$，$F_1=1000N$

逆時針轉動→右邊皮帶為緊邊，左邊皮帶為鬆邊

$\therefore \Sigma M_o=0$

$F\times80+F_2\times4=F_1\times8$

$\therefore F\times80+500\times4=1000\times8$

$\therefore F=75$牛頓

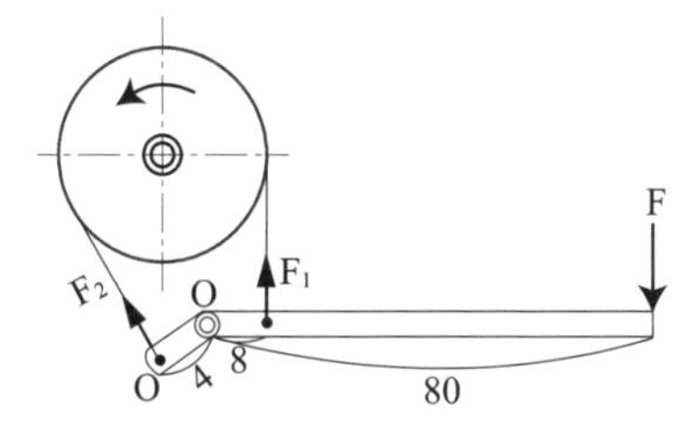

12-3 制動器的材料

1 設計制動器時，制動能力很重要，但散熱能力更重要，因摩擦所產生的高熱，須快速散發，才能發揮最有效的制動能力，因此煞車的能力須依據其散熱能力來設計。

2 制動器接觸面上的材料必備的條件為：

(1) 摩擦係數高。
(2) 良好的散熱能力。
(3) 耐高溫、耐磨、耐蝕性強。
(4) 無臭味。

3 制動器的材料

(1) 鐵路用制動器材料一般為鑄鐵靴塊，煞車鼓材料為鑄鐵鼓輪或銅鼓輪。
(2) 汽車煞車襯片（來令片）材料為石棉材料為主之壓製品。
(3) 制動器摩擦面的其他材料有木塊、皮革、橡膠、金屬、石棉等。

立即測驗

(　　) 制動器接觸面上的材料必須具備有什麼條件？ (A)散熱良好 (B)摩擦係數大 (C)耐磨耗、耐蝕 (D)以上皆是。

解答 **(D)**

考前實戰演練

( ) **1** 制動器是將運動機件之動能轉換成何種能量？ (A)位能 (B)電能 (C)熱能 (D)阻能。

( ) **2** 設計制動器，除了本身的制動能力以外，我們必優先考慮：(A)制動器的散熱能力 (B)槓桿的強度 (C)施壓力的大小 (D)支座的反作用力。

( ) **3** 制動器產生之熱量與施加壓力： (A)成正比 (B)成反比 (C)平方成正比 (D)無關。

( ) **4** 若制動器之摩擦表面積為300cm^2，摩擦係數為0.2，接觸面單位面積所受之壓力為2MPa，若制動速度為3m/sec，試求制動功率為若干kW？ (A)28kW (B)36kW (C)45kW (D)32kW。

( ) **5** 一制動器之摩擦接觸的面積為150cm^2，摩擦係數為0.2，接觸面的壓力為10kg／cm^2，若制動速度為5m／sec時，則制動的公制馬力數為： (A)5 (B)10 (C)15 (D)20。

( ) **6** 某帶狀制動器，緊邊張力80公斤，鬆邊張力20公斤，摩擦轉速為V＝4m／sec，則最大制動功率為： (A)4.8 (B)3.2 (C)2.5 (D)1.6 馬力。

( ) **7** 皮帶制動器之緊邊張力F_1，鬆邊張力F_2，接觸角θ，摩擦係數μ，則： (A)$F_1=e^{\mu\theta}\cdot F_2$ (B)$F_2=e^{\mu\theta}\cdot F_1$ (C)$F_1=2e^{\mu\theta}\cdot F_2$ (D)$F_2=2e^{\mu\theta}\cdot F_1$（e＝2.718）。

( ) **8** 如右圖示單塊狀制動器，若扭矩為T，輪鼓半徑為R，摩擦係數為μ，正壓力為N，則： (A)T＝μNR (B)N＝μTR (C)T＝μN／R (D)N＝μT／R。

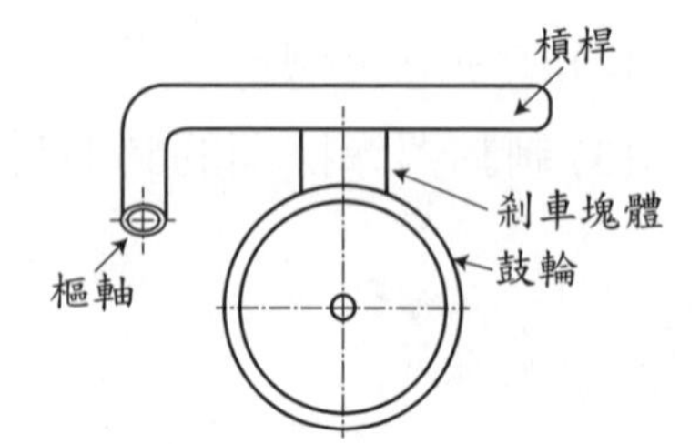

( ) **9** 常使用於油田或礦場，做為運送重物或鑽油井設備之制動器為：(A)內靴式制動器 (B)塊狀制動器 (C)圓盤制動器 (D)液體式制動器。

( ) **10** 車輛鐵路及重型卡車使用之制動器為下列何者？ (A)內靴式制動器 (B)電磁式制動器 (C)流體式制動器 (D)機械式制動器。

( ) **11** 汽車、機車所使用之制動器，大部分為： (A)內靴式制動器 (B)電磁式制動器 (C)流體式制動器 (D)帶式制動器。

( ) **12** 雙塊制動器的優點為： (A)使制動力平衡 (B)減小煞車制動作用 (C)確保制動器之效用 (D)使制動作用緩慢。

( ) **13** 有關制動器的敘述，下列何者不正確？ (A)長時間連續踩煞車會過熱而使煞車失靈 (B)電磁制動器主要將動能變成電磁能而產生制動力 (C)流體制動器利用流體的黏滯力制動，可快速使運動停止 (D)機械式制動器主要是利用摩擦的阻力制動。

( ) **14** 何者是機械制動器之特性？ (A)不能使運轉中的機械完全停止 (B)不能減速慢行，但可完全停止 (C)可使機械減速慢行或完全停止 (D)要完全停止，需另加一制動系統。

( ) **15** 若制動作用的間較長時應以何種制動器較佳？ (A)機械式制動器 (B)電磁式制動器 (C)流體式制動器 (D)塊狀制動器。

( ) **16** 帶狀制動器使用中，若煞車帶兩邊張力相等，則制動時可能發生何種現象？ (A)制動力間斷 (B)制動力為零 (C)自鎖作用 (D)煞車帶脫落。

( ) **17** 一般稱為碟煞係指下列何種制動器？ (A)帶狀制動器 (B)圓盤制動器 (C)塊狀制動器 (D)內靴制動器。

( ) **18** 制動器係利用何種力來吸收運動機件的動能或位能，以減慢或停止機件運動的裝置？ (A)物體的摩擦力 (B)流體的黏滯力 (C)電磁的阻尼力 (D)以上皆是。

( ) **19** 汽車鼓式油壓煞車，係藉油壓作用，車輪圓筒內之活塞受油壓迫後： (A)煞車塊關閉 (B)煞車塊回縮 (C)煞車塊向外打開 (D)煞車塊固定。

( ) **20** 何種制動器之散熱面積較大，不易過熱，用於一般小型汽車？ (A)塊狀制動器 (B)皮帶制動器 (C)鼓式制動器 (D)碟式制動器。

( ) **21** 如圖所示，鼓輪直徑30cm，摩擦係數$\mu=0.25$，$F_2=600N$，$\theta=252^o$，若該輪逆時針方向迴轉，則停止轉動需施力P為多少N？（若$e^{0.25\times252^o\times\frac{\pi}{180^o}}=3$）

(A)150　(B)350　(C)450　(D)600。

( ) **22** 承上題，制動力矩為多少N－m？

(A)120　(B)140　(C)160　(D)180。

( ) **23** 如圖所示之制動器，鼓輪直徑20cm，扭力矩3000N－cm，$\frac{F_1}{F_2}=2$，則停止轉動，作用力F為：

(A)100　(B)120

(C)180　(D)200　N。

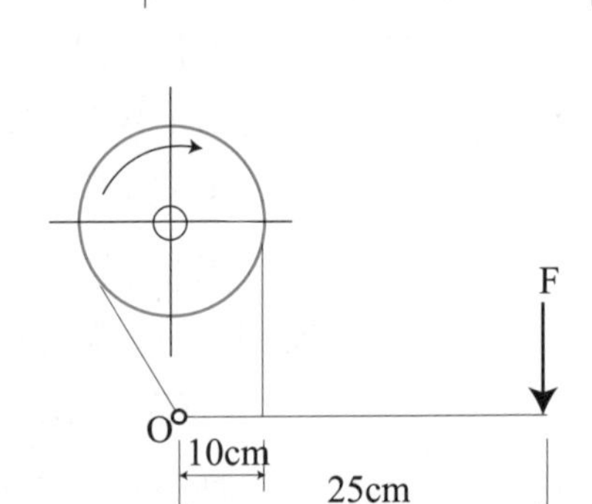

( ) **24** 一差動式帶制動器（differential band brake）。如圖所示，其鼓輪半徑為75mm，且以順時針方向旋轉；其槓桿的尺寸為A＝100mm，B＝25mm，L＝380mm。若皮帶與鼓輪間的摩擦係數$\mu=0.2$，當作用力F垂直作用於槓桿而將槓桿向下壓時，皮帶在鼓輪上之接觸角$\theta=210^o$，則產生3240N－mm制動扭矩所需的P力為多少N？（註：$e^{0.733}=2.08$，$e^{0.523}=1.68$）

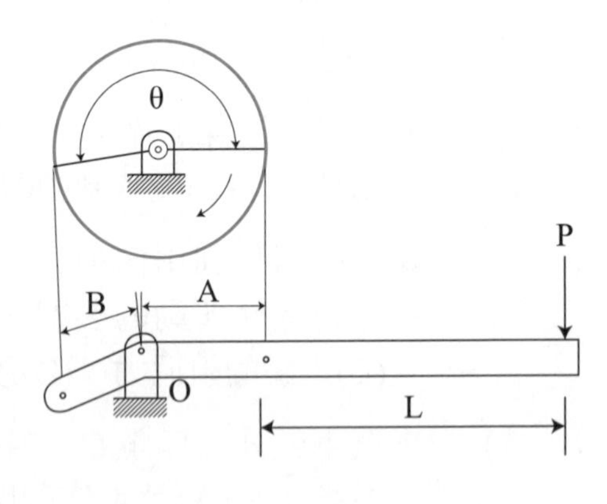

(A)2　(B)15.25　(C)4　(D)4.5。

( ) **25** 承上題，若鼓輪逆時針方向旋轉，則停止轉動所需P力為多少N？

(A)2　(B)4　(C)15.25　(D)4.5。

(　　) **26** 一塊狀制動機構如圖所示，制動塊摩擦係數μ=0.2，鼓輪轉速ω=600rpm，旋轉方向為順時針旋轉，鼓輪半徑r=100mm，施力F=1000N，其制動功率為多少kW？

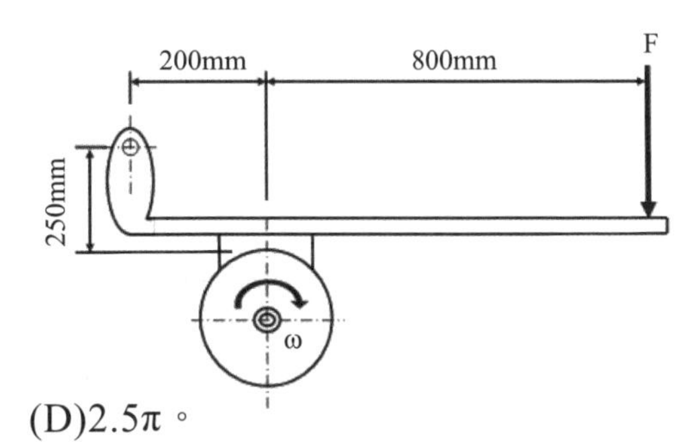

(A)1.6π　(B)1.8π　(C)2.1π　(D)2.5π。

(　　) **27** 如圖之單塊制動器若轉軸之扭矩T＝2000kg．cm，輪鼓直徑40cm，摩擦係數μ＝0.25，若輪鼓作順時針旋轉則制動作用力F為若干kg？

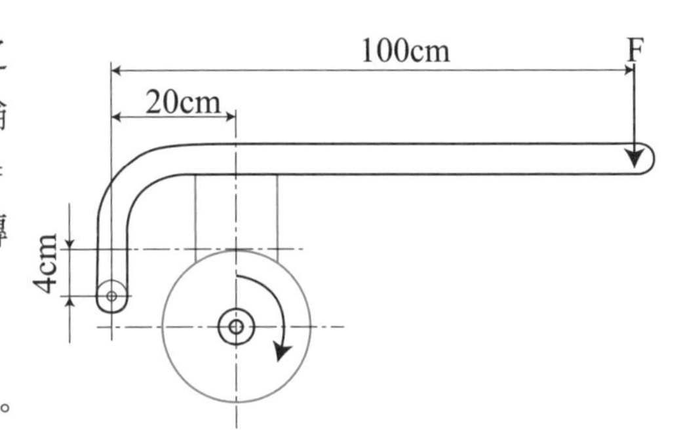

(A)94kg　(B)86kg　(C)104kg　(D)76kg。

(　　) **28** 制動器的制動功率與摩擦面的面積成何種關係：　(A)成反比　(B)成正比　(C)平方成正比　(D)平方成反比。

(　　) **29** 有關制動器選用材料，下列敘述何者錯誤？　(A)散熱良好　(B)耐磨耗　(C)摩擦係數小　(D)耐高溫。

(　　) **30** 下列有關制動器之敘述，何者錯誤？　(A)液體式制動器主要是利用液體黏滯力來煞車　(B)散熱問題為制動器設計之首要考慮　(C)利用液體之黏滯力能使運動機件完全停止並保持在停止狀態　(D)電磁式制動器主要是利用電磁的阻尼力來煞車。

(　　) **31** 一般車輛所採用的鼓式煞車指的是　(A)內靴制動器　(B)塊（狀）制動器　(C)帶（式）制動器　(D)圓盤制動器。

(　　) **32** 如右圖所示，帶制動器之輪鼓半徑r＝10cm，順時針方向旋轉ω＝150rpm，L＝60cm，a＝20cm，θ＝270°，μ＝0.3，F_1＝80N，則下列有關施於桿端之力F與扭力矩T，何者最適當？（註：π≒3.14，$e^{1.413}$≒4）

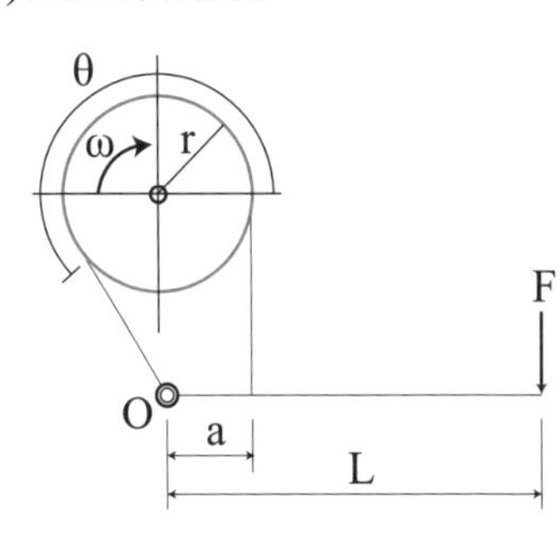

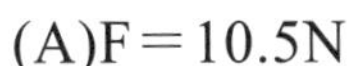
(A)F＝10.5N　(B)F＝6.7N　(C)T＝700N－cm　(D)T＝800N－cm。

(　　) **33** 下列有關單塊式制動器的敘述，何者錯誤？
(A)藉由制動塊與鼓輪之間的正向力直接對鼓輪產生制動的扭矩
(B)適當的調整各個關鍵尺寸，即可產生自鎖效果
(C)由槓桿、制動塊、樞軸及鼓輪所組成
(D)為最簡單的制動器。

(　　) **34** 如右圖所示之單塊制動器，圖中b長度為a的4倍，鼓輪之扭矩為20N-m，鼓輪直徑40cm作順時針旋轉，摩擦係數為0.2，若施力端最小制動力P＝125N可完成煞車，則b的長度為多少cm？
(A)20　(B)40　(C)80　(D)100。

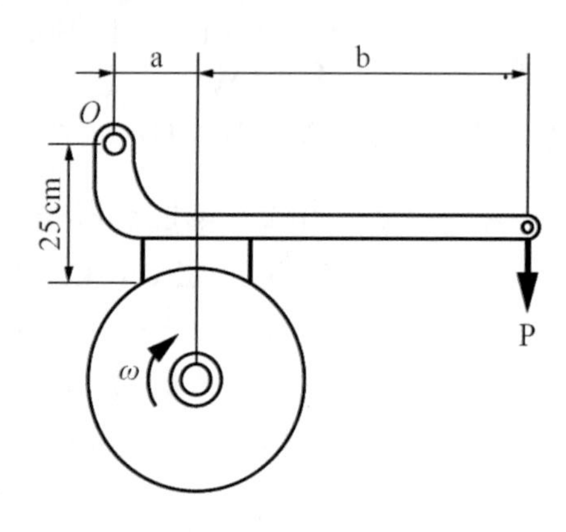

(　　) **35** 帶制動器（band brake）之煞車扭矩大小與下列何者無關？
(A)鼓輪孔徑　(B)鼓輪外徑　(C)帶與鼓輪間之接觸角　(D)帶與鼓輪間之摩擦係數。

(　　) **36** 汽車使用渦電流電磁式制動器做為煞車輔助裝置，其作用是煞車時，將汽車動能轉換成渦電流，然後以下列何種方式處理？
(A)對電池充電　(B)使發電機發電
(C)轉變為熱散失　(D)轉變為彈簧能。

(　　) **37** 一差動式帶制動器，如右圖所示，其鼓輪半徑為150mm，且以順時針方向旋轉；其槓桿的尺寸為A＝100mm，B＝35mm，L＝400mm。若皮帶與鼓輪間的摩擦係數μ＝0.2，當作用力F垂直作用於槓桿而將槓桿向下壓時，皮帶在鼓輪上之接觸角θ＝210°，則產生3000N－mm制動扭矩所需的F約為多少N？（註：$e^{0.733}$＝2.08）　(A)1　(B)2　(C)3　(D)4　。

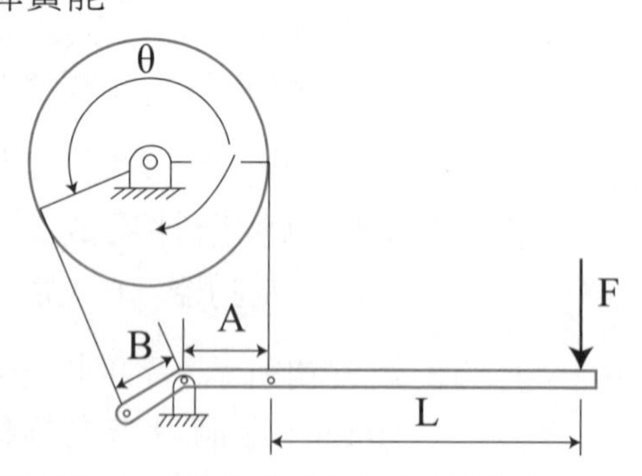

( ) **38** 機械式制動器是利用外力作用產生摩擦阻力而對旋轉軸產生制動作用，下列那一種制動器其產生煞車摩擦力的正壓力方向與旋轉軸的軸向平行？
(A)碟式制動器 (B)塊狀制動器
(C)帶式制動器 (D)內靴式制動器。

( ) **39** 有一塊狀制動器機構如右圖所示，其中a＝40cm，b＝160cm，c＝20cm，摩擦輪鼓直徑40cm順時針方向旋轉，若需72000N－cm制動扭距方可完成煞車，若施力槓桿端作用力P＝1960N，則塊狀制動器與輪鼓間摩擦係數至少為：

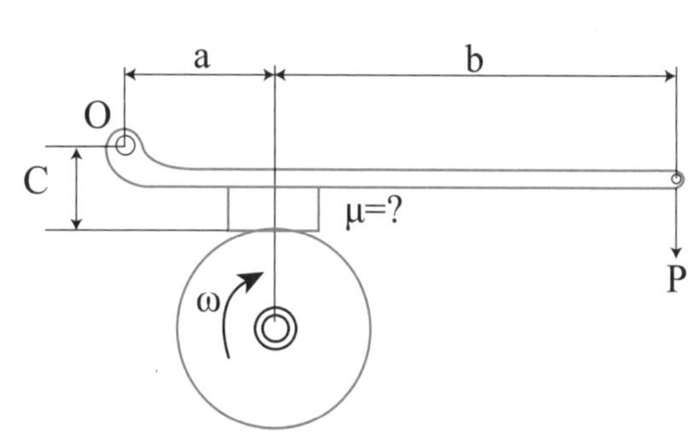

(A)0.32 (B)0.38 (C)0.45 (D)0.52。

( ) **40** 一塊狀制動機構如右圖所示，其中鼓輪順時針旋轉，施力槓桿作用力F向下，煞車塊與鼓輪間的摩擦係數為μ，若不計構件重量及軸承摩擦之影響，且要避免該制動機構發生自鎖（self－locking）作用，下列關係式何者正確？

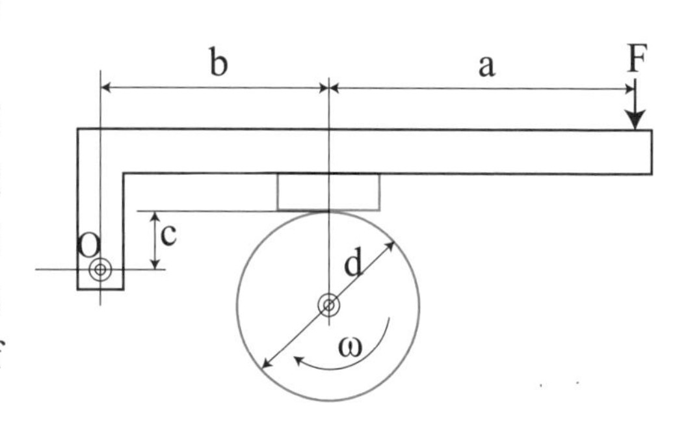

(A)b＜μc (B)b＞μc (C)c＞μb (D)c＜μb。

( ) **41** 下列有關鼓式制動器（drum brake）及碟式制動器（disk brake）的敘述，何者錯誤？
(A)碟式制動器又稱為圓盤制動器
(B)鼓式制動器又稱為內靴式制動器
(C)碟式制動器散熱面積較小，比較容易過熱
(D)鼓式制動器之前煞車塊會產生自動煞緊作用，增大煞車力。

第13章 凸輪

13-1 凸輪的用途

在一平板、圓柱上或其他機件上，具有周緣曲線或曲線的凹槽，當其繞軸旋轉時，使從動件做可預期的運動，此種機件稱為「凸輪」。
凸輪為使從動件產生不規則運動最簡單構造之方法，所以機器中需要自動控制之部份常採用凸輪機構。例如自動車床、印刷機、打字機、縫紉機、內燃機進汽閥和排汽閥等均利用凸輪來傳動。

1 凸輪各部之名稱：如圖(一)所示為一板形凸輪各部名稱

(1) 基圓：以距凸輪中心之最短距離為半徑，所畫得的圓稱為基圓；基圓為設計凸輪周緣的基礎。基圓愈大，壓力角就愈小，磨損也愈小，但基圓太大較占空間且浪費材料。

① 最小半徑：從動件降至最低點時，凸輪軸心至接觸點的距離。

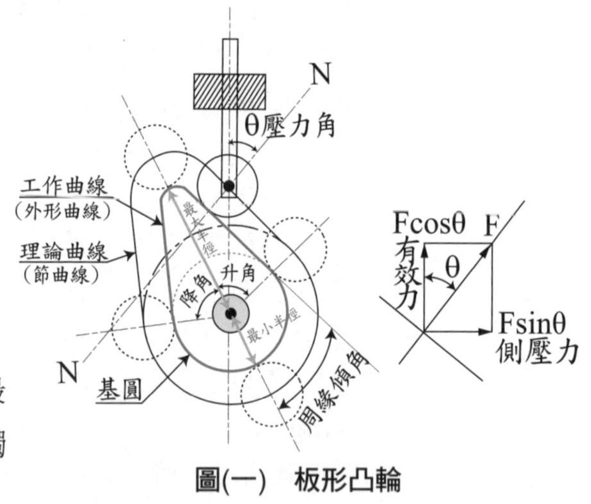

圖(一) 板形凸輪

② 最大半徑：從動件升至最高點時，凸輪軸心至接觸點的距離。

(2) 跡點：為從動件位移的參考點。

① 尖端從動件：在尖端點。尖端從動件的跡點與外形曲線重合，即尖端從動件之理論曲線與工作曲線重合。

② 滾子從動件：跡點在滾子之中心點。

③ 平板從動件：跡點在從動件的平板底線與運動方向線之交點。

(3) 工作曲線（又稱凸輪輪廓）：凸輪的實際外形曲線。

(4) 理論曲線（又稱節曲線）：從動件之跡點運動時，凸輪所具有之假想曲線。（滾子從動件之滾子中心或尖端從動件之尖端沿凸輪外緣所劃出之曲線為理論曲線，如圖(一)，滾子從動件的理論曲線較工作曲線大，其距離為輪子半徑。）

(5) 壓力角：凸輪與從動件接觸點之公法線與從動件運動方向之夾角稱為壓力角，如圖(一)之θ角。凸輪的壓力角應小於30º。

① 有效力Fcosθ：凸輪使從動件上升之推力。有效力愈大，效率愈高。

② 側壓力Fsinθ：從動件所受之摩擦阻力。側壓力愈大，摩擦力愈大，效率愈差。

(6) 作用角：從動件自開始上升至恢復原來位置，凸輪所轉動之角度。（作用角為升角與降角的和。）

① 從動件自最低上升到最高位置，所轉過的角度，稱為升角。

② 從動件自最高下降到最低位置，所轉過的角度，稱為降角。

(7) 總升程：從動件自最低位置升到最高位置之垂直移動距離稱為總升程。總升程為凸輪最大半徑與最小半徑之差。

(8) 急跳度：單位時間內加速度的變化量，稱為「急跳度」。急跳度大的凸輪，易產生振動、噪音和影響凸輪的壽命。

立即測驗

( ) **1** 設計凸輪周緣的基礎為何？ (A)基圓 (B)節圓 (C)工作曲線 (D)理論曲線。

( ) **2** 凸輪的作用角為： (A)升角 (B)周緣傾角 (C)升角＋降角 (D)壓力角。

( ) **3** 凸輪與從動件接觸點公法線與從動件運動方向的夾角，稱為： (A)導程角 (B)壓力角 (C)傾斜角 (D)公切角。

( ) **4** 凸輪從動件總升距為何？ (A)最大半徑和最小半徑的差 (B)最大半徑和最小半徑的和 (C)最大半徑和最小半徑的乘積 (D)最大半徑和最小半徑的平均值。

( ) **5** 凸輪急跳度定義為單位時間內何種的變化量？ (A)升角 (B)速度 (C)加速度 (D)位移。

( ) **6** 依從動件滾子中心，繞著凸輪旋轉所畫得的軌跡圖形曲線稱為：(A)理論曲線 (B)工作曲線 (C)漸開線 (D)擺線。

( ) **7** 使從動件產生可預期的不規則運動，最簡單的方法為使用何種機構？ (A)連桿 (B)斜齒輪 (C)凸輪 (D)摩擦輪。

( ) **8** 距離凸輪中心之最短距離為半徑，所畫得的圓稱為： (A)節圓 (B)理論曲線 (C)基圓 (D)外圓曲線。

解答 **1** (A) **2** (C) **3** (B) **4** (A) **5** (C) **6** (A) **7** (C) **8** (C)

13-2 凸輪的種類

凸輪的種類很多，依其運動軌跡分為平面凸輪和立體凸輪兩種：

1 平面凸輪

從動件上某一點對於凸輪的相對動路為一平面曲線者，其從動件運動方向與凸輪軸心線垂直者稱為平面凸輪。

(1) 平板凸輪：平板凸輪又稱「板形凸輪」；平板凸輪為具有周緣曲線的平板，凸輪使從動件作直線往復運動或搖擺。平板凸輪構造簡單，製造容易，為用途最普遍的凸輪，平板凸輪可使從動件不外乎移動與擺動，例如內燃機汽門啟閉的凸輪，為平板凸輪，如圖(二)所示。

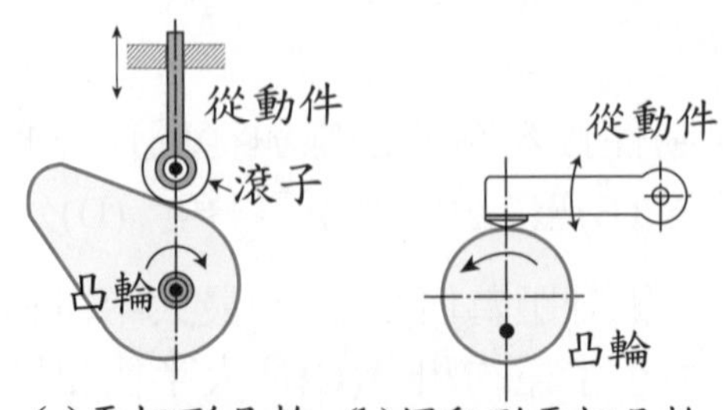

圖(二) 平板輪之型式

(2) 平移凸輪（滑動凸輪）：如圖(三)所示為「平移凸輪」，當凸輪之基圓半徑無窮大時，凸輪作往復直線運動，使從動件作上下往復運動。

(3) 反凸輪：將具有凹槽之凸輪作為從動件，而滾子的導桿為主動件，滾子可在從動件之槽內運動，迫使凸輪做上下往復運動。如圖(四)所示，又稱為「倒置凸輪」。反凸輪常用於承受負載較輕之傳動。

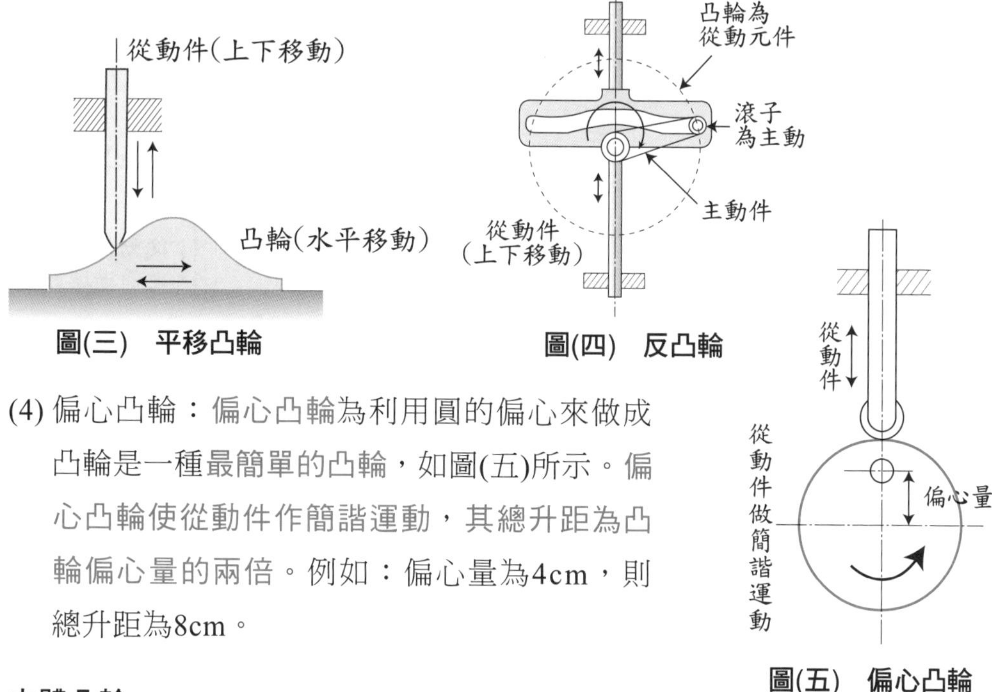

圖(三) 平移凸輪

圖(四) 反凸輪

(4) 偏心凸輪：偏心凸輪為利用圓的偏心來做成凸輪是一種最簡單的凸輪，如圖(五)所示。偏心凸輪使從動件作簡諧運動，其總升距為凸輪偏心量的兩倍。例如：偏心量為4cm，則總升距為8cm。

圖(五) 偏心凸輪

2 立體凸輪

凸輪的輪廓曲線與從動件上各動點之相對動路為一空間曲線者。

(1) 圓柱凸輪：如圖(六)所示，從動件之運動方向與凸輪軸線平行。

在圓柱之表面有凹槽，以容納從動件。可分為：

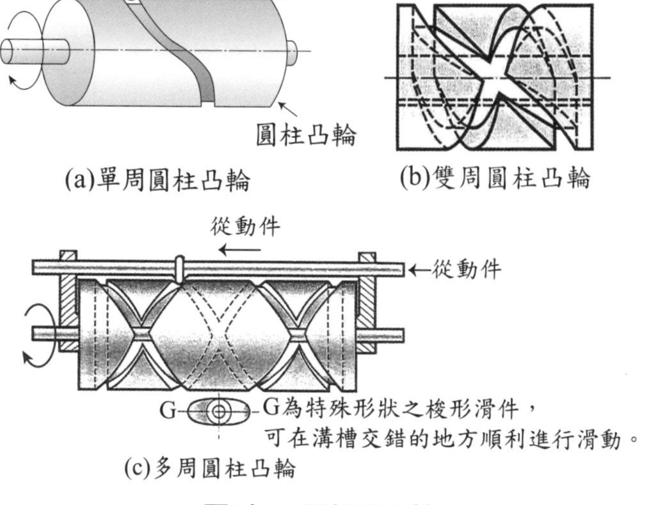

(a)單周圓柱凸輪

(b)雙周圓柱凸輪

(c)多周圓柱凸輪

圖(六) 圓柱形凸輪

① 單周凸輪：凸輪旋轉一周從動件完成一循環者。

② 雙周凸輪：凸輪旋轉二周從動件完成一循環者。

③ 多周凸輪：凸輪旋轉多周從動件始完成一循環者。

(2) 圓錐凸輪：如圖(七)所示。圓錐凸輪之從動件運動方向與凸輪軸線相交成一角度，此角度為圓錐凸輪之半錐角。在圓錐之表面刻有凹槽，以容納從動件。

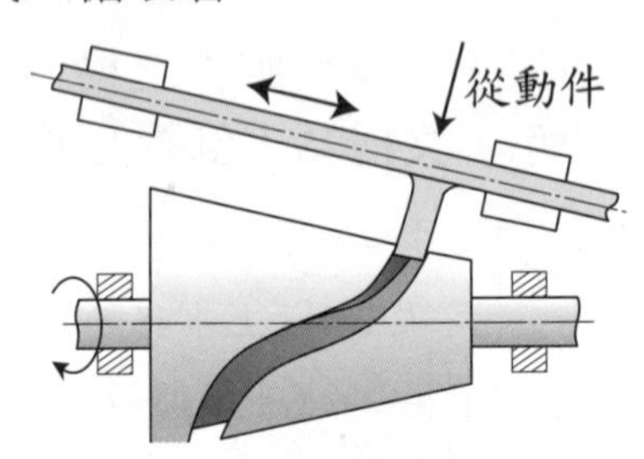

圖(七) 圓錐形凸輪

(3) 斜盤凸輪：如圖(八)所示。
從動件之運動方向與凸輪軸線平行。當轉軸等速旋轉時，從動件作往復之簡諧運動，且接觸點之軌跡為橢圓。

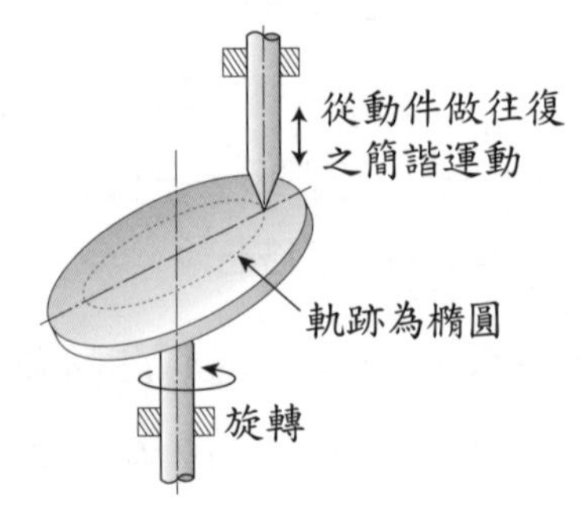

圖(八) 斜盤凸輪

(4) 端面凸輪：將圓柱體之一端製成特殊曲線形狀之端面，當圓柱體之主軸旋轉時，從動件即作上下往復運動，如圖(九)所示。

(5) 球形凸輪：如圖(十)所示。
在圓球上刻有凹槽作為凸輪，從動件被嵌入該槽內，當凸輪旋轉時迫使從動件作搖擺運動。球形凸輪為旋轉角度控制從動件運動之凸輪。

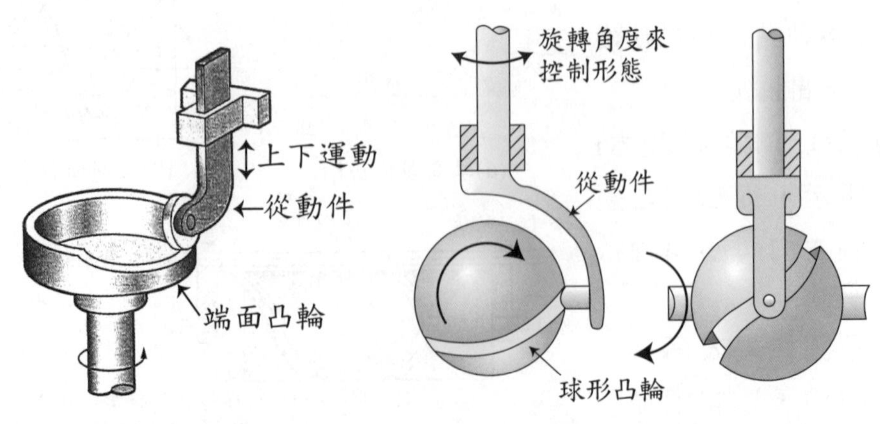

圖(九) 端面凸輪　　圖(十) 球形凸輪

3 確動凸輪：凡不藉重力、彈簧張力或其他外力的作用、而使從動件在凸輪迴轉時保持連續接觸能回到原來位置的凸輪，稱之為確動凸輪。例如：面凸輪、等徑凸輪、等寬凸輪、主回凸輪、三角凸輪、反凸輪等。

(1) 面凸輪：如圖(十一)所示，在平板的正面刻出曲線之凹槽，槽寬與滾子直徑相同，使從動件上之滾子嵌入槽中而帶動從動件上下運動。

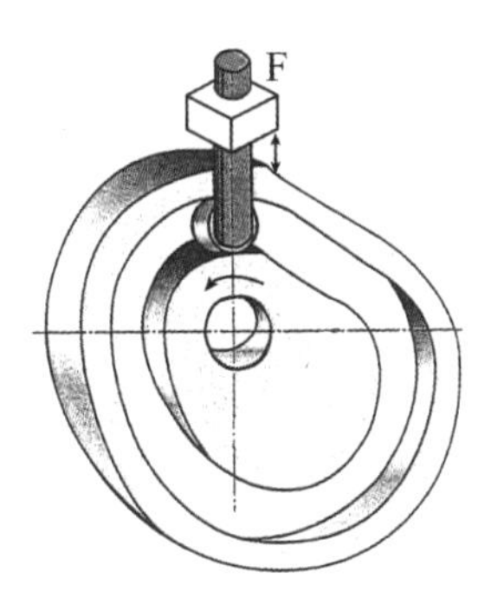

圖(十一) 面凸輪

(2) 等寬凸輪：如圖(十二)所示

凸輪同時和從動件的兩互相平行平面接觸而傳動，凸輪之工作曲線上任意兩互相平行切線間之距離恒相等，稱為等寬凸輪。

等寬凸輪只需在180°(半周)設計其周緣曲線。

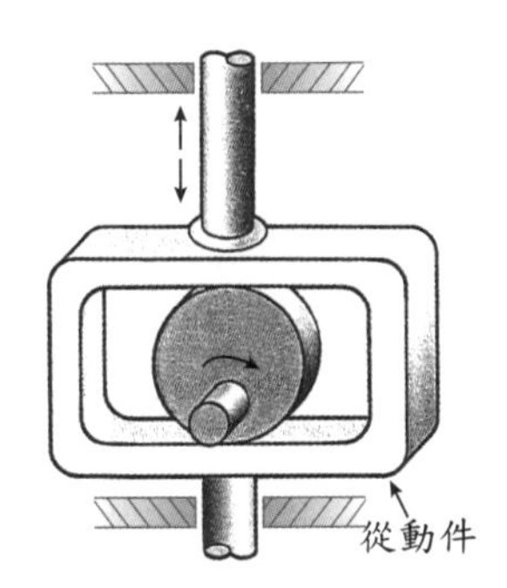

圖(十二) 等寬凸輪

(3) 等徑凸輪（又稱心型凸輪）：如圖(十三)所示，從動件上有兩個滾子，將凸輪之上下端夾住，兩個滾子各與凸輪之外緣曲線接觸，兩滾子中心之距離相等，稱為等徑凸輪。當從動件向上運動時，凸輪之作用及於上部之「主滾子」；當從動件向下運動時，凸輪之作用於下部之「回滾子」。等徑凸輪只需在180°(半周)來設計凸輪的工作曲線。等寬凸輪上升及下降運動與等徑凸輪相同，等徑凸輪亦為平面凸輪。

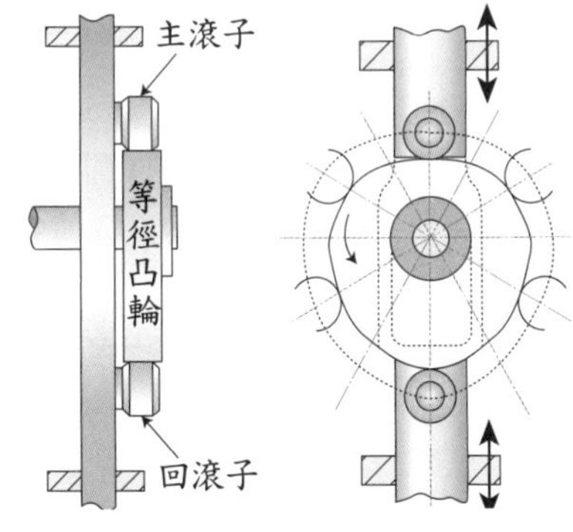

圖(十三) 等徑凸輪

(4) 三角凸輪（Trigonal cam）：

如圖(十四)所示，分別以凸輪上O、B、C等邊三角形之三個頂點為圓心，各以R及R_1為半徑各畫三個圓弧共劃出六段圓弧，即成三角凸輪之輪廓曲線使從動件作往復運動。

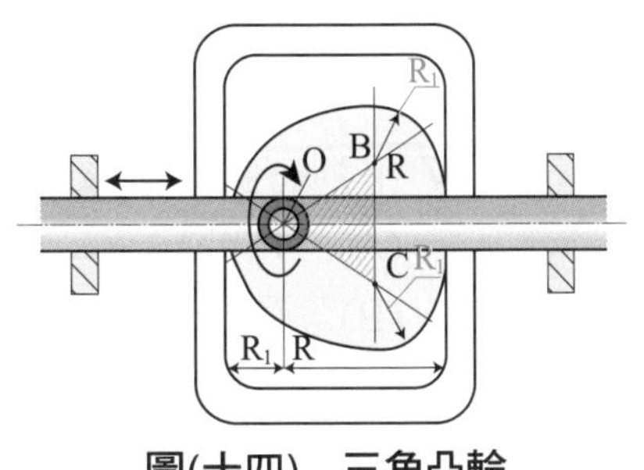

圖(十四) 三角凸輪

(5) 主凸輪與回凸輪（又稱雙凸輪）：

如圖(十五)所示：

在同一軸上裝有兩個不同周緣的凸輪，而從動件上安裝有兩個滾子（距離為定值）分別與凸輪相接觸。

當主凸輪A與滾子C接觸，從動件上升；當回凸輪B與滾子D接觸，從動件下降。

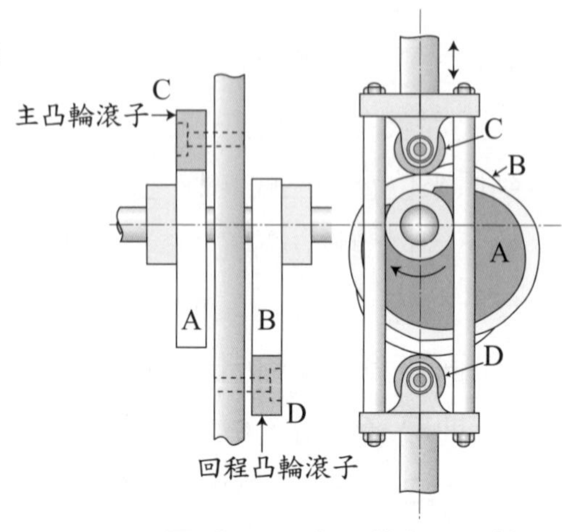

圖(十五) 主凸輪與回凸輪

立即測驗

( ) **1** 不需要藉重力、彈簧力或其他外力作用能使從動件回原來位置的凸輪，稱為： (A)普通凸輪 (B)圓柱形凸輪 (C)圓錐形凸輪 (D)確動凸輪。

( ) **2** 下列何者不屬於確動凸輪？ (A)等徑凸輪 (B)端面凸輪 (C)等寬凸輪 (D)主凸輪與回凸輪。

( ) **3** 若從動件之運動方向與凸輪軸垂直，則此為何種凸輪？ (A)平面凸輪 (B)圓柱形凸輪 (C)圓錐形凸輪 (D)端面凸輪。

( ) **4** 平移凸輪可使從動件做垂直上下運動，則其本身作何種運動？ (A)螺旋運動 (B)間歇迴轉運動 (C)連續旋轉運動 (D)水平往復運動。

( ) **5** 若一偏心凸輪的偏心距為20cm，從動件的總升距為多少cm？ (A)20 (B)10 (C)5 (D)40。

( ) **6** 球形凸輪，可使從動件做何種運動？ (A)搖擺運動 (B)往復直線運動 (C)簡諧運動 (D)平移運動。

( ) **7** 下列有關凸輪敘述何者最不正確？
(A)三角凸輪有二種半徑六段圓弧所組成
(B)等徑凸輪的兩個滾子中心距離相等
(C)等寬凸輪從動件有二個互相平行之平面所組成
(D)斜盤凸輪從動件為簡諧運動，接觸點之軌跡為圓。

( ) **8** 一般汽車引擎上控制汽閥啟閉的凸輪是何種凸輪？ (A)平板形凸輪 (B)圓形凸輪 (C)球形凸輪 (D)圓錐形凸輪。

( ) **9** 一偏心凸輪以等速旋轉時，其從動件做何種運動？ (A)等速運動 (B)修正等速運動 (C)簡諧運動 (D)等加速運動。

( ) **10** 下列何者為立體凸輪？ (A)斜盤凸輪 (B)球形凸輪 (C)圓柱形凸輪 (D)以上皆是。

( ) **11** 下列何者屬確動凸輪？

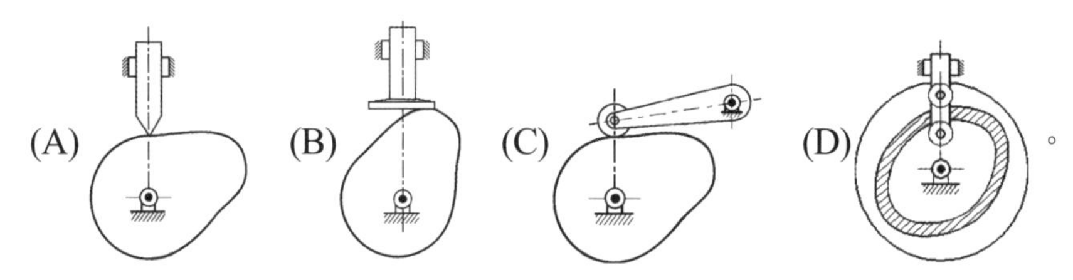

。

( ) **12** 等徑凸輪設計其輪廓曲線用以配合從動件的運動需要為多少度？ (A)30º (B)60º (C)90º (D)180º。

( ) **13** 一般常見的凸輪機構，其從動件的輸出動作不外乎移動與擺動。下列何種凸輪的從動件之輸出動作可以是移動，也可以是擺動？ (A)等徑凸輪 (B)球形凸輪 (C)三角凸輪 (D)平板凸輪。

( ) **14** 關於凸輪種類之敘述，下列何種屬於確動型凸輪？ (A)平板凸輪 (B)偏心凸輪 (C)等徑凸輪 (D)斜盤凸輪。

解答與解析

1 (D) **2 (B)** **3 (A)** **4 (D)**

5 (D)。總升距=偏心量的2倍

∴20×2＝40cm

6 (A)

7 (D)。斜盤凸輪接觸點之軌跡為橢圓。

8 (A) **9 (C)** **10 (D)**

11 (D)。(A)(B)(C)均為普通凸輪

(D)面凸輪為確動凸輪。

12 (D) **13 (D)**

14 (C)。平板凸輪、偏心凸輪、斜盤凸輪皆需要藉外力兩機件才能保持接觸為非確動凸輪。

13-3 凸輪及從動件接觸方法

凸輪與從動件接觸方法有滾動接觸、滑動接觸兩種；依從動件之形狀可分為：滾子從動件、尖端從動件及平板從動件三種，如圖(十六)所示。

1 **滾子從動件：**滾子從動件與凸輪為滾動接觸，磨損最小，最適於高速傳動。滾子從動件的理輪曲線＞工作曲線。

2 **尖端從動件：**尖端從動件與凸輪為點或線接觸之滑動接觸，磨損最大，不適合高速傳動。尖端從動件之工作曲線與理論曲線重合。

3 **平板從動件：**平板從動件與凸輪周緣曲線相切，為滑動接觸。

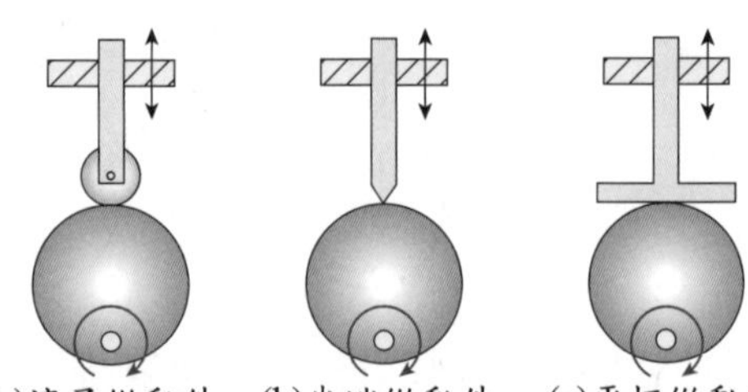

(a)滾子從動件 (b)尖端從動件 (c)平板從動件

圖(十六) 凸輪從動件之形狀

立即測驗

( ) 1 從動件為何種形狀時，其工作曲線與理論曲線重合： (A)平板 (B)滾子 (C)尖端 (D)圓柱。

( ) 2 以下何種從動件的磨損為最大？ (A)尖端從動件 (B)平板從動件 (C)滾子從動件 (D)球形從動件。

解答與解析

1 (C)　2 (A)

13-4 凸輪及從動件運動

一般凸輪為主動件，凸輪通常作等速轉動，迫使從動件因凸輪周緣形狀作「等速運動」、「修正等速運動」、「等加速及等減速運動」、「簡諧運動」等四種運動。

1 等速運動： 當凸輪作等速迴轉時，從動件做等速運動，如圖(十七)所示，由S＝Vt從動件在單位時間內之位移均相同，所以位移圖呈斜直線；因速度固定，所以速度圖呈水平線，加速度則為零，等速度運動之從動件在行程端點，其瞬間加速度為無窮大產生急跳度，造成震動，所以僅適用於慢速傳動之凸輪。

註 當凸輪外緣是以凸輪軸為圓心之圓形弧時，從動件靜止不動。靜止時位移與時間之圖形為水平線。

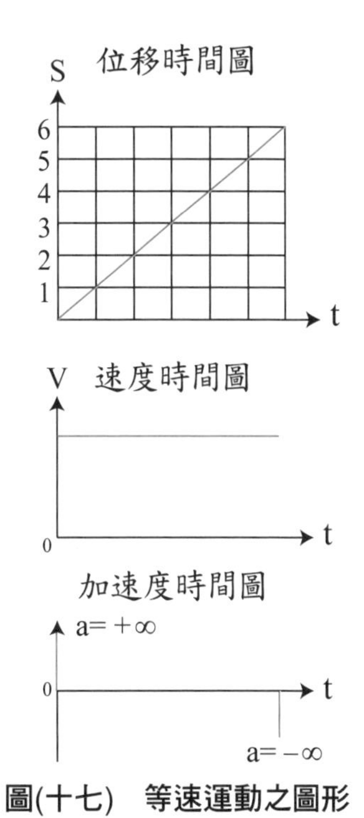

圖(十七) 等速運動之圖形

2 修正等速運動： 「修正等速運動」之凸輪，其目的為防止從動件最初點和最終點所發生急跳度，使其運動較均勻。修正等速運動之位移線圖在從動件開始和終了時為一曲線中間為一直線。「修正等速運動」之凸輪，如圖(十八)所示。用於慢速傳動。

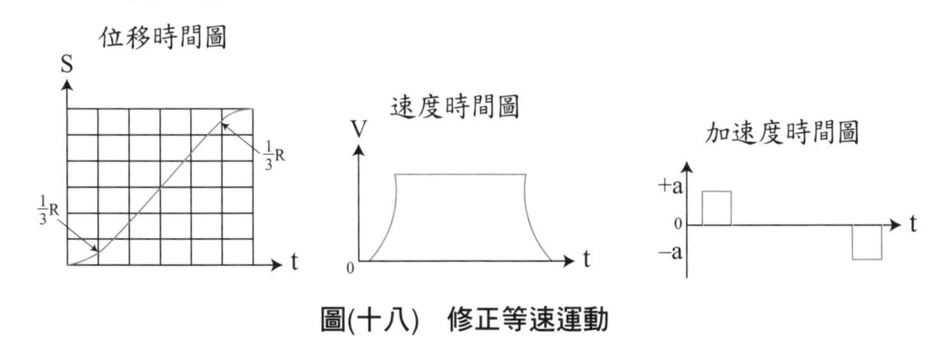

圖(十八) 修正等速運動

3 等加、減速運動：

(1) 等加速度運動：位移$S=V_ot+\frac{1}{2}at^2$所以位移圖線成拋物線，速度$V=V_o+at$所以速度圖線成斜直線，加速度均相同，加速度圖線成水平線，如圖(十九)所示。

(2) 當靜止開始之等加速度運動，$V_o=0$ $\therefore S=\frac{1}{2}at^2$，位移S與（時間平方）$t^2$成正比：

① 1秒的位移：2秒位移：3秒位移：4秒位移＝S_1：S_2：S_3：S_4=1^2：2^2：3^2：4^2

② 第一秒內之位移：第2秒內之位移：第3秒內之位移：第4秒內之位移＝$\triangle S_1$：$\triangle S_2$：$\triangle S_3$：$\triangle S_4$=1：3：5：7……

③ 作等加速（或等減速）運動時，每單位時間內之位移為成等差級數變化。

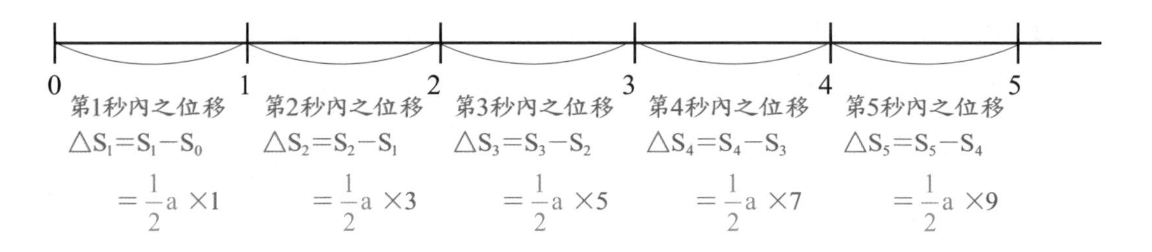

(3) 等加（減）速度運動之凸輪可避免產生急跳，適合於高速運動（亦可低速）。

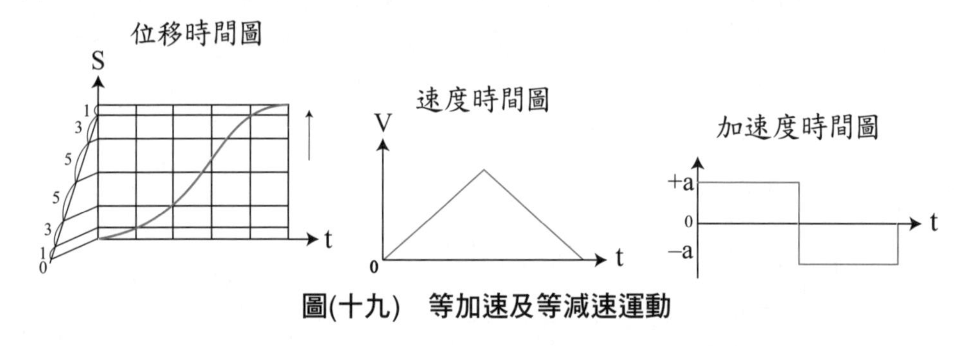

圖(十九)　等加速及等減速運動

4 簡諧運動：物體做等速圓周運動之投影所產生之圖形為簡諧運動，如圖(二十)所示，簡諧運動在兩端點速度最小等於零，加速度最大。在運動之中點時速度最大，加速度最小等於零。其位移與時間之圖形為正弦曲線。簡諧運動之凸輪常用於高速運動。

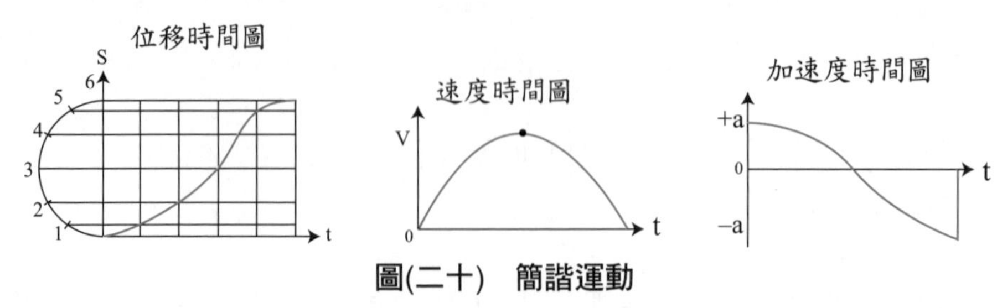

圖(二十)　簡諧運動

立即測驗

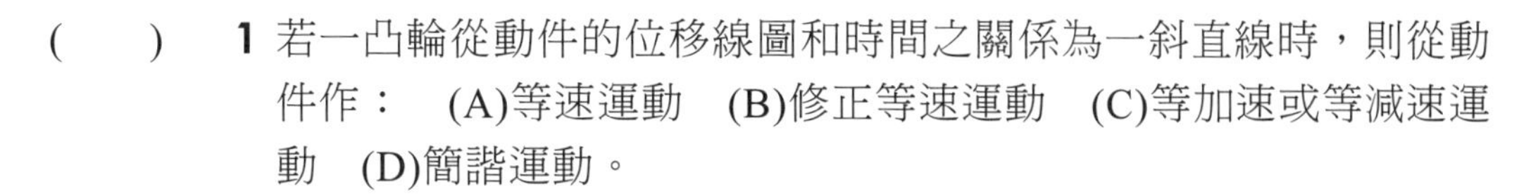

( ) 1 若一凸輪從動件的位移線圖和時間之關係為一斜直線時，則從動件作： (A)等速運動 (B)修正等速運動 (C)等加速或等減速運動 (D)簡諧運動。

( ) 2 若一凸輪的位移線圖為一正餘弦曲線（和時間關係），則從動件作： (A)等速運動 (B)等加速度運動 (C)簡諧運動 (D)修正等速運動。

( ) 3 當凸輪的從動件作簡諧運動時，則： (A)行程兩端的速度最大 (B)行程的中心點加速度最大 (C)行程的兩端點會產生急跳 (D)行程的中心點速度最大。

( ) 4 若從動件作等加速的凸輪運動，則單位時間的位移成何種級數？(A)等差級數 (B)等比級數 (C)調和級數 (D)比例中項。

( ) 5 何種從動件運動方式必需傳動速度很慢的凸輪機構：
(A)等速運動 (B)簡諧運動
(C)等加速或等減速運動 (D)任何一種運動皆可。

( ) 6 如右圖所示之速度關係屬於：
(A)等速運動
(B)簡諧運動
(C)等加速運動
(D)搖擺運動。

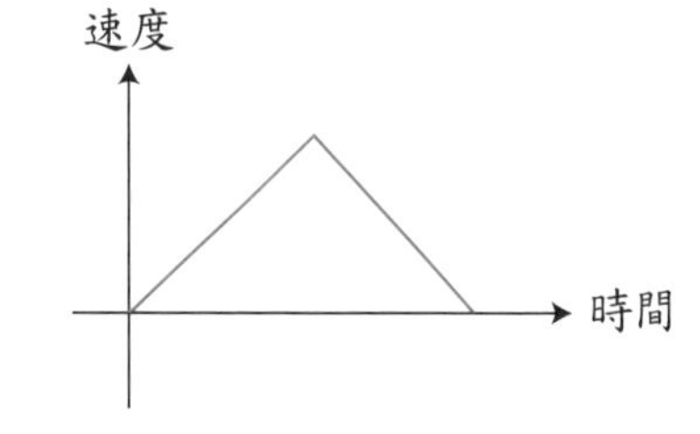

( ) 7 從動件為靜止不動，則其位移線與時間之關係圖應成： (A)水平 (B)斜直線 (C)垂直 (D)圓弧。

解答與解析

1 (A) **2 (C)**

3 (D)。簡諧運動端點→速度最小＝0，加速度最大
簡諧運動平衡點→速度最大，加速度最小＝0

4 (A) **5 (A)** **6 (C)** **7 (A)**

13-5 凸輪周緣設計

1 凸輪之周緣對側壓力與傳動速度的影響

(1) 如圖(二一)所示，有效力＝Fcosθ，當壓力角越小時有效力越大、效率越高。側壓力＝Fsinθ，當壓力角越大時，側壓力越大、摩擦阻力越大，效率越差。所以就傳動效率和側壓力而言，壓力角愈小愈好，最大壓力角不得超過30°。

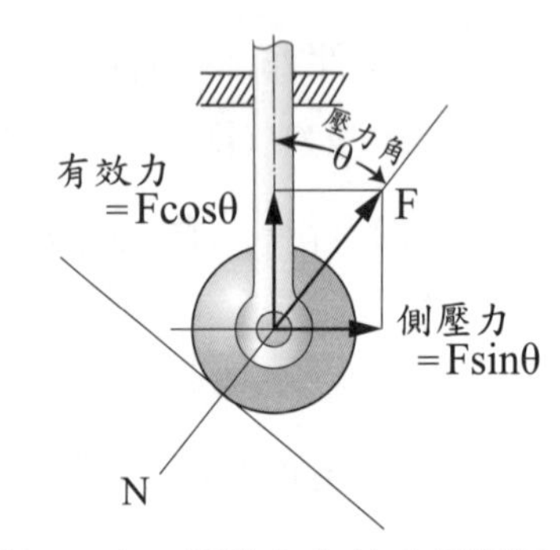

圖(二一) 凸輪之有效力與側壓力

(2) 當基圓愈大，凸輪周緣各點之壓力角愈小。但基圓太大，凸輪也愈大，而增加製造困難且太笨重，成本亦增加。

(3) 周緣傾斜角與壓力角之關係：當周緣傾斜角愈大，壓力角愈小。如圖(二二)所示，在考慮效率和側壓力時，凸輪周緣傾角宜較大較好。

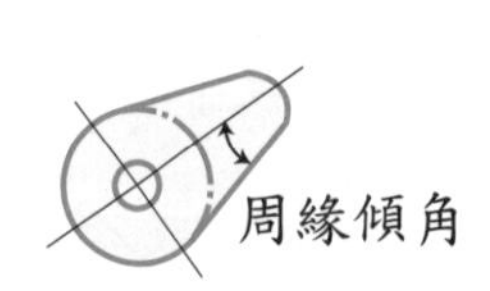

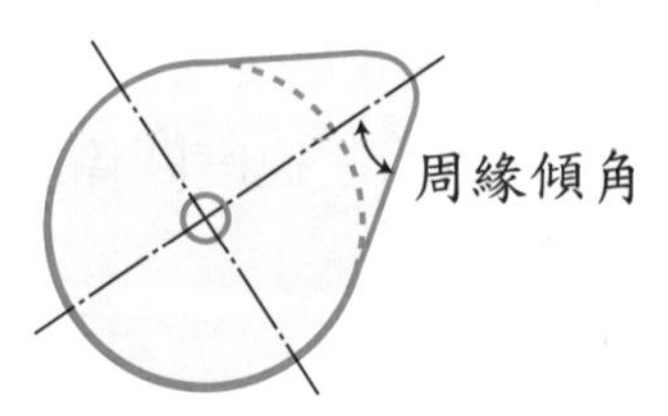

(a)基圓較小(周緣傾角小)　(b)基圓較大(周緣傾角大)

圖(二二) 凸輪基圓與周緣傾角之關係

(4) 在相同的作用角和行程，周緣傾角愈小，外形曲線越陡直，從動件速度較快，若考慮傳動速度，凸輪周緣傾角宜小不宜大。周緣傾斜角愈大，傳動速度愈慢。

(5) 在設計凸輪周緣形狀時，宜就側壓力（或效率而言，周緣傾角宜大不宜小）及傳動速度兩者間關係之輕重而作決定周緣形狀。

(6) 基圓大小的影響：

基圓	周緣傾斜角	壓力角	側壓力	傳動效率	傳動速度
大	大	小	小	高	慢
小	小	大	大	低	快

2 凸輪之周緣設計

凸輪周緣之設計，依工作來選定從動件運動形式、凸輪尺寸、從動件形式和大小來繪出凸輪周緣曲線，其步驟為：

(1) 畫出基圓大小。

(2) 凸輪的升距大小。

(3) 從動件之運動形式。

(4) 凸輪迴轉方向、凸輪外形。

(5) 從動件位置和種類。

(6) 依照從動件之形式，定出工作曲線，即凸輪之周緣曲線和凸輪之理論曲線。

註 非確動凸輪需靠重力或彈簧力才能接觸傳動者，有端面凸輪、平板凸輪、平移凸輪、斜盤凸輪、偏心凸輪。

立即測驗

(　　) **1** 凸輪的基圓愈大則：　(A)周緣傾角愈小　(B)壓力角愈大　(C)摩擦愈小　(D)傳動效率愈差。

(　　) **2** 若一凸輪壓力角愈大時，其摩擦力為何？　(A)愈大　(B)愈小　(C)不一定　(D)無關。

(　　) **3** 下面斜述何者正確？　(A)凸輪的壓力角為定值一般為20°　(B)凸輪壓力角的大小與摩擦力無關　(C)基圓愈大，凸輪壓力角愈小　(D)就傳動效率而言，凸輪壓力角宜大。

(　　) **4** 若一凸輪的壓力角愈小時，凸輪對從動件的側推力則為：　(A)愈大　(B)愈小　(C)不一定　(D)不變。

(　　) **5** 當凸輪之基圓半徑增大時，則可：　(A)增高傳動速度　(B)減輕側面壓力　(C)增大接觸面磨損　(D)減小周緣傾斜角。

(　　) **6** 一徑向從動件平板與滾子凸輪裝置，若滾子直徑與總升距固定，當凸輪之基圓半徑增大時，下列敘述何者正確？　(A)側向壓力會減輕　(B)上升作用力減小　(C)接觸磨損會增大　(D)傾斜角將會減小。

解答與解析

1 (C)。凸輪基圓越大，周緣傾角越大，壓力角越小，側壓力越小，效率越高，速度較慢。

2 (A)。凸輪基圓越小，周緣傾角越小，壓力角越大，側壓力越大，摩擦力越大，效率越差，速度越快。

3 (C)。(A)凸輪壓力角不固定。

(B)凸輪壓力角越大，摩擦力越大；凸輪壓力角越小，摩擦力越小。

(D)就傳動效率而言，壓力角越小，效率越高。

4 (B)

5 (B)。基圓半徑越大，周緣傾角越大，壓力角越小，側壓力越小，速度較慢，效率較高。

6 (A)。凸輪基圓半徑大，周緣傾角大，壓力角小，側壓力小，接觸磨損小。

Notes

考前實戰演練

( ) 1 設計凸輪時要以何為基礎？
(A)根圓 (B)節圓 (C)頂圓 (D)基圓。

( ) 2 以凸輪中心的最短距離半徑所畫得的圓為： (A)基圓 (B)節圓 (C)工作曲線 (D)理論曲線。

( ) 3 凸輪從動件總升距為： (A)最大半徑與最小半徑的差 (B)最大半徑與最小半徑的和 (C)最大半徑與最小半徑的乘積 (D)最大半徑與最小半徑的平均值。

( ) 4 從動件滾子中心，沿凸輪周緣所畫出的路徑軌跡，稱為： (A)理論曲線 (B)工作曲線 (C)漸開線 (D)擺線。

( ) 5 凸輪與從動件接觸點的公法線與從動件運動方向的夾角，稱為：
(A)壓力角 (B)作用角 (C)傾斜角 (D)摩擦角。

( ) 6 不需藉重力、彈簧力或其他外力作用使從動件回原位的凸輪稱為：
(A)反凸輪 (B)圓柱型凸輪 (C)圓錐形凸輪 (D)確動凸輪。

( ) 7 下列何種從動件，可使平板形凸輪的外型曲線與節曲線一致？
(A)尖端從動件 (B)滾子端從動件 (C)平板端從動件 (D)往復式從動件。

( ) 8 一般內燃機進汽閥與排汽閥使用的機構為何？ (A)棘輪機構 (B)滑塊連桿機構 (C)凸輪機構 (D)液壓傳動機構。

( ) 9 一般汽車引擎內，控制氣閥啟閉的凸輪為何凸輪？ (A)平板形凸輪 (B)圓錐形凸輪 (C)圓柱形凸輪 (D)球形凸輪。

( ) 10 板形凸輪的從動件運動方式為何？ (A)旋轉運動 (B)球面運動 (C)螺旋運動 (D)往復運動。

( ) 11 等徑凸輪經過軸心方向，其兩滾子之關係為： (A)直徑一定 (B)直徑和一定 (C)直徑差一定 (D)中心距離為一定值。

( ) 12 從動件往復運動與凸輪軸線相平行者，為何種凸輪？ (A)平板 (B)圓錐形 (C)面 (D)圓柱形。

( ) 13 平移凸輪可使從動件作垂直的往復運動，其凸輪本身則作： (A)迴轉運動 (B)間歇迴轉運動 (C)搖擺運動 (D)水平往復運動。

( ) **14** 圓錐凸輪往復從動件的運動方向與凸輪軸線： (A)相直交 (B)相平行 (C)重疊在一起 (D)成一角度。

( ) **15** 等徑凸輪在幾度內設計輪廓曲線，以配合從動件的運動： (A)30º (B)60º (C)90º (D)180º。

( ) **16** 凸輪從動件的位移隨時間依等差級數增加（減），則為何種運動？ (A)等速運動 (B)簡諧運動 (C)等加（減）速運動 (D)變形等速運動。

( ) **17** 一板形凸輪其工作曲線為圓形，則下列敘述何者錯誤？
(A)軸心與工作曲線中心一致時，則從動件不作動
(B)軸心與曲線中心不一致時，則構成偏心凸輪
(C)軸心與曲線中心相距4cm時從動件總升程為6cm
(D)若偏心凸輪轉速為60rpm則從動件每秒週期性作動一次。

( ) **18** 為防止從動件在最初點及最終點產生急跳，將等速運動修改為：
(A)簡諧運動 (B)等加速度運動
(C)變形（修正）等速運動 (D)搖擺運動。

( ) **19** 雙凸輪機為確動凸輪中的何種凸輪？ (A)等徑凸輪 (B)主凸輪與回凸輪 (C)三角形凸輪 (D)等寬凸輪。

( ) **20** 相同的升角與升程，凸輪基圓大小對從動件運動的影響為何？
(A)基圓愈大，傾斜角愈小 (B)基圓愈大，側壓力愈大
(C)基圓愈大，壓力角愈小 (D)基圓愈小，壓力角愈小。

( ) **21** 凸輪壓力角愈大時，從動件之上升力則： (A)愈大 (B)愈小 (C)不一定 (D)無影響。

( ) **22** 凸輪的基圓愈大則： (A)壓力角愈大 (B)摩擦損失愈小 (C)周緣傾斜角變小 (D)傳動速率愈大。

( ) **23** 若一凸輪的最小半徑為L_1，最大半徑為L_2，則： (A)凸輪壓力角為$\tan\phi = L_1 / L_2$ (B)從動件運動振幅為$|L_2 - L_1|$ (C)機械利益為L_2 / L_1 (D)從動件總升距$= L_2 + L_1$。

( ) **24** 若凸輪有在轉$\frac{1}{2}$轉時，從動件保靜止不動，則此情況時凸輪外緣為何種曲線？ (A)半圓 (B)橢圓 (C)擺線狀 (D)全圓。

(　　) **25** 如圖所示的位移線為何種運動：
(A)修正等速運動
(B)等速運動
(C)簡諧運動
(D)等加速及等減速運動。

位移
時間

(　　) **26** 如圖所示的加速度線圖，為何種運動？
(A)修正等速運動
(B)等速運動
(C)簡諧運動
(D)等加速及等減速運動。

a
θ(或 t)
0

(　　) **27** 凸輪從動件速度圖為斜直線時，凸輪從動件係作何種運動？ (A)等加速度運動　(B)等速運動　(C)簡諧運動　(D)保持靜止。

(　　) **28** 偏心凸輪之升距為100mm時，則此偏心凸輪之偏心量為多少mm？　(A)100　(B)50　(C)200　(D)250。

(　　) **29** 板形凸輪推動滾子從動件作往復直線運動，關於壓力角之敘述，下列何者正確？　(A)壓力角愈大，則有效推動從動件上升之作用力就愈大　(B)壓力角愈大，則從動件受到之側壓力就愈小　(C)在相同總升程與升角情況，若周緣傾斜角增大時，則壓力角增大　(D)在相同總升距之情況，若基圓增大，則壓力角減小。

(　　) **30** 下列有關凸輪之敘述，何者不正確？　(A)簡諧運動和等加速度運動之凸輪只能高速運動　(B)等速運動和修正等速運動之凸輪只能低速運動　(C)面凸輪為確動凸輪　(D)斜盤凸輪為普通凸輪，從動件作簡諧運動，接觸點之軌跡為橢圓。

(　　) **31** 一板形凸輪（板凸輪）以等角速度從0°旋轉到180°時，驅動其從動件以簡諧運動方式，由最低位置垂直上升到最高位置。下列敘述何者正確？　(A)板形凸輪旋轉到45°時，從動件有最大速度　(B)板形凸輪旋轉到90°時，從動件有最大速度　(C)板形凸輪旋轉到135°時，從動件有最大速度　(D)板形凸輪旋轉到180°時，從動件有最大速度。

(　　) **32** 等寬凸輪僅可在幾度內設計其輪廓曲線，來配合從動件的運動需求？　(A)270°　(B)90°　(C)360°　(D)180°。

( ) **33** 如圖所示的速度圖為何種運動？ (A)等加速運動 (B)簡諧運動 (C)修正等速度運動 (D)搖擺運動。

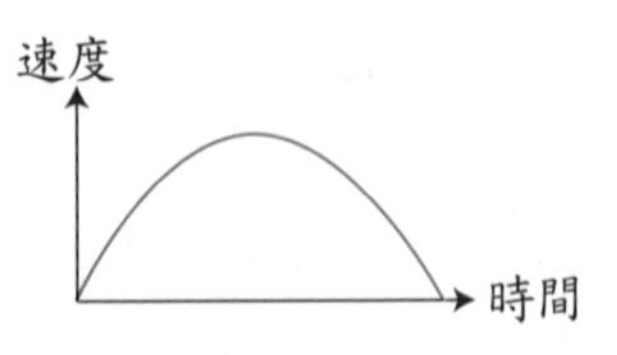

( ) **34** 關於凸輪從動件的運動，下列敘述何者錯誤？
(A)簡諧運動的時間—位移線圖為正弦曲線
(B)等加速度運動的位移變化量成等差級數，其時間—位移線圖為拋物線
(C)等速運動因瞬間加速度變化過大而造成震動與衝擊，僅適用於凸輪低速運轉之場合
(D)修正等速運動沒有瞬間加速度變化過大而造成震動與衝擊，適用於凸輪高速運轉。

( ) **35** 下列有關凸輪機構之敘述，何者不正確？
(A)凸輪機構中，凸輪大多為主動件，並以直接接觸方式驅動從動件產生預期之週期性運動
(B)凸輪之節曲線為一假想的理論曲線
(C)反凸輪是一種具有曲線外形，且作為從動件之機件
(D)對往復直線運動之滾子從動件的平板凸輪，其壓力角越大則作用在從動件之有效推力越大。

( ) **36** 一凸輪驅動機構，當從動件呈現等加、減速度運動時，下列敘述何者正確？ (A)從動件位移圖呈現傾斜直線 (B)從動件位移圖呈現水平直線 (C)從動件速度圖呈現傾斜直線 (D)從動件速度圖呈現拋物曲線。

( ) **37** 若從動件運動屬於旋轉角控制型態，則下列哪一種凸輪設計較適合？ (A)圓柱型凸輪 (B)圓錐型凸輪 (C)三角凸輪 (D)球型凸輪。

( ) **38** 凸輪設計時，下列何種凸輪只能設定半周的工作曲線，而另半周之工作曲線，必須由前者決定？ (A)面凸輪 (B)等寬凸輪 (C)隆起凸輪 (D)反凸輪。

第14章 連桿機構

14-1 連桿機構

機構必為拘束鏈，拘束鏈至少由四連桿所組成，各連桿間用銷連接而產生確切的相對運動，由四連桿所組成機構稱為「四連桿機構」，為機械最基本之架構。如圖(一)所示。

1. 曲柄：能繞固定軸作完全旋轉且有固定中心的連桿稱為曲柄。
2. 浮桿（又稱連接桿）：用以連接曲柄或搖桿、滑塊間傳達運動的連桿，本身並無固定中心。
3. 搖桿只能作某一角度的擺動且有固定中心的連桿。
4. 固定桿（又稱機架）：用於固定機架的連桿，通常以兩固定中心之連線表示，是指機架而言。
5. 滑槽：滑槽乃用來引導滑塊運動的固定件。
6. 滑塊：用於滑槽中運動之機件。滑塊最大速度V＝rω，r：曲柄長，ω：曲柄角速度

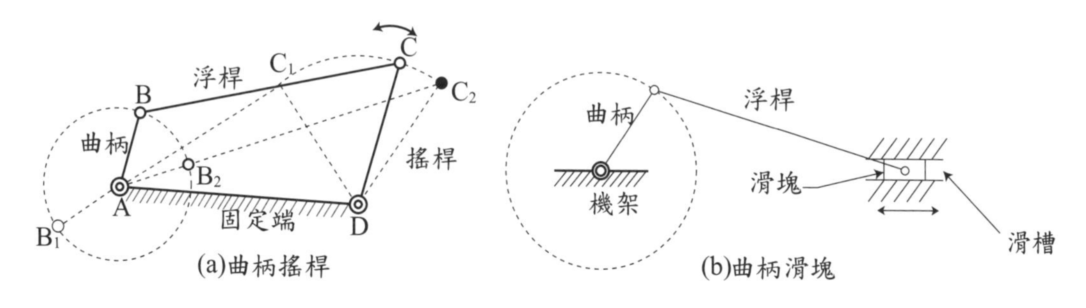

圖(一)　四連桿機構

7. 當曲柄連桿機構中：從動曲柄與浮連桿成一直線時，由連桿所傳送之力，無法產生力矩，無法使曲柄迴轉，此位置稱為「死點」從動曲柄迴轉一週有兩個死點位置。如圖(一)中之B_1AC_1和AB_2C_2兩點。
   消除死點的方法為：
   (1) 從動件處加裝飛輪用慣性力克服。
   (2) 用兩組曲柄搖桿機構聯合操作，因兩組死點位置不同來克服，如人騎腳踏車，左右兩腳並用，可視為兩組曲柄搖桿機構的應用。

立即測驗

( ) 1 於連桿機構裝置中，一機件若僅能繞固定軸做擺動運動者，稱為： (A)連桿 (B)浮桿 (C)曲柄 (D)搖桿。

( ) 2 何種方法可消除死點？ (A)增加連桿度 (B)增加連桿重量 (C)增加曲柄長度 (D)加裝飛輪。

( ) 3 四連桿機構中，能夠繞固定中心作完全迴轉者為： (A)曲柄 (B)滑塊 (C)搖桿 (D)牽桿。

( ) 4 四連桿機構之曲柄與浮桿成一直線之位置稱為： (A)切點 (B)死點 (C)共點 (D)動點。

( ) 5 四連桿機構中的曲柄搖桿，死點有幾個？ (A)1 (B)2 (C)3 (D)4。

( ) 6 四連桿機構之死點是發生在何種情況？ (A)連桿與從動曲柄垂直 (B)連桿與主動曲柄平行 (C)連桿與主動曲柄共線 (D)連桿與從動曲柄共線。

解答與解析

1 (D) **2 (D)** **3 (A)** **4 (B)**

5 (B)。死點會有2個。

6 (D)。從動曲柄與連桿成一直線時為死點。

14-2 連桿機構的種類及應用

要構成四連桿之必要條件為：最長桿件之長度小於另三根桿長度的和，例如：100cm、40cm、20cm、10cm四桿，無法形成四連桿機構。

- 當最長桿與最短桿長度總和大於另兩連桿之長度總和時，不管任何桿為固定桿，均形成「雙搖桿機構」。（即$\ell_{最長}+\ell_{最短}>\ell_1+\ell_2$為雙搖桿）
- 當最長桿與最短桿之長度總和小於（或等於）另兩連桿之長度總和時，有下列三種情況：（即$\ell_{最長}+\ell_{最短} \leq \ell_1+\ell_2$時）

  → 最短桿為固定桿，則形成「雙曲柄機構」。

→ 若最短桿為浮桿(或固定桿為最短桿之對邊桿),則形成「雙搖桿機構」。

→ 若最短桿為曲柄(或固定桿為最短桿之對偶桿),則形成「曲柄搖桿機構」。

1 曲柄搖桿機構:

(1) 四連桿機構中,繞固定中心之一連桿作360°之旋轉運動(即曲柄),而另一連桿作搖擺運動(即搖桿),稱為曲柄搖桿機構。如圖(二)所示。其特徵為曲柄最短。

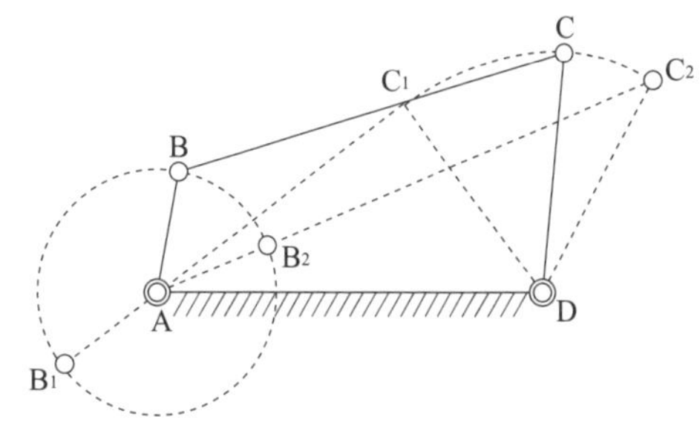

圖(二) 曲柄搖桿機構

曲柄搖桿應用在腳踏縫紉機如圖(三)所示、腳踏車(腳踏車大腿為搖桿、踏柄為曲柄、小腿為浮桿)如圖(四)所示、攪拌機、碎石機如圖(五)所示、石油開採機械等。

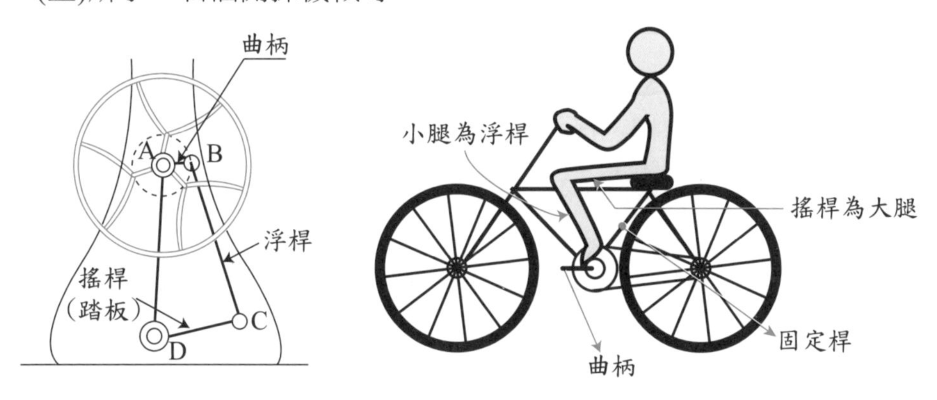

圖(三) 腳踏縫紉機 圖(四) 腳踏車

曲柄搖桿之條件	(1)任三根連桿和>最長之桿
	(2)最長桿+最短桿≦另兩桿長之和
	(3)曲柄最短(圖二中AB桿)

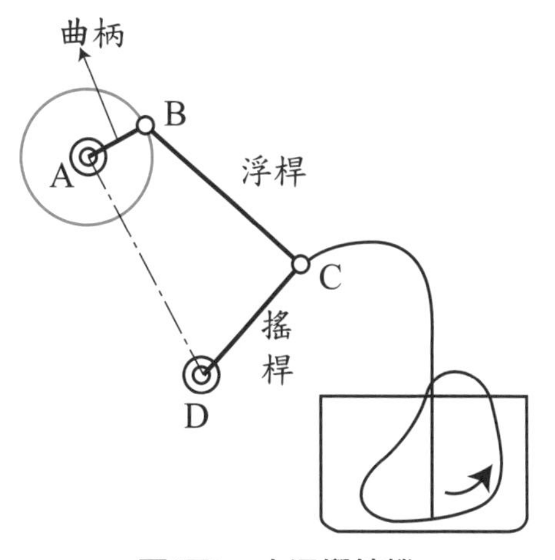

圖(五) 水泥攪拌機

2 雙搖桿機構：

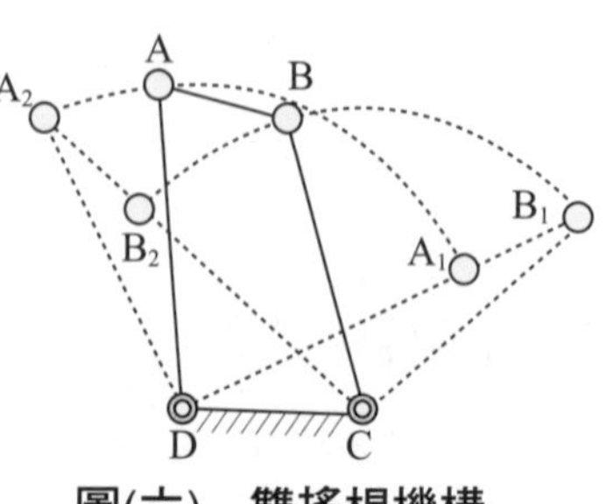

圖(六) 雙搖桿機構

繞固定中心旋轉之兩桿，均只能作搖擺運動之四連桿，稱為雙搖桿機構，如圖(六)所示。

其條件為浮桿最短。

(1) 當連桿AD行至最右端時DA與AB成一直線，即D、A、B在一直線上，此為「死點位置」。當CB行至最左端成一直線時，亦為「死點位置」。

(2) 雙搖桿機構應用在電扇的擺頭機構，如圖(七)所示、自動摺布機如圖(八)所示、汽車雨刷之運動機構、搖桿式踏步機、挖土機等。

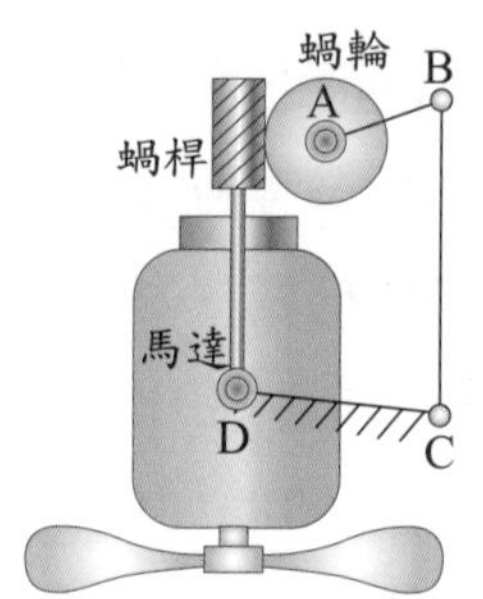

$\overline{CD}$固定桿

$\overline{AB}$浮桿360º轉動

圖(七) 電扇擺頭機構

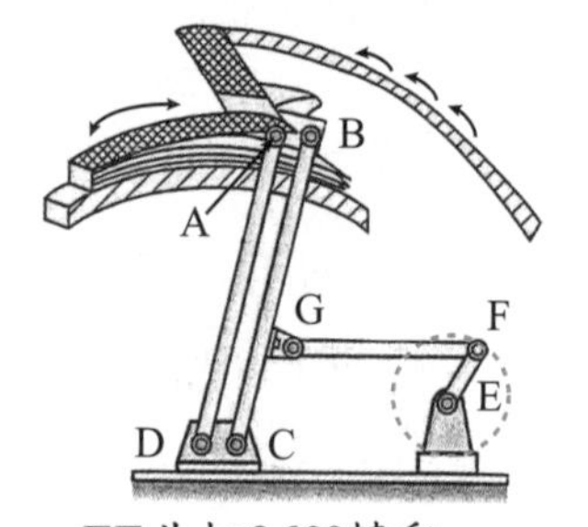

EF曲柄360º轉動

驅動BC搖桿擺動

圖(八) 自動摺布機

雙搖桿之條件	(1)任三根連桿和＞最長之桿
	(2)最長桿＋最短桿＞另兩桿長之和 （或：最長桿＋最短桿≦另兩桿長之和，且浮桿最短）

3 雙曲柄機構（又稱牽桿機構）：

繞固定中心旋轉之兩桿，均可作360º之旋轉運動者，稱為雙曲柄機構。雙曲柄沒有死點。其浮桿稱為牽桿，雙曲柄機構主動軸做等速轉動，從動軸做變角速轉動。如圖(九)所示。其特徵為固定桿最短。

應用在插床之急回機構，如圖(十)所示。

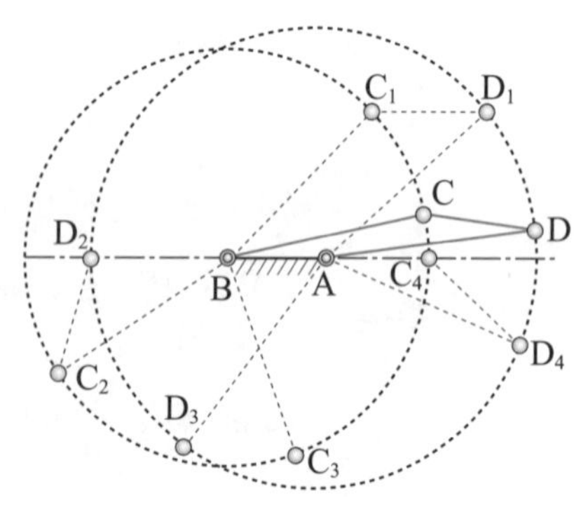

圖(九) 雙曲柄機構

雙曲柄之條件	(1)任三根連桿和＞最長之桿
	(2)最長桿＋最短桿≦另兩桿之和
	(3)固定端最短

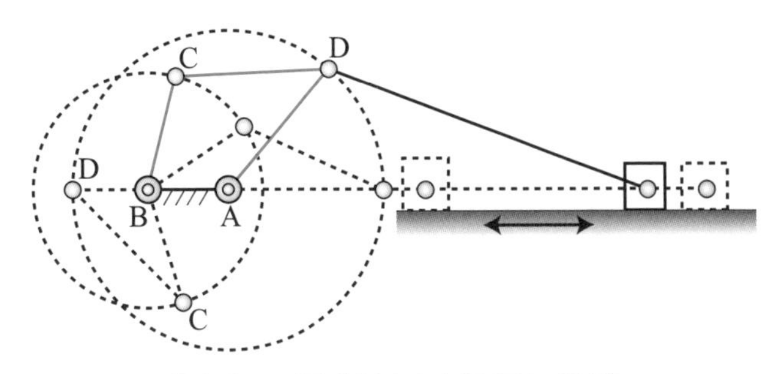

圖(十) 插床速回（急回）機構

4 四連桿機構之應用

(1) 平行相等曲柄機構：（兩曲柄角速度相等），兩曲柄等長，且連心線與浮桿等長且互為平行，形成平行四邊形之四連桿組。如圖(十一)所示，當主動曲柄等速轉動時，從動曲柄也作相同之等速轉動，

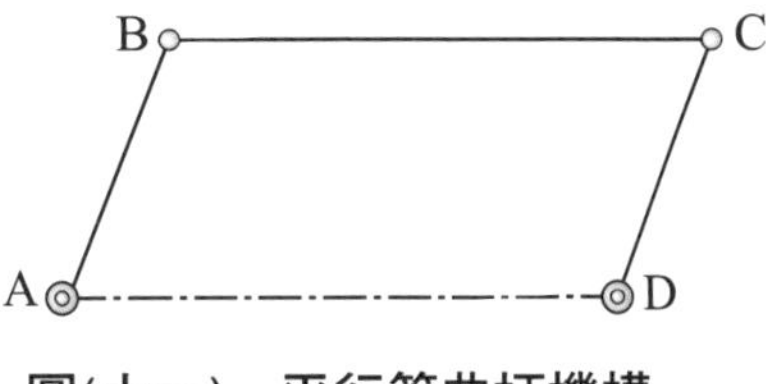

圖(十一) 平行等曲柄機構

平行相等曲柄應用在蒸汽火車之前輪之牽引機構及平行尺、萬能製圖儀、勞伯佛天平等。如圖(十二)所示。

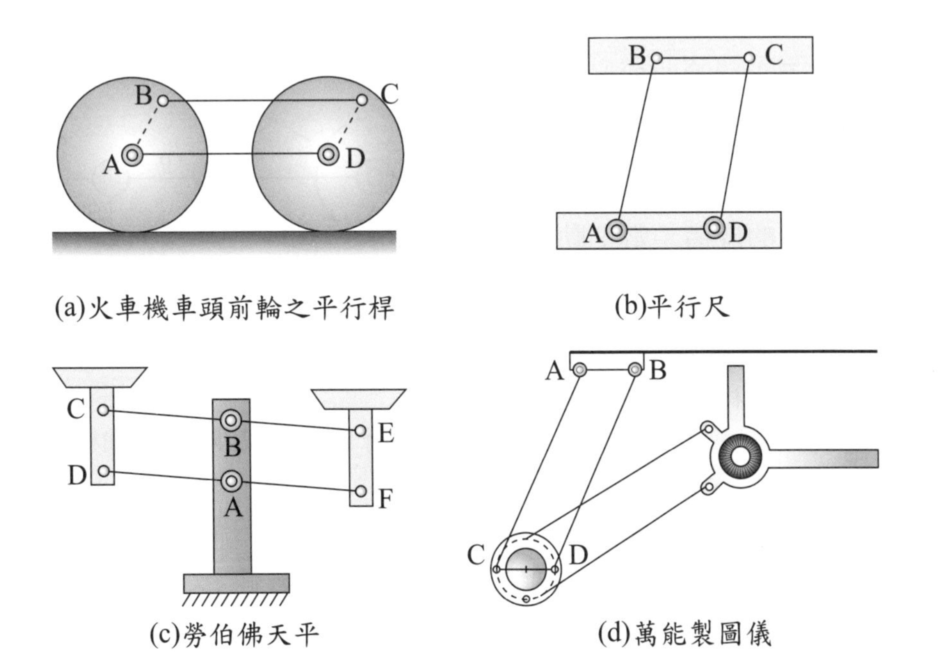

(a)火車機車頭前輪之平行桿

(b)平行尺

(c)勞伯佛天平

(d)萬能製圖儀

圖(十二) 平行相等曲柄之應用

(2) 相等曲柄機構（又稱敞開型非平行等曲柄）

如圖(十三)所示，兩曲柄長度相等，而連心線（固定桿）長度大於浮桿長度之四連桿機構，稱為相等曲柄機構。兩曲柄角速度不相同，應用在羅氏直線運動、汽車的前輪轉向機構。兩前輪中心之延長線應與後輪之延長線交於一點，才可減少輪胎與地面之滑動，當轉彎時，內側角度大於外側角度。

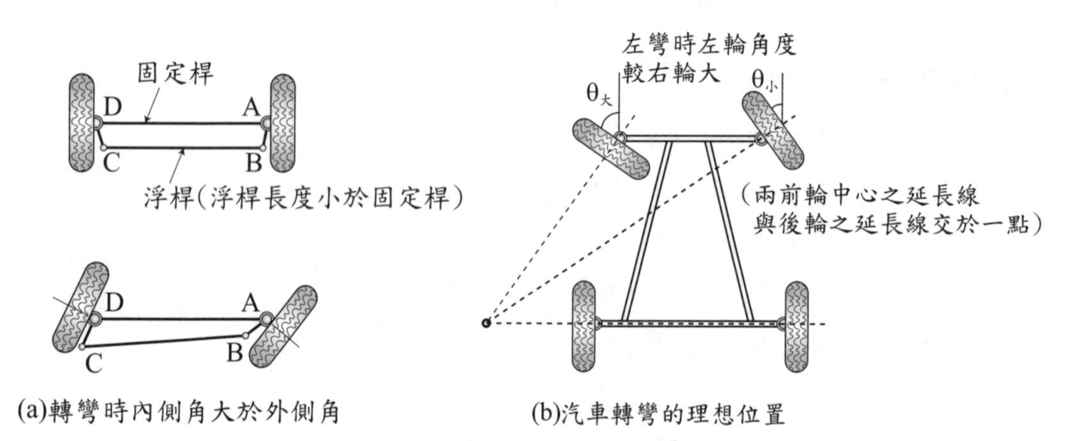

圖(十三) 相等曲柄機構

(3) 交叉非平行等曲柄機構：

（又稱不平行等曲柄），如圖(十四)所示，兩曲柄等長，且連心線亦與浮桿等長，且連桿互不平行的機構，當主動曲柄等速轉動，從動曲柄做變速轉動，兩曲柄迴轉方向相反，例如：橢圓輪和蔡氏直線運動的應用。

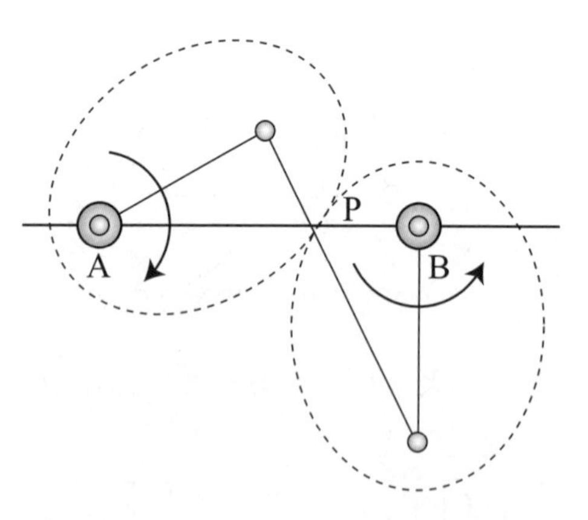

圖(十四) 交叉非平行等曲柄機構

(4) 比例運動機構：比例運動機構為平行等曲柄機構的應用，即將「平行等曲柄機構」連桿上一點作為固定軸，另一連桿延伸，如圖(十五)所示。

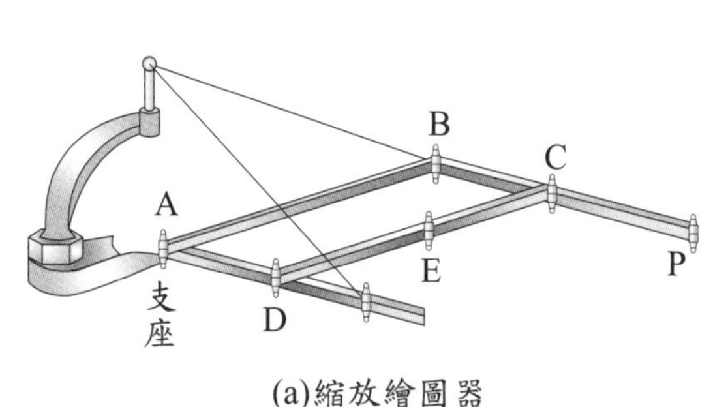

(a)縮放繪圖器

(b)比例機構為平行等曲柄之應用

圖(十五) 比例運動機構

比例運動機構應用在縮放繪圖器、刻字機、機械工業之靠模機。

當支座、描點、繪點三點順序為支座—描點—繪點為放大，若支座—繪點—描點為縮小。（其中支座、描點、繪點三點必共線）

5 滑塊曲柄機構：

曲柄搖桿之四連桿機構中，若以滑塊取代搖桿，則成為曲柄滑塊機構。如圖(十六)所示。

若其搖桿長度為無限大時（D_{∞}），若將其連之任一桿固定，可得至下列四種機構：

①連桿1固定：往復滑塊曲柄機構。

②連桿2固定：迴轉滑塊曲柄機構。

③連桿3固定：擺動滑塊曲柄機構。

④連桿4固定：固定滑塊曲柄機構。

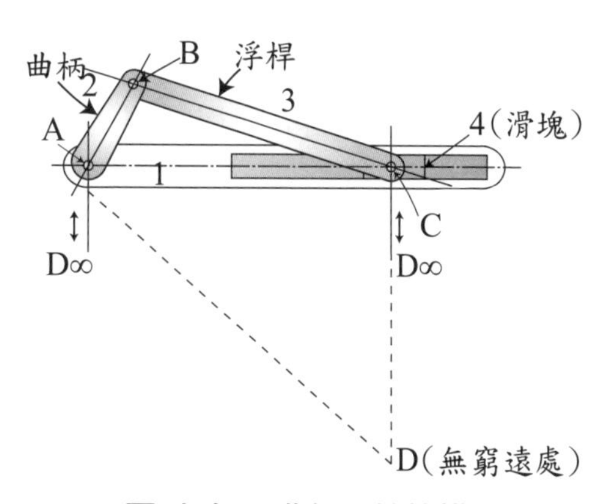

圖(十六) 曲柄滑塊機構

(1) 往復滑塊曲柄機構：如圖(十七)所示。若將連桿1固定，為「往復滑塊曲柄機構」，其衝程為曲柄長之二倍。應用在往復式壓縮機、蒸汽機、內燃機之活塞、手壓沖床、曲柄壓床。當曲柄為主動件，其運動型態為由迴轉運動型態變成往復直線運動，如：冰箱、冷氣機之壓縮機；若滑塊為主動時，其運動由往復直線運動型態變為迴轉運動，如內燃機及蒸氣機之活塞曲柄機構。

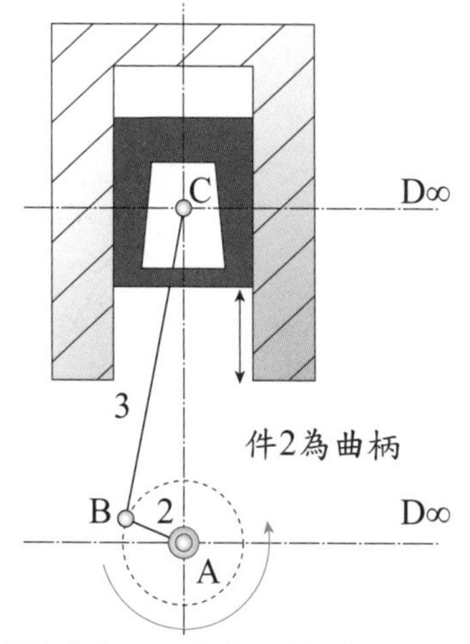

圖(十七) 往復滑塊曲柄機構

(2) 迴轉滑塊曲柄機構

① 若將連桿2固定，則成為「迴轉滑塊曲柄機構」，如圖(十八)所示，連心線AB為連桿2，BC為曲柄，滑塊以曲柄繞固定中心B轉動，同時滑塊在連桿1上作滑行運動，此時連桿以固定中心A作搖擺運動。

迴轉滑塊機構應用在如圖(十九)所示之牛頭鉋床急回機構，其特徵為機械不作功的行程速度快。（即在不切削的回程速度快），切削時速度慢。

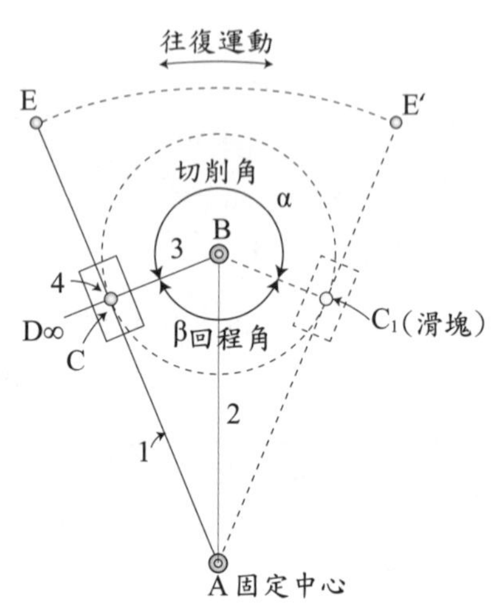

圖(十八) 迴轉滑塊曲柄機構

② 切削時間與回程時間比＝ $\frac{\text{切削時間 } t_{切}}{\text{回程時間 } t_{回}}=\frac{\text{切削角}\alpha}{\text{回程角}\beta}$

（曲柄所轉的角度與所花費的時間成正比）

週期 $T=t_{切}+t_{回}$，$\alpha+\beta=360^{\circ}$

此類機構可分為兩種，如圖(十九)所示

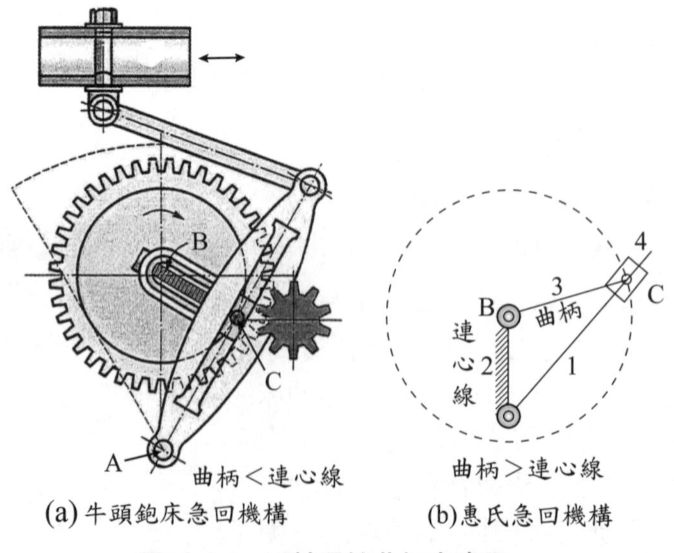

(a) 牛頭鉋床急回機構　(b)惠氏急回機構

圖(十九) 迴轉滑塊曲柄之應用

(A) 搖臂急回機構

①連心線較曲柄長。

②應用於牛頭鉋床之急回機構。

(B) 惠氏急回機構

①曲柄比連心線長，運動空間較大。

②亦可用於牛頭鉋床，產生快速回復效果。

(3) 擺動滑塊曲柄機構

如圖(二十)所示乃應用擺動滑塊曲柄機構之「擺動引擎」，連桿3為固定桿，桿2為曲柄，當曲柄2繞B軸轉動時，汽缸與活塞4便繞C軸作搖擺運動。

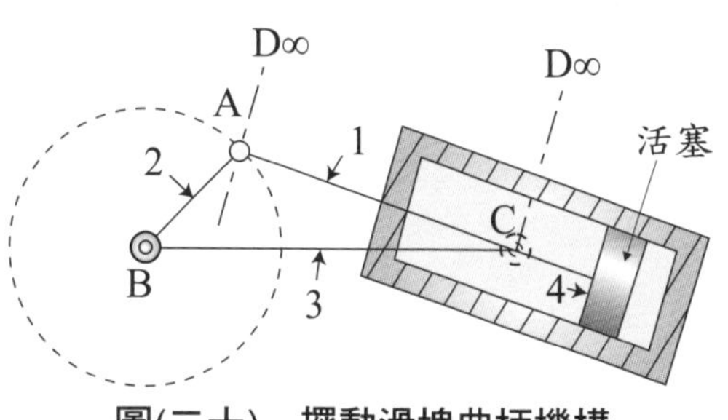

圖(二十) 擺動滑塊曲柄機構

(4) 固定滑塊曲柄機構：手壓抽水機應用固定滑塊曲柄機構。如圖(二一)所示。滑塊4固定不動，則為「固定滑塊曲柄機構」，應用在「手壓抽水機」，當手柄向上下運動時，連桿3為繞C點擺動之搖桿，連桿2繞A點轉動使桿1沿軸線方向往復運動，將水抽起。

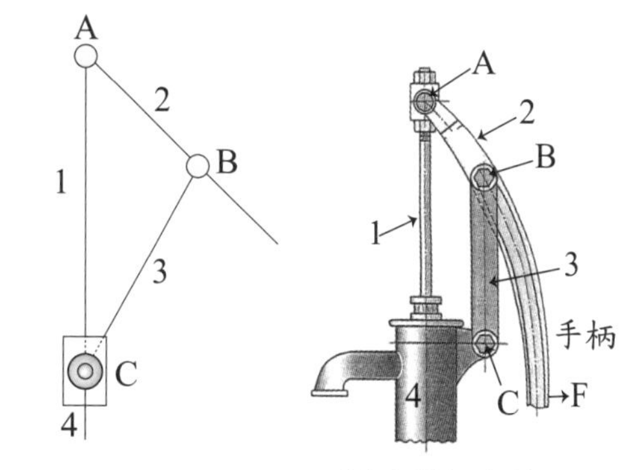

(a)固定滑塊曲柄機構 (b)手壓抽水機

圖(二一) 固定滑塊曲柄機構

6 雙滑塊機構

如圖(二二)所示有雙滑塊之連桿機構（如蘇格蘭軛）為等腰連桿組的變形應用。當曲柄2等速轉動時，滑塊3沿Y軸槽內滑動，滑塊4在X軸直線槽內作簡諧運動。

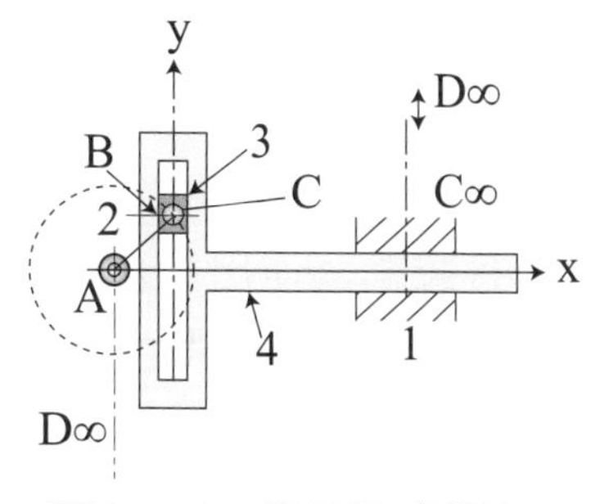

圖(二二) 雙滑塊（蘇格蘭軛）機構

7 等腰連桿機構

(1) 含一滑動對的曲柄滑塊機構中，若浮桿與曲柄之長度相等時，恒形成一等腰三角形，稱為「等腰連桿機構」，當曲柄迴轉一圈，滑塊往復行程為曲柄長的四倍。如圖(二三)所示，圖(二四)之(a)雙滑塊機構將CB延長至E點，並在E點裝一滑塊，為等腰連桿組之變形，因各連桿之相對運動不受曲柄AB之約束，故曲柄AB可省去，B點之動路為一圓，CE連線上任一點均可劃出一橢圓，即為橢圓規，橢圓規為等腰連桿之應用。

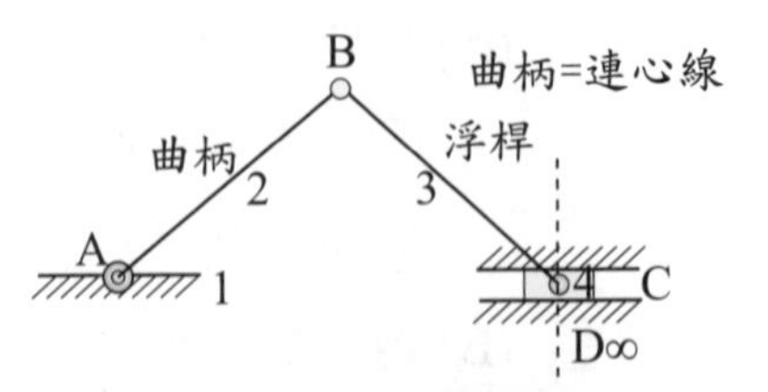

圖(二三) 等腰連桿機構

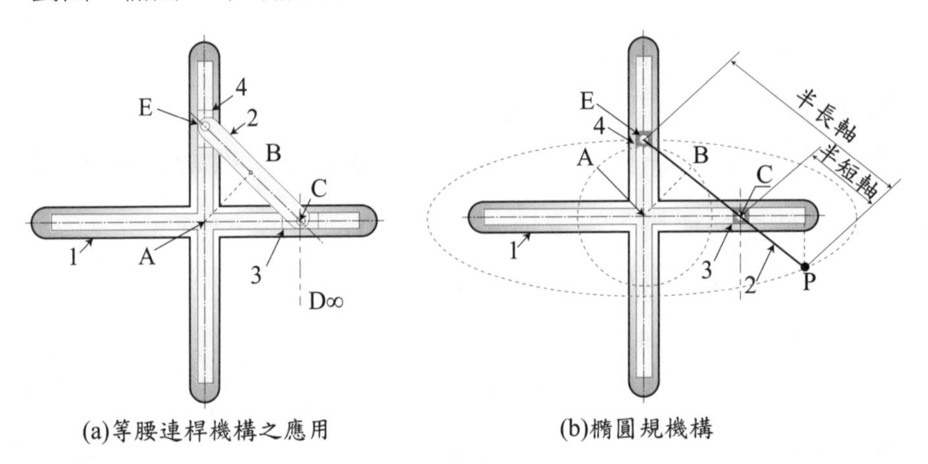

(a)等腰連桿機構之應用　(b)橢圓規機構

圖(二四) 等腰連桿機構之應用

(2) 歐丹聯結器亦為等腰連桿之應用，件1和件3之凹槽如圖(二四)之E：C滑塊。如圖(二五)所示。歐丹聯結器兩軸各聯接柱形凸緣，兩連接件的接觸面上各具有凸槽。中間有一圓盤，盤的兩面各具有凸出的長方條，且互相垂直，由此三機件所構成。歐丹聯結器使用於兩軸心平行且偏心距很小的場合，傳動時，兩軸角度相等。

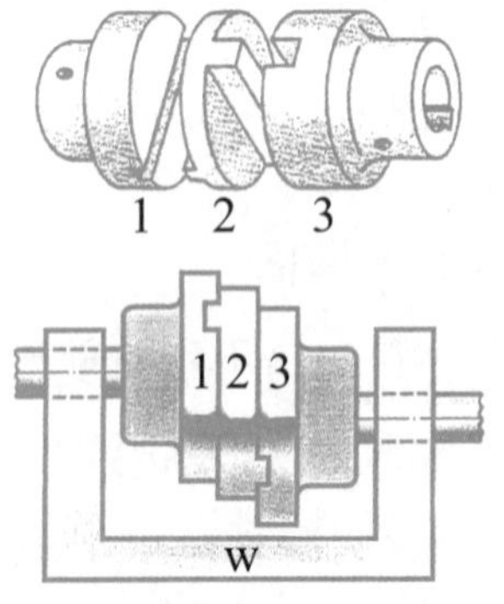

圖(二五) 歐丹聯結器

8 球面機構：當四連桿機構中之各銷軸延長線不平行而交於一點（該點可當為一球心，稱為「球面四連桿組」），當原動軸等速運動，從動軸作變角速運動，如圖(二六)所示。應用於萬向接頭（虎克接頭、十字接頭）

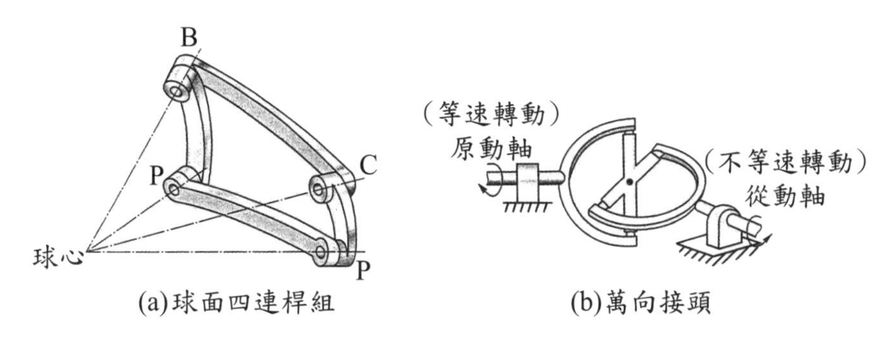

(a)球面四連桿組　(b)萬向接頭

圖(二六)　球面機構

9 肘節連桿機構：

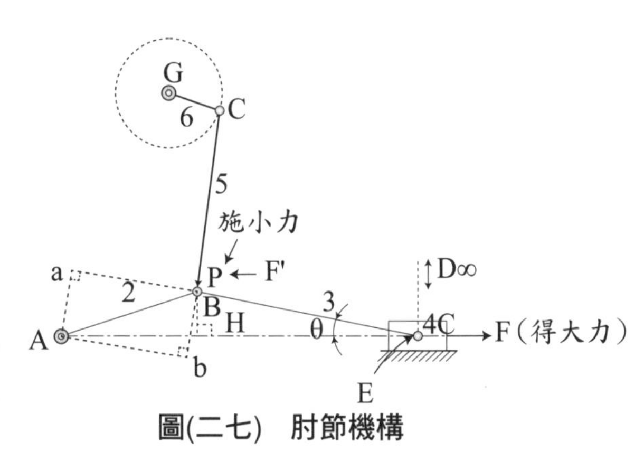

圖(二七)　肘節機構

一般可視為曲柄搖桿機構與曲柄滑塊機構之組合。如圖(二七)所示為「肘節機構」，為一曲柄搖桿之變形應用（ABCG為曲柄搖桿組），當連桿AB與BE近乎一直線（θ角度極小）時，則B點施以極小之力P，滑塊E獲得極大之抗力F產生極大之機械利益，此現象稱為肘節效應，由力矩原理 $F'\times\overline{Aa}=P\times\overline{Ab}$ 其中由ΔBEH得 $\cos\theta=\dfrac{F}{F'}$ 即

$F'=\dfrac{F}{\cos\theta}$，$\dfrac{F}{P}=\dfrac{\overline{Ab}\cos\theta}{\overline{Aa}}$。

應用肘節機構之機構有碎石機、夾鉗及手剪機、空氣鉚釘機、壓床等均為肘節機構之應用。如圖(二八)所示。

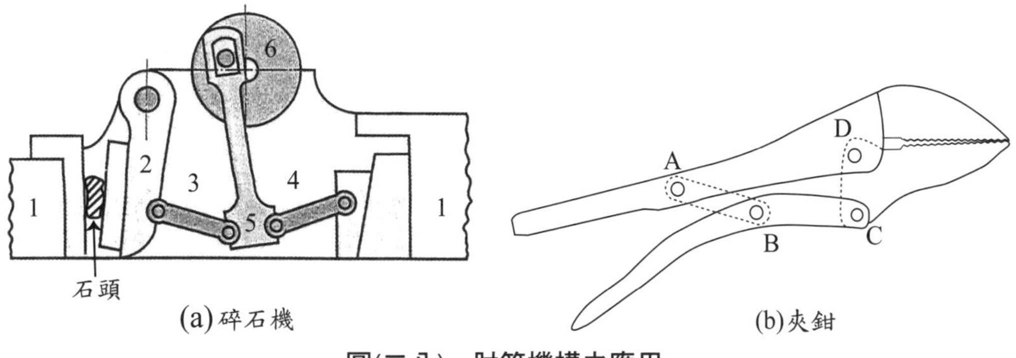

(a)碎石機　(b)夾鉗

圖(二八)　肘節機構之應用

曲柄搖桿求法

老師講解 1

如圖所示之曲柄搖桿機構，連桿AB長為100mm，連桿BC長為180mm，連桿CD長為110mm，則固定連桿AD長度應在何種範圍內？

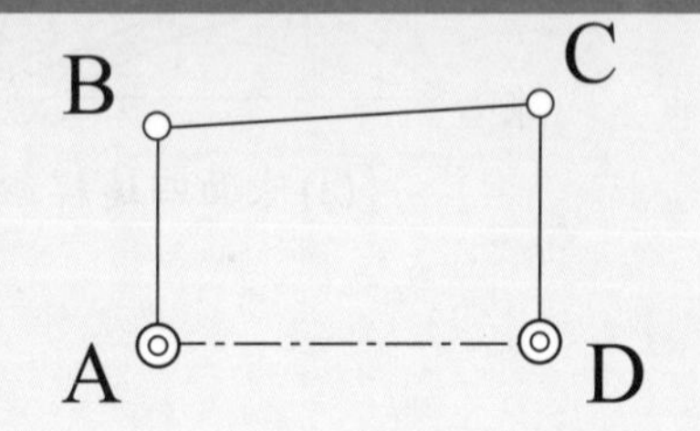

解：曲柄搖桿機構曲柄最短(AB桿=100mm)

①若最長為BC桿180mm則

$180+100 < \ell_{AD}+110$

$170 < \ell_{AD}$

②若最長為AD桿則 $\ell_{AD}+100 < 180+110$

$\ell_{AD} < 190$

$\therefore 170 < \ell_{AD} < 190$

學生練習 1

如圖所示一曲柄搖桿機構，若曲柄AB長60cm，搖桿CD長100cm，兩軸中心距AD長120cm，則連桿BC之尺寸（cm）應在下列何種範圍內？

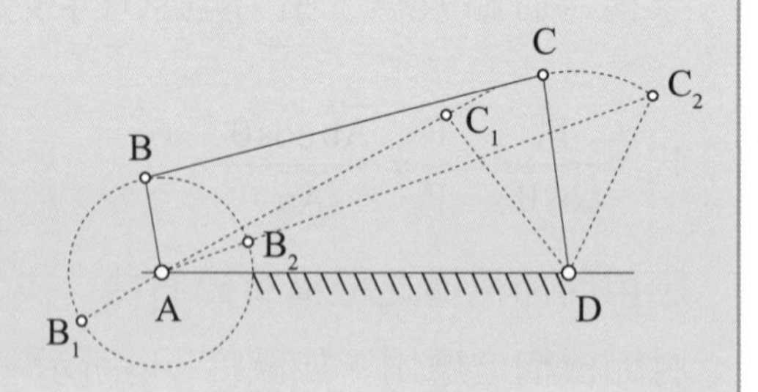

牛頭鉋床切削速回之時間

老師講解 2

如圖為牛頭鉋床搖臂急回機構，若曲柄長30cm，中心連線長60cm，若曲柄之轉速為20 rpm，則回程時間為幾秒？切削行程時間需多少秒？

解：

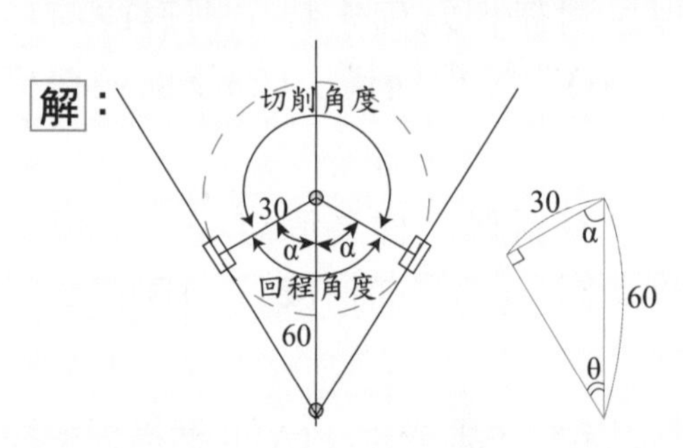

$\sin\theta = \dfrac{30}{60} = \dfrac{1}{2}$

$\therefore \theta = 30^\circ$

$\therefore \alpha = 60^\circ$

回程角度 $= \alpha + \alpha = 120^\circ$

切削角度 $= 360^\circ - 120^\circ = 240^\circ$

$20\text{轉/分} = \dfrac{20\text{轉}}{60\text{秒}} = \dfrac{1\text{轉}}{3\text{秒}}$ → 每轉需3秒（即轉360°需3秒）

$\therefore$ 回程時間 $= \dfrac{120^\circ}{360^\circ} \times 3 = 1$秒

切削時間 $= \dfrac{240^\circ}{360^\circ} \times 3 = 2$秒

學生練習 2

如圖為一搖臂急回機構，曲柄BC長30cm，中心連線AB長50cm，若曲柄之轉速為12 rpm，則①搖臂之回程時間約為多少秒？②去程時間與回程時間比為多少？

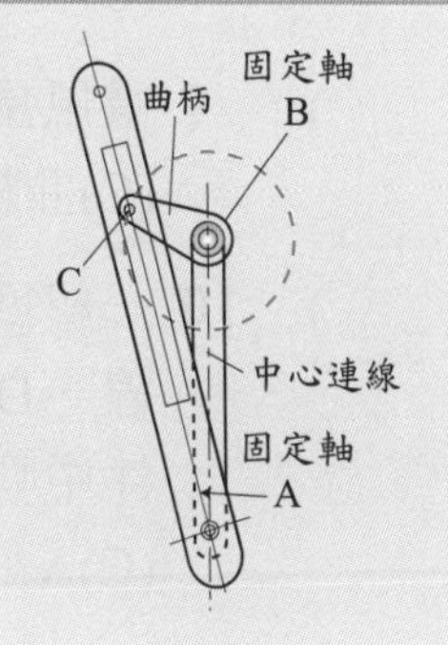

立即測驗

( ) **1** 構成拘束運動鏈最少需多少根連桿？ (A)二根連桿 (B)三根連桿 (C)四根連桿 (D)五根連桿。

( ) **2** 曲柄搖桿機構的特徵是何者為最短之桿件？ (A)曲柄 (B)浮桿 (C)搖桿 (D)聯心線。

( ) **3** 若一四連桿機構，以最短桿之對偶桿為固定桿，則形成何種機構？ (A)曲柄搖桿機構 (B)雙搖桿機構 (C)雙曲柄機構 (D)擺動滑塊曲柄機構。

( ) **4** 若一四連桿機構，以最短桿沒有對偶之桿為固定桿，則成： (A)曲柄搖桿機構 (B)雙搖桿機構 (C)雙曲柄機構 (D)擺動滑塊曲柄機構。

( ) **5** 若一四連桿機構，以最短桿為固定桿，則成： (A)曲柄搖桿機構 (B)雙搖桿機構 (C)雙曲柄機構 (D)擺動滑塊曲柄機構。

( ) **6** 腳踏縫紉機的機構為： (A)曲柄搖桿機構 (B)雙搖桿機構 (C)雙曲柄機構 (D)平行相等曲柄機構。

( ) **7** 四連桿組之四根連桿長度為20、30、50、70公分，若最短連桿固定，則形成： (A)雙曲柄連桿組 (B)雙搖桿連桿組 (C)曲柄搖桿連桿組 (D)曲柄滑塊連桿組。

( ) **8** 何者屬於速回機構？ (A)平行等曲柄機構 (B)滑塊曲柄機構 (C)雙搖桿機構 (D)牽桿機構。

( ) **9** 電風扇的搖擺裝置是應用： (A)雙搖桿機構 (B)雙曲柄機構 (C)曲柄搖桿機構 (D)相等曲柄機構。

( ) **10** 一組四連桿A、B、C、D，其中A為曲柄，C為浮桿，B為連心線，D為搖桿，若欲此四連桿組成為曲柄搖桿機構時，下列條件中哪一個是不正確的？ (A)$B+C<A+D$ (B)$A-D<C-B$ (C)$A+B<C+D$ (D)$A-C<B-D$。

( ) **11** 在牽桿機構中，若一曲柄作等速迴轉運動，則另一曲柄作： (A)等速直線運動 (B)不等速直線運動 (C)等速轉動 (D)不等速轉動。

( ) **12** 四連桿機構中，沒有死點位置之機構為： (A)雙搖桿機構 (B)雙曲柄機構 (C)曲柄搖桿機構 (D)腳踏車前進之機構。

( ) **13** 四連桿機構中，若浮桿＋搖桿＞曲柄＋固定桿，則必為何種機構？ (A)雙曲柄機構 (B)曲柄搖桿機構 (C)雙搖桿機構 (D)以上皆有可能。

( ) **14** 人騎自行車是何種機構的應用？ (A)曲柄搖桿機構 (B)雙曲柄機構 (C)雙搖桿機構 (D)牽桿機構。

( ) **15** 牛頭鉋床的擺臂速回機構為何種機構? (A)往復滑塊曲柄機構 (B)擺動滑塊曲柄機構 (C)固定滑塊曲柄機構 (D)迴轉滑塊曲柄機構。

( ) **16** 牛頭鉋床的搖臂速回機構，所謂速回是什麼？ (A)在機械不作功時，搖臂滑座速度較慢 (B)在機械作功時，搖臂滑座速度較慢 (C)在機械不作功時，滑塊迴轉速率較慢 (D)在機械作功時滑塊迴轉速率較慢。

( ) **17** 以下哪一種運動不是往復滑動曲柄機構？ (A)曲柄壓床棒枕之運動 (B)內燃機活塞之運動 (C)壓縮機活塞之往復運動 (D)鉋床之速回機構。

( ) **18** 牛頭鉋床的擺臂速回機構，衝程角為240度，回程角度120度，則切削時間與全部時間的比為： (A)2:3 (B)1:2 (C)3:2 (D)2:1。

( ) **19** 一搖臂急回機構，若曲柄長40cm，中心連線80cm，則工作行程和回程之時間比為： (A)2：1 (B)1：2 (C)2：3 (D)3：2。

( ) **20** 一往復滑塊曲柄機構，曲柄長30cm，連桿長50cm，則滑塊之行程為 (A)15 (B)60 (C)25 (D)100 cm。

( ) **21** 如圖所示之搖臂急回機構，曲柄BC長60cm，連心線AB長100cm，若曲柄之轉速為6 rpm，則搖臂AE之去程時間為若干秒？
(A)3 (B)7
(C)4 (D)6。

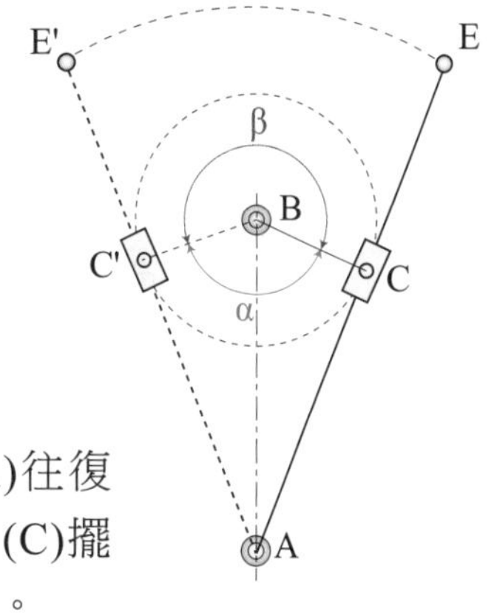

( ) **22** 手壓抽水機是應用下列何者機構？ (A)往復滑塊曲柄機構 (B)固定滑塊曲柄機構 (C)擺動滑塊曲柄機構 (D)迴轉滑塊曲柄機構。

( ) **23** 一往復滑塊曲柄機構，連桿長60cm，滑塊之行程20cm，則曲柄長為多少公分？ (A)10 (B)20 (C)30 (D)40。

( ) **24** 蒸汽火車機車上兩前輪間的迴轉是何種機構之應用？ (A)交叉等曲柄機構 (B)平行相等曲柄機構 (C)等曲柄機構 (D)雙搖桿機構。

( ) **25** 兩個橢圓柱輪是應用何種機構？ (A)平行等曲柄機構 (B)等曲柄機構 (C)曲柄滑塊機構 (D)交叉相等曲柄機構。

( ) **26** 橢圓規是應用何種機構？ (A)曲柄搖桿 (B)雙曲柄 (C)雙搖桿 (D)等腰連桿組。

( ) **27** 從動件與主動件皆做相同等速轉動，為何種機構？ (A)相等曲柄機構 (B)曲柄搖桿機構 (C)平行相等曲柄機構 (D)交叉等曲柄機構。

( ) **28** 汽車前輪轉向裝置，是利用何種機構？ (A)平行相等曲柄機構 (B)交叉相等曲柄機構 (C)相等曲柄機構 (D)速回運動機構。

( ) **29** 當汽車轉彎時，其兩前輪的理想位置是在何處才不會轉彎時打滑？ (A)兩輪維持互相平行 (B)依製造廠商的不同而異 (C)該兩前輪軸之延長線須在後輪軸線的前方 (D)兩前輪軸之延長線須與後輪軸之延長線相交於一點。

( ) **30** 若兩曲柄等長且浮桿長度小於此二曲柄中心線，則此四連桿機構應為何種機構？ (A)平行運動機構 (B)萬能製圖儀機構 (C)汽車前輪轉向機構 (D)牛頭鉋床急回機構。

( ) **31** 繪圖使用之平行尺應用何種機構？ (A)直線運動機構 (B)雙搖桿機構 (C)雙滑塊機構 (D)平行相等曲柄機構。

( ) **32** 勞伯佛天平是應用： (A)平行相等曲柄機構 (B)肘節機構 (C)比例運動機構 (D)相等曲柄機構 所製成。

( ) **33** 何者不是肘節機構的應用實例？ (A)牛頭鉋床 (B)碎石機 (C)手剪鉗 (D)衝壓機。

( ) **34** 縮放圖機、雕刻機是使用何種機構？ (A)雙滑塊機構 (B)曲柄滑塊機構 (C)比例運動機構 (D)平行相等曲柄機構。

( ) **35** 兩軸之角速度相同，但兩軸平行且不在同一中心線上時，可應用何種連結器： (A)離合器 (B)歐丹連軸器 (C)相等曲柄機構 (D)虎克接頭。

( ) **36** 蘇格蘭軛，主動曲柄作等速轉動，從動件作何種運動？ (A)等速運動 (B)修正型等速運動 (C)等加速度運動 (D)簡諧運動。

( ) **37** 萬向接頭為何種機構之應用？ (A)曲柄搖桿機構 (B)雙搖桿機構 (C)球面四連桿機構 (D)牽桿機構。

( ) **38** 用於相連接兩軸的中心線交於一點，且迴轉軸角度可任意變更的機構是： (A)離合器 (B)萬向接頭 (C)歐丹連軸器 (D)牽桿機構。

( ) **39** 歐丹聯結器是何種機構之應用？ (A)雙曲柄機構 (B)平行曲柄機構 (C)等腰連桿機構 (D)肘節機構。

( ) **40** 下列何種機構能在短距離內傳遞最大的作用力？ (A)相等曲柄機構 (B)惠氏速回機構 (C)雙滑塊連桿機構 (D)肘節機構。

( ) **41** 夾鉗是應用何種機構？ (A)曲柄搖桿機構 (B)等腰機構 (C)肘節機構 (D)雙滑塊機構。

( ) **42** 一組四連桿機構桿長比例如圖所示，若AD、BC桿同時可分別繞固定軸A、B旋轉，AB、AD分別為最短桿與最長桿，則下列敘述何者正確？ (A)機構有兩個死點 (B)機構為曲柄搖桿機構 (C)AD－AB<BC＋CD (D)BC＋CD<AB＋AD。

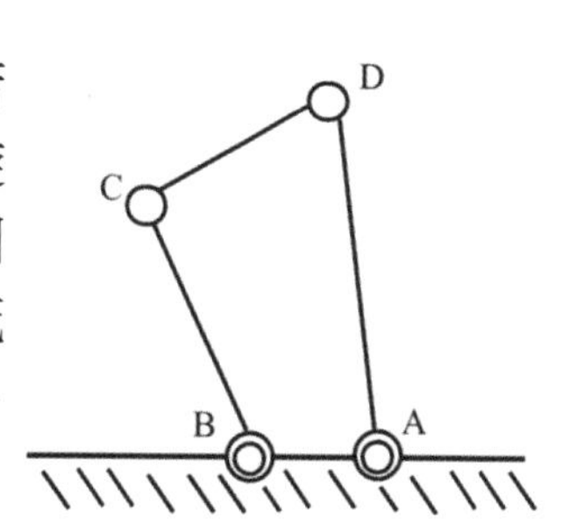

解答與解析

1 (C) **2 (A)**

3 (A)。最短桿之對偶桿為固定桿
→對偶為相連接之桿
→曲柄最短為曲柄搖桿。

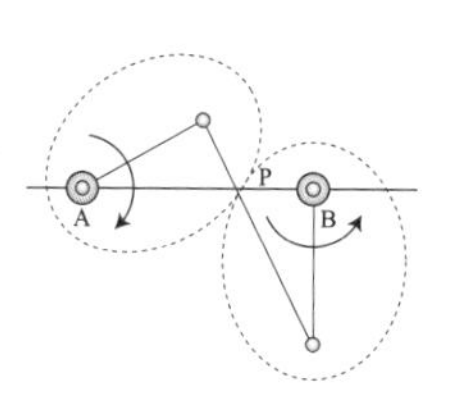

4 (B)。沒有對偶之桿為對邊桿，即最短桿之對邊桿為固定桿→浮桿最短為雙搖桿機構。

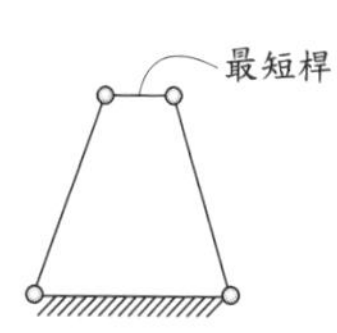

5 (C) **6 (A)**

7 (B)。$L_{最長}+L_{最短}>L_1+L_2$為雙搖桿，$(20+70)>(30+50)$。

8 (D)。可當速回機構有雙曲柄（牽桿）機構及迴轉滑塊機構。

9 (A)

10 (A)。曲柄搖桿→曲柄最短（A最短）

當$L_{最長}+L_{最短}>L_1+L_2$為雙搖桿

$\therefore L_{最長}+L_{最短}<L_1+L_2$　$\therefore L_{任一桿}+A<L_1+L_2$

(A)$B+C<A+D$錯→應$A+D<B+C$才對

(B)$A-D<C-B$→$A+B<C+D$對

(C)$A+B<C+D$→對

(D)$A-C<B-D$→$A+D<B+C$對

11 (D)　**12 (B)**

13 (D)。浮桿＋搖桿＞曲柄＋固定端。

①若$L_{最長}+L_{最短}>L_1+L_2$為雙搖

　∴若固定端或搖桿一最長、一最短則為雙搖桿

②若$L_{最長}+L_{最短}\leq L_1+L_2$當曲柄最短→曲柄搖桿

　當固定端最短→雙曲柄

14 (A)　**15 (D)**

16 (B)。搖臂速回機構，滑塊及迴轉速度均相同，而搖臂在做功時搖臂滑座速度慢，不做功時速度較快，產生速回作用。

17 (D)。鉋床之速回機構乃是迴轉滑塊之應用。

18 (A)。$\dfrac{切削時間}{全部時間}=\dfrac{240°}{360°}=\dfrac{2}{3}$

19 (A)。

∴回程角度＝120°

∴切削角度＝240°

$\therefore \dfrac{工作行程時間}{回程時間}=\dfrac{240°}{120°}=\dfrac{2}{1}$

20 (B)。衝程＝曲柄長2倍＝60cm

21 (B)。$\sin\theta=\dfrac{60}{100}=\dfrac{3}{5}$

$\therefore \theta=37°$

切削（去程）角度＝360°－106°＝254°

回程角度＝106°

$6轉/分=\dfrac{6轉}{60sec}=\dfrac{1轉}{10秒}$

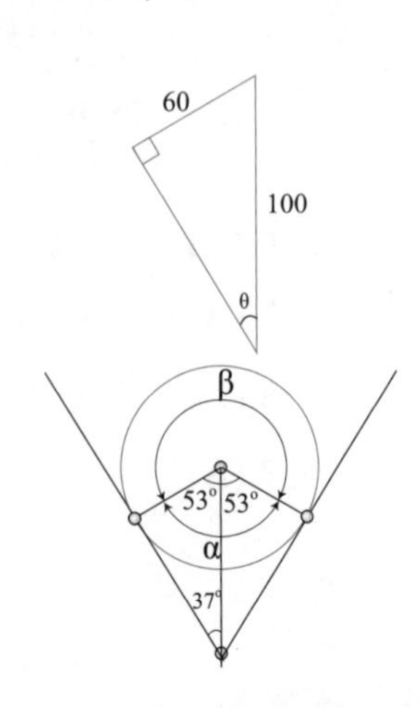

→1轉360°需10秒

$∴去程時間 = \frac{254°}{360°} \times 10 ≒ 7秒$

22 **(B)**

23 **(A)**。衝程＝2倍曲柄＝20cm　曲柄＝10cm。

24 **(B)**　**25** **(D)**　**26** **(D)**　**27** **(C)**　**28** **(C)**　**29** **(D)**　**30** **(C)**　**31** **(D)**

32 **(A)**　**33** **(A)**　**34** **(C)**　**35** **(B)**　**36** **(D)**　**37** **(C)**　**38** **(B)**　**39** **(C)**

40 **(D)**　**41** **(C)**

42 **(C)**。形成機構最基本條件：任三根和>最長桿，AB+BC+CD>AD，AB為固定桿

最長桿+最短桿<另兩根桿和，固定端最短為雙曲柄機構，無死點。

最長桿+最短桿>另兩根桿和，不管哪桿被固定均為雙搖桿機構。

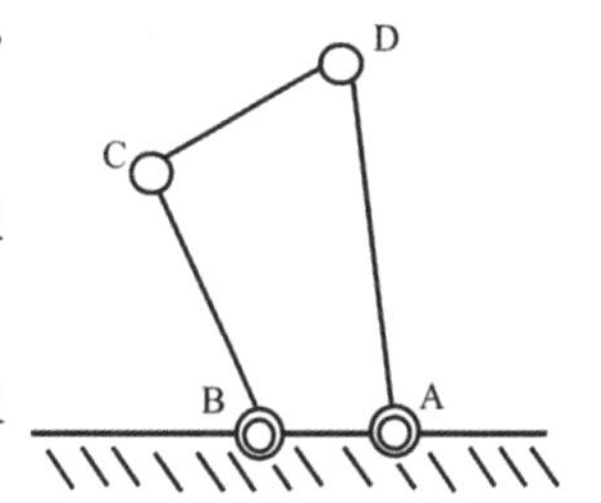

14-3 近似直線運動機構

凡使一機構上之一點，不依賴直線導路之約束，能產生直線運動者，稱為直線運動機構。若其發生之動路絕對為一直線者，稱為「絕對直線運動機構」。

若發生的動路近似一直線者，稱為「近似直線運動機構」。

1 絕對直線運動機構

(1) 司羅氏直線運動機構

為等腰連桿組之（也是往復滑塊）應用。如圖(二九)所示，其中AB＝BC＝BD，當曲柄AB轉動時，滑塊C作往復運動則D點沿垂直方向作直線運動。

(2) 皮氏直線運動機構：如圖(三十)所示，由多個四連桿組成，當主動桿擺動時，P點之運動軌跡為垂直之直線。當$\overline{AD}=\overline{DC}$，$\overline{AE}=\overline{AB}$，$\overline{CE}:\overline{CB}=\overline{BP}:\overline{PE}$。

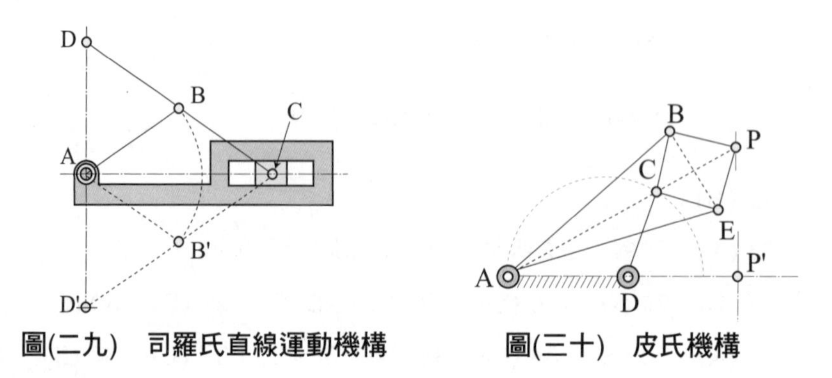

圖(二九) 司羅氏直線運動機構　　圖(三十) 皮氏機構

(3) 卡氏圓：

又稱為周轉直線機構，如圖(三一)所示。當滾圓之直徑恰等於導圓B之半徑，則滾圓上任一點之動路為一直線。

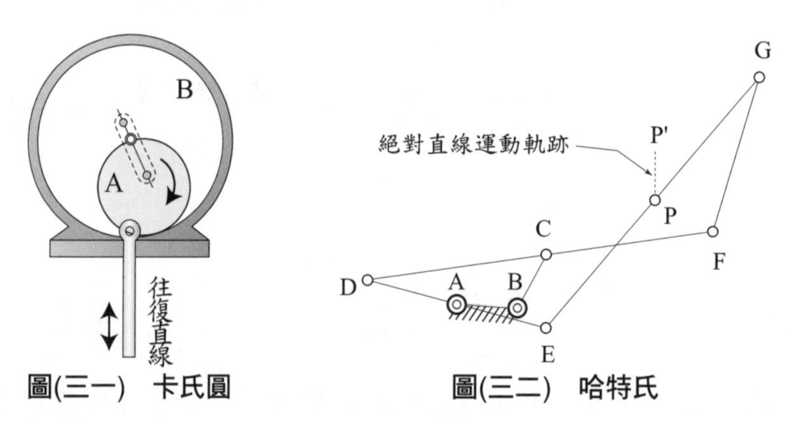

圖(三一) 卡氏圓　　圖(三二) 哈特氏

註：哈特氏由六連桿組成，也是絕對直線運動機構。如圖(三二所示)

2 近似直線運動機構

(1) 修正型司羅氏直線運動機構，如圖(三三)所示，其連桿長AB＝BC＝BP，將滑塊C與滑槽改由連桿代替來減少摩擦阻力。當主動桿AB擺動2θ角時，P點在y軸方向作近似直線運動，當搖桿（CD桿）越長，θ角越小越接近直線。此機構又稱蚱蜢機構。

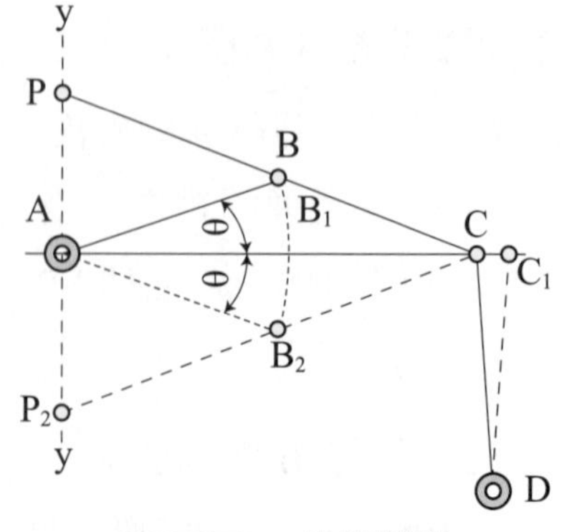

圖(三三) 蚱蜢機構

(2) 羅氏（又稱饒氏）直線運動機構：如圖(三四)所示。固定端 $\overline{AB}$：浮桿 $\overline{CD}$＝2：1，為敞開型不平行相等曲柄機構之應用，其中 $\overline{AC}=\overline{CP}=\overline{PD}=\overline{DB}$。當AC與BD分別繞固定軸A和B轉動時，P點沿 $\overleftrightarrow{AB}$ 作近似直線運動。

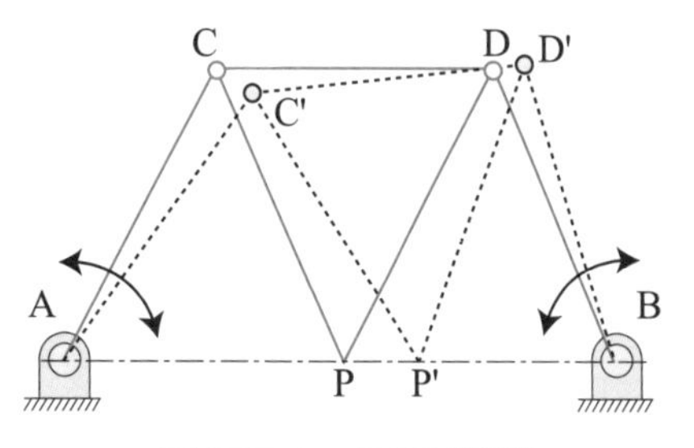

圖(三四) 羅氏機構

羅氏直線機構為敞開形非平行相等曲柄機構之應用。

(3) 蔡氏直線運動機構：如圖(三五)所示。

固定端（AD）：浮桿（CB）：曲柄（AB）＝4：2：5，且AB＝$\overline{CD}$，當AB桿順轉動時，BC桿之中點P的運動軌跡P_1PP_2為一近似直線，此種機構稱為「蔡氏直線運動機構」，為交叉相等曲柄（交叉四連桿）之應用。

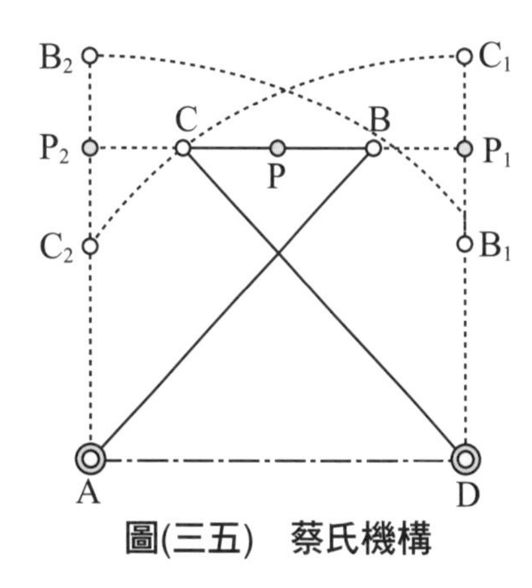

圖(三五) 蔡氏機構

(4) 瓦特氏直線運動機構：

如圖(三六)所示由四支連桿組成，A、D為兩固定軸，連桿AB與CD分別繞A、D軸擺動，若P所在之位置形成 $\frac{BP}{CP}=\frac{CD}{AB}$ 即 $\overline{BP}\times\overline{AB}=\overline{CP}\times\overline{CD}$ 之關係時，當AB或CD擺動時，P點之軌跡為「8」字型之「雙環曲線」，使用上僅取其近似直線之一段，應用於瓦特所發明之蒸汽機上。

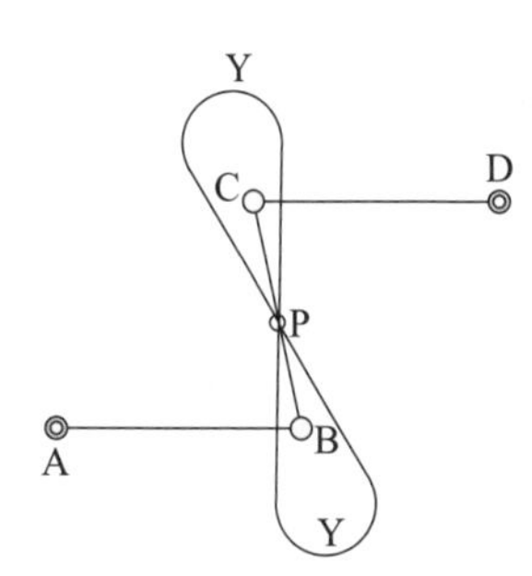

圖(三六) 瓦特氏機構

立即測驗

( ) **1** 何者是絕對直線運動機構？ (A)卡氏圓 (B)饒氏直線運動機構 (C)蚱蜢機構 (D)瓦特氏直線運動機構。

( ) **2** 蚱蜢機構為何種機構？ (A)直線運動機構 (B)急回機構 (C)比例運動機構 (D)肘節機構。

( ) **3** 下列何者為近似直線運動機構？ (A)皮氏直線機構 (B)司羅氏機構 (C)瓦特氏直線機構 (D)卡氏圓。

( ) **4** 卡氏圓直線運動機構，內導圓直徑為滾圓直徑的幾倍？ (A)2 (B)3 (C)4 (D)5 倍。

( ) **5** 皮氏運動機構為何種機構？ (A)平行運動機構 (B)近似直線運動機構 (C)比例運動機構 (D)絕對直線運動機構。

( ) **6** 羅氏直線運動機構，固定桿與連桿長度的比例為： (A)1：2 (B)2：1 (C)1：4 (D)4：1。

( ) **7** 皮氏直線機構由幾根連桿所組成？ (A)8根 (B)9根 (C)7根 (D)6根。

( ) **8** 蔡氏直線運動機構中，固定中心連線：浮桿：曲柄的長度比為：(A)4：2：5 (B)5：4：2 (C)4：5：2 (D)5：2：4。

( ) **9** 蚱蜢機構是 (A)瓦特氏 (B)蔡氏 (C)饒氏 (D)司羅氏 直線運動機構的應用。

( ) **10** 如圖所示機構，P點之運動動路為：
(A)8字型 (B)絕對直線字型
(C)W字型 (D)O字型。

P

( ) **11** 非平行等曲柄機構為何種直線運動機構？
(A)瓦特氏 (B)司羅氏 (C)饒氏 (D)蔡氏。

( ) **12** 應用交叉型非平行等曲柄機構為何種直線運動機構？ (A)瓦特氏 (B)司羅氏 (C)饒氏 (D)蔡氏。

解答 1 (A) 2 (A) 3 (C) 4 (A) 5 (D) 6 (B) 7 (A) 8 (A) 9 (D) 10 (A) 11 (C) 12 (D)

考前實戰演練

( ) **1** 機構之死點位置是發生在： (A)浮桿與從動曲柄垂直 (B)浮桿與主動曲柄垂直 (C)浮桿與從動曲柄共線 (D)浮桿與主動曲柄共線。

( ) **2** 運動機構中，突破死點方法為： (A)增加曲柄之重量 (B)藉曲柄之慣性力 (C)用兩組四連桿機構聯合操作 (D)增加曲柄長度。

( ) **3** 機構必為： (A)拘束鏈 (B)無拘束鏈 (C)呆鏈 (D)以上皆可。

( ) **4** 有關四連桿機構之敘述，何者錯誤？ (A)繞固定軸心作擺動之連桿稱為搖桿 (B)從動曲柄與浮桿成一直線時，此位置稱為死點 (C)最長桿件之長度，一定要大於其餘三連桿件長度之總和 (D)若最長桿與最短桿之和小於另兩桿長之和時，最短桿件固定即為雙曲柄機構。

( ) **5** 雙搖桿機構之特徵為下列何者較短？ (A)連心線 (B)浮桿 (C)曲柄 (D)搖桿。

( ) **6** 在牽桿機構中，若一曲柄作等速迴轉運動，則另一曲柄作：
(A)等速直線運動 (B)不等速直線運動
(C)等速迴轉運動 (D)不等速迴轉運動。

( ) **7** 於連桿裝置中，桿與桿間用何種方式加以連接？ (A)焊接 (B)鉚接 (C)銷接 (D)鍛接。

( ) **8** 四連桿機構若浮桿最短，則此四連桿有可能為： (A)曲柄搖桿連桿組 (B)雙曲柄連桿組 (C)牽桿連桿組 (D)雙搖桿連桿組。

( ) **9** 將四連桿組中之最短的連桿固定，即成何種機構？ (A)曲柄搖桿 (B)雙搖桿 (C)雙曲柄 (D)肘節機構。

( ) **10** 下列四連桿機構中，何者能將連續旋轉運動轉變為週期搖擺運動？ (A)曲柄搖桿機構 (B)雙曲柄機構 (C)雙搖桿機構 (D)平行等曲柄機構。

( ) **11** 比例運動機構的固定軸、描點與繪點等三點必需： (A)在一直線上 (B)形成一正三角形 (C)形成一直角三角形 (D)不在一直線上。

( ) **12** 某四連桿機構的固定桿、主動桿、浮桿及從動桿的長度分別為 6 cm、3 cm、4 cm及4 cm，則此機構為： (A)雙曲柄機構 (B)雙搖桿機構 (C)等腰連桿機構 (D)曲柄搖桿機構。

( ) **13** 如圖$\overline{AB}$＝20cm、$\overline{BC}$＝80cm，AB桿以60rpm逆時針轉動，則滑塊之最大速度為多少cm／sec？ (A)20π (B)30π (C)40π (D)60π。

( ) **14** 承上題，滑塊之最小速度為多少cm／sec？ (A)0 (B)2π (C)4π (D)6π。

( ) **15** 曲柄滑塊機構中，若曲柄長為10cm，連桿長15cm，則滑塊之衝程為： (A)10cm (B)20cm (C)30cm (D)40cm。

( ) **16** 曲柄式牛頭鉋床之曲柄長30公分，連心線長50公分，若往復一次需時5秒，則切削行程約佔多少秒？ (A)1.5 (B)2.5 (C)3.5 (D)4。

( ) **17** 一曲柄式鉋床切削行程所占時間為回程的2倍，則切削角度為： (A)120° (B)140° (C)220° (D)240°。

( ) **18** 汽車前輪轉向機構，一般採用： (A)牽桿機構 (B)平行相等曲柄機構 (C)交叉相等曲柄機構 (D)相等曲柄機構。

( ) **19** 下列何種機構能在短距離內傳遞最大作用力？ (A)相等曲柄 (B)惠氏速回 (C)雙滑塊連桿 (D)肘節。

( ) **20** 橢圓規、歐丹聯結器（Oldham's compling）是何種機構的應用？ (A)牽桿 (B)平行等曲柄 (C)等腰連桿 (D)交叉等曲柄。

( ) **21** 急回機構是：
(A)在機械作功時，效率較小
(B)在機械作功時，時間較短
(C)在機械不作功時，效率較小
(D)在機械不作功時，速率較大。

( ) **22** 汽車雨刷是何種機構之應用？ (A)雙曲柄機構 (B)雙搖桿機構 (C)曲柄搖桿機構 (D)比例運動機構。

( ) **23** 機車火車上兩輪間之迴轉是何種機構？ (A)交叉等曲柄組 (B)曲柄搖桿組 (C)平行相等曲柄組 (D)相等曲柄組。

( ) **24** 電扇之擺頭裝置是何種機構之應用？ (A)雙曲柄機構 (B)雙搖桿機構 (C)曲柄搖桿機構 (D)曲柄滑塊組。

( ) **25** 內燃機之活塞、曲柄與連桿構成下列何種機構？ (A)曲柄搖桿機構 (B)等腰連桿機構 (C)滑塊曲柄機構 (D)蔡氏運動機構。

( ) **26** 下列何種連桿機構為司羅氏（Scott-Russel）直線運動機構的基本構型？ (A)雙滑塊機構 (B)擺動滑塊曲柄機構 (C)迴轉滑塊曲柄機構 (D)往復滑塊曲柄機構。

( ) **27** 如圖所示之曲柄搖桿機構，連桿AB長為80mm，連桿BC長為160mm，連桿CD長為90mm，則固定連桿AD長度宜為多少mm？ (A)120 (B)140 (C)160 (D)180。

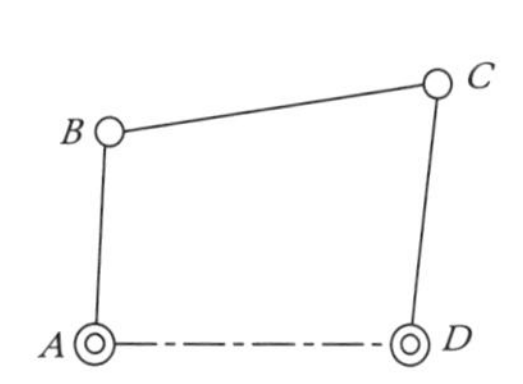

( ) **28** 蔡氏直線運動機構之固定中心連線：曲柄：浮桿之長度比為：(A)4：5：2 (B)5：2：4 (C)5：4：2 (D)4：2：5。

( ) **29** 下列有關肘節機構的敘述，何者錯誤？
(A)出力漸增時，滑塊的速度也漸增
(B)肘節機構是滑塊曲柄機構的應用
(C)可產生極大的輸出推力
(D)具有極佳的機械利益。

( ) **30** 羅伯氏直線運動機構之浮桿與固定桿之長度比例為：
(A)1：2 (B)2：1 (C)1：3 (D)3：1。

( ) **31** 下列何者為絕對直線運動機構？ (A)皮氏直線運動機構 (B)饒氏直線運動機構 (C)蔡氏直線運動機構 (D)瓦特氏直線運動機構。

( ) **32** 一組四連桿組A、B、C、D，其中聯心線A，連桿C，曲柄B，搖桿D，若欲此四連桿組成為曲柄搖桿機構時，下列條件中何者錯誤？
(A)A－D＜C－B (B)B＋C＜A＋D
(C)A＋B＜C＋D (D)A－C＜B－D。

( ) **33** 司羅氏直線運動為何種機構之應用？ (A)球面連桿 (B)等腰連桿 (C)相等曲柄機構 (D)交叉相等曲柄機構。

( ) **34** 工廠使用之手剪機是應用何種機構？ (A)相等曲柄機構 (B)肘節連桿機構 (C)交叉相等曲柄機構 (D)曲柄滑塊機構。

(　　) **35** 關於四連桿機構死點的敘述，下列何者不正確？　(A)連接浮桿傳達之力不能產生力矩以驅動從動曲柄，此位置稱為死點　(B)曲柄搖桿機構之從動件若加裝飛輪，可以消除機構死點　(C)曲柄搖桿機構若搖桿為主動，則一運動循環具有兩個死點　(D)雙曲柄機構的機架（固定桿）為最短桿，傳動過程會產生死點。

(　　) **36** 當人騎腳踏車時，搖桿等同於何者？　(A)大腿　(B)手　(C)踏板　(D)小腿。

(　　) **37** 若要構成牽桿機構，使二曲柄皆可繞其各自軸心作360°旋轉，則下列那一條件必須成立？　(A)主動曲柄最短　(B)從動曲柄最短　(C)固定桿最短　(D)連接桿最短。

(　　) **38** 下列四連桿機構中，何者能將連續旋轉運動轉變為週期搖擺運動？　(A)曲柄搖桿機構　(B)雙曲柄機構　(C)雙搖桿機構　(D)平行等曲柄機構。

(　　) **39** 一曲柄搖桿四連桿機構，若搖桿為主動件，則曲柄之全程運動路徑將發生幾個死點（dead point）？　(A)1　(B)2　(C)3　(D)4。

(　　) **40** 下列何種連桿機構只需較小的輸入力，即可產生極大的輸出力，且常用於碎石機及夾鉗？　(A)肘節機構　(B)雙曲柄機構　(C)平行等曲柄機構　(D)不平行等曲柄機構。

(　　) **41** 圖為一曲柄搖桿機構之示意圖，若曲柄AB長30cm，搖桿CD長80cm，兩軸中心距AD長100cm，則連桿BC之尺寸（cm）應在下列何種範圍內？
(A)150＞BC＞50
(B)180＞BC＞60
(C)120＞BC＞40
(D)210＞BC＞70。

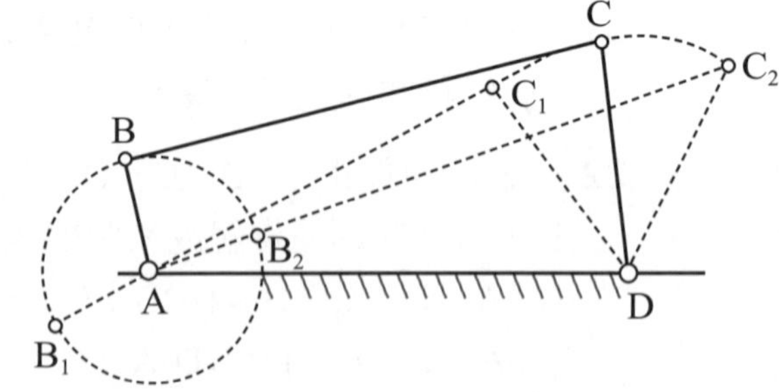

(　　) **42** 一蘇格蘭軛機構如圖所示，當曲柄A以等角速度順時針旋轉，由B點轉到C點，滑塊F的運動敘述何者正確？
(A)等速運動
(B)等加速運動
(C)等減速運動
(D)簡諧運動。

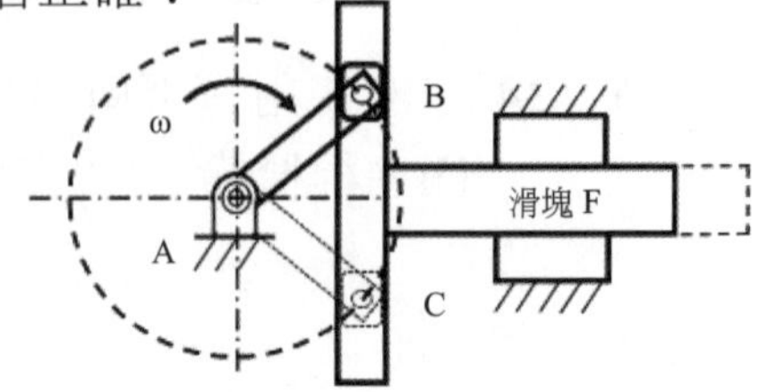

第15章 起重滑車

15-1 滑車的原理

滑車為槓桿原理之應用，用於吊起或搬運重物之用途，或用以改變施力方向之用途，可運用滑車組合來提高機械利益，用較小之力量舉起較大之重物。如圖(一)所示

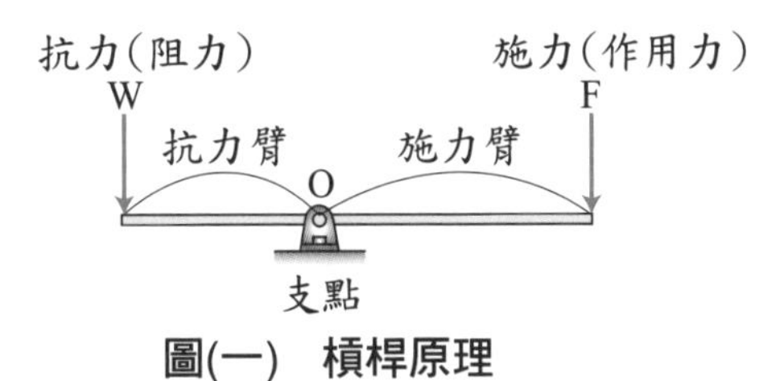

圖(一) 槓桿原理

槓桿原理：施力×施力臂＝抗力×抗力臂

即 $機械利益=\frac{抗力}{施力}=\frac{施力臂}{抗力臂}$

1 機械利益M：機械利益為抗力(W)與施力(F)之比值。

即機械利益$M=\frac{W\ 抗力}{F\ 施力}$

(1) 機械利益M＞1：省力，但費時。

$M=\frac{W}{F}>1$ ∴W＞F 抗力＞施力 ∴施力較小→省力。

(2) 機械利益M＜1：費力，但省時。

$M=\frac{W}{F}<1$ ∴W＜F 抗力＜施力 ∴施力較大→費力。

(3) 機械利益M＝1：不省力也不省時，但可以改變施力方向。

(4) 功＝力×力方向之位移，若沒有摩擦損失，輸入功＝輸出功
∴省力一定費時，費力一定省時。不管省力或費力均不省功。

2 槓桿種類

(1) 第一種槓桿：槓桿之支點在中間者。如圖(二)所示。其機械利益可大於1，等於1，或小於1，即機械利益可為任意值。其應用如定滑輪、天平、剪刀，均為第一種槓桿之應用。

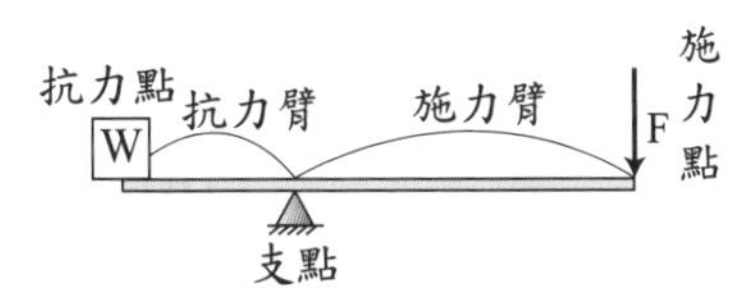

圖(二) 第一種槓桿（支點在中間）

(2) 第二種槓桿：槓桿之抗力點在中間者。如圖(三)所示。其機械利益恆大於1。主要目地為省力，但費時，其應用如動滑輪、釘書機、破果鉗、開瓶器和剪草藥之鍘刀等。

(3) 第三種槓桿：槓桿之施力點在中間者。如圖(四)所示。其機械利益恆小於1。主要目的為省時，但不省力亦不省功，其應用：如鑷子夾、筷子、釣竿、麵包夾等。

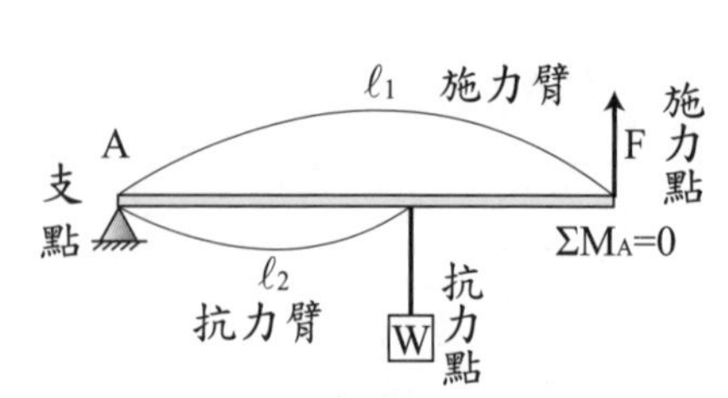

$F \cdot \ell_1 = w \times \ell_2 \ (\ell_1 > \ell_2)$

$\therefore F = W \cdot \dfrac{\ell_2}{\ell_1}$　即 $M = \dfrac{W}{F} = \dfrac{\ell_1}{\ell_2} > 1$

∴為省力費時

圖(三)　第二種槓桿（抗力點在中間）

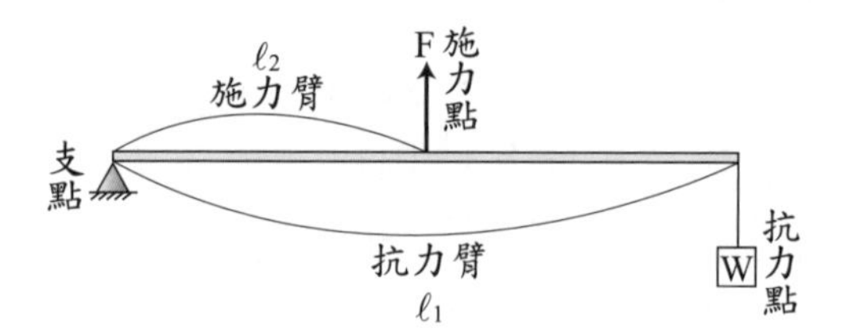

$F \times \ell_2 = W \cdot \ell_1$

$\therefore M = \dfrac{W}{F} = \dfrac{\ell_2}{\ell_1} (\ell_1 > \ell_2)$

$\therefore M = \dfrac{W}{F} < 1$　　∴W＜F為費力省時

圖(四)　第三種槓桿（施力點在中間）

立即測驗

(　　) **1** 滑車為何種原理的應用？　(A)螺旋　(B)槓桿　(C)斜面　(D)摩擦。

(　　) **2** 當機械利益大於1時，下列敘述何者正確？　(A)施力點與抗力點共點　(B)支點於施力點與抗力點間　(C)抗力點於支點與施力點間　(D)施力點於支點與抗力點間。

(　　) **3** 何者不是使用滑輪的主要目的？　(A)改變力的方向　(B)省力　(C)省時　(D)省力又省時。

(　　) **4** 剪刀機械利益為何？　(A)小於1　(B)等於1　(C)大於1　(D)可為任何值。

(　　) **5** 用魚桿釣魚為何種槓桿原理之應用？　(A)第一種　(B)第二種　(C)第三種　(D)以上皆是。

解答　**1 (B)**　**2 (C)**　**3 (D)**　**4 (D)**　**5 (C)**

15-2 起重滑車

1 單體滑車：

定滑輪或動滑輪單獨使用者，稱為單體滑車。

(1) 定滑車（定滑輪）

輪軸固定不動的滑車稱為定滑車。如圖(五)所示，為第一種槓桿的應用。由槓桿原理 $F\times r=W\times r$，即

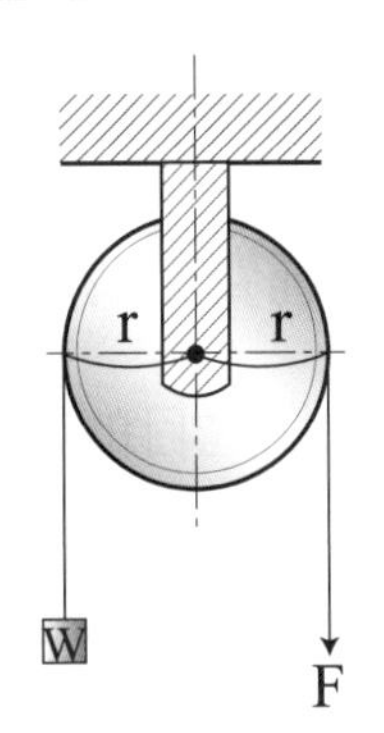

圖(五) 定滑車

$$機械利益M=\frac{W}{F}=1 \quad \therefore W=F$$

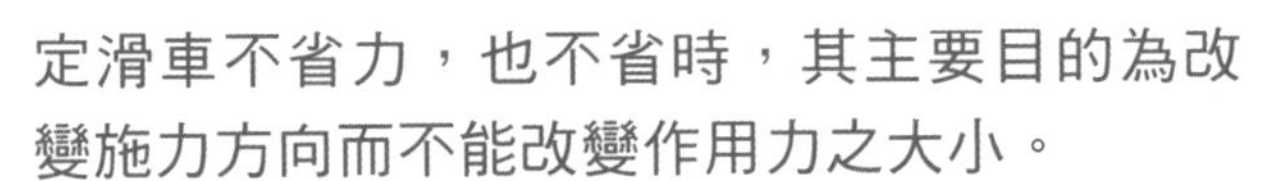

定滑車不省力，也不省時，其主要目的為改變施力方向而不能改變作用力之大小。

① 當一輪軸上同時有兩定滑輪之「複式定滑車」。若重物W吊於小輪，當施力作用在大輪上時，其機械利益恆大於1，可省力但不省時。如圖(六)所示，由 $F\times R=W\times r$

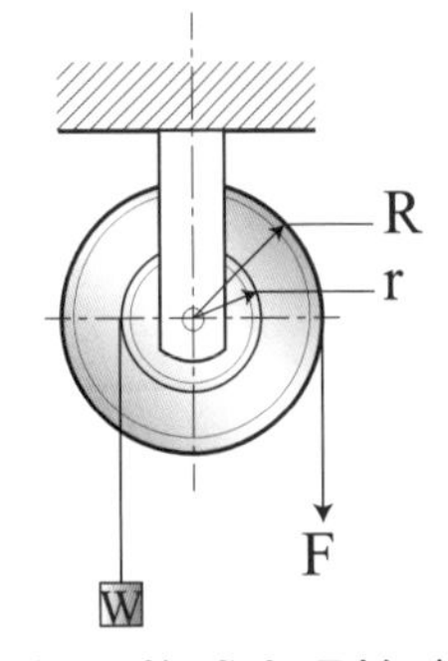

圖(六) 複式定滑輪（省力費時之方式）

$$機械利益M=\frac{W}{F}=\frac{R}{r}$$

② 當重物W吊於大輪，施力作用在小輪上時，其機械利益恆小於1，為費力省時，如圖(七)所示，由 $F\times r=W\times R$

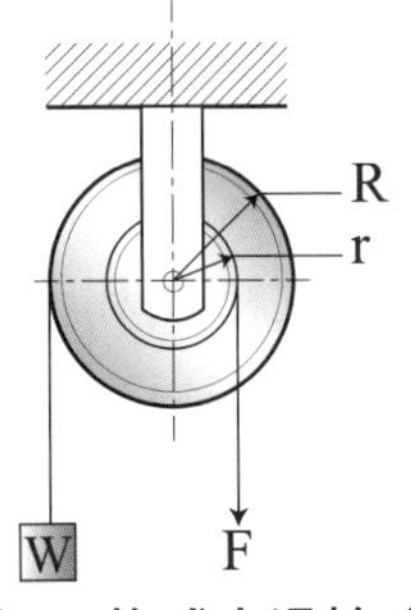

圖(七) 複式定滑輪（費力省時之方式）

$$機械利益M=\frac{W}{F}=\frac{r}{R}$$

(2) 動滑車

① 滑輪軸會移動的滑車稱為「動滑車」。如圖(八)所示，一般為第二種槓桿的應用（抗力點在中間），由槓桿原理 $F\times 2r=W\times r$，$M=\frac{W}{F}=2$

其機械利益為2之省力型動滑車。

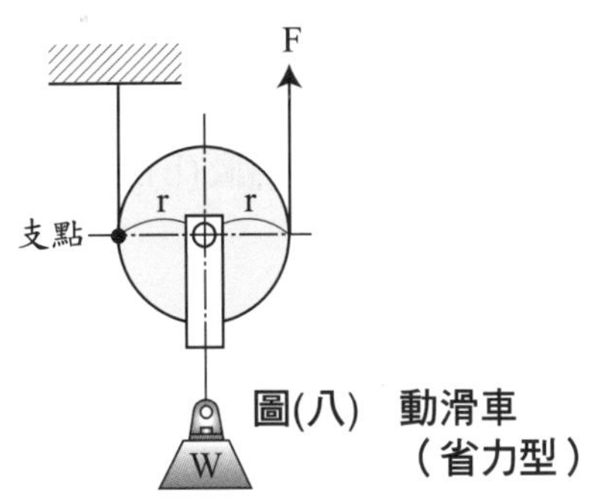

圖(八) 動滑車（省力型）

②圖(九)之動滑車屬於施力點在中間之第三種槓桿的應用。

由槓桿原理$F \times r = W \times 2r$

$\therefore$機械利益$M = \dfrac{W}{F} = \dfrac{1}{2}$

為一種費力型之動滑車。

③動滑輪之目的在於省力，不會改變作用力之方向；若將動滑輪與定滑輪合併使用，則可達到省力及改變作用力之方向之目的，如圖(十)所示。

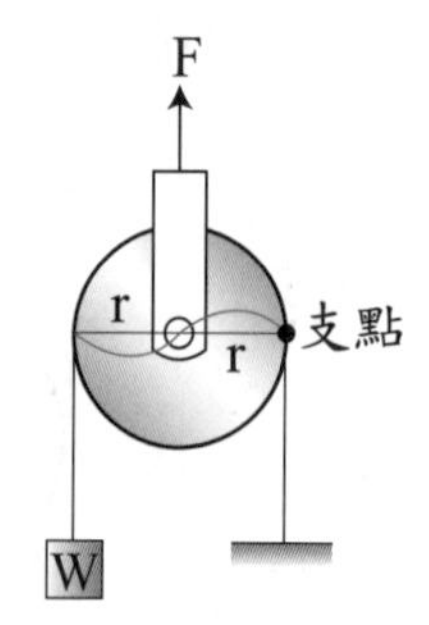

圖(九) 動滑車（費力型）

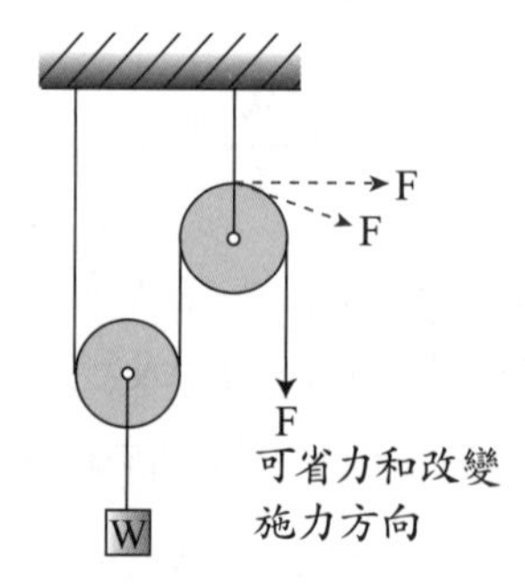

圖(十) 動滑輪和定滑輪合併使用

2 複合滑車

將數個定滑車與數個動滑車合併組成，達到省力和改變運動方向，此種組合稱為「複合滑車」。

以力學觀念求機械利益，若繩子與滑輪間無摩擦損失，同一條繩子的張力完全相同，即可求得機械利益。

(1) 數個單槽輪所組成之滑車

如圖(十一)(a)為四個單槽輪所組合而成的滑車，A、B為定滑輪，C、D為動滑輪。由圖(b)之自由體圖中

$W = 4F$

$\therefore$其機械利益$M = \dfrac{W}{F} = 4$

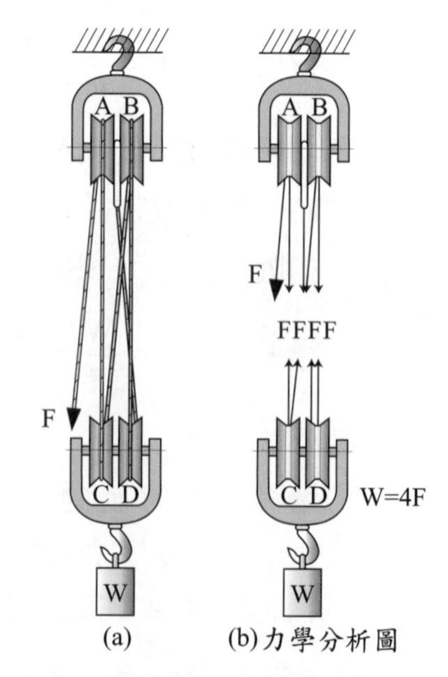

圖(十一) 由數個單槽輪所組成之滑車

(2) 一單槽輪與一雙槽輪所組成之滑車

如圖(十二)(a)和(c)所示為一單槽輪與一雙槽輪所組成之滑車，A為雙槽定滑輪，B為單槽動滑輪，由圖(b)之自由體圖中W＝3F

$$\therefore 其機械利益M=\frac{W}{F}=3$$

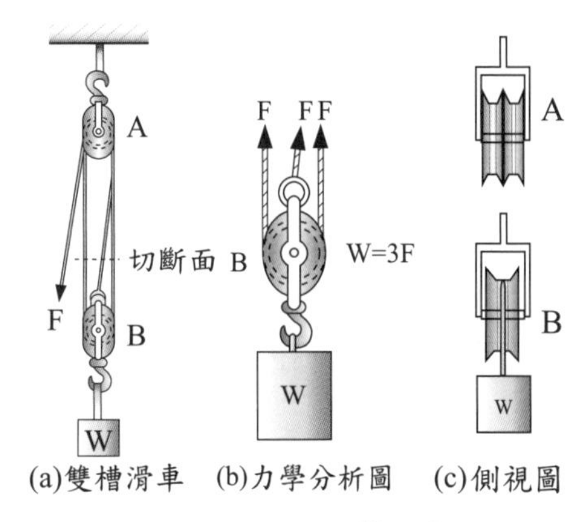

圖(十二) 雙槽滑車

(3) 單槽一定一動滑輪組

如圖(十三)(a)所示，為單槽一定一動滑輪組，A為定滑輪，B為動滑輪。由圖(b)所示之力學分析圖，

$$W=2F，M=\frac{W}{F}=2$$

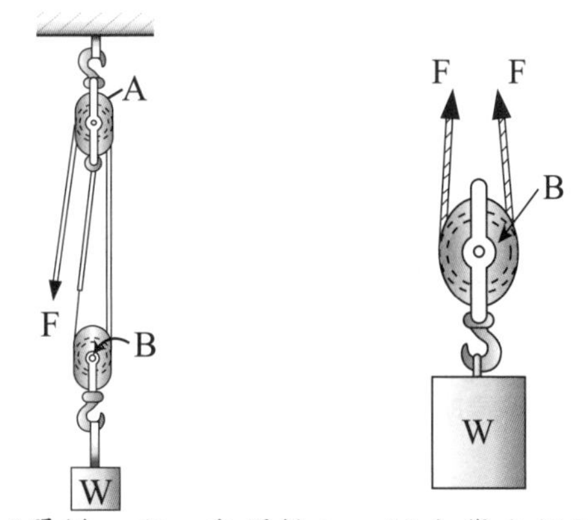

圖(十三) 單槽滑車

(4) 帆滑車（雙組滑車）

帆滑車又稱「雙滑車組」，如圖(十四)(a)所示為兩組複滑車的組合，可分別求各組複滑車的機械利益，再相乘可得到帆滑車的機械利益。如圖中AB的機械利益為3，施力處CD輪之機械利益為4

則機械利益M＝3×4＝12

圖(十四)(b)為力學分析圖，

可得W＝12F

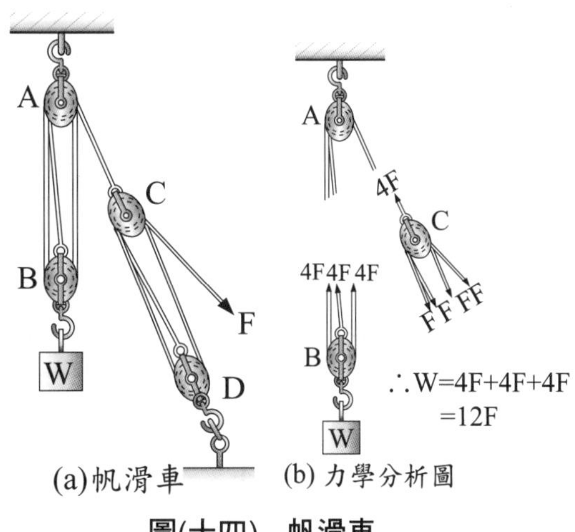

圖(十四) 帆滑車

(5) 西班牙滑車

西班牙滑車為一定滑輪及一動滑輪所組成，如圖(十五)(a)所示。

由圖(十五)(b)之自由體圖中，

可求得W＝3F， 機械利益$M=\frac{W}{F}=3$

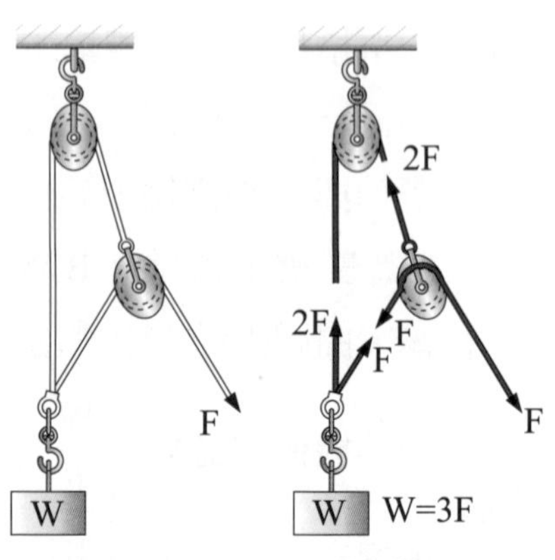

(a)西班牙滑車 (b)力學分析圖

圖(十五) 西班牙滑車

(6) 惠斯登差動滑車：如圖(十六)所示。

惠斯登差動滑車，有兩個不同直徑的定滑輪（A、B鏈輪直徑分別為D、d）裝在同一軸，下面有一動滑輪，用一條鏈條聯接採閉合式鏈圈所組成。

機械利益$M=\frac{W}{F}=\frac{2D}{D-d}$

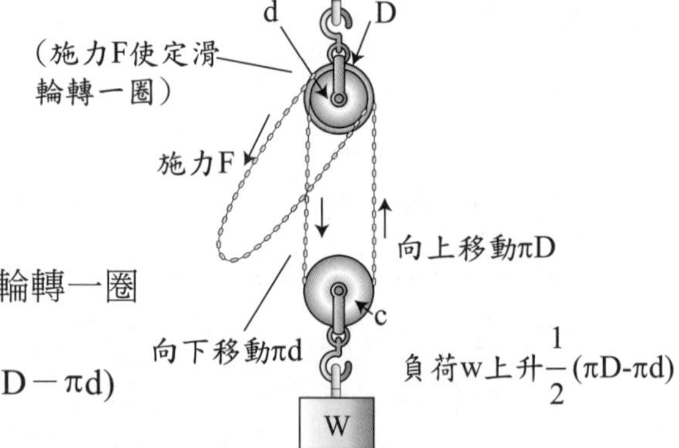

圖(十六) 惠斯登差動滑車

證明 (1)若沒有摩擦損失時：

輸入功＝輸出功，

若拉力F使上方定滑輪轉一圈

$$\therefore F\cdot\pi D=W\cdot\frac{1}{2}(\pi D-\pi d)$$

$$\therefore M=\frac{W}{F}=\frac{2D}{D-d}$$

（當兩定滑輪直徑差越小（越接近），機械利益越大）

(2)考慮效率時，機械效率$\eta=\frac{輸出功}{輸入功}=\frac{W\cdot\frac{1}{2}(\pi D-\pi d)}{F\cdot\pi D}$

$$\therefore M=\frac{W}{F}=\frac{2D}{D-d}\times\eta$$

(7) 中國式絞盤：如圖(十七)所示。

施力F作用於曲柄上，曲柄半徑為R，轉動兩個直徑不同之圓柱體使物體上升。當D－d越接近於零，機械利益越大。

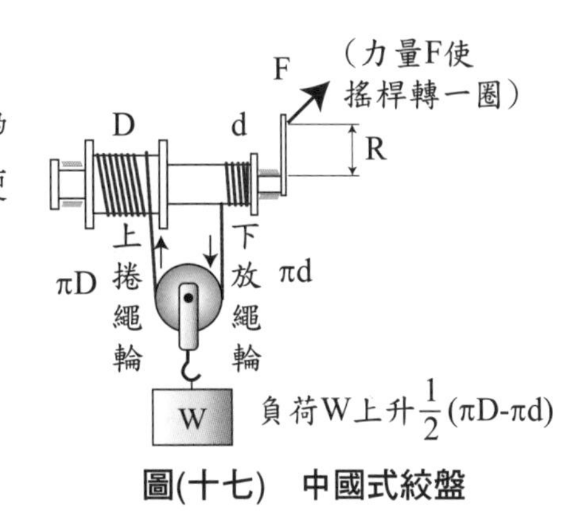

圖(十七) 中國式絞盤

機械利益$M=\dfrac{W}{F}=\dfrac{4R}{D-d}$

證明 力量F轉一圈

(1)沒有摩擦損失時：輸入功＝輸出功，

$$F\cdot 2\pi R = W\cdot\frac{1}{2}(\pi D-\pi d)$$

$$\therefore \text{機械利益}M=\frac{W}{F}=\frac{4R}{D-d}$$

(2)考慮效率時，

$$\text{機械效率}\eta=\frac{\text{輸出功}}{\text{輸入功}}=\frac{W\cdot\frac{1}{2}(\pi D-\pi d)}{F\cdot 2\pi R}$$

$$\therefore M=\frac{W}{F}=\frac{4R}{D-d}\times\eta$$

3 電動鏈條吊車：

大型機械廠、船舶廠、汽車廠及鑄造工廠中，搬運重型機件大都用電動鏈條吊車的設備俗稱天車。有掛鉤型用於小型和臨時工程之吊掛作業和移動，而軌道型之吊掛範圍大，移動性方便之用。

滑車組

老師講解 1

如圖所示之滑輪組中若不考慮摩擦損失，機械利益為多少？物重1400kg，則需多少作用力方可吊起重物？

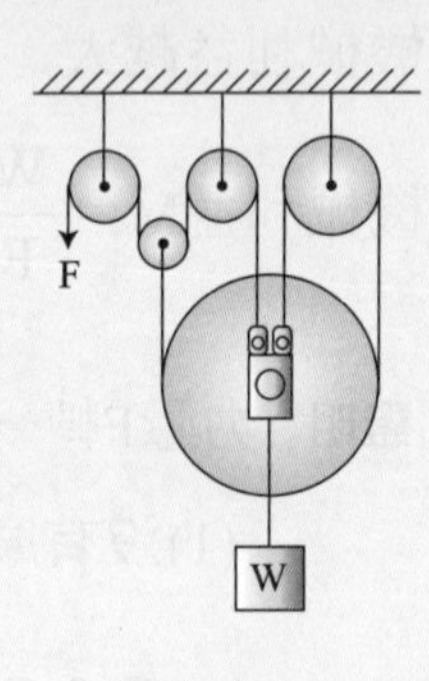

解：1. ∴ $7F=W$

$$M=\frac{W}{F}=7$$

2. $7=\frac{1400}{F}$

$\therefore F=200kg$

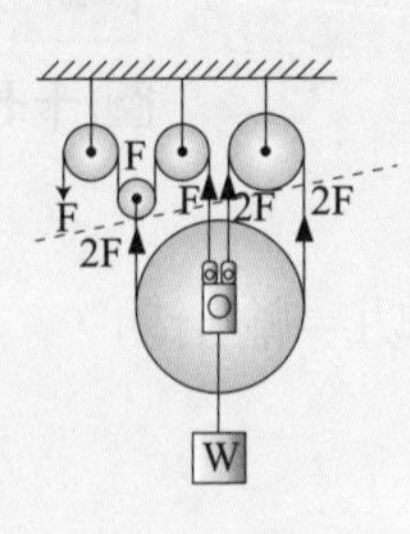

學生練習 1

如圖所示之滑輪組中若沒有摩擦損失，機械利益為多少？若以250kg作用力可吊起重物為多少公斤？

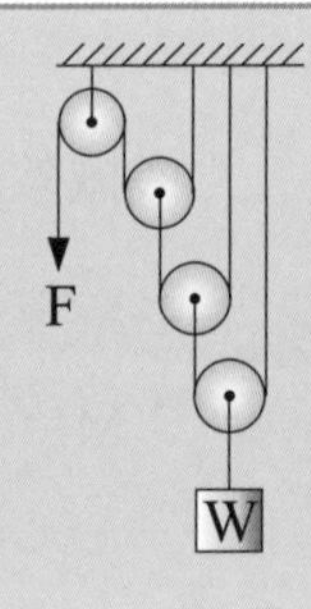

滑車組之功率與效率

老師講解 2

右圖之滑車組，若施力P為1KN，可將重物W以平均每分鐘240公尺的速率升起，若不計摩擦損失，則該滑車組之機械利益為多少？消耗之功率為多少kW？

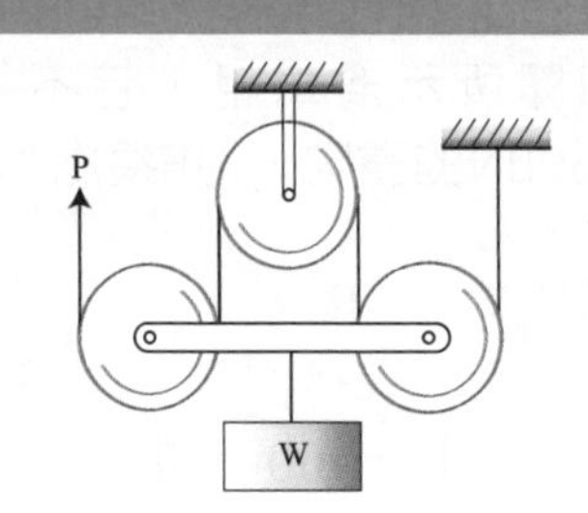

解：1.$W=4P=4\times1000$牛頓

$\therefore M=4$

2.不計摩擦損失

輸入功率＝輸出功率

功率$=F_{出}\cdot V_{出}$

$=4000\times4$

$=16000$瓦特$=16kW$

（$V=240m/分=\dfrac{240\ m}{60\ 秒}=4\ m/sec$）

學生練習 2

如圖所示的滑車組，若機械效率為50%，則欲吊起1600牛頓之重物時，試求施力P為若干牛頓？

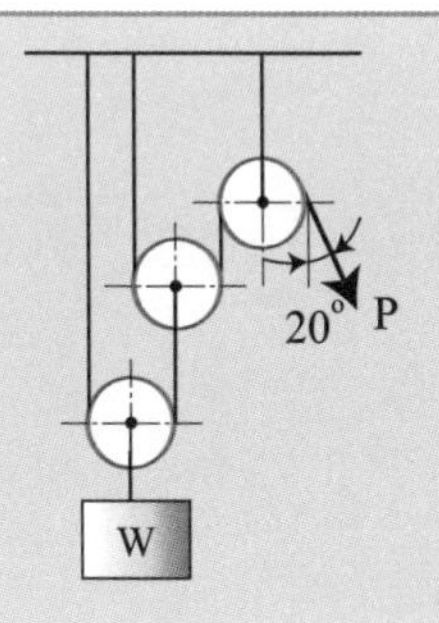

滑車組複雜型

老師講解 3

如圖所示滑車組，若不考慮摩擦損失，欲吊起W＝2800N的重物，則F須施力多少牛頓？

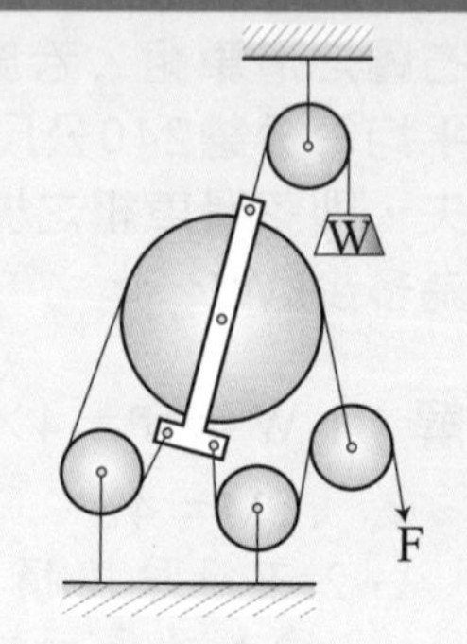

解：W＝7F

2800＝7F

∴F＝400牛頓

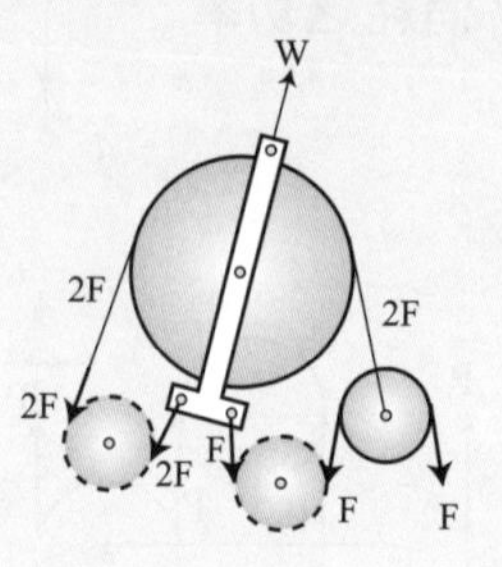

學生練習 3

如圖所示滑車組，若不計摩擦損失，欲吊起W之物體以每分鐘上升30m，若F施力1000N，則此時功率為多少kW？

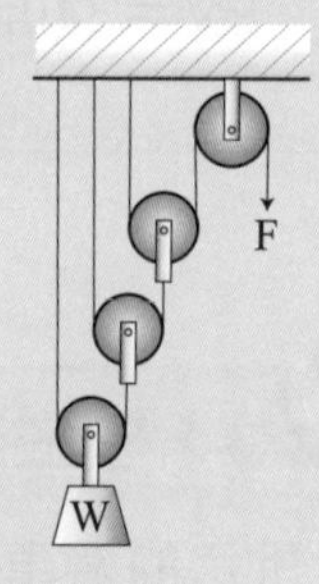

滑車齒輪組合型

老師講解 4

如圖所示為三種機械槓桿、輪系、複滑車所組合的機械結構，若不考慮摩擦損失，此機構受100N頓之力則可吊起重物W為若干牛頓？

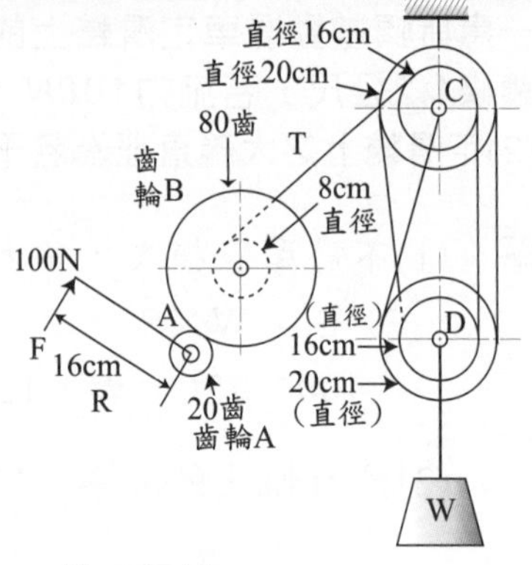

解：力量轉搖桿一圈

A齒輪20齒傳給B齒輪80齒

∴A轉一圈B轉$\frac{1}{4}$圈，走$\frac{1}{4}$的圓周長

設繩子力量為T，沒有摩擦損失

輸入功＝輸出功，$F \cdot 2\pi R = T \cdot \frac{1}{4}\pi D$

$100 \times 2\pi \times 16 = T \times \frac{1}{4} \times \pi \times 8$

∴T＝1600牛頓

又W＝4T＝6400牛頓

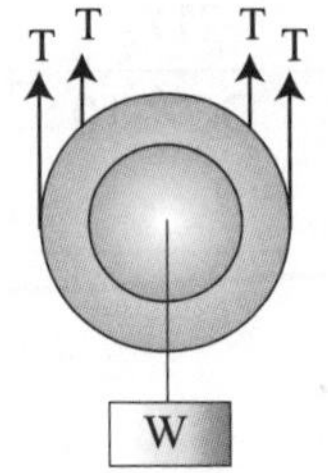

學生練習 4

如圖所示之起重機械系，手柄半徑R為60cm，蝸輪與捲筒同軸一起轉動，捲筒半徑為20cm，蝸桿為雙線，蝸輪80齒，若不計摩擦損失，則最小施力F為多少，即可將6000牛頓之重物W吊起？

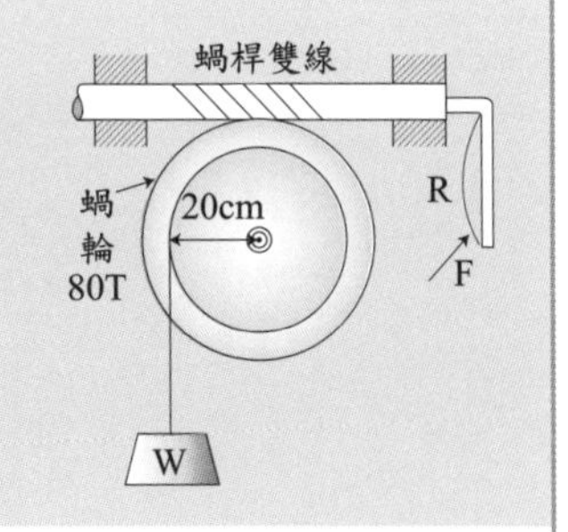

差動滑車

老師講解 5

一惠斯頓差動滑車定滑輪上的小輪直徑10cm，將重物拉升12公分時，需拉動鏈條1.2公尺，若施力100N，不計摩擦損失，試求(1)可吊起重物若干牛頓？(2)定滑輪上之大輪直徑為若干公分？

解：(1)不計摩擦損失，輸入功＝輸出功

$F \times S_F = W \times S_W$

$\therefore 100 \times 120 = W \times 12$　　故 $W = 1000$（牛頓）

(2)惠斯頓差動滑車　$M = \frac{W}{F} = \frac{2D}{D-d}$

$\therefore \frac{1000}{100} = \frac{2D_{大}}{D_{大}-10} = 10$　$\therefore 10D_{大} - 100 = 2D_{大}$　$\therefore D_{大} = 12.5\text{cm}$

學生練習 5

一惠斯頓差動滑車定滑輪上之大輪直徑6cm，小輪直徑4cm，機械損失40%，若施力25N，則可拉起重物起若干N？

中國式絞盤

老師講解 6

中國式絞盤，大鼓輪直徑60cm，小鼓輪直徑50cm，手柄長20cm，若不考慮摩擦損失則(1)機械利益為多少？(2)施力F＝300N，可吊起重物W為若干牛頓？

解：(1) 中國式絞盤 $M=\dfrac{W}{F}=\dfrac{4R}{D-d}$

$\therefore$ 機械利益 $M=\dfrac{4\times 20}{60-50}=8$

(2) $\dfrac{W}{300}=\dfrac{4\times 20}{60-50}$　$\therefore W=2400$ 牛頓

學生練習 6

中國式絞盤，搖臂長30公分，兩鼓輪直徑分別為60及40公分，若不計摩擦損失，則(1)以100牛頓之力可升起若干牛頓之重物？(2)機械利益為多少？

立即測驗

( ) **1** 惠斯頓差動滑車的兩定滑輪半徑愈接近，機械利益則為：(A)愈大 (B)愈小 (C)不變 (D)不一定。

( ) **2** 機械利益大於1的滑車： (A)省力費時 (B)省時費力 (C)省時省力 (D)不省時不費力，但可改變施力方向。

( ) **3** 如圖(一)所示之滑輪組中，以50公斤之作用力可吊起重物多少公斤？
(A)50kg
(B)150kg
(C)200kg
(D)300kg。

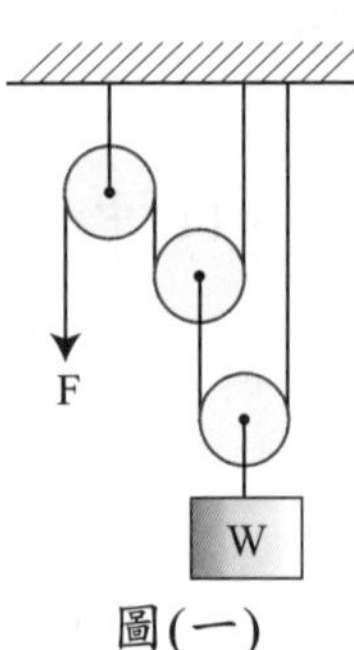

圖(一)

( ) **4** 差動滑車大輪半徑為R，小輪半徑為r，作用力為F，則可舉起之重量為W為： (A)$\dfrac{R+r}{2FR}$ (B)$\dfrac{2FR}{R+r}$ (C)$\dfrac{R-r}{2FR}$ (D)$\dfrac{2FR}{R-r}$ 。

( ) **5** 圖(二)為一滑車組，其機械利益為：
(A)1
(B)2
(C)3
(D)4。

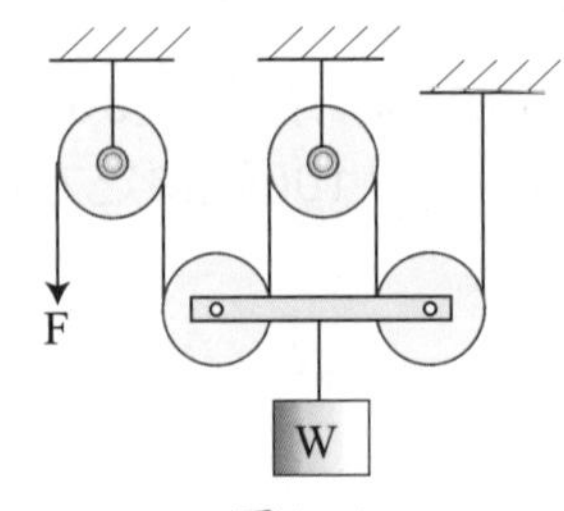

圖(二)

( ) **6** 如圖(三)所示之滑車組中，欲吊起W＝300kg之重物，則F需施若干公斤力？
(A)20
(B)30
(C)40
(D)50。

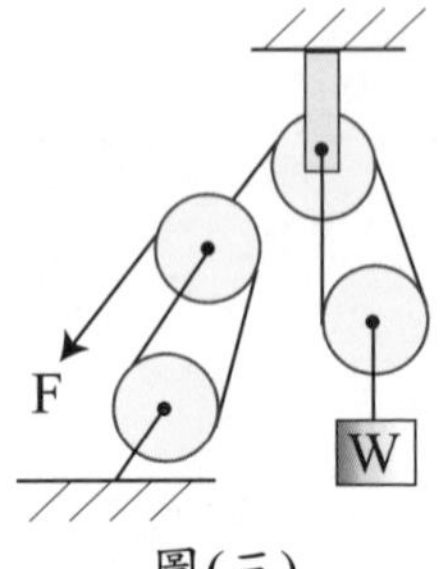

圖(三)

( ) **7** 一起重機在5秒內，以等速上升舉起一重100kg之物體上升10m，則此起重機之功率最接近多少仟瓦： (A)2 (B)20 (C)200 (D)2000。

( ) **8** 如圖(四)所示之滑車組，若欲使重物上升40cm，則施力點需將繩拉下多少公分？

(A)10cm

(B)40cm

(C)160cm

(D)200cm。

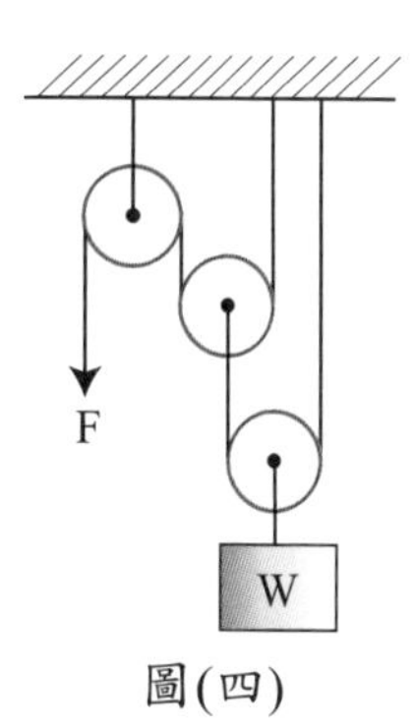

圖(四)

( ) **9** 圖(五)中，若滑輪吊重W為120kg，則平衡時F應為多少公斤？

(A)10

(B)20

(C)30

(D)40 kg。

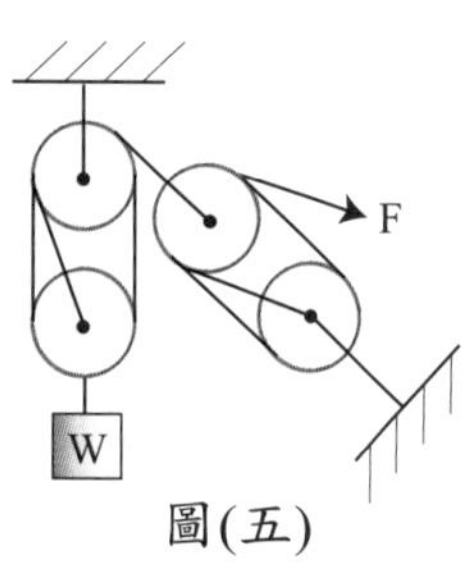

圖(五)

( ) **10** 如圖(六)所示之滑車組，設不計摩擦損失，則其機械利益為若干？

(A)2

(B)3

(C)4

(D)6。

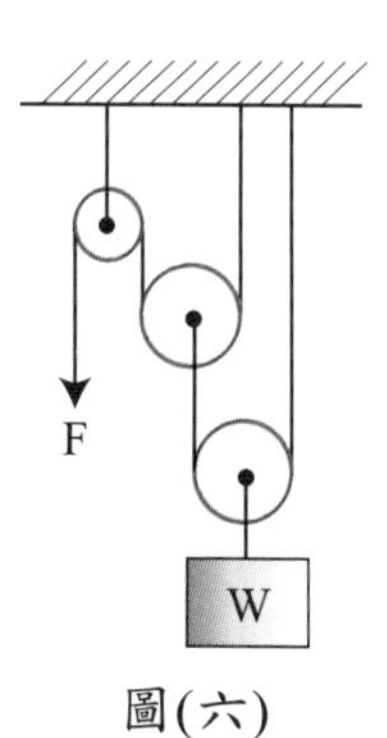

圖(六)

( ) **11** 如圖(七)所示之動滑車，W為承受之重物，F為垂直面上之施力，若不計摩擦力，此動滑車之機械利益為：

(A)1

(B)2

(C)3

(D)4。

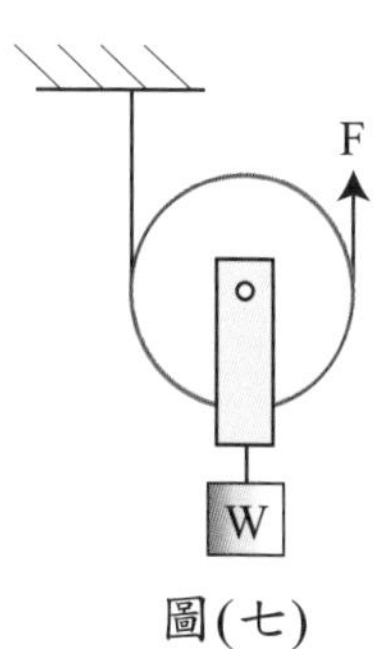

圖(七)

( ) **12** 若不計摩擦或滑移損失，動滑車的機械利益：

(A)小於1 (B)等於1

(C)大於1 (D)小於0.5。

(　　) **13** 如圖(八)所示之機構，其機械利益為：
(A)14
(B)15
(C)16
(D)18。

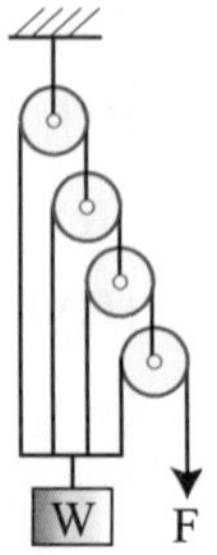

W F
圖(八)

(　　) **14** 滑輪是何種簡單機械之應用？
(A)槓桿　　(B)斜面
(C)摩擦輪　　(D)齒輪　之延伸。

(　　) **15** 一惠斯登差動滑車，兩定輪之直徑分別為18cm與22cm，若不計摩擦損失，則其機械利益為何？
(A)5　(B)8　(C)10　(D)11。

(　　) **16** 某滑車組吊升物體，若以15kg之力將繩索往下拉1.2m，則重物上升40cm，若機械效率為100%，則物重為：　(A)45kg　(B)50kg　(C)5kg　(D)40kg。

(　　) **17** 圖(十)所示之滑輪組，欲吊起W＝240kg之重物時，則F最少需施加多少公斤的力？
(A)30
(B)40
(C)50
(D)60。

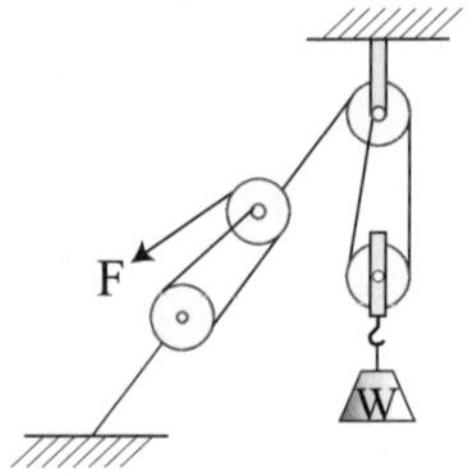

F W
圖(十)

(　　) **18** 如圖所示，給予一施力P，可以維持平衡，若不計其摩擦損失，則此滑車組的機械利益為多少？
(A)$\frac{1}{6}$
(B)6
(C)$\frac{1}{26}$
(D)26。

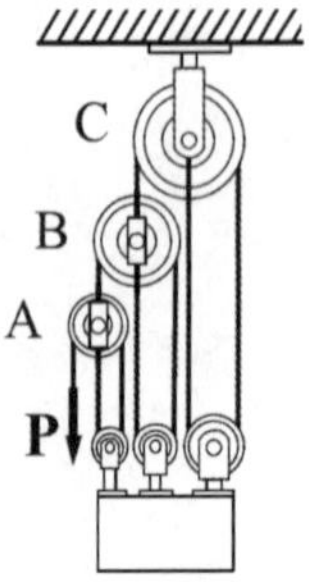

C B A P

(　　) **19** 中國式絞盤，大鼓輪直徑40cm，小鼓輪直徑36cm，手柄長40cm，當施力F＝200N，可吊起重物W為若干牛頓？
(A)4000　(B)8000　(C)16000　(D)20000　牛頓。

(　　) **20** 如圖(十一)所示的滑車組，若無摩擦損失，施力400N可將重物平均以60m／min之速率吊起，試求輸出功率為多少kW？
(A)1600
(B)1.6
(C)4.8
(D)0.4。

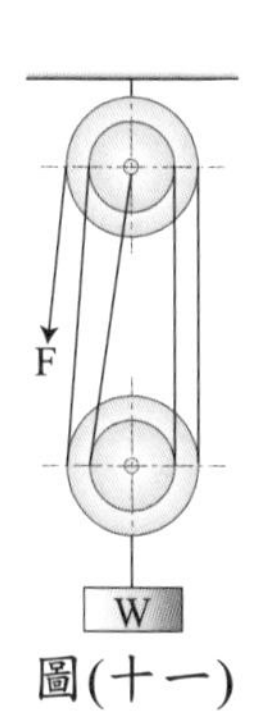

圖(十一)

(　　) **21** 惠斯登差動滑車組，若大輪之直徑為30cm，小輪之直徑為24cm，且不計摩擦損失，則施力300N時，可吊起之重物為多少N？
(A)1500　(B)2000　(C)2500　(D)3000。

(　　) **22** 如圖(十二)所示之中國式絞盤滑車，機械利益為多少？

(A)$M=\dfrac{D_{外}-D_{內}}{2R}$

(B)$M=\dfrac{2R}{D_{外}-D_{內}}$

(C)$M=\dfrac{4R}{D_{外}-D_{內}}$

(D)$M=\dfrac{D_{外}-D_{內}}{4R}$。

圖(十二)

(　　) **23** 欲將30牛頓的物體以定滑車機構升高16m，需作功1200焦耳，則此滑車機構的摩擦損失多少%？
(A)40%　(B)60%　(C)45%　(D)55%。

(　　) **24** 惠斯登差動滑車，若施力20N時，可吊起200N的重物，若不計摩擦，則直徑比$\dfrac{d}{D}$為約？（D為上方定滑輪大輪直徑，d為小輪直徑）
(A)$\dfrac{5}{4}$　(B)$\dfrac{1}{3}$　(C)$\dfrac{3}{4}$　(D)$\dfrac{4}{5}$。

(　　) **25** 一惠斯頓差動滑車定滑輪之大輪直徑25cm，小輪直徑20cm，摩擦損失20%，若施力30N，則最大可吊起重物為多少N？
(A)120　(B)180　(C)240　(D)300。

解答與解析

1 (A)

2 (A)。$M=\dfrac{W}{F}>1$　∴W＞F　抗力＞施力　∴為省力費時

3 (C)。∴4F＝W

4×50＝200kg

4 (D)。差動滑車$M=\dfrac{W}{F}=\dfrac{2D}{D-d}=\dfrac{2(2R)}{2R-2r}=\dfrac{2R}{R-r}$　$\therefore W=\dfrac{2FR}{R-r}$

5 (D)。∴4F＝W，$M=\dfrac{W}{F}=4$

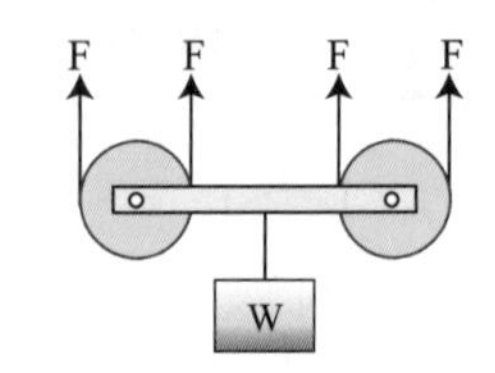

6 (D)。∴6F＝W，6F＝300

∴F＝50kg

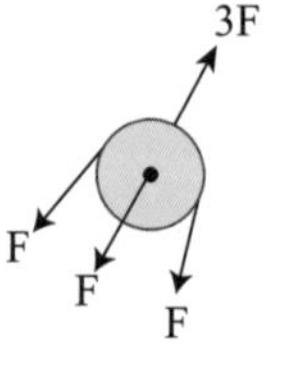

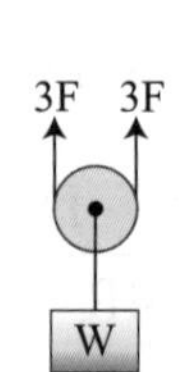

7 (A)。功率＝F‧v，（1kg＝9.8N）

$=(100\times 9.8)\times\dfrac{10}{5}$＝1960瓦特≒2kW

8 (C)。∴4F＝W，輸入功＝輸出功，F‧S＝W×40

∴F‧S＝4F×40　∴S＝160cm

9 (A)。12F＝W

12F＝120　∴F＝10kg

10 (C)。$4F=W$

$\therefore M=\dfrac{W}{F}=4$

11 (B)。$2F=W$

$\therefore M=\dfrac{W}{F}=2$

12 (C)

13 (B)。$\therefore 15F=W$

$\therefore M=\dfrac{W}{F}=15$

$(W=8F+4F+2F+F=15F)$

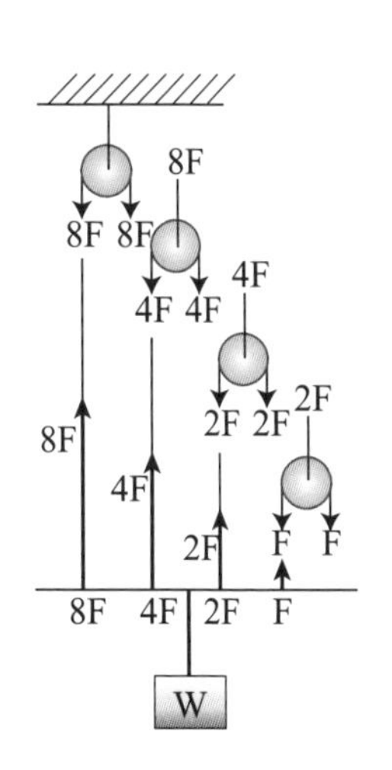

14 (A)

15 (D)。惠斯頓差動滑車 $M=\dfrac{W}{F}=\dfrac{2D}{D-d}=\dfrac{2\times22}{22-18}=11$

16 (A)。$F\times S_f=W\times S_W$　∴輸入功＝輸出功

$15\times120=W\times40$　$\therefore W=45kg$

17 (B)。$6F=W$，$6F=240$

$\therefore F=40kg$

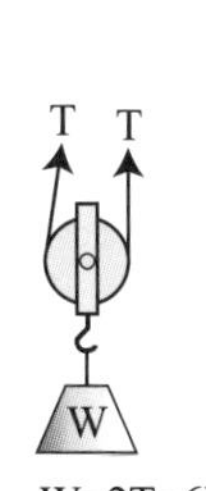

W=2T=6F

18 (D)。

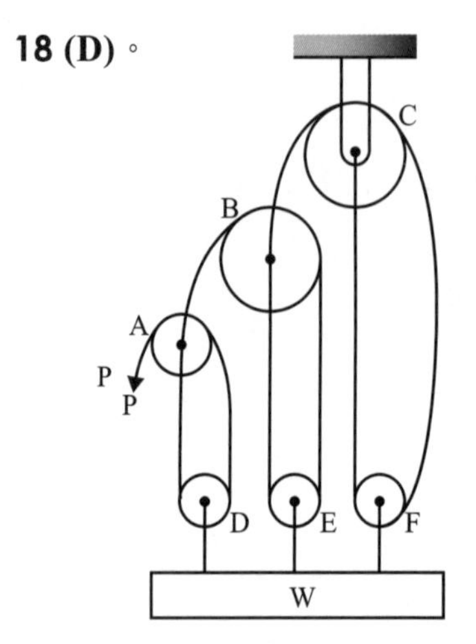

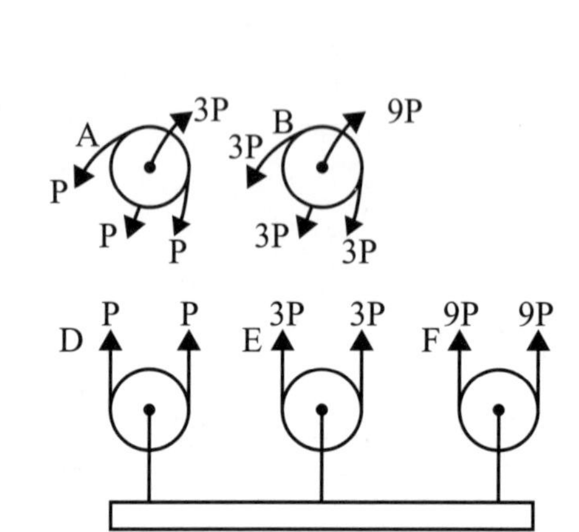

A.自由體圖　B.輪自由體圖

$\therefore 26P = W$

$M = \dfrac{W}{F} = 26$。

19 (B)。中國式絞盤 $M = \dfrac{W}{F} = \dfrac{4R}{D-d}$

$\therefore \dfrac{W}{200} = \dfrac{4 \times 40}{40-36}$　　$\therefore W = 8000N$

20 (B)。$4F = W$

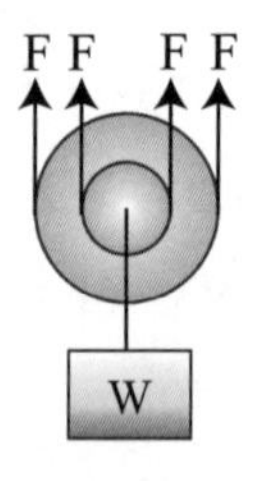

$4 \times 400 = W$

$\therefore W = 1600$

$60\ m/分 = \dfrac{60\ m}{60\ 秒} = 1\ m/秒$

功率 $= F_W \times V_W = 1600 \times 1 = 1600$ 瓦特 $= 1.6kW$

21 (D)。差動滑車 $M = \dfrac{W}{F} = \dfrac{2D}{D-d}$

$\therefore \dfrac{W}{300} = \dfrac{2 \times 30}{30-24}$　　$\therefore W = 3000N$

22 (C)

23 (B)。機械效率 $= \dfrac{\text{輸出功}}{\text{輸入功}} = \dfrac{30\times16}{1200} = 0.4$ ∴效率為40%，損失60%。

24 (D)。$M = \dfrac{W}{F} = \dfrac{2D}{D-d}$

$\because \dfrac{200}{20} = 10 = \dfrac{2D}{D-d}$，

$10(D-d) = 2D$

$10D - 10d = 2D$

$8D = 10d$

$\therefore \dfrac{d}{D} = \dfrac{8}{10} = \dfrac{4}{5}$

25 (C)。惠斯登：

$\eta = \dfrac{\text{輸出的功}}{\text{輸入的功}} = \dfrac{W\cdot\frac{1}{2}(\pi D - \pi d)}{F\cdot\pi D}$，$0.8 = \dfrac{W(\frac{1}{2})(\pi\times25 - \pi\times20)}{30\times\pi\times25}$

∴W＝240牛頓

（或$M = \dfrac{W}{F} = \dfrac{2D}{D-d}\times\eta = \dfrac{W}{36} = \dfrac{2(25)}{25-20}\times0.8$ ∴W＝240牛頓）

Notes

考前實戰演練

( ) 1 何者為使用定滑輪主要目的： (A)省力 (B)省時 (C)省力又省時 (D)改變施力的方向。

( ) 2 滑車為何種原理之應用： (A)齒輪 (B)槓桿 (C)斜面 (D)彈簧。

( ) 3 第一種槓桿支點在中間，下面何者不是第一種槓桿的應用？ (A)手動剪紙機 (B)剪刀 (C)槓秤 (D)天平。

( ) 4 第二種槓桿抗力點在中間，下列何者不是第二種槓桿的應用？ (A)大型釘書機 (B)麵包夾 (C)破果鉗 (D)開瓶器。

( ) 5 第三種槓桿施力點在中間，下列何者不是第三種槓桿的應用？ (A)划船 (B)筷子 (C)剪刀 (D)釣魚。

( ) 6 滑車的敘述，下列何者錯誤？
(A)定滑輪是用於改變方向 (B)動滑輪機械利益大於1
(C)定滑輪機械利益大於1 (D)動滑輪可省力。

( ) 7 差動滑車的組成是由兩個定滑車固定在同一個輪軸上再與：
(A)一個定滑車組合 (B)一個動滑車組合
(C)兩個定滑車組合 (D)一個槓桿組組合。

( ) 8 惠斯登差動滑車，若定滑輪上大輪與小輪的直徑差愈小，則為： (A)愈省力 (B)愈費力 (C)施力不便 (D)與作用力無關。

( ) 9 動滑車的機械利益大於1，其功用為何？ (A)省力 (B)省時 (C)改變施力方向 (D)以上均可。

( ) 10 一滑車組如右圖所示，求其機械利益M為多少？
(A)3
(B)4
(C)5
(D)6。

F

W

( ) 11 若有一滑車機構的機械利益為5，欲吊起50kg之重物，若不計摩擦損失，則需出力：
(A)10 (B)20 (C)30 (D)40 kg。

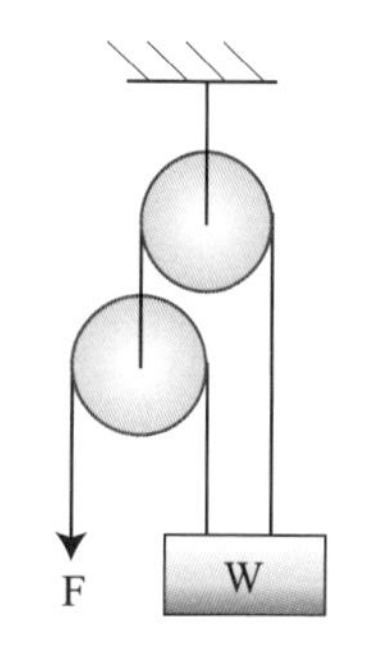

( ) **12** 如圖所示滑車，若施力F為1000kg，且機械損失20%，則可吊起重物W為：
(A)1200 (B)2400 (C)3000 (D)3600 kg。

( ) **13** 中國式絞盤滑車，搖臂長30cm，兩鼓輪直徑分別10公分及8公分，若機械損失為40%，則以50牛頓之力可舉起若干牛頓之重物？
(A)3000 (B)1200 (C)1800 (D)5000 N。

( ) **14** 由一定滑輪及一動滑輪所組成的西班牙滑車機械利益為： (A)1 (B)2 (C)3 (D)4。

( ) **15** 施力為F，負荷為W，則$\frac{W}{F}$稱為：
(A)彈性係數 (B)摩擦係數 (C)機械利益 (D)機械效率。

( ) **16** 下列敘述何者有誤？
(A)第一種槓桿支點在中間，機械利益可為任何值
(B)第二種槓桿施力點在中間，所以機械利益M＞1
(C)滑車的機械利益與滑車種類有關
(D)定滑車為第一種槓桿的應用。

( ) **17** 差動滑車的機械利益與動滑輪直徑有何關聯？
(A)直徑愈小，機械利益愈大 (B)直徑愈大，機械利益愈大
(C)無關 (D)視情況而定。

( ) **18** 一惠斯登滑車，兩定滑輪之直徑分別為10公分及8公分，其機械利益為： (A)2 (B)1 (C)20 (D)10。

( ) **19** 帆滑車，若第一組滑車機械利益為6，第二組機械利益為2，則此帆滑車的總機械利益為何？ (A)0.75 (B)1 (C)7 (D)12。

( ) **20** 如右圖所示的滑輪組，若其機械效率為80％，則欲吊起W＝2400N之重物時，F最少需施加多少N的力？
(A)200
(B)300
(C)400
(D)500。

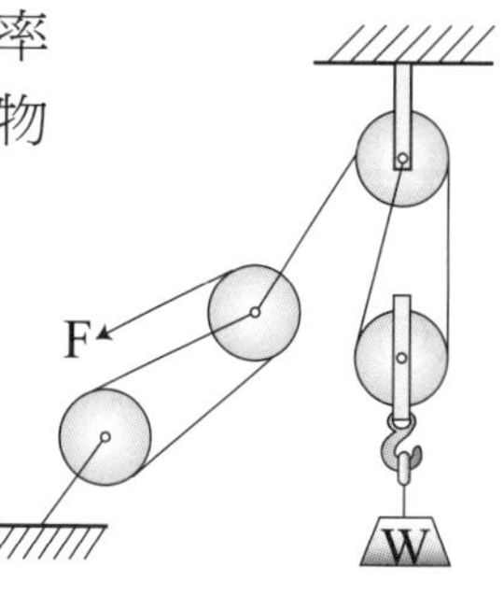

考前實戰演練

(　　) **21** 如右圖所示的滑車組，當施力F＝200N，能吊起重物W為若干牛頓？
(A)3000
(B)4000
(C)5000
(D)6000　N。

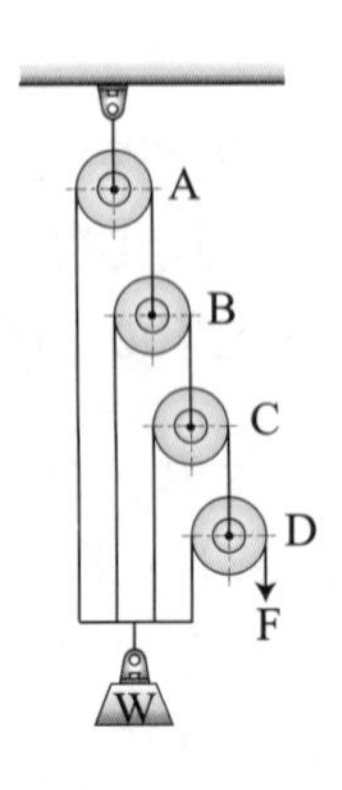

(　　) **22** 如右圖，若D＝20cm，d＝16cm，W＝5000N，則需拉力F多少N？
(A)200　(B)300　(C)400　(D)500。

(　　) **23** 如右圖，若施力1000N時，可吊起重物W為若干？
(A)1500N
(B)$\frac{1000}{3}$N
(C)2500N
(D)3000N。

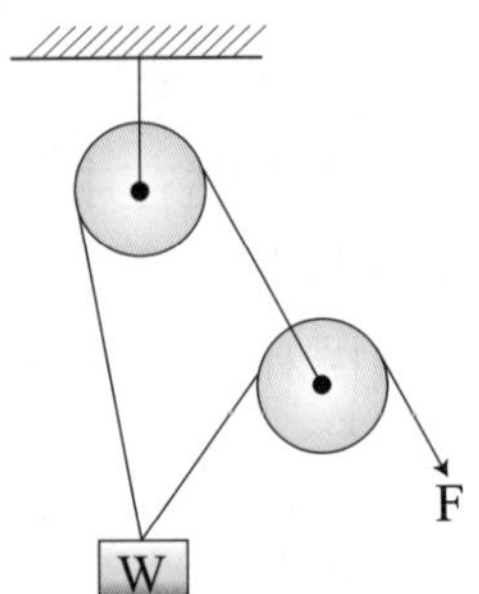

(　　) **24** 如右圖，若W＝3600N，則F最少需施加多少N的力？
(A)300　(B)400
(C)500　(D)600。

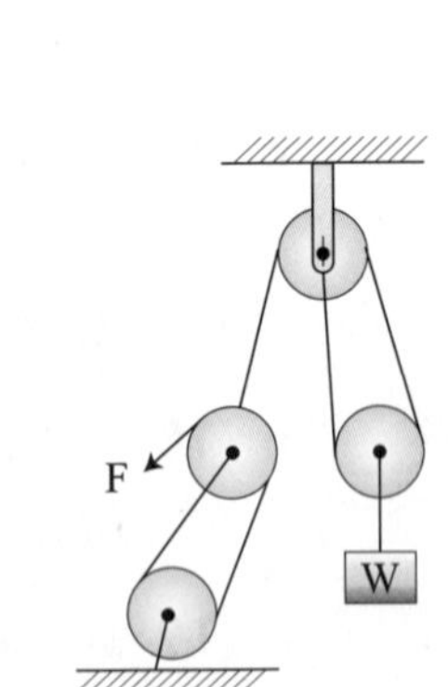

(　　) **25** 右圖之滑輪組，若滑輪之輪重及繩重不計，且機械效率50%，則欲將400N物體吊起之作用力F為多少N？
(A)100
(B)125
(C)150
(D)200。

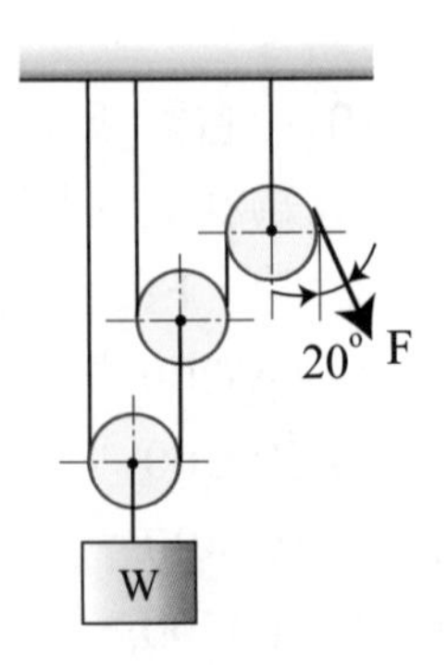

( ) **26** 有一不計摩擦的惠斯登差動滑車，定滑輪大輪之直徑為30cm，小輪之直徑為20cm，若作用力為100N，則此一滑車之機械利益為：
(A)6 (B)8 (C)10 (D)12。

( ) **27** 右圖為中國式絞盤，若D＝30cm，d＝20cm，R＝25cm，W＝2400N，則不計摩擦時施力F為多少N？
(A)50 (B)100
(C)120 (D)240。

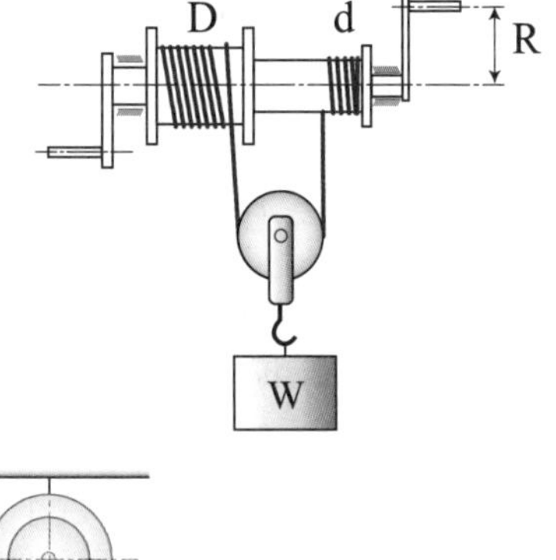

( ) **28** 右圖所示之滑車組，若無摩擦損失，施力1kN時可將重物以90m／min之等速吊起，則輸出功率為多少kW？
(A)1.5
(B)3
(C)6
(D)12。

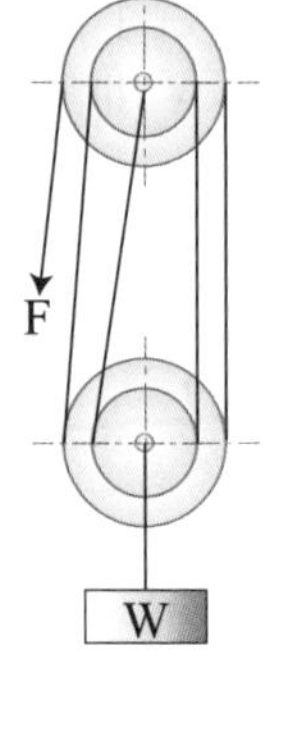

( ) **29** 如右圖所示之滑車組由一群動滑輪和定滑輪組成，求機械利益為多少？（高考考題）
(A)5 (B)7
(C)9 (D)10。

( ) **30** 承上題＝F＝200N，問能吊起重物為若干牛頓？
(A)1000 (B)1400
(C)1800 (D)2000 N。

( ) **31** 如右圖所示的滑車組，已知其機械效率為85%，若欲吊起W＝3000N之重物，則應施力F多少N？
(A)375 (B)441
(C)500 (D)583。

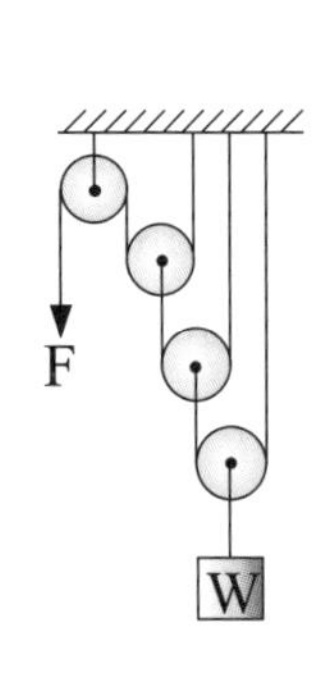

( ) **32** 一滑輪組機構如右圖所示，其機械利益為何？
(A)3
(B)4
(C)5
(D)7。

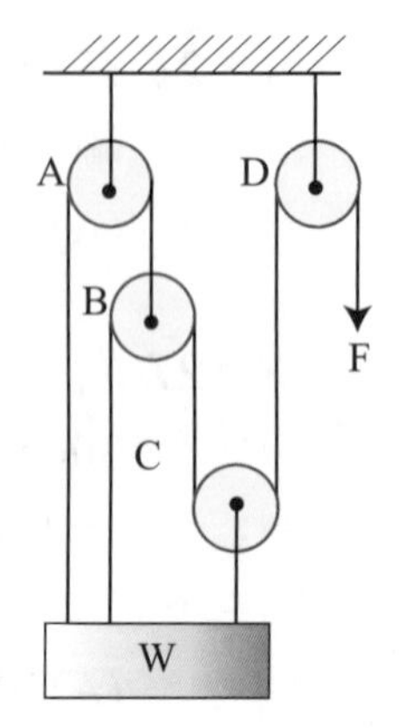

( ) **33** 一中國式絞盤滑車（以下簡稱絞車）如右圖所示，其中收捲鼓輪直徑為D_a，送捲鼓輪直徑為D_b，施力柄旋轉半徑為R，起重物之重量為W，若不計絞車機件重量及摩擦損失，則該絞車之起重機械利益為何？

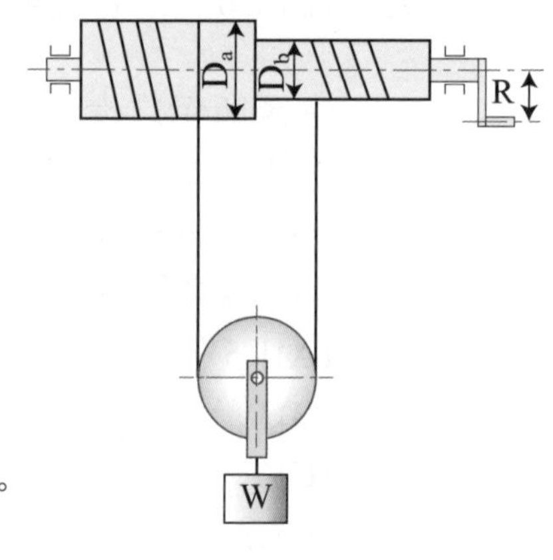

(A) 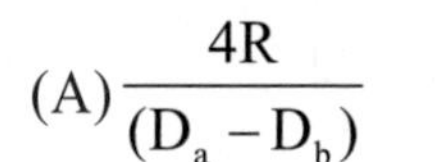 $\dfrac{4R}{(D_a - D_b)}$ (B) $\dfrac{4R}{(D_a + D_b)}$

(C) $\dfrac{(D_a + D_b)}{4R}$ (D) $\dfrac{(D_a - D_b)}{4R}$ 。

( ) **34** 下列有關惠斯登（Weston）差動滑車的敘述，何者錯誤？ (A)採用一個動滑輪 (B)滑車之機械利益與動滑輪尺寸無關 (C)採用兩個定滑輪 (D)採用兩條完整的鏈圈。

( ) **35** 由1個雙槽動滑輪、2個單槽定滑輪與1個單槽動滑輪組成之帆滑車如圖所示，承載物重1200N，拖曳力F至少需多少N？
(A)150 (B)180
(C)200 (D)220。

( ) **36** 西班牙滑車組如圖所示，整體摩擦損失20%，若要吊起2800N的重物，則至少施力為多少N？
(A)300 (B)400
(C)500 (D)600。

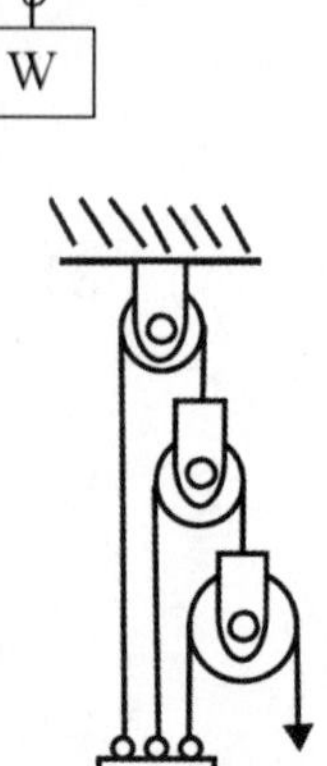

第16章 間歇運動機構

16-1 間歇運動機構的分類

1 當一機構之原動件作連續性轉動或搖擺時，迫使從動件有時靜止，有時運動稱為間歇運動機構。例如：鐘錶、鉋床的自動進刀機構和棘輪扳手等。

2 間歇運動機構依原動件之運動型式不同，可分為下列三類。

(1) 由旋轉運動產生間歇旋轉運動：例如間歇齒輪和日內瓦機構和星形輪機構。

(2) 由旋轉運動產生間歇搖擺運動或往復運動：例如凸輪機構。

(3) 由搖擺運動產生間歇旋轉運動：例如棘輪機構和擒縱器等。

3 間歇運動可達成週期性之運動、分度和瞬時暫停之需求。

16-2 各種間歇運動機構的特性

1 **間歇運動機構：**如圖(一)所示

一對嚙合的齒輪中，具有不完全齒數之原動（部分有齒）輪作等速連續轉動，迫使具有完整齒數之從動輪作間歇轉動，可分為「間歇正齒輪」與「間歇斜齒輪」兩種（間歇正齒輪用在兩軸平行，間歇斜齒輪用在兩軸相交）；例如：若主動輪A只有一齒，而從動輪B有16齒，則主動輪轉一圈時，從動輪轉1/16圈。

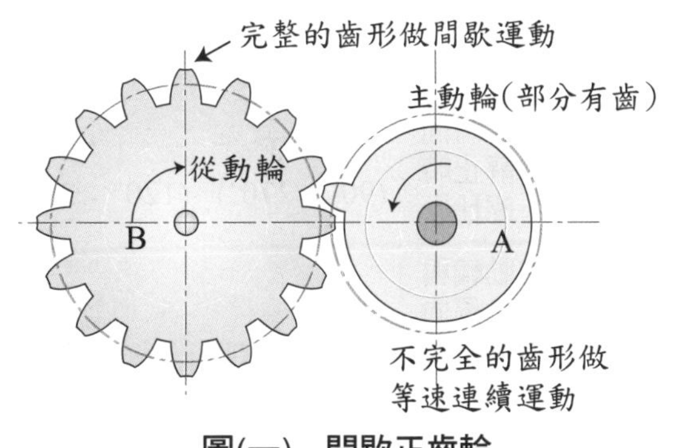

圖(一)　間歇正齒輪

(1) 間歇齒輪做間歇運動，在間歇運動時會有震動現象，故不適於高速運動機構。

(2) 間歇斜齒輪：如圖(二)所示

若主動輪的齒數為12齒，從動輪為48齒，則主動輪每迴轉一圈，則從動輪轉動$\frac{1}{4}$圈，即從動輪轉90º。

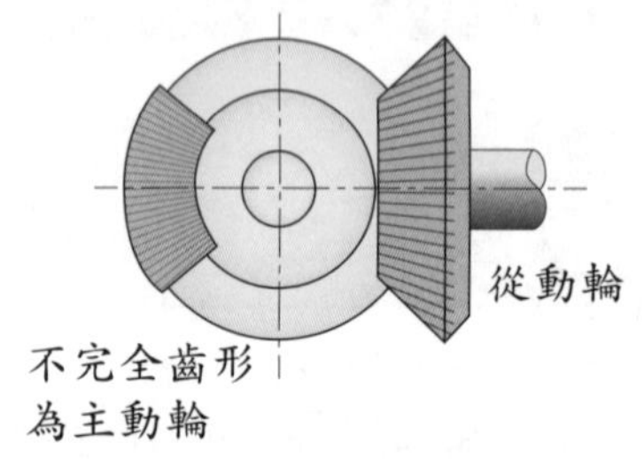

圖(二) 間歇斜齒輪

(3) 間歇螺輪：用於不平行不相交處。

2 日內瓦機構：如圖(三)所示（又稱星輪機構）

原動件為一個具有圓銷之圓盤作連續旋轉運動，而迫使另一具有徑向槽溝之從動輪作間歇旋轉運動，稱為「日內瓦機構」。如圖(三)所示，當原動輪A迴轉一周，利用柱銷C，迫使從動輪B轉動$\frac{1}{4}$周。日內瓦機構常用於飲料分裝機、點鈔機、電影放映機或工具機的分度裝置。若從動輪具有六個徑向溝槽，則原動輪每轉一圈，從動輪轉動$\frac{1}{6}$圈。

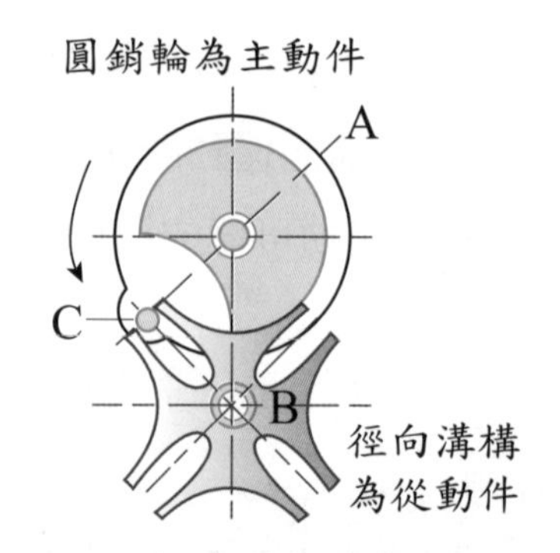

圖(三) 日內瓦機構

日內瓦溝槽數	4	6	8	12	N (接近無窮大時)
運動角度	90°	120°	135°	150°	180°
靜止角度	270°	240°	225°	210°	180°
運動時間與靜止時間比	1：3 (90°：270°)	1：2 (120°：240°)	1：1.6 (135°：225°)	1：1.4 (150°：210°)	1：1 (180°：180°)
主動輪與從動徑向溝槽輪轉速比	4：1	6：1	8：1	12：1	N：1

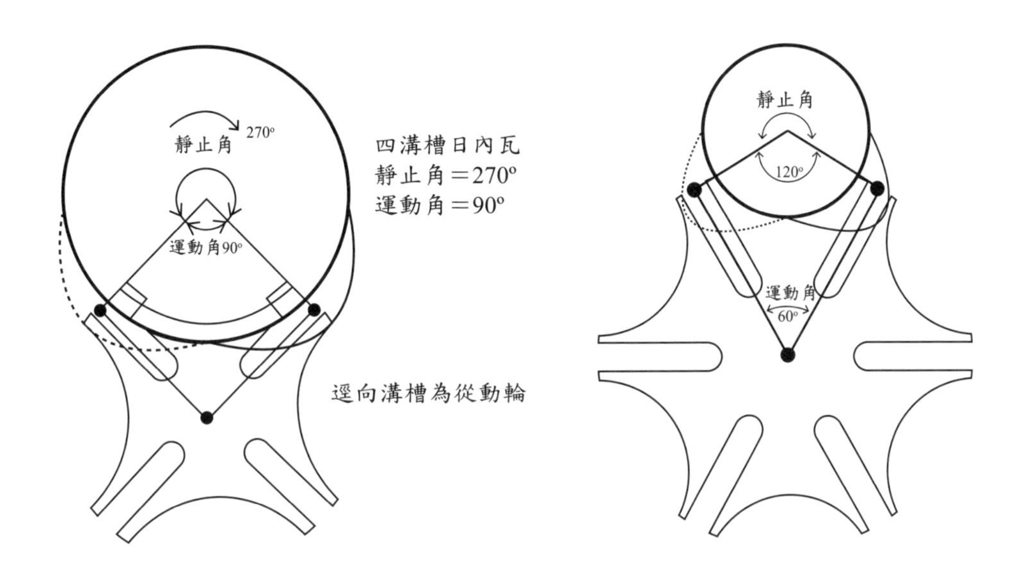

3 棘輪機構（閘輪機構）

從動輪的周緣製成適當的形狀齒型或柱銷，並藉原動臂的往復搖擺帶動棘爪（又稱掣子）用來推動齒型的棘輪，以產生間歇性的相同角度單向旋轉運動者，均稱為棘輪機構。

(1) 單爪棘輪：如圖(四)所示

單爪棘輪無效的回擺角度太大，浪費時間，若要減少擺動角度，棘齒必須變小，但會減弱棘齒的強度，驅動爪常藉由自身重量或彈簧使之與棘輪齒接觸，而止動爪可防止棘輪之反轉。

單爪棘輪機構應用在網球、排球、電線、釣桿之捲線器（使魚無法拉動造成反轉）、分厘卡套筒及絞盤等繩索之拉緊汽車上之手煞車。

棘輪缺點為當圖A往下擺動時，因摩擦力帶動棘輪反向轉動，必須使用止動爪克服反轉。

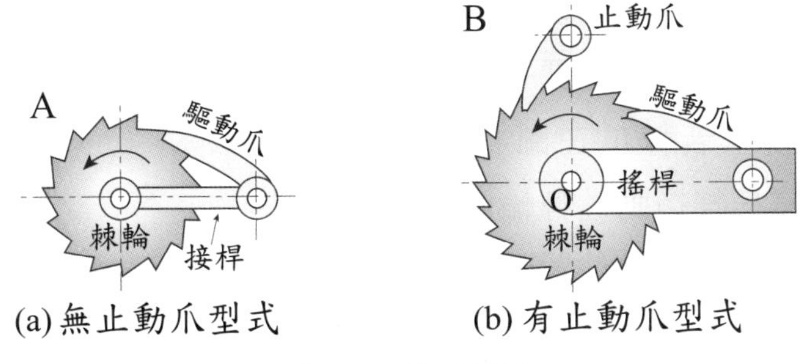

(a) 無止動爪型式　(b) 有止動爪型式

圖(四)　單爪棘輪

(2) 多爪棘輪：如圖(五)所示

原動搖桿上有二個或二個以上之驅動爪者，可減少無效回擺角度，且可使棘輪之運動較為細密。

常用於自行車（後輪軸上之飛輪使往後踩時不會產生作用）、套筒板手、照相機之捲片軸等均利用多爪棘輪，將軸羈留在任意位置。

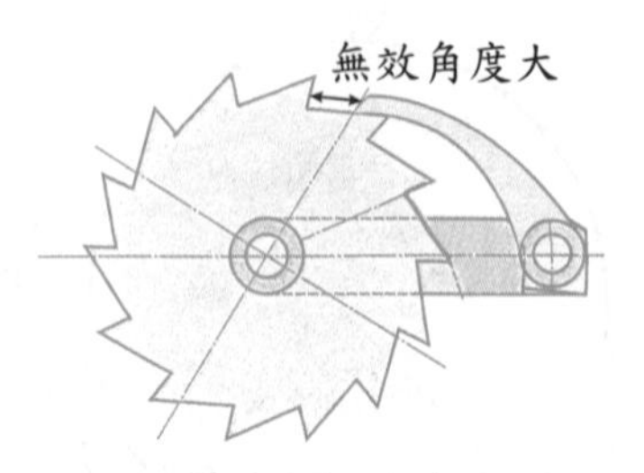

(a)單爪無效角度大

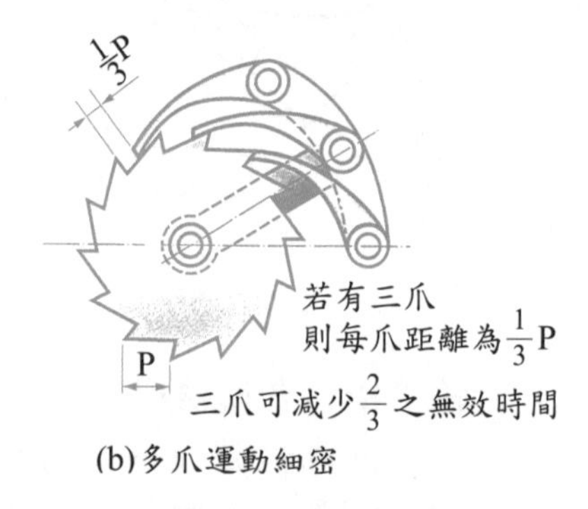

(b)多爪運動細密

圖(五)　多爪棘輪

(3) 雙動棘輪：如圖(六)所示

在兩臂長度相等之直槓桿之兩端各裝驅動爪，一長一短，均與棘齒相接觸，由搖桿上之二驅動爪交替間歇推動棘輪，不論向前或向後擺動，均能帶動棘輪朝同一方向旋轉動，沒有單爪棘輪之無效時間（可減少一半的無效時間，即棘輪轉動速度為單爪的兩倍），可產生接近連續的間歇之旋轉輸出運動，用於棘輪轉速需較快處。

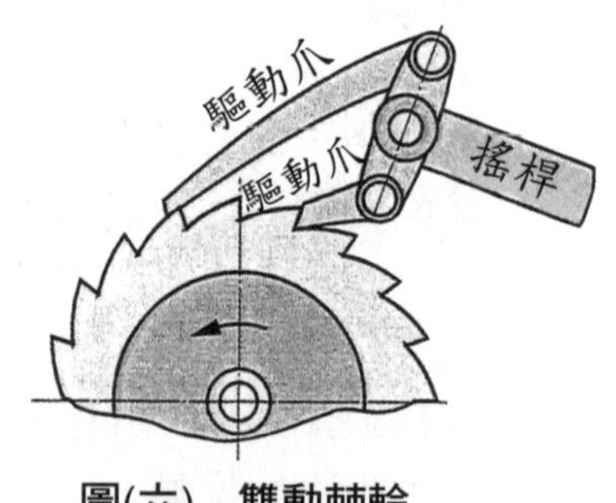

圖(六)　雙動棘輪

(4) 可逆棘輪：如圖(七)所示

可逆棘輪又稱「回動爪棘輪」、「反向棘輪」係指利用驅動爪的左右切換特性，使棘輪視需要可作正、反方向之迴轉，若棘爪在圖右之實線位置時，當搖桿擺動，棘輪會逆時針間歇迴轉；若在虛線位置時，棘輪即作順時針間歇迴轉，可逆棘輪用於鉋床之自動進給（刀）機構，及可逆式套筒扳手上。

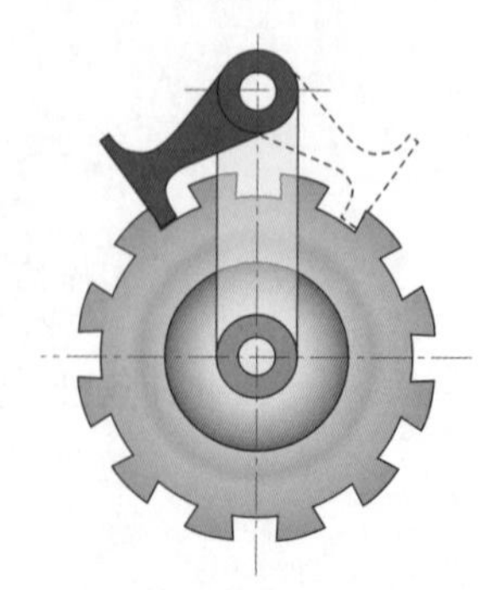

圖(七)　可逆棘輪機構

(5) 無聲棘輪：如圖(八)所示

無聲棘輪沒有輪齒與驅動爪以滾子代替，利用摩擦力來傳動，傳動時沒有輪齒與棘爪間相接觸所產生的聲音，當搖桿逆時針擺動時，摩擦力使棘輪B逆時針轉動，當搖桿順時針轉動，因間隙較大無法傳動，故只能單向旋轉。

無聲棘輪應用於輕負載之板鉗板手及手提電鑽。

(6) 起重棘輪：如圖(九)所示

如圖(九)所示，若棘輪以棘齒條取代，使其產生間歇直線運動，稱為「起重棘輪」。止動爪用以防止物體向下滑落。起重棘輪常用於爪式千斤頂。（註：起重棘輪一般為單爪形棘輪）

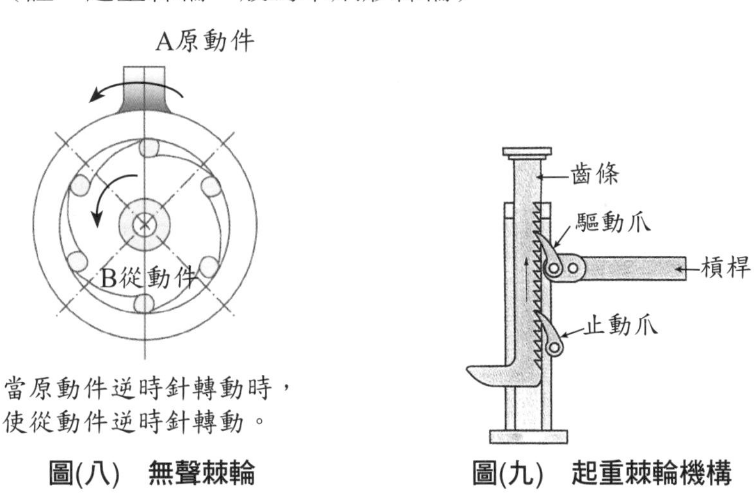

圖(八) 無聲棘輪　　圖(九) 起重棘輪機構

4 擒縱器：

利用一個搖擺件有節奏的阻止與縱脫一個有齒之縱脫輪，使其產生等時性之間歇旋轉的機構稱為擒縱器。常應用於機械式的鐘錶上，使指針能正確指出時間。（每次擒放的時間為一秒）

(1) 錨形擒縱器：

如圖(十)所示，縱脫輪旋轉時，對於托板有反撞動作，因摩擦力使縱脫輪略有倒轉，易引起週期的不正確。擒縱輪為30齒多藉彈簧、電池或重力使之繞A軸迴轉。錨形擒縱器常用在掛鐘上。若托板往復2秒，則擒縱輪每秒停一次，即秒針。

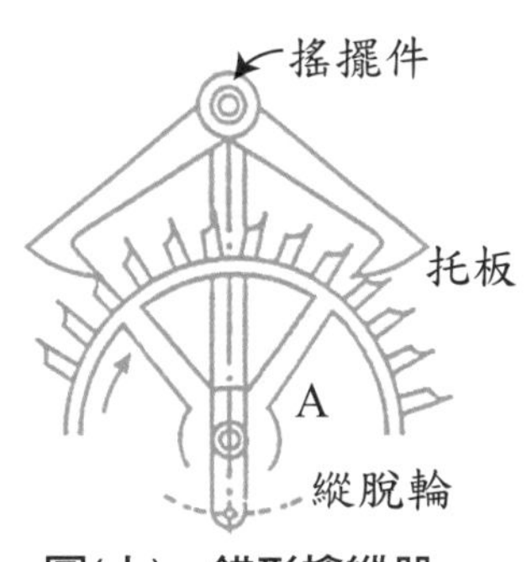

圖(十) 錨形擒縱器

(2) 不擺擒縱器（又稱無晃擒縱器）：

如圖(十一)所示，為改進錨形擒縱器的缺點，使托板勾齒改成平直狀與擒縱輪齒形吻合，可將縱脫輪穩住不動，故週期較正確。

(3) 圓柱擒縱器：

如圖(十二)所示，為應用在手錶內之圓柱擒縱器，當半圓柱擺輪藉游絲使其繞天心軸不停地擺動，前低後高之斜面形，擒縱輪作單向間歇迴轉，帶動錶內之「秒針」、「分針」、「時針」作正確的間歇轉動。（註：機械錶使用最多為瑞士槓桿擒縱器）

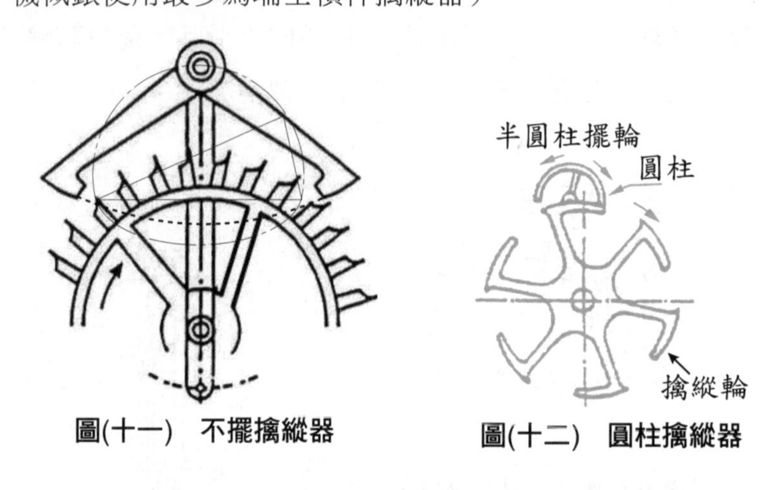

圖(十一)　不擺擒縱器　　圖(十二)　圓柱擒縱器

Notes

日內瓦機構

老師講解

一個八分割的日內瓦機構，當運動時，運動時間：靜止時間為？

解：8溝槽運動角度：靜止角度

=運動時間：靜止時間=135°：225°=3：5

$\frac{360°}{8}=45°$

180°-45°=135°

360°-135°=225°

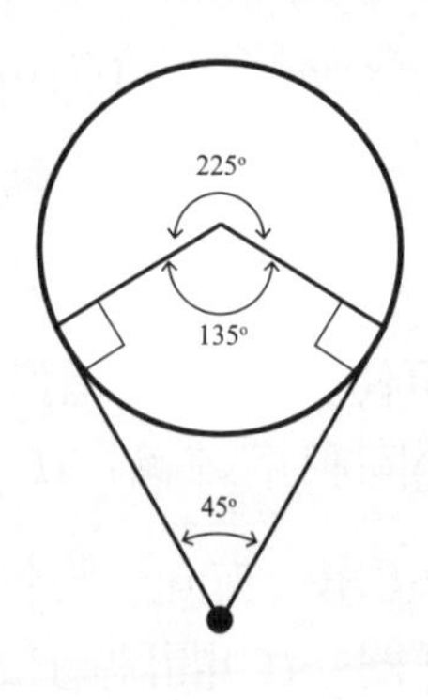

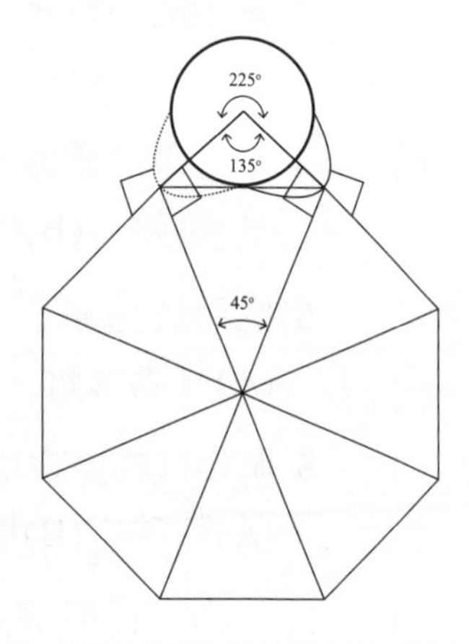

學生練習

在日內瓦機構中，從動輪的徑向溝槽數目愈多，則此從動輪在主動輪轉一圈的時間內，其運動時間與靜止時間的比值愈多少？

立即測驗

( ) **1** 棘輪若改變轉向的必要時，必使用何種棘輪？
(A)多爪棘輪 (B)回動爪棘輪 (C)雙動棘輪 (D)無聲棘輪。

( ) **2** 棘輪機構中，搖桿不論向前或向後擺動，均能帶動棘輪沿同一方向轉動，最常用何種棘輪？
(A)單爪棘輪 (B)可逆棘輪 (C)起動棘輪 (D)雙動棘輪。

( ) **3** 鉋床的自動進刀棘輪為下列何種的應用？
(A)多爪棘輪 (B)雙動棘輪 (C)可逆棘輪 (D)無聲棘輪。

( ) **4** 自行車的飛輪只在向前踩時始帶動後輪是應用何種機構？
(A)棘輪 (B)間歇齒輪 (C)擒縱器 (D)帶輪。

( ) **5** 應用於鐘錶上，可使鐘錶上的指針指出正確時間者為何種機構？
(A)雙動棘輪 (B)回動爪棘輪 (C)擒縱器 (D)日內瓦機構。

( ) **6** 照相機的捲膠片軸可單一方向，將軸留於任一位置是應用何種機構？
(A)棘輪 (B)擒縱器 (C)間歇齒輪 (D)彈簧。

( ) **7** 下列何種機構是利用摩擦力來作傳動？
(A)單爪棘輪 (B)多爪棘輪 (C)雙動棘輪 (D)無聲棘輪。

( ) **8** 下列何種機構屬於間歇運動機構？
(A)直線運動機構 (B)平行運動機構
(C)雙滑塊機構 (D)日內瓦機構。

( ) **9** 下列何者機構不能產生間歇運動？
(A)離合器 (B)擒縱器
(C)凸輪 (D)棘輪機構。

( ) **10** 當主動件作連續運動或搖擺運動，從動件則有時靜止，有時運動的機構，稱為：
(A)反向運動機構 (B)雙向運動機構
(C)簡諧運動機構 (D)間歇運動機構。

( ) **11** 由擺動而產生間歇運動者為何種機構？
(A)凸輪機構 (B)日內瓦機構
(C)間歇齒輪機構 (D)擒縱器。

( ) **12** 一間歇正齒輪機構，主動輪有4齒，從動輪16齒，則從動輪迴轉一周，主動輪應轉幾周？
(A)$\frac{1}{64}$ (B)$\frac{1}{4}$
(C)64 (D)4。

( ) **13** 拉緊排球網、網球網的繩索是應用何種機構？
(A)凸輪機構 (B)日內瓦機構
(C)棘輪機構 (D)間歇齒輪機構。

( ) **14** 下列何種機構能產生間歇運動？
(A)萬向接頭 (B)歐丹聯結器
(C)帶輪機構 (D)凸輪機構。

( ) **15** 一對間歇斜齒輪，完全的斜齒輪作何種運動？
(A)連續運動 (B)簡諧運動
(C)間歇運動 (D)往復運動。

( ) **16** 一對間歇斜齒輪，不完全的斜齒輪作何種運動？
(A)連續運動 (B)簡諧運動
(C)間歇運動 (D)往復運動。

( ) **17** 棘輪機構中，止動爪之功用為：
(A)減少無效之擺動時間 (B)驅動棘輪作單向迴轉
(C)無聲棘輪 (D)起重棘輪。

( ) **18** 套筒扳手所用之間歇棘輪是：
(A)單爪棘輪 (B)多爪棘輪
(C)雙動棘輪 (D)無聲棘輪。

( ) **19** 間歇運動其主動件的運動方式，下列敘述何者正確？
(A)凸輪機構可由迴轉運動而產生間歇運動
(B)棘輪機構可由迴轉運動而產生間歇運動
(C)日內瓦機構可由搖擺運動而產生間歇運動
(D)擒縱器可由迴轉運動而產生間歇運動。

( ) **20** 在日內瓦機構中，從動輪的徑向溝槽數目愈多，則此從動輪在主動輪轉一圈的時間內，其運動時間與靜止時間的比值愈接近：
(A)0 (B)無窮小
(C)1 (D)無窮大。

(　　) **21** 一個六分割的日內瓦機構，若主動輪等速轉360度，需要3秒，則在此期間，從動輪暫停多少秒？

(A)2.5　　(B)2

(C)1.5　　(D)1。

解答與解析

1 (B)　**2 (D)**　**3 (C)**　**4 (A)**　**5 (C)**　**6 (A)**　**7 (D)**　**8 (D)**

9 (A)　**10 (D)**　**11 (D)**

12 (D)。$\frac{N_{主}}{N_{從}}=\frac{T_{從}}{T_{主}}$，$\frac{N_{主}}{1}=\frac{16}{4}$　$\therefore N_{主}=4$

13 (C)　**14 (D)**　**15 (C)**　**16 (A)**　**17 (B)**　**18 (B)**

19 (A)。(B)棘輪機構由搖擺運動產生間歇旋轉運動。

(C)日內瓦機構由旋轉運動產生間歇旋轉運動。

(D)擒縱器由搖擺運動產生間歇旋轉運動。

20 (C)。四溝槽－靜止：運動＝3：1

六溝槽－靜止：運動＝2：1

八溝槽－靜止：運動＝5：3

n溝槽－靜止：運動＝1：1（n→∞）。

21 (B)。6溝槽主動輪接觸角120°。

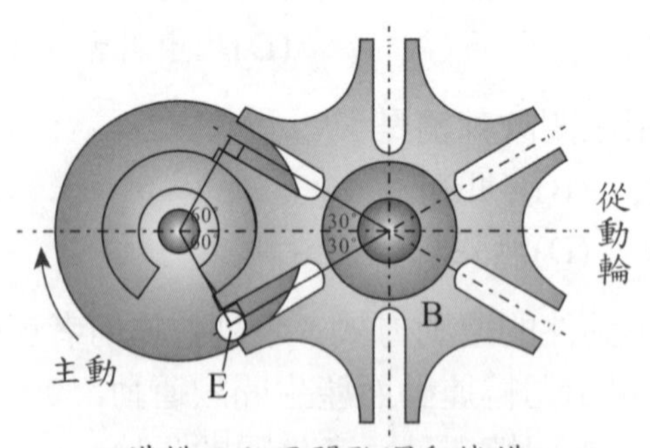

六溝槽日內瓦間歇運動機構

溝槽運動角	靜止角	運動時間：靜止時間
120°	240°	1：2

16-3 反向運動機構

當一機構之主動件作一定方向之等速迴轉運動，而從動件作往復運動或順逆時針方向之迴轉反向運動，此種機構稱為「反向運動機構」。

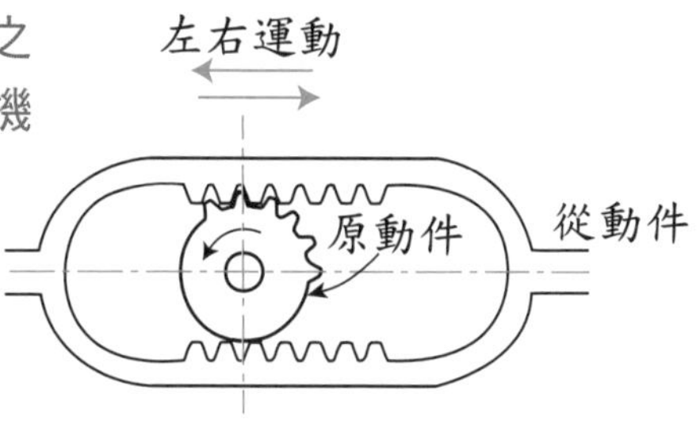

圖(十三)

1 由迴轉運動產生往復運動之機構

(1) 齒條與不完全齒輪傳動機構

以不完全（部分有齒）齒輪和從動件上下齒條嚙合產生左右運動，如圖(十三)所示。

利用不完全（部分有齒）齒輪與從動件之齒條嚙合，如圖(十四)所示。從動件被提升至無齒部分，即藉本身的重量或彈力，使其回覆到原來的位置，用於重錘機、鉚釘機。

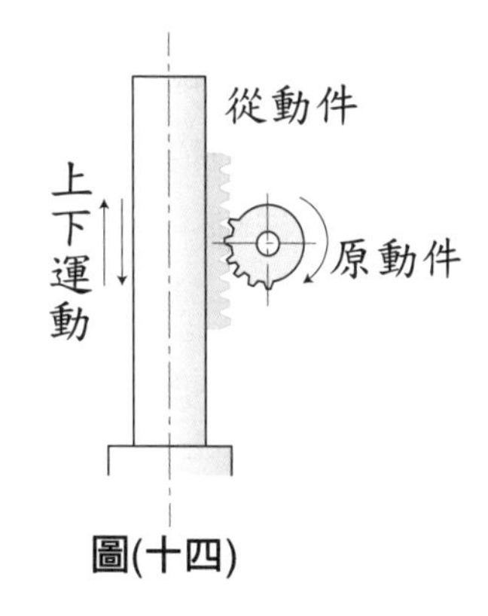

圖(十四)

(2) 曲柄滑塊機構

如圖(十五)所示。

(3) 凸輪機構

如圖(十六)所示

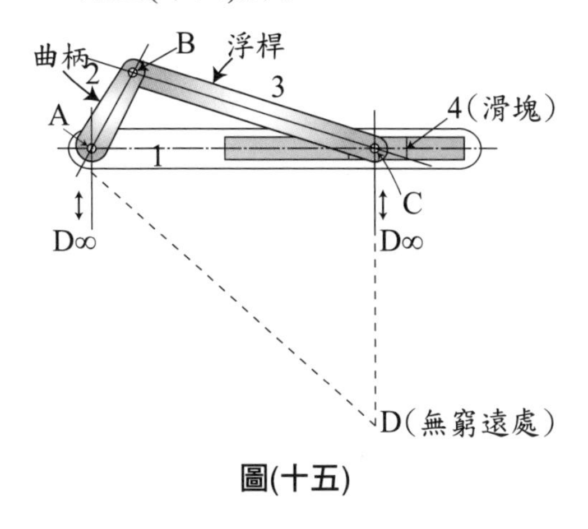

圖(十五)

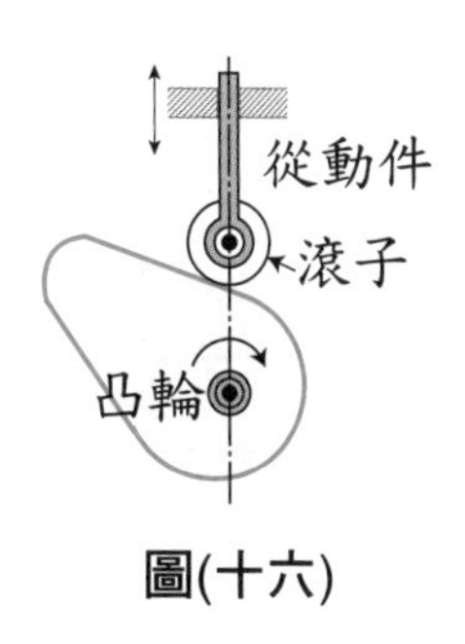

圖(十六)

2 由迴轉運動產生反向運動之機構

(1) 利用斜齒輪與離合器產生正反方向之迴轉運動

利用離合器在二軸正交的斜齒輪中變換從動軸之迴轉方向使其產生正反方向之旋轉，如圖(十七)所示。

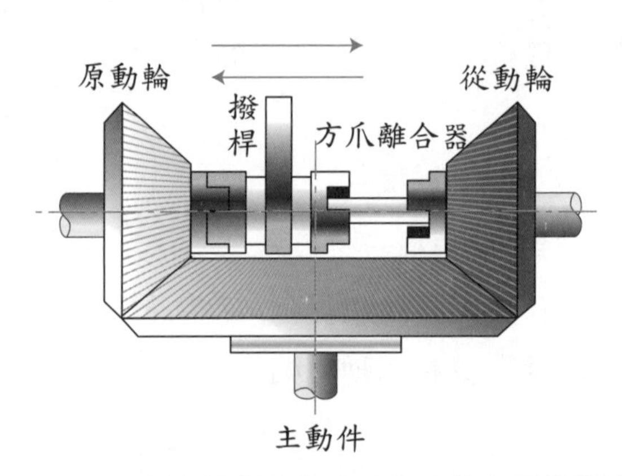

圖(十七) 斜齒輪與離合器產生的反向運動機構

(2) 利用離合器與開口帶或交叉帶之反向運動機構：（兩軸平行時使用）

兩平行軸上裝開口帶與交叉帶，利用撥桿左、右移動，即可得開口帶同向，交叉帶反向之運動。如圖(十八)所示。

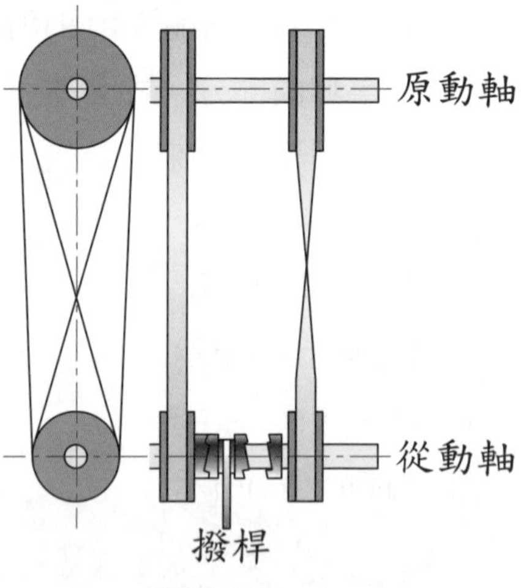

(3) 惰輪齒輪系之反向運動機構：

利用惰輪個數達到正反向之目的，如圖(十九)所示。

原動軸
從動軸
撥桿

圖(十八)

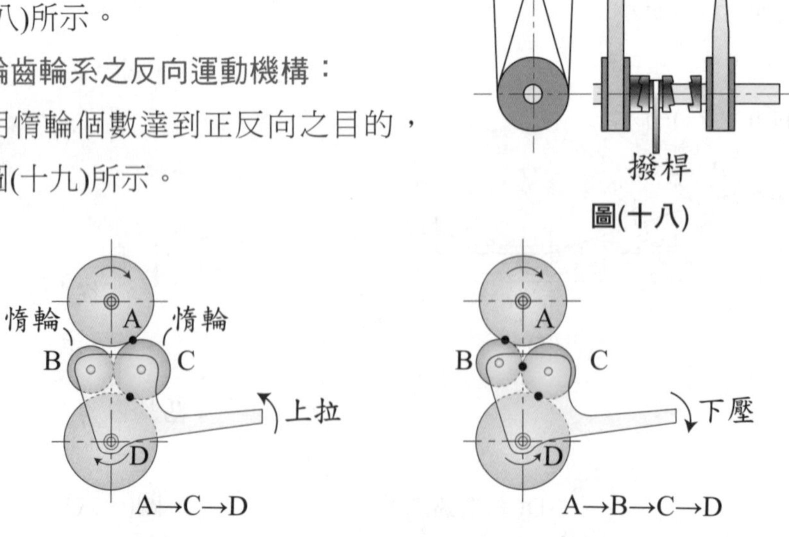

圖(十九) 利用齒輪系之反向運動機構

3 利用流體作用產生反向運動：

利用空壓或油壓的方向控制閥，來改變流體輸送方向，以達到往復的目的，例如氣油壓方向閥利用氣油壓方向來控制氣油壓缸之前進後退，用於火車、公車自動門開關。

4 利用圓盤與滾子作反向運動機構：

利用圓盤摩擦輪的滾子移動位置來改變轉速或轉向，如圖(二十)所示。

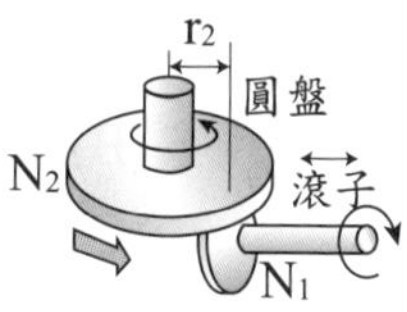

圖(二十)

立即測驗

( ) **1** 交叉帶、開口帶及離合器的裝置是應用在何種機構？
(A)間歇運動機構 (B)反向運動機構
(C)連續運動機構 (D)往復運動機構。

( ) **2** 下列何者可為反向運動機構？
(A)雙動棘輪 (B)萬向接頭
(C)圓柱形擒縱器 (D)凸輪機構。

( ) **3** 下列何者可產生反向運動？
(A)擒縱器 (B)棘輪機構
(C)汽車變速器 (D)日內瓦機構。

( ) **4** 主動件作一定方向等速迴轉運動，則從動件作往復運動或正、反方向的迴轉運動的機構，稱為何種機構？
(A)棘輪機構 (B)日內瓦機構
(C)反向運動機構 (D)間歇運動機構。

( ) **5** 下列何者不是反向運動機構？
(A)曲柄與滑塊傳動機構
(B)開口帶、交叉帶與離合器的機構
(C)斜齒輪與離合器的機構
(D)日內瓦機構。

( ) **6** 斜齒輪與離合器的反向裝置中，主動軸與從動軸為：
(A)平行 (B)垂直
(C)成任一角度 (D)在空間正交。

(　　) **7** 下列何者可產生反向運動？
(A)擒縱器　(B)曲柄與滑塊傳動
(C)日內瓦機構 (D)無聲棘輪。

(　　) **8** 右圖為何種機構？
(A)間歇機構
(B)換向機構
(C)急回機構
(D)往復機構。

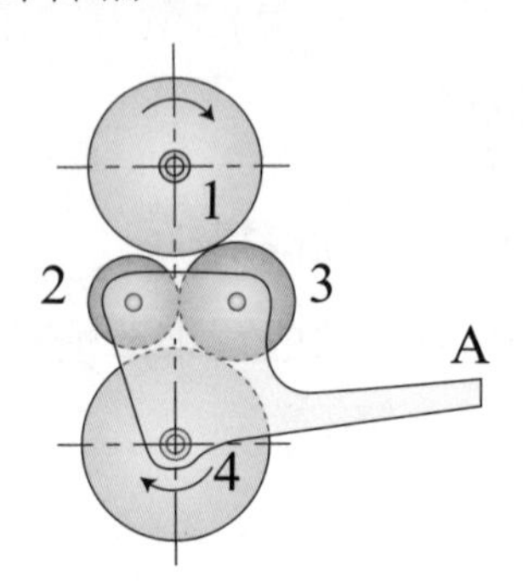

解答　**1 (B)**　**2 (D)**　**3 (C)**　**4 (C)**　**5 (D)**　**6 (B)**　**7 (B)**
8 (B)

Notes

考前實戰演練

( ) **1** 當原動件做等速運動，從動件有時靜止，有時運動的機構，稱為： (A)反向運動 (B)滑動運動 (C)間歇運動 (D)簡諧運動。

( ) **2** 間歇斜齒輪機構，齒數完整之斜齒輪做何種運動？ (A)連續迴轉運動 (B)簡諧運動 (C)間歇運動 (D)往復運動。

( ) **3** 下列何者不能產生間歇運動的機構為： (A)棘輪機構 (B)日內瓦機構 (C)凸輪機構 (D)牽桿機構。

( ) **4** 自行車的鏈輪機構中應用何種機構，使踏板向前踩，自行車前進，向後踩，主動鏈輪靜止不動： (A)凸輪 (B)間歇齒輪 (C)擒縱器 (D)棘輪機構。

( ) **5** 下列何者是靠摩擦力來傳達動力？ (A)棘輪機構 (B)無聲棘輪機構 (C)日內瓦機構 (D)擒縱器。

( ) **6** 若日內瓦機構的從動件有6個徑向槽，則原動輪每轉一轉，從動輪轉多少度？ (A)60º (B)90º (C)120º (D)180º。

( ) **7** 單爪棘輪若要減少無效的回擺時間，又不會減弱棘齒強度，應改用： (A)多爪棘輪 (B)回動爪棘輪 (C)雙動棘輪 (D)無聲棘輪。

( ) **8** 應用於鐘錶，直接帶動指針使能正確指出時間者為下列何種？

(A)棘輪機構 (B)間歇齒輪機構 (C)擒縱器 (D)日內瓦機構。

( ) **9** 鉋床自動進刀機構所用的間歇棘輪為： (A)多爪棘輪 (B)雙動棘輪 (C)回動爪棘輪 (D)無聲棘輪。

( ) **10** 若一搖桿不論往前或往後方向轉動時，棘輪仍往同一方向運動，則需使用何種棘輪？

(A)雙動棘輪 (B)多爪棘輪 (C)無聲棘輪 (D)可逆棘輪。

( ) **11** 千斤頂是應用何種機構？ (A)反向運動機構 (B)日內瓦機構 (C)間歇齒輪機構 (D)棘輪機構。

( ) **12** 日內瓦機構有四徑槽，原動輪每迴轉一次，則從動輪轉動：

(A)$\frac{1}{4}$圈 (B)$\frac{1}{3}$圈 (C)$\frac{1}{2}$圈 (D)1圈。

(　　) **13** 若一間歇齒輪機構，其中齒輪A為20齒而齒輪B為4齒，則齒輪B轉一圈時齒輪A需轉多少圈？　(A)5　(B)20　(C)10　(D)0.2。

(　　) **14** 釣桿之捲線器及絞盤為防止心軸逆轉，常使用：　(A)單爪棘輪　(B)回動爪棘輪　(C)雙動棘輪　(D)多爪棘輪。

(　　) **15** 照相機的捲膠片軸可單一方向旋轉，是利用何種機構？　(A)彈簧　(B)棘輪　(C)凸輪　(D)間歇齒輪。

(　　) **16** 鑽床所用的間歇棘輪為：
(A)單爪　(B)多爪　(C)雙動　(D)無聲棘輪。

(　　) **17** 在手錶上的擒縱器常使用何種？
(A)圓柱形擒縱器　(B)錨形擒縱器
(C)精密時針擒縱器　(D)以上都是。

(　　) **18** 利用擺動件作有規律、有節奏的擺動，有效的阻止與縱脫棘輪的機構為何種？
(A)千斤頂棘輪機構　(B)摩擦棘輪
(C)擒縱器　(D)反向運動機構。

(　　) **19** 如右圖所示機構，原動件（小齒輪）等速旋轉，則從動件運動方式可為：
(A)不會動
(B)往復運動
(C)直線運動後停止不動
(D)上下搖擺運動。

(　　) **20** 無聲棘輪是利用何種方式來傳動？
(A)離心力　(B)液壓力
(C)摩擦力　(D)彈力　來傳動，所以沒有噪音。

(　　) **21** 錨形擒縱器的缺點為何？　(A)週期較不正確　(B)擺角較大　(C)擒縱力過大　(D)易於損壞。

(　　) **22** 拉緊電線，排球網或網球網的網繩所採用的機構為：　(A)棘輪機構　(B)凸輪機構　(C)日內瓦機構　(D)間歇齒輪機構。

(　　) **23** 套筒扳手所用之間歇棘輪是：　(A)單爪棘輪　(B)多爪棘輪　(C)雙動棘輪　(D)無聲棘輪。

( ) **24** 手錶內執行擒縱工作擺輪是利用： (A)游絲 (B)搖擺齒輪 (C)地心引力 (D)雙動棘輪 保持其搖擺運動。

( ) **25** 下列何者可產生反向運動？
(A)擒縱器 (B)曲柄與滑塊傳動
(C)日內瓦機構 (D)無聲棘輪。

( ) **26** 右圖為何種機構？
(A)往復機構
(B)急回機構
(C)間歇機構
(D)換向機構。

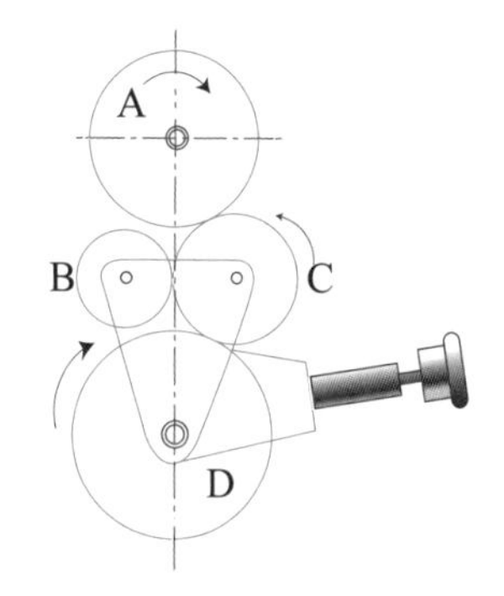

( ) **27** 火車通勤電聯車其自動開關車門，乃利用壓縮空氣作何種運動？
(A)連續運動 (B)簡諧運動 (C)圓周運動 (D)往復直線運動。

( ) **28** 若多爪棘輪有三個驅動爪，則每爪之距離為棘輪每齒距P之多少倍？
(A)3 (B)2 (C)$\frac{1}{2}$ (D)$\frac{1}{3}$。

( ) **29** 如右圖所示，此圖為何種棘輪？
(A)單爪棘輪
(B)多爪棘輪
(C)雙動棘輪
(D)無聲棘輪。

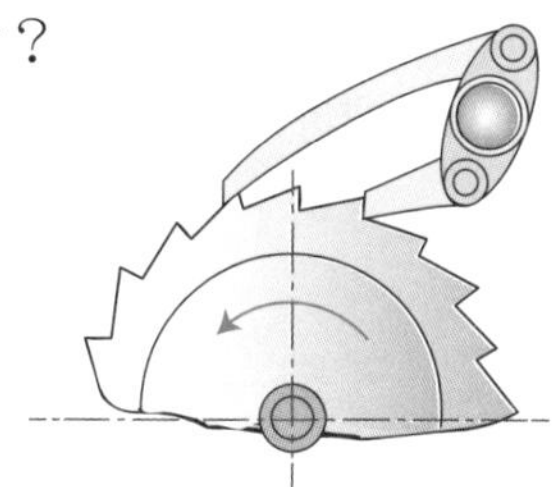

( ) **30** 如右圖所示，此圖形為何種機構？
(A)可逆棘輪
(B)多爪棘輪
(C)筒形擒縱器
(D)錨形擒縱器。

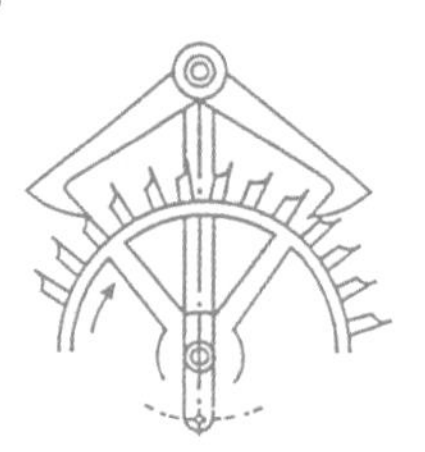

( ) **31** 一對間歇斜齒輪，不完整的斜齒輪作：
(A)連續運動 (B)簡諧運動 (C)間歇運動 (D)往復運動。

( ) **32** 下列何者屬於反向運動機構？ (A)日內瓦機構 (B)多爪棘輪 (C)圓盤與滾子摩擦輪 (D)錨型擒縱器。

( ) **33** 下列關於間歇運動的敘述，何者錯誤？
(A)無聲棘輪是藉著機件間的摩擦力作雙方向的傳動
(B)棘輪機構是由搖擺運動所產生的間歇運動
(C)日內瓦機構是由迴轉運動所產生的間歇運動
(D)利用一個搖擺機構，有節奏的阻止與縱脫一個有齒的轉輪，使其產生間歇旋轉運動的機構，稱為擒縱器。

( ) **34** 下列何者機構，常應用於鐘錶內以控制指針準確指出時間？
(A)日內瓦機構 (B)擒縱器機構
(C)棘輪機構 (D)間歇齒輪機構。

( ) **35** 下列有關日內瓦機構之敘述，何者不正確？
(A)日內瓦機構為一種藉摩擦力驅動之間歇傳動機構
(B)日內瓦機構又稱為星輪機構
(C)日內瓦機構之從動件如有六個等角間隔之徑向槽，則主動件每轉一圈，可使從動件轉動六分之一圈
(D)日內瓦機構可應用於工具機的分度裝置，或電影放映機之送片機構。

( ) **36** 右圖所示之間歇運動機構，若主動輪轉速為 240 rpm，則從動輪的運動週為多少秒？
(A)0.1 (B)0.5
(C)1 (D)2。

( ) **37** 一日內瓦機構的從動輪具有四個徑向槽，若原動輪持續作等角速度運動，則從動輪轉動與靜止的時間比是多少？
(A)1：4 (B)1：3
(C)3：1 (D)4：1。

( ) **38** 何種棘輪常應用於套筒板手，可使棘輪運動角度縮小，減少無效擺動？
(A)多爪棘輪 (B)單爪棘輪
(C)雙動棘輪 (D)無聲棘輪。

( ) **39** 一對間歇正齒輪機構如圖所示，兩輪節圓直徑相同，模數相同，B輪有18齒，主動輪A轉一圈需18秒，從動輪B每一周間歇停止三次，每一次停止多少秒？

(A)2

(B)3

(C)4

(D)6。

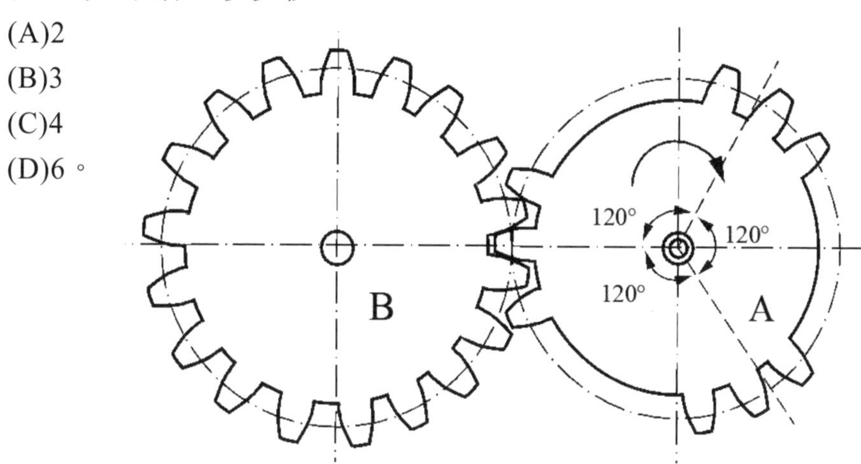

( ) **40** 有關自行車零組件運動傳遞的敘述，下列何者錯誤？

(A)鏈條與鏈輪組成傳動機構是拘束運動鏈

(B)後輪轂內有擒縱器使得向後踩不會倒退

(C)腳架經常使用拉伸彈簧來達到回復功能

(D)煞車線為撓性連接間接接觸驅動煞車系統。

第17章　近年試題

108年統測試題

(　) 1 有關螺栓與螺帽相互接觸產生運動的接觸方法與性質，下列何者正確？ (A)自鎖對、低對 (B)力鎖對、高對 (C)完全對偶、高對 (D)不完全對偶、低對。

(　) 2 一螺旋的螺旋角為θ，導程角為β，下列何者正確？ (A)$\tan\theta+\tan\beta=1$ (B)$\cot\theta-\cot\beta=1$ (C)$\cot\theta\times\cot\beta=1$ (D)$\tan\theta/\tan\beta=1$。

(　) 3 下列哪一種螺帽常用於汽車輪圈鎖緊及具有自動對正中心的作用？ (A)槽縫螺帽 (B)環首螺帽 (C)墊圈底座螺帽 (D)錐形底部螺帽。

(　) 4 一帶輪以寬5mm、長20mm之鍵裝於直徑50mm的軸上，鍵的容許剪應力為2MPa，容許壓應力為5MPa，在鍵傳遞動力達到最高容許剪應力時，則鍵需要的最小高度應為多少mm，使鍵不至於受到壓應力破壞？ (A)3 (B)4 (C)5 (D)6。

(　) 5 一彈簧受到20N負荷作用時，伸長量為4cm，而彈簧線圈平均直徑5cm，彈簧線徑0.5cm，則下列何者為其彈簧指數？ (A)0.1 (B)0.2 (C)5 (D)10。

(　) 6 有關軸承之敘述，下列何者不正確？ (A)滾珠軸承徑向負載容量與滾珠數目及滾珠直徑成正比 (B)單列止推滾珠軸承可承受軸向負載，適用於高速運轉 (C)滾子軸承比滾珠軸承強度強，因此能承受更大負載 (D)單列斜角滾珠軸承接觸角愈大，可承受止推負載也愈大。

(　) 7 同一平面的兩平行軸，具有大小兩輪的皮帶傳動裝置，下列敘述何者不正確？ (A)開口皮帶輪傳動，兩帶輪轉向相同 (B)開口皮帶輪傳動，皮帶緊邊應在下方 (C)交叉皮帶輪傳動的皮帶長度大於開口皮帶傳動 (D)交叉皮帶輪傳動大小兩輪的接觸角和恰為360°。

( ) **8** 利用滾子鏈輪與鏈條傳動時，下列敘述何者正確？ (A)鏈條與鏈輪之接觸角應該在120°以下 (B)鏈條與鏈輪傳動時，上方為鬆邊，下方為緊邊 (C)鏈條節數一般使用奇數 (D)傳動時若弦線作用愈大，產生之振動與噪音愈大。

( ) **9** 下列有關摩擦輪傳動之敘述，何者正確？ (A)摩擦輪傳動之功率與主動輪和從動輪接觸處之正壓力成正比 (B)摩擦輪傳動之功率與主動輪和從動輪接觸處之材料無關 (C)內切圓柱形摩擦輪之主動輪軸與從動輪軸平行且迴轉方向相反 (D)外切圓柱形摩擦輪兩輪每分鐘之轉速與其半徑成正比。

( ) **10** 兩圓柱形摩擦輪傳動，若無滑動發生，主動輪之轉速為90rpm，從動輪之轉速為30rpm，主動輪軸與從動輪軸之中心距離為40cm，則當兩摩擦輪外切時與內切時，主動輪與從動輪之直徑和各為多少cm？ (A)外切時為40；內切時為80 (B)外切時為80；內切時為160 (C)外切時為160；內切時為80 (D)外切時為80；內切時為40。

( ) **11** 下列有關齒輪傳動之敘述，何者正確？ (A)螺旋齒輪傳動時，兩螺旋齒輪之螺旋角需相同 (B)正齒輪傳動時，主動齒輪軸線與從動齒輪軸線相交成一角度 (C)兩相嚙合之正齒輪其工作深度為齒根的兩倍 (D)為保持兩嚙合齒輪之角速度維持一定之比值，兩齒輪接觸點之公切線必經過節點。

( ) **12** 下列有關輪系之敘述，何者正確？ (A)依照各輪軸固定與否，可分為單式輪系和複式輪系 (B)輪系值e，|e|<1之輪系為增速輪系，|e|>1之輪系為減速輪系 (C)在單式輪系中，首輪與末輪之迴轉方向相反時，輪系值為正值 (D)在單式輪系中，輪系值與所有惰輪之齒數無關。

( ) **13** 如右圖之輪系，齒輪A、B、C及D之齒數分別為30齒、60齒、20齒及40齒，若主動輪A轉速100rpm順時針方向迴轉，則此輪系之輪系值e為多少及D輪之轉速N_D為多少rpm？

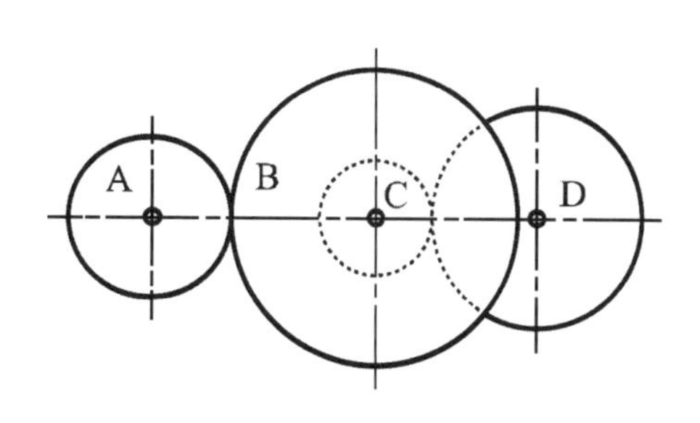

(A)$e=-0.25$；$N_D=25$逆時針

(B)e＝＋0.25；N_D＝25順時針
(C)e＝–4；N_D＝400逆時針
(D)e＝＋4；N_D＝400順時針。

( ) **14** 兩互相嚙合之外接正齒輪，主動輪之齒數為40齒，模數為12，兩輪之中心距離為600mm，則從動輪之齒數(T_2)為多少齒及節圓直徑(D_2)為多少mm？ (A)T_2＝30；D_2＝360 (B)T_2＝50；D_2＝600 (C)T_2＝60；D_2＝720 (D)T_2＝80；D_2＝960。

( ) **15** 一塊狀制動器尺寸右圖所示，若輪鼓順時針旋轉，轉速1200rpm，傳送功率P為1kW，制動器摩擦係數μ為0.25，求其施力F最少須為多少N？ (A)150/π (B)250/π (C)500/π (D)650/π。

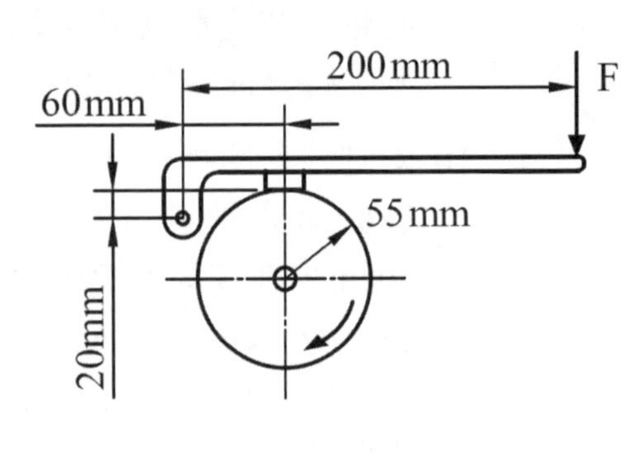

( ) **16** 下列有關凸輪的敘述何者不正確？ (A)壓力角愈大傳動摩擦愈小 (B)在總升程相同條件下，基圓直徑愈大壓力角愈小 (C)凸輪從動件運動方向與接觸點公法線所夾角度稱為壓力角 (D)凸輪之周緣傾斜角愈小其壓力角愈大。

( ) **17** 下列何者四連桿機構運動中沒有死點存在？ (A)牽桿機構 (B)雙搖桿機構 (C)曲柄搖桿機構 (D)曲柄滑塊機構。

( ) **18** 下列何者四連桿機構可用於汽車車輪轉向機構？ (A)平行相等曲柄 (B)不平行相等曲柄 (C)雙搖桿機構 (D)曲柄搖桿機構。

( ) **19** 一滑車組如右圖所示，求其機械利益M為多少？
(A)3
(B)4
(C)5
(D)6。

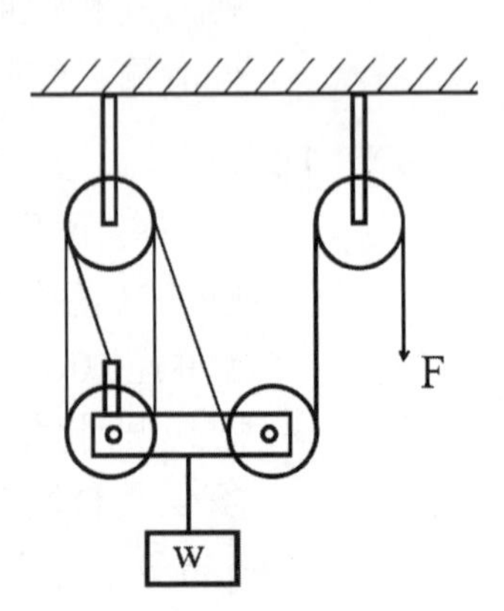

( ) **20** 下列何者屬於反向運動機構？ (A)日內瓦機構 (B)多爪棘輪 (C)圓盤與滾子摩擦輪 (D)錨型擒縱器。

109年統測試題

( ) **1** 如右圖所示連桿組，下列敘述何者正確？
(A)連桿數為6
(B)對偶數為8
(C)屬於呆鏈
(D)屬於拘束鏈。

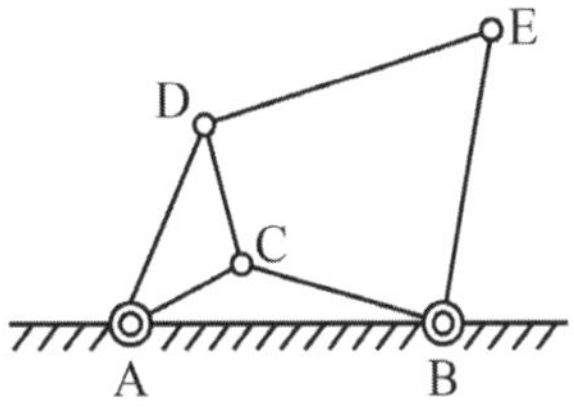

( ) **2** 螺紋標註符號為R- 2 N M10 × 1.25 - 6H / 7g，下列敘述何者不正確？
(A)右手螺紋
(B)公制螺紋牙角60°
(C)導程1.25mm
(D)外螺紋公差7級。

( ) **3** 如右圖所示之螺旋機構其桿長L為100mm，上螺桿導程L_1為6mm右螺紋，下螺桿導程L_2為4mm左螺紋，若不考慮摩擦損失，其機械利益M為多少？
(A)20π (B)40π
(C)80π (D)100π。

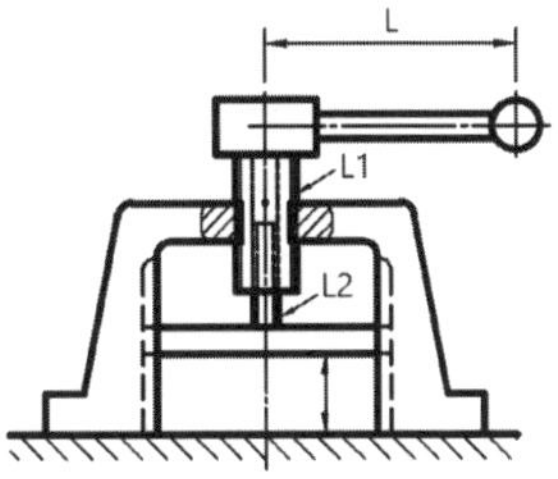

( ) **4** 下列何者螺栓其桿身皆為螺紋，其螺栓頭為六角形，使用時二連結件一為通孔另一需螺紋孔，故鎖固時不需使用螺帽？
(A)帶頭螺栓
(B)柱頭螺栓
(C)貫穿螺栓
(D)基礎螺栓。

( ) **5** 有一輪軸以方鍵做連結傳送動力，方鍵長度50mm，鍵材料之容許剪應力50MPa，容許壓應力80MPa，傳送400N-m扭矩，軸之外徑為40mm，在安全傳送下求方鍵之寬度最少需多少mm？
(A)8 (B)9
(C)10 (D)11。

( ) **6** 如右圖所示彈簧組，K_1為3N/mm，K_2為4N/mm，K_3為4N/mm，K_4為4N/mm，其等效總彈簧常數K為多少N/mm？
(A)5
(B)7
(C)9
(D)11。

( ) **7** 滾動軸承之特性敘述，下列何者正確？
(A)可適用於摩擦力大，啟動阻力大及動力損失大之場合
(B)因尺寸精密使得組裝互換性小，運轉時較不易將軸保持於準確位置
(C)可適用於振動力大，負載大及組裝精度低之場合
(D)運轉過程中噪音小，不易發生過熱現象。

( ) **8** 設有一皮帶傳動機構，主動輪半徑30cm及轉速600rpm，緊邊張力為400N，鬆邊張力為100N，則下列何數值最接近該機構的公制馬力（PS）？ (A)1.8π (B)2.4π (C)18π (D)24π。

( ) **9** 鏈條傳動相關之敘述，下列何者正確？
(A)鏈條傳動時產生滑動，故可使用於速比需隨時調整之場合
(B)鏈條與鏈輪傳動時，下方應為緊邊側及上方為鬆邊側
(C)鏈條傳動時鏈條鬆邊側不易擺動，故可適合於高速傳動之場合
(D)鏈條傳動之速比1：7以內為佳，與鏈輪接觸角應在120°以上。

( ) **10** 摩擦輪傳動之敘述，下列何者不正確？
(A)摩擦輪是藉由兩摩擦輪接觸面間的摩擦力傳達功率
(B)影響摩擦力主要因素為正壓力及摩擦係數
(C)從動軸阻力過大時於接觸處產生滑動使之機件不致損壞
(D)摩擦輪其運轉速比穩定並適宜傳遞較大的馬力。

( ) **11** 設一圓柱形摩擦輪，其主動輪之轉速為80rpm，從動輪之轉速為20rpm，兩平行軸之中心距離為60cm，則於外切及內切之兩輪直徑值，下列何者不正確？
(A)外切時，主動輪直徑24cm (B)內切時，主動輪直徑60cm
(C)外切時，從動輪直徑96cm (D)內切時，從動輪直徑160cm。

(　　) **12** 齒輪的用途與種類之敘述，下列何者正確？
(A)齒輪作動是靠齒輪間的拉力來作動，故需要兩輪間的正壓力來傳動
(B)齒輪的傳動力沿著接觸點的切線方向，所以可以傳達較大的力量
(C)齒輪傳動時需要兩輪間的摩擦力來傳動，故其轉速比可保持一定
(D)齒輪只允許近距離的傳動，若需傳達的動力較遠則須利用多組齒輪來達成。

(　　) **13** 齒輪傳動的特性之敘述，下列何者不正確？
(A)兩齒輪之作用弧及切線速度相等，且兩齒輪之作用角與其齒數成正比
(B)兩齒輪節點上之切線速度相等，且兩齒輪每分鐘迴轉數與節圓直徑成反比
(C)兩齒輪之作用弧相等，且兩齒輪之作用角與節圓直徑成反比
(D)兩齒輪互相嚙合時的周節應相等，且兩齒輪之節圓直徑與其齒數成正比。

(　　) **14** 下列輪系值的敘述何者正確？
(A)汽車的斜齒輪差速器，行駛轉彎時輪系值等於1
(B)普通輪系可能從加速到減速，故輪系值可能等於1
(C)在單式輪系中，惰輪會影響輪系值與改變轉向
(D)單線蝸桿為主動件的蝸桿與蝸輪輪系，輪系值大於1。

(　　) **15** 一輪系值為−6的組合輪系如右圖所示，A、D輪分別為主動輪與從動輪，A、B輪齒數分別為120與60，若C輪直徑為30cm，則帶輪D的直徑為多少cm？

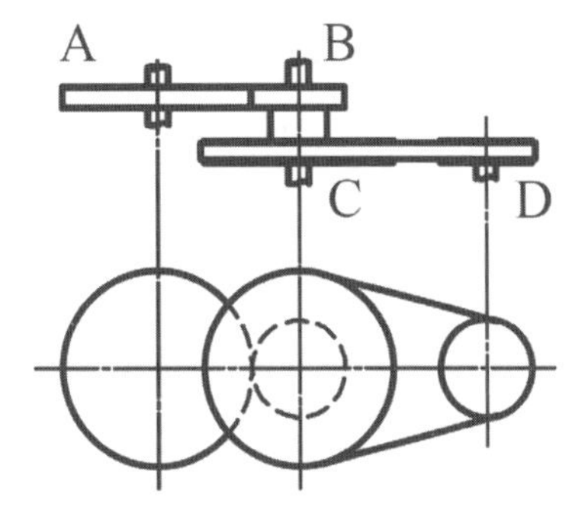

(A)5
(B)10
(C)15
(D)20。

( ) **16** 有三種型式的單塊狀制動器如右圖所示，制動器由左至右分別稱為甲、乙、丙式，其樞軸的位置有差異，而剎車塊、鼓輪的材料與尺寸均相同，若鼓輪順時針轉動，則煞車所需的作用力依大小順序排列，下列何者正確？

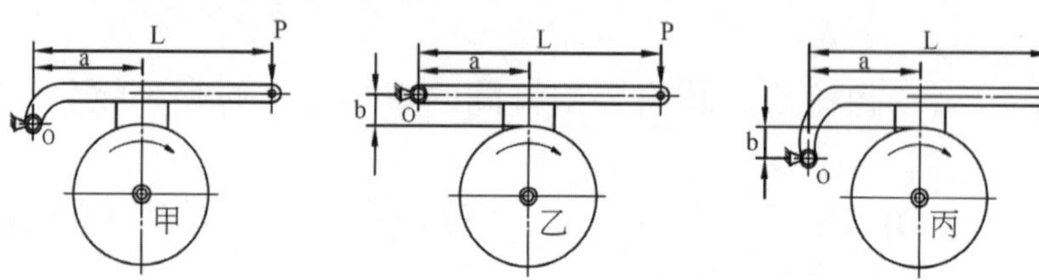

(A)甲>乙>丙 (B)乙>丙>甲 (C)乙>甲>丙 (D)甲>丙>乙。

( ) **17** 一板形凸輪在相同的作用角與升程之傳動影響情形，下列敘述何者正確？
(A)壓力角增大，周緣傾斜角會增大
(B)壓力角變小，從動件有效上升力降低
(C)周緣傾斜角增大，側壓力會增大
(D)周緣傾斜角變小，接觸部份摩擦阻力增大。

( ) **18** 一組曲柄搖桿的四連桿機構，若固定的連桿長55cm，固定連桿兩邊的桿長分別為20cm、35cm，則下列何者不可能是第四桿的長度？
(A)35cm (B)45cm (C)55cm (D)65cm。

( ) **19** 如右圖所示之雙組滑車，整體摩擦損失1/3，若要舉起W=1000N物體，則所施加之最小力F為多少N？
(A)75
(B)125
(C)175
(D)225。

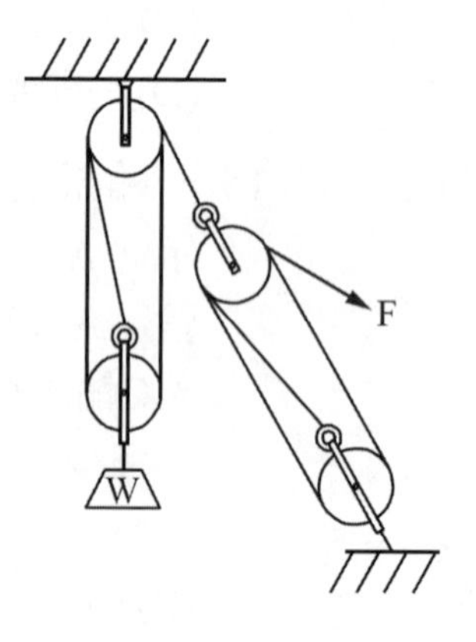

( ) **20** 下列間歇運動機構應用的敘述何者不正確？
(A)無聲棘輪可用於棘齒輪千斤頂
(B)擒縱器用於鐘錶控制齒形旋轉輪
(C)自行車利用多爪棘輪讓向後踩不後退
(D)可逆棘輪用於牛頭鉋床的自動進給機構。

110年統測試題

( ) **1** 一個連桿組其機件數目與對偶數目所形成的運動性質，下列何者正確？
(A)機件數3、對偶數3為拘束運動鏈
(B)機件數4、對偶數4為無拘束運動鏈
(C)機件數5、對偶數5為拘束運動鏈
(D)機件數6、對偶數6為無拘束運動鏈。

( ) **2** 螺紋的螺紋角，下列何者不正確？
(A)公制梯形螺紋(trapezoidal thread)的螺紋角為30°
(B)惠氏螺紋(Whitworth thread)的螺紋角為45°
(C)鋸齒形螺紋(buttress thread)的螺紋角為45°
(D)尖V形螺紋(sharp V thread)的螺紋角為60°。

( ) **3** 一差動螺旋機構，手輪桿旋轉5轉可使從動件下降10mm，若此螺旋機構中較大導程為10mm的右螺旋，則下列何者為另一個螺旋的性質？
(A)導程2mm的左螺旋 (B)導程4mm的右螺旋
(C)導程6mm的左螺旋 (D)導程8mm的右螺旋。

( ) **4** 用於輕負載可快速拆卸，或常需裝卸的鎖緊螺帽，不用工具用手指即可操作，下列何者正確？
(A)環首螺帽 (B)翼形螺帽 (C)堡形螺帽 (D)槽縫螺帽。

( ) **5** 傳動軸上不需開鍵座，僅依靠摩擦力來傳送動力之鍵，下列何者正確？
(A)斜角鍵 (B)鞍形鍵 (C)半圓鍵 (D)栓槽鍵。

( ) **6** 彈簧之敘述，下列何者最不正確？
(A)圓鋼線捲成的錐形彈簧，壓縮時小圈部份先變形且變形量較大
(B)螺旋壓縮彈簧將端面磨平的主要目的是獲得更大的接觸面積
(C)板片彈簧又稱疊板彈簧，常用於汽車的避震器以吸收振動能量
(D)彈簧常數是彈簧受外力作用時，荷重與變形量之比值。

( ) **7** 軸承承受徑向與軸向負載之選用，下列何者正確？
(A)徑向軸承可承受與軸中心線平行方向負載
(B)單列深槽滾珠軸承主要承受軸向負載

(C)單環止推軸承只承受單一方向徑向負載
(D)斜角滾珠軸承可承受軸向與徑向負載。

( ) **8** 一皮帶輪傳動機構，帶輪直徑100mm，皮帶緊邊張力2500N，鬆邊張力1000N，若傳動輪出功率為(0.9π) kW，傳動摩擦與滑動總損失10%，則帶輪轉速應為多少rpm？
(A)360 (B)400
(C)450 (D)520。

( ) **9** 垂直鏈輪傳動機構如圖(一)，A為主動輪順時針旋轉，B為從動輪，下列何者正確？
(A)鏈條緊邊在FD邊
(B)鏈條拉緊輪應放在D處
(C)鏈條拉緊輪應放在E處
(D)鏈條拉緊輪應放在F處。

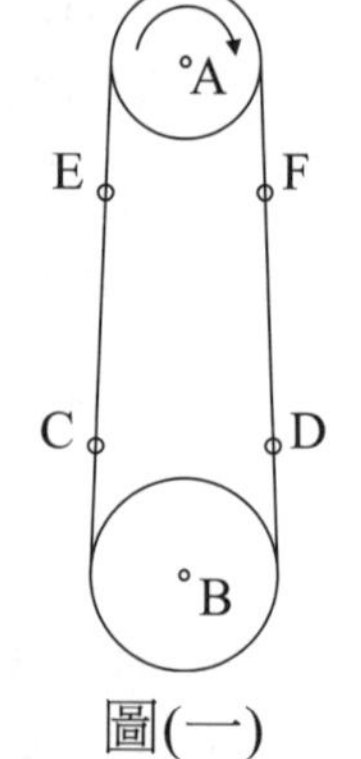

圖(一)

( ) **10** 一組內切摩擦輪傳動機構，輪中心距60cm，小輪直徑40cm，小輪順時針旋轉轉速600rpm，輪之滾動摩擦係數為0.2，如欲傳送扭矩$(\frac{100}{\pi})$N－m，下列何者正確？
(A)大輪逆時針旋轉，接觸之正向力$(\frac{2500}{\pi})$N
(B)大輪轉速200rpm，接觸之正向力$(\frac{2000}{\pi})$N
(C)大輪順時針旋轉，接觸之正向力$(\frac{2000}{\pi})$N
(D)大輪轉速150rpm，接觸之正向力$(\frac{2500}{\pi})$N。

( ) **11** 摩擦輪傳動機構若兩傳動軸不平行且相交，其兩輪旋轉方向相同，應當採用下列何種摩擦輪機構？
(A)外切圓柱形摩擦輪 (B)外切圓錐形摩擦輪
(C)內切圓柱形摩擦輪 (D)內切圓錐形摩擦輪。

(　　) **12** A、B螺旋齒輪傳動機構如圖(二)所示，A為主動輪，從左側看為順時針旋轉，須安裝止推軸承抵消軸向推力，P、Q、R、W為可能安裝位置，下列何者正確？
(A)A為右螺旋齒輪
(B)B為右螺旋齒輪
(C)P、R需安裝止推軸承
(D)Q、R需安裝止推軸承。

圖(二)

(　　) **13** 擺線齒輪傳動之敘述，下列何者正確？
(A)接觸點軌跡為直線
(B)壓力角不固定，在節圓處達最大值
(C)傳動不會發生干涉問題
(D)齒面與齒腹都是外擺線齒型。

(　　) **14** 皮帶制動器如圖(三)所示，皮帶對鼓輪之接觸角 $\theta=(\frac{4}{3})\pi$ ，摩擦係數μ，使$e^{\mu\theta}$=2.5，若制動鼓輪逆時針旋轉，其槓桿尺寸a＝40cm，b＝25cm，L＝120cm，若施力F＝75N，Fa應為多少N？
(A)150　(B)200　(C)300　(D)400。

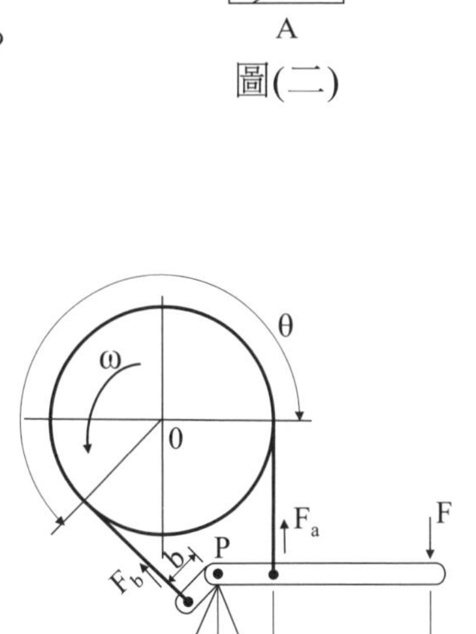

圖(三)

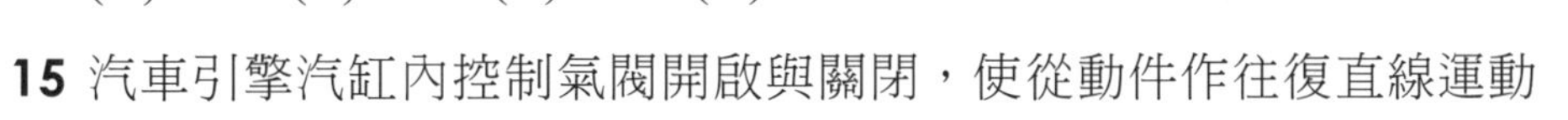
(　　) **15** 汽車引擎汽缸內控制氣閥開啟與關閉，使從動件作往復直線運動的驅動凸輪，下列何者正確？
(A)圓柱形凸輪 (B)平板凸輪　(C)圓錐凸輪　(D)確動凸輪。

(　　) **16** 如圖(四)所示為牛頭鉋床急回機構，曲柄(BC)長度15cm，固定桿(AB)長度30cm，若曲柄轉速10rpm(順時針旋轉)，每次去回時間下列何者正確？
(A)去程2秒　(B)回程6秒
(C)去程4秒　(D)回程8秒。

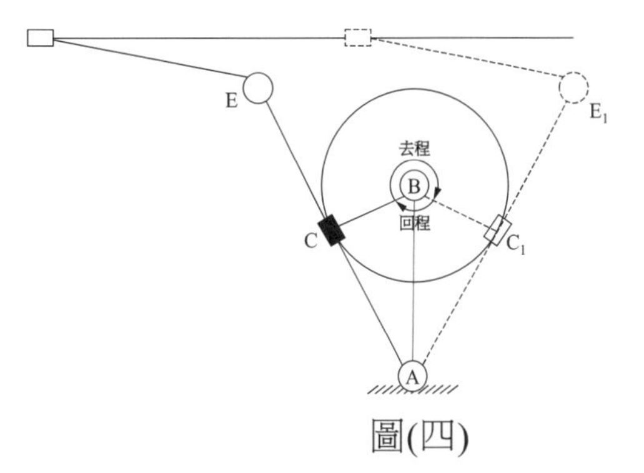

圖(四)

( ) **17** 一惠斯頓差動滑車，摩擦損失20%，滑車組施力10N可拉起80N的負載，其大小兩輪之直徑比，下列何者正確？

(A)5：4 (B)3：2 (C)2：1 (D)3：1。

( ) **18** 傳統三速前進，一速倒退手排車變速箱輪系機構，汽車行進中變速，由離合器軸齒輪搭配副軸齒輪進行變速，三速前進齒輪分別是：一檔速比(I)、二檔速比(II)、三檔速比(III)以及倒檔速比(R)，其中倒檔可輸出最大扭力，一檔至三檔速度漸增，四者間輪系值之絕對值由小至大依序，下列何者正確？

(A)R＜I＜II＜III

(B)I＜II＜III＜R

(C)R＜III＜II＜I

(D)I＜III＜II＜R。

( ) **19** 如圖(五)所示，a圓筒直徑為50mm，b圓筒直徑為100mm，且a圓筒由左方觀察為逆時針旋轉，其轉速為10rpm，此輪系傳達到b圓筒表面之切線速度為多少(m/sec)？

(A)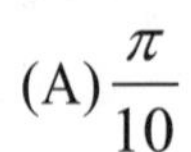 (B)$\frac{\pi}{2}$

(C)$\frac{2\pi}{3}$ (D)2π

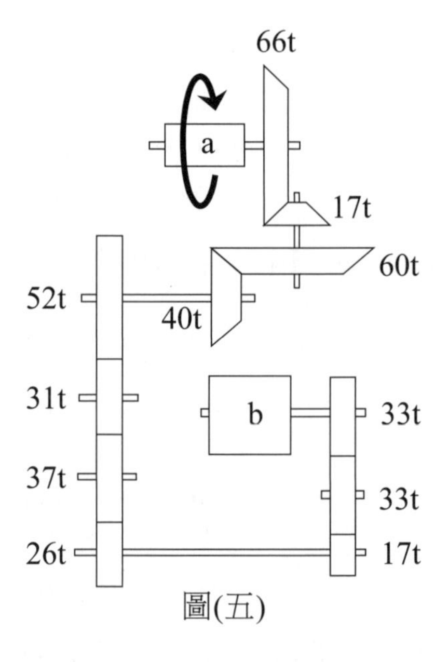

圖(五)

( ) **20** 鐘錶的指針為保持精確和規律性的持續運動，並獲得正確的時間，下列機構何者正確？

(A)間歇齒輪機構 (B)凸輪機構

(C)擒縱器 (D)日內瓦機構。

111年統測試題

( ) **1** 下列何者是將機件組合成機構的主要目的？ (A)組成剛體結構 (B)傳遞運動 (C)形成機架 (D)轉換能量作功。

( ) **2** 某同學在參觀工廠時撿到一螺栓，觀察並繪製如圖，則螺栓屬於何種螺紋？

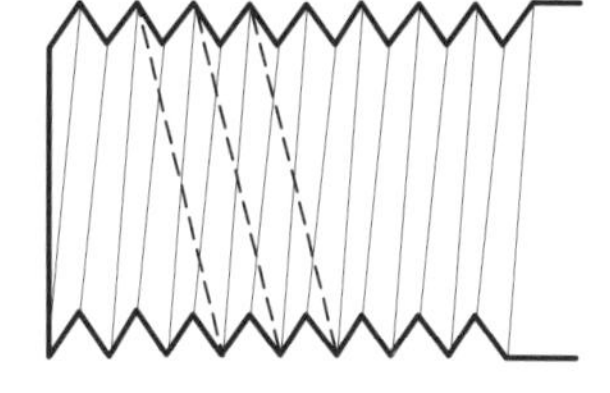

(A)左旋雙螺紋
(B)右旋雙螺紋
(C)左旋單螺紋
(D)右旋單螺紋。

( ) **3** 如圖所示，一螺旋起重機以5kgf輸入314N-m的功，輸出100N-m的功，將100kgw的物舉起10cm，其機械利益是多少？（假設重力加速度是$10m/s^2$，$\pi=3.14$）

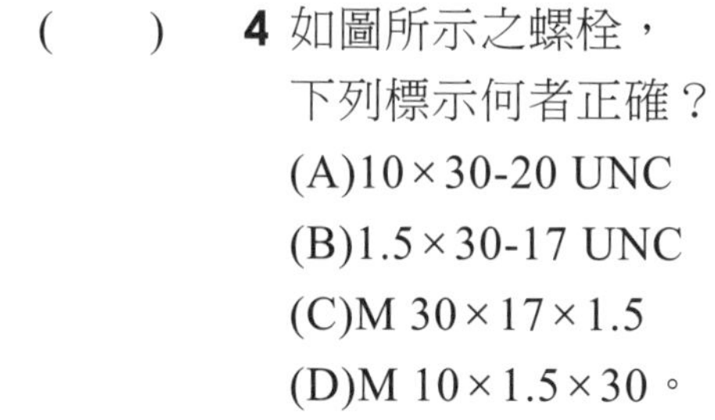

(A)0.05 (B)0.318
(C)3.14 (D)20。

( ) **4** 如圖所示之螺栓，下列標示何者正確？

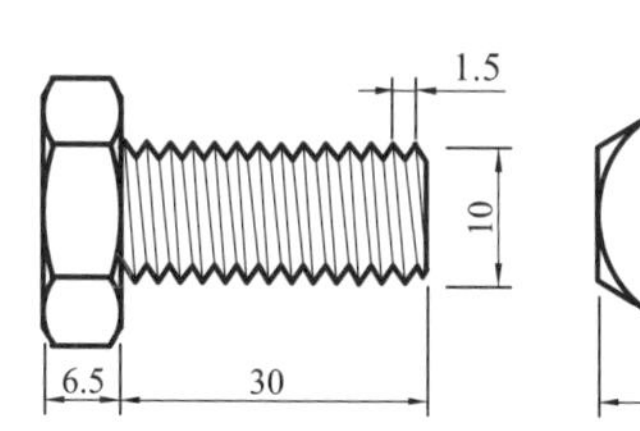

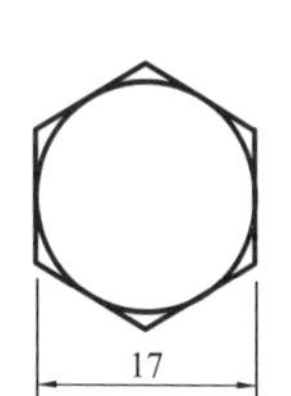

(A)10×30-20 UNC
(B)1.5×30-17 UNC
(C)M 30×17×1.5
(D)M 10×1.5×30。

( ) **5** 鍵是連結軸與輪轂用的機件，以防止兩者間的相對迴轉，考慮強度時常計算應力，下列何者的單位與應力相同？ (A)加速度 (B)角速度 (C)扭矩 (D)壓力。

( ) **6** 滑動軸承與軸之間通常會加一襯套，關於襯套選用之敘述，下列何者正確？ (A)可選鑄鋼以避免軸承損傷 (B)無須潤滑以增強耐振性 (C)可選銅基合金以降低軸頸磨損 (D)無須潤滑以承受重負載。

( ) **7** 瑞士機械鐘錶內的發條是使用彈簧中的何種功用？ (A)吸收振動 (B)儲存能量 (C)力的量度 (D)產生作用力。

( ) **8** 如圖所示之開口皮帶傳動機構，主動輪A直徑800mm，轉速600rpm順時針旋轉，今傳遞2.4kW功率，若皮帶傳動效率90%，且皮帶T_1的張力為160N則T_2張力應為多少N？（假設π≈3）
(A)70 (B)120 (C)180 (D)250。

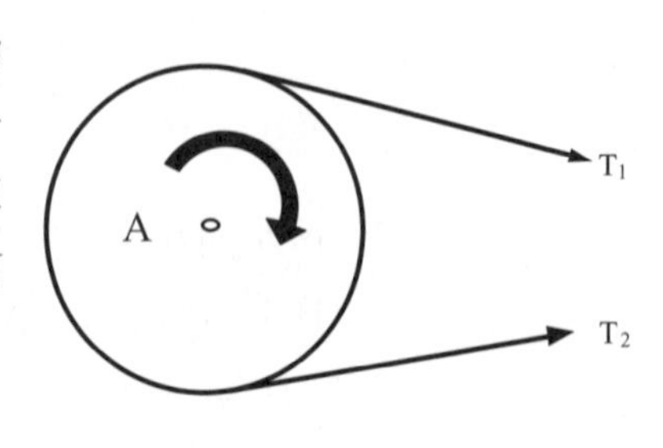

( ) **9** 有關消除鏈輪傳動噪音策略的敘述，下列何者正確？ (A)增加鏈輪軸心距離 (B)鏈條與鏈輪接觸角在120度以內 (C)使用較小的鏈節或增加鏈輪齒數 (D)增加鏈輪轉速以脫離共振區。

( ) **10** 一內接圓錐摩擦輪機構，A輪之頂角120°，B輪之頂角90°，若A輪轉速600rpm順時針旋轉，則下列何者為B輪轉速與旋轉方向？
(A)$600\sqrt{\frac{3}{2}}$rpm，順時針 (B)$600\sqrt{\frac{2}{3}}$rpm，順時針
(C)$600\sqrt{\frac{3}{2}}$rpm，逆時針 (D)$600\sqrt{\frac{2}{3}}$rpm，逆時針。

( ) **11** 下列何種摩擦輪輸出具有如圖所示之角速度變化？（假設主動輪固定角速度，從動輪的角速度ω，旋轉角θ）
(A)橢圓輪 (B)單葉瓣輪
(C)雙葉瓣輪 (D)空心圓盤和滾子。

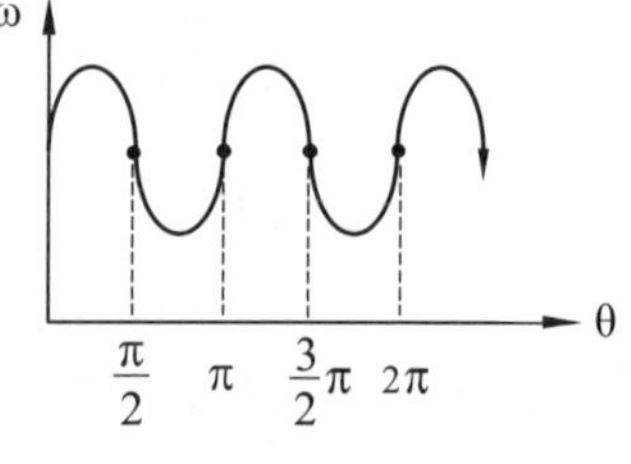

( ) **12** 一個壓力角為20°的公制標準齒輪（全齒制），其模數為4，主動輪齒數20、從動輪齒數30，下列敘述何者正確？ (A)齒冠高3.2mm (B)兩輪中心距100mm (C)工作深度6.4mm (D)主動齒輪外徑86.4mm。

( ) **13** 一內接正齒輪傳動機構，其齒輪模數為8，A輪齒數20，轉速240rpm順時針旋轉，兩輪中心距80mm，則下列何者為B輪之轉速與方向？
(A)120rpm，順時針 (B)120rpm，逆時針
(C)160rpm，順時針 (D)160rpm，逆時針。

( ) **14** 一回歸輪系如圖所示，A、B齒輪模數為3，齒數分別為20齒、60齒，C、D齒輪模數2，A輪與D輪轉速比為12，則下列何組的C、D輪齒數適合此輪系？

(A)C輪12齒、D輪48齒
(B)C輪16齒、D輪64齒
(C)C輪20齒、D輪80齒
(D)C輪24齒、D輪96齒。

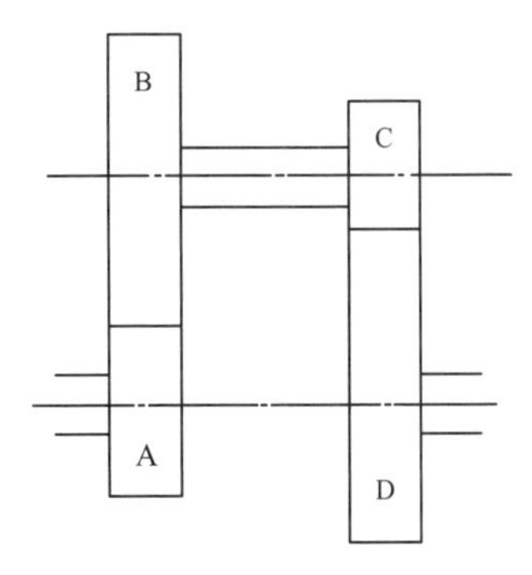

(　　) **15** 一複式輪系包含A、B兩齒輪與C、D兩帶輪，如圖所示，若A輪100齒、B輪50齒，C輪半徑30cm，D輪半徑10cm，當A輪以100rpm順時針迴轉，若不考慮皮帶滑動，則皮帶速度為多少m/sec？

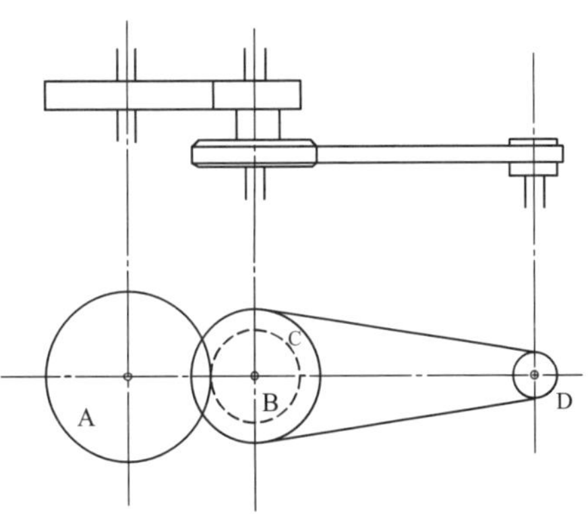

(A)2π　(B)4π　(C)6π　(D)8π。

(　　) **16** 有關制動器的敘述，下列何者錯誤？　(A)機械式制動器是吸收運動機件的動能轉換成熱能　(B)機械式制動器依靠接觸面間摩擦力可使運動停止　(C)流體制動器利用流體的黏滯力可快速使運動停止　(D)電磁制動器利用動能轉變成電磁能而使運動停止。

(　　) **17** 有關凸輪與從動件的運動，下列敘述何者正確？
(A)當凸輪之基圓半徑變小時，可以減輕從動件的側向壓力
(B)從動件之位移時間圖為正弦函數，則從動件進行修正等速運動
(C)以從動件滾子中心，繞凸輪旋轉所得之軌跡線稱為理論曲線
(D)凸輪與從動件接觸點之公法線與從動件運動方向夾角為傾斜角。

(　　) **18** 有關四連桿中雙曲柄機構的敘述，下列何者錯誤？　(A)能產生急回運動　(B)浮桿的長度最短　(C)傳動時無死點　(D)又稱牽桿機構。

(　　) **19** 如圖所示之滑車組，若施力80N，摩擦損失25%，其機械利益為何？　(A)4.5　(B)6　(C)7.5　(D)9。

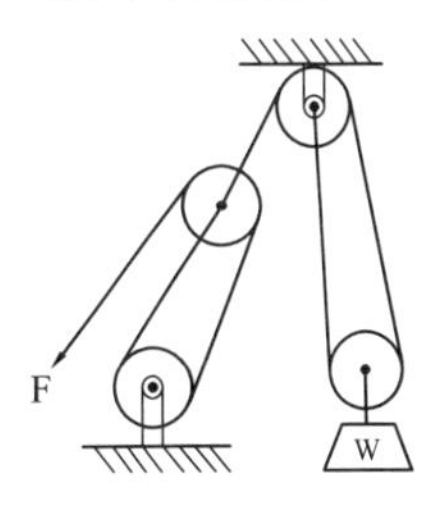

(　　) **20** 下列何種棘輪機構，其搖桿不論向前或向後擺動，均能帶動棘輪沿同一方向轉動？
(A)多爪棘輪　　(B)起重棘輪
(C)無聲棘輪　　(D)雙動棘輪。

112年統測試題

(　) **1** 一組雙線螺紋之螺栓與螺帽配合如圖所示，螺紋之螺旋角為60°，螺旋外徑為20mm，若螺栓固定不動，螺帽從右側端視圖觀看，且反時針旋轉1圈，則螺帽位移方向與距離下列何者正確？

(A)左移$(20\pi/\sqrt{3})$mm
(B)右移$(20\pi/\sqrt{3})$mm
(C)左移$(20\pi\sqrt{3})$mm
(D)右移$(20\pi\sqrt{3})$mm。

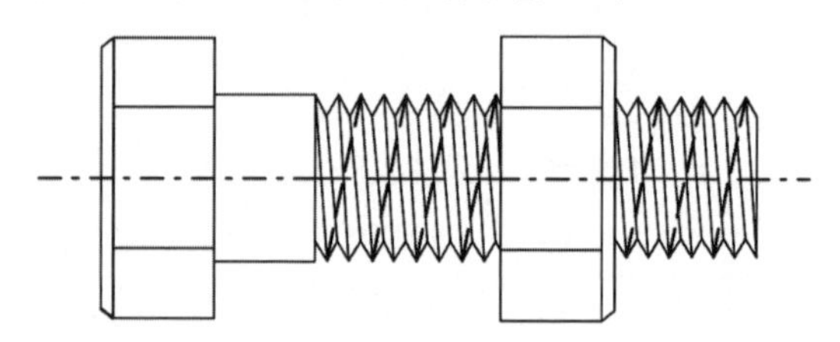

(　) **2** 一斜面搭配定滑輪之滑塊機構，如圖所示，滑塊沿著斜面向上等速度滑動，假設定滑輪為光滑無摩擦，滑塊與斜面之動摩擦係數為0.25，試求出其整體機械效率為多少？

(A)65%
(B)70%
(C)75%
(D)80%。

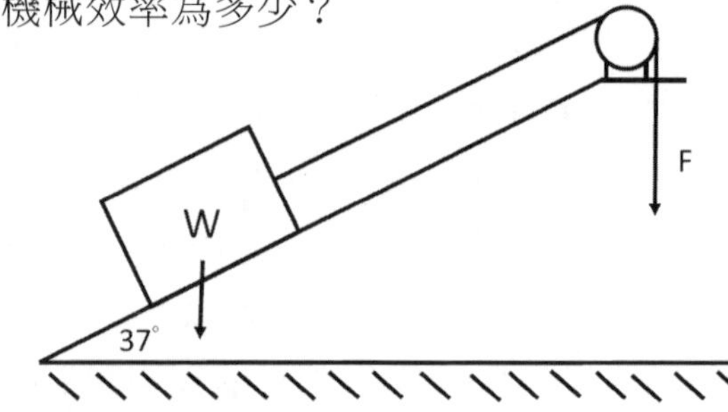

(　) **3** 下列何種螺帽是利用摩擦阻力鎖緊的原理，沒有確閉鎖緊的功能？

(A)堡形螺帽　(B)彈簧線鎖緊螺帽
(C)上翻墊圈螺帽　(D)槽縫螺帽。

(　) **4** 一平鍵之規格為12×8×100mm安裝於直徑1000mm的軸上，傳遞100kN·m扭矩，該平鍵承受之剪應力τ_s與壓應力σ_c何者最接近？

(A)$\tau_s = 167$MPa　(B)$\tau_s = 250$MPa
(C)$\sigma_c = 333$MPa　(D)$\sigma_c = 450$MPa。

(　) **5** 觀察碳鋅電池盒壓緊裝置與手電筒內極座彈簧，採用何種形式彈簧較適合？

(A)疊板彈簧　(B)圓盤形彈簧
(C)錐形彈簧　(D)螺旋壓縮彈簧。

( ) **6** 有關軸承共通性之功能包括：①適合高速運轉、②潤滑容易、③可承受大負載或衝擊、④啟動阻力小，則一般滾動軸承包括前述哪些功能？ (A)①②④ (B)①②③ (C)①③④ (D)②③④。

( ) **7** 有關V型皮帶（又稱三角皮帶）的敘述，下列何者正確？ (A)皮帶斷面為三角形 (B)皮帶兩側面夾角為50° (C)傳動時可承受衝擊負載 (D)傳動時底部應與槽輪接觸。

( ) **8** 如圖所示，兩圓柱形摩擦輪A與B，半徑比R_A：R_B＝2：3，假設無滑動產生，則轉速比N_A：N_B等於多少？

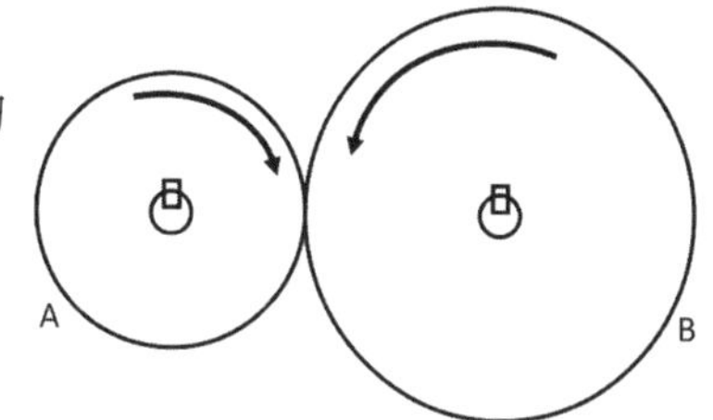

(A)1：1 (B)4：9
(C)2：3 (D)3：2。

( ) **9** 如圖所示，螺旋齒輪平行軸傳動，箭頭方向為運轉方向，①為主動齒輪、②為從動齒輪，則運轉時兩齒輪產生的軸向推力方向為何？

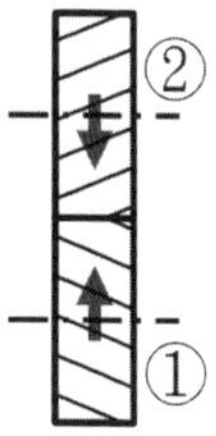

(A)①向左、②向左 (B)①向右、②向右
(C)①向右、②向左 (D)①向左、②向右。

( ) **10** 模數為4的兩外接正齒輪A、B，中心距為180mm，A輪齒數為30齒，轉速為60rpm，則B輪齒數與轉速分別是多少？

(A)60齒，30rpm (B)60齒，120rpm
(C)40齒，45rpm (D)40齒，180rpm。

( ) **11** 要設計如圖之周轉輪系，當主動A齒輪轉速為2rpm逆時針，旋臂m轉速3rpm順時針，B齒輪轉速為13rpm順時針，若選用模數為3的A、B正齒輪，A齒輪齒數為20齒，A齒輪之軸心為固定中心，則下列敘述何者正確？

(A)輪系值為－(1/2)
(B)B齒輪齒數為15齒
(C)A、B齒輪的軸心距為60mm
(D)B齒輪節圓直徑為30mm。

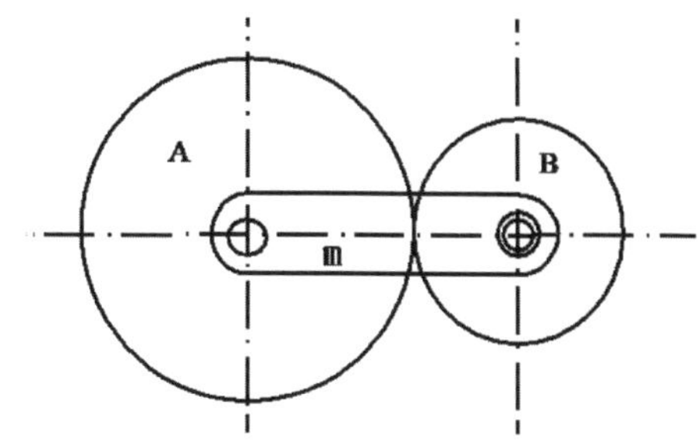

(　　) **12** 有關輪系的敘述，下列何者錯誤？ (A)汽車傳動之差速器的齒輪為周轉輪系之應用 (B)一般舊式車床塔輪傳動的後列齒輪為回歸輪系 (C)周轉輪系主動輪轉速增加，輪系值也跟著增加 (D)複式輪系中，改變其中間輪齒數可改變輪系值。

(　　) **13** 購買汽機車常見規格用詞，稱「前碟後鼓」指的是： (A)傳動裝置 (B)制動器 (C)進排氣方式 (D)懸吊系統。

(　　) **14** 一徑向從動件平板與滾子凸輪裝置，若滾子直徑與總升距固定，當凸輪之基圓半徑增大時，下列敘述何者正確？ (A)側向壓力會減輕 (B)上升作用力減小 (C)接觸磨損會增大 (D)傾斜角將會減小。

(　　) **15** 一組四連桿機構桿長比例如圖所示，若AD、BC桿同時可分別繞固定軸A、B旋轉，AB、AD分別為最短桿與最長桿，則下列敘述何者正確？

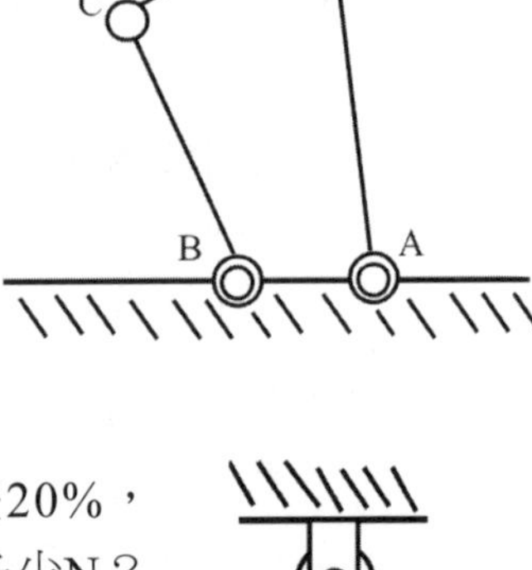

(A)機構有兩個死點
(B)機構為曲柄搖桿機構
(C)AD－AB<BC＋CD
(D)BC＋CD<AB＋AD。

(　　) **16** 西班牙滑車組如圖所示，整體摩擦損失20%，若要吊起2800N的重物，則至少施力為多少N？

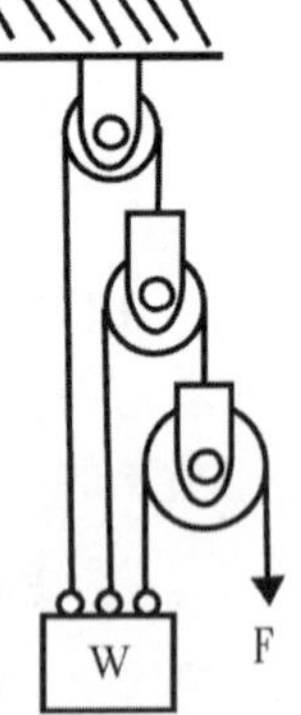

(A)300
(B)400
(C)500
(D)600。

(　　) **17** 何種棘輪常應用於套筒板手，可使棘輪運動角度縮小，減少無效擺動？
(A)多爪棘輪　　(B)單爪棘輪
(C)雙動棘輪　　(D)無聲棘輪。

▲閱讀下文，回答第 18-20 題

台灣自行車暢銷國際，租借系統使用便利，號稱「自行車王國」，相關產業近兩年產值連續創新高，其應用知識涵蓋傳動原理、彈簧、軸承、鏈輪、制動器、連桿機構、間歇運動機構等，如圖所示為自行車零組件之組成，以下為相關問題：

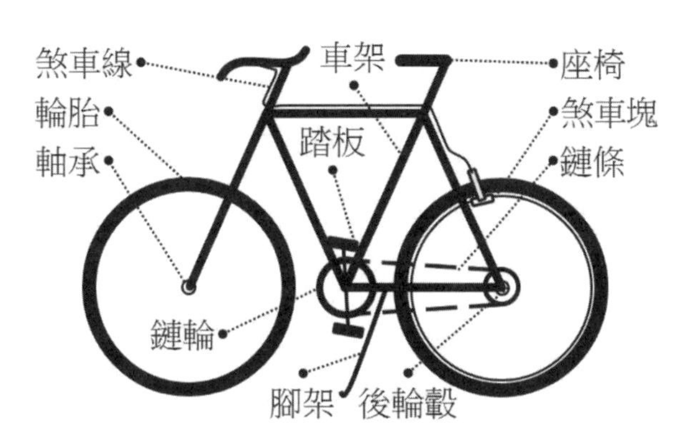

( ) **18** 有關自行車零組件運動傳遞的敘述，下列何者錯誤？
(A)鏈條與鏈輪組成傳動機構是拘束運動鏈
(B)後輪轂內有擒縱器使得向後踩不會倒退
(C)腳架經常使用拉伸彈簧來達到回復功能
(D)煞車線為撓性連接間接接觸驅動煞車系統。

( ) **19** 有關自行車的零件與機構的敘述，下列何者正確？
(A)軸承屬於傳動機件　(B)車架屬於連結機件
(C)煞車塊屬於固定機件　(D)整台自行車稱為機械。

( ) **20** 自行車使用的鏈條節距為1.3cm，鏈輪中心距為44cm，前後鏈輪齒數分別為38齒與19齒，則使用的鏈條長度最短約為多少cm？
(A)75.4　(B)127.4
(C)148.2　(D)162.5。

113年統測試題

(　　) **1** 某機械工程師設計一拘束運動鏈機構，若連桿數目從4件開始設計，每增加2件連桿數，則其對偶數會增加多少？　(A)2　(B)3　(C)4　(D)5。

(　　) **2** 一螺旋千斤頂由差動螺旋組成如右圖所示，包括一螺距$L_1=5$mm之右螺紋與螺距$L_2=3$mm之右螺紋。若不考慮摩擦損失，欲使用10N力舉起4000N物體，則千斤頂所使用手柄長度R最少需要多少mm？
(A)200/π
(B)400/π
(C)600/π
(D)800/π。

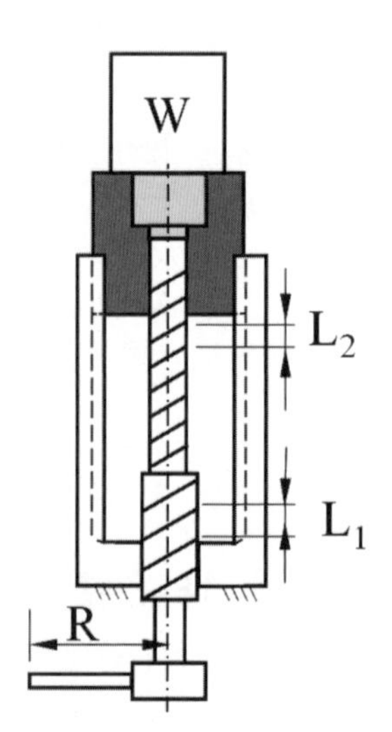

(　　) **3** 有關螺帽搭配墊圈使用方面，如螺帽下方加裝一螺旋彈簧墊圈，利用彈簧的彈力作用以防止螺帽鬆脫，此鎖緊裝置歸類為：(A)確閉鎖緊裝置　(B)彈性鎖緊裝置　(C)防震鎖緊裝置　(D)摩擦鎖緊裝置。

(　　) **4** 關於彈簧的各項敘述，下列何者正確？　(A)彈簧支持負載時，能有效伸縮之圈數稱為負荷圈數　(B)螺旋彈簧之彈簧指數愈小，則表示彈簧愈容易變形　(C)錐形彈簧壓縮時，小圈部分變形較小並縮進大圈內　(D)桿狀彈簧可使鑽床進刀把手在鑽完孔後能自動回彈。

(　　) **5** 關於選用機構上的軸承時，若需可承受較大負載與衝擊，磨損時可調整且安裝拆卸方便，則下列何者是最適當的選擇？　(A)流體式靜壓軸承　(B)整體式滑動軸承　(C)環止推滑動軸承　(D)對合式滑動軸承。

(　　) **6** 一對三級相等塔輪，主動軸轉速為180rpm，若從動輪最高轉速是最低轉速的4倍，則從動輪最高轉速為多少rpm？　(A)270　(B)360　(C)450　(D)720。

( ) **7** 一組鏈輪機構於傳動運轉中，若兩個鏈輪的轉速比為4：1，下列敘述何者錯誤？ (A)兩個鏈輪的節圓直徑相同 (B)鏈條上任意點的運動速度不為等速 (C)鏈條鬆邊和緊邊的運動線速度之大小相同 (D)透過鏈輪機構的傳動，兩軸的扭力比例為1：4。

( ) **8** 一對圓錐形摩擦輪A、B，二中心軸線之交角為75°，其中A輪的半頂角為45°。若A、B二個摩擦輪轉向相反，則摩擦輪B對摩擦輪A的轉速比為何？ (A)$\frac{\sqrt{3}}{2}$ (B)$\sqrt{\frac{3}{2}}$ (C)$\sqrt{2}$ (D)$\sqrt{3}$。

( ) **9** 一對摩擦輪組由兩個相同的圓錐形摩擦輪A、B及一個滾子組成如下圖所示，利用滾子的移動產生無段變速的效果。假設三者之間為純滾動接觸傳動，若圓錐輪A轉速為100rpm，則圓錐輪B可能的轉速為多少rpm？

(A)40
(B)160
(C)240
(D)360。

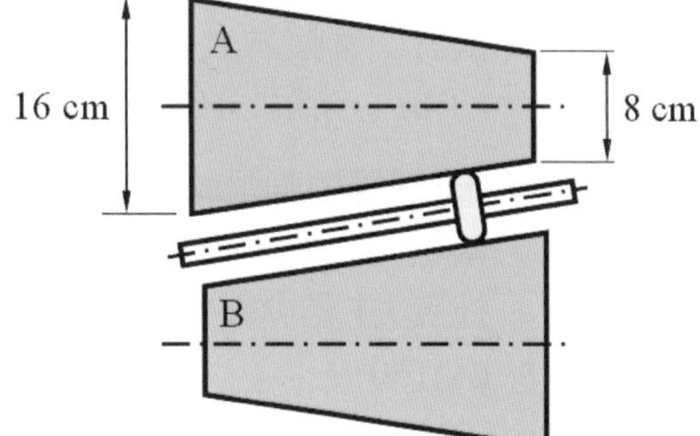

( ) **10** 一對相互嚙合的外接正齒輪，齒輪模數為5，主動輪齒數為20齒，從動輪轉速為100rpm。若兩齒輪轉軸中心距為200mm，則主動輪轉速為多少rpm？ (A)300 (B)400 (C)500 (D)600。

( ) **11** 一塊狀制動機構如下圖所示，制動塊摩擦係數μ＝0.2，鼓輪轉速ω＝600rpm，旋轉方向為順時針旋轉，鼓輪半徑r＝100mm，施力F＝1000N，其制動功率為多少kW？

(A)1.6π
(B)1.8π
(C)2.1π
(D)2.5π。

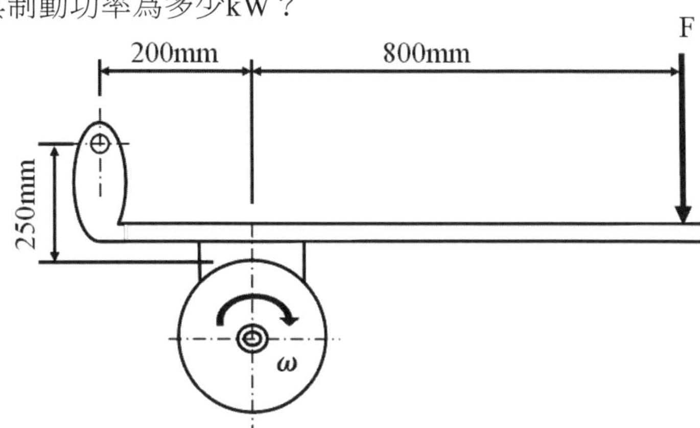

(　　) **12** 關於連桿機構敘述，下列何種運動機構不屬於曲柄搖桿機構？
(A)人騎腳踏車　(B)踏板縫紉機
(C)油井開採機　(D)風扇搖擺頭。

(　　) **13** 一蘇格蘭軛機構如下圖所示，當曲柄A以等角速度順時針旋轉，由B點轉到C點，滑塊F的運動敘述何者正確？
(A)等速運動
(B)等加速運動
(C)等減速運動
(D)簡諧運動。

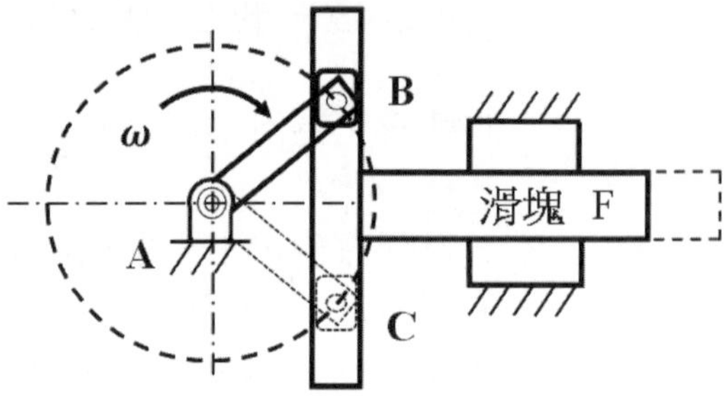

(　　) **14** 關於凸輪種類之敘述，下列何種屬於確動型凸輪？　(A)平板凸輪　(B)偏心凸輪　(C)等徑凸輪　(D)斜盤凸輪。

(　　) **15** 由1個雙槽動滑輪、2個單槽定滑輪與1個單槽動滑輪組成之帆滑車如右圖所示，承載物重1200N，拖曳力F至少需多少N？
(A)150
(B)180
(C)200
(D)220。

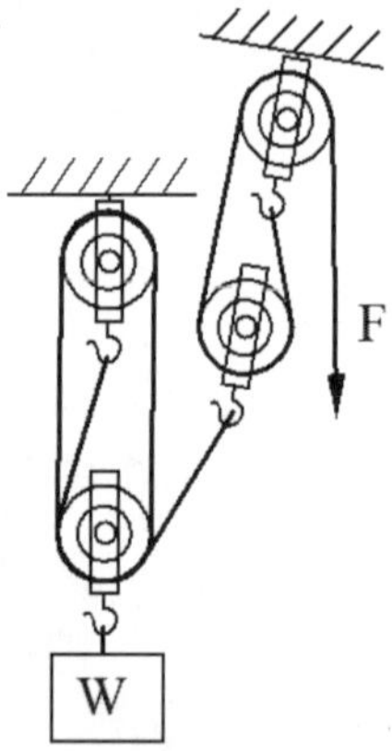

(　　) **16** 一對間歇正齒輪機構如下圖所示，兩輪節圓直徑相同，模數相同，B輪有18齒，主動輪A轉一圈需18秒，從動輪B每一周間歇停止三次，每一次停止多少秒？
(A)2
(B)3
(C)4
(D)6。

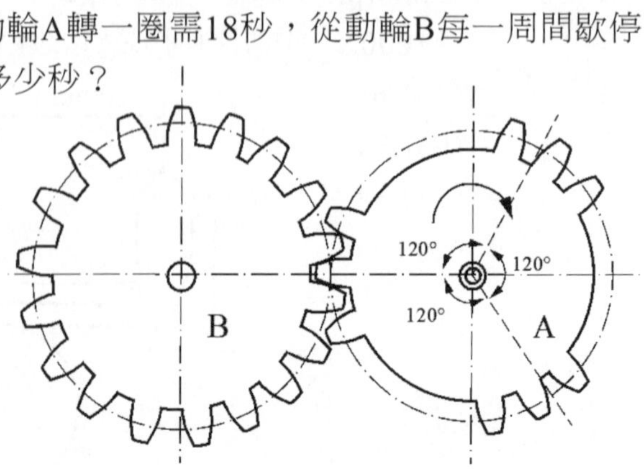

▲閱讀下文，回答第 17-18 題

一款夏依（Shay）式蒸汽火車頭如(a)所示，自20世紀初運行於阿里山林業鐵路，雖在1960年代除役，但其中的SL-21號已在近年完成修復，重新作為觀光列車營運。此型火車頭的特色，包括蒸汽引擎在火車頭兩側各直立地配置三組汽缸與活塞，並藉由傘齒輪機構轉換傳動軸的轉向，將引擎的動力傳遞至車輪，提供了爬坡路段所需的馬力。曲柄軸及周邊組件的斜角視圖如(b)所示。

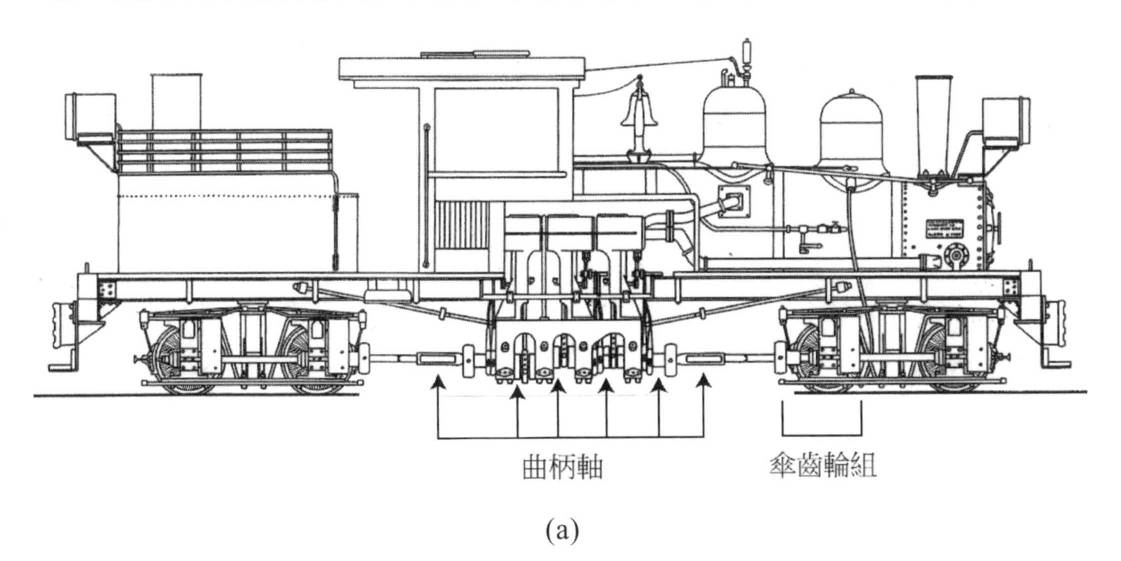

(a)

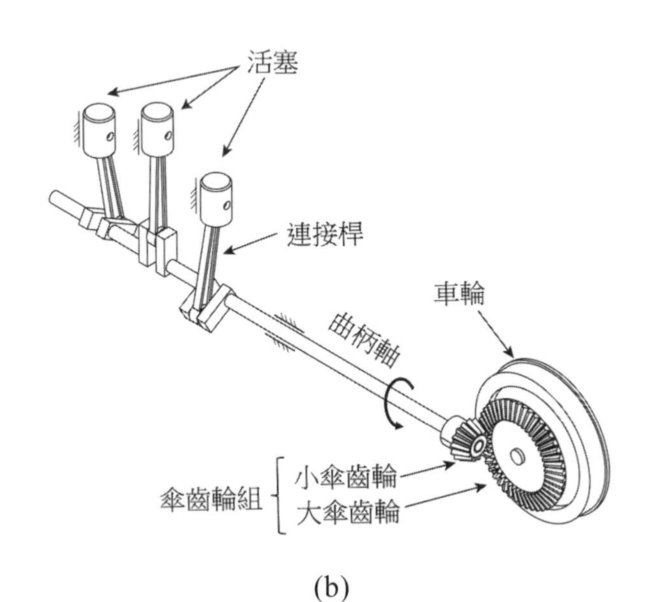

(b)

( ) **17** 火車上山時的行車速度約為每分鐘200m，並且大傘齒輪鎖附於車輪一起轉動。若車輪直徑為1m，小傘齒輪與大傘齒輪的齒數比為1：3，求連接曲柄軸的小傘齒輪轉速為多少rpm？

(A)300/π (B)450/π

(C)600/π (D)750/π。

( ) **18** 關於蒸汽火車的動力產生與傳遞，下列敘述何者不正確？

(A)火車頭的蒸汽引擎，可分析為往復式滑塊曲柄機構，其中滑塊為主動件

(B)火車頭內的鍋爐將水加熱形成水蒸氣，注入蒸汽引擎的汽缸推動活塞產生動力

(C)若火車靠站停止時，某一個活塞正位於汽缸的死點位置，則會導致火車無法啟動

(D)汽缸與活塞產生的動力，由曲柄軸上的小傘齒輪傳動至車輪上的大傘齒輪，可增加傳動扭力。

▲閱讀下文，回答第19-20題

一滾齒機由正齒輪、斜齒輪及蝸桿蝸輪組合而成，並使用平鍵將各個齒輪與軸固接在一起以傳遞動力，如下圖所示。

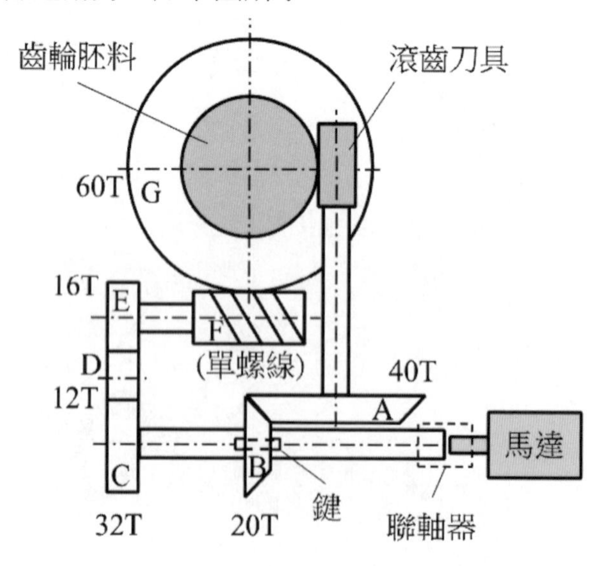

(　　) **19** 齒輪胚料（工件）和蝸輪（齒輪G）安裝在同一軸上並一起旋轉，滾齒刀具和斜齒輪A安裝在同一軸上並一起旋轉，蝸桿F為單螺線。若齒輪胚料為順時針轉動、轉速為ω，求滾齒刀具的轉動速度為多少？ (A)15ω (B)18ω (C)20ω (D)23ω。

(　　) **20** 輸入軸齒輪B安裝之平鍵規格為12×6×12mm，並承受扭矩為T時，若軸與鍵均不會損壞，則鍵所承受的壓應力對剪應力之比值，下列何者正確？ (A)2 (B)4 (C)6 (D)8。

Notes

解答與解析

第1章 機件原理

學生練習

P.14 **1** (1)機件數由A、B、C、D表示共有8件

(2)對偶數由銷接點的機件數減1即對偶數，共有10個對偶數

(3)由$P=\frac{3}{2}N-2$，$10=\frac{3}{2}\times 8-2$

∴為拘束運動鏈

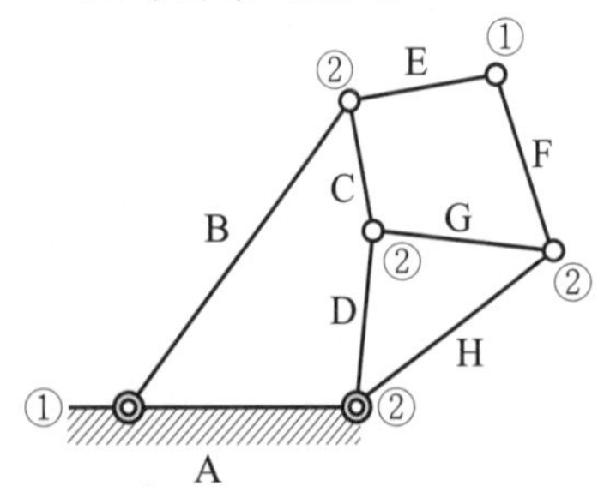

P.15 **2** (1)機件數以A、B、C、D表示共有7件

(2)對偶數由銷接點之機件數減1即為對偶數

∴對偶數P＝8

由$\frac{3}{2}N-2=\frac{3}{2}\times 7-2=8.5$

∴$P<(\frac{3}{2}N-2)$即$(8<8.5)$ 為無拘束鏈

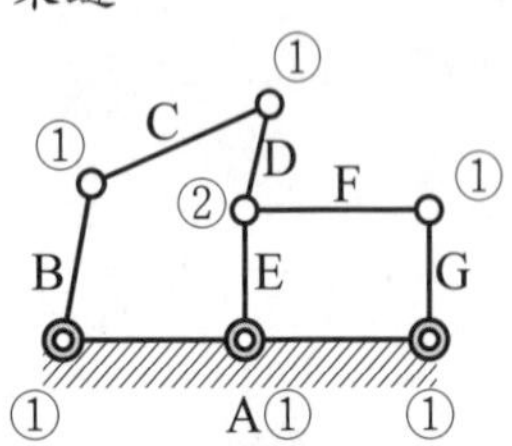

P.16 **3** (1)機件數以N＝6件

（註： 表一件）

(2)對偶數由銷接點機件數減1，得P＝7個

(3)由$P=\frac{3}{2}N-2$，$(7=\frac{3}{2}\times 6-2)$

得知為拘束鏈

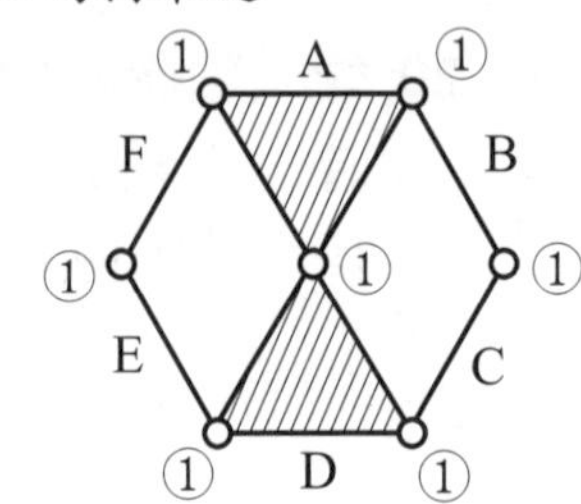

P.17 **4** $\omega=300轉/分=\frac{300\times 2\pi\ rad}{60\ 秒}$

$=10\pi\ rad/s$

$V=r\omega$

$=1\times 10\pi$

$=10\pi\ m/s$

考前實戰演練

P.21 **1 (D)**。鋼鋸為工具。

2 (A)。齒輪變速箱為機構。

3 (D) **4 (D)** **5 (C)** **6 (B)** **7 (B)**

8 (B) **9 (A)** **10 (C)**

11 (D)。軸承為固定機件。

12 (C)

P.22 **13 (C)** **14 (A)** **15 (B)** **16 (B)**

17 (C) **18 (B)** **19 (D)** **20 (A)** **21 (C)**

22 (D)。 N＝2，P＝1。

23 (B)

24 (C)。鳩尾配合不需外力即可維持接觸。

25 (B)

P.23 **26 (A)** **27 (C)** **28 (B)** **29 (B)**

30 (D)。皮帶輪是屬於撓性中間連接物傳動，非直接接觸傳動。

31 (C)

32 (D)。平板凸輪為高對。

33 (C)。圓柱於平面上運動為高對。

34 (B)

35 (B)。兩機件自由度最大為5，如球在平面上。

36 (B)

P.24 **37 (D)**。N＝6，P＝7，F＝1　拘束鏈。

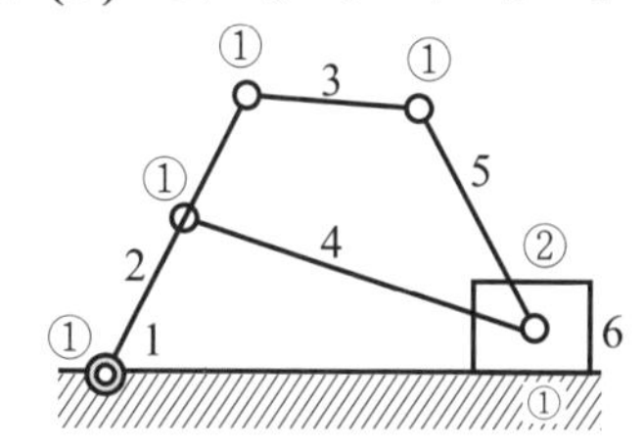

38 (B)。N＝10　P＝13。

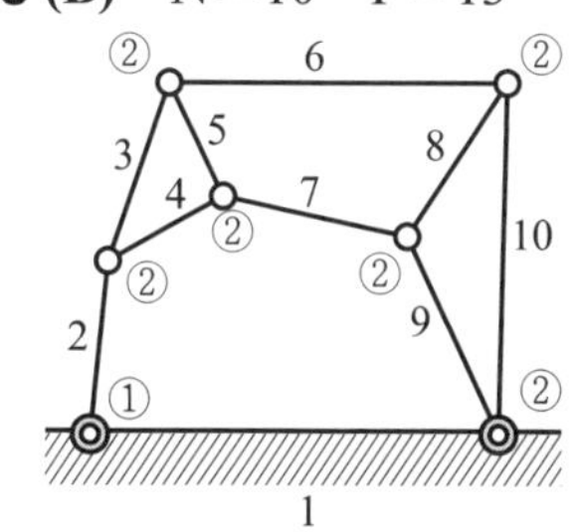

39 (A)。呆鏈 $P > \frac{3}{2}N - 2$

$\therefore 10 > \frac{3}{2}N - 2$　$\therefore 12 > \frac{3}{2}N$

$\therefore 8 > N$　$\therefore$N為7或6或5

40 (B)

41 (B)。

(A)

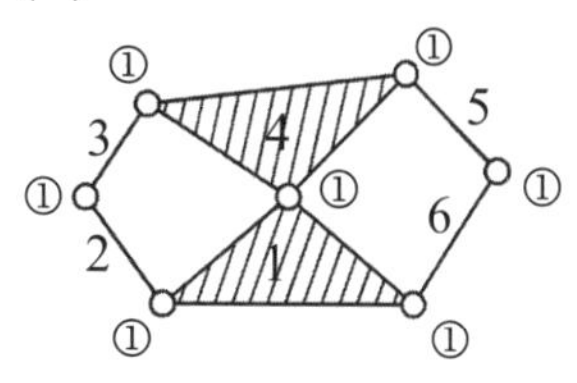

N=6，P=7，$7 = \frac{3}{2} \times 6 - 2 \Rightarrow$ 拘束運動鏈

(B)

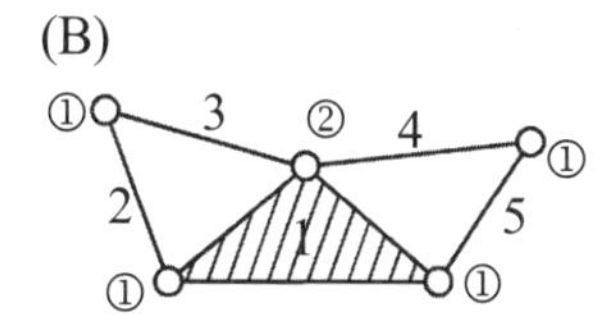

N=5，P=6，$6 > \frac{3}{2} \times 5 - 2 \Rightarrow$ 呆鏈

(C)

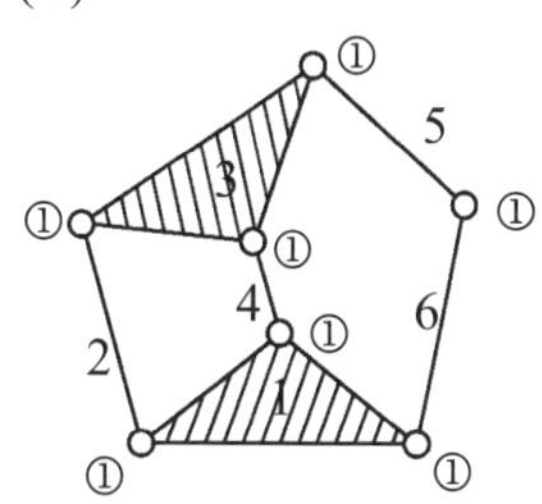

N=6，P=7⇒拘束運動鏈

(D)

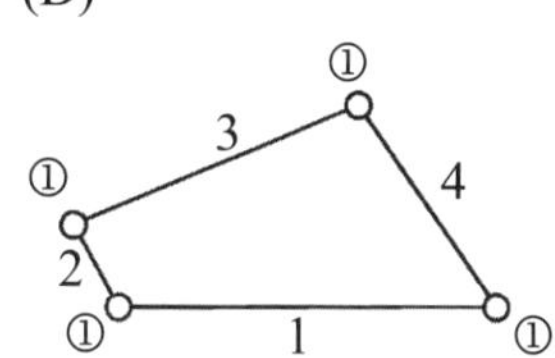

N=4，P=4⇒拘束運動鏈

P.25 **42 (B)**。N＝8，P＝10為拘束鏈。

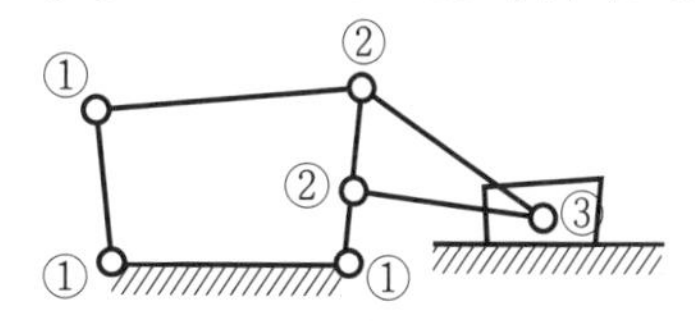

43 (A)。N＝8，P＝10為拘束鏈。

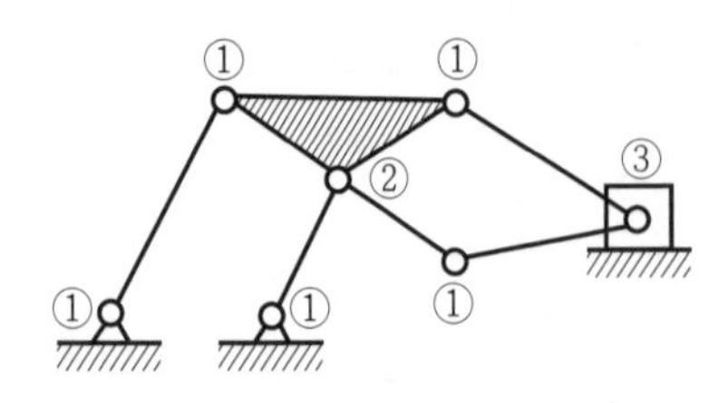

44 (C)。N＝7，P＝8為無拘束鏈。

$8<\frac{3}{2}\times 7-2$

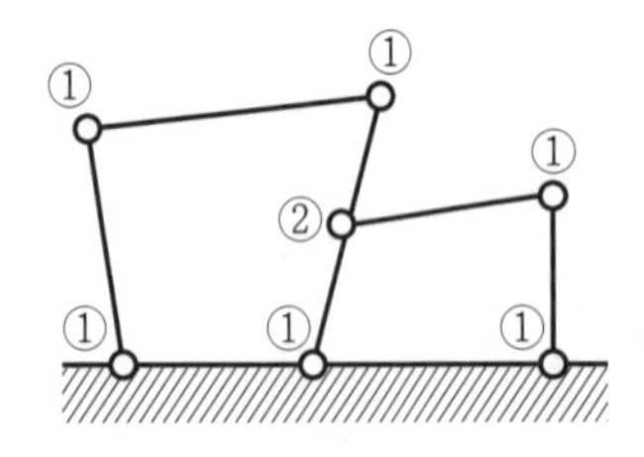

45 (C)。車輪不加掛雪鏈，輪胎與地面接觸容易打滑，產生滑動接觸，兩接觸面切線速度不相等。

46 (A)。

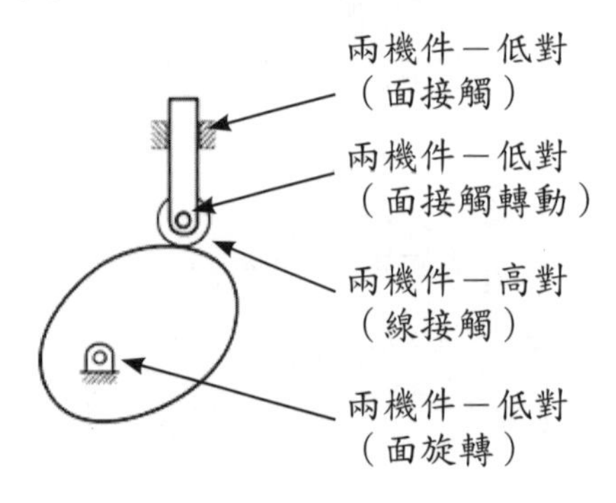

∴對偶數為四，低對為三，高對為一。

P.26 **47 (D)**。N＝6，P＝7。

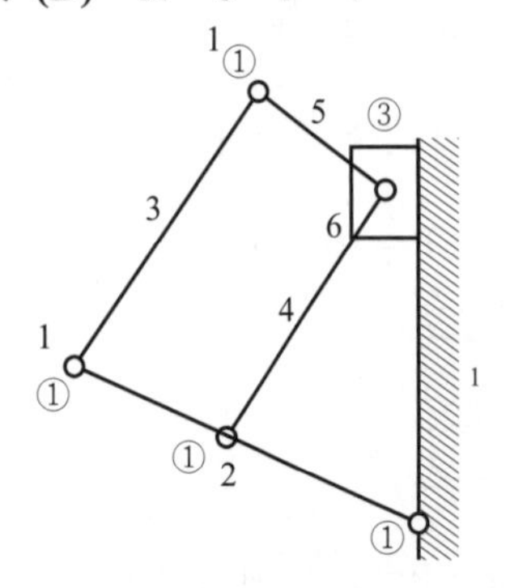

48 (D)

49 (B)。(A)點或線接觸為高對。
(C)點或線接觸為高對。
(D)螺旋對為低對。

50 (A)。螺栓與螺帽為低對、自鎖對（完全對偶）。

51 (B)。(B)圓柱對是屬於高對，可單獨直線和轉動、自由度大於1，非拘束及限制。

第2章 螺旋

學生練習

P.46 **1** L＝2P，L＝20mm，
R＝25cm＝250mm
沒有摩擦損失
F×2πR＝W×L (輸入功＝輸出功)

機械利益 $M=\frac{W}{F}=\frac{2\pi R}{L}$，

$\frac{W}{80}=\frac{2\pi(250)}{20}$ ∴W＝2000π牛頓

機械利益 $M=\frac{W}{F}=\frac{2000\pi}{80}=25\pi$

P.47 **2** L＝2P＝20mm，R＝400mm

考慮損失 $M=\frac{W}{F}=\frac{2\pi R}{L}\times\eta$

$M=\frac{W}{40}=\frac{2\pi(400)}{20}\times 0.8$

∴W＝1280π

機械利益 $M=\frac{W}{F}=\frac{1280\pi}{40}=32\pi$

P.51 **3** ① 兩螺紋旋向相反→複式螺紋
$L=L_1+L_2=12+10=22$mm
順時針轉動主桿為右旋（RH），從動件向前移動12mm，L_2為左旋（LH）順時針從動件，亦向前移動10mm
∴從動件向前（向右）移動22mm

② $M=\frac{W}{F}=\frac{2\pi R}{L}=\frac{2\pi\times 220}{22}=20\pi$

③ $M=\frac{W}{F}=20\pi=\frac{W}{10}$

∴W＝200π 牛頓

P.52 **4** 螺旋同向為差動螺紋，

∴導程$L=L_1-L_2$＝40－30
＝10mm＝1cm

由機械效率 $\eta=\frac{輸出功}{輸入功}$，

$0.8=\frac{W\cdot L}{F\cdot 2\pi R}=\frac{W\times 1}{3000\times 2\pi}$

(力矩＝F．r→F．R
＝30N－m＝30×100N－cm)

∴W＝4800π牛頓

考前實戰演練

P.55 **1 (D)**。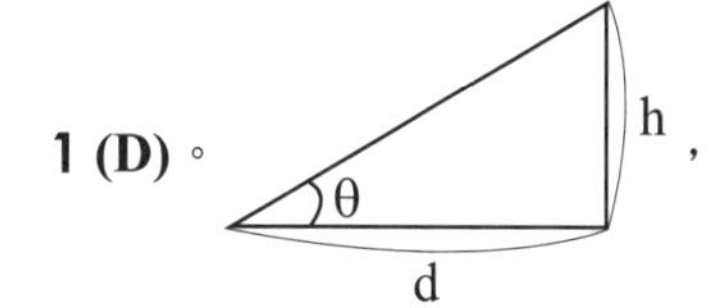

，

$\tan\theta=\frac{h}{d}$ ∴h＝dtanθ，d＝hcotθ

2 (C)。由 $\tan\phi=\frac{L}{\pi D}=\frac{2P}{\pi D}$

$\therefore\phi=\tan^{-1}\left(\frac{2P}{\pi D}\right)$

3 (B) **4 (C)**

5 (D)。差動螺旋使用微調處，可得較大機械利益。

6 (D) **7 (D)**

8 (D)。惠氏螺紋為連接用螺紋。

9 (D)

P.56 **10 (B)** **11 (A)** **12 (B)**

13 (B)。雙螺紋之導程為螺距之兩倍。

14 (D) **15 (C)** **16 (D)** **17 (A)**

18 (B)。L左螺紋–3N三線–M公制外徑8mm、螺距1.75mm，6H4H表內螺紋節距公差6H、小徑公差4H。

19 (D)

20 (C)。雙線L＝2P＝2×2＝4mm

21 (A)。$\frac{1}{8}\times 2=\frac{1}{4}$吋＝$\frac{25.4}{4}$mm＝6.35mm

P.57 **22 (A)**

23 (B)。$\frac{3}{4}$表外徑$\frac{3}{4}$吋–13NF表每吋13牙、細牙。

24 (D)。節徑＝外徑－牙深
＝20－0.65P
＝20－0.65×2
＝18.7mm

25 (A)。螺紋配合等級中英制3最精密，1最粗糙；公制1最精密，3最粗糙（鬆配合）。

26 (D)。L左螺紋、2N雙線，M30×3為螺距3mm，1表精密配合。

27 (D)。L＝2N＝6mm。

28 (C)。$\eta=\eta_1\times\eta_2\times\eta_3$。

29 (D) **30 (C)**

31 (A)。η_T＝0.5×0.4×0.8＝0.16。

32 (A) **33 (C)**

P.58 **34 (D)**。$M=\frac{2\pi r}{L}\times\eta=\frac{2\pi r}{2P}\times 0.4=\frac{2\pi r}{5P}$。

35 (A)。$M=\csc 60^\circ=\frac{2}{\sqrt{3}}=\frac{2\sqrt{3}}{3}$。

36 (C)。$M=3=\frac{126}{F}$（沒摩擦時）

$F=42$，$F_o\times(1-0.3)=42$，$F_o=60$。

37 (B)。輸入功＝輸出功＋摩擦損失

$\therefore E_p=E_w+E_f$

即$E_w=E_p-E_f$

$$效率=\frac{輸出功}{輸入功}$$

$$=\frac{E_w}{E_p}=\frac{E_p-E_f}{E_p}=1-\frac{E_f}{E_p}$$

38 (B)。斜面之機械利益$M=\csc\theta$（餘割）或$M=\cot\theta$（餘切）（視施力方向而定）

39 (B)

40 (D)。複式螺旋螺紋方向相反，導程＝12＋10＝22mm。

41 (B)。差動螺紋⇒旋向相同，

$L_{導程}=L_1-L_2=5-3=2\text{mm}$

機械利益$M=\frac{W}{F}=\frac{2\pi R}{L}$，

$\frac{4000}{10}=\frac{2\pi R}{2}$，$R=\frac{400}{\pi}\text{mm}$

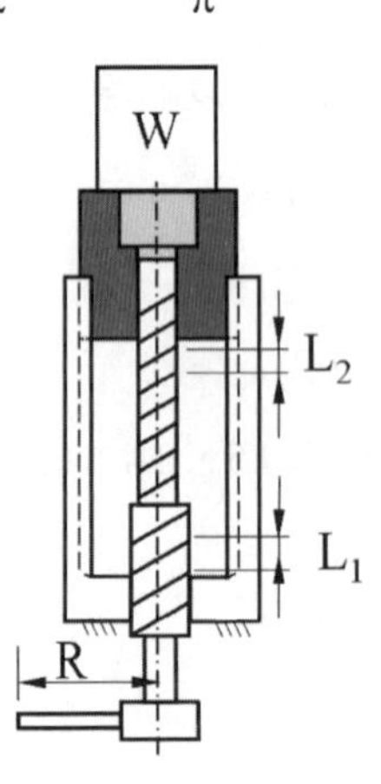

P.59 **42 (A)**。R＝150cm＝1500mm，

F＝600N，$M=\frac{W}{F}=\frac{2\pi R}{L}\times\eta$，

$$L=\frac{2\pi R\times F\times\eta}{W}=$$

$$\frac{2\pi\times1500\times600\times0.75}{100\pi\times1000}=13.5\text{mm}$$

43 (B)。

(A) 差動螺旋旋向相同導程$=|L_1-L_2|$

$\therefore 2=|5-L_2|$　$\therefore L_2=7$或3

但右螺旋順時針轉動，L_1會讓滑塊前進5mm，而當螺桿$L_2=$3mm順時針轉一圈時滑塊前進2mm，若$L_2=$7mm時，順時針轉一圈退2mm。

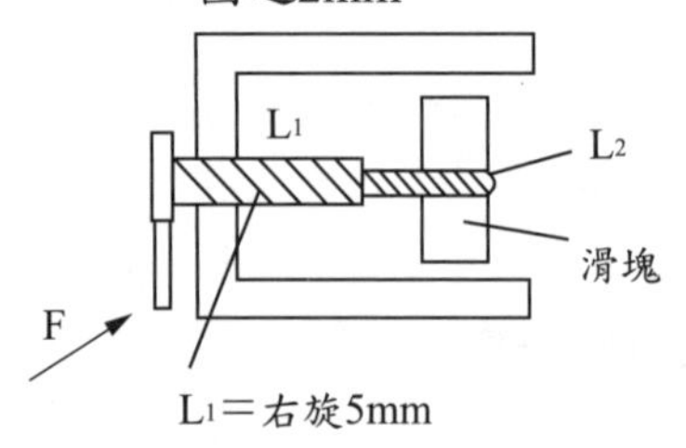

44 (B)。梯形螺旋磨損後，可藉對合螺帽調整後再使用。

45 (D)。三線螺紋，紋線相隔

$$\frac{360^\circ}{n}=\frac{360^\circ}{3}=120^\circ$$

46 (C)。螺旋角＋導程角＝90º，若導程角β＝30º，螺旋角θ＝60º

$\tan\beta=\frac{1}{\sqrt{3}}$　$\tan\theta=\sqrt{3}$

$\cot\beta=\sqrt{3}$　$\cot\theta=\frac{1}{\sqrt{3}}$

$\therefore\cot\theta\times\cot\beta=1$

47 (B)。方螺紋牙峰、牙根皆為平面，螺紋角0º(除牙峰、牙根外，兩側平面的夾角為螺紋角)。

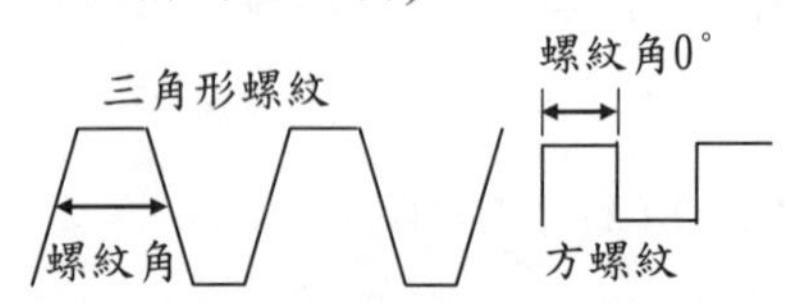

第3章 螺紋結件

考前實戰演練

P.75 1 **(B)**。螺釘直徑在$\frac{1}{4}''$(6.35mm)以下。

2 **(B)**。固定螺釘有定位螺釘之稱。

3 **(D)**。螺樁用於汽缸蓋之鎖緊。

4 **(B)**。肩頭螺釘使用於鉋床拍擊箱、衝床刮屑板處。

5 **(B)**。貫穿螺栓不需於連接件上攻製螺紋。

6 **(C)**。固定螺釘可使圓柱機件在孔中不易滑動或轉動。

7 **(D)**。自攻螺釘用於厚度$\frac{1}{4}$吋以下之軟金屬。

8 **(D)**。蓋頭螺帽之螺栓不外露，可防止油、水滲出。

9 **(C)**。彈簧線鎖緊是屬於確閉鎖緊。

10 **(C)**。厚度為$\frac{2}{3}D=\frac{2}{3}\times 8=5.3$ mm。

11 **(C)**

P.76 12 **(D)**。正級螺栓頭及螺帽對邊寬度為$\frac{3}{2}$公稱直徑。

13 **(D)**。M8×1.25×50–2，公稱直徑8×螺距1.25×螺栓長度50–配合等級2。

14 **(C)**

15 **(A)**。螺紋長度＝2D＋6
＝2×20＋6＝46mm

16 **(D)**。$\frac{5}{8}$–13UNC–2B表外徑$\frac{5}{8}$吋。每吋13牙，UNC表粗牙，2級配合，B表內螺紋。

17 **(B)**

18 **(C)**。60表螺栓長度。

19 **(C)**。12×3＝36。

20 **(C)**。M8×1為細螺紋。

21 **(C)**。鎖緊螺帽時，較薄螺帽在下方。

22 **(C)**。翼形螺帽無法防止螺帽鬆脫，(A)、(B)、(D)皆為確閉鎖緊裝置。

23 **(A)**。凸緣螺帽用於鎖緊時增加鎖緊力。

P.77 24 **(A)**。鎖緊螺帽為重疊兩個螺帽並旋緊，以防止原有螺帽鬆脫。

25 **(B)**。同一圓周上的螺釘應相對交互鎖緊。

26 **(A)**。直線排列之螺釘應由中央向左右交互鎖緊。

27 **(C)**。舌形墊圈為將墊圈彎曲成N形，可防止螺帽鬆脫。

28 **(B)**。彈簧墊圈之原理為接觸面之摩擦力防止螺帽鬆脫。

29 **(D)**。墊圈功用為增加受力面積和摩擦面來減少鬆動，連接表面粗糙時，可作為光滑平整的承面，保護表面。

30 **(D)**

31 **(A)**。墊圈無法阻隔承壓材料與空氣的接觸。

32 **(D)**。螺旋彈性鎖緊墊圈旋向與螺桿旋向相反。

33 **(A)**。墊圈主要功能為連接面或承面不良時提供平盤承面。

P.78 34 **(D)**。固定機器底座為螺栓之功能。

35 **(B)**。10mm輕級平墊圈指公稱內徑為10mm。

36 **(D)**。零件的孔較大而螺帽接觸太小時，應加裝墊圈或用凸緣底座螺帽。

37 (B)。螺帽與螺栓間裝上彈簧墊圈之目的為阻止螺帽鬆脫。

38 (A)。螺旋彈性墊圈旋向與螺紋旋向相反。

39 (C)。

(A)機械利益為判斷省力費時或費力省時。

(B) $M=\dfrac{W}{F}>1$ ∴ $W>F$ 為省力費時。

(D)機械利益與機械效率是不同的

40 (A)。(A)彈簧墊圈為摩擦式鎖緊，是利用摩擦力。

第4章 鍵與銷

學生練習

P.88 **1** 力矩＝F・r

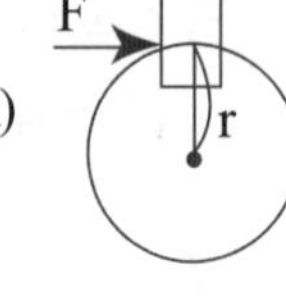

(直徑40mm，半徑r＝0.02m)

30＝F×0.02

∴F＝1500N

剪應力 $\tau=\dfrac{F}{A_{剪}}=\dfrac{1500}{5\times15}=20\text{MPa}$

壓應力 $\sigma_{壓}=\dfrac{F}{A_{壓}}=\dfrac{1500}{\frac{1}{2}\times5\times15}=40\text{ MPa}$

P.89 **2** 鍵長為5cm＝50mm，

r＝10cm＝0.1m

$600轉/分=\dfrac{600\times2\pi\text{ rad}}{60\text{ sec}}=20\pi\text{ rad/s}$

∴功率＝F・r・ω

62.8×1000＝F×0.1×20π

∴F＝10000N

$\tau=\dfrac{F}{A}=\dfrac{F}{鍵寬\times鍵長}=\dfrac{10000}{寬\times50}=20$

∴鍵寬為10mm

P.90 **3** $\tau=\dfrac{P}{A}=\dfrac{P}{鍵寬\times鍵長}$　　$\therefore 20=\dfrac{P}{5\times40}$

∴P＝4000N

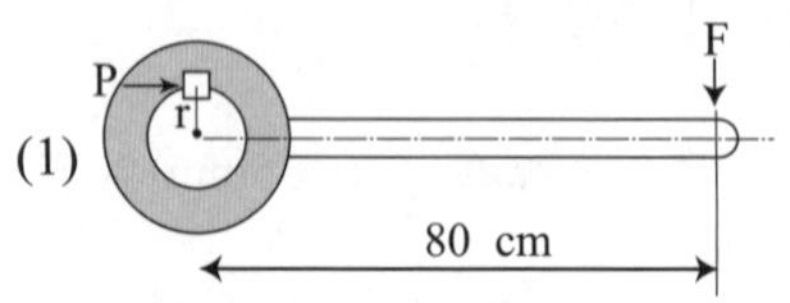

可帶動之力矩＝P×r

F＝4000×5＝20000N－cm

(2)F・80＝P・r

∴F×80＝4000×5

∴F＝250N

考前實戰演練

P.97 **1 (B)**

2 (B)。半月鍵之寬度為軸徑之 $\dfrac{1}{4}$，鍵的直徑＝軸的直徑。

3 (B)　**4.(B)**

5 (B)。4 04，$4\times\dfrac{1}{8}=\dfrac{1}{2}$(直徑)，

$4\times\dfrac{1}{32}=\dfrac{1}{8}$(鍵寬)。

6 (D)　**7 (D)**　**8 (B)**

9 (A)。切線需正反轉時，需裝兩側。

P.98 **10 (B)**

11 (B)。壓應力 $\sigma=\dfrac{F}{A_{壓}}$　剪應力 $\tau=\dfrac{F}{A_{剪}}$

$\Rightarrow 2=\dfrac{F}{鍵寬\times鍵長}=\dfrac{F}{5\times20}$

⇒F＝200牛頓

$\therefore \sigma_{壓}=5=\dfrac{F}{\frac{1}{2}鍵高\times鍵長}$

⇒ 鍵高＝4 mm

12 **(D)**。鞍形鍵靠摩擦力傳動，只能傳遞小動力。

13 **(B)**。鞍形鍵不需鍵座但需要鍵槽。

14 **(B)**。寬度×高度×長度。

15 **(A)** **16** **(C)** **17** **(C)**

18 **(D)**。方鍵之壓應力＝2倍剪應力。平鍵之壓應力大於剪應力。

19 **(B)** **20** **(D)**

P.99 **21** **(D)** **22** **(B)** **23** **(B)** **24** **(A)**

25 **(C)**。切線鍵安裝時，鍵的對角線需在軸的周緣上，承受剪力。

26 **(B)**。300rpm＝10π rad/s

功率＝T・ω

∴40π×1000＝F・r・ω＝F×0.1×10π

∴F＝40000牛頓，

$$\tau=\frac{F}{A_{剪}}=\frac{40000}{20\times100}=20\text{MPa}$$

27 **(D)**。$\sigma_{壓}=\frac{F}{A_{壓}}=\frac{40000}{\frac{1}{2}\times10\times100}=80\text{MPa}$

28 **(A)**。規格：寬×高×長

=12×8×100mm

T=F×R，100000=F×0.5，

F=200000N

（100KN=100×1000=100000N，

D=1000mm，R=500mm=50cm=0.5m）

$$壓應力\sigma_s=\frac{F}{\frac{1}{2}鍵高\times鍵長}=\frac{200000}{\frac{1}{2}\times8\times100}=500\text{MPa}$$

$$剪應力\tau_s=\frac{F}{鍵寬\times鍵長}=\frac{200000}{12\times100}=166.7\text{MPa}$$

P.100 **29** **(B)**。鍵規格 寬×高×長＝12×6×12 mm

鍵被壓到的面積＝$\frac{1}{2}$×鍵高×鍵長

$$壓應力\sigma=\frac{F}{A}=\frac{F}{\frac{1}{2}\times6\times12}$$

鍵被剪斷的面積＝鍵寬×鍵長；

$$剪應力\tau=\frac{F}{A}=\frac{F}{12\times12};$$

$$\frac{\sigma}{\tau}=\frac{\frac{F}{\frac{1}{2}\times6\times12}}{\frac{F}{12\times12}}=4$$

30 **(C)**。斜角鍵底部有2個45°之斜角。

31 **(B)**。功率＝F・r・ω

62.8×1000＝F×0.1×20π

F＝10000牛頓

$$\tau=\frac{F}{WL}=20\text{ MPa}，$$

$$\tau=\frac{10000}{10\times50}=20\text{MPa}$$

$$\sigma_c=\frac{F}{\frac{1}{2}hL}=40\text{ MPa}，$$

$$\sigma_c=\frac{10000}{\frac{1}{2}\times10\times50}=40\text{MPa}$$

32 **(D)**。鍵一般破壞為剪應力破壞。

33 **(D)**

34 **(A)**。

$$\tau=\frac{F}{WL}=20\text{ MPa}，$$

$$\tau=\frac{2000}{5\times20}=20\text{MPa}$$

$$\sigma=\frac{F}{\frac{1}{2}hL}=40\text{ MPa}$$，

$$\sigma=\frac{2000}{\frac{1}{2}\times5\times20}=40\text{MPa}$$

35 (B) **36 (B)** **37 (B)** **38 (C)**

P.101 **39 (D)** **40 (D)** **41 (A)** **42 (D)** **43 (C)**

44 (B) **45 (D)**

46 (B)。機械銷有定位銷，錐形銷、開口銷和U型銷。

47 (A)

48 (C)。使用定位銷。

49 (B)

50 (B)。功率(瓦)＝F(N)．r(m)．ω(rad/s)
直徑20cm，半徑＝10cm＝0.1m

$$300\text{轉／分}=\frac{300\times2\pi\text{ rad}}{60\text{ 秒}}=10\pi\text{ rad/s}$$

47.1×1000＝F×0.1×10π
∴F＝15000N

$$\text{剪應力}\tau=\frac{\text{力量F}}{\text{面積A}}$$

$$\tau(\text{MPa})=\frac{F(N)}{\text{鍵寬}\times\text{鍵長}(mm^2)}$$

2cm×2cm×15cm
＝20mm×20mm×150mm

$$\therefore\tau=\frac{15000}{20\times150}$$

τ＝5MPa

第5章 彈簧

學生練習

P.114 **1**

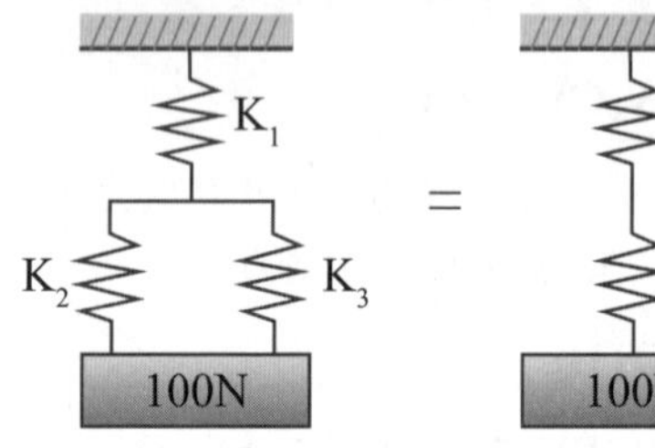

K_S為K_2和K_3之並聯
$\therefore K_S=K_2+K_3=4+8=12$N/mm
組合後之K為K_1和K_S串聯

$$\therefore\frac{1}{K}=\frac{1}{K_1}+\frac{1}{K_S}=\frac{1}{24}+\frac{1}{12}=\frac{1+2}{24}=\frac{1}{8}$$

∴K＝8N/mm
由F＝K．x
100＝8×x
∴x＝12.5mm

P.115 **2** $K_S=K_2+K_3$
＝30＋30
＝60N/cm
$K_P=K_4+K_5+K_6$
＝20＋20＋20
＝60N/cm
∴組合後之彈簧常數K
K為K_1、K_S、K_P串聯

$$\therefore\frac{1}{K}=\frac{1}{30}+\frac{1}{60}+\frac{1}{60}=\frac{4}{60}=\frac{1}{15}$$

∴K＝15N/cm
∴F＝K．x；300＝15x
∴x＝20cm

P.116 **3** 右：$\frac{1}{K_{右}}=\frac{1}{2}+\frac{1}{2}=1$　$\therefore K_{右}=1$

左：K＝2並聯$K_{總}=1+2=3$
由F＝K．x，15＝3．x

$$\therefore X=\frac{15}{3}=5\text{cm}$$

考前實戰演練

119

1 (D)。彈簧之功用為：吸收震動、緩衝、儲存能量、力與重量之測定和機件的控制。

2 (C)

3 (A)。鑽床進刀把手回彈為蝸旋扭轉彈簧。

4 (C)。鑽床進刀把手之動力彈簧是利用彈簧儲存能量之功能。

5 (D)。凸輪使用彈簧之目的為產生作用力。

6 (C)。$C=\frac{D_m}{d}$，彈簧指數越大表線徑越小，越容易變形。

7 (A)

8 (B)。(B)彈簧指數$=\frac{平均直徑}{線徑}$。

20

9 (D)

10 (C)。彈簧常數越大越不易變形，彈簧指數越小越不易變形。

11 (A)

12 (A)。彈簧指數$=\frac{平均直徑}{線徑}$

$=\frac{5}{0.5}=10$。

13 (C)。彈簧指數$=\frac{平均直徑}{線徑}$

$=\frac{50+5}{5}=11$。

(平均直徑＝內徑＋線徑)。

14 (B)。彈簧指數$=\frac{平均直徑}{線徑}$

$=\frac{40-5}{5}=7$。(平均直徑＝外徑－線徑)。

15 (D)。扣環可防止機件發生軸向運動。

16 (B)。離合器所用之彈簧為碟形彈簧。

17 (D)。板狀彈簧做成三角形之目的為使每一斷面應力相等。

18 (C)。紗門鉸彈簧為螺旋扭轉彈簧。

19 (D)。鐘錶機構中作為動力來源為蝸旋扭轉彈簧。

P.121

20 (C)

21 (B)。皿形彈簧需最好的彈性時，外徑為內徑之2倍。

22 (A)。螺旋壓縮彈簧受力產生剪應力，其外側較內側剪應力小。

23 (A)。機械上最常用之彈簧為壓縮彈簧。

24 (B)。撐竿跳高所用之墊片為錐形彈簧。

25 (B)。擴胸健身器使用拉伸彈簧。

26 (A) **27 (C)**

28 (D)。指甲剪是用兩片板片彈簧製成。

29 (D)。橡皮彈簧可吸收震動。

30 (D)。小型彈簧之材料為琴鋼線。

31 (A)。大型彈簧之材料為高碳鋼或合金鋼。

32 (A)。鑄鐵無法作為彈簧之材料。

33 (D)

P.122

34 (C)。板片彈簧常使用矽錳鋼。

35 (C)。孟鈉合金由銅鐵鎳組成，耐高溫，使用於食品業。

36 (A)。橡膠材料適合用於受壓及消震、消撞、消噪音之場合。

37 (A)。大型彈簧之材料為高碳鋼或合金鋼。

38 (B)。$K_{12}=K_1+K_2=1+1=2$

$\frac{1}{K_{123}}=\frac{1}{K_{12}}+\frac{1}{K_3}=\frac{1}{2}+1=\frac{3}{2}$

$K_{123}=\frac{2}{3}$

39 (C)。k_1、k_2先串聯為k_4 $\Rightarrow \frac{1}{k_4}=\frac{1}{4}+\frac{1}{4}$

$\Rightarrow k_4$=2N／mm

k_4再與k_3並聯⇒2＋2=4N／mm

F=k．x(虎克定律)⇒F=4×2.5

∴F=10N

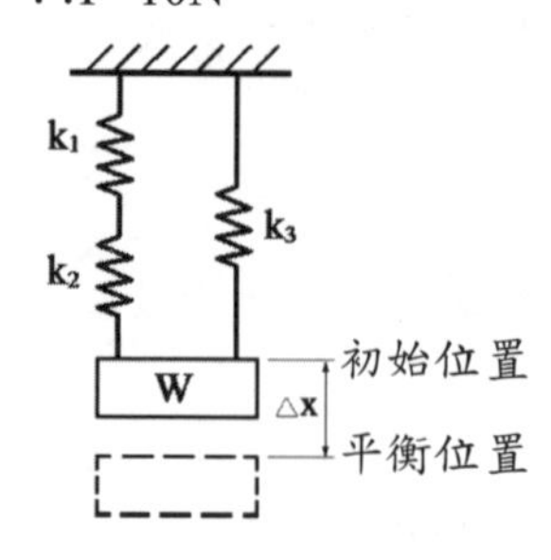

40 (D)。$\frac{1}{K_{12}}=\frac{1}{K_1}+\frac{1}{K_2}$，$K_{12}=\frac{K_1K_2}{K_1+K_2}$

$K_{123}=K_{12}+K_3=\frac{K_1K_2}{K_1+K_2}+K_3$

P.123 **41 (C)**。最小撓曲量→最大彈簧常數(3K)

由F＝K．x　∴W＝3K．x，$x=\frac{W}{3K}$

42 (C)。$\frac{1}{K}=\frac{1}{150}+\frac{1}{100}$，K＝60 N/cm

由F＝k．x　　∴150÷60＝2.5cm

43 (A)。K＋K＋K＋K＝4K（四個並聯）

44 (D)。F＝K．x，60＝20．X_A

∴X_A＝3cm

60＝30．X_B　∴X_B＝2cm

$\frac{1}{K_{串}}=\frac{1}{20}+\frac{1}{30}=\frac{5}{60}$

∴$K_{串}$＝12N/cm

60＝12．$X_{串}$　∴$X_{串}$＝5cm，

$X_A=1.5X_B$

45 (A)。兩個兩個先並聯，2K和2K再串聯

$\frac{1}{K_{組合}}=\frac{1}{2K}+\frac{1}{2K}$　∴$K_{組合}$＝K

46 (B)。串聯受力相同。

P.124 **47 (A)**。$\frac{1}{K_{總}}=\frac{1}{K+K}+\frac{1}{K}$，$K_{總}=\frac{2}{3}K$

48 (C)。$K=\frac{\Delta F}{\Delta x}=\frac{320-200}{7-5.5}\doteq 80N/cm$

49 (D)。彈簧無法保持機械元件的接觸彈性。

50 (C)。由F＝K．x

(250－100)＝K(90－60)

∴K＝5N/cm

(300－250)＝K(60－x)＝5(60－x)

∴x＝50mm

51 (C)。蝸旋扭轉彈簧常用於鐘錶、玩具之發條。

第6章　軸承及連接裝置

學生練習

P.137 **1** (1)3　13　40

- 40：內徑號碼(內徑為40×5＝200mm)
- 13：尺寸級序(寬度級序1級，直徑(外徑)級序3級)
- 3：軸承型式(錐形滾子軸承)

(2)6　0　8

- 8：內徑號碼(軸承內徑為8mm)
- 0：尺寸級序(寬度級序0，外徑級序0)
- 6：軸承型式(深槽滾珠軸承)

(3)N　3　52

- 52：內徑號碼(軸承內徑為52×5＝260mm)
- 3：尺寸級序(寬度級序0，外徑級序3)
- N：軸承型式(圓筒滾子軸承)

.149 **2** 平均直徑$=\dfrac{20+10}{2}=15\text{cm}$

$\therefore$半徑$r=7.5\text{cm}$

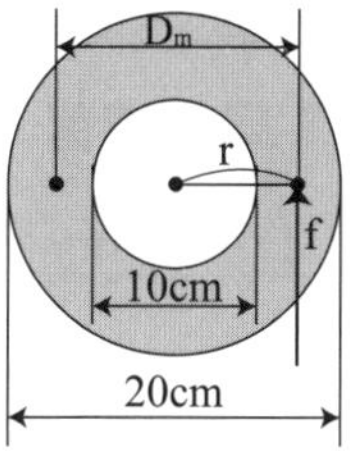

$5\text{kPa}=\dfrac{5}{1000}\text{MPa}$

壓(應)力$=\dfrac{\text{力量}}{\text{面積}}$

$=\dfrac{F_{軸}}{\dfrac{\pi}{4}(D_{外}{}^2-D_{內}{}^2)}$

$\dfrac{5}{1000}=\dfrac{F_{軸}}{\dfrac{\pi}{4}(200^2-100^2)}$

$F=37.5\pi=N_{正}$

力矩$=f\cdot r=\mu N_{正}\cdot r$

$=(0.2\times 37.5\pi)\times 7.5$

$\therefore$力矩$=56.25\pi\text{N}-\text{cm}=0.5625\pi\text{N-m}$

功率$=T\cdot\omega$

$=0.5625\pi\times 20\pi$

$=11.25\pi^2$瓦特

考前實戰演練

152 **1** (A) **2** (D) **3** (A) **4** (A) **5** (C)

6 (A) **7** (B) **8** (D) **9** (D) **10** (C)

11 (C) **12** (B) **13** (D)

53 **14** (C) **15** (B) **16** (A) **17** (B)

18 (A) **19** (C) **20** (D) **21** (A)

22 (A)。功率$=T\cdot\omega$

$6.28\times 1000=100\times\dfrac{2\pi N}{60}$

$\therefore N=600\text{rpm}$。

23 (C)。$D_m=\dfrac{8+4}{2}=6\text{ cm}$

力矩$T=f\cdot r=\mu N_{正}\times\dfrac{D_m}{2}$

力矩$T=(0.4\times 600)\times\dfrac{6}{2}$

$\therefore T=720\text{N}-\text{cm}$

24 (A)。$D_m=\dfrac{14+6}{2}=10\text{ cm}$

力矩$=\mu N_{正}\times\dfrac{D_m}{2}$

$40=(0.2\times N_{正})\times\dfrac{10}{2}$

$\therefore N_{正}=40\text{N}=$軸向推力

P.154 **25** (A)。$D_m=\dfrac{12+8}{2}=10\text{ cm}$，

壓應力$=\dfrac{F_{軸向}}{A}$

$\dfrac{5}{1000}=\dfrac{F_{軸}}{\dfrac{\pi}{4}(120^2-80^2)}$，

$\therefore F_{軸}=10\pi=N_{正}$

$T=(0.3\times 10\pi)\times\dfrac{10}{2}=15\pi\text{N}-\text{cm}$

26 (D)。對合軸承為顧及軸承磨耗後便於調整，將軸承座與襯套皆製成上（軸承蓋）、下（軸承座）兩半，在接合面間墊上數片薄墊片再用螺栓鎖緊，使軸與襯套間獲得適當之間隙。應用最多的滑動軸承。

27 (D)。$D_m=\dfrac{14+6}{2}=10\text{ cm}$

$T=f\cdot r=\mu N_{正}\times\dfrac{D_m}{2}$

$=(0.2\times 2000)\times\dfrac{0.1}{2}=20\text{N}-\text{m}$

28 (D)。用途最廣的剛性聯結器是凸緣。

29 (A)。$D_m = \frac{80+40}{2} = 60\ mm$

力矩＝$\mu N_{正} \times \frac{D_m}{2}$

$360 = (0.4 \times N_{正}) \times \frac{60}{2}$，

$\therefore N_{正}$＝30N＝軸向推力

30 (D) **31 (B)** **32 (A)** **33 (A)**

P.155 **34 (B)** **35 (B)** **36 (D)**

37 (D)。塊狀離合器受力與軸向垂直，乃徑向摩擦離合器。

38 (C) **39 (D)** **40 (D)** **41 (C)**

P.156 **42 (C)**

43 (D)。壓(應)力＝$\frac{力量}{面積}$，$4 = \frac{4000}{20 \times \ell}$，

ℓ＝50mm

44 (C) **45 (B)** **46 (A)**

47 (D)。(A)6006內徑30mm(06×5)
(B)6060內徑60×5＝300mm
(C)6210內徑10×5＝50mm
(D)6212內徑12×5＝60mm

48 (A)

49 (C)。6430，6表深槽滾珠軸承，寬度0級，直徑3級，內徑為30×5＝150mm

50 (B)

P.157 **51 (A)**。(A)自動對正滾珠軸承(B)斜角滾珠軸承(C)錐形滾動軸承(D)自動對正滾子止推軸承(球面滾子止推軸承)。

52 (C)

53 (B)。(B)歐丹連結器角速度相等。

54 (D)。超越式離合器只能單向傳達動力。

55 (B)。單列滾珠止推軸承不適合高速迴轉。

第7章 帶輪

學生練習

P.167 **1** D＝70cm，d＝30cm，C＝400cm

$(1) L_{開口} = \frac{\pi}{2}(D+d) + 2C + \frac{(D-d)^2}{4C}$

$= \frac{3.14}{2}(70+30) + 2\times400 + \frac{(70-30)^2}{4\times400}$

$= 157 + 800 + 1 \fallingdotseq 958\ (cm)$

$(2) L_{交叉} = \frac{\pi}{2}(D+d) + 2C + \frac{(D+d)^2}{4C}$

$= \frac{3.14}{2}(70+30) + 2\times400 + \frac{(70+30)^2}{4\times400}$

$= 157 + 800 + 6.3 \fallingdotseq 963.3\ (cm)$

P.168 **2** 由長度差$= \frac{Dd}{C} = \frac{40\times20}{100} = 8\ cm$

P.171 **3** $\frac{N_A}{N_B} = \frac{r_B}{r_A}$ $\therefore \frac{420}{280} = \frac{r_B}{50}$

$\therefore r_B$＝75cm

∴B輪直徑150cm

P.172 **4** $\frac{N_B}{N_A} = \frac{D_A + t}{D_B + t}(1-S)$

$\frac{N_B}{1000} = \frac{19.5+0.5}{49.5+0.5}(1-0.02)$

$\therefore N_B$＝392rpm，逆時針
（交叉皮帶轉向相反）

P.177 **5** 相等塔輪、中間塔輪轉速相同

$\therefore n_2$＝400rpm

從動輪直徑最大者，轉速最慢

$\therefore n_3$＝320rpm 又$(n_2)^2 = n_1 \times n_3$

$\therefore 400^2 = 320 \times n_1$ $\therefore n_1$＝500rpm

P.178 **6** 相等塔輪奇數階：中間輪轉速的平方=兩旁邊轉速的乘積

$n_6^2 = n_4 \times n_8 = n_2 \times n_{10}$

$n_6^2 = 90\times40 \Rightarrow n_6 = 60\ rpm$

$\Rightarrow n_6 = N = 60\ rpm$

(相等塔輪奇數階，中間輪兩直徑相同，轉速相同)

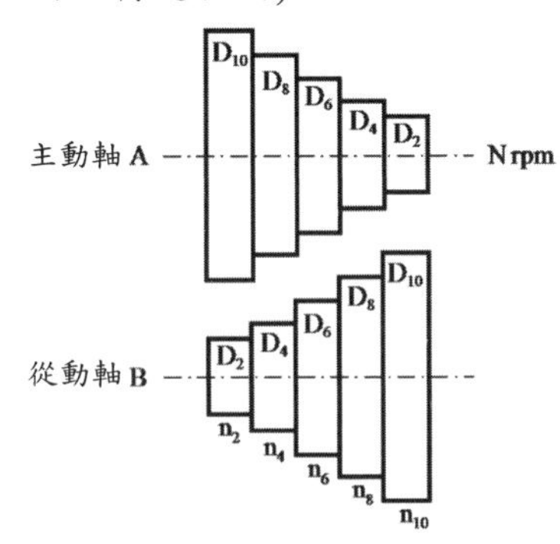

179 **7** 有效力＝300－200＝100牛頓

功率＝$nF_{有效} \cdot V$

＝20×100×10瓦特＝20kW

180 **8** F_1：F_2＝7：3，$r=\dfrac{100}{2}\text{cm}=0.5\text{m}$

$\therefore 3F_1=7F_2 \quad \therefore F_1=\dfrac{7}{3}F_2$

$300\text{轉/分}=\dfrac{300\times 2\pi\ \text{rad}}{60\,\text{sec}}=10\pi\ \ \text{rad / s}$

∴功率＝$F_{有效} \cdot r \cdot \omega$，

$20\pi\times 1000=(F_1-F_2)\times 0.5\times 10\pi$

$\therefore F_1-F_2=4000=(\dfrac{7}{3}F_2-F_2)=\dfrac{4}{3}F_2$

$\therefore F_2=3000\text{N}$

∴緊邊張力＝$\dfrac{7}{3}F_2=7000\text{N}$

∴皮帶寬度＝$\dfrac{7000}{500}=14\text{cm}$

考前實戰演練

84 **1 (D)**。皮帶輪傳動時會打滑，故速比不正確。

2 (B)。輪子不具可撓性，皮帶才是。

3 (D)。型式×帶圈長度。

4 (C)。接觸角越大，摩擦力越大，可減少滑動。

5 (B)。V形皮帶依斷面尺寸可分為M、A、B、C、D、E。

6 (B) **7 (B)** **8 (C)**

9 (D)。確動皮帶傳動速比正確，且可長距離傳動。

P.185 **10 (D)** **11 (B)**

12 (C)。隆面帶輪只須一輪採用隆面即可。

13 (A)。$\dfrac{N_B}{N_A}=\dfrac{D_A+t}{D_B+t}(1-S)$

$\therefore \dfrac{980}{N_A}=\dfrac{(19.5+0.5)}{(9.5+0.5)}(1-0.02)$

$\therefore N_A=500\text{rpm}$

14 (D) **15 (B)** **16 (B)**

17 (D)。加導輪才能可逆，直角迴轉帶輪中心兩軸在空間呈垂直但不相交，皮帶進入帶輪時之寬度中心線需在帶輪寬中心平面上。

18 (A)。$\dfrac{D\times d}{C}=\dfrac{30\times 20}{200}=3\text{ cm}$，

交叉皮帶比開口皮帶長。

P.186 **19 (C)**。

$L=\dfrac{\pi}{2}(D+d)+2C+\dfrac{(D-d)^2}{4C}$

$=\dfrac{\pi}{2}(110+90)+2\times 500+\dfrac{(110-90)^2}{4\times 500}$

$\fallingdotseq 1314\text{mm}$

20 (B)。$\dfrac{N_B}{N_A}=\dfrac{D_A}{D_B}=\dfrac{24}{36}=\dfrac{N_B}{360}$，

$N_B=240\text{rpm}$。

21 (C)

22 (C)。

$$L=\frac{\pi}{2}(D+d)+2C+\frac{(D+d)^2}{4C}$$
$$=\frac{\pi}{2}(50+30)+2\times200+\frac{(50+30)^2}{4\times200}$$
$$=533.663\text{ cm}$$

23 (D)。開口皮帶$\theta_{大}=\theta_{小}=\pi+2\theta$

$$\sin\theta_{交叉}=\frac{D+d}{2c}$$

24 (A)

P.187 **25 (C)**

26 (B)。$\frac{N'_B}{N_A}=\frac{D_A+t}{D_B+t}$，

$N'_B=\frac{305}{455}\times1000$，

$N_B=N'_B\times(1-2\%)=657\text{ rpm}$。

27 (C) **28 (B)** **29 (B)**

30 (C)。$\frac{T_1}{T_2}=e^{\mu\theta}$

P.188 **31 (A)**。接觸角越大，有效張力越大。

32 (D)。$\begin{cases}T_1-T_2=400\\T_1+T_2=1100\end{cases}$，$T_1=750$，

$T_2=350$，$\frac{T_1}{T_2}=\frac{750}{350}=2.14$。

33 (A)。功率$=900\times\frac{200}{60}$瓦$=3\text{kW}$

34 (C)。拉緊輪應裝在鬆邊且靠近小輪，因為開口帶小輪易打滑。

35 (C)。736轉/分$=\frac{736\times2\pi\text{ rad}}{60\text{sec}}$，

1PS＝736瓦特，功率＝F．r．ω

$10\pi\times736=(F_1-F_2)\times0.3\times\frac{736\times2\pi}{60}$

$\therefore F_1-F_2=1000=2F_2-F_2$

$\therefore F_2=1000\text{N}$，$F_1=2F_2=2000$牛頓

皮帶寬度$=\frac{2000}{500}=4\text{cm}$

36 (C)。功率$=F_{有效}\times r\times\omega$

$5\pi\times1000=(\frac{7}{3}F_2-F_2)\times0.2\times\frac{750\times2\pi}{60}$

$\therefore F_2=750$，$F_1=1750$

37 (C)。$V=r\omega$，$3.14=\frac{D}{2}\times\frac{2\pi\times120}{60}$

$\therefore D=0.5\text{m}=50\text{cm}$

38 (D)

39 (C)。由轉速與直徑成反比

$\frac{N}{n_3}=\frac{d_3}{D_3}$ $\therefore\frac{300}{900}=\frac{d_3}{90}$

$\therefore d_3=30\text{cm}$

$\frac{N}{n_1}=\frac{d_1}{D_1}$ $\therefore\frac{300}{150}=\frac{d_1}{D_1}$

$\therefore d_1=2D_1$

∴交叉傳動

$\therefore D_1+d_1=D_3+d_3$

$=2D_1+D_1=90+30$

$\therefore D_1=40\text{cm}$，$d_1=80\text{cm}$。

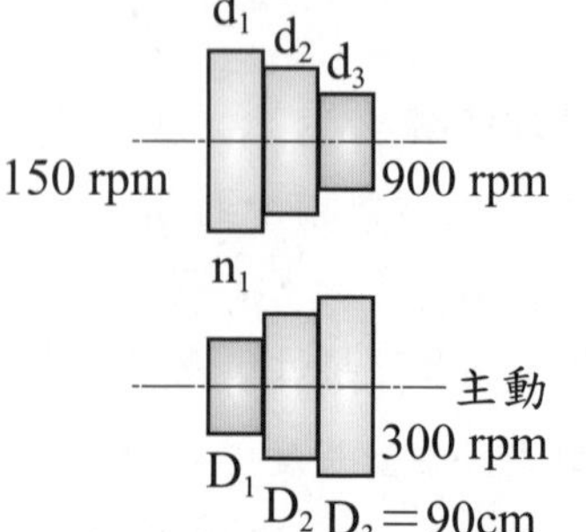

189 **40 (D)**。有效力＝300－200＝100牛頓

功率＝$nF_{有效}\cdot V$

＝20×100×10瓦特＝20kW

41 (D) **42.(C)**

43 (A)。$n_3=N=200$rpm，

$\frac{N}{n_5}=\frac{n_1}{N}$，$n_1=\frac{200^2}{100}=400$ rpm。

44 (D)。$\frac{N}{n_1}=\frac{n_5}{N}$，$n_5=\frac{120^2}{60}=240$ rpm。

45 (A)。皮帶有效力＝$F_{緊}-F_{鬆}$

功率＝$F_{有效}\cdot r\cdot \omega$

直徑60cm，半徑＝30cm＝0.3cm

轉速200轉／分＝$\frac{200\times 2\pi\ \text{rad}}{60\ 秒}$

＝$\frac{20\pi}{3}$ rad/s

$4.71\times 1000=F_{有效}\times 0.3\times\frac{20\pi}{3}$

∴$F_{有效}$＝750N

750＝1000－$F_{鬆}$

∴$F_{鬆}$＝250N

46 (A)。相等塔輪呈等比級數時，

$N_1\times N_3=N_2^2\Rightarrow 50\times 200=N_2^2$

∴$N_2=100$

$N_3^2=N_2\times N_4\Rightarrow 200^2=100\times N_4$

∴$N_4=400$

$\frac{N_1}{N}=\frac{d_4}{d_1}=\frac{50}{N}$，又$\frac{N_4}{N}=\frac{d_1}{d_4}=\frac{400}{N}$

∴$\frac{100}{N}=\frac{d_4}{d_1}=\frac{N}{400}$

∴$N^2=20000$，$N=100\sqrt{2}$ r.p.m。

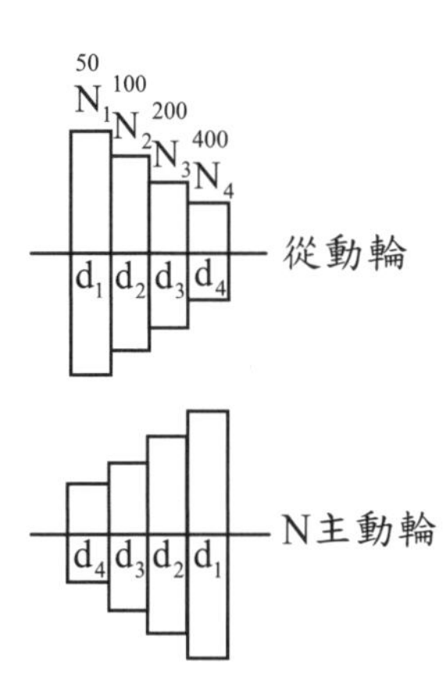

第8章 鏈輪

學生練習

P.198 **1** (1)由πD＝PT

∴節圓直徑$D=\frac{PT}{\pi}$

∴$D=\frac{3\times 60}{\pi}=\frac{180}{\pi}$ cm≒57.3 cm

$d=\frac{3\times 30}{\pi}=\frac{90}{\pi}$ cm≒28.7 cm

(2)$L=\frac{\pi}{2}(D+d)+2C+\frac{(D-d)^2}{4C}$

$=\frac{\pi}{2}(\frac{180}{\pi}+\frac{90}{\pi})+2\times 220+\frac{(\frac{180}{\pi}-\frac{90}{\pi})^2}{4\times 220}$

$=575.9$m

∴鏈節數＝$\frac{575.9}{3}$＝191.9節

＝192節（鏈節取偶數）

(3).∴鏈條長度＝192×3＝576cm

P.199 **2** 功率(瓦特)＝F(牛頓)．V(m/s)

(45m/分＝$\frac{45\text{ m}}{60秒}=\frac{3}{4}$ m/s)

∴功率＝F．V

＝(12×1000)×$\frac{3}{4}$

＝9000瓦特＝9kW

P.200 **3** (1) $\frac{N_{前}}{N_{後}}=\frac{T_{後}}{T_{前}}$，$\frac{120}{N_{後}}=\frac{15}{50}$

$\therefore N_{後}=400rpm$

(2) $V(m/分)=r(m)\omega(rad/s)$

$=0.4\times400\times2\pi m/分$

$=320\pi m/分$

$(400轉/分=400\times2\pi rad/分)$

P.201 **4** 鏈輪不會打滑，所以損耗的動力只影響輸出之力量，不影響轉速比。

$\frac{N_A}{N_B}=\frac{T_B}{T_A}=\frac{40}{20}=\frac{200}{N_B}$

$\therefore N_B=100rpm$

功率 $=0.8F\times r\times\omega$

$=0.8\times500\times0.75\times\frac{100\times2\pi}{60}$

$=1000\pi$ 瓦 $=3.14kW$

考前實戰演練

P.204 **1 (C)**

2 (D)。鏈條不適合高速傳動，因傳動速率不穩定。

3 (B) **4 (B)** **5 (C)**

6 (B)。鏈輪非靠摩擦傳遞。

7 (D) **8 (C)**

9 (D)。鏈條傳動速率不穩定。

10 (A) **11 (B)**

12 (C)

P.205 **13 (D)**。鏈條為撓性中間聯接。

14 (D) **15.(B)**

16 (D)。鏈條非連接機件，其為傳遞動力機件。

17 (D) **18 (B)** **19 (D)** **20 (B)** **21 (D)**

22 (B) **23 (D)** **24 (C)**

P.206 **25 (D)**

26 (D)。無聲鏈齒片兩端之齒形為斜直邊。

27 (C) **28 (A)** **29 (A)** **30 (A)**

31 (B)。柱環鏈為起重鏈。

32 (A)

33 (C)。鏈輪應25齒以上，且為奇數。

34 (D)。$\pi D=PT$ $\therefore D=\frac{PT}{\pi}$

$$L=\frac{\pi}{2}(D+d)+2C+\frac{(D-d)^2}{4C}$$

$$=\frac{\pi}{2}(\frac{4\times60}{\pi}+\frac{4\times40}{\pi})+2\times180+\frac{(\frac{4\times60}{\pi}-\frac{4\times40}{\pi})^2}{4\times180}$$

$=561\ cm$ 約 $\frac{561}{4}=140.3$ 節

取142節，長度為 $142\times4=568\ cm$

35 (D)。$D=\frac{P}{\sin\theta}=\frac{3}{\sin(\frac{180°}{60})}=57.7\ cm$。

P.207 **36 (A)**。$L=\frac{\pi}{2}(60+30)+2\times200+\frac{(60-30)^2}{4\times200}$

$=542.5\ cm$。

37 (C)

38 (C)。$\triangle V=r(1-\cos\theta)\omega$，直徑越大，$\triangle V$越大。

39 (C)。$\pi D=PT$ $D=\frac{P}{\sin\theta}=\frac{PT}{\pi}$。

40 (D)

41 (C)。鏈輪速比正確→

$\frac{N_B}{N_A}=\frac{T_A}{T_B}=\frac{27}{54}=\frac{N_B}{200}$，

$N_B=100rpm$。

42 **(A)**。$P=\dfrac{\pi D}{T}$，

$D_1=\dfrac{PT}{\pi}=\dfrac{3\pi\times 48}{\pi}=144$，

$D_2=72mm$。（由 $\dfrac{3\pi\times 24}{\pi}mm$）

43 **(B)**

44 **(A)**。$\Delta v=r(1-\cos\theta)\cdot\omega$

45 **(D)**。$D=\dfrac{P\cdot T}{\pi}=\dfrac{20\times 20}{\pi}=\dfrac{400}{\pi}mm$

$300rpm=\dfrac{300\times 2\pi\ rad}{60\text{秒}}=10\pi\ rad/s$

$v=r\cdot\omega$，$(r=\dfrac{0.2}{\pi}m)$

$=\dfrac{0.2}{\pi}\times 10\pi=2\ m/s$

46 **(A)**。(A)轉速差四倍，直徑也差四倍。

208

47 **(B)**。功率＝$F\cdot r\cdot\omega$

$\omega=60rpm=2\pi\ rad/s$

$\therefore 2\pi\times 1000=4000\times r\times 2\pi$

$r=0.25m\quad\therefore D=0.5m$

48 **(A)**。$D=\dfrac{P}{\sin\theta}=\dfrac{P}{\sin(\dfrac{180^\circ}{T})}$

49 **(B)**。$\dfrac{N_B}{N_A}=\dfrac{T_A}{T_B}$，$\dfrac{N_B}{75}=\dfrac{50}{15}$

$N_B=250rpm$，

$v=r\omega=0.3\times 250\times 2\pi\ m/\text{分}$

$=150\pi\ m/\text{分}$

$=\dfrac{\dfrac{150\pi}{1000}km}{\dfrac{1}{60}\text{小時}}=9\pi\ km/hr$

50 **(D)**。(A)$\theta=\dfrac{180^\circ}{T}\quad\therefore\theta=\dfrac{180^\circ}{30}=6^\circ$

(B)$r(1-\cos\theta)=50(1-\cos 6^\circ)=0.275cm$

(C)$V_{\text{大}}=r\cdot\omega=0.5\times 10\pi$

$=5\pi\ m/s=15.7m/s$

(D)$V_{\text{小}}=r_{\text{小}}\omega=(0.5\cos 6^\circ)\times 10\pi$

$=15.6\ m/s$

51 **(C)**。$T_1=21\quad T_2=49$

$L=\dfrac{\pi}{2}(D+d)+2C+\dfrac{(D-d)^2}{4C}$

$=346.5\ cm$

由 $\dfrac{N_1}{N_2}=\dfrac{T_2}{T_1}$，$\dfrac{3}{7}=\dfrac{21}{T_1}$

$\therefore T_1=49$ 又 $D=\dfrac{PT}{\pi}$，

$D=\dfrac{49\times 3}{\pi}\cdot d=\dfrac{21\times 3}{\pi}$

鏈節數＝$\dfrac{346.5}{3}=115.5$ 節

取116節，總長＝$116\times 3=348\ cm$

52 **(A)**。由功率＝$0.8F\times r\times\omega$

$=0.8\times 420\times 0.15\times\dfrac{2\pi\times 300}{60}$ 瓦

$=1.58kW$

53 **(B)**。齒數越少，弦線作用越大。

54 **(D)**。(D)從動輪為硬材料，主動輪為軟材料。

第9章 摩擦輪

學生練習

P.211

1 $r=10cm=0.1m$，

$4\pi kW=4\pi\times 1000$瓦特

$N=300$轉/分

$\omega=\dfrac{300\times 2\pi\ rad}{60\text{秒}}=10\pi\ rad/s$

功率＝f・V＝$\mu N_{正}$・r・ω

$4\pi\times1000=0.25\times N_{正}\times0.1\times10\pi$

∴正壓力$N_{正}$＝16000牛頓

P.212 **2** r＝0.1m，ω＝736轉/分＝$\dfrac{736\times2\pi\ rad}{60sec}$

功率＝$\mu N_{正}$・r・ω

$=0.2\times3000\times0.1\times\dfrac{736\times2\pi}{60}$ 瓦特

$=2\pi\times736$ 瓦特

$=\dfrac{2\pi\times736}{736}$ 馬力

$=2\pi$ 馬力

P.221 **3** (1)轉速與直徑成反比

$\dfrac{N_{大}}{N_{小}}=\dfrac{D_{小}}{D_{大}}$，$\dfrac{200}{N_{小}}=\dfrac{20}{80}$

∴$N_{小}$＝800rpm

(2)兩軸中心距離，此為內接

∴中心距離＝40－10＝30cm

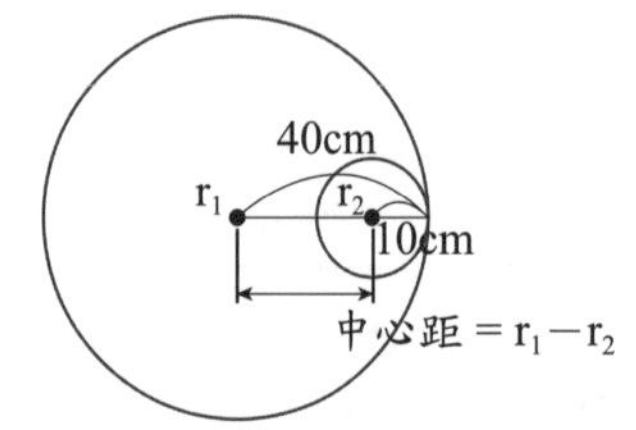

P.222 **4** 轉向相同為內接摩擦輪，B輪轉速為A輪的4倍，轉速差4倍，半徑差4倍，B輪轉速快，半徑小，已知A輪直徑為24cm，B輪直徑為6cm中心距離＝12－3＝9cm

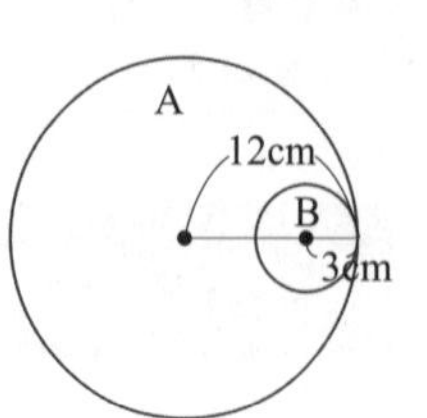

P.223 **5**

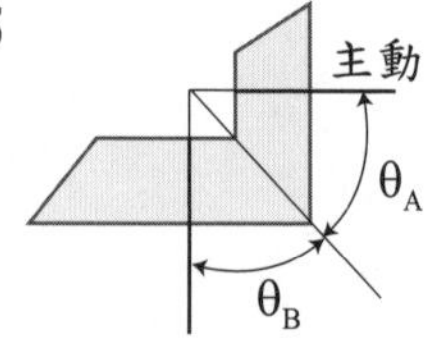

轉向相反為外接$\theta_A+\theta_B=90°$，$\theta_B=90°-\theta_A$

$\dfrac{N_A}{N_B}=\dfrac{\sin\theta_B}{\sin\theta_A}=\dfrac{\sin(90°-\theta_A)}{\sin\theta_A}$

$\dfrac{100\sqrt{3}}{300}=\dfrac{\cos\theta_A}{\sin\theta_A}=\cot\theta_A=\dfrac{\sqrt{3}}{3}=\dfrac{1}{\sqrt{3}}$

$\therefore\theta_A=60°$　　$\therefore\theta_B=30°$(半角)

∴A輪頂角為120°，B輪頂角60°

P.224 **6**

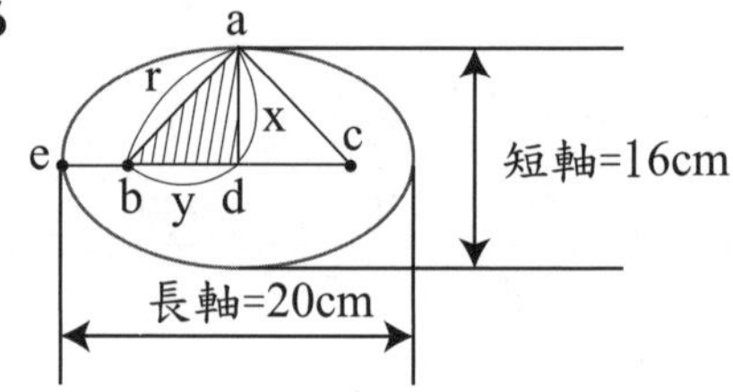

長軸＝$\overline{ab}+\overline{ac}$∴$\overline{ab}$＝10cm＝$\dfrac{長軸}{2}$

$\overline{ad}$＝8cm＝$\dfrac{短軸}{2}$

又$r^2=X^2+Y^2$

$10^2=8^2+Y^2$　　∴Y＝6cm

∴$\overline{be}$＝4 cm

半徑差4倍→轉速差4倍

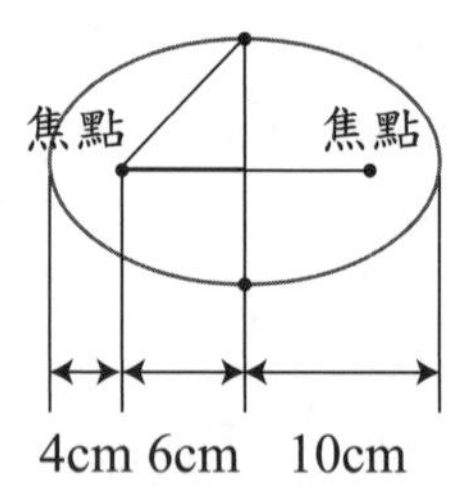

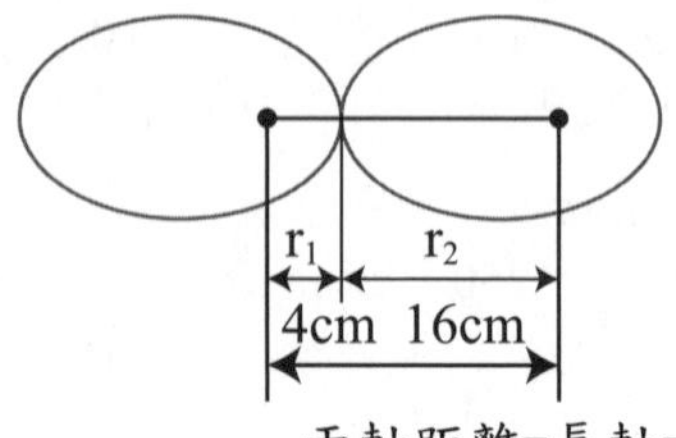

$\therefore N_{max}=60\times4=240rpm$

$N_{min}=60\times\dfrac{1}{4}=15rpm$

考前實戰演練

232

1 (C)。摩擦輪負荷過大會打滑，保護機件不受損。

2 (D)。$f=\mu N_{正}$ 摩擦力越大，摩擦輪可傳送的功率越大。

3 (A)

4 (A)。摩擦輪無滑動現象，接觸點切線速度相同。

5 (D)。轉速與半頂角正弦值成反比。

6 (A)。凹槽摩擦輪可傳遞較大的動力。其節線為滾動，其餘均為滑動。

7 (D)

8 (D)。摩擦輪負荷過大時會打滑，保護機件不受損，因打滑故轉速比不正確。

9 (C)。主動輪軟材料。

10 (B)。葉瓣輪傳動曲線為對數螺旋線。

11 (D)。最大速比×最小速比＝1。

233

12 (B)　13.(D)

14 (C)。最大速比×最小速比＝1
最大×0.2＝1，故最大速比＝5。

15 (C)。圓錐摩擦輪傳達兩軸相交。

16 (C)。圓盤與滾子可改變轉向與轉速。

17 (A)。功率＝F・r・ω
$=\mu N_{正}\cdot r\cdot \omega$
$=(0.1\times1500)\times0.1\times20\pi$
＝300π瓦特
＝0.3πkW

18 (D)。轉向相反為外接

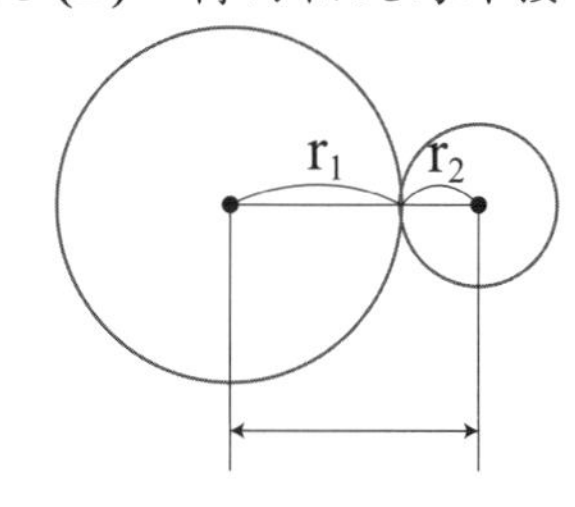

中心距離＝300mm
轉速差2倍，半徑差2倍
2R＋R＝300
R＝100mm，主動R＝100，

$$200\text{rpm}=\frac{200\times2\pi}{60}\text{rad/s}$$

$$=\frac{20}{3}\pi\text{ rad/s}$$

功率＝$(\mu N_{正})\times r_{主}\times\omega_{主}$

$$3.14\times1000=(0.15\times N_{正})\times0.1\times\frac{20\pi}{3}$$

$1000=0.1N_{正}$
$N_{正}=10000N=10KN$

19 (D)

20 (A)。S＋T＝12cm，已知T為3cm，故S軸為9

$$\frac{N_S}{N_T}=\frac{R_T}{R_S}\quad,\quad\frac{N_S}{240}=\frac{3}{9}$$

$\therefore N_S=80$rpm

P.234

21 (B)。$\dfrac{N_T}{N_S}=\dfrac{D_A}{D_B}$，$\dfrac{N_T}{N_S}=\dfrac{72}{27}=\dfrac{8}{3}=\dfrac{N_E}{N_C}$

$V_E=2V_C$，$\pi D_EN_E=2\pi D_CN_C$

$$\therefore\frac{D_C}{D_E}=\frac{N_E}{2N_C}\quad,\quad\frac{1}{2}\times\frac{8}{3}=\frac{4}{3}=\frac{D_C}{D_E}$$

$$D_E=\frac{3}{4}D_C$$

$$\text{中心距離}=\frac{D_C+D_E}{2}=\frac{D_A+D_B}{2},$$

$D_C+D_E=72+27=99$

$$=D_C+\frac{3}{4}D_C=\frac{7}{4}D_C$$

$$D_C=\frac{396}{7}\text{cm}$$

22 (B)。

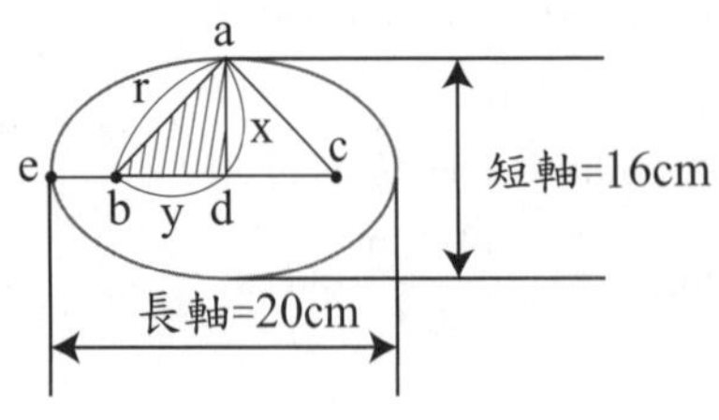

長軸＝ab＋ac∴ab＝10cm＝$\frac{長軸}{2}$

ad＝8cm＝$\frac{短軸}{2}$

又$r^2＝X^2＋Y^2$

$10^2＝8^2＋Y^2$　　∴Y＝6cm

∴be＝4 cm

半徑差4倍→轉速差4倍

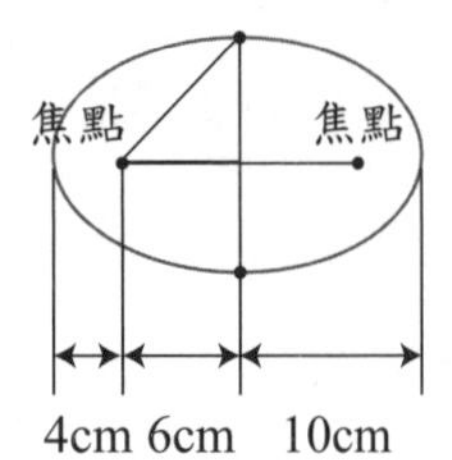

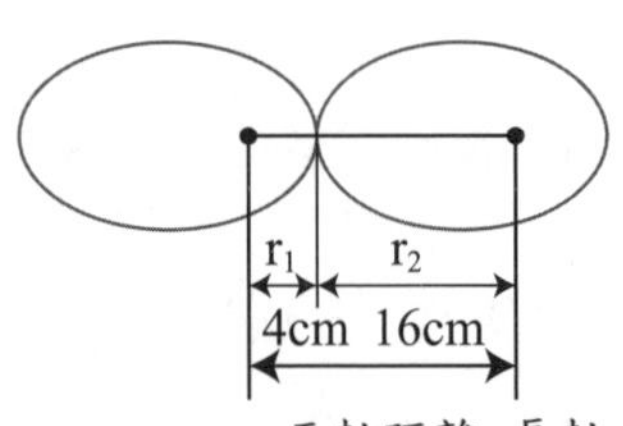

$∴N_{max}＝60×4＝240rpm$

$N_{min}＝60×\frac{1}{4}＝15rpm$

23 (C)。$\frac{N_甲}{N_乙}=\frac{R_乙}{R_甲}$，$\frac{100}{N_乙}=\frac{12}{2}$，

$N_乙=\frac{100}{6}$ rpm

24 (A)。內接中心距離$r_1－r_2$

甲80轉，乙240轉，轉速差3倍，半徑差3倍；3R－R＝40，R＝20cm→乙輪，轉速快，直徑小

3R＝60cm→甲輪，轉速慢，直徑大，故甲輪半徑60cm。

25 (C)。轉速相同為內接，中心距離$r_1－r_2$

主＝轉速60rpm，從＝轉速20rpm，

轉速差3倍，半徑差3倍

3R－R＝80，R＝40，D＝80→主動，轉速快，半徑小

3R＝120，D＝240→從動，轉速慢，半徑大

故主動輪直徑80cm

26 (C)。內切中心距離$r_1－r_2$

原＝50rpm，從＝150rpm，轉速差3倍，半徑差3倍

3R－R＝80，R＝40，D＝80→從動

3R＝120，D＝240→主動

故從動輪直徑80cm

27 (B)。轉向相反為外接，中心距離$r_1＋r_2$

轉速比2：3 ⇒ 半徑比為3：2即3r和2r

2R＋3R＝100，

R＝20，3R＝60，D＝120

2R＝40，D＝80

故兩輪直徑分別為120cm，80cm

P.235 **28 (D)**。內切$θ_B－θ_A＝90^o$，

$θ_A＝30^o$，$θ_B＝120^o$，頂角為240^o。

29 (D)。轉向相同為內切，

中心距離為$r_1－r_2$

主＝直徑為96cm，

從動轉速為主動輪4倍，

故從動直徑24cm

中心距離＝$r_1－r_2$

∴48－12＝36cm

30 (A)。內接$θ_從－θ_主＝30^o$，

$θ_從＝30^o＋θ_主$

$$\frac{N_從}{N_主}=\frac{\sin θ_主}{\sin θ_從}$$

$$\frac{1}{\sqrt{3}}=\frac{\sin θ_主}{\sin(30°+θ_主)}$$

$$=\frac{\sin θ_主}{\sin 30°\cos θ_主+\cos 30°\sin θ_主}$$

$\sqrt{3}=\frac{1}{2}\cot\theta_{主}+\frac{\sqrt{3}}{2}$，

$\therefore\cot\theta_{主}=\sqrt{3}$　$\therefore\theta_{主}=30^o$

$\therefore\theta_{從}=60^o$　$\therefore\theta_{主}=\frac{1}{2}\theta_{從}$

31 (D)。外接中心距離$=r_1+r_2$

$3R+R=50$，$R=12.5$，

$D=25\rightarrow$乙輪，轉速快，半徑小

$3R=37.5$，$D=75\rightarrow$甲輪，轉速慢，半徑大

$\therefore$甲輪直徑為75cm

32 (D)。大輪4分轉600圈→每分鐘150圈

$\frac{N_{大}}{N_{小}}=\frac{D_{小}}{D_{大}}$，$\frac{150}{N_{小}}=\frac{20}{60}$，

$\therefore N_{小}=450$rpm，

$\therefore$小輪3分鐘轉1350圈

（$3\times450=1350$）

33 (A)。

$\frac{N_A}{N_B}=\frac{\sin\theta_B}{\sin\theta_A}$，$\frac{300}{100\sqrt{3}}=\frac{\sin\theta_B}{\sin30^\circ}$

$\frac{3\sqrt{3}}{3}=\frac{\sin\theta_B}{\sin30^\circ}$

$\sin\theta_B=\frac{\sqrt{3}}{2}$

$\therefore\theta_B=60^o$

故兩軸夾角$60^o-30^o=30^o$

34 (C)。外接$\theta_A+\theta_B=90^o$，已知$\theta_A=30^o$，故$\theta_B=60^o$

$\frac{N_A}{N_B}=\frac{\sin\theta_B}{\sin\theta_A}$，$\frac{100}{N_B}=\frac{\sin60^\circ}{\sin30^\circ}=\frac{\frac{\sqrt{3}}{2}}{\frac{1}{2}}=\sqrt{3}$

$\therefore N_B=\frac{100}{\sqrt{3}}=57.74$ rpm

35 (B)。A轉兩圈為走4條曲線 ⇒ C輪轉4條對數螺旋線即走了$\frac{4}{6}$圈。

（三葉輪由6條對數螺旋線組成）。

36 (D)。轉向相同為內切，轉速差5倍，半徑差5倍，即r，5r

中心距離$=r_1-r_2=5r-r=60$

$4r=60$，$r=15$，$D_1=30$cm

$5r=75$，$D_2=150$cm

大輪直徑為150cm

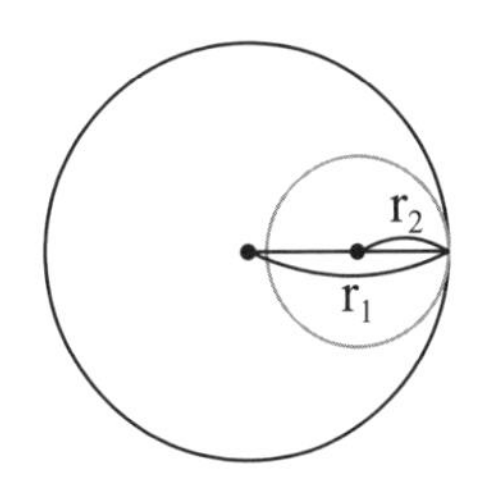

P.236 **37 (B)**。功率$=F\cdot r_{小}\cdot\omega_{小}=f\cdot r_{小}\cdot\omega_{小}$

$0.314\times1000=(100)\times0.1\times\frac{2N_{小}\pi}{60}$

$\therefore N_{小輪}=300$ r.p.m.

$\frac{N_{大輪}}{N_{小輪}}=\frac{1}{5}=\frac{N_{大輪}}{300}\Rightarrow N_{大輪}=60$ r.p.m.

38 (C)。旋向相反為外接⇒兩軸夾角＝兩半角相加$\theta_A+\theta_B=75^\circ$

$\frac{N_B}{N_A}=\frac{\sin\theta_A}{\sin\theta_B}=\frac{\sin45^\circ}{\sin30^\circ}=\sqrt{2}$

39 (B)。當滾子在最左邊時B輪轉速最快

$\frac{N_A}{N_B}=\frac{D_B}{D_A},\frac{100}{N_B}=\frac{8}{16}$，$N_B=200$rpm

當滾子在最右邊時B輪轉速最慢

$\frac{N_A}{N_B}=\frac{D_B}{D_A},\frac{100}{N_B}=\frac{16}{8}$　$\therefore N_B=50$rpm

$50<N_B<200$　則N_B可能轉速為160rpm

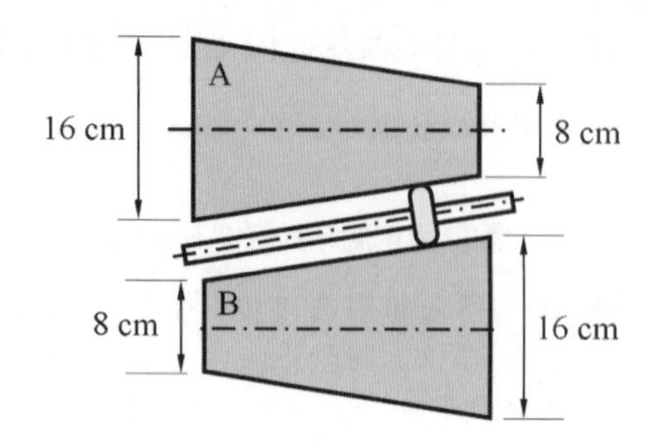

40 (D)。

轉速與半徑成反比，$R_A：R_B=2：3$

$$\frac{N_A}{N_B}=\frac{R_B}{R_A}，\frac{N_A}{N_B}=\frac{R_B}{R_A}=\frac{3}{2}$$

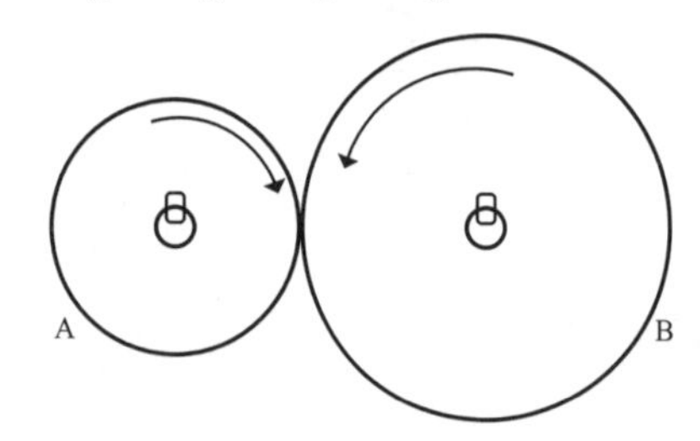

第10章 齒輪

學生練習

P.242 **1** $\frac{N_{桿}}{N_{輪}}=\frac{蝸輪齒數}{蝸桿線數}，\frac{N_{桿}}{40}=\frac{60}{3}=20$

$\therefore N_{桿}=800$ rpm

P.252 **2** (1)節徑D＝M×T＝2×50＝100mm

(2) $P_c=\frac{\pi D}{T}=\frac{\pi\times100}{50}=2\pi$ mm

(3)徑節P_d＝M×P_d＝25.4，

$\therefore P_d=\frac{25.4}{M}=\frac{25.4}{2}=12.7$ 齒/吋

(4)齒厚＝$\frac{P_c}{2}=\frac{2\pi}{2}=\pi$ mm

(5)齒冠＝M＝2mm

(6)齒根＝1.25M＝2.5mm

(7)齒高＝齒冠＋齒根＝4.5mm

(8)工作深度＝2倍齒冠＝4mm

(9)間隙＝齒根－齒冠＝0.5mm

(10)外徑＝節徑＋2倍齒冠

＝100＋2×2＝104mm

P.253 **3** 轉向相同為內接

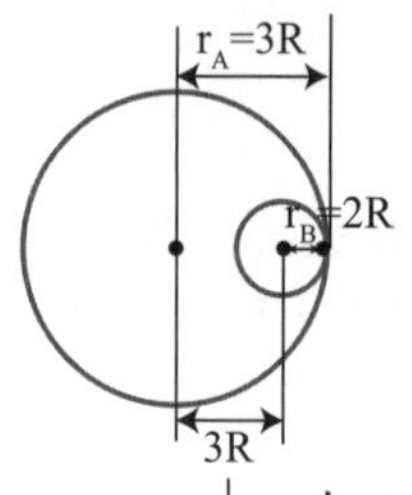

轉速比3：2，半徑2：3

3R－2R＝300，R＝300

大圓半徑＝3R＝900，D＝MT，

1800＝5×T_B，T_B＝360

小圓半徑＝2R＝600，D＝MT，

1200＝5×T_A，T_A＝240

∴A、B齒數為360齒與240齒

P.254 **4** 走了兩圈即移動2倍之圓周長

2×πD＝62.8cm

∴D＝10cm＝100mm

$$M=\frac{D}{T}=\frac{100}{25}=4\text{mm}$$

P.255 **5** 轉速3：2，半徑為2x：3x（轉速與半徑成反比）。

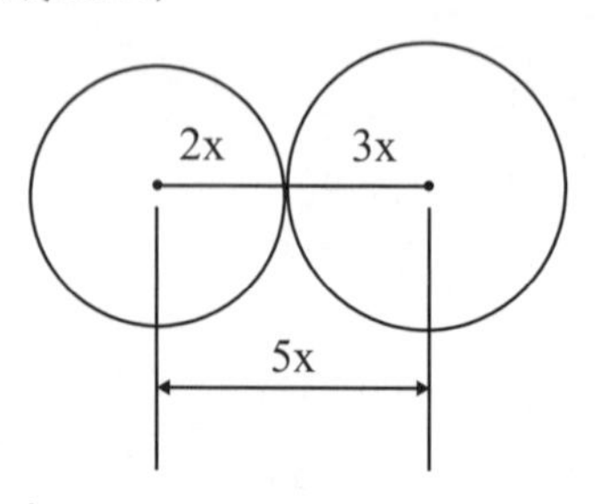

中心距＝75＝2x+3x　∴x＝15mm

∴小輪半徑2x＝30mm，小輪直徑60mm；大輪半徑3x＝45mm，大輪直徑90mm。

$周節=\frac{\pi D}{T}$

$作用角=14^\circ \rightarrow 作用弧=\frac{14^\circ}{360^\circ}\times\pi D$

$\therefore 接觸率=\frac{作用弧}{周節}$

$$1.4=\frac{\frac{14}{360}\times\pi D_{大}}{\frac{\pi D_{大}}{T_{大}}}$$

∴T大＝36齒

$\therefore T小=36\times\frac{2}{3}=24齒$

70 **6** D＝MT，400＝M×50　∴M＝8

(1)齒冠＝0.8M＝0.8×8＝6.4mm

(2)齒根＝M＝8mm

(3)工作深度＝2倍齒冠＝2×6.4
＝12.8mm

（註D＝40cm＝400mm）

(4)齒厚 $=\frac{P_c}{2}=\frac{8\pi}{2}=4\pi$ mm

(5)外徑＝$D_{節}$＋2倍齒冠＝400＋12.8
＝412.8mm

考前實戰演練

72 **1** (D)　**2** (B)　**3** (C)

4 (C)。皮帶輪、鏈輪為撓性中間連接物來帶動，而摩擦輪為滾動接觸。

5 (C)。$M=\frac{D}{T}$

$T=\frac{180}{6}=30$ 齒

$\frac{N_{桿}}{N_{輪}}=\frac{蝸輪齒數}{蝸桿線數}$，$\frac{450}{N_{輪}}=\frac{30}{2}$

$N_{輪}$＝30 rpm。

6 (B)

7 (C)。人字齒輪為兩軸平行。

8 (A)。中心距離 $=\frac{M}{2}(T_1+T_2)$，

已知小齒數為20‧M＝8

$240=\frac{8}{2}(T_1+20)$

∴60＝T_1＋20，T_1＝40

轉速比為20：40＝1：2

9 (B)。$D_{外}$＝M(T＋2)，200＝5(T＋2)
∴T＋2＝40，T為38齒。

10 (C)。$D_{外}$＝M(T＋2)，
$D_{外}$＝3(32＋2)＝102 mm。

11 (C)。工作深度＝2M＝20 mm。

12 (D)。$P_C=\pi M$，
3.14cm＝31.4mm＝pM
∴M＝10mm

P.273 **13** (C)。$47.1\div(1\frac{1}{2})=31.4$ cm
$=314$ mm $=\pi D$

D＝100 mm，$M=\frac{D}{T}=\frac{100}{50}=2$。

14 (C)

15 (A)。(A)擺線配合條件為一齒之齒面與另一嚙合齒腹由同一滾圓所滾出之擺線。

16 (A)。中心距離加大節圓半徑也隨之變大，但基圓半徑不變。

17 (C) **18** (B)　**19** (C)

P.274 **20** (D)。因齒隙造成從動輪有間隙作用。

21 (A) **22** (D)　**23** (A)　**24** (B)　**25** (A)

26 (B)　**27** (D)　**28** (A)

P.275 **29** (D)。$D_{基}=D_{節}\cos\theta$，$40=D_{節}\cos 20^\circ$
$\therefore D_{節}=40\sec 20^\circ$

30 (B) 31 (A)

32 (C)。齒面為節圓至齒頂圓間之曲面齒腹為節圓至齒底圓間之曲面。

33 (C) 34 (D) 35 (A) 36 (D)

37 (B)。$\frac{N_A}{N_B}=\frac{3}{1}=\frac{D_B}{D_A}=\frac{T_B}{T_A}$，$D_B=3D_A$

$C=\frac{D_A+D_B}{2}=100$，$4D_A=200$

$D_A=50$ mm，$D_B=150$ mm，$M=\frac{D}{T}$

$\therefore T_A=25$，$T_B=75$，故$T_B-T_A=50$

38 (C)。$M=\frac{D}{T}=\frac{60}{30}=2$，

$P_c=\pi M=2\pi$。

39 (B)

P.276 **40 (B) 41 (A) 42 (D) 43 (D)**

44 (A)。$\frac{N_A}{N_B}=\frac{2}{1}=\frac{D_B}{D_A}=\frac{T_B}{T_A}$

$\therefore D_B=2D_A$

$C=\frac{D_A+D_B}{2}=225$

$3D_A=450$，$D_A=150$ mm

$D_B=300$ mm，$P_C=\pi M$

$$接觸率=\frac{作用弧}{周節}=\frac{\frac{18°}{360°}\times\pi D}{5\pi}$$

$$=\frac{\frac{1}{20}\times150\pi}{5\pi}=1.5$$

45 (C)。(A)漸開線齒輪會產生干涉。
(B)中心距離變大，壓力角會改變。
(D)中心距離變大，節圓直徑變大。

46 (A)。(B)正齒輪用在兩軸平行。
(C)工作深度＝2倍齒冠
(D)齒輪嚙合時，兩齒輪接觸點之公法線通過節點。

第11章 輪系

學生練習

P.283 **1** $e_{A\to C}=\frac{N_C}{N_A}=\frac{T_A}{T_C}=\frac{100}{25}=4$

$\therefore e=\frac{N_C}{100}=4$ $\therefore N_C=400$ rpm順時針

A、C同向，e取正

$\therefore$A→C時、B為惰輪

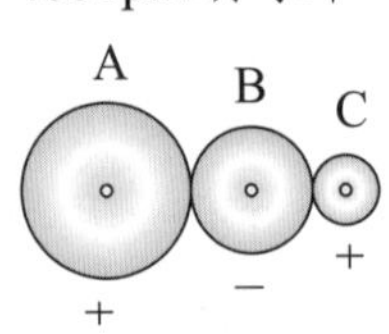

P.284 **2** 均為外接，中間有兩個中間軸，首末反向，e取負，B軸為惰輪

$e_{A\to E}=\frac{N_E}{N_A}=\frac{-T_A\times T_D}{T_C\times T_E}$

$=\frac{-40\times125}{50\times25}=-4$

$e_{A\to E}=\frac{N_E}{120}=-4$

$\therefore N_E=-480$（負表逆時針）

$\therefore N_E$為480 rpm（逆時針）

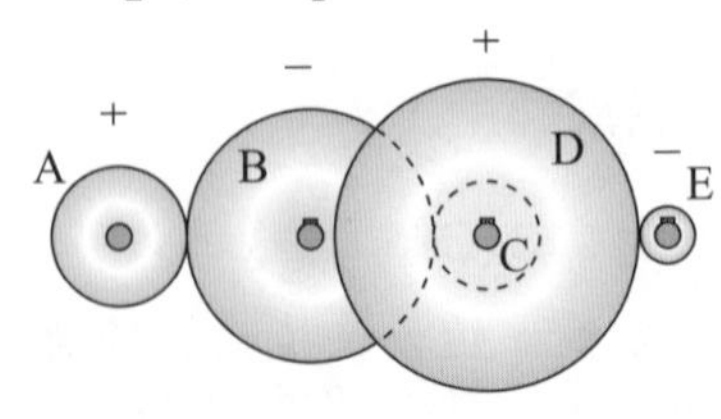

P.285 **3** $e=\frac{N_{末}}{N_{首}}=\frac{各主動輪齒數乘積}{各從動輪齒數乘積}$

$e_{A\to D}=\frac{N_D}{N_A}=+\frac{D_A\times D_C}{D_B\times D_D}$

$=+\frac{10\times20}{30\times60}=+\frac{1}{9}$

$e_{A\to D}=\frac{N_D}{N_A}=+\frac{1}{9}=\frac{N_D}{900}$

$\therefore N_D = 100$ rpm（順時針）
開口帶，A、B同向，C、D同向
∴A、D同向，e取正

286 **4** $e_{A \to H} = \dfrac{N_{末}}{N_{首}}$

$= -\dfrac{各主動輪齒數（直徑）乘積}{各從動輪齒數（直徑）乘積}$

$= \dfrac{N_H}{N_A} = -\dfrac{D_A \times T_C \times T_E}{D_B \times T_D \times T_G}$

$= \dfrac{-30 \times 20 \times 20}{120 \times 80 \times 25} = -\dfrac{1}{20}$

$\dfrac{N_H}{600} = -\dfrac{1}{20}$

$N_H = -30$ rpm
（A→G輪，F為惰輪，開口帶，A、B同向，B、G間有2個軸，∴B、G反向
∴A、G為反向，e為負）

$30轉／分 = \dfrac{30 \times 2\pi\ \text{rad}}{60\ \text{sec}} = \pi \text{rad/s}$

$V = r\omega = 0.2 \times \pi = 0.2\pi \text{m/s}$

287 **5** $e_{A \to F} = \dfrac{N_{末}}{N_{首}}$

$= -\dfrac{各主動輪齒數和蝸桿線數乘積}{各從動輪齒數乘積}$

$= \dfrac{n_F}{n_A} = -\dfrac{30 \times 36 \times 3}{54 \times 24 \times 15} = -\dfrac{1}{6}$

$n_F = e \cdot n_A = -\dfrac{1}{6} \times (-1200) = 200$ rpm

（順時針）

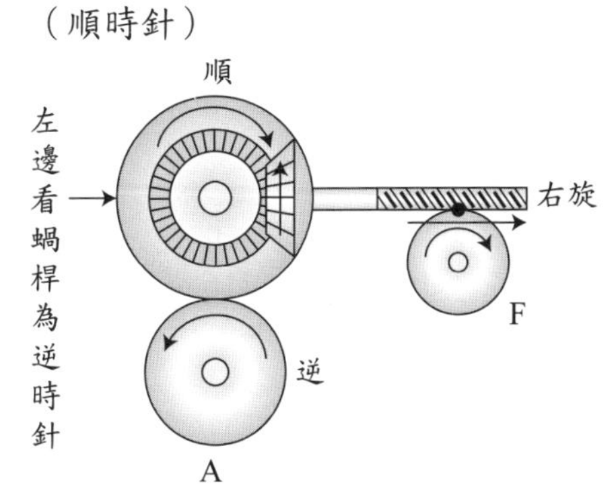

逆時針右螺旋接觸點離開
∴F為順時針
A、F反向，e取負

P.293 **6** $T_A + T_B = T_C + T_D$，$T_D = 110$

$e = \dfrac{N_{末}}{N_{首}} = \dfrac{各主動輪齒數乘積}{各從動輪齒數乘積}$

$e = \dfrac{N_D}{N_A} = \dfrac{30 \times 30}{110 \times 110} = \dfrac{N_D}{1210}$

$N_D = 90$rpm

P.295 **7** $e = \dfrac{N_{末}}{N_{首}} = \dfrac{各主動輪齒數乘積}{各從動輪齒數乘積}$

$= \dfrac{N_D}{N_A} = \dfrac{22 \times 26}{104 \times 88} = \dfrac{1}{16} = \dfrac{N_D}{1}$

$\therefore N_D = \dfrac{1}{16}$

即A輪轉一圈，D輪轉$\dfrac{1}{16}$圈
由輸入功＝輸出功（沒摩擦損失時）

$F \times 2\pi R = W \times \dfrac{1}{16}\pi d$，

$150 \times 2\pi \times 400 = W \times \dfrac{1}{16}\pi \times 250$

$W = 7680$N

P.302 **8** $e = \dfrac{N_{末} - N_{臂}}{N_{首} - N_{臂}} = -\dfrac{T_{首}}{T_{末}}$

（B、C反向取負）

$e = \dfrac{N_C - 30}{0 - 30} = -\dfrac{24}{18}$

$N_C = 70$rpm順時針

P.303 **9** $e = \dfrac{N_{末} - N_{臂}}{N_{首} - N_{臂}} = (\pm)\dfrac{T_{首}}{T_{末}}$

（A、D同向取正）

$e_{A \to D} = \dfrac{N_D - N_m}{N_A - N_m} = +\dfrac{T_A}{T_D}$

$= +\dfrac{30}{90} = \dfrac{0 - N_m}{30 - N_m}$

$30 - N_m = -3N_m$

$N_m = -15$（A傳到D，則B、C為惰輪）

$$e_{A\to C} = \frac{N_C - N_m}{N_A - N_m} = +\frac{T_A}{T_C} = \frac{N_C - (-15)}{30 - (-15)}$$

$$= +\frac{30}{10} = 3$$

$N_C = 120$ rpm（A傳到C，則B為惰輪）

P.304 **10** 輪$N_C = N_A = +80$

$$\frac{N_B}{N_A} = -\frac{T_A}{T_B}，\frac{N_B}{80} = -\frac{25}{40}$$

$\rightarrow N_B = -50$

$$\frac{N_D}{N_C} = -\frac{T_C}{T_D}，\frac{N_D}{80} = -\frac{45}{20}$$

$\rightarrow N_D = -180$（D輪為旋臂）

$$e_{B\to G} = \frac{N_G - N_D}{N_B - N_D} = \frac{-T_E}{T_G} = -\frac{60}{60} = -1$$

$$= \frac{N_G - (-180)}{-50 - (-180)}，$$

$-130 = N_G + 180$

$N_G = -310$ rpm

即N_G為310 rpm逆時針

考前實戰演練

P.307 **1** (B) **2** (D) **3** (A) **4** (A) **5** (A)

6 (A) **7** (B) **8** (A) **9** (A)

10 (C)。$e = 30 = 5\times 6 = \frac{60t}{12t}\times\frac{72t}{12t}$

（其中$\frac{360t}{12t}$不適合，因為齒數差6倍以上）

11 (C)

P.308 **12** (B)

13 (C)。$e_{A\to D} = \frac{N_D}{N_A} = +\frac{\text{各主動輪齒數乘積}}{\text{各從動輪齒數乘積}}$

$$= +\frac{30\times 20}{50\times 40} = +\frac{3}{10}$$

$$\frac{N_D}{-100} = +\frac{3}{10}$$

$N_D = -30\text{rpm} = N_E$（D、E同軸）

14 (D)。$e_{A\to E} = \frac{N_{末}}{N_{首}} = -\frac{\text{各主動輪齒數乘積}}{\text{各從動輪齒數乘積}}$

$$= -\frac{80\times 40}{50\times 20} = -\frac{16}{5}$$

（A→E，D為惰輪）

$$\frac{N_E}{-60} = -\frac{16}{5}$$

$N_E = +192\text{rpm}$

15 (C)。$e_{A\to F} = \frac{N_{末}}{N_{首}} = \frac{N_F}{N_A}$

$$= -\frac{\text{各主動輪齒數與蝸桿線數乘積}}{\text{各從動輪齒數乘積}}$$

$$= -\frac{30\times 21\times 3}{54\times 14\times 15} = -\frac{1}{6}$$

16 (C)。$e = \frac{N_F}{N_A} = -\frac{1}{6}$，$N_F = +100$ rpm

17 (D)。$e_{A\to B} = \frac{N_B}{N_A} = \frac{21\times 25}{100\times 84} = \frac{1}{16}$

即當$N_A = 1$時，$N_B = \frac{1}{16}$，即施力使A輪轉一圈，則B輪轉$\frac{1}{16}$圈，上升$\frac{1}{16}$圈之圓周長

效率 $= \frac{\text{輸出功}}{\text{輸入功}}$，

$$0.6 = \frac{W\cdot\frac{1}{16}\pi d}{F\times 2\pi R} = \frac{W\times\frac{1}{16}\times\pi\times 16}{100\times 2\pi\times 25}$$

$\therefore W = 3000\text{N}$

309 **18 (C)**。$F\times2\pi R=W\times\pi D\times e$，（輸入功＝輸出功）

$$F=\frac{D}{2R}\times e\times W$$

$$=\frac{30}{60}\times\frac{23\times27}{108\times92}\times640=20\text{牛頓}$$

19 (A)。$e=\frac{N_{末}}{N_{首}}=\pm\frac{\text{各主動輪齒數乘積}}{\text{各從動輪齒數乘積}}$

$$\frac{\left(\frac{10}{3}\right)}{5}=\frac{20\times T_4}{30\times20}$$

$$\frac{2}{3}=\frac{T_4}{30}，\therefore T_4=20$$

20 (B)

21 (A)。$e=\frac{N_{末}}{N_{首}}$

$$=\pm\frac{\text{各主動輪齒數與蝸桿線數乘積}}{\text{各從動輪齒數乘積}}$$

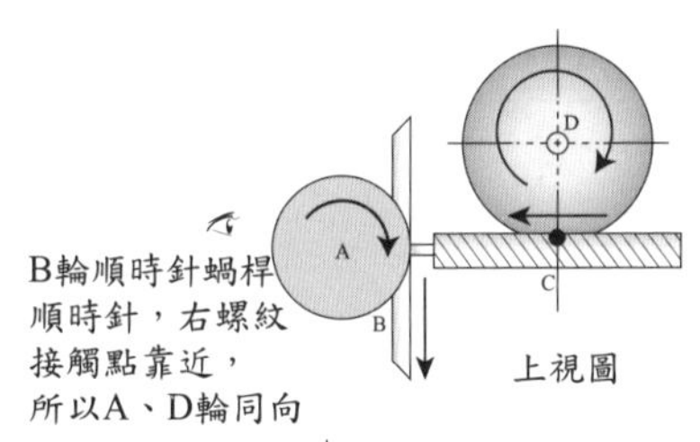

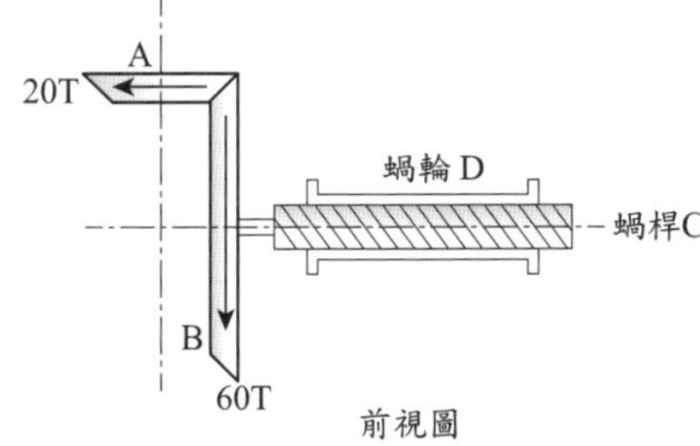

$$e_{A\to D}=\frac{N_D}{N_A}=+\frac{20\times2}{60\times50}=+\frac{1}{75}$$

$$N_D=3000\times\frac{1}{75}=+40\text{rpm}$$

10 **22 (A) 23 (A)**

24 (C)。$180+N_{左}=2\times360$，$N_{左}=540\text{rpm}$

25 (B)

26 (D)。轉速慢，扭距變大，可承受較大之負荷。

27 (C) 28 (D) 29 (D) 30 (A)

P.311 **31 (B) 32 (D) 33 (D) 34 (A)**

35 (A)。$N_B-N_m=N'_B$，$N_B+20=30$
（N_B：絕對轉速，N'_B：相對轉速）
$N_B=+10\text{rpm}$

36 (B)。$N_D=0$　$N_A=20\text{rpm}$
（B、C為惰輪）

$$e_{A\to D}=\frac{N_D-N_m}{N_A-N_m}=+\frac{30}{90}，$$

$N_m=-10\text{rpm}$

37 (D)。$e_{A\to B}=\frac{N_B-N_m}{N_A-N_m}=-\frac{50}{40}$

$$N_C=N_B，\frac{N_B+5}{3+5}=-\frac{5}{4}$$

$N_B=N_C=-15$

$$e_{A\to D}=\frac{N_D-N_m}{N_A-N_m}=+\frac{50\times60}{40\times25}$$

$$\frac{N_D+5}{3+5}=+3，N_D=+19(\text{順時針})$$

P.312 **38 (C)**。$e_{A\to B}=\frac{N_B-N_m}{N_A-N_m}=+\frac{80}{20}$

$$=\frac{N_B+5}{0+5}$$

$N_B+5=20$，$N_B=+15\text{rpm}$

39 (A)。$e_{3\to7}=\frac{N_7-N_2}{N_3-N_2}$

$$=-1=\frac{N_7-2}{-3-2}，(2\text{為旋臂})$$

$N_7-2=5$，$N_7=+7\text{rpm}$

40 (B)。$e_{1\to4}=\dfrac{N_4-N_m}{N_1-N_m}=-\dfrac{100\times30}{50\times25}$

$=\dfrac{85-N_m}{0-N_m}$，

$85-N_m=-\dfrac{12}{5}(-N_m)$，$3.4N_m=85$，

$N_m=+25rpm$

41 (C)。$e_{5\to4}=\dfrac{N_4-N_A}{N_5-N_A}=-\dfrac{150\times21}{42\times15}$

$\dfrac{38-N_A}{-10-N_A}=-5$

$38-N_A=5\times(10+N_A)=50+5N_A$

$N_A=-2$ rpm（$N_A=-2$）

42 (A)

P.313 **43 (A)**。齒輪2與齒輪4，角度差3倍，齒數也會差3倍。

只有A符合。

44 (C)。$N_B-N_m=N'_B$，$N_B-20=30$

$N_B=30+20=50rpm$

45 (D)。輪系值$e=\dfrac{N_B-N_m}{N_A-N_m}=-\dfrac{T_A}{T_B}$，

$\dfrac{+13-3}{-2-3}=-\dfrac{20}{T_B}$，$T_B$=10齒

輪系值$e=-\dfrac{T_A}{T_R}=-\dfrac{20}{10}=-2$

外接兩軸中心距離

$=\dfrac{M}{2}\left(T_A+T_B\right)=\dfrac{3}{2}(20+10)=45mm$

$D_B=MT_B=3\times10=30mm$

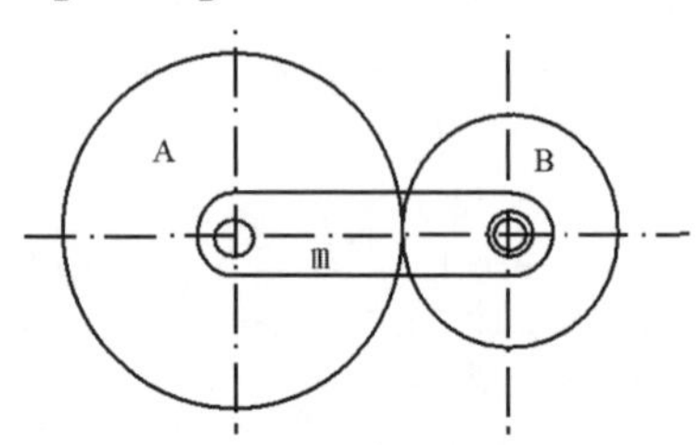

46 (C)。周轉輪系主動輪轉速增加，輪系值應扔然為固定值。

周轉輪系輪系值$e=\dfrac{N_末-N_m}{N_首-N_m}$

$=\pm\dfrac{首輪齒數乘積}{末輪齒數乘積}$

47 (A)。輪系值$e=\dfrac{末輪轉速}{首輪轉速}$

$=\pm\dfrac{首輪齒數乘積}{末輪齒數乘積}$，

輪系值$e=\dfrac{末輪轉速}{\omega}$

$=+\dfrac{60\times16\times20}{1\times32\times40}=15$

末輪轉速=15ω

P.314 **48 (C)**。

$e_{A\to D}=\dfrac{N_D-N_m}{N_A-N_m}=+\dfrac{T_A\times T_C}{T_B\times T_D}$

$=\dfrac{22-(-2)}{6-(-2)}=+\dfrac{100\times120}{80\times T_D}=\dfrac{24}{8}=3$

$\therefore T_D=50$ 齒。

49 (B)。$D_C=M\cdot T_C=5\times20=100mm$

$e=\dfrac{N_C}{N_A}=-\dfrac{T_A}{T_B}=-\dfrac{32}{64}=\dfrac{N_C}{1}$

$N_C=-0.5$，即A輪轉一圈，B和C輪轉$\dfrac{1}{2}$圈，即$\dfrac{1}{2}$圓周長$=\dfrac{1}{2}\pi D_c$

$=\dfrac{1}{2}\times3.14\times100=157mm$。

50 (C)。$e_{A\to B}=\dfrac{N_B-N_m}{N_A-N_m}=-\dfrac{T_A}{T_B}$

$=-\dfrac{120}{40}=-3$

$6-N_m=-3(10-N_m)=-30+3N_m$

$N_m=9$，

$e_{A\to C}=\dfrac{N_C-9}{N_A-9}=+\dfrac{T_A}{T_C}=+\dfrac{120}{80}=1.5$

$N_C=10.5rpm$，$(N_C-9=1.5(10-9)=1.5)$

51 (D)。$e=\dfrac{N_{末}}{N_{首}}=+\dfrac{各主動輪齒數乘積}{各從動輪齒數乘積}$

$e_{A\to B}=+\dfrac{60\times48\times144\times12}{30\times12\times48\times36}=+8=\dfrac{N_B}{N_A}$

$N_B=8\times100=800rpm$

52 (B)。回歸輪系為首末同軸

$T_A+T_B=T_C+T_D$

(B)$15+45=60$

$12+48=60$

$\dfrac{15}{45}\times\dfrac{12}{48}=\dfrac{1}{12}$

第12章 制動器

學生練習

316 **1** 壓（應）力（N/cm^2）

$=\dfrac{力量（與A\perp）（即正壓力）（牛頓）}{面積（cm^2）}$

$100=\dfrac{N_{正}}{75}$ $\therefore N_{正}=7500$牛頓

功率$=F\cdot V=f\cdot V=\mu N_{正}\cdot V$

$=0.4\times7500\times20=60000$瓦

$=60kw$

由（1馬力＝736瓦特

$\therefore 60000/736\fallingdotseq81.5$馬力）

324 **2** (1)力矩$=(F_1-F_2)\times r=600N\cdot cm$

（又$\dfrac{F_1}{F_2}=\dfrac{7}{3}$ $\therefore F_1=\dfrac{7}{3}F_2$）

$(\dfrac{7}{3}F_2-F_2)\times r=\dfrac{4}{3}F_2\times3=600$

$F_2=150N$

$F_1=350N$

輪鼓逆時針轉動當剎車帶一碰觸輪子，因慣性右邊會拉緊，左邊放鬆，即右邊緊邊，左邊鬆邊。

$\therefore \Sigma M_o=0$

$F_2\times3+P\times20=F_1\times3$

$150\times3+P\times20=350\times3$

$\therefore P=30N$

(2)應力$\sigma=\dfrac{F_1}{帶寬\times帶厚}$

$\therefore 2=\dfrac{350}{5\times帶寬}$

$\therefore$寬度$=35mm$

P.325 **3** 輪鼓順時針轉動→剎車帶右邊鬆邊（F_2），左邊緊邊（F_1）。

由$F_1=F_2e^{\mu\alpha}=F_2e^{0.25\times252\times\frac{\pi}{180}}=3F_2$

$\therefore F_1=3F_2=2400$ $\therefore F_2=800N$

制動力矩$=(F_1-F_2)\cdot r$

$=(2400-800)\times20$

$=32000N-cm=320N-m$

$\therefore \Sigma M_o=0$

$F_2\times10=P\times100=800\times10$

$\therefore P=80$牛頓

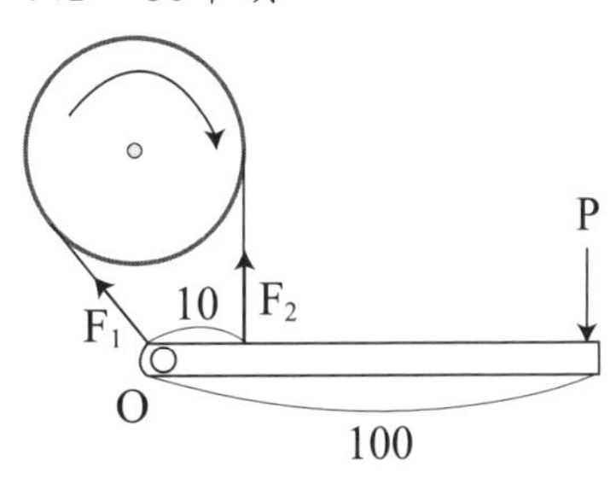

P.326 **4** 300轉／分$=\dfrac{300\times2\pi}{60秒}=10\pi rad/s$

功率$=F_{有效力}\cdot r\cdot\omega=(F_1-F_2)\cdot r\cdot\omega$

$3.14\times1000=(\dfrac{7}{3}F_2-F_2)\cdot0.1\cdot10\pi$

$\frac{4}{3}F_2=1000$(直徑20cm，半徑r=0.1m)

$\therefore F_2=750N$，$F_1=\frac{7}{3}F_2=1750N$

輪鼓逆時針時

→左皮帶鬆邊，右皮帶為緊邊。

$\therefore \Sigma M_o=0$

$750\times10+P\times50=1750\times10$

$\therefore P=200N$

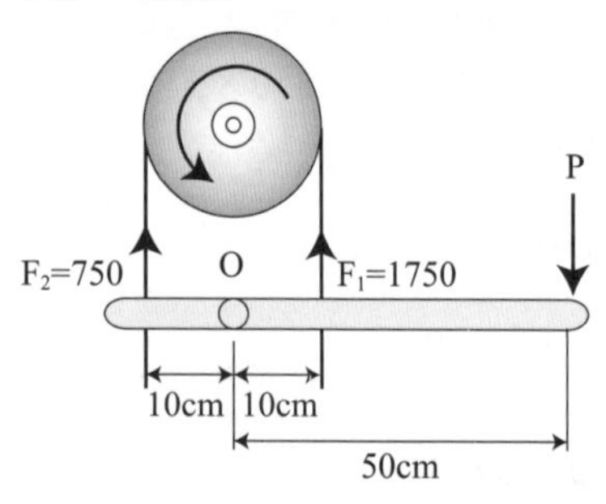

P.327 **5** 力矩＝f・r

800＝f×20

∴f＝40牛頓

f＝μN

40＝0.25N

∴N＝160牛頓

$\Sigma M_A=0$

N×40＝F×100

160×40＝F×100

∴F＝64牛頓

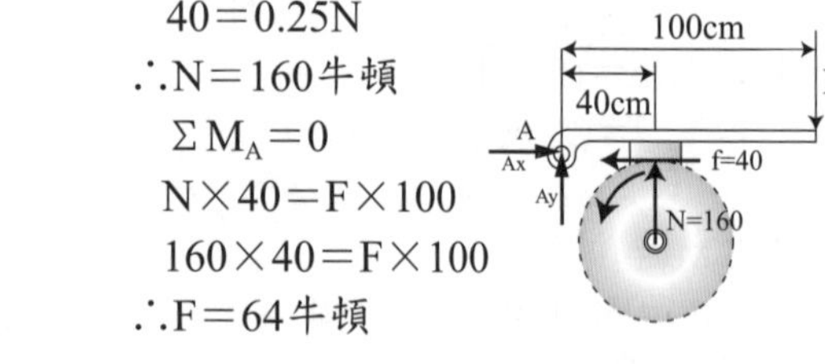

P.328 **6**

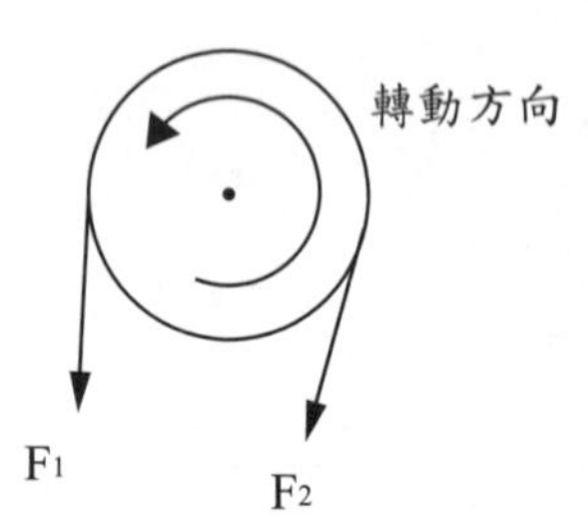

當剎車時F_2為緊邊，F_1為鬆邊

$\therefore F_2=F_1e^{\mu\alpha}$

$\therefore F_1=\frac{F_2}{e^{\mu\alpha}}=F_2e^{-\mu\alpha}$

制動扭矩＝$(F_緊-F_鬆)\cdot r$

$=(F_2-F_2e^{-\mu\alpha})\cdot r$

$=F_2\cdot r(1-e^{-\mu\alpha})$

$=F_2\cdot r(1-e^{-\mu\theta})$

$(\therefore \theta=\alpha)$

考前實戰演練

P.334 **1**(C) **2**(A) **3**(A)

4(B)。功率＝μσAV(功率＝f·V=μNV)

(又$\sigma=\frac{N}{A}$)，

功率＝0.2×2×(300×100)×3瓦特

＝36kW

5(D)。功率＝μσAV(功率＝f·V=μNV)

(又$\sigma=\frac{N}{A}$)，

功率＝0.2×(10×150)×5

＝1500 kg-m/sec

$=\frac{1500}{75}$PS

＝20 PS

6(B)。功率＝FV＝(80－20)×4

＝240 kg-m/s

$=\frac{240}{75}$PS

＝3.2P.S

7(A) **8**(A) **9**(D)

P.335 **10**(B) **11**(A) **12**(A) **13**(C) **14**(C)

15(B)

16(B)。制動力矩＝$(F_1-F_2)\times r$

當$F_1=F_2$時，制動力矩＝0

17(B) **18**(D) **19**(C) **20**(D)

P.336 **21**(C)。$F_1=F_2e^{\mu\theta}=3F_2=1800$

$\Sigma M_0=0$，$F_1\times10=P\times40$，P=450N

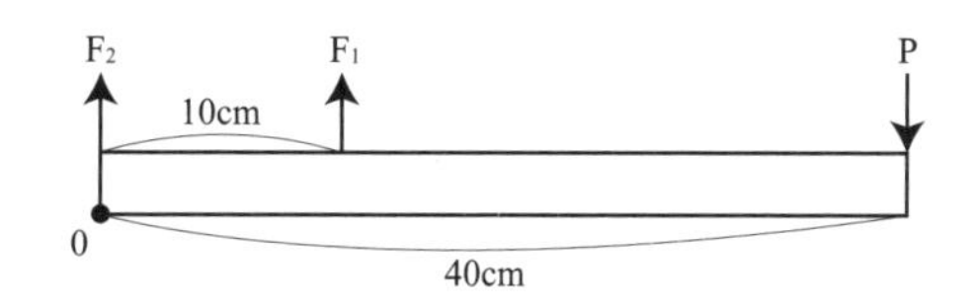

22 (D)。力矩$T=(F_1-F_2)r$

$=(1800-600)\times 0.15$

$=180$

23 (B)。$T=(F_1-F_2)r=3000$

$F_2=300N$，$\sum M_0=0$，

$F\times 25=F_2\times 10$，$F=120N$

24 (C)。$F_1=F_2e^{\mu\theta}=2.08F_2$

$(\mu\theta=0.2\times\frac{210}{180}\pi=0.733)$

$T=(F_1-F_2)r=3240$

$F_1-F_2=1.08F_2=43.2N$

$\therefore F_2=40N$，$F_1=83.2N$

$F_1\times B-F_2\times A+P\times(L+A)=0$

$P=4N$

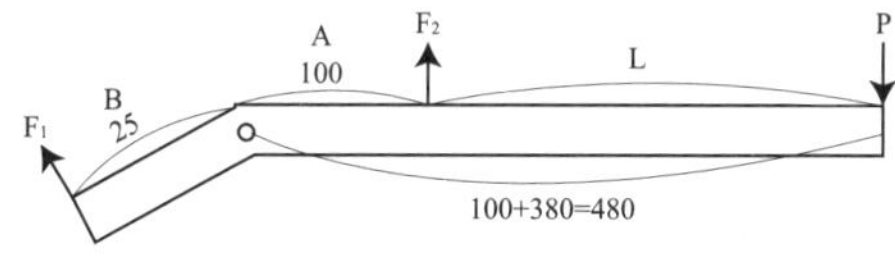

25 (C)。$P\times(L+A)-F_1\times A+F_2\times B=0$

$P=15.25N$

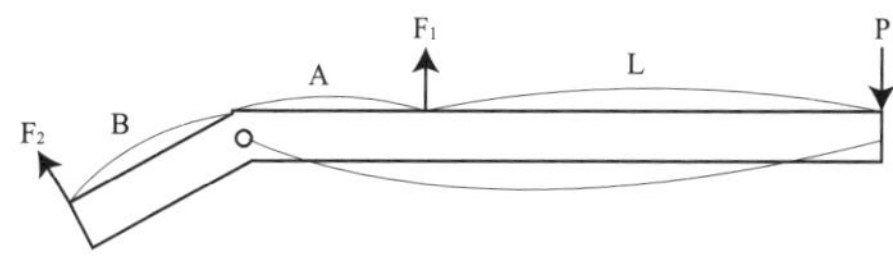

37 **26 (A)**。

$\sum Mo=0$（摩擦力$f=\mu N=0.2N_{正}$）；

$600rpm=\frac{600\times 2\pi rad}{60sec}=20\pi rad/s$

$f\times 250+N_{正}\times 200=1000\times 1000$，

$250N_{正}=1000000$，$N_{正}=4000N$

功率$=f\times r\times\omega=(0.2\times 4000)\times 0.1\times 20\pi$

$=1600\pi$瓦特$=1.6\pi KW$

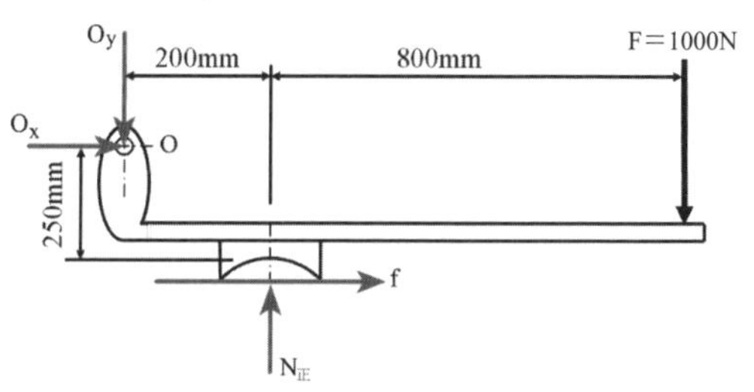

27 (D)。$T=f\times r=f\times 20=2000$

$f=100kg=\mu N=0.25N$

$N=400kg$

$\sum M_0=0$

$F\times 100-N\times 20+f\times 4=0$

$F=76kg$

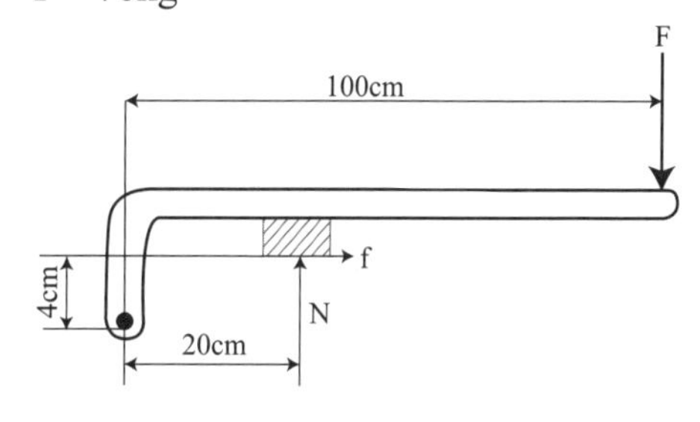

28 (B)。功率$=\mu\sigma$(壓力)$\times A$(面積)$\times V$

∴功率與面積成正比

29 (C) **30 (C)** **31 (A)**

32 (B)。$F_1=e^{\mu\theta}F_2=4F_2=80$

$T=(F_1-F_2)r=(4F_2-F_2)\times 10$

$=600\ N\cdot cm$

$F_2=20N$

$F_2\times 20=F\times 60$

$F=\frac{20}{60}\times F_2=6.7N$

(註：$\mu\theta=0.3\times\frac{270}{180}\pi=1.43$，$e^{1.413}=4$)

P.338 **33 (A)**

34 (C)。

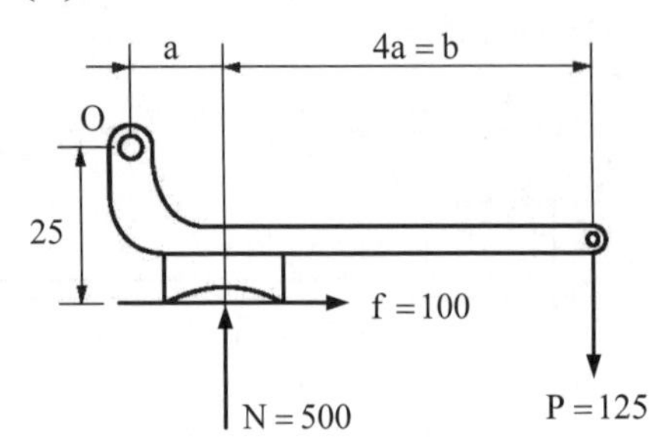

力矩

$=f\cdot r \Rightarrow 20=f\times 0.2 \Rightarrow f=100=\mu N$

$100=0.2N \quad \therefore N=500$

$\Sigma M_O=0$

$f\cdot 25+N\times a=P\times 5a$

$100\times 25+500\times a=125\times 5a$

$\therefore a=20$ cm，$b=4a=80$ cm 。

35 (A) 36 (C)

37 (A)。$F_1=F_2e^{\mu\theta}=2.08F_2$

$T=(F_1-F_2)r=3000=150(F_1-F_2)$

$F_1-F_2=1.08F_2=20N$，$F_2=18.51N$

$F_1=38.5N$

(註：$\mu\theta=0.2\times\dfrac{210}{180}\pi=0.733$)

$\Sigma M_O=0$，

$F_1\times 35-F_2\times 100+F\times 500=0$

$38.5\times 35-18.5\times 100+F\times 500=0$

$F=1N$

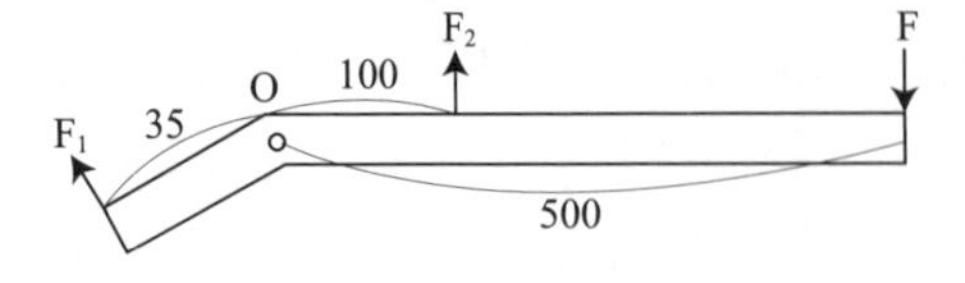

P.339 **38 (A)**

39 (C)。$T=f\times r=7200=f\times 20$

$f=3600=\mu N$

$N=\dfrac{3600}{\mu}$

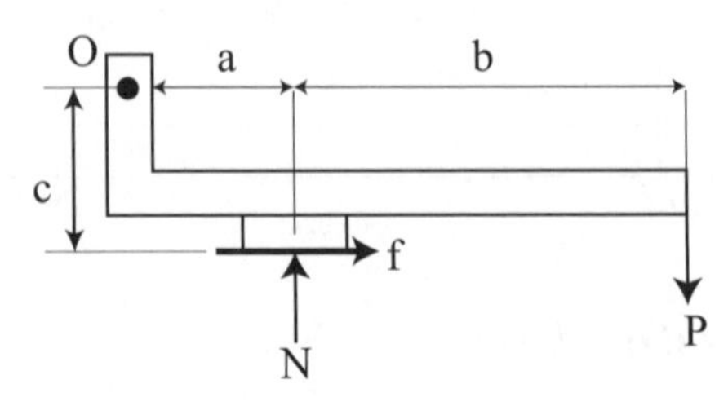

$\Sigma M_O=0$，$P\times(a+b)-f\times c-N\times a=0$

$1960\times 200-3600\times 20-\dfrac{3600}{\mu}\times 40=0$

$\mu=0.45$

40 (B)。$\sum M_0=0$，$F(a+b)+f\times c=N\times b$

$F=\dfrac{Nb-fc}{a+b}>0$

(F須大於0才不會自鎖)

$\therefore Nb-fc>0$

$Nb-\mu N\times c>0$

$\therefore b-\mu c>0$

$b>\mu c$

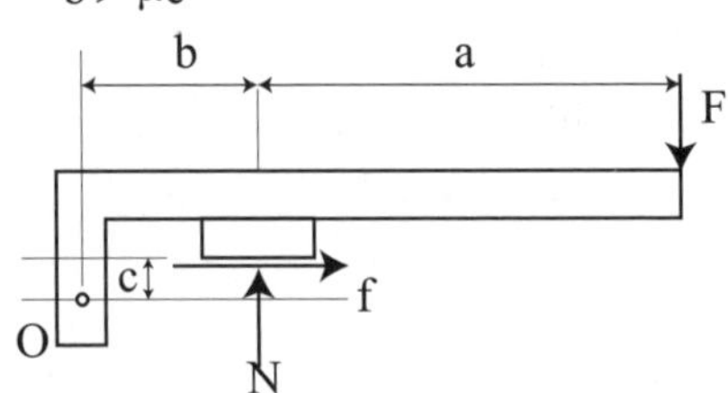

41 (C)。碟式制動器，散熱面積大，不易過熱。

第13章 凸輪

考前實戰演練

P.355 **1 (D) 2 (A) 3 (A) 4 (A) 5 (A) 6 (D) 7 (A) 8 (C) 9 (A) 10 (D) 11 (D) 12 (D) 13 (D)**

P.356 **14 (D) 15 (D) 16 (C)**

17 (C)。偏心4cm，從動件升距為2倍偏心量＝8cm

(D) $60\ 轉/分 = \frac{60\ 轉}{60\ 秒} = 1\ 轉/秒 = f$，

週期 $= \frac{1}{頻率} = 1\ 秒/轉$

18 (C)　19.(B)

20 (C)。基圓越大，周緣傾角愈大，壓力角越小，側壓力越小，效率越高，速度越慢。

21 (B)。壓力角越大，側壓力越大，有效力越小。

22 (B) **23** (B)　**24** (A)

357 **25** (C) **26** (D)　**27** (A)

28 (B)。偏心凸輪升距＝2倍之偏心量所以升距100mm ⇒ 偏心量為50mm

29 (D)。壓力角越大，側壓力越大，周緣傾角越小。基圓越大，壓力角越小。

30 (A)。簡諧運動和等加速度運動之凸輪可低速可高速運動。而等速和修正等速之凸輪只能低速運動。

31 (B)。0º和180º為最高和最低點即為簡諧運動之兩端點速度最小＝0，加速度最大。
在90º和270º為平衡點，速度最大，加速度最小＝0。

32 (D)

58 **33** (B)。速度與時間成正弦函數為簡諧運動。

34 (A)(D)。(A)簡諧運動位移與時間成正弦函數，但在物理上為餘弦函數，因投影角度差90º才有正弦或餘弦之爭議，故本題聯召會公佈2個答案。
(D)等速度和修正等速度運動的凸輪均只能低速運動。

35 (D)。壓力角越大，有效力越小。

36 (C)。等加速度運動，加速度與時間成水平線、速度與時間成斜直線，位移與時間呈拋物線。

37 (D)。球形凸輪為旋轉角度控制型態之凸輪。

38 (B)。等寬凸輪只需在180º(半周)設計輪廓曲線。

第14章 連桿機構

學生練習

P.370 **1** 曲柄搖桿最短桿 $\overline{AB}$=60cm
①若最長為BC桿則 $\ell_{BC}+60 < 100+120$
$\ell_{BC} < 160$
②若最長為AD桿120cm
$120+60 < \ell_{BC}+100$
$80 < \ell_{BC}$
$\therefore 80 < \ell_{AB} < 160$

P.371 **2** $\sin\theta = \frac{30}{50} = \frac{3}{5}$
$\therefore \theta = 37^\circ$　　$\theta + \alpha = 90^\circ$
$\therefore \alpha = 53^\circ$
∴回程角度＝106º，
去程角度＝360º－106º＝254º

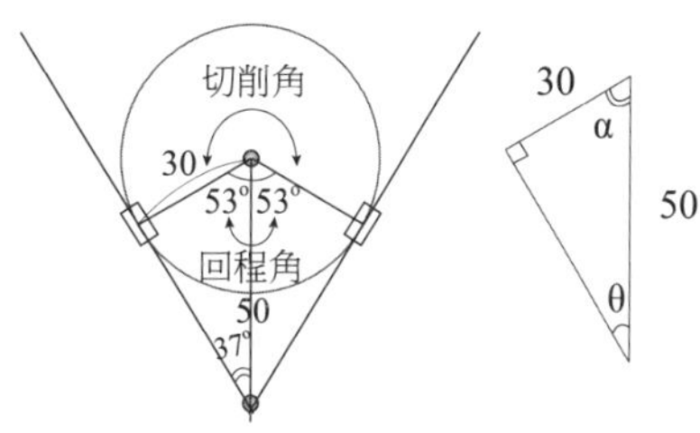

$12轉/分 = \frac{12轉}{60秒} = \frac{1轉}{5秒}$
→一轉360º需5秒

(1).∴回程時間 $= \frac{106^\circ}{360^\circ} \times 5 \fallingdotseq 1.47$ 秒

(2) $\dfrac{去程時間}{回程時間}=\dfrac{去程角度}{回程角度}$

$=\dfrac{254^\circ}{106^\circ}\fallingdotseq 2.4$秒

考前實戰演練

P.381 **1 (C)**

2 (C)。消除死點的方法：①可加裝飛輪②用2組4連桿機構。

3 (A) **4 (C)** **5 (B)** **6 (D)** **7 (C)**

8 (D) **9 (C)** **10 (A)** **11 (A)**

P.382 **12 (B)**。$\ell_{最長}+\ell_{最短}>\ell_1+\ell_2$為雙搖。

13 (C)。$\omega=60\text{r.p.m}=\dfrac{60\times 2\pi\text{ rad}}{60\text{ 秒}}=2\pi\text{ rad/s}$

$V=r\omega=20\times 2\pi=40\pi$ cm/s

14 (A)。在兩端點速度最小＝0。

15 (B)。10×2＝20cm。(衝程＝兩倍曲柄)

16 (C)。$\sin\theta=\dfrac{30}{50}\Rightarrow\theta=37^\circ$

回程角＝$2\times 53^\circ=106^\circ$
去程角＝$360^\circ-2\times 53^\circ=254^\circ$

去程時間＝$5\times\dfrac{254^\circ}{360^\circ}=3.53$sec

17 (D)。$\dfrac{去程時間}{回程時間}=2$

去程角＝$360^\circ\times\dfrac{2}{2+1}=240^\circ$

18 (D) **19 (D)** **20 (C)** **21 (D)** **22 (B)**

23 (C)

P.383 **24 (B)** **25 (C)**

26 (D)。司羅氏直線運動機構為往復滑塊的基本構型。

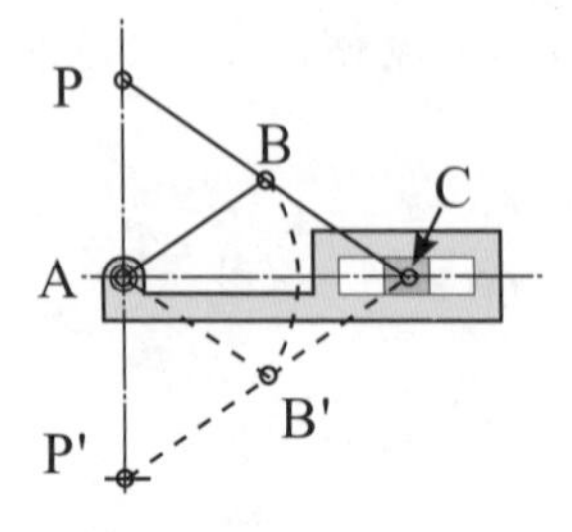

27 (C)。曲柄搖桿曲柄最短（AB＝80mm），必須$\ell_{最長}+\ell_{曲柄}<\ell_1+\ell_2$。

(1) 若最長為BC桿160mm則，
$160+80<90+\ell_{AD}$
$\therefore \ell_{AD}>150$

(2) 若最長為AD桿，
則$\overline{AD}+80<90+160$
$\therefore \overline{AD}<170$
$\therefore 150<\overline{AD}<170$

選160mm。

28 (A)。蔡氏固定桿：曲柄：浮桿＝4：5：2

29 (A)。功率＝F·V，功率固定，V變大⇒力量F變小
V變小⇒力量F變大

30 (A) **31 (A)**

32 (D)。曲柄搖桿，曲柄最短(B)最短
且$L_{最長}+L_{最短}\leq$另二桿合
即任一桿＋B ≤ 另二桿長之和。
(D)錯，A－C＜B－D→B＋C＞A＋D

33 (B) **34 (B)**

P.384 **35 (D)**。雙曲柄沒有死點。

36 (A) **37 (C)** **38 (A)** **39 (B)**

40 (A)。肘節機構常用於碎石機及夾鉗。

41 (A)。曲柄搖桿→曲柄最短＝30cm
條件(一)最長＋最短＜另二根桿長之和
①若100最長
$\therefore 100+30<80+\overline{BC}$
$\therefore \overline{BC}>50$

②若$\overline{BC}$最長

$\therefore \overline{BC}+30<80+100$

$\therefore \overline{BC}<150$

$\therefore 50<BC<150$

42 (D)。蘇格蘭軛機構為等腰連桿組變形應用，曲柄作等角速度旋轉，滑塊F做簡諧運動。

第15章 起重滑車

學生練習

392 **1** (1)$\because 8F=W$

$M=\frac{W}{F}=8$

(2)$8=\frac{W}{250}$

$\therefore W=2000\text{kg}$

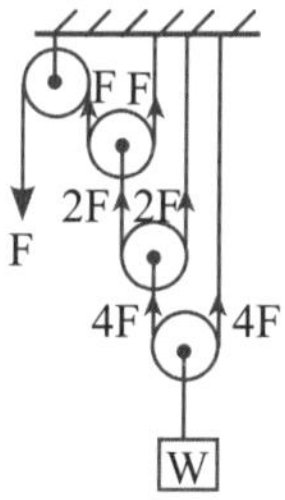

93 **2** (1)若沒摩擦損失時，

$W=4P$，$M=4$

$\therefore P=\frac{1600}{4}$，

$P=400$牛頓

今機械效率為50%

$\therefore$施力$=\frac{400}{0.5}=800$牛頓

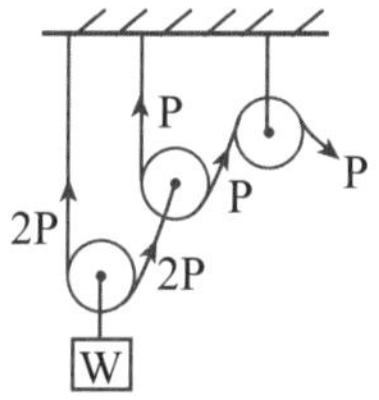

94 **3** $W=8F=8000$牛頓

$\frac{30\text{m}}{分}=\frac{30\text{m}}{60秒}=\frac{1}{2}\text{m/秒}$

功率$=F\cdot V$

$=W\cdot V=8000\times\frac{1}{2}$

$=4000瓦=4\text{KW}$

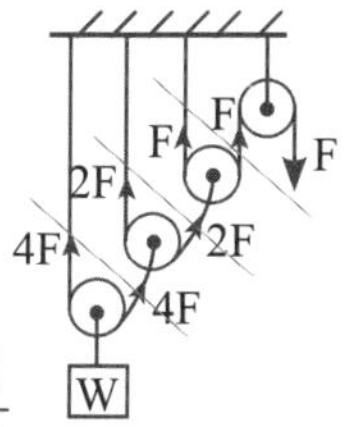

95 **4** 蝸桿轉一圈，蝸輪轉$\frac{1}{40}$圈，

圓筒使重物W上升$\frac{1}{40}$圓周長

$\left(\frac{N_{桿}}{N_{輪}}=\frac{蝸輪齒數}{蝸桿線數}=\frac{80}{2}=40=\frac{1}{N_{輪}}\right)$

$\therefore N_{輪}=\frac{1}{40}$

力量轉一圈$=W$上升$\frac{1}{40}$圓周長

$F\cdot 2\pi R=W\cdot\frac{1}{40}\pi D$

$F\times 2\pi\times 60=6000\times\frac{1}{40}\times\pi\times 40$

$\therefore F=50$牛頓

P.396 **5** 考慮損失時機械效率$\eta=\frac{輸出功}{輸入功}$

$M=\frac{W}{F}=\frac{2D\eta}{D-d}$，(損失40%　$\therefore\eta=0.6$)

$\frac{W}{25}=\frac{(2\times 6)\times 0.6}{6-4}$

$\therefore W=90$牛頓

P.397 **6** (1)$M=\frac{W}{F}=\frac{4R}{D-d}$

$\frac{W}{100}=\frac{4\times 30}{60-40}$　$\therefore W=600$牛頓

(2)$M=\frac{W}{F}=\frac{600}{100}=6$

考前實戰演練

P.406 **1 (D)**　**2 (B)**　**3 (A)**　**4 (B)**　**5 (C)**

6 (C)。定滑輪機械利益＝1。

7 (B)　**8 (A)**　**9 (A)**　**10 (C)**

11 (A)。$M=\frac{W}{F}$，$5=\frac{50}{F}$　$\therefore F=10\text{kg}$

P.407 **12 (B)**。$3F=W$　$W=3\times 1000=3000\text{kg}$

效率80%，$3000\times 0.8=2400\text{kg}$

13 (C)。中國式絞盤

損失40%　效率為0.6

機械效率$\eta=\frac{輸出功}{輸入功}$

$$= \frac{W \cdot \frac{1}{2}(\pi D - \pi d)}{F \cdot 2\pi R}$$

$$0.6 = \frac{W \times \frac{\pi}{2}(10-8)}{50 \times 2\pi(30)}$$

$\therefore W = 1800N$

14 (C) **15.(C)**

16 (B)。第二種槓桿抗力點在中間，M>1。

17 (C)。差動滑車 $M = \frac{2D}{D-d}$

D、d為定滑輪之直徑。

18 (D)。公式：$\frac{2D}{D-d} = \frac{10 \times 2}{10-8} = 10$

19 (D)。$M = M_1 \times M_2 = 6 \times 2 = 12$

20 (D)。6F＝W，6F＝2400，F＝400

效率為0.8 $\therefore \frac{400}{0.8} = 500N$

P.408 **21 (A)**。F＋2F＋4F＋8F

＝15F＝W

W＝15×200

＝3000N

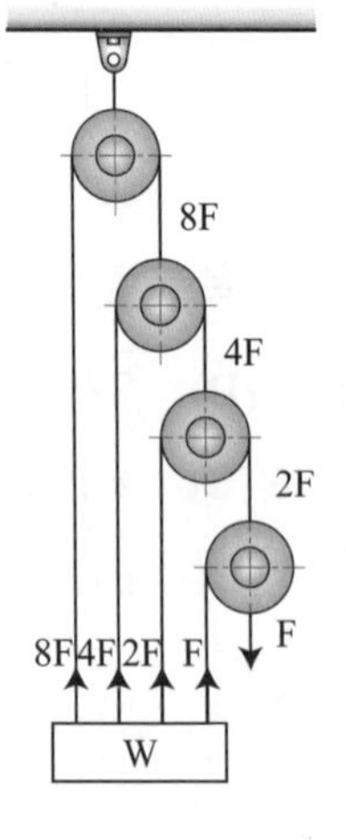

22 (D)。惠斯登M

$= \frac{W}{F} = \frac{2D}{D-d}$

$\frac{5000}{F} = \frac{2 \times 20}{20-16}$

$\therefore F = 500$

23 (D)。西班牙滑輪機械利益為3

$3 = \frac{W}{1000}$ $\therefore W = 3000N$

24 (D)。∴6F＝W，6F＝3600

∴F＝600

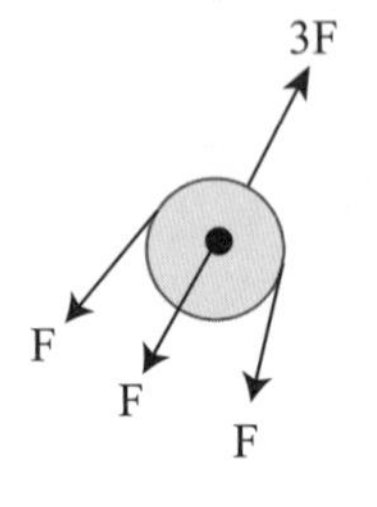

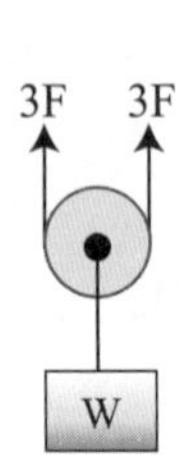

25 (D)。∴4F＝W

400＝4F×0.5

∴F＝200

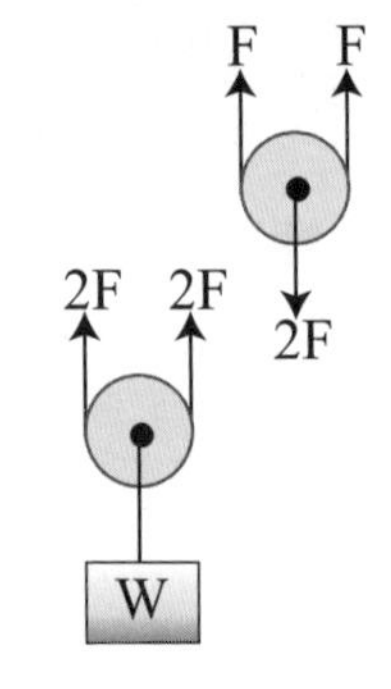

P.409 **26 (A)**。$M = \frac{W}{F} = \frac{2D}{D-d}$

$\frac{W}{100} = \frac{2 \times 30}{30-20}$

$\therefore W = 600$

$M = \frac{W}{F} = \frac{600}{100} = 6$

27 (D)。$M = \frac{W}{F} = \frac{4R}{D-d}$

$\frac{2400}{F} = \frac{4 \times 25}{30-20}$，F＝240

28 (C)。4F＝W

∴W＝4×1000＝4000N

功率＝F×V＝4000× $\frac{3}{2}$ ＝6000瓦特

＝6kW

90 m／分＝ $\frac{90}{60}$ m／秒＝ $\frac{3}{2}$ m／秒

29 (B)。

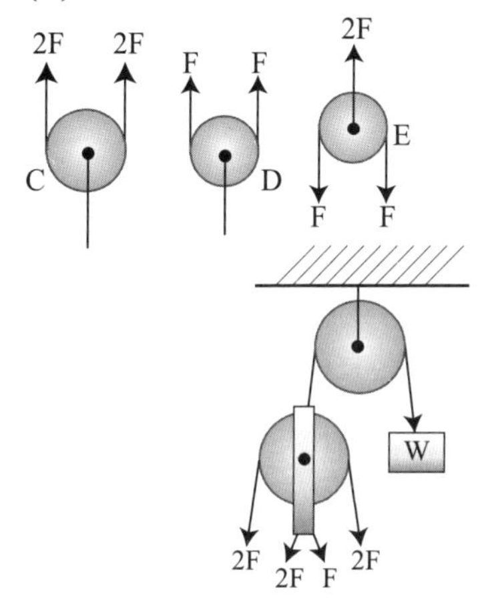

$\therefore 7F = W \qquad M = \dfrac{W}{F} = 7$

30 (B)。$\therefore M = 7 \quad F = 200$

$M = \dfrac{W}{F} \quad 7 = \dfrac{W}{200} \quad \therefore W = 1400N$

31 (B)。$8F = W$　效率0.85

$3000 = 8F \times 0.85 \quad \therefore F = 441N$

32 (C)。

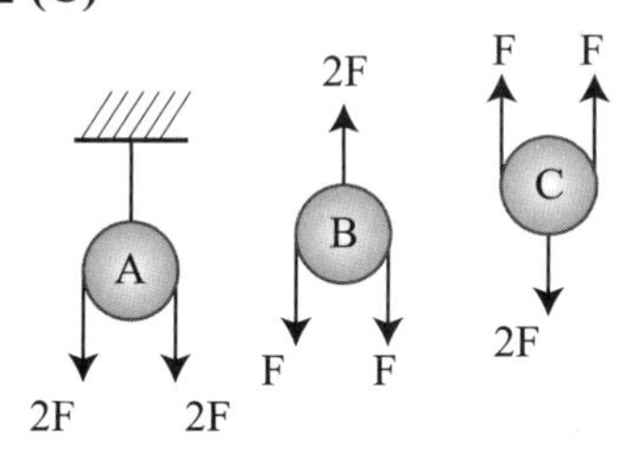

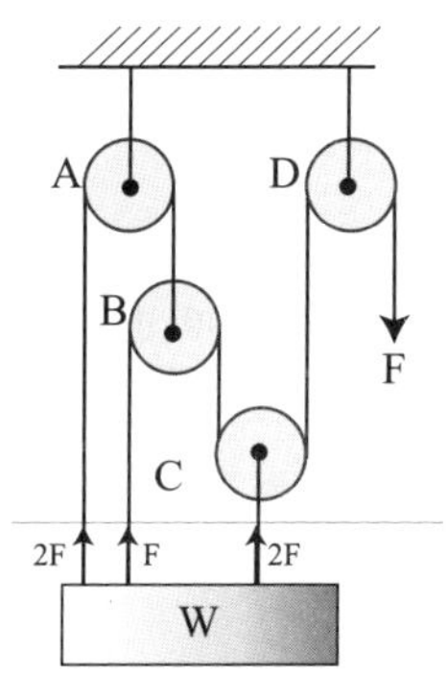

$\therefore 5F = W$，$M = \dfrac{W}{F} = 5$

33 (A)。中國式絞盤$= \dfrac{4R}{D-d}$

34 (D)。惠斯登差動滑車為兩個定滑輪與一個動滑輪，用一條鏈條連結。

35 (A)。$8F = 1200$，$F = 150N$

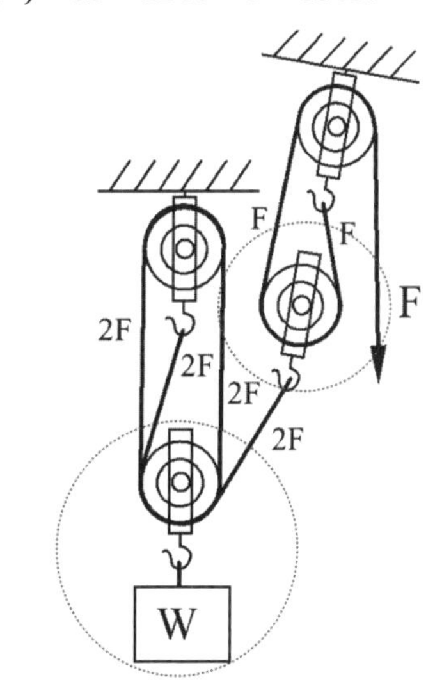

36 (C)。

$$機械效率 = \frac{輸出功(率)}{輸入功(率)}$$

$$0.8 = \frac{2800}{7F}, F = 500N$$

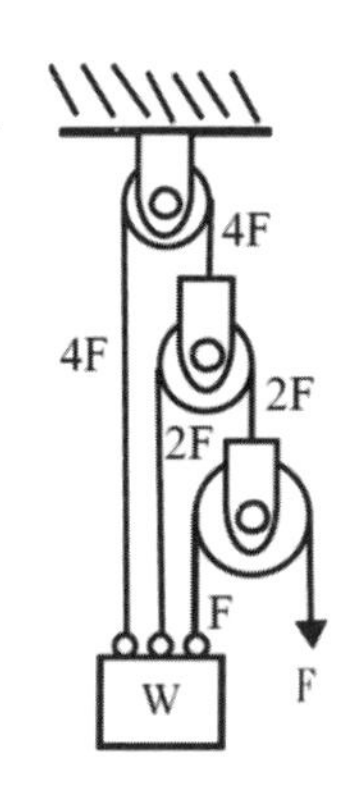

第16章 間歇運動機構

學生練習

P.417 **1**

日內瓦溝槽數	4	6	8	12	N (接近無窮大時)
運動角度	90°	120°	135°	150°	180°
靜止角度	270°	240°	225°	210°	180°
運動時間與靜止時間比	1：3 (90°：270°)	1：2 (120°：240°)	1：1.6 (135°：225°)	1：1.4 (150°：210°)	1：1 (180°：180°)
主動輪與從動徑向溝槽輪轉速比	4：1	6：1	8：1	12：1	N：1

四溝槽－靜止：運動＝3：1

六溝槽－靜止：運動＝2：1

八溝槽－靜止：運動＝5：3

n溝槽－靜止：運動＝1：1（n→∞）。

考前實戰演練

P.425 **1** (C) **2** (C) **3** (D) **4** (D) **5** (B)

6 (A)。6溝槽 ⇒ 主動輪轉一圈

從動輪轉 $\frac{1}{6}$ 圈 $=\frac{360^\circ}{6}=60^\circ$

7 (A) **8** (C) **9** (C) **10** (A) **11** (D)

12 (A)

P.426 **13** (D)。$\frac{N_A}{N_B}=\frac{T_B}{T_A}=\frac{4}{20}=\frac{1}{5}=\frac{N_A}{1}$

$\therefore N_A=0.2$

14 (A) **15** (B) **16** (D) **17** (A) **18** (C)

19 (B) **20** (C) **21** (A) **22** (A) **23** (B)

P.427 **24** (A) **25** (B) **26** (D) **27** (D)

28 (D)。一般多爪棘輪有3個驅動爪，則每爪距離為棘輪每齒距之 $\frac{1}{3}$，即 $\frac{1}{3}$P。

29 (C) **30** (D) **31** (A)

32 (C)。反向機構有：圓盤與滾子、往復滑塊、凸輪……。

P.428 **33** (A)。無聲棘輪為單向傳動。

34 (B)

35 (A)。日內瓦機構為利用正向力傳動，非摩擦力。

36 (C)。日內瓦機構4溝槽 ⇒ 主動輪轉一圈，從動輪轉 $\frac{1}{4}$ 圈。

$\therefore N_{主}=240$ r.p.m

$\therefore N_{從} = \frac{1}{4} \times 240\ r.p.m = 60\ r.p.m$

$= 60\ 圈/分 = \frac{60\ 圈}{60\ 秒} = 1\ 圈/秒 = f$

T×f＝1

$\therefore 週期\ T = \frac{1}{f} = 1$ 秒／圈

37 (B)。四溝槽日內瓦機構，原動輪轉一圈，從動輪轉動四分之一圈，從動輪轉動與靜止的時間比為1：3。

38 (A)。多爪棘輪可以減少無效回擺角度，使棘輪運動細密。

29 **39 (B)**。D_A=D_B、M相同，T_B=18若沒有削減齒數時A輪也為18齒，
A輪轉1圈18秒
所以每轉一齒時間為1秒，
A輪轉3齒缺3齒
（停留時間）B輪間歇停止三次。
A輪帶動B輪，轉動三個齒休息三個齒，故轉三秒，B輪間歇停止3秒。

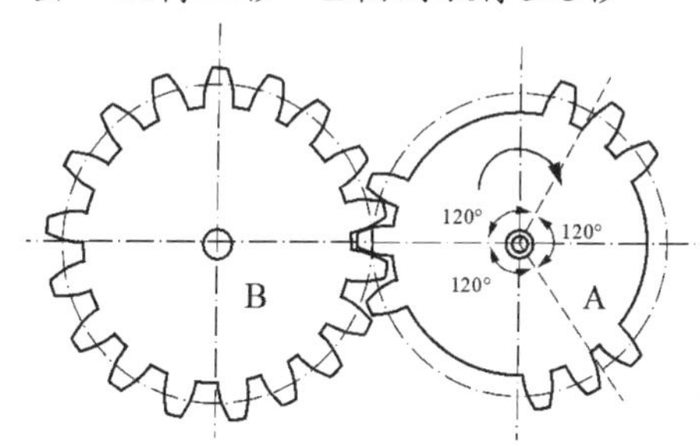

40 (B)。後輪轂內有棘輪機構使得向後踩不會倒退。

第17章 近年試題

108年統測試題

P.430 **1 (A)**。螺栓與螺帽為低對、自鎖對（完全對偶）。

2 (C)。螺旋角＋導程角＝90°，若導程角β＝30°，螺旋角θ＝60°

$\tan\beta = \frac{1}{\sqrt{3}} \quad \tan\theta = \sqrt{3}$

$\cot\beta = \sqrt{3} \quad \cot\theta = \frac{1}{\sqrt{3}}$

$\therefore \cot\theta \times \cot\beta = 1$

3 (D)。汽車鋼圈用錐形底座螺帽。

4 (B)。壓應力$\sigma = \frac{F}{A_{壓}}$　剪應力$\tau = \frac{F}{A_{剪}}$

$\Rightarrow 2 = \frac{F}{鍵寬 \times 鍵長} = \frac{F}{5 \times 20}$

$\Rightarrow F = 200$ 牛頓

$\therefore \sigma_{壓} = 5 = \frac{F}{\frac{1}{2} 鍵高 \times 鍵長}$

$\Rightarrow$ 鍵高＝4 mm

5 (D)。彈簧指數c

$= \frac{D_m 平均直徑}{d 線徑} = \frac{5}{0.5} = 10$

6 (B)。單向滾珠止推軸承不適合高速迴轉。

7 (D)。開口皮帶$\theta_{大} = \theta_{小} = \pi + 2\theta$

$\sin\theta_{交叉} = \frac{D + d}{2c}$

P.431 **8 (D)**。鍊條接觸要120°以上，鍊條緊邊在上方，鬆邊在下方，鏈節為偶數（為了均勻磨損）。

9 (A)。摩擦輪功率$P=\mu N\times r\times\omega$（功率與正壓力摩擦係數成正比）
轉速與半徑成反比，內切圓柱，兩軸平行迴轉方式相同。

10 (B)。轉速差3倍、半徑差3倍，主動輪轉速快、半徑小。
$4r=40$
$r=10$
$3r=30$
∴外接主動輪直徑$2(r)=20cm$
從動輪直徑$2(3r)=60cm$
$r=20$
$3r=60$
$2r=40$
∴內接主動輪直徑$2(20)=40cm$
從動輪直徑$2(60)=120cm$
所以外切時$D_{主}+D_{從}=20+60=80cm$
內切時$D_{主}+D_{從}=40+120=160cm$

11 (A)。(B)正齒輪用在兩軸平行。
(C)工作深度＝2倍齒冠
(D)齒輪嚙合時，兩齒輪接觸點之公法線通過節點。

12 (D)。(A)各輪軸固定與否分為定心輪系與周轉輪系。
(B)輪系值$e>1$為$\frac{N_{末}}{N_{首}}>1$
∴$N_{末}>N_{首}$為增速
輪系值$e<1$為$\frac{N_{末}}{N_{首}}<1$
∴$N_{末}<N_{首}$為減速
(C)單式輪系首末反向取負號

13 (B)。$e_{A\to D}=\frac{N_D}{N_A}=+\frac{30\times 20}{60\times 40}=+\frac{1}{4}$
∴$N_D=25r.p.m$

P.432 **14 (C)**。外接中心距$=\frac{M}{2}(T_1+T_2)=\frac{12}{2}$
$(40+T_2)=600$
∴$T_2=60$齒
$D_2=MT_2=12\times 60=720mm$

15 (C)。功率$=f\times r\times\omega$
$\Rightarrow 1000=f\times 0.055\times\frac{2\pi\times 1200}{60}$
∴$f=\frac{5000}{11\pi}$牛頓
$f=0.25N\Rightarrow\frac{5000}{11\pi}=0.25\times N$
∴$N=\frac{20000}{11\pi}$牛頓

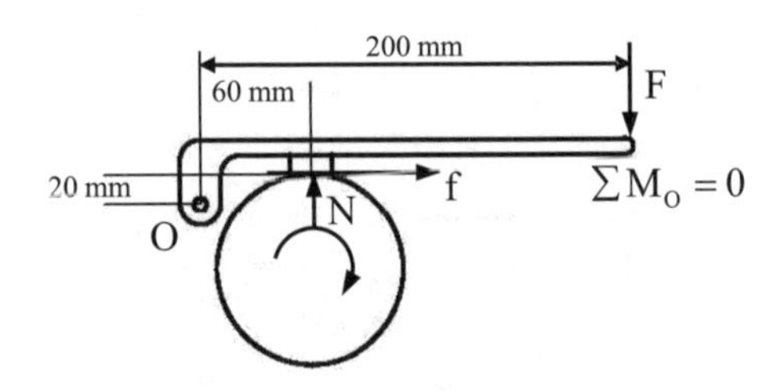

$f\times 20+F\times 200=N\times 60$
$f+10F=3N$
$\frac{5000}{11\pi}+10F=3(\frac{20000}{11\pi})$
$\therefore F=\frac{6000-500}{11\pi}=\frac{500}{\pi}$牛頓

16 (A)。凸輪壓力角越大，摩擦力越大。

17 (A)。雙曲柄（又稱牽桿）沒有死點。

18 (B)。汽車轉向機構為不平行相等曲柄。

19 (C)。$W=5F$
∴$M=\frac{W}{F}=5$

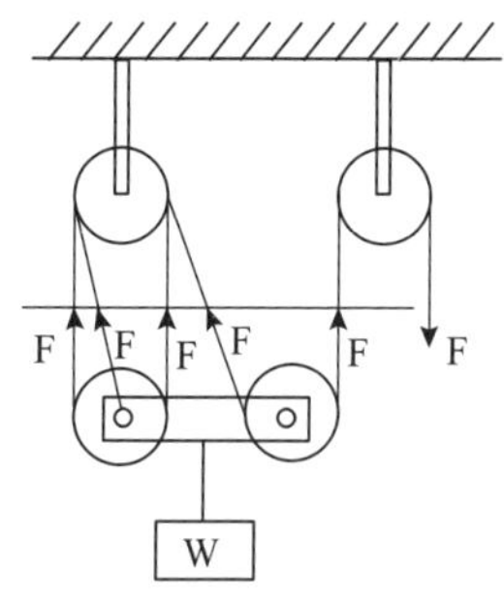

20 (C)。反向機構有：圓盤與滾子、往後滑塊、凸輪……。

109年統測試題

433

1 (C)。

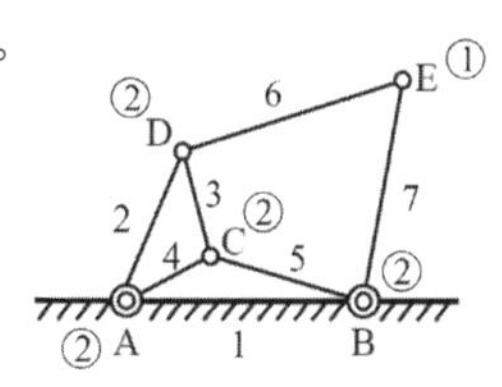

N＝7，P＝9

由 $\frac{3}{2}N-2=\frac{3\times7}{2}-2=8.5$，9>8.5

$P>\frac{3}{2}N-2$ 為呆鏈

2 (C)。R-2NM 10×1.25-6H / 7g
R為右螺紋，螺距1.25mm，M為公制60°三角形螺紋，內螺紋公差6H，外螺紋公差7g。
導程L＝2P（雙線）＝2×1.25＝2.5mm

3 (A)。複式螺紋(一左一右反向)，
導程＝L_1+L_2＝6＋4＝10mm。

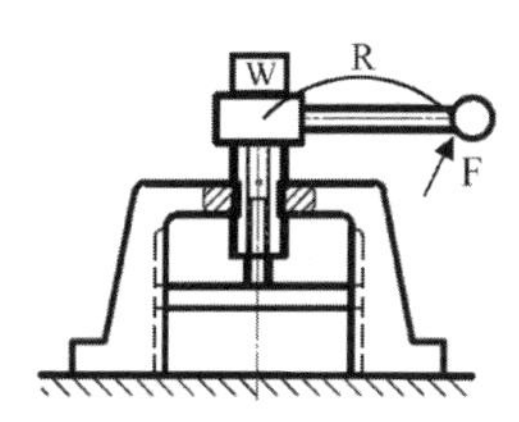

由 $F\times2\pi R=W\times L$

$\therefore M=\frac{W}{F}=\frac{2\pi R}{L}=\frac{2\pi\times100mm}{10mm}=20\pi$

4 (A)。帶頭螺栓用於工件一個需攻牙，一個通孔即可。

5 (C)。力矩F×r，d＝40mm ⇒
r＝20mm＝0.02m

400＝F×0.02　F＝20000N

考慮剪應力 $\tau=\frac{F}{鍵寬\times鍵長}$，

$50=\frac{20000}{鍵寬\times50}$，鍵寬=8mm

考慮壓應力 $\sigma=\frac{F}{\frac{1}{2}\times鍵高\times鍵長}$

$80=\frac{20000}{\frac{1}{2}\times鍵高\times50}$，

鍵高＝10 mm

方鍵：鍵寬＝鍵高，考慮壓應力和剪應力取較大者安全。

∴故取邊長10 mm。

P.434

6 (C)。K_1K_2並聯⇒K_{12}＝3＋4＝7 N/mm

K_3K_4 串聯⇒$\frac{1}{K_{34}}=\frac{1}{K_3}+\frac{1}{K_4}=\frac{1}{4}+\frac{1}{4}$

$=\frac{1}{2}$

$\therefore K_{34}$＝2 N/mm

又K_{12}和K_{34}並聯

$\therefore K=K_{12}+K_{34}$
＝7＋2＝9 N/mm

7 (#)。本題送分。滾動軸承因摩擦小較不易過熱，但摩損後噪音大，本題出題語意不佳。

8 (B)。功率$=F\times r\times\omega$

$$=(F_1-F_2)\times 0.3\times\frac{600\times 2\pi}{60}$$

$$=1800\pi\text{瓦}$$

$$=\frac{1800\pi}{736}\text{PS}=2.45\pi\text{PS}$$

9 (D)。(D)鏈輪接觸角大於120°。

10 (D)。摩擦輪易滑動，無法傳達大功率。

11 (B)。轉速差4倍，半徑差4倍，主動輪轉速快，半徑小。

若外切 $r+4r=60$

$r=12$，$4r=48$

$\therefore r_{主}=12\text{cm}$

$D_{主}=24\text{cm}$

$r_{從}=48\text{cm}$

$D_{從}=96\text{cm}$

$5r=60\text{ cm}$

若內接 $4r-r=60$

$r=20$，$4r=80$

$\therefore r_{主}=20\text{cm}$

$D_{主}=40\text{cm}$

$r_{從}=80\text{cm}$

$D_{從}=160\text{cm}$

主動輪

中心距$=4r-r=3r=60$

P.435 **12 (D)**。近距離傳動用齒輪，齒輪乃利用正向力傳動，其受力方式為接觸點的公法線，非切線方向。

13 (A)。齒輪轉速與齒數成反比

$$\frac{N_1}{N_2}=\frac{T_2}{T_1}=\frac{\phi_1}{\phi_2}=\frac{D_2}{D_1}\text{。}$$

齒輪轉速與直徑成反比。

齒輪轉速與作用角成正比。

作用角與齒數成反比。

作用角與節圓直徑成反比。

齒數與節圓直徑成正比。

14 (B)。汽車的斜齒輪差速器輪系值為−1。普通輪系輪系值可大於、小於、等於1。

15 (B)。$e=\frac{N_D}{N_A}=-\frac{T_A\times D_C}{T_B\times D_D}=-6$

$$\frac{120\times 30}{60\times D_D}=6\qquad\therefore D_D=10\text{mm}$$

P.436 **16 (C)**。$\sum M_0=0:P_{甲}\times L=N\times a$

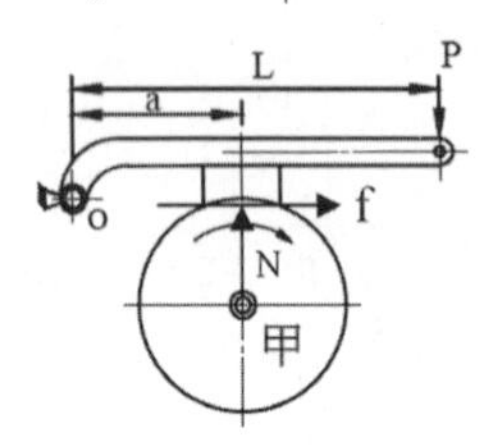

$$\sum M_0=0:P_{乙}\times L=N\times a+f\times b$$

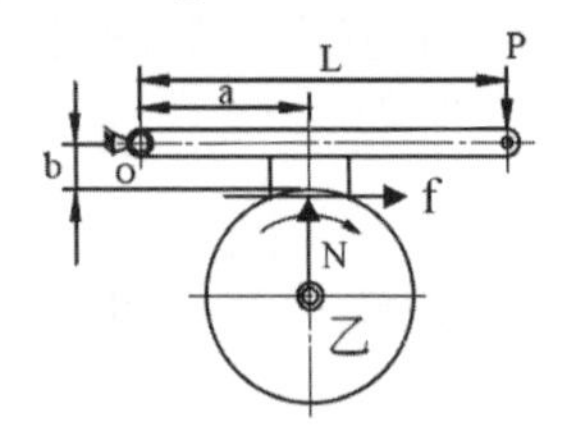

$$\sum M_0=0:P_{丙}\times L+f\times b=N\times a$$

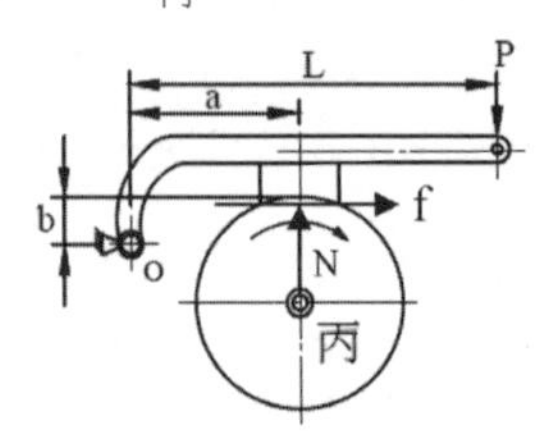

$\therefore$ 出力之大小為$P_{乙}>P_{甲}>P_{丙}$

17 (D)。凸輪：

(1)基圓越小、周緣傾角越小、壓力角越大、有效力越小、摩擦力越大、效率低、速度快。

(2)基圓越大、周緣傾角越大、壓力角越小、有效力越大、摩擦力越小、效率高、速度慢。

18 (A)。曲柄搖桿，曲柄最短（20cm）

且$\ell_{最長}+$曲柄$\leq\ell_3+\ell_4$

若固定桿最長則$55+20\leq 35+\ell_4$

$\therefore\ell_4\geq 40$

若ℓ_4最長　$\ell_4+20\leq 55+35$，

$\therefore\ell_4\leq 70$

$\therefore 40\leq\ell_4\leq 70$

19 (B)。若沒有摩擦損失由A輪自由體圖 $T=4F$

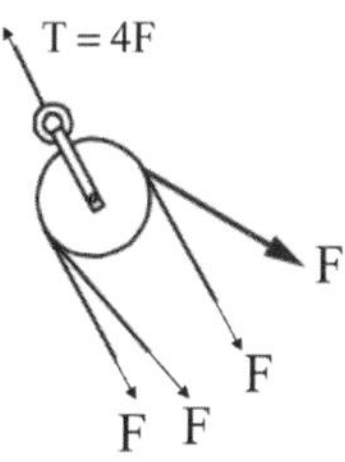

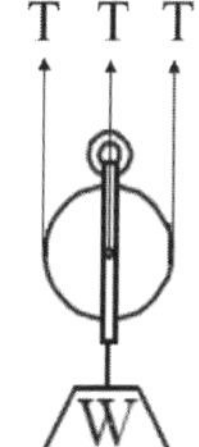

由B輪自由體圖

$W=3T=3(4F)$

$\therefore W=12F$

$M=\dfrac{W}{F}=12$

沒有摩擦損失時，考慮效率。

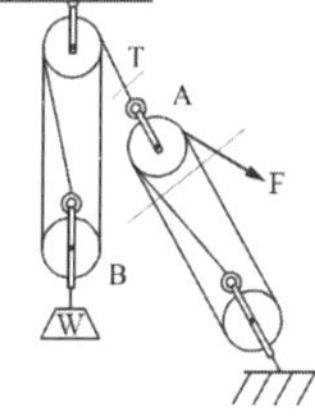

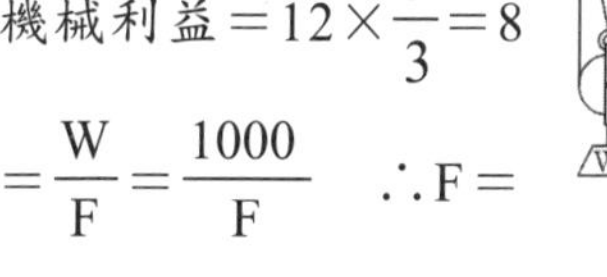

機械利益$=12\times\dfrac{2}{3}=8$

$=\dfrac{W}{F}=\dfrac{1000}{F}\quad\therefore F=$

125N

20 (A)。無聲棘輪用於輕負荷單向傳達動力，不適合用於千斤頂上。

110年統測試題

37 **1 (D)**。

以公式 帶入: N:為機件數 P:為對偶數

$P>\dfrac{3}{2}N-2$ 為呆鏈

$P<\dfrac{3}{2}N-2$ 為無拘束運動鏈

$P=\dfrac{3}{2}N-2$拘束運動鏈

(A)3＞2.5 為呆鏈
(B)4＝4 為拘束運動鏈
(C)5＜5.5為無拘束運動鏈
(D)6＜7 為無拘束運動鏈。

2 (B)。惠氏螺紋（Whitworth thread）的螺紋角為55°。

3 (D)。

差動螺旋機構：旋向相同，總導程L＝導程相減，$L_{總}=L_{大}-L_{小}$

$L=\dfrac{10}{5}=2$ mm

一導程為10mm的右螺旋，另一導程為8mm的右螺旋。

4 (B)。用於輕負載可快速拆卸之螺帽為翼形螺帽。

5 (B)。鞍形鍵為不需開鍵座，且為依靠摩擦力來傳送動力之鍵。

6 (A)。錐形彈簧，壓縮時大圈部份先變形小圈可進入大圈內幾乎可達完全平面可節省空間。

7 (D)。

(A)徑向軸承可承受與軸中心線垂直方向負載
(B)單列深槽滾珠軸承主要承受徑向負載
(C)單環止推軸承只承受單一方向軸向負載。

P.438 **8 (B)**。

帶輪轉速與摩擦損失無關

機械效率$=\dfrac{輸出功率}{輸入功率}$

$0.9=\dfrac{0.9\pi}{輸入功率}$，

故輸入功率為1000π

功率$=F_{有}\times r\times\omega F_{有}=F_{緊}-F_{鬆}$，

ω（rad/s）$=2\pi N/60$，$D=100$mm，

$R=50mm=0.05m$

$1000\pi=(2500-1000)$
$\times0.05\times2\pi N/60$

$N=400rpm$

9 (D)。

鏈輪設計為$F_{緊}$邊在上方$F_{鬆}$邊在下方

A為主動輪順時針旋轉，B為從動輪

故鏈條緊邊在EC邊

鏈條拉緊輪應放在F（小輪接觸角小容易打滑拉緊輪應放置鬆邊靠小輪處）

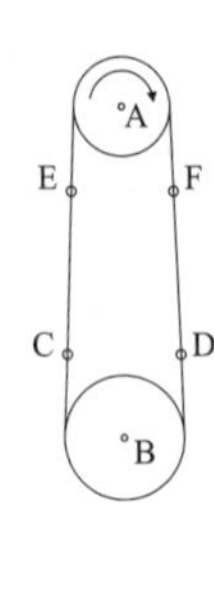

10 (D)。

內接兩軸中心距離$=R_{大}-R_{小}$，$60=R_{大}-20$，$R_{大}=80cm$，$D=160cm$

$\frac{160}{40}=\frac{600}{N_{大}}$，$N_{大}=150rpm$

$T=F\times R=\mu N_{正}$

$\frac{100}{\pi}=(0.2\times N_{正})\times 0.2$，

$N_{正}=\frac{2500}{\pi}N$

11 (D)。內接錐形摩擦輪：兩輪旋轉方向相同且相交形成一夾角。

P.439 **12 (B)**。A為左螺旋齒輪，P、W 需安裝止推軸承。

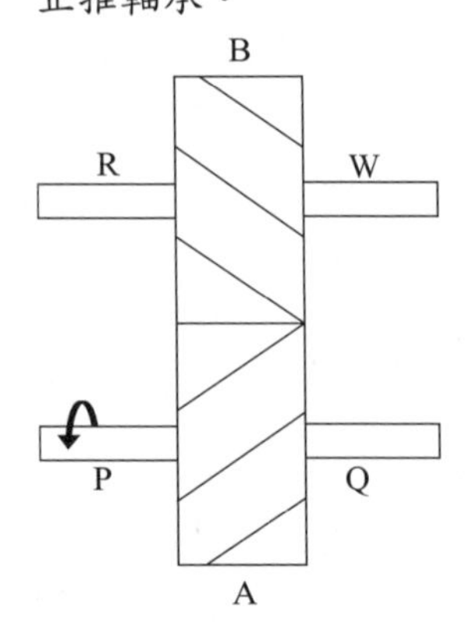

13 (C)。

(A)接觸點軌跡為曲線

(B)壓力角不固定，在節圓處為零

(D)齒面為外擺線齒型，齒腹為內擺線齒型。

14 (D)。制動鼓輪逆時針旋轉F_a為緊邊，F_b為鬆邊

$F_a=2.5F_b$

槓桿尺寸a＝40cm，b＝25cm，L＝120cm，若施力F＝75N，

$\Sigma M_p=0$

$F_b\times b+F(L+a)=F_a\times a$，

$F_b\times 25+75(120+40)$

$=2.5F_b\times 40$

$12000=100F_b-25F_b$，$F_b=160N$，

$F_a=2.5F_b=2.5\times 160=400N$

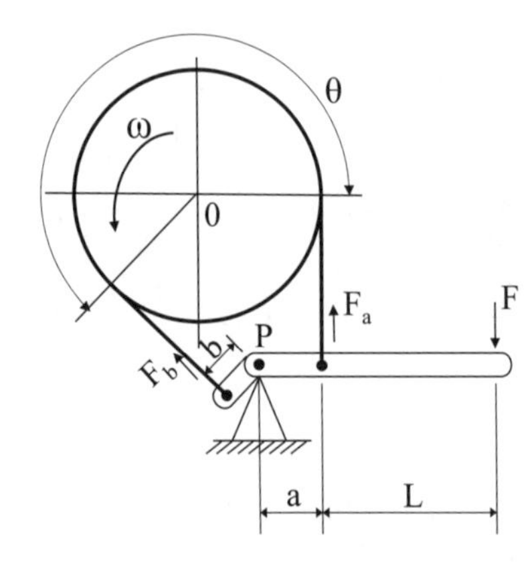

15 (B)。平板凸輪：使從動件作往復直線運動或是搖擺，例如汽車引擎汽缸內控制氣閥開啟與關閉的凸輪為平板凸輪。

16 (C)。

f（頻率）$=\frac{10}{60}=\frac{1}{6}$（秒/轉）

T（週期）×f（頻率）＝1，T（週期）＝6秒

曲柄（BC）長度15cm：固定桿（AB）長度30cm＝1：2

$\theta_{切}=240^\circ$，$\theta_{回}=120^\circ$

$T_{去程}=\frac{240^\circ}{360^\circ}\times 6=4$秒

$T_{回程}=\frac{120^\circ}{360^\circ}\times 6=2$秒

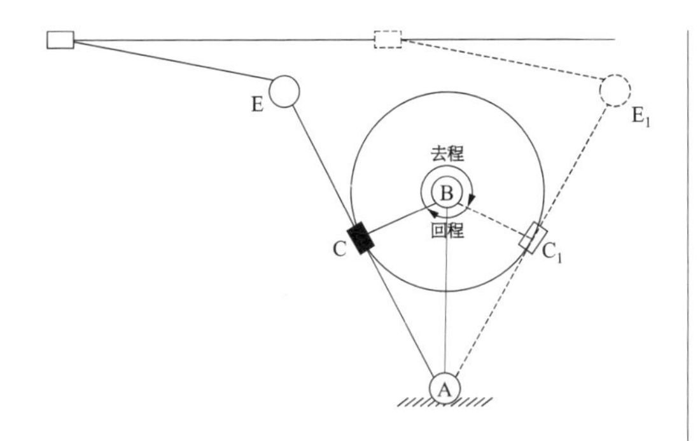

P.440 **17 (A)**。

$$M=\frac{W}{F}=\frac{2D}{D-d}\times\eta$$

$$\frac{80}{10}=\frac{2D}{D-d}\times 0.8$$

$$10=\frac{2D}{D-d}-d$$

D：d＝5：4

18 (A)。

一檔至三檔速度漸增＝＞轉速與齒數呈反比，轉速比III＞II＞I

功率固定轉速越大扭矩越小，力矩越大轉速越慢

R＜I＜II＜III

19 (A)。

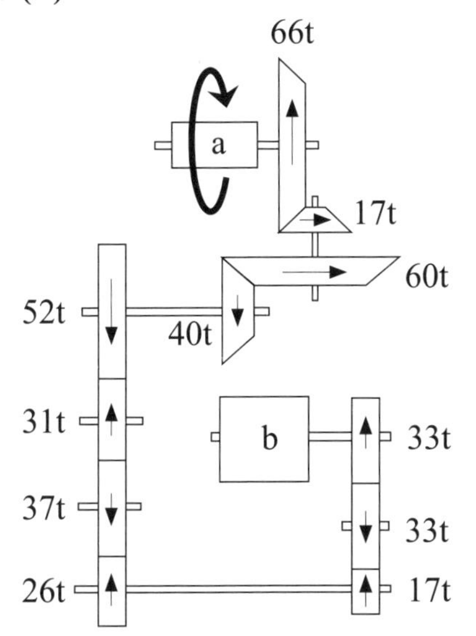

首末旋向相同輪系值取正

$$e_{a-b}=\frac{Nb}{Na}=+\frac{66\times 60\times 52\times 17}{17\times 40\times 26\times 33}$$

$$\frac{Nb}{10}=+6$$

$$Nb=+60$$

$$V=r\times\omega=0.05\times 2\pi=\frac{\pi}{10}(m/s)$$

b圓筒直徑為100mm，R＝50mm＝0.05m

$$\omega=\frac{2\pi\times 60}{60}=2\pi\ rad/s$$

20 (C)。擒縱器：應用於機械式鐘錶上，使指針能正確的指出時間。

111年統測試題

P.441 **1 (B)**。機構最主要功能為傳達運動但不能做功，可以做功的為機械。

2 (A)。順時針前進（互相靠近）為右螺紋，逆時針前進（互相靠近）為左螺紋。

3 (D)。機械利益$M=\frac{抗力}{施力}=\frac{100kgw}{5kgw}=20$

4 (D)。M10×1.5×30為公制螺紋外徑10mm，螺距1.5mm，螺栓長度（不含頭高度）30mm。

5 (D)。應力與壓力（壓應力）單位相同。

6 (C)。襯套應為軟材料，磨損時只換襯套不用更換軸。

7 (B)。

P.442 **8 (D)**。馬達主動，T_2為緊邊，T_1為鬆邊。

功率＝$F_{有效力}\cdot r\cdot\omega$

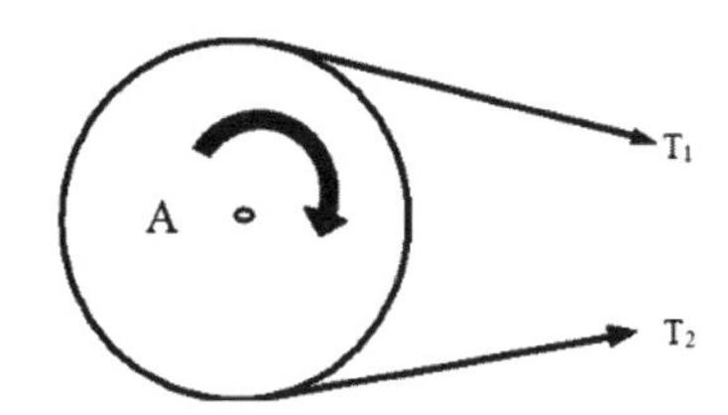

直徑800mm＝半徑400mm＝半徑0.4m

輸出功率＝效率×輸入功率

$=0.9\times2400=(F_{緊邊}-F_{鬆邊})\times r\times\omega$

$=(T_2-160)\times0.4\times20\pi$

$\therefore T_2=250N$（題目說$\pi=3$）

註：$600轉/分=\dfrac{600\times2\pi\ rad}{60sec}=20\pi\ rad/s$

9 (C)。消除鏈條弦線作用而產生振動和噪音的方法為：(1)增加齒數、(2)鏈節宜短、(3)降低轉速並潤滑。

10 (A)。圓錐摩擦輪內接時轉向相同：

$\dfrac{N_A}{N_B}=\dfrac{\sin\theta_B}{\sin\theta_A}$，$\dfrac{600}{N_B}=\dfrac{\sin(45^\circ)}{\sin(60^\circ)}$

$\therefore N_B=600\times\dfrac{\sqrt{3}}{\sqrt{2}}=600\times\sqrt{\dfrac{3}{2}}$

（θ用半錐角，

$\theta_B=\dfrac{90^\circ}{2}=45^\circ$，$\theta_A=\dfrac{120^\circ}{2}=60^\circ$）

11 (C)。360°有2次循環之變化，為雙葉葉瓣輪（橢圓輪、單葉葉瓣輪360°為一循環）。

12 (B)。全齒制，M=4

(1)齒冠＝M＝4mm

(2)外接中心距$=\dfrac{M}{2}(T_1+T_2)$

$=\dfrac{4}{2}(20+30)=100mm$

內接中心距$=\dfrac{M}{2}(T_1-T_2)$

$=\dfrac{4}{2}(30-20)=20mm$

(3)工作深度＝2M＝8mm

(4)$D_{主動}=D_{節}+2齒冠$

$=M(T_{主}+2)=4(20+2)=88mm$

13 (A)。內接轉向相同，

中心距$=\dfrac{M}{2}(T_1-T_2)$，$80=\dfrac{8}{2}(T_B-20)$

$\therefore T_B=40$齒

$\dfrac{N_A}{N_B}=\dfrac{T_B}{T_A}$，$\dfrac{240}{N_B}=\dfrac{40}{20}$

$\therefore N_B=120$ r.p.m（順時針）

14 (D)。兩軸中心距離相同，

中心距離$=\dfrac{M_1}{2}(T_A+T_B)=\dfrac{M_2}{2}(T_C+T_D)$

$\dfrac{3}{2}(20+60)=\dfrac{2}{2}(T_C+T_D)$

$\therefore T_C+T_D=120$齒

（兩齒數相加為120只有(D)）

輪系值A輪傳至D輪：

$e_{A\to D}=\dfrac{N_D}{N_A}=\dfrac{T_A\times T_C}{T_B\times T_D}\quad\dfrac{20\times T_C}{60\times T_D}=\dfrac{1}{12}$

$\therefore T_D=4T_C$

$T_C+T_D=120=T_C+4T_C=120$

$\therefore T_C=24$齒，$T_D=4T_C=96$齒

P.443 **15 (A)**。輪系值A輪傳至D輪：

$e_{A\to D}=\dfrac{N_D}{N_A}=\dfrac{-T_A\times T_C}{T_B\times T_D}$

$=-\dfrac{100\times30}{50\times10}=-6=\dfrac{N_D}{100}$

$\therefore N_D=-600$ r.p.m（負表逆時針）

$V_D=r_D\omega_D=0.1\times\dfrac{600\times2\pi}{60}=2\pi\ m/s$

16 (C)。流體制動器只能減速無法運動使快速停止。

17 (C)。

(A)基圓變小→壓力角變大，側壓力變大，效率變差，速度快。

(B)位移為正弦為簡諧運動。

(D)凸輪壓力角的定義為接觸點的公法線與從動件運動方向之夾角。

18 (B)。雙曲柄條件為

(1)$\ell_1+\ell_2+\ell_3>\ell_{最長}$

(2)$\ell_{最長}+\ell_{最短}<\ell_1+\ell_2$

(3)固定桿最短。

19 (A)。機械效率$\eta=\dfrac{輸出功}{輸入功}=\dfrac{W\cdot S_{抗力}}{F\times S_{施力}}$，

沒有摩擦損失時機械利益$M_{沒有摩擦損失}=\dfrac{W}{F}$

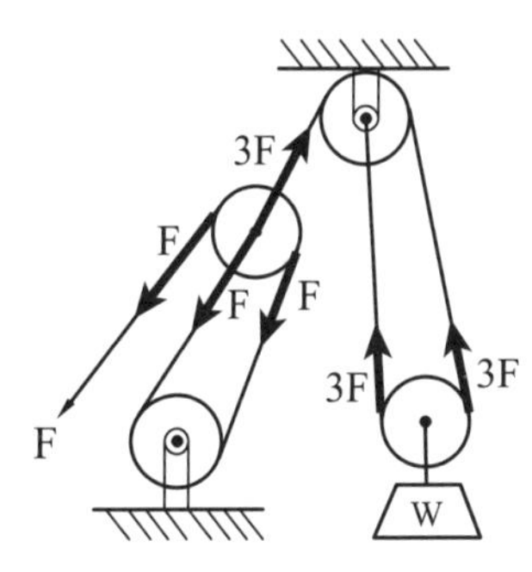

$W=6F$，$M=\dfrac{W}{F}=6$

考慮摩擦損失時之機械利益M

$=\eta\times M_{沒有摩擦損失}=0.75\times6=4.5$

20 (D)。

112年統測試題

444

1 (B)。 $\tan螺旋角=\dfrac{\pi D}{L}$，$\tan60^\circ=\dfrac{20\pi}{L}$，

$\sqrt{3}=\dfrac{20\pi}{L}$，$L=\dfrac{20\pi}{\sqrt{3}}$mm。

下圖中螺栓為右螺紋，

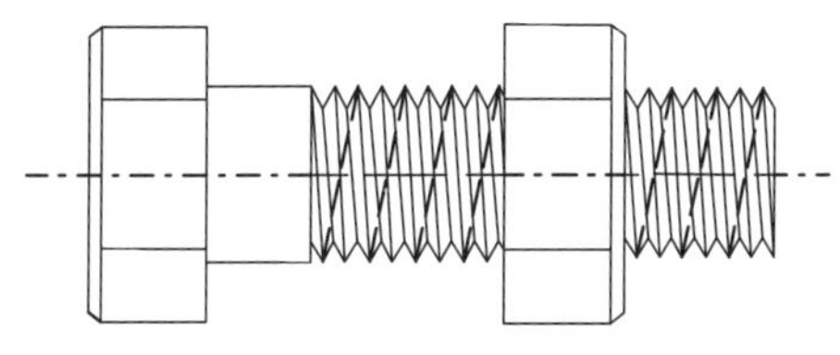

反時針旋轉1圈，螺帽右移$(\dfrac{20\pi}{\sqrt{3}})$mm

2 (C)。若W=100N，若沒有磨擦損失，F=60N

若μ=0.25，F=80N

$\dfrac{60}{機械效率}=80$，機械效率=0.75

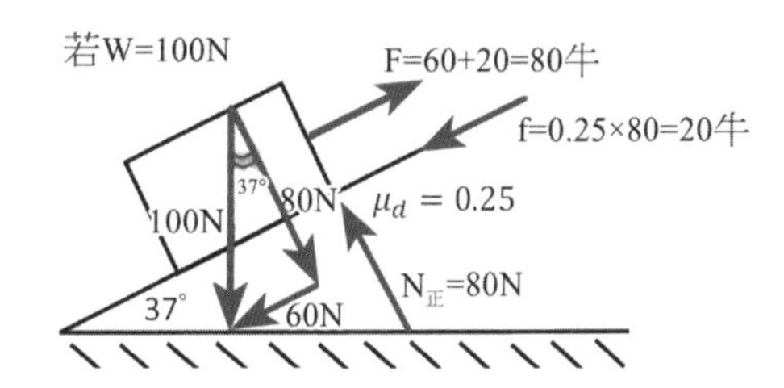

3 (D)。槽縫螺帽為摩擦式鎖緊裝置。

4 (A)。

規格：寬×高×長=12×8×100mm

T=F×R，

100000=F×0.5，

F=200000N

（100KN=100×1000=100000N，D=1000mm，R=500mm=50cm=0.5m）

壓應力$\sigma_c=\dfrac{F}{\frac{1}{2}鍵高\times鍵長}=\dfrac{200000}{\frac{1}{2}\times8\times100}$

=500MPa

剪應力$\tau_s=\dfrac{F}{鍵寬\times鍵長}=\dfrac{200000}{12\times100}$

=166.7MPa

5 (C)。電池盒壓緊裝置與手電筒內極座彈簧應用於單片彈簧、錐形彈簧。

P.445

6 (A)。滾動軸承其缺點為不能承受較大的負荷及震動。

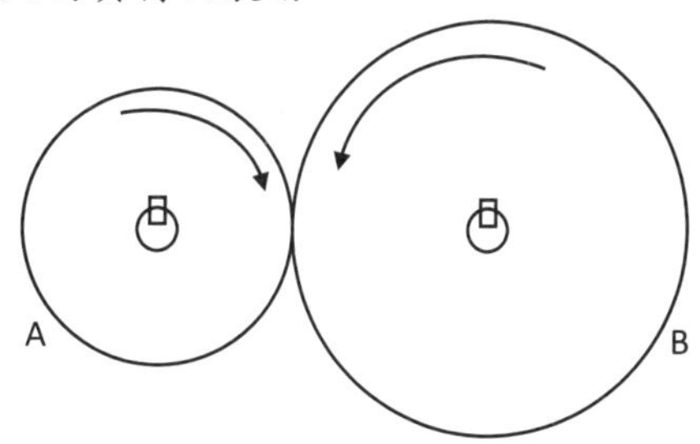

7 (C)。V型皮帶斷面為梯形、皮帶兩側面夾角為40°、傳動時底部與槽輪沒有接觸。

8 (D)。轉速與半徑成反比，

$R_A : R_B = 2 : 3$

$\frac{N_B}{N_A} = \frac{R_A}{R_B}$，$\frac{N_A}{N_B} = \frac{R_B}{R_A} = \frac{3}{2}$

9 (D)。①為主動件，②為從動件，看被動被推方向（由從動件來判斷）

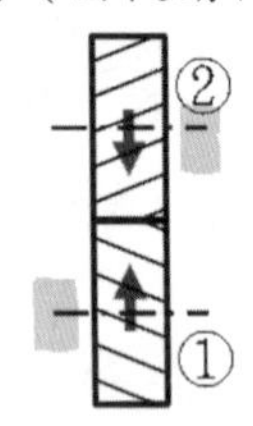

10 (A)。 外接兩軸中心距離$=\frac{M}{2}(T_A+T_B)$，

$\frac{4}{2}(30+T_B)=180$，$T_B=60$齒

$\frac{N_A}{N_B} = \frac{T_B}{T_A}$，$\frac{60}{N_B} = \frac{60}{30}$，$N_B=30\text{rpm}$

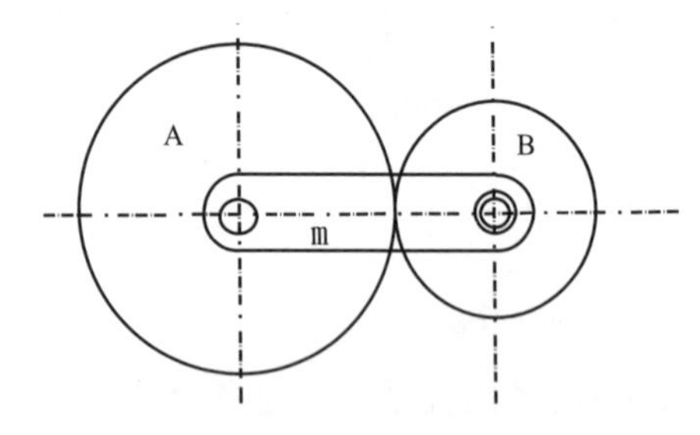

11 (D)。 輪系值$e=\frac{N_B-N_m}{N_A-N_m}=-\frac{T_A}{T_B}$，

$\frac{+13-3}{-2-3}=-\frac{20}{T_B}$，$T_B=10$齒

輪系值 $e=-\frac{T_A}{T_B}=-\frac{20}{10}=-2$

外接兩軸中心距離$=\frac{M}{2}(T_A+T_B)=\frac{3}{2}$

$(20+10)=45\text{mm}$

$D_B=MT_B=3\times10=30\text{mm}$

P.446 **12 (C)**。 周轉輪系主動輪轉速增加，輪系值應扔然為固定值。

周轉輪系輪系值$e=\frac{N_{末}-N_m}{N_{首}-N_m}$

$=\pm\frac{首輪齒數乘積}{末輪齒數乘積}$

13 (B)。 前碟後鼓指的是制動器。

14 (A)。 凸輪基圓半徑大，周緣傾角大，壓力角小，側壓力小，接觸磨損小。

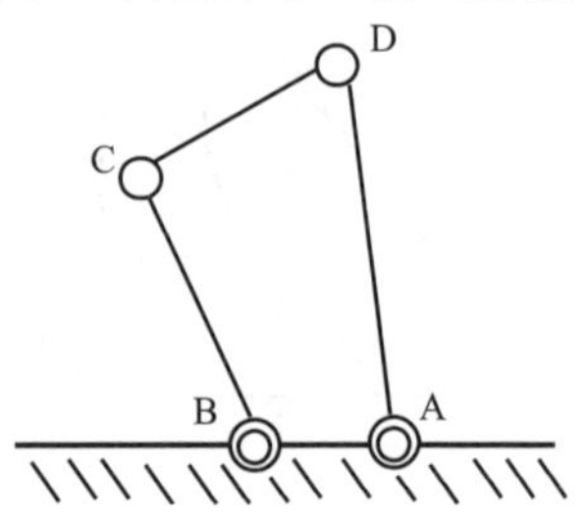

15 (C)。 形成機構最基本條件：任三根和>最長桿，AB+BC+CD>AD，AB為固定桿

最長桿+最短桿<另兩根桿和，固定端最短為雙曲柄機構，無死點。

最長桿+最短桿>另兩根桿和，不管哪桿被固定均為雙搖桿機構。

16 (C)。

機械效率$=\frac{輸出功(率)}{輸入功(率)}$，

$0.8=\frac{2800}{7F}$，$F=500\text{N}$

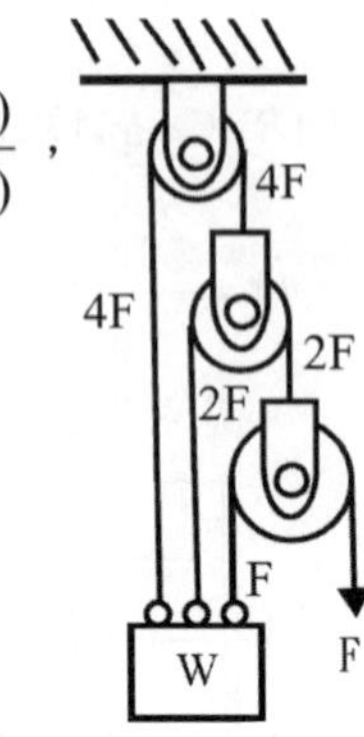

17 (A)。 多爪棘輪可以減少無效回擺角度，使棘輪運動細密。

P.447 **18 (B)**。 後輪轂內有棘輪機構使得向後踩不會倒退。

19 (D)。軸承、車架屬於固定機件，煞車塊屬於控制機件。

20 (B)。鏈條長度$=\frac{\pi}{2}(D+d)+2C+\frac{(D-d)^2}{4C}$，

節圓直徑$D=\frac{PT}{\pi}$

鏈條長度$=\frac{\pi}{2}\left(\frac{1.3\times 38}{\pi}-\frac{1.3\times 19}{\pi}\right)$

$+2\times 44+\frac{\left(\frac{1.3\times 38}{\pi}+\frac{1.3\times 19}{\pi}\right)^2}{4\times 44}$

=125.4cm

鏈節數$=\frac{鏈輪長度}{鏈節長度}=\frac{125.4}{1.3}=96.46$節

=98節（進位取整數，鏈輪為均勻磨損，鏈節為偶數節）

98×1.3=127.4cm

113年統測試題

P.448

1 (B)。拘束運動鏈機構，機件數從4件開始設計，機件數每增加2，則其對偶數會增加3。

2 (B)。差動螺紋 旋向相同，

$L_{導程}=L_1-L_2=5-3=2$mm

機械利益$M=\frac{W}{F}=\frac{2\pi R}{L}$，

$\frac{4000}{10}=\frac{2\pi R}{2},R=\frac{400}{\pi}$mm

3 (D)。彈性鎖緊裝置為螺帽下方加裝一螺旋彈簧墊圈，利用摩擦力來防止螺帽鬆脫。

4 (C)。(A)彈簧在承受外力作用下，能有效伸縮之圈數稱為有效圈數。

(B)彈簧指數$C=\frac{D_m}{d}$，彈簧指數愈小表示彈簧線徑越粗愈不容易變形。

(D)蝸形扭轉彈簧可使鑽床進刀把手在鑽完孔後能自動回彈。

5 (D)。對合軸承為顧及軸承磨耗後便於調整，將軸承座與襯套皆製成上（軸承蓋）、下（軸承座）兩半，在接合面間墊上數片薄墊片再用螺栓鎖緊，使軸與襯套間獲得適當之間隙。應用最多的滑動軸承。

6 (B)。$N_{max}\times N_{min}=N^2$，$180^2=4N_{min}\times N_{min}$，$N_{min}=90$rpm，$N_{max}=360$rpm。

P.449

7 (A)。(A)轉速差四倍，直徑也差四倍。

8 (C)。旋向相反為外接 兩軸夾角=兩半角相加$\theta_A+\theta_B=75°$

$$\frac{N_B}{N_A}=\frac{\sin\theta_A}{\sin\theta_B}=\frac{\sin 45°}{\sin 30°}=\sqrt{2}$$

9 (B)當滾子在最右邊時B輪轉速最快

$\frac{N_A}{N_B}=\frac{D_B}{D_A},\frac{100}{N_B}=\frac{8}{16}$，$N_B=200$rpm

當滾子在最左邊時B輪轉速最慢

$\frac{N_A}{N_B}=\frac{D_B}{D_A},\frac{100}{N_B}=\frac{16}{8}$ $\therefore N_B=50$rpm

$50<N_B<200$ 則N_B可能轉速為160rpm

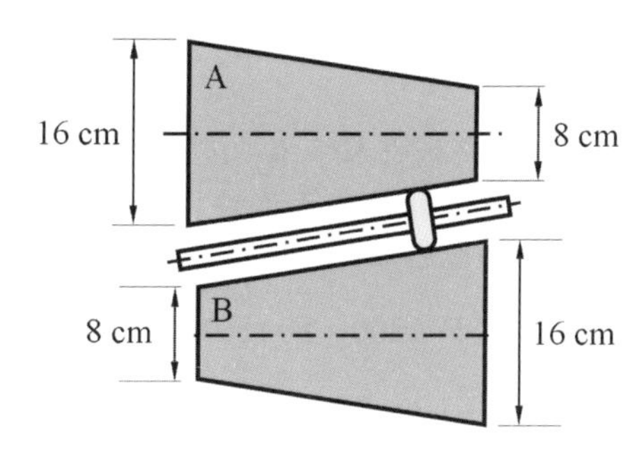

10 (A)。外接

兩輪中心距離$C=\frac{M}{2}(T_{主}+T_{從})$，

$200=\frac{5}{2}(20+T_{從})$，$T_{從}=60$齒

$\frac{N_{主}}{N_{從}}=\frac{T_{從}}{T_{主}},\frac{N_{主}}{100}=\frac{60}{20}$，$N_{主}=300rpm$

11 (A)。

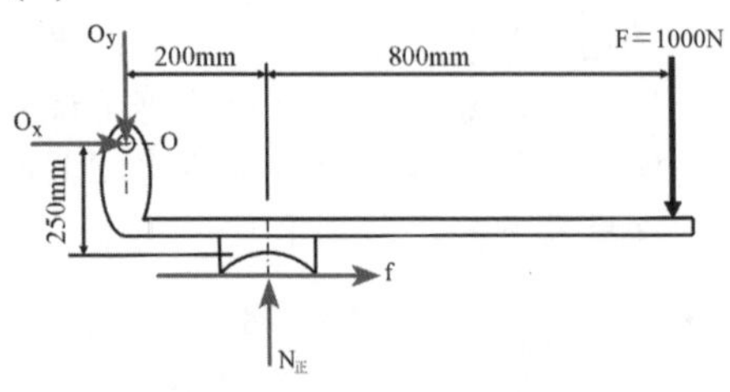

$\sum Mo=0$(摩擦力$f=\mu N=0.2\ N_{正}$)；

$600rpm=\frac{600\times 2\pi\ rad}{60sec}=20\pi\ rad/s$)

$f\times 250+N_{正}\times 200$
$=1000\times 1000$，$250N_{正}$
$=1000000$，$N_{正}=4000N$
功率$=f\times r\times\omega$
$=(0.2\times 4000)\times 0.1\times 20\pi$
$=1600$瓦特$=1.6\pi KW$

P.450 **12 (D)**。雙搖桿機構應用：電扇的擺頭機構。
曲柄搖桿機構應用：腳踏縫紉機、人騎腳踏車。

13 (D)。蘇格蘭軛機構為等腰連桿組變形應用，曲柄作等角速度旋轉，滑塊F做簡諧運動。

14 (C)。平板凸輪、偏心凸輪、斜盤凸輪皆需要藉外力兩機件才能保持接觸為非確動凸輪。

15 (A)。$8F=1200$，$F=150N$

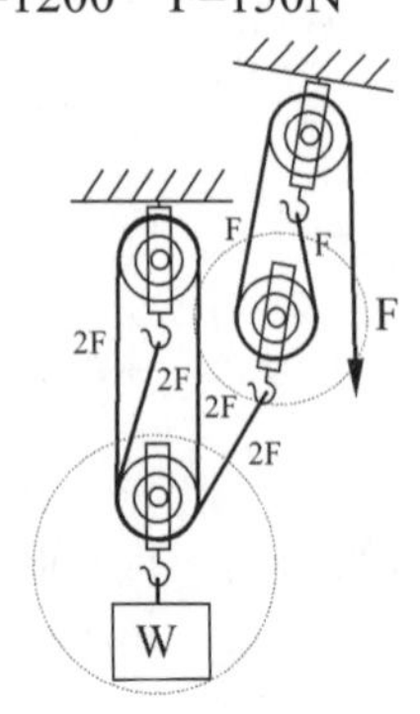

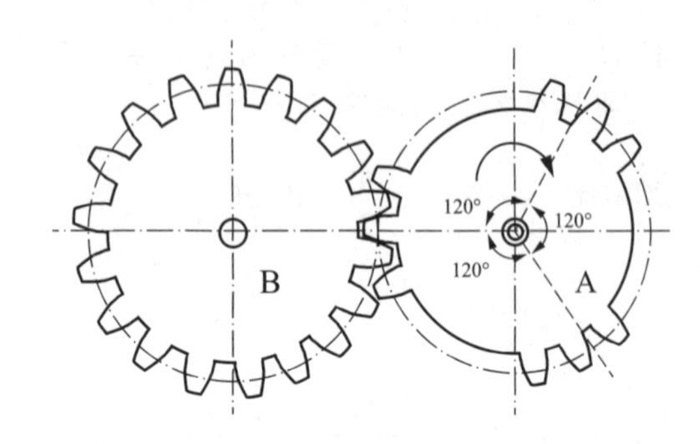

16 (B)。$D_A=D_B$、M相同，$T_B=18$若沒有削減齒數時A輪也為18齒，A輪轉1圈18秒所以每轉一齒時間為1秒，A輪轉3齒缺3齒
(停留時間) B輪間歇停止三次。A輪帶動B輪，轉動三個齒休息三個齒，故轉三秒，B輪間歇停止3秒。

P.452 **17 (C)**。$V=\pi DN$，$200=\pi\times 1\times N$，

$N_{大}=\frac{200}{\pi}rpm$

齒數差三倍，轉速也會差3倍，

小輪數少轉速快$N_{小}=\frac{600}{\pi}rpm$

18 (C)。有好幾個活塞，當一活塞死點時，其他活塞不會剛好是死點

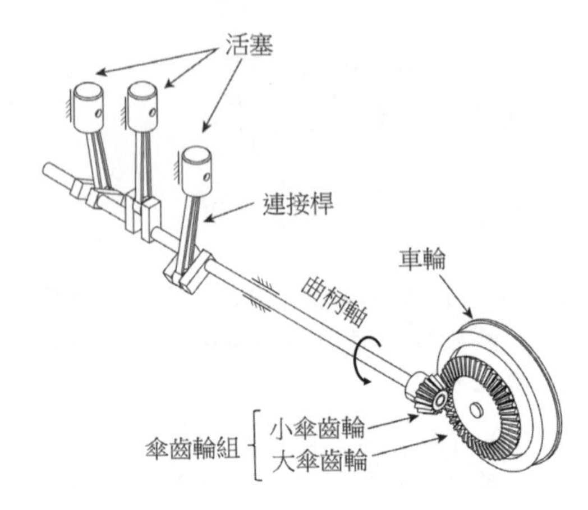

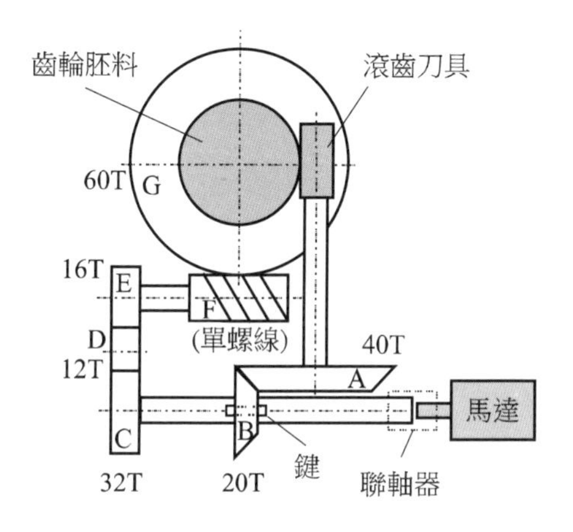

453 **19 (A)**。 輪系值$e=\dfrac{末輪轉速}{首輪轉速}$

$=\pm\dfrac{首輪齒數乘積}{末輪齒數乘積}$，

輪系值$e=\dfrac{末輪轉速}{\omega}$

$=+\dfrac{60\times16\times20}{1\times32\times40}=15$，末輪轉速$=15\omega$

20 (B)。 鍵規格 寬×高×長 12×6×12 mm

鍵被壓到的面積$=\dfrac{1}{2}$×鍵高×鍵長；

壓應力$\sigma=\dfrac{F}{A}=\dfrac{F}{\frac{1}{2}\times6\times12}$

鍵被剪斷的面積=鍵寬×鍵長；剪應力$\tau=\dfrac{F}{A}=\dfrac{F}{12\times12};\dfrac{\sigma}{\tau}=\dfrac{\frac{F}{\frac{1}{2}\times6\times12}}{\frac{F}{12\times12}}=4$

Notes

千華會員享有最值優惠!

會員等級	一般會員	VIP 會員	上榜考生
條件	免費加入	1. 直接付費 1500 元 2. 單筆購物滿 5000 元 3. 一年內購物金額累計滿 8000 元	提供國考、證照相關考試上榜及教材使用證明
折價券	200 元	500 元	
購物折扣	▪平時購書 9 折 ▪新書 79 折 (兩周)	▪書籍 75 折　▪函授 5 折	
生日驚喜		●	●
任選書籍三本		●	●
學習診斷測驗(5科)		●	●
電子書(1本)		●	●
名師面對面		●	

國家圖書館出版品預行編目(CIP)資料

機件原理完全攻略/黃蓉編著. -- 第三版. -- 新北市：千華數位文化股份有限公司, 2024.10

面； 公分

ISBN 978-626-380-729-7(平裝)

1.CST: 機件

446.87 113015107

[升科大四技] **機件原理 完全攻略**

編 著 者：黃 蓉　　審 校 者：何 峰

發 行 人：廖 雪 鳳
登 記 證：行政院新聞局局版台業字第 3388 號
出 版 者：千華數位文化股份有限公司
地址：新北市中和區中山路三段 136 巷 10 弄 17 號
電話：(02)2228-9070　傳真：(02)2228-9076
客服信箱：chienhua@chienhua.com.tw

法律顧問：永然聯合法律事務所
編輯經理：甯開遠
主　　編：甯開遠
執行編輯：廖信凱
校　　對：千華資深編輯群
設計主任：陳春花
編排設計：翁以倢

千華官網／購書

千華蝦皮

出版日期：2024 年 10 月 15 日　　第三版／第一刷

本書如有勘誤或其他補充資料，
將刊於千華官網，歡迎前往下載。